建筑电气设计统一技术措施 2021

中国建筑设计研究院有限公司　编著

中国建筑工业出版社

图书在版编目（CIP）数据

建筑电气设计统一技术措施. 2021/中国建筑设计
研究院有限公司编著. —北京：中国建筑工业出版社，
2021.8（2021.9重印）
ISBN 978-7-112-26447-6

Ⅰ.①建…　Ⅱ.①中…　Ⅲ.①房屋建筑设备-电气设
备-建筑设计-技术措施-2021　Ⅳ.①TU85

中国版本图书馆 CIP 数据核字（2021）第 166549 号

责任编辑：张文胜　于　莉
责任校对：焦　乐

建筑电气设计统一技术措施 2021
中国建筑设计研究院有限公司　编著
*
中国建筑工业出版社出版、发行（北京海淀三里河路 9 号）
各地新华书店、建筑书店经销
霸州市顺浩图文科技发展有限公司制版
河北鹏润印刷有限公司印刷
*
开本：787 毫米×1092 毫米　1/16　印张：34½　字数：858 千字
2021 年 8 月第一版　　2021 年 9 月第二次印刷
定价：**138.00** 元
ISBN 978-7-112-26447-6
（37760）

编 委 会

编 写 分 工

章号	章名	编写人员	校审人员
1	编制说明	李俊民	张 青 陈 琪
2	制图一般要求	李俊民	张 青 陈 琪
3	图纸目录	张 冷	李俊民
4	图例符号及标注	张 冷	李俊民
5	设计说明	李俊民	张 青 陈 琪
6	主要设备表和控制表	李俊民	张 青 陈 琪
7	负荷计算	陈双燕	李维时
8	导线、电缆的选择与敷设	裴元杰	李俊民 李战赠
9	高压供电系统	李陆峰 李 喆 李益慧 江 峰	李俊民 曹 磊
10	变电所低压配电系统	张 青 肖 彦 许士骅 蒋佃刚	李俊民 陈 琪
11	变电所、柴油发电机房、竖井布置	陈 红 熊小俊	李俊民 陈 琪
12	配电干线	胡 桃 崔振辉	李俊民 张 青
13	电力平面图	李维时 庞晓霞	李俊民 张 青
14	电力配电箱	王京生 李维时	李俊民
15	照明平面图	马霄鹏 张雅维 汤纪元	李俊民
16	照明配电箱系统图	何 静	马霄鹏 李俊民
17	应急照明箱系统图	孙海龙	马霄鹏 李俊民
18	接地及等电位平面图	陶云飞	李俊民 张 青
19	防雷平面图	许冬梅	张 青 李俊民
20	防雷接地系统构架图	王 旭	李俊民
21	电气消防平面图	王苏阳 姜海鹏	李俊民
22	电气消防系统图	常立强 李 磊	李俊民 王苏阳
23	智能化系统设计说明	陈 琪	李俊民
24	智能化平面标注	张 冷	陈 琪
25	智能化系统集成	陈 琪	李俊民
26	信息化应用	陈 琪	李俊民
27	建筑设备管理系统	曹 磊 杨小雨	李俊民 陈 琪
28	智能化机房、配电、竖井	郭利群 赵雨农	李俊民
29	信息设施系统	陈玲玲	李俊民 张月珍
30	综合安防系统	张 雅	李俊民 张月珍
31	智能化平面图	王 青	李俊民 张月珍
32	总图	张 青	李俊民
附录 A~E		李维时 李 喆 康向东	李俊民 张 青 陈 琪

前　　言

随着中国建筑设计研究院有限公司（以下简称：院公司）业务领域的扩展，新入职员工的不断增加，设计人员技术水平参差不齐，做法五花八门，同时技术不断提高、规范标准的不断颁布更新，各方对一些技术问题理解不尽相同，做法也存在较大差异。作为设计行业的标杆企业，需要建立自己的统一技术措施来规范提交的图纸，包括统一制图标准、统一设计深度、统一技术要求等，尤其是通过统一技术措施针对疑难问题或有争议的技术条款提供统一的解决方案，提高设计人员的工作效率，避免因为设计人员的不同，提供的设计产品千差万别，影响院公司声誉。

本技术措施区别与以往以系统为主线，而是以图纸目录内的各类图纸为主线，按照住房和城乡建设部《建筑工程设计文件编制深度规定（2016版）》中建筑电气施工图内容为依据进行编制，包括制图一般要求、图纸目录、图例符号、电气设计说明、设备表、高压供电系统、变电所低压配电系统、机房详图、配电干线、照明及动力平面、配电箱柜系统、基础接地平面、屋顶防雷平面、火灾自动报警及消防联动控制系统、电气消防平面、总图等内容，共32章。由于配电系统的负荷计算和导线、电缆的选型与敷设在高压供电系统、变电所低压配电系统、照明及动力平面、配电箱柜系统等图纸中均有涉及，具有一定的共性，故把这两章单独列出，以免重复叙述。而在这些章节中涉及配电系统的相关计算和导线、电缆的选型内容较多，为便于掌握主要的计算要点，以及计算书的编制格式，在附录A～E中汇集了短路电流计算、动热稳定计算、线路保护的灵敏度校核、电压偏差和线路压降的计算等相关内容以及计算书的编制格式。智能化设计内容和分工界面较复杂，按照《建筑工程设计文件编制深度规定（2016版）》要求，分智能化专项设计和随土建设计的非专项设计两部分，内容包括：智能化设计说明、图例符号、系统集成、信息设施系统、安全防范系统、建筑设备管理系统、机房详图等。

本技术措施中增加了相关联的理论知识，以便加深对部分措施的理解。同时，需要结合新的技术和新的规范标准，灵活掌握，也请设计人员注意。

中国建筑设计研究院有限公司
科学技术委员会电气分委员会
2021年6月

目　　录

1 编 制 说 明

1.1 编 制 依 据[①]

1.1.1 住房和城乡建设部《建筑工程设计文件编制深度规定（2016 版)》。

1.1.2 国家及行业主要规范、规程及标准：

1 通用类电气专业规范

《民用建筑电气设计标准》GB 51348—2019；

《供配电系统设计规范》GB 50052—2009；

《20kV 及以下变电所设计规范》GB 50053—2013；

《低压配电设计规范》GB 50054—2011；

《通用用电设备配电设计规范》GB 50055—2011；

《建筑照明设计标准》GB 50034—2013；

《电力工程电缆设计标准》GB 50217—2018；

《建筑物防雷设计规范》GB 50057—2010；

《建筑物电子信息系统防雷技术规范》GB 50343—2012；

《交流电气装置的接地设计规范》GB/T 50065—2011。

2 通用类防火设计规范

《建筑设计防火规范（2018 年版)》GB 50016—2014；

《火灾自动报警系统设计规范》GB 50116—2013；

《消防应急照明和疏散指示系统技术标准》GB 51309—2018。

3 通用类智能化专业规范

《智能建筑设计标准》GB 50314—2015；

《综合布线系统工程设计规范》GB 50311—2016；

《有线电视网络工程设计标准》GB/T 50200—2018；

《安全防范工程技术规范》GB 50348—2018；

《入侵报警系统工程设计规范》GB 50394—2007；

《视频安防监控系统工程设计规范》GB 50395—2007；

《民用闭路监视电视系统工程技术规范》GB 50198—2011；

《出入口控制系统工程设计规范》GB 50396—2007；

《厅堂扩声系统设计规范》GB 50371—2006；

《会议电视会场系统工程设计规范》GB 50635—2010；

《公共广播系统工程技术规范》GB 50526—2010；

《视频显示系统工程技术规范》GB 50464—2008；

---

① 本节所列规定、标准规范及图集，为本书主要参考文献，在文后不再重复列出。执行过程中，应根据现行版本进行修正。

《红外线同声传译系统工程技术规范》GB 50524—2010；

《电子会议系统工程设计规范》GB 50799—2012。

4 绿色节能设计规范

《公共建筑节能设计标准》GB 50189—2015；

《既有建筑绿色改造评价标准》GB/T 51141—2015；

《绿色建筑评价标准》GB/T 50378—2019。

5 人防类规范

《人民防空地下室设计规范》GB 50038—2005；

《人民防空工程设计防火规范》GB 50098—2009。

6 抗震类规范

《建筑抗震设计规范（2016 年版）》GB 50011—2001；

《电力设施抗震设计规范》GB 50260—2013；

《建筑机电工程抗震设计规范》GB 50981—2014。

7 其他与建筑类型相关的建筑设计规范（见表 5.2-1）

1.1.3 国家级主要标准图集：

《10/0.4kV 变压器布置及变配电所常用设备构件安装》03D201-4；

《建筑电气常用数据》19DX101-1；

《常用风机控制电路图》16D303-2；

《常用水泵控制电路图》16D303-3；

《民用建筑电气设计与施工》08D800-1～8。

1.2 编 制 目 的

1.2.1 加深对技术规范的理解，提高设计人员的职业技术水平。

1.2.2 统一设计深度，提高设计质量。

1.2.3 规范设计人员的图纸表达形式，提高设计图纸的图面质量。

1.2.4 提出不同类型建筑所采取的不同措施或方案，提高设计人员对关键技术的掌控。

1.2.5 提高设计效率，减轻设计人员的工作强度。

1.3 适 用 范 围

1.3.1 适用于新建、扩建和改建的民用及一般工业建筑的电气工程设计。

1.3.2 适用于建筑电气工程领域的甲方、监理、施工等技术人员。

1.3.3 可作为高校相关专业学生的课外辅助教材。

1.4 编制内容及要点

1.4.1 以图纸目录中的各类图纸为主线，编制图纸的绘制要求和技术措施。

1.4.2 图纸类型包括图纸目录、图例符号、设计说明、主要设备表、系统图、原理图、各系统平面图以及详图。

1.4.3 编制要点

1 市面上已有的技术措施大都以各系统的要求来论述，理论性较强，本技术措施以各类图纸为切入点，以图纸目录中的图纸名称为主线进行编制。对于配电系统的相关计算和导线、电缆的选型与敷设等比较共性的问题，单独成章，其他相关章节直接引用。

2 针对设计过程中有争议的条款、有难度的条款进行解读或给出具体做法。

3 以图文并茂的方式来编制技术措施。

4 对于智能化系统，按照《建筑工程设计文件编制深度规定（2016 版）》的要求，分别就建筑电气施工图所涉及的内容，与智能化专项设计的内容加以阐述。

2 制图一般要求

2.1 图纸排列及编号

2.1.1 图纸编排应按图纸目录、图例符号、设计说明、系统图、平面图、详图等顺序编排。

2.1.2 应避免相同图名按序号编排超过 4 个，超过时应按区域、功能等属性区分。举例：

方式一（不超过 4 张图纸时），可按下列命名：照明配电箱系统图（一）～（四）；

方式二（当超过 4 张图纸时），参考下列命名：地下层照明配电箱系统图，裙房照明配电箱系统图，标准层照明配电箱系统图，室外照明配电箱系统图。

如果按层编排，系统图仍然超过 4 张，可以再按区编号，如地下层 A 区配电箱系统图。

2.2 图 幅 大 小

2.2.1 图纸幅面的选择不宜超过两种。A0～A3 幅面的长边可加长。

2.2.2 A0 可加长 1/4*L*、3/8*L*、1/2*L*、5/8*L*、3/4*L*、7/8*L*、*L*。

2.2.3 A1 可加长 1/4*L*、1/2*L*、3/4*L*、*L*、5/4*L*、3/2*L*。

2.2.4 A2 可加长 1/4*L*、1/2*L*、3/4*L*、*L*、5/4*L*、3/2*L*、7/4*L*、2*L*、9/4*L*、5/2*L*。

2.3 布 图 要 求

2.3.1 无特殊要求，应按顺序横向布图。

2.3.2 图纸充满度宜满足 80%。

2.3.3 在同一张图纸上布置多个楼层平面时，各层平面宜按层数由低到高的顺序从左至右布置，并在每个平面正下方注明该图名。

2.3.4 在一张图上有多个平面、系统或详图内容时，每个内容下方均需要注明各自名称和比例。

2.4 字体及书写方法

2.4.1 图纸目录采用宋体，字高 500；设计总说明采用宋体，多行文字的文字字高为 400

行距比例为1，行间距629。其中宋体显示高度为500（以1：100出图为例），此命令无需单独设置。如图2.4-1所示。

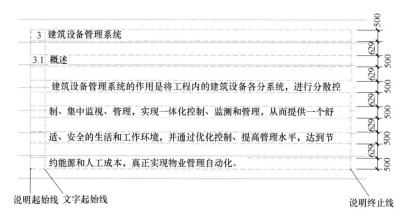

图 2.4-1　设计总说明字体及书写方法

2.4.2　图纸中的设计说明或备注，字高500（以1：100出图为例），行间距500，文字样式 Standard。如图2.4-2所示。

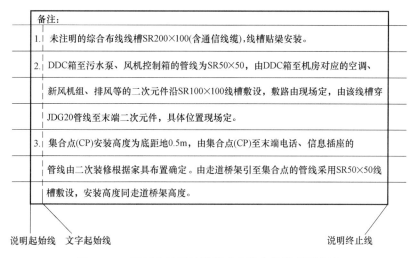

图 2.4-2　图纸中的设计说明或备注字体及书写方法

2.4.3　图例符号、主要设备表等表格内的文字采用字高500（1：100比例），宽高比0.8，字体文件采用 romans2. shx，hztxt. shx。

2.4.4　系统图和平面图中的标注文字采用字高300（1：100比例），宽高比0.8，字体文件采用 romans2. shx，hztxt. shx。

2.5　图线及画法

2.5.1　电气图纸的一般线缆采用实线，应急电源或备用电源回路采用虚线，控制线采用点划线。智能化图纸的线缆按图例符号执行。

2.5.2   平面图中电气线路一般采用 0.4 的线宽，主干线可采用 0.6 的线宽，电缆桥架采用两侧 0.18 实线，中间为 30％淡显的 40％～60％占比的 PLINE 线表示，封闭母线采用两侧 0.18 实线，中间为 30％淡显的占比 100％的 PLINE 线表示。

2.5.3   系统图中的一般线缆采用 0.4 线宽，主干线采用 0.5 线宽，配电箱内母排采用 1.0 线宽，文字 0.18 线宽。

2.5.4   图纸中的文字标注采用 0.18 线宽。

2.6   建筑底图的要求

2.6.1   原则上，建筑作业图均为外部引用，特别注意在最后阶段的制图过程中，应保证电气专业内容按箱体、灯具、线缆分层绘制。电气专业要求的楼板洞、结构墙洞可独立提取。

2.6.2   建筑底图仅保留墙线、柱、门、窗、楼梯间踏步、轴线及轴线号、轴线间尺寸及总尺寸、标高，除轴线采用 0.13 线宽外，其他均采用 0.18 线宽。

2.6.3   建筑中的家具布置、卫生洁具、车位等须保留，采用 30％淡显线表示。图中的结构柱、结构剪力墙外框用 0.18 实线表示，用 30％淡显填充。

2.6.4   首层平面图应有指北针，且保留室外主要区域的标高。

2.6.5   有多个防火分区的平面图，图中应包含防火分区划分示意图，可放在图纸右下角。

2.6.6   平面图分为若干区域，且按区域分为若干张平面图时，应在图签栏或图纸右下角提供整个平面分区示意图，并将本图所在区域用阴影表示。

2.7   绘 图 比 例

2.7.1   设计总说明、设备表、系统图、原理图中文字间距等按 1∶100 绘制。

2.7.2   平面图按照建筑专业作业图的比例绘制，一般为 1∶100、1∶150。

2.7.3   变配电室等机房详图、户型大样图、客房详图等原则上按 1∶50 绘制。

2.7.4   电气间、电气竖井等窄小区域大样图或节点图按 1∶50 或 1∶20 绘制。

2.8   平面图的绘制

2.8.1   电气专业的平面图一般包括：电力平面、照明平面，可根据图纸的充满度将动力平面分为电力平面和插座平面，照明平面分为一般照明平面和应急照明平面。

2.8.2   电气消防平面可根据图纸的充满度将地下层、机房层等有复杂联动要求的平面分为消防报警平面、消防联动平面。消防联动平面包括联动总线连接的末端设备，如阀门、警报装置、防火门监控、广播等。

2.8.3 智能化平面一般包括信息网络系统平面、安全防范系统平面、建筑设备管理平面，建筑设备管理系统内容较少时可以与安防系统平面合并。

2.8.4 按 1∶100 或 1∶150 比例绘制的每层平面图需要多张图纸才能涵盖时，应有一套平面能反映整个建筑平面的关系，如电力机房的电力电缆主干路由图、智能化系统机房的主干线缆路由图等，比例可以是 1∶300 或其他比例。

2.9 系统图的绘制

2.9.1 电气系统图分为高压供配电、低压配电、低压配电竖向干线、电力配电箱、控制箱、照明配电箱等。

2.9.2 电气消防系统包括火灾自动报警系统、消防联动控制系统、消防应急广播系统及火灾警报系统、消防专用电话系统、消防应急照明和疏散指示系统、电梯监视控制系统、电气火灾监控系统、防火门监控系统、可燃气体探测报警系统、消防设施电源监控系统、余压监控系统等。

2.9.3 智能化系统包括信息接入系统、信息网络系统、综合布线系统、移动通信室内信号覆盖系统、卫星通信系统、有线电视系统、卫星电视接收系统、公共广播系统、会议系统、信息导引及发布系统、时钟系统、安全防范系统（含视频安防监控系统、出入口控制系统、电子巡查系统、访客对讲系统、停车场管理系统、安全防范综合管理系统、应急响应系统）、建筑设备监控系统、建筑能效管理系统等。

2.9.4 不同类型的系统不宜混合在同一张图纸。当系统内容较少需合并绘制的，应按类型合并，且每个系统图的下方需注明系统名称。

2.9.5 竖向系统图包括配电干线、火灾自动报警与消防联动控制、综合布线、有线电视、安防、建筑设备管理等图纸，应以建（构）筑物为单位，自相应的机房开始至终端箱或点为止，按设备所处相应楼层绘制，应包含楼层线、楼层名称。由上级机房引来的需要表示清楚。

2.10 原理图的绘制

2.10.1 电气设备控制原理图可引用国家标准图，没有国家标准图的应单独绘制。

2.10.2 电气设备控制原理图由二次原理、功能栏、外部接线端子、设备材料表等组成。

2.10.3 空调机组、水泵、风机等自控原理图应包括工艺流程以及各设备、阀门、传感器、控制箱等对应的输入输出模拟量、输入输出数字量统计。

2.11 详图的绘制

2.11.1 详图应包含房间尺寸、轴线号、设备布置、电缆桥架位置、留洞位置等。

2.11.2 变电所详图应包括平面布置、剖面、桥架与母线布置、照明、接地等平面。

2.11.3 电气间、电气竖井应绘制平面布置，无法表达清楚的可以增加剖面或立面图。

2.11.4 柴油发电机房详图应包括平面布置、进排风井道、日用油箱间及注油口、剖面等内容。

2.11.5 进出户套管（防水钢板）、防雷接地节点、电缆沟、电缆井等节点或局部图无法表达清楚且没有标准图的，可随图或单独绘制节点详图。

2.11.6 卷帘门、集水坑内排水泵等配电，当数量较多能用详图表达清楚时，平面中可仅绘制控制箱，控制箱至电机的电源、启停按钮、液位计的管线可在详图上表示。

2.11.7 人防平面图上的穿越外墙、临空墙、防护密闭隔墙和密闭隔墙的各种管线或预留套管，可用详图表示。

2.11.8 住宅户型、客房、病房、教室、宿舍、公寓等典型单元，可用详图表示。

3 图纸目录

3.1 图纸目录的格式

图纸目录的格式见图 3.1-1（按 1：100 绘制）

	2200	3000	12000	2000	2000
2000	序号 SERIAL NO.	图号 DRAWING NO.	图名 DRAWING NAME	规格 SIZE	备注 REMARK
1000	总体				
1000	1	电施-001	图纸目录	A1	
1000	2	电施-002	电气设计说明(一)	A1	
1000	3	电施-003	图例符号管径表及标注方式	A1	
1000	4	电施-004	主要设备材料表及主要技术指标	A1	
1000	5	电施-005	主要设备控制一览表	A1	
1000	变配电室系统图及详图				
1000	6	电施-101	高压配电系统图	A1	
1000	7	电施-102	变配电所低压配电系统图(一)	A1	

图 3.1-1　施工图图纸目录示例

3.2 图纸目录的编排

3.2.1　应按图纸序号排列，先列新绘制的图纸，后列选用的重复利用图和标准图。

3.2.2　当图纸数量少于 20 张时，图纸编号可以从 1 编到 20，图纸超过 20 张时，为便于增减图纸，可按图纸类别编制图号，并遵循下列规定：

1　电气图纸采用“电施-×（系列数字）××（各系列序号）”，“电施”代表电气施工图统一名称，不能随意在“电”和“施”中和“电施”前后加入任何中文或英文。各系列用数字表示，见表 3.2-1。

2　智能化图纸采用“智施-×（系列数字）××（各系列序号）”，“智施”代表智能化专业施工图的统一名称，不能随意在“智”和“施”中和“智施”前后加入任何中文或英文。各系列用数字表示，见表 3.2-2。

电气专业图纸分类说明　　　　　　　　　　　　　　　　　表 3.2-1

系列	系列号	内容
总引述	0	图纸目录、设计说明、图例符号、设备表等各种表格
变电所图纸	1	相关的高压系统图、低压系统图及详图等
电力图纸	2	电力配电干线、电力配电平面、电力配电箱与控制箱系统图等
照明图纸	3	照明配电干线、照明配电平面、照明配电箱系统图等
防雷接地图纸	4	防雷接地平面、基础接地平面、防雷与接地系统构架及详图等
电气消防	5	消防报警系统、各消防子系统、消防报警与联动平面
总平面图	6	室外电气总平面全套图纸

注：初步设计图纸类同，将"电施"改为"电初"。

智能化专业图纸分类说明　　　　　　　　　　　　　　　　表 3.2-2

系列	系列号	内容
总引述	0	图纸目录、设计说明及图例符号等各种表格
系统图	1	相关的智能化系统、原理图等
信息设施平面图	2	信息设施平面图
安防及建筑设备管理系统平面图	3	安全技术防范及建筑设备管理系统相关的平面内容
大样图	4	网络机房、安防控制室、电信间（弱电间）、会议室等详图
总平面图	5	室外智能化总平面全套图纸

注：1　初步设计图纸类同，将"智施"改为"智初"。
　　2　建筑设备管理系统内容较多或招标有要求时，可单独列系列号。

　　3　施工图的图纸目录应以子项为单位进行编排。无子项者，按本样图格式编排，有子项者，子项号加在"-"后，如电施-×（子项号）-×（系列数字）××（各系列序号）。

3.2.3　根据项目的不同，表中没有对应系列号的图纸内容时，系列号往前提，或系列号合并。

3.2.4　有多个子项时，可以有直接调用的通用图，通用图一般包括设计说明、图例符号、户型大样图、节点图、原理图等，每个子项图纸目录包含的图纸应完整。

3.2.5　人防图纸可单独排序或不单独排序，在备注中注明"RF"，人防图纸应能独立成套，包括图纸目录、设计说明及相关系统图、平面图以及详图。

3.2.6　变电所报审图纸应能独立成套，可包括图纸目录、设计说明及相关系统图、变电所位置示意图以及详图。

3.2.7　根据具体项目的要求，总平面图也可以单独子项出图。

3.3　图纸目录的放置位置

3.3.1　图纸目录应放置在整套图纸的首张，一张不够可以是多张。

3.3.2　图纸目录未占用整张图的内容时，应布置在图纸右侧或右上角。

3.3.3　如果整套图纸仅一张时，可在图纸的右上角注明"本套图纸均在本图"。

4 图例符号及标注

4.1 图例符号的格式

图例符号表格内字体采用字高 500，宽高比 0.8，字体文件采用 romans2.shx，hz-txt.shx。如图 4.1-1 所示。

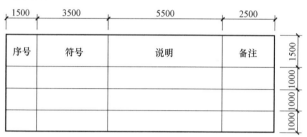

图 4.1-1 图例符号

4.2 配电箱的标注

系统图配电箱标注：$\dfrac{+ab-cd}{e}$，平面图配电箱标注：$+ab-cd$。

其中，a：区号（不分区时可没有）；b：楼层号；c：配电箱代号（AL—照明配电箱、ALE—应急照明电源箱；ALEE—应急照明配电箱（应急照明集中电源）、AP—电力配电箱、AA—交流配电屏、AT—双电源切换箱、ACB—插接开关箱、AW—计量表箱、AC—控制箱）；d：序号；e：设备容量。

示例：+1F8-ALE2，表示 1 区 8 层 2 号应急照明电源箱。

4.3 用电设备的标注

平面图中对各用电设备应进行标注，标注方式：$\dfrac{a}{b}$。

其中，a：设备代号或名称，以设备专业代号为准；b：设备容量（kW）。

4.4 回 路 标 注

4.4.1 回路标注：ab。

其中，a：线路编号（WPM—电力、照明干线；WEM—应急电源干线、WL—照明支干线；WP—电力支干线、W—照明、电力支线；WE—应急电源支线）；b：序号。

4.4.2 当回路较多时，可在线路编号后加数字代号表示回路属性，如 WPM ×（代号）—××（序号）。示例：WPM1-12 表示 1 号变压器第 12 号回路。

4.5 线 缆 标 注

线缆标注：b—c(d×e+f×g)/i。

其中，b：线缆型号；c：线缆根数；d：线缆芯数；e、g：线缆截面；f：PE 或 PE 芯数；i：线缆敷设方式（CT—梯架、SR—托盘或槽盒、FPC—半硬质塑料管、JDG—紧定套接式钢管、KJG—可弯曲金属导管、SC—镀锌钢管（焊接钢管）、SCE—吊顶内敷设、CC—顶板内暗敷、CE—顶板或天棚明敷、FC—地面内暗敷、WC—墙内暗敷、WS—墙面明敷）

相同类型的线缆可以用文字说明时，可不必每条线路都标注。

示例：YJY-2(3×95+2×50)/SR，表示该线缆为 2 根 YJY 电缆（交联聚乙烯绝缘聚乙烯护套电缆），3 芯 95mm^2 加 2 芯 50mm^2，沿槽盒敷设。

4.6 灯具表的格式

灯具表的格式如图 4.6-1 所示。

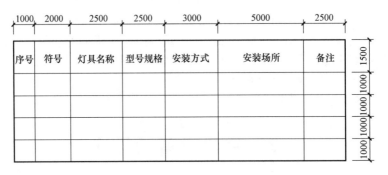

图 4.6-1   灯具表

5　设 计 说 明

5.1　方案、初设、施工图设计说明深度要求

方案、初设、施工图设计说明深度要求如下表所示：

方案、初设、施工图设计说明深度要求

阶段	设计说明内容
方案阶段	1　工程概况(与其他专业汇成一个文件时,可不再单独编写) 2　拟设置的建筑电气系统 3　变、配、发电系统 3.1　负荷级别及总负荷估算(包括典型场所的用电指标) 3.2　供电电源(电压等级、回路数、容量) 3.3　拟设置的变、配、发电站数量和位置 3.4　确定备用电源和应急电源的形式、电压等级、容量 4　电气节能及环保措施 5　绿色建筑电气设计 6　建筑电气专项设计
初步设计阶段	1　设计依据 2　设计范围 3　变、配、发电系统 4　配电系统 5　照明系统 6　防雷、接地及安全措施 7　电气消防 8　电气节能和环保措施
施工图设计阶段	1　设计依据 2　设计范围 3　变、配、发电系统 4　配电系统 5　照明系统 6　设备选型与安装 7　导线、电缆的选型与敷设 8　主要设备技术要求(亦可附在相应图纸上) 9　防雷、接地及安全措施系统 10　电气节能和环保措施 11　绿色建筑电气设计 12　电气消防 13　与相关专业的技术接口要求 14　对承包商深化设计图纸的审核要求

注：1　竣工图不在本范围。
　　2　施工图设计说明在初步设计的基础上增加设备选型安装,导线、电缆的选型与敷设,主要设备技术要求(亦可附在相应图纸上),绿色设计专篇,与相关专业的技术接口要求以及对承包商深化设计图纸的审核要求。以下设计说明的要点以施工图设计要求为主,初步设计按照本表内容参考施工图设计要求进行编制。

5.2 设 计 依 据

5.2.1 工程概况：工程名称、建设地点、建筑面积、层数和建筑高度、用途、建筑类别（如果是建筑群或有多个子项时，需要有总体介绍、单体或子项介绍），建筑类别除了需要明确是多层建筑还是一类高层或二类高层建筑外，还应明确该建筑类别的关键性指标，该指标与负荷等级相关联，是设计的重要依据。各类建筑的关键性指标见表 5.2-1。

各类建筑关键性指标 表 5.2-1

序号	建筑类别	关键性指标	参见规范标准
1	办公建筑	建筑分类：一类、二类、三类	《办公建筑设计标准》JGJ 67—2019
2	旅馆建筑	建筑等级：一级、二级、三级、四级、五级	《旅馆建筑设计规范》JGJ 62—2014
3	商业建筑	建筑规模：小型、中型、大型	《商店建筑设计规范》JGJ 48—2014
4	体育建筑	体育建筑等级：特级、甲级、乙级、丙级	《体育建筑设计规范》JGJ 31—2003
5	剧场建筑	建筑规模：小型、中型、大型、特大型	《剧场建筑设计规范》JGJ 57—2016
6	车库建筑	停车数量：小型、中型、大型、特大型	《车库建筑设计规范》JGJ 100—2015
7	展览建筑	展厅等级：甲级、乙级、丙级	《展览建筑设计规范》JGJ 218—2010
8	文化馆建筑	建筑面积：小型、中型、大型	《文化馆建筑设计规范》JGJ/T41—2014 《文化馆建筑设计标准》（建标136—2010）
9	托儿所、幼儿园	规模：小型、中型、大型	《托儿所、幼儿园建筑设计规范（2019 年版）》JGJ 39—2016
10	教育建筑	学校等级及类型：普通高等学校、成人高校（文、理）；高级中学、初级中学、普通小学；中等职业学校	《中小学校设计规范》GB 50099—2011 《教育建筑电气设计规范》JGJ 310—2013
11	医疗建筑	建设规模：床位数 科室设置：内科、外科、妇科、儿科、眼科、耳鼻喉科、中医及药剂、检验、放射等医技部门 管理模式：门诊、急诊、预防保健、临床、医技、医疗管理	《综合医院建筑设计规范》GB 51309—2014 《医疗建筑电气设计规范》JGJ 312—2013
12	图书建筑	藏书规模：10 万册以下、10 万～100 万册、超过 100 万册	《图书馆建筑设计规范》JGJ 38—2015
13	档案建筑	等级：特级、甲级、乙级	《档案馆建筑设计规范》JGJ 25—2010
14	博物馆	建筑规模：特大型、大型、中型、小型	《博物馆建筑设计规范》JGJ 66—2015
15	殡仪馆建筑	年遗体处理量(具)Ⅰ类、Ⅱ类、Ⅲ类、Ⅳ类、Ⅴ类	《殡仪馆建设标准》（建标 181—2017）《殡仪馆建筑设计规范》JGJ 124—1999
16	老年照料设施	床位数：床位数不少于 20 床(人)	《老年人照料设施建筑设计标准》JGJ 450—2018
17	疗养建筑		《疗养院建筑设计标准》JGJ 40—2019
18	饮食建筑	建筑面积或用餐区域座位数：小型、中型、大型、特大型	《饮食建筑设计标准》JGJ 64—2017
19	电影院建筑	座位数：特大型、大型、中型、小型 等级：特级、甲级、乙级、丙级	《电影院建筑设计规范》JGJ 58—2008
20	实验楼	生物实验室级别：一级、二级、三级、四级	《科研建筑设计标准》JGJ 91—2019 《生物安全实验室建筑技术规范》GB 50346—2011
21	广播电视建筑	级别：一类、二类	《广播电影电视建筑设计防火标准》GY 5067—2017
22	看守所建筑	关押罪犯人数：小型、中型、大型	《监狱建筑设计标准》JGJ 446—2018 《看守所建筑设计规范》JIG 127—2000
23	交通建筑——铁路旅客车站	建筑规模(高峰小时发送量/最高聚集人数)：特大型、大型、中型、小型	《交通建筑电气设计规范》JGJ 243—2011 《铁路旅客车站建筑设计规范（2011 年版）》GB 50226—2007

序号	建筑类别	关键性指标	参见规范标准
24	交通建筑——客运汽车站	年平均日旅客发送量,旅客最高聚集人数	《交通客运站建筑设计规范》JGJ/T 60—2012
25	交通建筑——民航航站楼	楼层:单层、二层式、二层半式、多层式 类别:Ⅰ类、Ⅱ类、Ⅲ类、Ⅳ类	《民用机场航站楼设计防火规范》GB 51236—2017
26	交通建筑——地铁		《地铁设计规范》GB 50157—2013
27	住宅建筑	建筑高度:一类高层($h>54\text{m}$)、二类高层($27\text{m}<h\leqslant54\text{m}$)、多层($h\leqslant27\text{m}$)	《建筑设计防火规范(2018 年版)》GB 50016—2014 《住宅设计规范》GB 50096—2011
28	民用建筑	建筑高度:一类高层($h>50\text{m}$)、二类高层($24\text{m}<h\leqslant50\text{m}$)、多层($h\leqslant24\text{m}$ 或大于 24m 的单层)	《建筑设计防火规范(2018 年版)》GB 50016—2014
29	厂房	生产的火灾危险性类别:甲、乙、丙、丁、戊	《建筑设计防火规范(2018 年版)》GB 50016—2014
30	仓库	储存物品的火灾危险性类别:甲、乙、丙、丁、戊	《建筑设计防火规范(2018 年版)》GB 50016—2014

注:执行过程中应根据现行版本进行修正。

5.2.2　自然环境:

1　环境温度:检验用电设备的正常工作温度范围,用于电缆、导线载流量选择。一般线缆载流量选择,按环境温度 30℃、35℃、40℃三种条件的导体载流量来选择,各地的环境温度见第 8 章。

2　湿度:最高温度为 40℃时,空气的相对湿度不超过 50%,在较低的温度下可允许较高的湿度,对由于湿度变化产生的凝露应采取特殊措施。

3　污染等级:污染等级分 1 级~4 级,工业电器一般用于污染等级 3 的环境,但特殊用途和微观环境可考虑采用其他的污染等级。家用及类似用途的电器一般用于污染等级 2 的环境。

4　多尘环境:灰尘沉降量等级分Ⅰ、Ⅱ、Ⅲ级,分别对应清洁、一般多尘、多尘。存在非导电灰尘的一般多尘环境,宜选用 IP5X 电器;对于多尘环境或存在导电灰尘的一般多尘环境,宜采用 IP6X 电器;对导电纤维环境,应采用 IP65 电器。防护等级的定义及划分详见第 5.7 节。

5　土壤地质条件:用于接地电阻计算、线缆敷设要求以及土壤中敷设的电缆载流量。

6　海拔高度:高原气候的特征是气压、气温和绝对湿度都随海拔的增高而减小,太阳辐射则随之增强。低气压会使空气介电强度和冷却作用降低,使以空气为冷却介质的电气装置的温升升高,使以空气为冷却介质的开关灭弧发生困难,正常条件为 1000m。海拔适应能力级别 G2 适应 1000m~2000m,G3 适应 2000m~3000m,G4 适应 3000m~4000m,G5 适应 4000m~5000m。

7　地震烈度:用于设计抗震基础、抗震支吊架、线缆敷设等的考虑因素。

5.2.3　结构类型、基础形式:

1　结构类型:按所用材料分为砌体结构、钢筋混凝土结构、钢结构、木结构;按承重结构类型分为砖混结构、框架结构、框架剪力墙结构、剪力墙结构、筒体结构、桁架结构；按施工方法分为现浇结构、装配式结构、装配式整体结构、预应力钢筋混凝土结构。

2 基础形式：条形基础、独立基础、桩基础、筏板基础、箱型基础。

5.2.4 空调形式：

1 中央空调系统：

1）水冷系统的冷源系统：螺杆式冷水机组、离心式冷水机组、溴化锂吸收式冷水机组、模块化水冷式冷水机组、涡旋式冷水机组、活塞式冷水机组、冰蓄冷机组、空气源热泵机组、地下水水源热泵机组。

2）风冷系统。

3）中央空调的末端形式：全空气系统、变风量系统、两管制风机盘管系统、四管制风机盘管系统。

2 多联机系统。

3 燃气炉家用小型中央空调系统。

4 分体空调。

5.2.5 建设单位提供的有关部门认定的工程设计资料：

1 供电部门提供的供电方案以及市政接口位置。

2 消防部门提供的咨询意见或消防性能化分析报告。

3 通信部门提供的市政接口及规划要求。

4 建设单位提供的任务书。

5 批准的方案文件或初步设计文件。

6 其他相关部门的资料。

5.2.6 相关专业提供给本专业的工程设计资料：

1 建筑专业：平面图、立面图、剖面图、节点详图、吊顶做法、二次装修范围、室内装饰材料、建筑面层做法、保温层。

2 结构专业：梁板图、基础图（包括后浇带、伸缩缝、沉降缝）、钢结构桁架布置。

3 给水排水专业：各场所灭火形式，机房布置，用电设备位置及电量，设备控制要求，消火栓、报警阀、雨淋阀、水流指示器及检修阀、排气阀、水炮、电伴热等位置，主要管道（如冷却循环管）路由。

4 暖通空调专业：各场所的空调形式，供暖形式，机房布置，用电设备位置及电量，设备控制要求，散热器、防火阀、排烟阀（口）、电动挡烟垂壁、电动阀、正压送风阀、风口等位置，主要管道路由。

5.2.7 设计所执行的主要法规和所采用的主要标准，包括标准的名称、编号年号和版本号，主要包括以下几类规范：

1 与建筑工程类别对应的建筑设计标准或规范。

2 与建筑工程对应的防火规范。

3 与建筑工程对应的供配电类标准或规范。

4 与建筑工程对应的照明标准或规范。

5 与绿色节能对应的照明标准或规范。

6 与设计内容相对应的智能化类设计标准或规范。

5.3 设 计 内 容

除红线内的一般电气设计内容外，需要明确下列系统或范围是否属于设计范围：

1 变电所系统图及机房详图以及接口界面；

2 智能化是否有专项设计，智能化各系统的设计内容及接口界面，智能化供电系统所属范围；

3 景观照明、泛光照明的设计内容及接口界面，相关照明的配电所属范围；

4 室内装修场所电气配合的设计范围，分工界面；

5 相关工艺的电气配合内容以及分工界面；

6 红线内小市政的电气管线、智能化管线以及室外道路照明的设计内容以及分工界面；

7 其他专项设计的分工界面，如太阳能光伏系统、舞台灯光、舞台机械等。

5.4 变、配、发 电 系 统

5.4.1 供电电源：

1 确定供电电源的电压等级、电源容量以及回路数。

2 明确回路数之间的关系，专用还是非专用，主用、备用电源最好能提供出上级哪个或哪几个电站引来。

3 电源线路的敷设方式以及引入位置。

5.4.2 负荷分级：

1 确定各主要用电负荷的负荷等级。

2 各级负荷的容量统计。

5.4.3 负荷指标及负荷统计：

1 方案阶段或初步设计阶段，可采用单位面积指标法，要求列出主要场所的单位负荷指标。

2 施工图阶段的二次精装范围可按单位指标法预留电量，列出这些场所的单位负荷指标。

3 对于商业建筑要明确业态，例如零售、百货、电玩、影院、超市、餐饮（有无燃气）等，以便预估用电指标。

4 统计总的设备容量，计算有功、无功、视在容量，以及变压器的负载率。

5.4.4 变电所的设置：明确变电所的位置、数量和类别，注明各变电所的变压器装机容量以及服务范围。变电所的高、低压电缆进、出线方式，变电所是否下设电缆夹层、电缆沟。具体参见表 5.4-1 示例。

5.4.5 自备电源与应急电源设置：

1 哪些用电负荷需要备用电源和/或应急电源。

2 自备电源和应急电源的设备选择、容量确定原则及性能要求。

3 自备电源和应急电源的机房设置位置、服务范围及配套要求。

变电所装机容量统计表示例

表 5.4-1

变电所编号	变电所类别	变压器装机容量	服务范围	出线形式
1号变电所	主变电所	2台×××kVA	地下车库	下出线 下设夹层/ 下设电缆沟
		2台×××kVA	低区塔楼	
		2台×××kVA	高区塔楼	
2号变电所	分变电所	2台×××kVA	冷冻机房	上出线
3号变电所	分变电所	2台×××kVA	裙房商业	上出线

4 有自备柴油发电机时，说明启动、停止方式及与市电的关系。

5 有多个自备电源和应急电源时，可参照表 5.4-1 绘制统计表。

5.4.6 高低压配电系统的主接线形式：

1 明确接地方式。

2 各路正常电源之间或正常电源与备用电源之间的关系。

3 有母线联络开关时，母线联络开关的运行与切换方式。

4 变压器之间低压侧联络方式。

5 消防负荷、非消防重要负荷的供电方式。

5.4.7 操作电源及继电保护：

1 说明高压设备的操作电源，如果是直流操作，说明其操作方式、容量、电压等级。

2 说明继电保护的设置。

3 有分变电所时，要说明主、分变电所的保护关系。

5.4.8 计量：

1 采用高压或低压计量，与供电部门的计量接口。

2 是否需要设置动力子表、工业子表。

3 检测仪表的配置情况，内部分区分项计量的措施及实现方式。

5.4.9 电源质量保证：

1 功率因数是否达到供电部门的要求。

2 补偿容量和采取的补偿措施，补偿后的结果。

3 谐波状况及治理措施。

5.4.10 低压保护装置：

1 低压主进开关、母联开关、馈线开关的保护要求。

2 低压主进开关、母联开关、馈线开关的电气参数要求（分断能力、脱扣器形式、附件、辅助触点数量、操作电源）。

5.4.11 智能配电监控系统：

1 智能配电监控系统的网络构架。

2 智能配电监控系统的功能要求。

3 智能配电监控系统的实现途径及相关接口。

4 智能配电监控系统与能源管理系统的关系。

5.5   低 压 配 电 系 统

5.5.1 说明低压配电的接地形式（TN-S、TN-C-S、TT、IT 等）。

5.5.2 各类等级负荷的供电措施（单电源、双电源、双电源末端互投）。

5.5.3 各类等级的负荷以及各类型负荷的供电方式（放射式、树干式、二次配电）。

5.5.4 电机启动与控制方式的选择。

5.6   照 明 系 统

5.6.1 照明种类。

5.6.2 各主要场所的照度标准、功率密度限值等指标（可用表格形式）。

5.6.3 光源的种类以及光通量、色温、显色指数等光源参数。

5.6.4 灯具的配置与安装（可通过灯具表来表示）。

5.6.5 控制方式的选择，采用智能照明控制系统时应说明系统构架组成、就地或集中控制的实现方式。

5.6.6 说明典型场所的照明配电方案

5.6.7 应急疏散照明系统：

    1 应急疏散照明的系统选择。

    2 应急疏散照明的电源形式及后备电源（EPS）的持续供电时间。

    3 应急疏散照明灯具的选型要求。

    4 典型场所的应急疏散照明照度要求。

    5 应急疏散照明的控制要求及切换时间（针对是否属于人员密集场所，电源的切换时间）。

5.6.8 对有二次装修照明和照明专项设计的场所，应说明照明配电箱的设置原则、容量及供电要求。

5.6.9 室外照明的种类、电压等级、光源选择、控制方式及接地形式。

5.7   设 备 选 型 与 安 装

5.7.1 变电所高压柜、低压柜、变压器、直流屏的选型与安装要求，需要注意变压器的能效标准应按照现行国家标准《电力变压器能效限定值及能效等级》GB 20052 执行。

5.7.2 柴油发电机组的选型与安装。

5.7.3 制冷机房、水泵房、热力站等设备机房电力柜的选型与安装要求。

5.7.4 箱体的选型与安装，包括防护等级、壁装（明、暗）高度及安装要求。

5.7.5 母线槽与插接箱的选型及安装要求。

5.7.6 开关、插座的选型与安装。

5.7.7 设备就近的启停按钮箱、开关或插座箱的选型与安装。

5.7.8 抗震支吊架和抗震基座的要求（可以单独组成章节）。

5.7.9 配电箱外壳防护等级及应用场所（参考《外壳防护等级（IP 代码）》GB/T 4208—2017），见表 5.7-1。

防护等级含义及运用场所 表 5.7-1

第一位 特征数字	表示对接近危险部件的防护等级	
	简要说明	含义
0	无防护	—
1	防止手背接近危险部件	直径 50mm 球形试具应与危险部件有足够的间隙
2	防止手指接近危险部件	直径 12mm、长 80mm 的铰接试指应与危险部件有足够的间隙
3	防止工具接近危险部件	直径 2.5mm 的试具不得进入壳内
4	防止金属线接近危险部件	直径 1.0mm 的试具不得进入壳内
5		
6		
第二位 特征数字	表示防止水进入的防护等级	
	简要说明	含义
0	无防护	—
1	防止垂直方向滴水	垂直方向滴水应无有害影响
2	防止外壳在 15°方向倾斜时垂直方向滴水	当外壳的各垂直面在 15°倾斜时，垂直滴水应无有害影响
3	防淋水	当外壳的垂直面在 60°范围淋水，无有害影响
4	防溅水	向外壳各方向溅水无有害影响
5	防喷水	向外壳各方向喷水无有害影响
6	防强烈喷水	向外壳各方向强烈喷水无有害影响
7	防短时浸水影响	浸入规定压力的水中经规定时间后外壳进水量不致达有害程度
8	防持续浸水影响	按生产厂商和用户双方同意的条件（应比特征数字为 7 时严酷）持续潜水后外壳进水量不致达有害程度
9	防高温/高压喷水的影响	向外壳各方向喷射高温/高压水无有害影响

注：第一位特征数字表示对接近危险部件的防护等级，第二位数字表示防止水进入的防护等级。

5.7.10 工程中配电箱设置场所的防护等级见表 5.7-2。

配电箱设置场所的防护等级 表 5.7-2

序号	场所	防护等级	备注
1	变电所、配电间	IP20	
2	车库，后勤公共区	IP30	
3	房间内（办公室、会议室）		其他未提及场所可参考表中所列场所的同等条件确定防护等级
4	室外（有屋顶、雨棚等）	IP54	
5	室外（无屋顶、雨棚等）	IP65	
6	水池外、草坪等潮湿区域	IP67	

5.8 导线、电缆的选型及敷设

5.8.1 进户缆的选型与敷设，当进户电缆属于供电部门时预留进线路由和进户套管。

5.8.2 室内高压电缆的选型与敷设，当高压电缆需要引出到变电所外的室内其他空间时，应选用耐火电缆。

5.8.3 低压电力电缆的选型与敷设：

   1 室外电缆的选型及敷设要求。

   2 室内非消防电力电缆的选型及敷设要求。

   3 室内消防电力电缆的选型及敷设要求。

5.8.4 导线的选型与敷设：

   1 室内非消防导线的选型及敷设要求。

   2 室内耐火导线的选型及敷设要求。

5.8.5 控制电缆的选型与敷设。

5.8.6 梯架、托盘与槽盒的选型（或材质选择）及敷设要求。

5.8.7 管材的选型（镀锌钢管、焊接钢管、JDG 管、可挠金属管、硬质塑料管、半硬质塑料管）与敷设。

5.9　电气节能与环保措施

5.9.1 电气系统的节能措施。

5.9.2 供配电设备（变压器、变频器、控制器、接触器）的节能要求。

5.9.3 用电设备（电动机、电梯等）的节能要求。

5.9.4 照明（光源、灯具、附件、控制）的节能要求。

5.9.5 设备控制（建筑设备管理系统）的节能要求。

5.9.6 用电设备分区分项计量管理的要求。

5.9.7 环保措施（噪声控制、低烟无卤电线电缆、柴油发电机组的排烟等）的选用。

5.10　绿色建筑电气设计

5.10.1 绿色建筑电气设计概况。

5.10.2 实施建筑能耗分类、分项计量。

5.10.3 建筑电气节能与能源利用设计内容（绿色节能产品的选用，如选择 NX_1 或 NX_2 能效变压器；可再生能源利用，如光伏发电系统、风力发电系统等）。

5.10.4 建筑电气室内环境质量设计内容（CO 联动车库风机、CO_2 联动新风机组、空气品质检测等）。

5.10.5 建筑电气运营管理设计内容。

5.11　防雷、接地及安全措施

5.11.1 计算年雷击次数、确定建筑物防雷类别。

5.11.2 电子信息系统雷电防护等级。

5.11.3 防直接雷击、防侧击、防雷击电磁脉冲等的措施。

5.11.4 接闪器、引下线、接地装置的设置。

5.11.5 接地种类及接地电阻要求。

5.11.6 等电位、局部等电位的设置及做法。

5.11.7 安全接地及特殊接地的措施。

5.12   电 气 消 防

5.12.1 设计内容与系统组成：

说明本项目电气消防包括的内容，由哪些系统组成（火灾自动报警系统、消防联动控制系统、消防应急广播系统及火灾警报系统、消防专用电话系统、消防应急照明和疏散指示系统、电梯监视控制系统、电气火灾监控系统、防火门监控系统、可燃气体探测报警系统、消防设施电源监控系统、余压监控系统）。

5.12.2 消防控制室：

1   项目设置了几个消防控制室，分别位于什么位置，其覆盖的管理范围以及它们之间的关系，其中哪个是消防总控制室，哪个是消防分控室；设置了几个消防值班室，位于何处，与消防控制室的关系；各控制室、值班室的相关管理要求。

2   消防控制室内设置的消防设备有哪些（火灾报警控制器、消防联动控制器、消防控制室图形显示装置、消防专用电话总机、消防应急广播主机及控制装置、消防应急照明和疏散指示系统控制装置、5.12.1 中所涉及的消防各子系统的主机设备消防电源监控器等）。

3   消防控制室（包括消防总控制室、分控制室）、消防值班室各自的功能要求。

4   消防控制室相关配套设施（防水、防火、防盗等要求）。

5.12.3 火灾自动报警系统：

1   按建筑性质、规模确定系统形式（控制中心报警、集中报警、区域报警）及系统组成。

2   报警控制器、手控制台设备、区域显示器、短路隔离器等的设置。

3   主要场所的火灾探测器设置原则。火灾探测器主要包括以下类型：

感烟探测器（阴燃阶段）：离子感烟探测器、光电感烟探测器、红外光束感应探测器、吸气式感烟探测器、光截面探测器/线型激光感烟探测器（可以由一个接收器和多个发射器组成）。

感光探测器（起火阶段）：红外火焰探测器、紫外火焰探测器、双波段图像型探测器（红外视频图像/彩色视频图像，30m、60m、80m、100m 不等）。

感温探测器（高温燃烧阶段）：点型感温探测器（A1、A2、B、C、D、E、F、G）、可恢复缆式定温探测器（双绞线）、不可恢复定温探测器（四芯铜导线）、空气管差温探测器、光纤光栅感温探测器。

可燃气体探测器（气体泄漏）：半导体可燃气体探测器、接触燃烧式可燃气体探测器、固定电介质可燃气体探测器、红外吸收式可燃气体探测器。

需要注意 12m 以上空间应设置两种探测器，包括一路烟探测、一路光探测。

4 手动火灾自动报警按钮的设置。

5 火灾警报装置的设置。

5.12.4 消防联动控制：

1 消防联动控制的一般要求（包括消防水泵房、消防水箱间的设置位置），明确各场所的灭火形式：

一般场所：消火栓系统、湿式自动喷洒系统、预作用自动喷洒系统；

高大空间：大空间智能灭火装置（高度 6m～25m，半径≤6m）、自动扫描射水灭火装置（高度 2.5m～6m，半径≤6m）、自动扫描射水高空水炮灭火装置（高度 6～20m，半径≤20m）、固定消防炮灭火系统；

电气机房、特殊库房：气体灭火（管网组合分配式、预制式、火探管）、高压细水雾、水喷雾；

特殊场所：雨淋系统、防火幕（防火分隔、防护冷却）、窗玻冷却系统、厨房设备灭火装置。

2 消火栓系统的联动控制：联动控制方式、手动控制方式、动作信号反馈。

3 自动喷洒灭火系统的联动控制：

1）湿式系统和干式系统：联动控制方式、手动控制方式、动作信号反馈。

2）预作用系统：服务范围、联动控制方式、手动控制方式、动作信号反馈、是否有空压机、末端排气阀的联动关系。

4 大空间灭火系统的联动控制：服务范围、联动控制方式、手动控制方式、动作信号反馈。

5 固定消防炮灭火系统：服务范围、联动控制方式、手动控制方式、动作信号反馈、消防控制室的配套设备。

6 雨淋系统的联动控制：服务范围、与火灾探测器的联动关系、联动控制方式、手动控制方式、动作信号反馈。

7 防火水幕系统的联动控制：服务范围、与火灾探测器的联动关系、联动控制方式、手动控制方式、动作信号反馈。

8 水喷雾灭火系统的联动控制：服务范围、与火灾探测器的联动关系、联动控制方式、手动控制方式、动作信号反馈。

9 细水雾灭火系统联动控制：服务范围、系统形式、与火灾探测器的联动关系、联动控制方式、手动控制方式、动作信号反馈。

10 气体灭火系统的联动控制：服务范围、气体灭火方式（管网灭火系统、无管网灭火系统）、与火灾探测器的联动关系、联动控制方式、手动控制方式、动作信号反馈。

11 排烟系统的联动控制：服务范围、联动控制方式、手动控制方式、动作信号反馈、相关阀门的监控。

12 正压送风系统的联动控制：服务范围、联动控制方式、手动控制方式、动作信号反馈、相关阀门的监控。

13 消防补风系统的联动控制：服务范围、与之对应的排烟风机、联动控制方式、手动控制方式、动作信号反馈。

14　排气兼排烟风机的联动控制：平时作为正常的排风换气，可由建筑设备监控系统控制，火灾时同排烟风机的联动控制。

15　进风兼消防补风机的联动控制：平时作为正常的进风，可由建筑设备监控系统控制，火灾时同消防补风机的联动控制。

16　防火卷帘系统的联动控制：卷帘门的位置（是否在疏散通道）、与火灾探测器的联动关系、联动控制方式、手动控制方式、动作信号反馈。

17　自动挡烟垂壁的联动控制：挡烟垂壁的位置、与火灾探测器的联动关系、联动控制方式、手动控制方式、动作信号反馈。

18　电梯的联动控制：电梯的类型（消防电梯、非消防电梯）、电梯的联动信号、电梯运行的反馈信号。

19　非消防电源的切除：切除方式、切除范围、切除时机。

5.12.5　消防专用电话：

1　消防通信系统的网络形式（总线制、多线制）、消防电话总机容量；

2　电话分机和电话插孔的设置位置；

3　向上级报警的外线电话设置要求。

5.12.6　消防应急广播系统及火灾警报系统：

1　消防应急广播系统的网络形式、消防广播的功放容量；

2　消防应急广播的回路划分原则；

3　扬声器的设置原则；

4　消防广播的联动控制要求；

5　消防警报装置的设置以及与广播系统的联动关系。

5.12.7　消防应急照明和疏散指示系统：

1　应急疏散照明的系统选择；

2　应急疏散照明的电源形式及后备电源（EPS）的持续时间和切换时间；

3　应急疏散照明灯具的选型要求（A 型、B 型；疏散指示灯具大型、小型）；

4　典型场所的应急疏散照明照度要求；

5　应急疏散照明的控制要求。

5.12.8　可燃气体探测报警系统：

1　系统组成；

2　可燃探测器的设置原则；

3　可燃气体报警控制器的设置位置、与消防报警系统的关系；

4　联动控制要求。

5.12.9　电气火灾监控系统：

1　系统组成；

2　电气火灾探测器的设置原则；

3　线缆传输要求。

5.12.10　消防电源监视系统：

1　系统组成；

2　消防电源监视器的设置原则；

3　线缆传输要求。

5.12.11　防火门监视系统：

1　系统组成与设备安装要求；

2　防火门监控器的设置原则；

3　常开防火门、常闭防火门的监控要求；

4　线缆传输要求。

5.12.12　余压监控系统：

1　系统组成与设备安装要求；

2　余压控制器与余压探测器的设置原则；

3　余压控制系统的联动控制要求。

5.12.13　末端试水监测控制系统：

1　系统组成与设备安装；

2　末端检测装置的设置原则；

3　与给水排水专业的配合要求。

5.12.14　线缆选择及敷设要求。包括但不限于下列系统的线缆选型、线缆规格、线缆敷设要求：消防报警总线、消防联动总线、电源线、消防应急广播线、消防电话通信线、专用联动控制电缆以及其他消防子系统的信号传输线路。

5.12.15　电源与接地：

1　确定本项目的主电源、备用电源的供给方式；

2　确定消防设备的主、备电源及投切关系；

3　消防报警系统的接地要求。

5.12.16　设备安装。火灾报警及联动系统相关设备包括但不限于下列设备：消防报警控制器、消防联动台（柜）、图形显示装置、各系统主机设备、区域报警显示器、楼层线路接线箱、模块箱、短路隔离器、火灾探测器、手动报警按钮、消防电话分机、消防电话插孔、消防广播线路接线盒、消防广播扬声器、火灾警报器、可燃气体监测器、可燃气体报警控制器等。

5.12.17　相关的系统接口。火灾报警及联动系统的接口包括但不限于下列系统：

1　与智能化系统集成的接口要求；

2　与视频监控系统的接口要求；

3　与出入口控制系统的接口要求；

4　与背景音乐及有线广播系统的接口要求；

5　与电梯、扶梯监控系统的接口要求；

6　与应急响应系统的接口要求。

5.13　装配式建筑电气设计

如果项目为装配式建筑，需要配套提供装配式建筑电气设计说明的内容。

1 装配式建筑设计概况以及装配率。

2 配电设备和附件在预制构件中的安装要求。

3 管线在预制构件中敷设以及与其他部位导管的连接要求。

4 防雷引下线在预制构件中的连接要求。

5 电气专业在预制构件中预留孔洞、沟槽、预埋管线等布置的设计原则。

6 装配式木结构的防火要求。

6 主要设备表和控制表

6.1 设 备 表

6.1.1 设备表的制作格式见图 6.1-1。

图 6.1-1 主要设备表

6.1.2 如果电气设备表中另附有详图者,应在备注栏中注明图纸编号。

6.1.3 可以注明产品的型号标准,但建议标注国家统一型号,不能注明生产企业名称。

6.1.4 设备选择应优先选用绿色节能产品,加大绿色技术推广应用。

6.1.5 需要在设备表中阐述详细的性能参数时,可以选用图 6.1-2 所示格式。

图 6.1-2 主要设备表和技术要求

6.2 设备控制一览表

6.2.1 设备控制一览表按图 6.2-1 所示格式

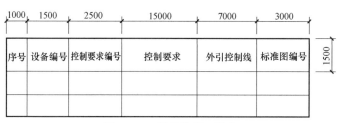

图 6.2-1 设备控制一览表

注:每行占用高度可根据其内容自行决定。

6.2.2 各设备的控制要求可用字母 A～Z 及其字母组合表示。

6.2.3 控制线为所属控制箱外引的线缆。

6.2.4 电动机控制和保护装置一般需要随各电动机回路标注断路器、接触器、热继电器的型号规格、整定值等参数，除特殊回路外也可列表，按电机的功率和性质在表格中表示以上参数和型号规格。见图 6.2-2、图 6.2-3。

电机功率	型号(非消防型)	型号(消防型)	导线型号(非消防类)	配管管径(非消防类)	导线型号(消防类)	配管管径(消防类)

图 6.2-2　电动机控制和保护装置参数表格

电机功率	断路器型号规格	接触器型号规格	热继电器型号规格	导线型号规格	配管管径

图 6.2-3　电动机断路器、接触器、热继电器控制和保护装置参数表格

7 负 荷 计 算

7.1 一 般 规 定

7.1.1 配电系统负荷计算的目的是准确选用配电系统中的变压器容量，无功补偿容量，各级保护电器稳态保护整定的设置，配电母线及各级配电电缆的选择，计算电压降、电压偏差等。

7.1.2 负荷计算的主要内容有设备容量、计算容量、计算电流、尖峰电流、变压器容量选择、无功补偿等。

7.1.3 负荷计算方法有单位指标法、需要系数法、利用系数法，其中单位指标法又包括负荷密度指标法（单位面积功率法）、综合单位指标法、单位产品耗电量法。民用建筑中常用的负荷计算方法有单位指标法中的负荷密度指标法、综合单位指标法，以及需要系数法。

7.1.4 负荷密度指标法源于使用数据的归纳，计算过程简便，计算精度低，适用于设备功率不明确且存在较大可变性的方案设计阶段。需要系数法源于负荷曲线的分析，计算过程较简便，设备数量多的情况下准确性较高，适用于设备功率已知的初步设计阶段及施工图设计阶段。综合单位指标法一般用于住宅建筑在初步设计及施工图设计阶段的负荷计算。

7.2 方案阶段负荷计算

7.2.1 方案阶段负荷计算的目的在于预估变压器装机容量，制定供配电方案，设置变配电机房等。

7.2.2 方案阶段负荷计算可采用负荷密度指标法（单位面积功率法）。

$$P_e = \frac{p_a A}{1000} \tag{7.2-1}$$

式中　P_e——计算有功功率，kW；

　　　　p_a——负荷密度，W/m²；

　　　　A——建筑面积，m²。

7.2.3 规划单位建设用地和建筑面积的负荷指标参考表 7.2-1 和表 7.2-2。

7.2.4 单位指标受多种因素的影响，如地理位置、气候条件、地区发展水平、居民生活习惯、建筑规模大小、建设标准高低、使用能源种类、节能措施力度等，各类建筑物的单位建筑面积用电指标参考表 7.2-3。

规划单位建设用地负荷指标　　　　　　　　　　　　表 7.2-1

城市建设用地类别	单位建设用地负荷指标(W/m²)
居住用地	10～40
商业服务业设施用地	40～120
公共管理与公共服务设施用地	30～80
工业用地	20～80
物流仓储用地	2～4
道路与交通设施用地	1.5～3
公共设施用地	15～20
绿地与广场用地	1～3

注：摘自《城市电力规划规范》GB/T 50293—2014。

规划单位建筑面积负荷指标　　　　　　　　　　　　表 7.2-2

建筑类别	单位建筑面积负荷指标(W/m²)
居住建筑	30～70(4kW/户～16kW/户)
公共建筑	40～150
工业建筑	40～120
仓储物流建筑	15～50
市政设施建筑	20～50

注：摘自《城市电力规划规范》GB/T 50293—2014。

各类建筑物的单位建筑面积用电指标　　　　　　　　表 7.2-3

建筑类别	用电指标(W/m²)	变压器容量指标(VA/m²)
公寓	30～50	40～70
旅馆	40～70	60～100
办公	30～70	50～100
商业	一般:40～80	60～120
	大中型:60～120	90～180
体育	40～70	60～100
剧场	50～80	80～120
医院	50～80(30～70)	80～120(50～100)
高等院校	20～40	30～60
中小学	12～20	20～30
幼儿园	10～20	18～30
展览馆、博物馆	50～80	80～120
演播室	250～500	500～800
汽车库 （机械停车库）	8～15 (17～23)	12～34 (25～35)

注：1　当空调冷水机组采用直燃机（或吸收式制冷机）时，用电指标一般比采用电动压缩机制冷时的用电指标降低 25VA/m²～35VA/m²。表中所列用电指标的上限值是采用电动压缩机组时的数值。
　　2　本表摘自《全国民用建筑工程设计技术措施·电气（2009）》。

7.2.5　商业建筑的用电指标比较复杂，与其业态相关联，具体用电指标参见表 7.2-4。

商业建筑用电指标　　　　　　　　　　　　　　表 7.2-4

商店建筑名称		用电指标(W/m²)
购物中心、 超级市场、 百货商场	大型购物中心、超级市场、高档百货商场	100～200
	中型购物中心、超级市场、百货商场	60～150
	小型超级市场、百货商场	40～100
	家电卖场	100～150(含空调冷源)
		60～100(不含空调主机)
	零售	60～100(含空调冷源)
		40～80(不含空调主机)

续表

商店建筑名称			用电指标（W/m²）
步行商业街	餐饮	中式餐饮（有燃气）	200～250（含空调负荷）
		中式餐饮（无燃气）	300～400（含空调负荷）
		西式快餐	250～300kW（含空调负荷）
专业店	精品服饰、日用百货		80～120
	高档商品专业店		80～150
	一般商品专业店		40～80
商业服务网点			100～150（含空调负荷）
菜市场			10～20

注：1 表中所列用电指标中的上限值是空调冷水机组采用电动压缩式机组时的数值，当空调冷水机组选用吸收式制冷设备（或直燃机）时，用电指标可降低 25VA/m²～35VA/m²。

2 本表参照《建筑电气常用数据》19DX101-1 并作补充。

7.2.6 教育建筑的变压器装机容量参见表 7.2-5。

校园的总配变电站变压器容量指标   表 7.2-5

学校等级及类型	变压器容量指标（VA/m²）
普通高等学校、成人高等学校（文科为主）	20～40
普通高等学校、成人高等学校（理工科为主）	30～60
高级中学、初级中学、完全中学、普通小学、成人小学	20～30
中等职业学校（含有实验室、实习车间等）	30～45

注：1 本表不含供暖方式为电供暖的学校。

2 摘自《教育建筑电气设计规范》JGJ 310—2013。

7.2.7 数据机房的用电指标参见表 7.2-6。

数据机房用电指标   表 7.2-6

建筑场所		用电指标（W/m²）	
数据中心	低密度机柜	主机房	1000～2000
		总体（北方地区）	400～800
		总体（南方地区）	800～1600
	中密度机柜	主机房	2000～4000
		总体（北方地区）	800～1600
		总体（南方地区）	900～1800
	高密度机柜	主机房	2500～5500
		总体（北方地区）	1000～2200
		总体（南方地区）	1200～2500
辅助区、支持区、办公区		70～100	

注：表中数据包括正常照明、动力及空调负荷，其中空调负荷为采用电制冷集中空调方式时的数据。北方地区与南方地区存在平均气温的差异。

7.3 初步设计及施工图阶段负荷计算

7.3.1 初步设计阶段的负荷计算方法多采用需要系数法与单位指标法相结合。初步设计阶段能够取得水暖及相关工艺专业的用电设备容量，而照明、插座及其他特殊用电负荷可以按照单位指标法进行估算，两部分用电之和按需要系数法计算得到总计算负荷。在施工图阶段，部分特殊用电负荷可取得设备容量资料，未明确部分依旧按估算预留。

7.3.2 需要系数法进行负荷计算：

1　需要系数法源于对负荷曲线的分析。设备功率乘以需要系数得出需要功率；多组负荷相加时，再逐级乘以同时系数。需要系数法计算公式如表 7.3-1 所示。

需要系数法计算公式　　　　　　　　　　　　　表 7.3-1

用电设备组或区域用电设备	有功功率	$P_c = K_d P_e$	(7.3-1)
	无功功率	$Q_c = P_c \tan\varphi$	(7.3-2)
配电干线或变压器所带设备	有功功率	$P_c = K_{\Sigma p} \sum (K_d P_e)$	(7.3-3)
	无功功率	$Q_c = K_{\Sigma q} \sum (K_d P_e \tan\varphi)$	(7.3-4)
计算视在功率		$S_c = \sqrt{P_c^2 + Q_c^2}$	(7.3-5)
计算电流		$I_c = \dfrac{S_c}{\sqrt{3} U_n}$	(7.3-6)

P_c——计算有功功率，kW；Q_c——计算无功功率，kvar；S_c——计算视在功率，kVA；I_c——计算电流，A；P_e——用电设备组或区域用电设备功率，kW；K_d——需要系数；$\tan\varphi$——计算负荷功率因数角的正切值；$K_{\Sigma p}$——有功功率同时系数；$K_{\Sigma q}$——无功功率同时系数；U_n——系统标称电压（线电压），kV。

同时系数也称参差系数或最大负荷重合系数，$K_{\Sigma p}$ 可取 0.8～0.9，$K_{\Sigma q}$ 可取 0.93～0.97，简化计算时可与 $K_{\Sigma p}$ 相同。通常，用电设备数量越多，同时系数越小。对于较大的多级配电系统，可逐级取同时系数。

2　常用负荷的需要系数和功率因数见表 7.3-2。

需要系数及功率因数　　　　　　　　　　　表 7.3-2

负荷名称	规模	需要系数 (K_d)	功率因数 ($\cos\varphi$)	备注
照明	面积＜500m²	1～0.9	0.5～1	含插座回路。 LED灯：功率≤5W，功率因数≥0.5；功率＞5W，功率因数≥0.9。家居用 LED 光源功率因数≥0.7。 荧光灯：采用电子镇流器，或节能型电感整流器及就地补偿，功率因数≥0.9。 需要系数的大小与灯的控制方式和开启率有关
	500m²～3000m²	0.9～0.7	0.5～0.9	
	3000m²～15000m²	0.75～0.55		
	＞15000m²	0.7～0.4		
	办公照明	0.9～0.7	0.8～1	
	酒店客房	1～0.7	0.5～0.9	
	商场照明	0.9～0.7	—	
制冷机房锅炉房	1台～3台	0.9～0.7	0.8～0.85	
	＞3台	0.7～0.6		
热力站、水泵房、通风机	1台～5台	0.95～08	0.8～0.85	
	＞5台	0.8～0.6		
电梯	—	0.5～0.2	—	此系用于变压器容量的选择计算
洗衣机房厨房	≤100kW	0.4～0.5	0.8～0.9	
	＞100kW	0.3～0.4		
家用空调器	4台～10台	0.8～0.6	0.8	
	10台～50台	0.6～0.4		
	＞50台	0.4～0.3		
舞台照明	≤200kW	1～0.6	0.9～1	
	＞200kW	0.6～0.4		

注：1　除上表外，一般动力设备为 3 台及以下时，需要系数宜取 1。
　　2　本表摘自《全国民用建筑工程设计技术措施·电气（2009）》。

3　主要场所照明和插座的负荷指标参见表 7.3-3。

主要房间或场所照明、插座负荷密度表　　　表 7.3-3

序号	房间或场所	照度(lx)	照明负荷指标(W/m²)	插座负荷指标(W/m²)
1	普通办公室	300	6.5～8	30～50
2	设计室、高档办公室	500	9.5～13.5	40～60
3	会议室	300	6.5～8	10～30
4	复印室	200	5.5～6.5	30～50
5	多功能厅	300	9.5～12	40～60
6	门厅	200	6～8	10～30
7	教室、阅览室	300	6.5～8	10～30
8	美术教室	500	9.5～13.5	10～30
9	学校实验室	300	6.5～8	20～40
10	多媒体教室	300	6.5～8	30～50
11	计算机教室	500	9.5～13.5	30～50
12	宿舍	150	3.5～4.5	10～30
13	客房	—	4.5～6	20～40
14	中餐厅	200	6～8	20～40
15	西餐厅	150	4～5.5	30～50
16	诊疗室、诊室	300	6.5～8	20～40
17	化验室	500	9.5～13.5	20～40
18	候诊室、挂号室	200	4～5.5	10～30
19	护士站	300	6.5～8	20～40
20	药房	500	9.5～13.5	10～30
21	一般商业营业厅	300	7～9	20～40
22	高档商业营业厅	500	11～14.5	30～50
23	一般展厅	200	6～8	10～30
24	高档展厅	300	9.5～12	10～30
25	候车(机、船)室	150	4.5--6	10--30
26	风机房、空调机房、泵房	100	2.5～3.5	10～30
27	冷冻站	150	3.5～5	10～30
28	网络机房、电话站	500	9.5～13.5	15～30
29	变电所	200	5～6.5	15～30
30	高档卫生间	150	4.5～6	10～30
31	一般卫生间	100	4～5	10～30
32	车库	50	1.4～1.9	5～10

7.3.3 综合单位指标法的计算：

1　单位指标法计算：

$$P_c = p_n N \qquad (7.3\text{-}7)$$

式中　P_c——计算有功功率，kW；

$\quad\quad p_n$——综合单位用电指标，如 kW/户、kW/人、kW/床等；

$\quad\quad N$——综合单位数量，如户数、人数、床位数等。

2　住宅用电负荷指标见表 7.3-4。

每套住宅用电负荷指标　　　表 7.3-4

建筑面积 $S(m^2)$	用电负荷(kW)	电能表(A)(单相)
$S \leqslant 60$	4	5(60)
$60 < S \leqslant 90$	6	5(60)
$90 < S \leqslant 120$	8	5(60)
$S > 120$	10	5(60)

注：本表摘自《住宅建筑电气设计规范》JGJ 242—2011 修订报批稿。

3 不同地域住宅用电负荷指标参见表 7.3-5。

不同地域住宅用电负荷指标参考　　　　　　表 7.3-5

区域	每套建筑面积 $S(m^2)$	用电负荷(kW)
上海市电力公司	$S \leqslant 120$	8
	$120 < S \leqslant 150$	12
	$S > 150$	80W/m²
	别墅	≥100W/m²
南方电网公司	$S \leqslant 80$	4
	$80 < S \leqslant 120$	6
	$120 < S \leqslant 150$	8~10
	$S > 150$ 的高档住宅、别墅	12~20
香港中华电力公司	20~50	2.8kVA
	51~90	3.2kVA
	91~160	4.2kVA
	$S > 160$	4.6kVA
	豪华式和装有中央空调	0.45kVA/m²

注：本表摘自《工业与民用供配电设计手册》（第四版）。

4 住宅用电负荷的需要系数见表 7.3-6。

住宅用电负荷的需要系数　　　　　　表 7.3-6

按单相配电计算时 所连接的基本户数	按三相配电计算时 所连接的基本户数	需要系数
1~3	3~9	0.90~1
4~8	12~24	0.65~0.90
9~12	27~36	0.5~0.65
13~24	39~72	0.45~0.50
25~124	75~372	0.40~0.45
125~259	375~777	0.30~0.40
260~300	780~900	0.26~0.30

注：本表摘自《建筑电气常用数据》19DX101-1。

5 充电桩的需要系数。

充电桩需要系数推荐算法：　　　　$K_d = K_{d1} \times K_{d2}$ 　　　　　　(7.3-8)

K_{d1} 的取值参见表 7.3-7，K_{d2} 的取值参见表 7.3-8

交流充电桩需要系数（K_{d1}）推荐表　　　　　　表 7.3-7

单相充电桩数量	单相配电	≤3	6	9	12	15	18	21	24	32
推荐需要系数	K_{d1}（上）	1	0.85	0.75	0.7	0.65	0.60	0.55	0.50	0.45
	K_{d1}（下）	0.95	0.75	0.70	0.62	0.55	0.50	0.45	0.40	0.35
单相充电桩数量	单相配电	39	48	60	72~96			100 以上		
推荐需要系数	K_{d1}（上）	0.40	0.38	0.35	0.3			0.28		
	K_{d1}（下）	0.32	0.30	0.28	0.25			0.20		

注：1 表中充电桩数量是按单相所接交流桩数量统计的，若为三相供电应换算成单相数量。例如：三相回路，带了 72 个单相交流充电桩，同一单相负荷为 24 个，按 24 个选取需要系数，查表为 0.4~0.5。
2 住宅、企事业单位可取下限值，商业和社会类停车场取中间值，运营类和交通枢纽类停车场宜取上限值或根据自身的使用情况适当上调。
3 如果为三相充电桩（一般直流充电桩多为三相）所接数量对应的需要系数，参考上表的下限值。
4 需要系数不大于 1。

不同城市类别充电桩需要系数（K_{d2}）　　　　　　　　表 7.3-8

序号	城市类别（人口数量）	K_{d2}
1	超级大城市（1000 万人以上）	1.05～1.15
2	特大城市（500 万人～1000 万人）	1.05～1.1
3	大城市（100 万人～500 万人）	1
4	中等城市（50 万人～100 万人）	0.9～1
5	小城市（50 万人以下）	0.8～0.9

7.4 设备容量换算

7.4.1 单台用电设备的设备功率：

1 连续工作制电动机的设备功率等于额定功率。

2 周期工作制电动机的设备功率是将额定功率换算为负载持续率 100% 的有功功率。

$$P_e = P_r \sqrt{\varepsilon_r} \tag{7.4-1}$$

式中　P_e——统一负载持续率的有功功率，kW；

　　　P_r——电动机额定功率，kW；

　　　ε_r——电动机额定负载持续率。常见的周期工作制电动机有起重机用电动机。

3 短时工作制电动机的设备功率是将额定功率换算为连续工作制的有功功率。可把短时工作制电动机近似看作周期工作制电动机。0.5h 工作制电动机可按 $\varepsilon \approx 15\%$ 考虑，1h 工作制电动机可按 $\varepsilon \approx 25\%$ 考虑。

交流电梯用电动机通常是短时工作制电动机，但在设计阶段难以得到确切数据，还宜考虑其频繁启动和制动。建议按电梯工作情况为"较轻、频繁、特重"，$\varepsilon \approx 15\%$、$\varepsilon \approx 25\%$、$\varepsilon \approx 40\%$ 考虑。

4 整流器的设备功率取额定直流功率。

5 照明设备的设备功率。低压卤素灯、自镇流荧光灯、已含驱动电源功率损耗的 LED 灯设备功率直接取灯功率。低压卤钨灯除灯泡功率外，还应考虑变压器的功率损耗。配用镇流器的荧光灯、高压气体放电灯除电光源功率外，还应考虑镇流器的功率损耗，镇流器的功率与其能效等级有关，电感镇流器分为超低损耗（B1）、低损耗（B2）和普通电感镇流器（C）；电子镇流器分 1、2、3 级能效等级。常见的荧光灯灯具功率如下：

1）36W 的 T8 荧光灯，配电感镇流器，额定功率 36W（工频），配超低损耗（B1）电感镇流器，总功率为 41W；配低损耗（B2）电感镇流器（能效限定值），总功率为 43W，普通电感镇流器（C）45W。单灯需加电容器补偿，否则功率因数仅 0.5。

2）36W 的 T8 荧光灯，配电子镇流器（1、2、3 级），额定功率 32W（高频），总电量为：35W、36W、37W。

3）28W 的 T5 荧光灯，额定功率 27.8W，只能配电子镇流器，总电量为：31W、32W、33W。

7.4.2 多台用电设备的设备功率：

1 多台用电设备的设备功率的合成原则是：计算范围内不同时出现的负荷不叠加，比如季节性负荷、消防负荷等。

2 用电设备组的设备功率是所有单个用电设备的设备功率之和，但不包括备用设备和专门用于检修的设备。

3 计算范围的总设备功率应取所接入的用电设备组设备功率之和，并符合下列要求：

1）计算正常电源的负荷时，仅在消防时才工作的设备不应计入总设备功率；

2）同一计算范围内的季节性用电设备，应选取两者中较大者计入总设备功率；

3）计算备用电源的负荷时，应根据负荷性质和供电要求，选取应计入的设备功率。

4 当单相负荷与三相负荷同时存在，单相负荷设备功率之和大于三相负荷设备功率之和的 15% 时，应将单相负荷换算为等效三相负荷，再与三相负荷相加。

1）单相负荷接于线电压称为相间负荷，接于相电压称为相负荷。相间负荷和相负荷宜分别配电，以符合简化计算等效三相负荷的条件。

2）只有相间负荷时，将各相间负荷相加，选取较大两项数据进行计算。

当 $P_{UV} \geqslant P_{VW} \geqslant P_{WU}$ 时：

$$P_{eq} = 1.73 P_{UV} + 1.27 P_{VW} \tag{7.4-2}$$

当 $P_{UV} = P_{VW}$ 时：

$$P_{eq} = 3 P_{UV} \tag{7.4-3}$$

当只有 P_{UV} 时：

$$P_{eq} = \sqrt{3} P_{UV} \tag{7.4-4}$$

式中 P_{eq}——等效三相负荷，kW；

P_{UV}、P_{VW}、P_{WU}——接于 UV、VW、WU 线间的单相负荷，kW。

3）只有相负荷时，等效三相负荷取最大相负荷的 3 倍。

4）既有相间负荷又有相负荷时，应先将相间负荷换算成相负荷，各相负荷分别为：

$$P_U = P_{UV} p_{(UV)U} + P_{WU} p_{(WU)U} \tag{7.4-5}$$

$$Q_U = P_{UV} q_{(UV)U} + P_{WU} q_{(WU)U} \tag{7.4-6}$$

$$P_V = P_{UV} p_{(UV)V} + P_{VW} p_{(VW)V} \tag{7.4-7}$$

$$Q_V = P_{UV} q_{(UV)V} + P_{VW} q_{(VW)V} \tag{7.4-8}$$

$$P_W = P_{VW} p_{(VW)W} + P_{WU} p_{(WU)W} \tag{7.4-9}$$

$$Q_U = P_{VW} q_{(VW)W} + P_{WU} q_{(WU)W} \tag{7.4-10}$$

式中 P_{UV}、P_{VW}、P_{WU}——接于 UV、VW、WU 相间的有功负荷，kW；

P_U、P_V、P_W——换算为 U、V、W 相的有功负荷，kW；

Q_U、Q_V、Q_W——换算为 U、V、W 相的无功负荷，kvar；

$p_{(UV)U}$、$q_{(UV)U}$——接于 UV 相间负荷换算为 U 相负荷的有功及无功换算系数；

$p_{(WU)U}$、$q_{(WU)U}$——接于 WU 相间负荷换算为 U 相负荷的有功及无功换算系数；

$p_{(UV)V}$、$q_{(UV)V}$——接于 UV 相间负荷换算为 V 相负荷的有功及无功换算系数；

$p_{(VW)V}$、$q_{(VW)V}$——接于 VW 相间负荷换算为 V 相负荷的有功及无功换算系数；

$p_{(VW)W}$、$q_{(VW)W}$——接于 VW 相间负荷换算为 W 相负荷的有功及无功换算系数；

$p_{(WU)W}$、$q_{(WU)W}$——接于 WU 相间负荷换算为 W 相负荷的有功及无功换算系数。

5）最后，各相负荷分别相加，选出最大相负荷，取其 3 倍作为等效三相负荷。

7.5 尖峰电流计算

7.5.1 尖峰电流是电动机等用电设备启动或冲击性负荷工作时产生的最大负荷电流，其持续时间一般为 1s～2s。

7.5.2 单台电动机尖峰电流为：

$$I_{st} = KI_r \tag{7.5-1}$$

7.5.3 接有多台电动机的配电线路，只考虑一台电动机启动时的尖峰电流为：

$$I_{st} = (KI_r)_{max} + I_c' \tag{7.5-2}$$

式中 I_{st}——尖峰电流，A；

       I_r——电动机额定电流，A；

       I_c'——除启动电动机以外的配电线路计算电流，A；

       K——启动电流倍数，笼型电动机可达 7 倍左右，绕线转子电动机一般不大于 2 倍，直流电动机为 1.5 倍～2 倍。

7.5.4 两台及以上的电动机有可能同时启动时，尖峰电流根据实际情况确定。

7.6 无功补偿计算

7.6.1 在供电系统的方案设计时，无功补偿容量的计算：

$$Q = P_c(\tan\varphi_1 - \tan\varphi_2) \tag{7.6-1}$$

7.6.2 补偿后的功率因数计算：

$$\cos\varphi = \sqrt{\dfrac{1}{1 + \left(\dfrac{Q_c - Q}{P_c}\right)^2}} \tag{7.6-2}$$

式中 Q——无功补偿容量，kvar；

       P_c——计算有功功率，kW；

       Q_c——计算无功功率，kvar；

   $\tan\varphi_1$——补偿前计算负荷功率因数角的正切值；

   $\tan\varphi_2$——补偿后功率因数角的正切值。

7.6.3 当有大量的单相负荷时，其负荷变化随机性很大，容易造成三相负荷的不平衡。如果采用共相补偿，取其某相电流信号来判断功率因数，并以此为依据来投切电容器，会造成有的相过补，有的相欠补，变压器容量也得不到充分发挥，因此，宜采用分相补偿方式。分相补偿是指在补偿装置中使用一定数量单相电力电容器，通过检测三相电流分别计算并控制各相电容器的投入数量来达到补偿目的，因此可以使各相的无功电流均获得良好的补偿。分相补偿占比可按 15%～30% 进行。

7.7　变压器容量计算

7.7.1　变压器容量应根据计算负荷选择，变压器的长期负荷率不宜大于 85％。

7.7.2　变压器容量组在一台变压器或线路故障下，应考虑两台变压器全部一、二级的负荷供电。

7.7.3　在工程应用中，首先应根据负荷特点和经济运行情况确定变压器分区、分组情况及设置的台数。再根据计算负荷和变压器负荷率范围确定每台变压器的容量。

$$S_{rT}=\frac{S_c}{\beta} \tag{7.7-1}$$

式中　S_{rT}——变压器额定容量，kVA；

　　　S_c——本台变压器带载负荷计算容量，kVA；

　　　β——变压器负荷率。

7.7.4　变压器负荷率 β 可参考以下原则确定：

二级及以上负荷占总负荷比例小于或等于 50％时，β 不大于 85％；

二级及以上负荷占总负荷比例大于 50％、小于或等于 60％时，β 不大于 75％；

二级及以上负荷占总负荷比例大于 60％、小于或等于 70％时，β 不大于 65％；

二级及以上负荷占总负荷比例大于 70％、小于或等于 80％时，β 不大于 55％。

同型号、同容量的变压器负荷率越高，变压器年综合损耗及年运行费用也越高。也就是在相同容量下选择的变压器容量越大，变压器综合损耗越小，但变压器投资会相应增大。

7.7.5　变压器温升与负载率的关系：

1　正常运行时，变压器的负载率根据上述分析取 55％～85％，具体取多少需要根据负荷类型、负荷等级来确定，不能因为负荷等级较高，为满足一台变压器故障时能负担全部的一、二级负荷，而将变压器的负荷率选取过低。既不经济也不节能。在供电部门允许的情况下，可以短时让变压器过负荷运行。

2　变压器过负荷与温升关系大，在变压器额定温升一定的条件下，变压器给定负载下的温升与负载率是成指数关系的，当强迫风冷时，变压器的温升与负载率的平方成正比。如：在变压器负载率为 30％，采用强迫风冷的情况下，其温升为额定负载下温升的 11％；在变压器负载率为 120％，采用强迫风冷的情况下，其温升为额定负载下温升的 180％。负载率的变化对变压器的温升影响巨大，尤其是当超负载运行时。变压器负载率与额定温升的关系见表 7.7-1，变压器过载倍数与过载时间的关系见表 7.7-2。

变压器负载率与额定温升的关系　　　　　　　　　　表 7.7-1

负载率	20％	30％	40％	50％	60％	70％	80％	90％	110％	120％
与额定温升之比	5％	11％	20％	31％	45％	61％	80％	100％	150％	180％

变压器过载倍数与过载时间的关系　　　　　　　　　表 7.7-2

过载倍数	1.0	1.1	1.2	1.3	1.4	1.5	1.6	1.7
过载时间(min)	连续	47	20	13	9	6.8	5	4.5
过载倍数	1.8	1.9	2.0	2.1	2.2	2.3	2.4	2.5
过载时间(min)	3.8	3.2	2.8	2.1	1.9	1.7	1.6	1.4

7.7.6 变压器的经济运行：

1 双绕组变压器在运行中，其综合功率损耗率随负载系数呈非线性变化，在其非线性曲线中，最低点为综合功率经济负荷系数，计算公式为：

$$\beta_{JZ} = \sqrt{\frac{P_{OZ}}{K_T P_{KZ}}} \tag{7.7-2}$$

式中　P_{OZ}——变压器综合功率空载损耗，kW；

P_{KZ}——变压器综合功率负载功率损耗，kW；

K_T——负载波动损耗系数。

2 变压器经济运行区间的负载系数应在综合功率经济负载系数的平方（β_{JZ}^2）至1之间（变压器在额定负载运行为最佳经济区上限，与上限综合功率损耗率相等的另一点为最佳经济运行区下限），如图7.7-1所示，变压器在75%负载运行为最佳运行区上限，最佳运行区下限负载系数为$1.33\beta_{JZ}^2$。（依据《电力变压器经济运行》GB/T 13462—2008）

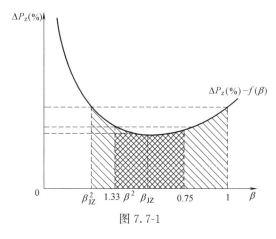

图 7.7-1

变压器综合功率运行区间的范围划分：经济运行区为$\beta_{JZ}^2 \leq \beta \leq 1$，最佳经济运行区为$1.33\beta_{JZ}^2 \leq \beta \leq 0.75$，非经济运行区$0 \leq \beta \leq \beta_{JZ}^2$。

8 导线、电缆的选择与敷设

8.1 一般规定

8.1.1 导线、电缆的选型应根据建筑物的类型、负荷的性质、敷设条件综合考虑，并遵循以下原则：

1 电线、电缆及母线的材质优先选用铜质，非消防负荷线缆导体截面大于 $16mm^2$ 时，也可选用铝合金材质。室内敷设塑料绝缘电线（标称电压 380V）的额定电压为 0.45kV/0.75kV，低压（标称电压 380V）电力电缆的额定电压为 0.6kV/1kV，高压（标称电压 10kV）电力电缆的额定电压为 8.7kV/15kV。

2 导体的载流量应根据当地的环境温度、敷设条件和导体工作温度，按《电力工程电缆设计标准》GB 50217—2018 和《建筑电气常用数据》19DX101-1 选择。

3 导体的绝缘类型应按敷设方式、环境条件以及建筑物类型和负荷性质确定。优先选用交联聚乙烯绝缘电力电缆和电线，人员密集场所或重要的公共场所等防火要求高的建筑物，非消防线路应选用燃烧性能为 B1 级的聚乙烯绝缘电力电缆、电线，消防线路应选用燃烧性能为 B1 级的耐火聚乙烯绝缘电力电缆、电线。

4 为多台消防负荷配电箱采用树干式供电时，宜采用预分支耐火电缆或分支矿物绝缘类电缆；为多台非消防负荷配电箱采用树干式供电时，可采用预分支电缆或 T 接电缆，T 接端子应单独安装在 T 接箱内或安装在配电箱内。

8.1.2 导线、电缆的敷设应根据建筑物的敷设条件选择易于检修、经济便利的敷设方式，并遵循以下原则：

1 一般情况下导线宜穿管敷设，电缆宜桥架敷设（直敷布线仅用于建筑配线改造项目，且截面积不宜大于 $6mm^2$，距地面距离不小于 2.5m）。导线因根数较多需要桥架敷设时，应采用金属槽盒敷设，按回路绑扎成束，做好回路标记，且与电缆分槽敷设。电缆确需穿管敷设时应考虑拐弯次数，相应加大管径。

2 桥架应敷设在便于检修的公共场所，避免敷设在出租、出售单元内。

3 线路敷设应避免穿越潮湿房间，潮湿房间内的电气管线应成为配电回路的末端或采用独立配电线路供电。

4 电缆桥架或管线穿越防火分区、楼板、墙体的孔洞和进入重要机房的活动地板下的线缆夹层时，应进行防火封堵，要求封堵的防火等级与穿越场所一致。

5 布线用塑料管一般暗敷于楼板或墙内，不应敷设于吊顶内。

6 敷设在钢筋混凝土楼板内的导管最大外径不应超过楼板厚度的 1/3，一般以不大于 $\phi32$ 为宜（不包括建筑最底层）；暗敷于楼板、墙体内时，其与楼板、墙体表面的外护层厚度不应小于 15mm，消防设备用管线不应小于 30mm。

8.1.3 导线、电缆的型号需要包含导体材质、绝缘材质和护套材质。

8.2 导线、电缆选型

8.2.1 一般电缆:

1 从材质上划分,一般电缆包括铜芯电缆、合金电缆、铝芯电缆等,以上三种电缆的电阻率依次递增,重量和价格依次递减。以下场所应选用铜芯电缆:

1) 易燃、易爆场所;

2) 重要的公共建筑和居住建筑;

3) 特别潮湿场所和对铝有腐蚀的场所;

4) 人员聚集较多的场所;

5) 重要的资料室、计算机房、重要的库房;

6) 移动设备或有剧烈振动的场所;

7) 有特殊规定的其他场所。

2 从芯数上划分,一般电缆包括三相四芯、三相五芯、单芯、三芯等:

1) TN-C 系统应选用三相四芯电缆、TN-S 系统应选用三相五芯电缆;

2) 大电流传输(电流大于 800A),可选用非钢带铠装的单芯电缆;

3) 当电流较大需要多根电缆拼接时,拼接根数不应大于 4 根;

4) 高压 10kV、20kV 交流线路,一般采用三芯电力电缆(高压进线电缆一般为单芯电缆)。

3 绝缘材料及护套,一般电缆采用 YJV(交联聚乙烯绝缘聚氯乙烯护套)、GYJSYJ(交联聚乙烯和聚烯烃绝缘交联聚烯烃护套)等。

4 从阻燃特性上划分,根据《电缆及光缆燃烧性能分级》GB 31247—2014,一般电缆包括 A(不燃电缆)、B1(阻燃 1 级电缆-难燃电缆)、B2(阻燃 2 级电缆-可燃电缆)、B3(普通级-易燃电缆);烟气释放毒性指标分为 t0、t1、t2;有机物滴落/微粒指标分为 d0、d1、d2。

1) 建筑物超过 100m 的公共建筑,应选择燃烧性能 B1 级及以上,产烟毒性为 t0 级、燃烧滴落物/微粒为 d0 级的电线和电缆。

2) 根据《建筑高度大于 250 米民用建筑防火设计加强性技术要求(试行)》,消防电梯和辅助疏散电梯的供电电线电缆应采用燃烧性能为 A 级、耐火时间不小于 3.0h 的耐火电线电缆,其他消防供配电电线电缆应采用燃烧性能不低于 B1 级,耐火时间不小于 3.0h 的耐火电线电缆;非消防用电线电缆的燃烧性能不应低于 B1 级。

3) 避难层(间)明敷的电线和电缆应选择燃烧性能不低于 B1 级,产烟毒性为 t0 级、燃烧滴落物/微粒为 d0 级的电线和 A 级电缆。

4) 长期有人滞留的地下建筑应选择产烟毒性为 t0 级、燃烧滴落物为 d0 级的电线和电缆。

5) 一类高层建筑中的金融建筑、省级电力调度建筑、省(市)级广播电视、电信建筑、四级及以上旅馆建筑和人员密集场所应选燃烧性能 B1 级,产烟毒性为 t1 级、燃烧滴落物为 d1 级的电线和电缆。

6) 其他一类公共建筑应选择燃烧性能 B2 级,产烟毒性为 t2 级、燃烧滴落物为 d2 级的电线和电缆。

　　5　从分支接线形式上划分，一般电缆包括 T 接端子（箱）、预分支等。

　　1）T 接端子（箱）：T 接端子可直接安装在 T 接端子箱内或安装在该配电箱内，图中应标注主干及支干电缆的规格。

　　2）预分支电缆：包括主干电缆、分支线、分支接头、相关附件。适用于中小负荷配电。在选择预分支电缆时，干线截面积不宜大于 $185mm^2$，支线截面积不应大于干线且不宜小于 $10mm^2$，同时支线长度不应超过 3m。设计时干线和支线截面相差一般不大于 3 级。

8.2.2　一般导线：

　　包含材质、芯数、阻燃特性等种类划分。使用类型一般有 BV（聚氯乙烯绝缘电线）、BYJ（交联聚乙烯绝缘电线）、WDZ-GYJS（交联聚乙烯和聚烯烃绝缘无卤低烟阻燃电线），控制软电缆 RVV（P）（聚氯乙烯绝缘（屏蔽）聚氯乙烯护套软电缆）、RVS（聚氯乙烯绝缘绞型连接用软电线、对绞多股软线，简称双绞线）等，选择导线遵循下列原则：

　　1）负荷用电量小的用电设备，如灯具、插座等。

　　2）穿管敷设的线路。

　　3）敷设环境良好，不需大量拖拽，且距配电箱体较近时。

　　4）各类控制、监控系统的 24V 信号线及供电线路。一般控制器的 485 总线，采用导线或控制软电缆。

　　5）一般选择导线的回路载流量不超过 63A，截面不超过 $16mm^2$。

　　6）聚氯乙烯绝缘电线长期工作温度只有 70℃，可应用于普通多层住宅、一般厂房、库房、日用电器、仪表等场所；交联聚乙烯电线长期工作温度可达 90℃，可应用于人员密集场所的公共建筑。

8.2.3　耐火电缆和导线：

　　1　耐火电缆和导线主要应用范围：

　　1）消防泵、喷淋泵、消防电梯、防火卷帘门、防排烟系统风机等消防设备的供电线路及控制线路；

　　2）电动防火门、电动排烟窗及相关防排烟阀门的供电和控制回路；

　　3）火灾报警系统的供电线路、消防联动控制线路；

　　4）高层建筑或交通枢纽等重要设施中的视频安防监控线路；

　　5）集中供电的应急照明线路，控制及保护电源线路；

　　6）大中型变配电站中，重要的继电保护线路及操作电源线路；

　　7）高温、辐射环境下的工业用途；

　　8）在建筑物公共区域内敷设的高压电缆；

　　9）消防负荷的应急电源采用柴油发电机组时，其输出的配电线路和控制线路。

　　2　按绝缘材质一般分为有机型与无机型。

　　1）有机型一般标注为 WDZN，其中高压隔离型耐火电缆均为 A 类，如 WDZAN-YJY23-8.7/10 3x95。有机型耐火电缆按燃烧特性划分为 A、B1、B2 类。低烟无卤阻燃耐火电缆 WDZN 一般用于末端消防设备供电，其线缆经独立金属管或独立电缆金属槽盒敷设，不与其他线缆敷设在同一电缆井、沟内。

2）无机型为矿物绝缘电缆，分为柔性和刚性两种，按燃烧特性划分为 A、B1、B2 类。在消防线路与其他线路敷设在同一电缆井、沟内时，应分别布置在电缆井、沟的两侧。

（1）刚性矿物绝缘电缆 BTT：燃烧特性划分 A 级，无机型刚性耐火电缆通常标注为 BTT，其中轻型为 BTTQ，重型为 BTTZ。轻型适用于线芯和护套间电压不超过 500V 场所，重型适用于不超过 750V 场所。一般民用建筑设计中，电力电缆采用 BTTZ，控制电缆采用 BTTQ。多芯刚性矿物绝缘电缆最大截面为 $25mm^2$，再大则为单芯电缆。导体长期允许最高工作温度：70℃ 及 105℃。可直接明敷于电缆梯架上。

（2）柔性矿物类绝缘电缆 BBTR：无机柔性耐火电缆分为 BBTRZ（重型 750V 和 1000V）及轻型 BBTRQ（500V），且有高压型产品供选择。导体长期允许最高工作温度：125℃。一般燃烧特性达不到 A 级，敷设于耐火电缆金属槽盒内。

（3）矿物绝缘电缆有时也可标注为 YTTWY 铜芯铜护套矿物绝缘电缆、NG-A、BTLY 隔离型（柔性）铜芯铝护套矿物绝缘电缆。

8.2.4　母线槽：

1　母线槽的选择。传输大电流（一般超过 400A）宜采用母线槽布线方式。一般分为密集绝缘母线槽、空气绝缘母线槽、矿物质密集绝缘母线槽。民用建筑设计中多采用密集绝缘母线槽，部分消防场所采用矿物质密集绝缘母线槽。按功能划分，一般分为馈电式、插接式和滑接式。

1）馈电式：无分接装置（插接孔），多用于发电机或变压器与配电屏、配电屏之间以及制冷机组等大型用电设备的连接线路。

2）插接式：包括分接装置和插接分线箱，多用于高层或多层建筑，其引出线电流不宜大于 630A，超出时可采用固定分支端口。

3）滑接式：多用于移动设备如行车、电葫芦和生产线上。

2　母线槽的附件（始端箱、插接箱、终端箱（盖）：

1）始端箱：进线单元与进线箱配套组成母线槽与电缆的连接部件，进线单元可直接与配电柜或变压器连接，作为母线槽的电源输入端或输出端。母线始端箱就是插接母线的进线箱。是在插接母线的始端电源进线起点安装的母线插接进线箱。进线箱与进线单元组成电源输入设备，分带开关和不带开关两种形式。

2）插接箱：母线槽插接箱属于母线槽配件，主要是延伸拓展母线槽分支线路。插接箱内一般装有塑壳断路器，通过插脚与母线槽连接，插脚连断路器进线端，用电设备接断路器出线端，通过断路器进行电路的分断与保护。从而将母线槽主干线的电流分流到用电设备上，应安装在便于检修的位置或场所。

3）终端箱：母线终端箱就在母线槽末端配备的终端盖，作为安全保护使用。

4）膨胀节：母线槽跨越建筑物伸缩缝，应设置补偿装置；母线槽直线敷设长度超过 80m 时，每 50m～60m 宜设置热膨胀单元。

3　母线槽在设计图纸中需要明确的技术要求（可在主要设备表的技术要求中编写）。

1）母线槽本体及插接口全部为密集型铜导体母线槽 3L＋N＋PE。

2）母线槽的始端节应采用 T 式始端节，始端节伸出导体厚和宽应不少于配电柜或变压器伸出的导体截面积，并要满足载流量。

　　3）相线、N线导体为电解铜，导电率≥97％IACS，N线等同于相线导体，PE线本体及连接处不少于相线50％等效截面积。

　　4）连接器的连接导体等同于本体导体材质，截面积按本体导体的两倍计算。

　　5）母线槽的短时耐受电流：

630A≤I_e＜1000A，I_{cw}≥50kA；

1000A≤I_e＜2000A，I_{cw}≥65kA；

2000A≤I_e＜4000A，I_{cw}≥80kA；

4000A≤I_e＜5000A，I_{cw}≥100kA；

5500A≤I_e＜6300A，I_{cw}≥120kA。

　　6）非消防母线槽极限温升≤70K；消防母线槽本体及连接头极限温升≤90K。

　　7）消防母线槽宜选用矿物质密集绝缘母线槽，在950℃火焰条件下保持180min的电路完整性。

　　8）母线槽的防护等级需根据不同场所确定，电气机房、竖井可选择 IP40；设备机房等潮湿场所选择 IP54；水平母线槽有喷淋、喷洒可及处选择 IP68；电缆沟内的选择 IP68。

　　4　母线槽的安装与尺寸（防护等级、重量、尺寸、安装等）参见表 8.2-1。

普通密集型母线/矿物质密集绝缘母线安装尺寸与质量　　　　表 8.2-1

密集型铜导体母线槽参数规格（70K）				矿物质密集绝缘母线槽参数规格（90K）			
序号	额定电流	外形尺寸 宽度×高度（mm）	质量（kg/m）	序号	额定电流	外形尺寸 宽度×高度（mm）	质量（kg/m）
1	400A	103×88	9.3	1	400A	120×89	14.3
2	630A	103×110	12.7	2	630A	120×111	18.3
3	800A	103×131	16	3	800A	120×130	27.3
4	1000A	103×150	19.1	4	1000A	120×163	35.7
5	1250A	103×188	25.3	5	1250A	120×189	42.4
6	1600A	103×233	32	6	1600A	120×231	53.2
7	2000A	103×273	40.7	7	2000A	120×274	64.4
8	2500A	103×313	47.8	8	2500A	120×314	76.4
9	3150A 3200A	103×421	63.4	9	3150A 3200A	120×425	90.1
10	4000A	103×501	80	10	4000A	120×505	127.4
11	5000A	103×581	99.4	11	5000A	120×585	187

8.2.5　导线、电缆载流量应考虑其环境条件、敷设条件和安装条件：

　　1　环境温度：环境温度是影响电缆载流量的一个重要因素。在设计手册中一般有 30℃、35℃、40℃三种环境温度选项，对应电缆载流量差别较大，应根据实际设计场所的具体设计条件进行选择。

　　1）对于直埋敷设的电缆来说，环境温度一般选取埋深处的最热月平均地温。

　　2）敷设在室外空气中或电缆沟，以及室内空气中时，应采用敷设地区最热月的日最高温度平均值，当室内采用机械通风时，应采用通风设计温度。

　　3）敷设在室内电缆沟和无机械通风的电缆竖井中时，应采用敷设地点最热月的日最高温度平均值再加 5℃。例如：设计地点在北京时，考虑竖井内机械通风可能不畅，但周边室内通风设计温度为 26℃，一般可按 35℃选取环境温度。全国主要城市最热月日最高温度平均值见表 8.2.2。

我国主要城市最高月均气温数据　　　　　　表 8.2-2

省份	地名	最热均温度(℃)	省份	地名	最热均温度(℃)	省份	地名	最热均温度(℃)	省份	地名	最热均温度(℃)
北京	北京	33.2		济南	34.8		拉萨	22.8		兰州	30.5
黑龙江	哈尔滨	30.3		烟台	30.7	西藏	那曲	16	甘肃	敦煌	34.1
	齐齐哈尔	30.6		德州	34.7		昌都	26.3		酒泉	30
	牡丹江	30.3	山东	淄博	34.7		成都	31.6		天水	30.3
	长春	30.5		潍坊	34	四川	南充	35.5		乌鲁木齐	34.1
吉林	吉林	30.3		青岛	29		宜宾	33.2	新疆	克拉玛依	34.9
	通化	29.4		临沂	33.5	重庆	重庆	36.5		吐鲁番	40.7
	沈阳	31.4		郑州	35.6		万州	36.4		哈密	35.8
辽宁	抚顺	31.6		安阳	35		贵阳	30	天津	天津	33.4
	大连	28.4	河南	新乡	35.1	贵州	思南	34.9		南昌	35.6
	石家庄	35.1		开封	35.2		遵义	31.7		九江	36
	承德	32.3		洛阳	35.9		昆明	25.8	江西	景德镇	36.4
河北	张家口	31.6		上海	34	云南	丽江	25.1		萍乡	35.4
	唐山	32.7	上海	崇明	32.1		腾冲	25.4		赣州	35.4
	保定	34.8		金山	33.8	青海	西宁	25.9	海南	海口	34.5
	邢台	35		南京	35		玉树	21.5		三亚	33.8
	太原	31.2	江苏	连云港	33.5		武汉	35.2	宁夏	银川	30.6
山西	大同	30.3		徐州	34.8	湖北	宜昌	32		固原	27.2
	运城	35.5		南通	33		黄石	32	福建	福州	35.2
	呼和浩特	29.9		杭州	35.7		长沙	35.8		厦门	33.4
内蒙古	海拉尔	28.1		舟山	32	湖南	岳阳	34.1		南宁	34.2
	通辽	32.5	浙江	宁波	34.5		衡阳	36	广西	桂林	33.9
	赤峰	32.6		金华	36.4		广州	33.5		柳州	34.5
	西安	35.2		温州	30	广东	汕头	32.8		合肥	35
陕西	榆林	31.6		台北	33.6		深圳	32.5	安徽	蚌埠	35.6
	延安	32.1	台湾	花莲	32	香港	香港	32.4		六安	35.7
	宝鸡	33.7		恒春	34	澳门	澳门	32.4		芜湖	35

　　2　电缆数量和电缆间距的影响：为避免电缆的间距影响电缆区域的热流场分布，从而对电缆载流量产生影响。在设计时，电缆敷设应考虑之间的常用导体的布置间距，为提高桥架内部的电缆效率，也可采用平时主用和备用电缆混合敷设，可有效提高桥架内部的电缆效率，避免出现纯主用电缆集中在一个桥架内集中发热的现象。

　　3　土壤热阻系数：电缆敷设于土壤中，散热介质是土壤，土壤的散热性能对电缆的温度场有较大的影响，而土壤的散热性能是由土壤热阻系数决定的。土壤的热阻系数与土壤中的水分含量有关，土壤中含水量越小，其热阻系数越大，反之越小。我国的东北、华北等一般土壤地区的土壤热阻系数为 $1.2K \cdot m/W$；华东、华南等潮湿地区土壤的系数为 $0.8K \cdot m/W$。丘陵和干燥地带、高原少雨地区系数为 $1.5K \cdot m/W \sim 2.0K \cdot m/W$。系数越大，校正系数越小，选择电缆载流量表格时掌握土壤热阻系数。

　　4　外部热源的影响：外部热源是指电缆敷设区域中对电缆温度场产生影响的热源，主要包括太阳能热辐射、管道热辐射包括热水、天然气、蒸汽以及煤气管道等。当电缆敷设区域有外部热源存在时，其温度场分布会有明显变化。由于外部热源的存在，使得靠近热源的电缆温度升高，因此应尽量避免敷设于该区域，无法避免时应加大电缆截面积。

　　5　敷设条件不同时电缆允许持续载流量的校正系数 K 的计算方法（各校正系数见

表 8.2-3～表 8.2-8)：

1) 户内或有遮阳空气中敷设：

(1) 空气中单根敷设 $K=K_t$；

(2) 空气中单层多根并行敷设 $K=K_t \times K_1$；

(3) 空气中电缆桥架上无间距配置多层并列敷设 $K=K_t \times K_2$。

2) 户外无遮阳空气中敷设：

(1) 空气中单根敷设 $K=K_t \times K_5$；

(2) 空气中单层多根并行敷设 $K=K_t \times K_1 \times K_5$；

(3) 空气中电缆桥架上无间距配置多层并列敷设 $K=K_t \times K_2 \times K_5$。

3) 土壤直埋敷设：

(1) 土壤中单根敷设 $K=K_t \times K_3$；

(2) 土壤中多根并行敷设 $K=K_t \times K_3 \times K_4$。

35kV 及以下电缆在不同环境温度时的载流量校正系数 K_t 表 8.2-3

敷设位置		空气中				土壤中			
环境温度(℃)		30	35	40	45	20	25	30	35
电缆导体最高工作温度(℃)	60	1.22	1.11	1.0	0.86	1.07	1.0	0.93	0.85
	65	1.18	1.09	1.0	0.89	1.06	1.0	0.94	0.87
	70	1.15	1.08	1.0	0.91	1.05	1.0	0.94	0.88
	80	1.11	1.06	1.0	0.93	1.04	1.0	0.95	0.90
	90	1.09	1.05	1.0	0.94	1.04	1.0	0.96	0.92

空气中单层多根并行敷设时电缆载流量的校正系数 K_1 表 8.2-4

并列根数		1	2	3	4	5	6
电缆中心距	$s=d$	1.00	0.90	0.85	0.82	0.81	0.80
	$s=2d$	1.00	1.00	0.98	0.95	0.93	0.90
	$s=3d$	1.00	1.00	1.00	0.98	0.97	0.96

注：1 s 为电缆中心间距，d 为电缆外径。

2 不适用于交流系统中使用的单芯电力电缆。

电缆桥架上无间隔配置多层并列电缆载流量的校正系数 K_2 表 8.2-5

叠置电缆层数		一	二	三	四
桥架类别	梯架	0.8	0.65	0.55	0.5
	托盘	0.7	0.55	0.5	0.45

注：呈水平状并列电缆数不少于 7 根。

不同土壤热阻系数时电缆载流量的校正系数 K_3 表 8.2-6

土壤热阻系数 (K·m/W)	分类特征(土壤特性和雨量)	校正系数
0.8	土壤很潮湿，经常下雨。如湿度大于 9% 的沙土；湿度大于 10% 的沙-泥土等	1.05
1.2	土壤潮湿，规律性下雨。如湿度大于 7% 但小于 9% 的沙土；湿度为 12%～14% 的沙-泥土等	1.0
1.5	土壤较干燥，雨量不大。如湿度为 8%～12% 的沙-泥土等	0.93
2.0	土壤干燥，少雨。如湿度大于 4% 但小于 7% 的沙土；湿度为 4%～8% 的沙-泥土等	0.87
3.0	多石地层，非常干燥。如湿度小于 4% 的沙土等	0.75

土中直埋多根并行敷设时电缆载流量的校正系数 K_4   表 8.2-7

并列根数		1	2	3	4	5	6
电缆之间净距(mm)	100	1	0.9	0.85	0.80	0.78	0.75
	200	1	0.92	0.87	0.84	0.82	0.81
	300	1	0.93	0.90	0.97	0.86	0.85

注：不适用于三相交流系统单芯电缆。

1kV～6kV 电缆户外明敷无遮阳时载流量的校正系数 K_5   表 8.2-8

电缆截面(mm²)			35	50	70	95	120	150	185	240
电压(kV)	1	芯数 三				0.90	0.98	0.97	0.96	0.94
	6	三	0.96	0.95	0.94	0.93	0.92	0.91	0.90	0.88
		单				0.99	0.99	0.99	0.99	0.98

注：运用本表系数校正对应的载流量基础值，是采取户外环境温度的户内空气中电缆载流量。

6　规范要求电缆直埋敷设于冻土地区时，宜埋入冻土层以下，当无法深埋时可在土壤排水性好的干燥冻土层或回填土中埋设，也可采取其他防止电缆受到损伤的措施。全国主要城市冻土层深度见表 8.2-9。

我国主要城市冻土层深度   表 8.2-9

地名	最大冻土深度(cm)	地名	最大冻土深度(cm)	地名	最大冻土深度(cm)	地名	最大冻土深度(cm)
北京	85	河北		山西		牡丹江	189
上海	8	承德	126	太原	77	辽宁	
天津	69	唐山	73	运城	56	沈阳	139
陕西		保定	55	内蒙古		本溪	115
西安	45	石家庄	53	赤峰	197	锦州	113
洛阳	11	甘肃		锡林浩特	289	营口	111
榆林	111	敦煌	144	呼和浩特	120	丹东	87
延安	58	酒泉	132	磴口	108	大连	93
吉林		山丹	141	山东		宁夏	
长春	169	兰州	103	济南	44	银川	103
通辽	151	平凉	62	潍坊	43	盐池	128
四平	145	天水	61	青岛	42	新疆	
延吉	200	武都	11	菏泽	35	伊宁	62
西藏		青海		黑龙江		乌鲁木齐	162
昌都	34	西宁	134	海拉尔	241	吐鲁番	74
拉萨	28	共和	133	嫩江	226	哈密	112
林芝	48	格尔木	88	齐齐哈尔	225	喀什	90
日喀则	29	玛多	277	哈尔滨	197	和田	67

8.3　导线、电缆的敷设

8.3.1　直敷布线（使用场所、要求）：

1　室内正常场所除顶棚和地沟内外，不适宜穿管时可采用绝缘导线明敷布线。但直敷线应采用护套绝缘导线，截面积不宜大于 $6mm^2$。

2　下列场所的直敷布线，应穿金属导管保护：

1）户内水平低于 2.5m、垂直低于 1.8m 的区域；

2）户外低于 2.7m 区域；

3）易受机械损伤的区域。

与其他不发热管道紧贴交叉时，应用绝缘导管保护。

8.3.2 刚性金属导管布线：

1 金属导管的种类及规格含义：

1）SC 低压流体输送用焊接钢管/镀锌钢管，其后数字如 20 公称口径，其内径 22.5mm、外径 26.9mm、壁厚 2.2mm，规格数据可查阅《建筑电气常用数据》19DX101-1。

2）JDG 套接紧定式钢管 其后数字如 20 为公称口径对应外径 20mm，一般暗敷要求壁厚在 1.6mm 以上，规格数据可查阅《建筑电气常用数据》19DX101-1。一般仅使用 40 及以下规格。

3）KBG 套接扣压式薄壁钢导管 其后数字如 20 为公称口径对应外径 20mm，一般壁厚为 1mm～1.2mm 以上，规格数据可查阅《建筑电气常用数据》19DX101-1。一般不采用。

2 敷设条件：金属导管的保护层一般为防腐作用，特别是潮湿场所或埋于素土内的，应采用热镀锌工艺加工。明敷于潮湿场所或埋于素土内的金属导管，应采用管壁厚度不小于 2.0mm 的导管，明敷或暗敷于干燥场所的导管，应采用管壁厚度不小于 1.5mm 的导管。

3 金属导管内穿线要求：同一配电回路的所有相导体、中性导体和 PE 导体，应敷设在同一导管或槽盒内。管内导线总截面积不宜超过管内截面积的 40%。不同电压、不同回路的导线，不得同穿在一根管内。只有在下列情况时才能共穿一根管。

1）一台电动机的所有回路，包括主回路和控制回路；

2）同一台设备或同一条流水作业线多台电动机和无防干扰要求的控制回路；

3）无防干扰要求的各种用电设备的信号回路、测量回路及控制回路；

4）复杂灯具的供电线路。

8.3.3 可弯曲金属导管布线：

1 可弯曲金属导管的种类及规格含义：可弯曲金属导管可分为基本型 KJG、防水型 KJG-V、无卤防水型 KJG-WV。根据机械性能类型，又分为轻型、中型、重型。后标数字如 20 为公称口径，接近内径尺寸 21.3mm。

2 可弯曲金属导管的敷设条件及适用范围：敷设在正常环境户内场所的建筑物顶棚内可采用基本型中型可弯曲金属导管；暗敷于墙体、混凝土地面、楼板垫层或现浇钢筋混凝土楼板内时，可采用基本型重型可弯曲金属导管；暗敷于潮湿场所或直接埋于素土内时，可采用防水型重型可弯曲金属导管，具体使用场所可查询《建筑电气常用数据》19DX101-1 相关章节。

3 可弯曲金属导管内穿线要求与刚性金属导管相同。

8.3.4 刚性塑料导管（槽）布线：

1 刚性塑料导管（槽）的种类及规格含义：

1）PC 聚氯乙烯硬质电线管 其后数字如 20 为公称口径对应外径 20mm，规格数据可查阅《建筑电气常用数据》19DX101-1。一般仅使用 40 及以下规格。

2）FPC 聚氯乙烯半硬质电线管　其后数字如 20 为公称口径对应外径 20mm，规格数据可查阅《建筑电气常用数据》19DX101-1。一般仅使用 40 及以下规格。

3）塑料电缆桥架　适用于潮湿和有酸碱腐蚀性介质的场所，如沿海区域建筑地下区域等。

2　刚性塑料导管（槽）的敷设条件及适用范围：刚性塑料导管（槽）布线可适用于室内外场所和有酸碱腐蚀性介质的场所，在高温和易受机械损伤的场所不宜采用。吊顶或闷顶内不能采用刚性塑料导管（槽）敷设。暗敷于墙内或混凝土内的刚性塑料导管应采用不低于 B2 级材料制成，壁厚不低于 1.8mm；需要明敷的塑料管应采用 B1 级材料制成，壁厚不低于 1.6mm。

3　刚性塑料导管（槽）内穿线要求：管内导线总截面积不宜超过管内截面积的40%。线路中设置的配线盒也应为塑料制，其他同刚性金属导管。

8.3.5 电缆桥架布线：

1　电缆桥架包括电缆梯架、电缆托盘和电缆金属槽盒，应根据敷设环境和电缆属性选择桥架的类别。

1）电缆梯架：一般在电缆沟、电缆夹层、变电所等场所采用。

2）电缆托盘：适用于普通动力电缆安装，也适于控制电缆的敷设。

3）电缆金属槽盒：适用于敷设消防设备用电缆、计算机电缆、通信电缆、热电偶电缆及其他高灵敏系统的控制电缆等。

2　桥架的表面处理可根据用户需要分为热镀锌、静电喷塑和热浸式三种，在重腐蚀环境中可作特殊防腐处理。

3　金属线槽内穿线要求（包括电缆载流量降容系数）：

1）同一回路的所有相导体和中性导体，应敷设在同一线槽内。

2）线槽内电力导线总截面积不宜超过线槽截面积的 40%，且线槽内载流导线不超过30 根。

3）线槽内非电力导线总截面积不宜超过线槽截面积的 50%。

4）一般主干线槽选择规格时，应考虑后期增容的需求，预留一定的富裕空间。

5）同时应考虑电缆载流量的桥架修正系数，见表 8.3-1，一般设计时不建议堆叠超过两层电缆。

电缆载流量的桥架修正系数　　　　　　　　　　　　　表 8.3-1

电缆叠置层数	1	2	3	4
梯架修正系数	0.80	0.65	0.55	0.50
托盘修正系数	0.70	0.55	0.50	0.45

4　消防用电设备供电采用耐火电缆时应沿槽盒式电缆桥架涂防火涂料保护。当采用绝缘和护套为不延燃材料电缆时，可不穿金属管，但应敷设在电缆井内。

5　不燃的矿物绝缘电缆（如 BTTZ）在其他区域明敷设时，可沿防火梯架敷设或沿防火支架卡敷设。当矿物绝缘电缆沿墙面或者顶棚直接敷设时，每隔一段距离用防火构件对电缆进行固定，固定点之间的间距应满足表 8.3-2 的要求。

电缆固定点的间距				表 8.3-2
电缆外径（mm）		$D<9$	$9\leqslant D<15$	$D\geqslant15$
固定点之间最大间距（mm）	水平	600	900	1500
	垂直	800	1200	2000

8.3.6 网络地板线槽敷设方式：

1 网络地板内线缆敷设方式一般分为两种：可以将金属线槽直接敷设在网络地板下面的地面上，或者直接利用网络地板线槽敷设。

2 网络地板线槽适合于大开间办公室或需要打隔断的场所，一般网络地板线槽的规格有（宽×深）：100mm×50mm、100mm×100mm、150mm×100mm、200mm×100mm。在线缆较多且架空高度能满足时，线槽深度可以选择 150mm 规格的。

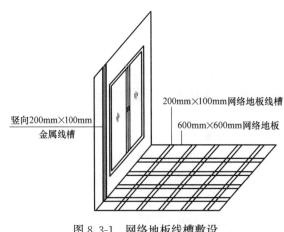

图 8.3-1 网络地板线槽敷设

3 从配电箱引出的线缆可通过槽或者穿管引至网络地板线槽，当网络地板线槽规格比较小时，线缆应分多个竖向路由引至网络地板线槽。竖向路由应首先选用沿实体墙及柱子敷设。

4 沿墙面或柱子垂直敷设的线槽位置应与网络地板线槽位置对应上，如图 8.3-1 所示。

8.3.7 地面线槽敷设方式：

1 地面金属线槽布线适用于普通环境（如办公、展厅）的现浇混凝土地面、楼板或垫层内的暗敷设布线。

2 金属线槽及金属附件均应镀锌。地面金属线槽应采用配套的附件，线槽在转角、分支等处应设置分线盒；线槽的直线段长度超过 6m 时宜加装接线盒。

3 线槽安装后应整体调平，各配件间应做好防水密封处理，并应有防止土建等专业施工造成线槽移位的措施。

4 同一回路的所有导线应敷设在同一线槽内。同一路径、无防干扰要求的线路，可敷设于同一根线槽内；线槽内导线或电缆的总截面积（包括外护层）不应超过线槽内截面积的 40%。

5 强、弱电线路应分槽敷设，两种线路交叉处应设置有屏蔽分线板的分线盒，两种线路在分线盒内应分置于不同空间，不得直接接触。

6 线槽内的导线或电缆不应有接头，接头应在分线盒内或出线口内进行。线槽出线口和分线盒出口必须与地面平齐。

7 地面金属线槽不宜穿越防火分区及伸缩缝。当必须穿越时，应做好防火封堵及伸缩处理。

8 地面金属线槽应可靠接地。

9 做法及示意图参见《建筑电气通用图集》09DD5。

8.3.8 装配式建筑管线敷设方式：

1 配电干线、弱电干线需集中设在公共区域的电气管井内，管井位置应避开预制楼板区域，以减少预制楼板内的导管数量。

2 尽可能将管线敷设在吊顶中或网络地板中，也可以将其敷设在墙体内，减少大量管线在预制混凝土板中预埋。在设置电气管线时应尽量优化，减少管线和交叉；对于一些较大的交叉节点，应与结构专业确认是否可行，以免造成施工困难。

3 各类暗装于叠合楼板内的电气设备，其接线盒的安装及管线敷设作法如下：叠合楼板内接线盒需采用深型接线盒。接线盒预埋在结构预制构件内，其上部突出至现浇层内；电气管线敷设在叠合楼板的现浇层内。

4 对预制构件深化设计的要求（关于设备安装及线路敷设）：照明灯具、各类插座等各类其他电气设备在预制构件上暗装时，接线盒的预留位置应不影响结构安全；管线穿过预制构件部位应说明采取的防水、防火、隔声、保温等措施；沿预制楼板预埋的电气接线盒、接线管及其管路与其他部位的电气管路连接时，在其连接处需预留接线足够空间，以便于施工接管操作，连接完成后再用混凝土浇筑预留的孔洞；预制楼板大样图中应对各电气设备、接线盒进行精准定位；预制楼板大样图中应标注预留线盒的型号规格，以满足强、弱电线路的不同要求。

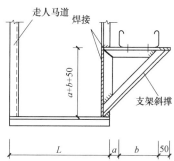

图 8.3-2 马道线槽的安装

注：尺寸 L 为马道实际宽度。b 为电缆桥架宽度，a 由工程设计决定。焊脚高度为 6mm。

8.3.9 厂房、剧场、体育场馆、会展中心等高大空间可采用桥架沿马道敷设的方式，可沿马道侧壁焊接角钢支架，线槽敷设于钢支架上方，如图 8.3-2 所示。

8.3.10 电气竖井（电气小间）布线：

1 位置选择：应根据建筑规模、供电半径、电压等级、用电性质、防火分区等因素综合考虑。

1）强弱电间应分别位于供电或服务区域的中心，强电末端供电距离一般为 40m～60m。

2）无关管线不得穿越强弱电间，且不得贴临长期积水房间。

2 土建要求：

1）每个电气竖井应设置检修门，耐火等级不应低于丙级。

2）楼层间应作防火密闭隔离，隔离措施为：母线、桥架穿越楼板处采用防火隔板及防火堵料隔离；电缆和导线穿越楼板时预埋钢套管，布线后两端管口空隙应做密闭隔离。

3）电气竖井墙壁为耐火极限不低于 1h 的非燃烧体。

3 线路敷设：

1）电缆桥架在电井内敷设时，非应急电源与应急电源的配电干线在同一竖井内敷设的情况下，应分别布置在电井的两侧，且消防配电线路应采用矿物绝缘类电缆；当电气竖井内同时敷设有高压 10kV 和低压 380V/220V 电源线路时，其间距应不小于 500mm，并宜将高压电缆线路敷设在金属线槽内。

2）强电竖井与弱电竖井应分别设置，如受条件限制必须合用时，强电与弱电线路应分别在竖井的两侧布置，或采取隔离措施以防止强电对弱电的干扰。

3）超过 250m 的高层建筑至少应设置两个电气竖井，普通配电装置和消防应急装置分别安装在不同的电气竖井。

4）电气竖井敷设接地干线和接地端子。

8.3.11 不同敷设方式下的注意事项：

1 管路敷设宜沿最短路线，并应减少弯曲和重叠交叉，管路超过下列长度时应加中间接线盒：

1）无弯时，30m；

2）有 1 个弯时，20m；

3）有 2 个弯时，15m；

4）有 3 个弯时，8m；

5）当中间不适宜加装接线盒时，宜适当加大管径。

2 电管经过建筑物的变形缝（包括沉降缝、伸缩缝、抗震缝等）处，应采取补偿措施，变形缝处采用金属软管连接，并做跨接处理，导线跨越变形缝的两侧应固定，并留有适当余量。

3 当电缆桥架跨越建筑物变形缝时，应设补偿装置，变形缝处采用带槽活动桥架连接板，活动连接板一端用螺栓与桥架紧密固定，另一端的螺栓留有缝隙，便于伸缩，并对两端线槽进行跨接。

4 电缆桥架穿越防火分区和楼板处应做防火封堵，利用防火堵料（防火枕、防火包、防火泥等）对电缆桥架穿越楼板和防火分区的洞口和桥架内部进行防火隔堵以防止火灾蔓延。

9 高压供电系统

9.1 一般规定

9.1.1 适用范围：

1 本章适用交流电压 20kV 及以下新建、扩建或改建民用建筑工程的变电所高压供电系统设计，35kV 和一般工业建筑的相关项目可作参考。

2 变电所高压供电系统设计除符合本措施外，尚应符合现行国家标准《20kV 及以下变电所设计规范》GB 50053 的规定以及当地供电部门的要求。

9.1.2 设计的一般原则：

1 根据项目的规模、负荷性质以及当地供电条件和电网结构确定供电电压等级及接地方式。

2 根据项目的规模、电力用户等级、负荷性质以及供电条件确定供电线路需要几路或几回路，并确定供电回路间的关系，据此向供电部门提出需求。

3 多个供电电源回路之间有一用一备、两用一备、两路互为备用等多种方式。

4 一级负荷应由双重电源供电，这两个电源有条件时或对于重要用户应引自上级不同方向的变电站或开闭所。当用电负荷为普通用户且用户无特殊要求时，可引自同一变电站的不同母线段。当地供电部门无法满足要求时需要设置自备电源。

5 二级负荷宜由 35kV、20kV 或 10kV 双回线路供电，当负荷较小或地区供电困难时，可由一回 35kV、20kV 或 10kV 专用架空线路供电。

6 35kV 供电系统要根据业态管理模式、变压器的台数确定 35kV 直降 0.4kV 或 35kV 降 10kV 再降 0.4kV 的方式。

7 公共建筑内的 35kV、20kV 或 10kV 供电系统宜采用放射式供电。

8 35kV、20kV 或 10kV 供配电系统中，同一电压等级的配电级数不宜多于两级。

9 高压用电单位应采用高压计量方式，当项目中有不同电价计量时可设置高压计量子表。

10 根据当地供电部门的要求确定继电保护方案。

9.1.3 设计深度：

1 高压供配电图应能反映项目的高压供、配电关系，当工程规模较大且系统复杂时可以增加"供电关系图"来反映系统的供电关系。

2 高压配电系统图中应标明母线的型号、规格；变压器、发电机的型号、规格；开关、断路器，互感器、继电器，电工仪表（包括计量仪表）等的型号、规格。

3 图中标注：开关柜编号、开关柜型号（上或下出线方式需说明）、回路编号，变压器容量、馈出电缆型号规格。

4 继电保护及信号原理方案号可以选用标准图、通用图，也可根据项目特点提供二次接线图。

5 明确操作电源的类型，当采用直流操作时应注明电压等级和电池容量，采用交流操作时应明确操作电源取自何处，注明电压等级。

6 高压供配电系统图的表达深度可参见表 9.1-1。

高压供配电系统图表达内容 表 9.1-1

柜型号	×××	×××	×××	×××	×××	×××
柜编号	AK1	AK2	AK3	AK4	AK5	AK6
母线规格(mm)	主母线采用TMY-×××					
二次原理图方案号	×××	×××	×××	×××	×××	×××
10kV 一次系统图						
用 途	1号受电	2号受电	计量	PT柜	T1号变压器	T2号变压器

	设备名称	设备数量					
主要元件	真空断路器	×××-12 1250A/25kA 1	×××-12 1250A/25kA 1			×××-12 1250A/25kA 1	×××-12 1250A/25kA 1
	电流互感器	×××300/5 0.5/10P 3	×××300/5 0.5/10P 3	×××300/5 0.2s/0.5 2		×××75/5 0.5/10P 3	×××75/5 0.5/10P 3
	电压互感器			×××10/0.1kV 0.2 2	×××10/0.1kV 0.5 2		
	高压熔断器			×××-10kV 1A 3	×××-10kV 1A 3		
	避雷器	×××-12.7/45 3	×××-12.7/45 3		×××-12.7/45 3	×××-12.7/45 3	×××-12.7/45 3
	隔离车						
	计量表	×××	×××	多功能表	×××	×××	×××
	电流量程	0~300A	0~300A	由供电部门确定		0~75A	0~75A
	零序CT	×××100/5 10P5 1	×××100/5 10P5 1			×××100/5 10P5 1	×××100/5 10P5 1
	接地开关					×××-10/31.5-210 1	×××-10/31.5-210 1
	带电显示	1		1	1	1	1
	计量小车插头			6			
	柜尺寸:宽×深×高(mm)	800×1500×2300	800×1500×2300	800×1500×2300	800×1500×2300	800×1500×2300	800×1500×2300
	继电保护	过流、速断、零序 ×××	过流、速断、零序 ×××	低电压报警、绝缘监测		高温、超温、过流、速断、零序 ×××	高温、超温、过流、速断、零序 ×××
	变压器容量	4000kVA	4000kVA			1000kVA	1000kVA
	回路编号					WH1	WH2
	计算电流	232A	232A			58	58
	电缆型号规格	由上一级配电室确定	由上一级配电室确定	CT、PT由供电部门确定		×××-8.7/15kV-3×150	×××-8.7/15kV-3×150

9.2 电力用户分级

9.2.1 根据供电可靠性的要求以及中断供电危害程度，电力用户可以分为特级、一级、二级重要电力用户和临时性重要电力用户。

9.2.2 特级重要电力用户，是指在管理国家事务中具有特别重要作用，中断供电将可能危害国家安全的电力用户（如国家会堂、国家电力调度中心、国家广播电视台等）。

9.2.3 一级重要电力用户，是指中断供电将可能产生下列后果之一的电力用户（如省级政府机关、铁路大型客运站、三级甲等医院等）：

1 直接引发人身伤亡的；

2 造成严重环境污染的；

3 发生中毒、爆炸或火灾的；

4 造成重大政治影响的；

5 造成重大经济损失的；

6 造成较大范围社会公共秩序严重混乱的。

9.2.4 二级重要用户，是指中断供电将可能产生下列后果之一的电力用户（如市政府部门、普通机场、二级医院等）：

1 造成较大环境污染的；

2 造成较大政治影响的；

3 造成较大经济损失的；

4 造成一定范围社会公共秩序严重混乱的。

9.2.5 临时性重要电力用户，是指需要临时特殊供电保障的电力用户。

9.3 外电源配置典型模式

9.3.1 根据不同供电电源配置情况和可靠性的高低，用户供电方式可分为Ⅰ、Ⅱ、Ⅲ三类供电方式，分别代表三电源、双电源、双回路电源。典型供电模式及供电方式参见表 9.3-1。

典型供电模式及供电方式

表 9.3-1

序号		供电模式	电源点	接入方式	正常/故障下电源供电方式
三电源	1	电源来自三个变电站，全专线进线	变电站1	专线	三路电源进线，两供一备，两路主供电源任一路失电后热备用电源自动投切；任一路电源在高峰负荷时应带满所有的一、二级负荷
			变电站2	专线	
			变电站3	专线	
	2	电源来自两个变电站，两路专线进线，一路公网供电进线	变电站1	专线	
			变电站2	专线	
			变电站2	公网	
	3	电源来自两个变电站，一路专线进线，两路公网供电进线	变电站1	专线	
			变电站2	公网	
			变电站2	公网	
双电源	1	不同方向变电站，专线供电	变电站1	专线	两路电源互供互备，任一路电源都能带满负荷，而且应尽量配置备用电源自动投切装置
			变电站2	专线	
	2	不同方向变电站一路专线、一路环网/辐射公网供电	变电站1	专线	可采用专线主供、公网热备运行方式，主供电源失电后，公网热备电源自动投切，两路电源应装有可靠的电气、机械闭锁装置
			变电站2	环网/辐射公网	
	3	不同方向变电站两路环网公网供电进线	变电站1	环网公网	可采用双电源各带一台变压器，低压母线分段运行方式，双电源互供互备，要求每台变压器在峰荷时至少能够带满全部的一、二级负荷
			变电站2	环网公网	

续表

序号		供电模式	电源点	接入方式	正常/故障下电源供电方式
双电源	4	不同方向变电站两路辐射公网供电进线	变电站 1	辐射公网	双电源采用母线分段,互供互备运行方式;公网热备电源自动切换,两路电源应装有可靠的电气、机械闭锁装置
			变电站 2	辐射公网	
	5	同一变电站不同母线一路专线、一路辐射公网供电	变电站 1（不同母线）	专线	当用户不具备来自两个方向变电站条件,又有较高可靠性需求时,可采用专线主供、公网热备运行方式,主供电源失电后,公网热备电源自动投切,两路电源应装有可靠的电气、机械闭锁装置
			变电站 1（不同母线）	辐射公网	
	6	同一变电站不同母线两路辐射公网供电	变电站 1（不同母线）	辐射公网	由于涉及一些地点偏远的高危该类用户,进线电源可采用单母线分段,互供互备运行方式;要求公网热备电源自动投切,两路电源应装有可靠的电气、机械闭锁装置
			变电站 1（不同母线）	辐射公网	
双回路	1	专线供电	变电站 1	专线	两路电源互供互备,任一路电源都能带全部负荷,而且应配置备用电源自动投切装置
			变电站 1	专线	
	2	一路专线、一路环网公网进线供电	变电站 1	专线	
			变电站 1	环网公网	
	3	一路专线、一路辐射公网进线供电	变电站 1	专线	由于部分是工业类重要电力用户,采用专线主供、公网热备运行方式,主供电源失电后,公网热备电源自动投切,两路电源应装有可靠的电气、机械闭锁装置
			变电站 1	辐射公网	
	4	两路辐射公网进线供电	变电站 1	辐射公网	由于该类用户容量一般不大,可采用两路电源互供互备,任一路电源都能带全部负荷,且应尽量配置备用电源自动投切装置
			变电站 1	辐射公网	

9.3.2　外电源的配置由当地供电部门提供,设计单位应根据用电单位的需求向供电单位提出用电需求,双方协调,取得经济合理的外电源配置方案。

9.4　变电所高压常用主接线

9.4.1　系统要求:

1　变电所的高压母线宜采用单母线或分段单母线接线。当供电连续性要求很高时,可采用分段单母线带旁路母线或双母线的接线。

2　35kV 及出线回路较多的 20kV 或 10kV 变电所的电源进线开关宜采用断路器。35kV、20kV 或 10kV 变电所,35kV 侧及有继电保护和自动装置要求的 20kV 或 10kV 母线分段处,宜装设与电源进线开关相同型号的断路器。20kV 或 10kV 侧无继电保护和自动装置要求的母线分段处,可采用负荷开关或负荷开关-熔断器组合方式。

3　20kV 或 10kV 变电所,当供电容量较小、出线回路数少、无继电保护和自动装置要求时,变电所 20kV 或 10kV 电源进线开关可采用负荷开关—熔断器组合方式。

4　从同一用电单位的高压总配电所以放射式向分配电所供电时,分配电所的进线开关宜采用隔离开关或隔离触头。当分配电所的进线需要带负荷操作、有继电保护、有自动装置要求时,分配电所的进线开关应采用断路器。

5 高压母线的分段开关宜采用断路器；当不需要带负荷操作、无继电保护、无自动装置要求时，可采用隔离开关或隔离触头方式。

6 两个配电所之间的联络线，应在供电侧装设断路器，另一侧宜装设负荷开关、隔离开关或隔离触头；当两侧都有可能向另一侧供电时，应在两侧装设断路器。当两个配电所之间的联络线采用断路器作为保护电器时，断路器的两侧均应装设隔离电器。

7 配电所的引出线宜装设断路器。当满足继电保护和操作要求时，也可采用负荷开关—熔断器组合方式。

8 向频繁操作的高压用电设备供电时，如果采用断路器兼作操作和保护电器，断路器应具有频繁操作性能，也可采用高压限流熔断器和真空接触器的组合方式。

9 在架空出线或有电源反馈可能的电缆出线的高压固定式配电装置的馈线回路中，应在出线侧装设隔离开关。

10 在高压固定式配电装置中采用负荷开关—熔断器组合电器时，应在电源侧装设隔离开关。

11 由地区电网供电的配电所或变电所的电源进线处，应设置专用计量柜，装设供计费用的专用电压互感器和电流互感器。

12 变压器一次侧高压开关的装设，应符合下列规定：

1）电源以树干式供电时，应装断路器、负荷开关—熔断器组合电器或跌落式熔断器。

2）总变电所和分变电所相邻或位于同一建筑平面内，且两所之间无其他阻隔而能直接相通，出线断路器能有效保护变压器和线路时，分变电所可不设开关。

3）电源以放射式供电，变压器容量大于或等于1250kVA时，其高压侧进线开关宜采用断路器；小于或等于1000kVA时，其高压侧进线开关可采用负荷开关电器或负荷开关—熔断器组合电器，此时应将变压器温度信号上传。

9.4.2 常用的典型10kV配电系统主接线：

1 主接线设计应根据负荷容量大小、负荷性质、电源条件、变压器容量及台数、设备特点以及进出线回路数等综合分析来确定。

2 主接线应力求简单、运行灵活、供电可靠，操作检修方便、节约投资和便于扩建等。

3 在满足供电要求和可靠性的条件下，宜减少电压等级和简化接线。高压系统主接线系统构成应满足当地供电部门的技术要求及相关规定，重点注意供电部门对进线柜、计量柜、PT柜、提升柜等的设置要求。无具体规定时，可参考表9.4-1中各类画法。

常用典型10kV配电系统主接线   表 **9.4-1**

电源情况及主接线类型	主接线系统图示意	系统描述
单台变压器单电源进线接线(负荷开关柜)	 高压进线　　变压器	配置一路10kV进线,进线间设负荷开关,馈出间隔设置负荷开关+高压熔断器,无继电保护,进线无计量装置。 配电变压器容量不超过1250kVA,或多台变压器总容量不超过1250kVA

续表

电源情况及主接线类型	主接线系统图示意	系统描述
一路电源环网供电接线（负荷开关柜）	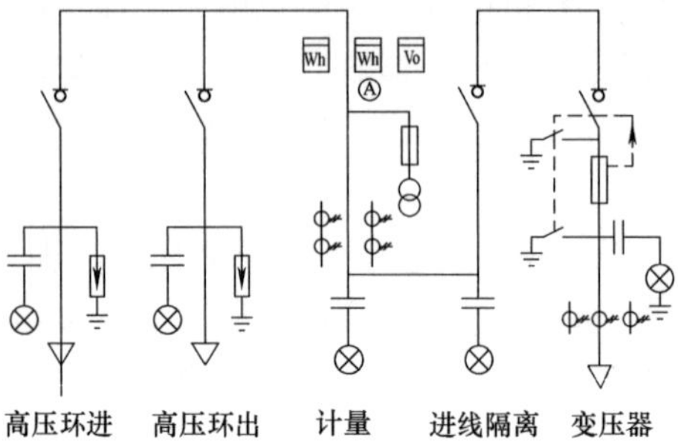Wh Wh Vo A 高压环进 高压环出 计量 进线隔离 变压器	配置一路 10kV 进线，进线间隔和干线式供电馈出间隔设负荷开关，变压器馈出间隔设置负荷开关＋高压熔断器，无继电保护，进线设置计量装置。 配电变压器容量不超过 1250kVA，或多台变压器总容量不超过 1250kVA
两路电源单母线分段接线（负荷开关柜）	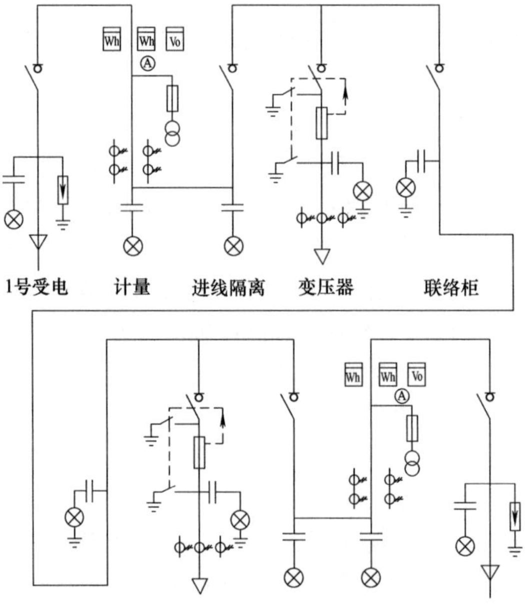Wh Wh Vo A 1号受电 计量 进线隔离 变压器 联络柜 Wh Wh Vo A 联络柜 变压器 进线隔离 计量 2号受电	配置两路 10kV 进线，进线间隔设负荷开关，馈出间隔设置负荷开关＋高压熔断器，无继电保护，两路进线均设置计量装置。两个电源间设有分段负荷开关（联络开关），当一路电源失电，手动操作失电电源进线负荷开关后，手动合分段负荷开关，使负荷恢复供电。 配电变压器容量不超过 1250kVA，或多台变压器总容量不超过 1250kVA
一路电源单母线接线（金属封闭高压开关柜）	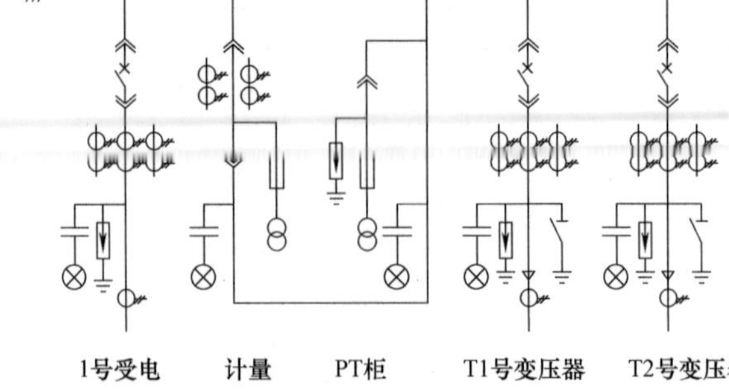1号受电 计量 PT柜 T1号变压器 T2号变压器	配置一路 10kV 进线，电源进线和馈出回路均采用高压断路器作为保护电器，可按需进行继电保护，进线设置计量装置

续表

电源情况及主接线类型	主接线系统图示意	系统描述
两路电源单母线接线（金属封闭高压开关柜）	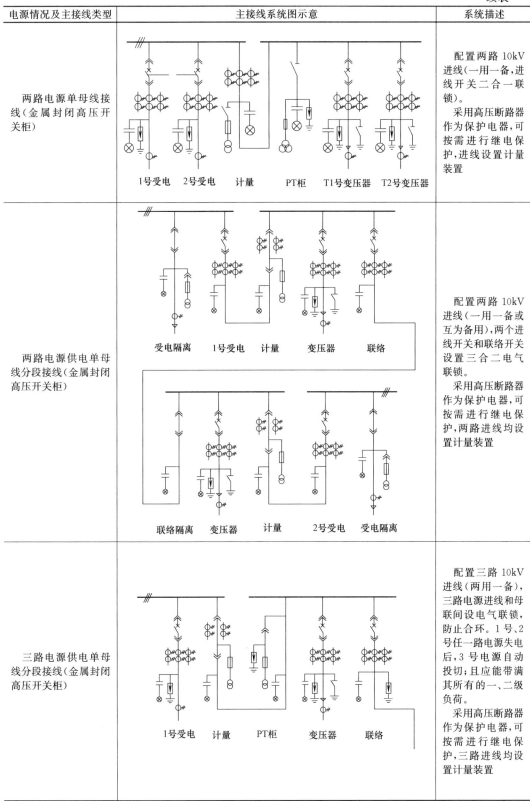	配置两路 10kV 进线（一用一备,进线开关二合一联锁）。采用高压断路器作为保护电器,可按需进行继电保护,进线设置计量装置
两路电源供电单母线分段接线（金属封闭高压开关柜）		配置两路 10kV 进线（一用一备或互为备用）,两个进线开关和联络开关设置三合二电气联锁。采用高压断路器作为保护电器,可按需进行继电保护,两路进线均设置计量装置
三路电源供电单母线分段接线（金属封闭高压开关柜）		配置三路 10kV 进线（两用一备）,三路电源进线和母联间设电气联锁,防止合环。1 号、2 号任一路电源失电后,3 号电源自动投切;且应能带满其所有的一、二级负荷。采用高压断路器作为保护电器,可按需进行继电保护,三路进线均设置计量装置

续表

电源情况及主接线类型	主接线系统图示意	系统描述
三路电源供电单母线分段接线（金属封闭高压开关柜）	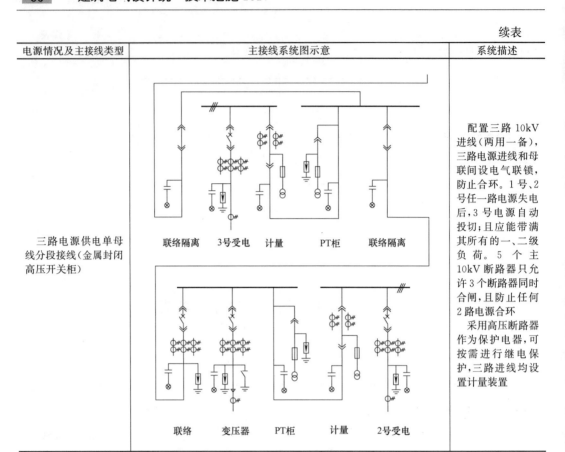 联络隔离　3号受电　计量　PT柜　联络隔离 联络　变压器　PT柜　计量　2号受电	配置三路 10kV 进线（两用一备），三路电源进线和母联间设电气联锁，防止合环。1 号、2 号任一路电源失电后，3 号电源自动投切；且应能带满其所有的一、二级负荷。5 个主 10kV 断路器只允许 3 个断路器同时合闸，且防止任何 2 路电源合环 采用高压断路器作为保护电器，可按需进行继电保护，三路进线均设置计量装置

注：20kV、35kV 可参照执行

9.4.3 常用主接线的评价：

1 单母线接线

单母线接线用于单电源供电，接线简单清晰、设备少、操作方便、占地少、便于扩建和采用成套配电装置，但不够灵活可靠，固定式金属封闭开关柜的母线或接在母线上的隔离开关等故障或检修时，移开式金属封闭开关柜的母线或接自母线上的接插电器等故障或检修时，接在该母线上的电源线路和馈出线路均需停止运行，影响整个配电装置对用电负载的供电。适用于供电容量小、供电可靠性要求不高的场所。

2 单母线分段接线

单母线分段接线用于多电源供电，接线简单清晰、设备较少、操作方便、占地少、便于扩建和采用成套配电装置，任一变压器或线路投切只需操作一台断路器。但固定式金属封闭开关柜的母线或接在母线上的隔离开关等故障或检修时，及移开式金属封闭开关柜的母线或接自母线上的接插电器等故障或检修时，接在该母线上的电源线路和馈出线路均需停止运行，影响电源段对三级用电负荷的供电，一、二级等重要负荷需经负荷侧双电源自动切换装置改由其他电源段供电。当部分电源失电，通过分段开关，可使一、二级等重要负荷尽快恢复供电。

单母线分段接线的供电可靠性较高。

三电源进线的分段单母线接线供电可靠性高于双电源进线的分段单母线接线。

9.4.4 常用主接线的适用范围:

1 单母线接线

单母线接线适用于容量小、线路少及对供电连续性要求不高的二、三级负荷供电的变电所。进线电源系干线式供电(非专线)时,适用于三级负荷供电。进线电源为放射式专线供电时,可用于二级负荷供电。

2 单母线分段接线

分段单母线接线适用于多路电源进线、配电装置出线回路数较多的一、二级负荷供电的变电所,在建筑电气中广泛应用。

9.4.5 当建筑内设置两个主变电所,至少需要 4 路高压线路且属于重要负荷时,也可采用双环网系统,如图 9.4-1 所示。

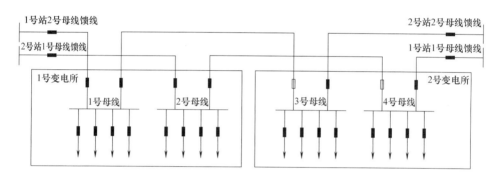

图 9.4-1　高压双环路系统

注:▯ 表示环线开关设置为开环点,▮ 表示环线开关设置为闭环点。

9.5　继电保护装置

9.5.1 一般要求:

1 民用建筑配变电设备及线路,应设有主保护、后备保护和设备异常运行保护装置,必要时可增设辅助保护。

2 高压配电装置断路器的控制方式,宜采用控制室集中操作或在开关柜上就地操作。

3 高压主进线开关宜采用断路器,并设置三相过流速断保护装置,以确保用户故障时不影响上级系统的正常供电。

4 继电保护装置应满足可靠性、选择性、灵敏性和速动性的要求。

1)可靠性——要求保护装置动作可靠,避免误动和拒动。宜选择最简单的保护装置,选用可靠的元器件构成最简单的回路,便于检测调试、整定和维护。

2)选择性——首先由故障设备或线路的保护装置切除故障。为保证选择性,对一个回路系统的设备和线路的保护装置,其上、下级之间的灵敏性和动作时间应逐级相互配合。

3)灵敏性——在设备或线路的被保护范围内,发生金属性短路或接地时,保护装置应避免越级跳闸并具有必要的灵敏系数。灵敏系数应根据不利正常运行方式和不利故障类型进行计算。各类保护装置的最小灵敏系数应不小于国家规范的要求。

　　4）速动性——保护装置应尽快切除故障，以提高系统稳定性，缩小故障影响范围。

　　5　保护装置与测量仪表，不宜共用电流互感器二次线圈，保护装置用电流互感器的稳态比误差不应大于 10%。当技术上难以满足要求，且不致引起误动时，可允许较大稳态比误差。保护装置用电流互感器一次侧电流建议范围为其供电电流的 1.3 倍～1.8 倍。

　　6　在正常运行情况下，当电压互感器二次回路断线或其他故障可能使保护装置误动作时，应装设断线闭锁装置；当保护装置不致误动作时，应装设电压回路断线信号装置。

　　7　在保护装置内应设置由信号继电器或其他元件等构成的指示信号。指示信号应符合下列要求：

　　1）在直流电压消失时不自动复归，或在直流恢复时仍能维持原动作状态；

　　2）能分别显示各保护装置的动作情况；

　　3）对复杂系统的保护装置，能分别显示各部分及各段的动作情况，并可根据装置条件，设置能反映装置内部异常的信号。

9.5.2　变压器的保护：

　　1　保护装置的配置，根据变压器的形式、容量和使用特点，采用不同的保护装置，低压侧为 0.4kV 的配电变压器继电保护装置的配置见表 9.5-1。

35kV、20kV、10kV/0.4kV 配电变压器的继电保护配置　　　　表 9.5-1

变压器容量（kVA）	保护装置名称						备注
	带时限的过电流保护①	电流速断保护	低压侧单相接地保护②	过负荷保护	瓦斯保护④	温度保护⑤	
<400	—	—	—	—	—	—	一般用高压熔断器与负荷开关的组合电器保护
400～800	高压侧采用断路器时装设	过电流保护时限大于 0.5s 时装设⑤	装设	并联运行的变压器装设，作为其他备用电源的变压器根据过负荷的可能性装设③	≥400kVA 在室外变电所内安装的油浸式变压器、≥800kVA 及以上室外安装的油浸式变压器，以及带负荷调压变压器的充油调压开关均应装设	干式变压器均需装设	1250kVA 及以下的变压器可以用高压熔断器与负荷开关的组合电器保护
1000～1600⑥	装设						
2000～2500							

　　① 当带时限的过电流保护不能满足灵敏性要求时，应采用低电压闭锁的带时限过电流保护，或复合电压启动的过电流保护。

　　② 当利用高压侧过电流保护不能满足灵敏性要求时，应装设变压器中性导体上的零序过电流保护。

　　③ 低压侧电压为 230V/400V 的变压器，当低压侧出线断路器带有过负荷保护时，可不装设专用的过负荷保护。

　　④ 当变压器安装处电源侧无断路器或短路开关时，保护动作后应作用于信号并发出远跳命令，同时应断开线路对侧断路器。

　　⑤ 一般油浸配电变压器最大容量为 1600kVA，密闭油浸变压器装设压力保护。

　　⑥ 一次电压为 10kV 的重要变压器或容量为 2000kVA 及以上的变压器，当电流速断保护灵敏度不符合要求时，宜采用纵联差动保护。

　　2　35/10kV 或 20/10kV 的配电变压器应装设下列保护作为主保护：

　　1）单独运行的 10MVA 以下变压器，高压侧采用断路器并配置速断、过流、过负荷、温度、瓦斯（油浸式）保护；

　　2）单独运行的 10MVA 及以上变压器、并列运行的 6.3MVA 及以上变压器，高压侧采用断路器并配置纵联差动、过流、过负荷、温度、瓦斯（油浸式）保护。

9.5.3　6kV～35kV 线路的保护

　　6kV～35kV 线路的继电保护配置见表 9.5-2。

6kV～35kV 线路的继电保护配置　　　　　表 9.5-2

被保护线路	保护装置名称				
	无时限电流速断保护	带时限速断保护	过电流保护	单相接地保护	过负荷保护
单侧电源放射式单回路	自重要配电所引出的线路装设	当无时限电流速断保护不能满足选择性动作时装设	装设	根据需要装设	装设

注：无时限电流速断保护范围，应保证切除所有使该母线残压低于 60% 额定电压的短路。为满足这一要求，必要时保护装置可无选择地动作，并以自动装置来补救。

9.5.4　6kV～35kV 母线分段断路器继电保护装置的配置见表 9.5-3。

6kV～35kV 分列运行的母线分段断路器继电保护配置　　　　　表 9.5-3

被保护设备	保护装置名称		备注
	电流速断保护	过电流保护	
不并列运行的分段母线	仅在分段断路器合闸瞬间投入，合闸后自动解除	装设	采用反时限过电流保护时，继电器瞬动部分应解除； 对出线不多的二、三级负荷供电的配电母线分段断路器，可不设保护设置，设手动联络开关

　　1　母线分段断路器保护，一般设电流速断保护和过电流保护，如果采用反时限电流继电器，可只装设过电流继电器。

　　2　分段断路器的过流保护，应比出线回路的过电流保护增大一级时限。

9.5.5　电力电容器的保护：

　　1　6kV～20kV 电力电容器的继电保护配置见表 9.5-4。

6kV～20kV 电力电容器的继电保护配置　　　　　表 9.5-4

保护装置名称					
带短延时的速断保护	过电流保护	过负荷保护	单相接地保护	过电压保护	失压保护
装设	装设	根据需要装设	电容器与支架绝缘时可不装设	当电压可能超过 110% 额定值时装设	装设

　　2　当电容器组中故障电容器切除到一定数量后，引起剩余电容器组端电压超过 110% 额定电压时，保护应将整组电容器断开。对不同接线的电容器组，可采用下列保护之一：

　　1）中性点不接地单星形接线的电容器组，可装设中性点电压不平衡保护；

　　2）中性点不接地双星形接线的电容器组，可装设中性点间电流或电压不平衡保护；

　　3）多段串联单星形接线的电容器组，可装设段间电压差动或桥式差动电流保护。

9.5.6　3kV～10kV 电动机的保护：

3kV～10kV 电动机的继电保护配置见表 9.5-5。

3kV～10kV 电动机的继电保护配置　　　　　表 9.5-5

电动机容量（kW）	保护装置名称							
	电流速断保护	纵联差动保护	过负荷保护	单相接地保护	负序过电流保护	低电压保护	失步保护	防止非同步冲击的断电失步保护
异步电动机<2000	装设	当电流速断保护不能满足灵敏性要求时装设	生产过程中易发生过负荷时或启动、自启动条件严重时应装设	单相接地电流≥5A时装设，≥10A时一般动作于跳闸，5A～10A时可动作于跳闸或信号	—	当电压短时降低或短时中断后，存在不允许自启动的电机，为保证其他重要电机自启动而需要断开的次要电机等情况，按需要装设	—	—
异步电动机≥2000	—	装设			装设		—	—
同步电动机<2000	装设	当电流速断保护不能满足灵敏性要求时装设			装设		装设	保护应在电源恢复前动作，重要电机宜动作于再同步控制；不需再同步电机，保护应动作于跳闸
同步电动机≥2000	—	装设			装设			

9.6　所用电及操作电源

9.6.1　所用电：

1　变电所所用电源宜引自就近的配电变压器 220V/380V 侧。重要或规模较大的变电所，宜设所用干式变压器。装设在开关柜内的站用干式变压器的容量不宜超过 30kVA。

2　采用交流操作时，供操作、控制、保护、信号等的所用电源，可引自电压互感器。

3　当电磁操作机构采用硅整流合闸时，宜设两回路所用电源，其中一路应引自接在电源进线断路器前面的所用变压器。

4　变电所宜设置所用电配电盘，其电源一般可以由低压开关柜引来，当变电所设有两台变压器时，所用电配电盘宜采用双电源自动切换装置。

9.6.2　操作电源。 操作电源是保证供电可靠性的重要组成部分，其设置应满足下列要求：

1　正常运行时应能保证断路器的合闸和跳闸；

2　事故状态下，在电网电压降低甚至消失时，应能保证继电保护系统可靠的工作；

3　当事故停电，需要时还应提供必要的应急照明用电。

9.6.3　交流操作系统：

1　一般出线回路少于 6 路，变压器总容量不大于 4000kVA 的中小型变电所，同时不属于重要负荷用户，操作电源可以采用交流操作。

2　在交流操作系统中，其断路器保护跳闸回路，可采用定时限或反时限特性的继电保护装置。

3　交流操作电源，交流操作的电源为交流 220V，可以由所用变压器或电压互感器供电，也可以由 UPS 或其他市电引来。

9.6.4 普通交流操作电源。普通的交流操作电源取自系统电源。从电压互感器经 100/220V 变压器供给一路电源，而另一路电源由所用变压器或其他低压线路经 220/220V 变压器（也可由另一段母线电压互感器经 100V/220V 变压器）供给。两路电源中的任一路均可作为工作电源，另一路作为备用电源。控制电源采用不接地系统，并设有绝缘检查装置。由于电源取自系统电源，当被保护元件发生短路故障时，短路电流很大，而电压却很低，断路器将会失去控制、信号、合闸以及分励脱扣的电源。所以交流操作的电源可靠性较低。

9.6.5 带 UPS 的交流操作电源，是将控制及信号回路改为 UPS 供电。当系统电源正常时，由系统电源小母线向储能回路、控制及信号回路（通过 UPS 电源）供电，同时可向 UPS 电源进行充电或浮充电。当系统发生故障时，外电源消失，由 UPS 电源向控制回路及信号回路供电，使断路器可靠跳闸并发出信号。由于操作电源比较可靠，继电保护则可以采用分励脱扣线圈跳闸的保护方式，不再用电流脱扣器线圈跳闸的保护方式，从而可免去交流操作继电保护两项特殊的整定计算，即继电器强力切换接点容量检验和脱扣器线圈动作可靠性校验。

9.6.6 直流操作系统：

1 重要场所的变电所应选用直流操作系统。当选用电磁操作时，操作电压宜选用直流 220V，当选用弹簧储能操作系统时宜选用直流 110V 或直流 220V，继电器可采用反时限或定时限保护。

2 当主变电所采用直流操作系统，分变电所利用主变电所的直流电源较方便时，可共用其操作电源；分变电所负荷重要且有继电保护要求的可单独设置直流操作电源。

3 直流电源蓄电池容量应能保证操作机构的分合闸动作，及各开关柜信号和继电器等可靠工作。供电持续时间：有人值班时不小于 1h，无人值班时不小于 2h。其充电电源宜由所用配电盘引来，或由低压柜引来，其电压的波动范围不超过 ±5%，其浮充设备引起的波纹系数不超过 5%。直流母线电压偏差不超过 ±10%。直流操作的蓄电池容量可参考表 9.6-1 选择。

变电所蓄电池推荐容量（单位：Ah）　　　　　　　　　　　　　　表 9.6-1

系统电压（V）	10kV 变电所	35kV 变电所	
	2 台~4 台变压器	2 台变压器	3 台变压器
110	65	100	150
220	30	65	80

9.7 高压导体和配电装置的选择

9.7.1 高压配电装置的一般规定：

1 配电装置的选择，应满足在正常运行、检修、短路和过电压情况下的要求，并应不危及人身安全和周围设备。

2 配电装置的绝缘等级，应与电力系统的额定电压相配合。

　　3　配电装置中相邻带电部分的额定电压不同时，应按较高的额定电压确定其安全净距。

　　4　高压出线断路器当采用真空断路器时，为避免变压器（或电动机）操作过电压，应装有浪涌吸收器并装设在小车上。

　　5　高压出线断路器的下侧应装设接地开关和电源监视灯（或电压监视器）。

　　6　配电装置各回路的相序排列应一致。硬导体的各相应涂色，色别应为 A 相黄色、B 相绿色、C 相红色。绞线可只标明相别。

　　7　在配电装置间隔内的硬导体及接地线上，应留有安装携带式接地线的接触面和连接端子。

　　8　高压配电装置均应装设闭锁装置及联锁装置，以防止带负荷拉合隔离开关、带接地合闸、有电挂接地线、误拉合断路器、误入屋内有电间隔等电气误操作事故。

9.7.2 环境条件：

　　1　选择导体和电器的环境温度一般采用表 9.7-1 所列数值。

选择导体和电器的环境温度　　　　　　表 9.7-1

类别	安装场所	环境温度	
		最高	最低
裸导体	屋外	最热月平均最高温度	
	屋内	该处通风设计温度。当无资料时，可取最热月平均最高温度加 5℃	
电缆	屋外电缆沟（无覆土）	最热月平均最高温度	年最低温度
	屋内电缆沟	屋内通风设计温度。当无资料时，可取最热月平均最高温度加 5℃	
	电缆隧道	有机械通风时取该处通风设计温度，无机械通风时，可取最热月的日最高温度平均值加 5℃	
	土中直埋	埋深处的最热月的平均地温	
电器	屋外	年最高温度	年最低温度
	屋内电抗器	该处通风设计最高排风温度	
	屋内其他处	该处通风设计温度。当无资料时，可取最热月平均温度加 5℃	

　　注：1　年最高（或最低）温度为一年中所测量的最高（或最低）温度的多年平均值；
　　　　2　最热月平均最高温度为最热月每日最高温度的月平均值，取多年平均值。

　　2　选择导体和电器时的相对湿度，一般采用当地湿度最高月份的平均相对湿度。对湿度较高的场所，应采用该处实际相对湿度。

　　3　海拔高度超过 1000m 的地区，配电装置应选择适用于该海拔高度的电器和电瓷产品，其外部绝缘的冲击和工频试验电压应符合高压电气设备绝缘试验电压的有关规定。

9.7.3 导体和电器选择的一般要求：

　　1　选用的导体和电器，其允许的最高工作电压不得低于该回路的最高运行电压，其长期允许电流不得小于该回路的最大持续工作电流，并应按短路条件验算其动、热稳定。

　　用熔断器保护的导体和电器，可不验算热稳定，但动稳定仍应验算。

　　用高压限流熔断器保护的导体和电器，可根据限流熔断器的特性来校验导体和电器的动稳定和热稳定。

　　用熔断器保护的电压互感器回路，可不验算动稳定和热稳定。

2 确定短路电流时，应按可能发生最大短路电流的正常接线方式，并应考虑电力系统 5 年~10 年的发展规划以及本工程的规划。

3 计算短路点，应选择在正常接线方式时短路电流为最大的地点。

带电抗器的 6kV 或 20kV 出线，隔板（母线与母线隔离开关之间）前的引线和套管，应按短路点在电抗器前计算；隔板后的引线和电器，一般按短路点在电抗器后计算。

4 验算导体和电器时用的短路电流，宜按下列条件计算：

1）电力系统所有供电电源都在额定负荷下运行；

2）所有同步电机都具有强行励磁或自动调整励磁装置；

3）短路发生在短路电流为最大值的瞬间；

4）所有供电电源的电动势相位角相同；

5）应考虑对短路电流值有影响的所有元件，但不考虑短路点的电弧电阻；

6）在电气连接的网络中应考虑具有反馈作用的异步电动机的影响和电容补偿装置放电电流的影响。

5 导体和电器的热稳定、动稳定以及电器的短路开断电流，一般按三相短路验算。如单相、两相短路较三相短路严重时，则按严重情况验算。

6 当按短路开断电流选择高压断路器时，应能可靠地开断装设处可能发生的最大短路电流。

按断流能力校核高压断路器时，宜取断路器实际开断时间的短路电流作为校核条件。

装有自动重合闸装置的高压断路器，应考虑重合闸时对额定开断电流的影响。

7 验算导体短路热稳定用的计算时间，宜采用主保护动作时间加相应断路器全分闸时间。

当主保护有死区时，则应采用能对该区起作用的保护装置动作时间，并采用相应处的短路电流值。验算电器短路热稳定时间，采用后备保护动作时间加相应的断路器全分闸时间。

8 验算电缆热稳定时，短路点应按下列情况确定：

1）不超过制造长度的单根电缆回路，应考虑短路发生在电缆的末端。但对于长度为 200m 以下的高压电缆，因其阻抗对热稳定计算截面影响较小，可按在电缆首端短路计算。

2）有中间接头的电缆，短路发生在每一缩减电缆截面线段的首端；电缆线段为等截面时，则按短路发生在第二段电缆的首端，即第一个中间接头处。

3）无中间接头的并列连接的电缆，按短路发生在并列点后。

9 验算短路热稳定时，裸导体的最高允许温度，宜采用表 9.7-2 所列数值，而导体在短路前的温度应采用额定负荷下的工作温度。

裸导体在短路时的最高允许温度　　　　　　　　　　　　　　　表 9.7-2

导体种类和材料	最高允许温度（℃）
铜	300
铝	200
钢（不和电器直接连接时）	400
钢（和电器直接连接时）	300

裸导体的热稳定可用下式验算：

$$S \geqslant \frac{\sqrt{Q_d}}{C}$$ (9.7-1)

式中 S——裸导体的载流截面，mm^2；

Q_d——短路电流的热效应，$A^2 \cdot S$；

C——热稳定系数，在不同的温度下，C 值可取表 9.7-3 所列数值。

不同温度下的 C 值   表 9.7-3

工作温度(℃)	40	45	50	55	60	65	70	75	80	85	90
硬铝及铝锰合金	99	97	95	93	91	89	87	85	83	8	79
硬铜	186	183	181	179	176	174	171	169	166	164	161

10   用于切合并联补偿电容器组的断路器宜用真空断路器或六氟化硫断路器。容量较小的电容器组，也可使用开断性能优良的少油断路器。

11   在正常运行和短路时电器引线的最大作用力，不应大于电器端子允许荷载，屋外部分的导体套管、绝缘子和金具，应根据当地气象条件和不同受力状态进行校验。

12   导线绝缘子和穿墙套管的机械强度安全系数，不应小于表 9.7-4 所列数值。

导体和绝缘子的安全系数   表 9.7-4

类别	荷载长期作用时	荷载短时作用时
套管、支持绝缘子、金具	2.5	1.67
悬式绝缘子及其金具[①]	5.3	3.3
软导体	4.	2.5
硬导体[②]	2.0	1.67

① 悬式绝缘子的安全系数对应于破坏荷载，而不是 1h 机电试验荷载，若是后者，则安全系数分别应为 4.0 和 2.5；

② 硬导体的安全系数对应于破坏应力，而不是屈服点应力，若是后者，则安全系数分别为 1.6 和 1.4。

13   验算短路动稳定时，硬导体的最大应力，不应大于表 9.7-5 所列数值。

重要回路的硬导体应力计算，还应考虑动力效应的影响。

硬导体的最大允许应力   表 9.7-5

材料	硬铜	硬铝	钢
最大允许应力(N/mm^2)	140	70	160

注：1   本表不适用于有焊接接头的硬导体；

2   表内所列数值为计及安全系数后的最大允许应力。安全系数一般取 1.7（对应于材料破坏应力）或 1.4（对应于屈服点应力）。

9.7.4   高压断路器：

1   断路器的额定电压应不低于系统的最高电压（见表 9.7-6）；额定电流应大于运行中可能出现的任何负荷电流。

高压电器的最高电压   表 9.7-6

系统标称电压 U_n(kV)	3(3.3)	6	10	20	35	66	110
设备最高电压 U_m(kV)	3.6	7.2	12	24	40.5	72.5	126

2   在中性点直接接地或经小阻抗接地的系统中选择断路器时，首相开断系数应取 1.3；在 110kV 及以下的中性点非直接接地的系统中，则首相开断系数应取 1.5。

3 断路器的额定短路开断电流，其持续时间额定值在 110kV 及以下为 4s，包括开断短路电流的交流分量均方根值和开断直流分量百分比两部分。

当短路电流中直流分量不超过交流分量幅值的 20% 时，可只按开断短路电流的交流分量均方根值选择断路器；当短路电流中直流分量超过交流分量幅值的 20% 时，应分别按额定短路开断电流的交流分量均方根值和开断直流分量百分比选择。具体计算可详见《工业与民用供配电设计手册（第四版）》316 页。

4 高压交流断路器的额定短路关合电流是与额定电压和额定频率以及直流分量时间常数相对应的额定参数，其值应不小于使用地点预期短路电流的最大峰值。

当额定频率为 50Hz 且时间常数标准值 τ 为 45ms 时，额定短路关合电流等于额定短路开断电流交流分量均方根值的 2.5 倍。

对于特殊工况下，直流分量时间常数 τ 为 60ms、75ms 或 120ms 时，额定短路关合电流等于额定短路开断电流交流分量均方根值的 2.7 倍，与额定频率无关。

5 断路器的额定短时耐受电流等于额定短路开断电流。

6 用于切合并联补偿电容器组的断路器，应校验操作时的过电压倍数，并采取相应的限制过电压措施。3kV～10kV 宜用真空断路器或 SF_6 断路器。容量较小的电容器组，也可使用开断性能优良的少油断路器。35kV 及以上电压等级的电容器组，宜选用 SF_6 断路器或真空断路器。

7 选择断路器接线端子的机械荷载，应满足正常运行和短路情况下的要求，一般情况下断路器接线端子的机械荷载不应大于表 9.7-7 所列数值。

断路器接线端子允许的机械荷载　　　　　　　　　　表 9.7-7

额定电压(kV)	额定电流(A)	水平拉力(N)		垂直力(向上及向下)(N)
		纵向	横向	
12		500	250	300
40.5～72.5	≤1250 ≥1600	500 750	400 500	500 750

9.7.5 高压隔离开关：

1 单柱垂直开启式隔离开关在分闸状态下，动静触头间的最小电气距离不应小于配电装置的最小安全净距 B_1 值，详见《3kV～110kV 高压配电装置设计规范》GB 50060—2008 中表 5.1.4。

2 为保证检修安全，63kV 及以上断路器两侧的隔离开关的断路器侧和线路隔离开关的线路侧宜配置接地开关。

隔离开关的接地开关，应根据其安装处的短路电流进行动稳定、热稳定校验。

3 选用的隔离开关应具有切合电感、电容性小电流的能力，应使电压互感器、避雷器、空载母线、励磁电流不超过 2A 的空载变压器及电容电流不超过 5A 的空载线路等，在正常情况下操作时能可靠切断。

隔离开关尚应能可靠切断断路器的旁路电流及母线环流。

4 屋外隔离开关接线端的机械荷载不应大于表 9.7-8 所列数值。

断路器接线端子允许的机械荷载   表 9.7-8

额定电压(kV)	额定电流(A)	水平拉力(N)		垂直力(向上及向下)(N)
		纵向	横向	
12		500	250	300
40.5~72.5	≤1250	750	400	500
	≥1600	750	500	750

9.7.6 高压负荷开关:

1 高压负荷开关能带负荷操作,开断关合过负荷电流,但不能开断短路电流。

2 高压负荷开关的开断额定电流应不小于回路中最大可能的过负荷电流。

3 选用的负荷开关应具有切合电感、电容性小电流的能力。应能开断不超过 10A (3kV~35kV)、25A (63kV) 的电缆电容电流或限定长度的架空线充电电流,以及开断 1250kVA (3kV~35kV)、5600kVA (63kV) 配电变压器的空载电流。

9.7.7 高压熔断器:

1 高压熔断器熔管的额定电流应大于或等于熔体的额定电流。熔体的额定电流应按高压熔断器的保护熔断特性选择。

2 高压熔断器按开断电流选择时,熔断器的开断电流应不大于回路中可能出现的最大预期短路电流交流分量均方根值。由于熔断器的开断特性不同,故选择时所有的短路电流计算值也不同。具体计算详见《工业与民用供配电设计手册(第四版)》317 页~318 页。

3 保护变压器的高压熔断器,其高压熔断件的时间—电流特性应满足下式

$$\frac{I_{f10}}{I_N} \leqslant 6 \tag{9.7-2}$$

$$\frac{I_{f0.1}}{I_N} \geqslant 7\left(\frac{I_N}{100}\right) \tag{9.7-3}$$

式中 I_N——熔断件的额定电流,A;

   I_{f10}——熔断件弧前时间为 10s 时的预期电流(平均)值,A;

   $I_{f0.1}$——熔断件弧前时间为 0.1s 时的预期电流(平均)值,A。

熔断器对变压器低压侧的短路故障进行保护,熔断器的最小开断电流应低于预期短路电流。表 9.7-9 为某公司用于保护变压器的熔断件额定电流选择表。

某公司用于保护变压器的熔断件额定电流选择表   表 9.7-9

额定电压(kV)	变压器容量(kVA)											
	200	250	315	400	500	630	800	1000	1250	1600	2000	2500
3.6(3.3)	80	80	100	125	125	160	200					
7.2	50	50	63	80	100	125	125	160	(160)			
12	31.5	40	50	50	63	80	80	100	125	(125)		
24	20	25	31.5	40	50	50	63	80	80	100	125	(125)

注:表中括号内数字不推荐使用。

4 保护电压互感器的高压熔断器,只需按额定电压开断电流选择。

5 保护电动机回路的高压熔断器,其高压熔断件的时间-电流特性应满足下式:

当 $I_N \leqslant 100A$ 时 $\frac{I_{f10}}{I_N} \geqslant 3 \tag{9.7-4}$

当 $I_N > 100A$ 时　　　　　　　　　$\dfrac{I_{f10}}{I_N} \geq 4$　　　　　　　　　　　　(9.7-5)

对于所有电流额定值　　　　　$\dfrac{I_{f0.1}}{I_N} \leq 20\left(\dfrac{I_N}{100}\right)^{0.25}$　　　　　　(9.7-6)

式中　I_N——熔断件的额定电流，A；

　　　I_{f10}——熔断件弧前时间为 10s 时的预期电流（平均）值，A，允差应不超过±20%；

　　　$I_{f0.1}$——熔断件弧前时间为 0.1s 时的预期电流（平均）值，A，允差应不超过±20%；

6　对于单台电容器保护的外熔断器的熔丝额定电流，应按电容器额定电流的 1.37 倍～1.50 倍选择。

9.7.8　测量用高压电流互感器：

1　3kV～35kV 屋内配电装置的电流互感器，根据安装使用条件及产品情况，宜选用树脂浇注绝缘结构。

2　测量用电流互感器应根据电力系统测量和计量系统的实际需要合理选择互感器的类型。要求在较大工作电流范围内做准确测量时可选用 S 类电流互感器。为保证二次电流在合适的范围内，可采用复变比或二次绕组带抽头的电流互感器。

测量用电流互感器的额定一次电流应接近但不低于一次回路正常最大负荷电流。对于指针式仪表，应使正常运行和过负荷运行时有适当的指示，电流互感器的额定一次电流不宜小于一次设备额定电流或线路最大负荷电流的 1.25 倍，对于直接启动电动机的指针式仪表用的电流互感器额定一次电流不宜小于电动机额定电流的 1.5 倍。

测量用电流互感器额定二次负荷的功率因数应为 0.8～1.0。

测量用电流互感器的额定二次电流可选用 5A 或 1A；110kV 及以上电压等级电流互感器宜选用 1A。

测量用电流互感器的标准准确级应为：0.1 级、0.2 级、0.5 级、1 级、3 级和 5 级；特殊用途的测量用电流互感器的标准准确级应为 0.2S 和 0.5S。测量用电流互感器准确级的选择应在上述标准准确级中选择。表 9.7-10 为电能计量装置类别对应电流互感器准确度等级的选择表。

电流互感器准确度等级的选择　　　　　　　　表 9.7-10

电能计量装置类别	I 类	II 类	III 类	IV 类	V 类
准确度等级	0.2S	0.2S	0.5S	0.5S	0.5S

注：电能计量装置类别的分类详见《电力装置电测量仪表装置设计规范》GB/T 50063—2017 第 4.1.2 条。

3　电能计量用电流互感器额定一次电流宜使正常运行时回路实际负荷电流达到其额定值的 60%，不应低于其额定值的 30%，S 级电流互感器应为 20%；如不能满足上述要求，应选用高动热稳定的电流互感器，以减小变比或二次绕组带抽头的电流互感器。

4　电力变压器中性点电流互感器的一次额定电流，应大于变压器允许的不平衡电流，一般可按变压器额定电流的 30%选择。安装在放电间隙回路中的电流互感器，一次额定电流可按 100A 选择。

5　供自耦变压器零序电流差动保护用的电流互感器，其各侧变比均应一致，一般按高压侧的额定电流选择。

6　中性点的零序电流互感器应按下列条件选择和校验：

1）对中性点非直接接地系统，由二次电流及保护灵敏度确定一次回路启动电流；对中性点直接接地或经电阻接地系统，由接地电流和电流互感器准确限制系数确定电流互感器额定一次电流，由二次负载和电流互感器的容量确定二次额定电流；

2）按电缆根数及外径选择电缆式零序电流互感器窗口直径；

3）按一次额定电流选择母线式零序电流互感器母线截面。

9.7.9　保护用电流互感器：

1　性能要求

1）影响电流互感器性能的因素：保护用电流互感器性能应满足系统或设备故障工况的要求，即在短路时，将互感器所在回路的一次电流转变到二次回路，且误差不超过规定值。电流互感器的铁芯饱和是影响其性能的最重要因素。

2）对保护用电流互感器的性能要求：保证保护的可信赖性，要求保护区内故障时电流互感器误差不致影响保护可靠动作；保证保护的安全性，要求保护区外最严重故障时电流互感器误差不会导致保护误动作或无选择性动作。

2　选用原则

1）保护用电流互感器分为 P 类（P 意为保护）电流互感器和 TP 类（TP 意为暂态保护）电流互感器。110kV 及以下系统宜选用 P 类产品。

2）电流互感器二次绕组额定电流，可根据工程实际选 5A 或 1A。

3）用于差动保护各侧的电流互感器宜具有相同或相似的特性。

4）继电保护用电流互感器的安装位置、二次绕组分配应考虑消除保护死区。

5）有效接地系统和重要设备回路用电流互感器，宜按三相配置；非有效接地系统用电流互感器，可根据具体情况按两相或三相配置。

6）当受条件限制、测量仪表和保护或自动装置共用电流互感器的同一个二次绕组时，应将保护或自动装置接在测量仪表之前。

7）电流互感器的二次回路应只有一点接地，宜在就地端子箱接地。几组电流互感器有电路直接联系的保护回路，应在保护屏上经端子排接地。

9.7.10　高压电压互感器：

1　电压互感器的形式按下列使用条件选择：

1）3kV～35kV 屋内配电装置，宜采用树脂浇注绝缘结构的电磁式电压互感器；

2）35kV 屋外配电装置，宜采用油浸绝缘结构的电磁式电压互感器；

3）SF_6 全封闭组合电气的电压互感器宜采用电磁式。

2　在满足二次电压和负荷要求的条件下，电压互感器宜采用简单接线，当需要检测零序电压时，应选用开口三角形式电压互感器。普通城市配电 3kV～20kV 宜采用三相五柱电压互感器或三相三柱式电压互感器。

3　电压互感器的额定电压选择见表 9.7-11。

电压互感器的额定电压选择　　　　　　　　　　　　　　　表 9.7-11

形式	一次系统额定电压（V）		二次侧电压（V）	第三绕组电压（V）	
单相	一次侧接于线电压	U_n	100	—	
	一次侧接于相电压	$\dfrac{U_n}{\sqrt{3}}$	$\dfrac{100}{\sqrt{3}}$	中性点非直接接地系统	$100/3$
				中性点直接接地系统	100
三相	一次侧接于线电压	U_n	100	$100/3$	

4 测量用电压互感器的标准准确级应为：0.1 级、0.2 级、0.5 级、1 级和 3 级；测量用电压互感器准确级的选择应在上述标准准确级中选择（见表 9.7-12）。

电压互感器准确度等级的选择　　表 9.7-12

电能计量装置类别	Ⅰ类	Ⅱ类	Ⅲ类	Ⅳ类	Ⅴ类
准确度等级	0.2	0.2	0.5	0.5	—

注：电能计量装置类别的分类详见《电力装置电测量仪表装置设计规范》GB/T 50063—2017 第 4.1.2 条。

5 测量用电压互感器二次绕组中接入的负荷，应能保证在额定二次负荷的 25%～100%，实际二次负荷的功率因数应与额定二次负荷的功率因数相接近。二次回路接入静止式电能表时，电压互感器额定二次负荷不宜超过 10VA。

6 PT 柜：电压互感器柜，一般是直接装设到母线上，以检测母线电压和实现保护功能。内部主要安装电压互感器 PT、隔离刀、熔断器和氧化锌避雷器等。作用为：1）电压测量，提供测量表计的电压回路；2）可提供操作和控制电源；3）每段母线过电压保护器的装设；4）继电保护的需要，如母线绝缘、过压、欠压、备自投条件等。

9.7.11 氧化锌避雷器是具有良好保护性能的避雷器，装设于隔离手车内。利用氧化锌良好的非线性伏安特性，使在正常工作电压时流过避雷器的电流极小（微安或毫安级）；当过电压作用时，电阻急剧下降，泄放过电压的能量，达到保护的效果。这种避雷器和传统的避雷器的差异是它没有放电间隙，利用氧化锌的非线性特性起到泄流和开断的作用。氧化锌避雷器的选型参考表 9.7-13。

氧化锌避雷器的选型　　表 9.7-13

避雷器型号	系统额定电压(kV)	避雷器额定电压(kV)	持续运行电压(kV)	雷电冲击下残压(>kV)	大电流冲击耐受电压(kA)
HY5WZ-5/13.5	3	5	4	13.5	65
HY5WZ-10/27	6	10	8	27	656
HY5WZ-17/45	10	17	13.6	45	65
HY5WZ-51/134	35	51	40.8	134	100

9.7.12 带电显示器装于电缆侧，通过电容分压绝缘子接线至带电显示器上。

9.7.13 隔离车：包括车架以及安装在车架上的摇进机构。PT 柜隔离车包括电压互感器、弹簧、高压熔断器、梅花触头、触臂、连接绝缘子、航空插头等。弹簧和高压熔断器设置在触臂内，梅花触头设置在触臂的端部，触臂连接连体绝缘子。尺寸根据常用柜型 550mm、650mm、800mm 而设置。

9.7.14 开关柜本柜机械联锁及电气联锁装置，达到以下"五防"要求：

1 高压开关柜内的真空断路器小车在试验位置合闸后，小车断路器无法进入工作位置（防止带负荷合闸）。

2 高压开关柜内的接地刀在合位时，小车断路器无法进入工作位置合闸（防止带接地线合闸）。

3 高压开关柜内的真空断路器在合闸工作时，盘柜前后门用接地刀上的机械与柜门闭锁（防止误入带电间隔）。

4 高压开关柜内的真空断路器在工作时合闸，接地刀无法关合投入（防止带电合接地线）。

5　高压开关柜内的真空断路器在工作合闸运行时，无法退出小车断路器的工作位置（防止带负荷拉刀闸）。

9.8　电力系统中性点接地

9.8.1　电力系统的中性点系指电力系统三相交流发电机、变压器接成星形的公共点，而电力系统中性点与大地间的电气连接方式，称为电力系统中性点接地方式。

电力系统中性点接地与系统的供电可靠性、人身安全、设备安全、绝缘水平、过电压保护、继电保护和自动装置的配置及动作状态、系统稳定及接地装置等问题有密切关系。

电力系统中性点接地方式是保证系统运行、系统安全、经济有效运行的基础。

9.8.2　电网中性点接地方式比较见表 9.8-1。

电网中性点接地方式比较　　　　　　　　　　表 9.8-1

比较项目	直接接地	低电阻接地	不接地	谐振接地	高电阻接地
接地故障电流	大，有时大于三相短路电流	一般控制在100A～1000A	接地故障电容电流，低	被中和抵消，最低	大于接地故障电容电流
接地故障时健全相上的工频电压	低，与正常时一样，无变化	异常过电压控制在2.8倍以下	高，长输电线产生高电压	在故障点约等于线间电压，离开故障点时会比线间电压高20%～50%或更高	比不接地时略低，有时比线间电压高
暂态弧光接地过电压	可避免	可避免	可能发生	可避免	可避免
操作过电压	低	低	高	可控制	低
暂态接地故障扩大为双重故障的可能	转化为短路，小	转化为短路，小	电容性电弧，大	受抑制，中等	转化为受控制的故障电流，中等
发生单相接地故障时对设备的损害	可能严重	减轻	较严重	避免	减轻
变压器等设备的绝缘	最低，有降低绝缘的可能，也可采用分级绝缘	异常过电压控制在2.8倍以下，有降低绝缘的可能	最高	比不接地略低	比不接地略低
接地故障继电保护	采用接地保护继电器，容易迅速消除故障	采用接地保护继电器，容易迅速消除故障	采用接地继电器有困难，可采用计算机信号装置	自动消弧，但当出现永久性故障时，接入并联低电阻进行选择性切断或采用计算机信号装置	可能用小功率继电器进行选择性跳闸
单相接地故障时电网的稳定性	最低，但由于快速跳闸，可以提高	最低，但由于快速跳闸，可以提高	高	最高	高
单相接地故障时的电磁感应	最大，由于快速跳闸，故障持续时间短	快速跳闸，故障持续时间短	如不发展为不同地点的双重故障，就小	小，但时间长	中等，随中性点电阻加大，电磁感应变小

续表

比较项目	直接接地	低电阻接地	不接地	谐振接地	高电阻接地
正常时对通信线路的感应	必须考虑3次谐波的感应	较大	中性点如电位偏移产生静电感应	因串联谐振产生感应	复式接地时比较小
运行操作	容易	容易	由于采用继电器有困难，有时很麻烦，采用计算机信号装置可改善操作条件	需要对应运行工况而变更分接头，还要注意串联谐振，可采用自动调节分接头，可改善操作条件	容易
接近故障点时对生命的危险	严重	较重	常拖延时间，较重	较轻	较重
接地装置的费用	最少，可装设普通接地开关	较少，需设置接地变压器、接地电阻箱等	少，当设置接地变压器时，多一些	最多	较多，中性点电阻器的交割相当高

9.8.3 中性点接地方式的选择：电力系统中性点接地方式涉及电力系统运行、安全、经济、继电保护方式等多方面内容，对中性点接地方式的选择应分析各种接地方式的特点，综合分析确定。

1 选择确定中性点接地方式应考虑的因素：

1）电气设备和线路的绝缘水平。电气线路和设备的绝缘水平取决于下列因素：

（1）供电系统的长期工作电压；

（2）作用在绝缘上的各种内部过电压，如开合空载电路，开断空载变压器、电力谐波、电弧接地等；

（3）作用在绝缘上的外部过电压，如大气过电压等，因此电力系统中性点接地方式不同，直接影响电气设备和线路的绝缘工作状况。

在电力系统中、中性点非有效接地系统的内部过电压在电压的基础上产生和发展，因而其数值比较大。而中性点有效接地系统的内部过电压是在相电压的基础上产生和发展的。因此，对于有可能过电压的内部过电压和大气过电压来说，中性点有效接地系统比非有效接地系统低。所以就电气设备和线路的绝缘要求来讲，中性点有效接地方式更好。

2）供电的可靠性分析：大接地电流系统的单相接地电流很大，因此发生单相接地时必须跳闸，切除故障。单相接地故障电流还可产生很大的电动力和热效应，致使设备和电线线路损坏。单相接地故障跳闸，增加断路器的动作次数。小电流接地系统发生单相接地故障后，允许带接地故障运行2h，避免上述大接地故障电流带来的缺点。

3）继电保护的灵敏度问题：中性点不接地或经消弧线圈接地系统中，单相接地电流较小，接地保护的选择性实现较困难。在消弧线圈接地系统中，由于补偿电网接地故障电流很小，又为电感电流，所以不能采用简单的零序电流和零序功率方向保护，而需采用反映高次谐波的单相接地保护。而在大接地电流接地系统中，由于接地电流数值大，继电保护能够迅速切除故障线路，可实现继电保护的选择性。

4）对通信信号系统的干扰：正常运行时，无论系统采用何种接地形式均不会对邻近线路通信和信号系统产生严重影响。当发生单相接地故障时，出现三相零序电压、电流，其产生的磁场会对附近通信线路或信号系统产生感应电压,形成干扰源。因此,从抗干扰角度,中性点直接接地方式最不利,但干扰延续时间短。而小接地电流电网,特别是经消弧线圈接地的电网,一般不会产生严重干扰,但其延续时间较长,在有的地区若对通信干扰的影响作为主要考虑的因素,则选择中性点接地方式就成为重要的选择方案了。

2　系统接地要求:

1) 不直接连接发电机,由钢筋混凝土杆或金属杆塔的架空 6kV~20kV 系统,当单相接地故障电容电流不大于 10A 时,可采用中性点不接地方式;当大于 10A,又需在接地故障条件下运行时,应采用中性点谐振接地方式。

2) 直接连接发电机,由电缆线路构成的 6kV~20kV 系统,当单相接地故障电容电流不大于 10A 时,可采用中性点不接地方式;当大于 10A,又需在接地故障条件下运行时,应采用中性点谐振接地方式。

3) 6kV~35kV 主要由电缆线路构成的配电系统,当单相接地故障电容电流较大时,可采用中性点低电阻接地方式。

4) 6kV 和 10kV 配电系统,当单相接地故障电容电流不大于 7A 时,可采中性点高电阻接地方式,故障电流不应大于 10A。

9.8.4 消弧线圈的选用。消弧线圈是用来补偿电力系统发生对地故障时产生的容性电流的电抗器,在三相电力系统中,消弧线圈接在电力变压器或接地变压器中性点与地之间。

系统中性点经消弧线圈接地,在出现单相接地时,消弧线圈产生的电感电流可以补偿相应的接地电容电流,使接地点电弧容易熄灭,减少了间歇性电弧的产生,抑制了弧光接地过电压。当接地电容电流超过标准规定时,使用消弧线圈可使系统带接地故障允许 2h 以下,以提高供电的可靠性。

消弧线圈宜选用油浸式,装设在户内相对湿度小于 80% 场所的消弧线圈也可以选用干式。在电容电流变化较大的场所,宜选用自动跟踪动态补偿式消弧线圈。

1　中性点位移电压的校验。中性点经消弧线圈接地的电网,在正常情况下,长时间中性点位移电压不应超过系统相电压的 15%;中性点经消弧线圈接地的发电机,在正常情况下,长时间中性点位移电压不应超过系统相电压的 10%。

中性点位移电压可按式 (9.8-1) 计算:

$$U_0 = \frac{U_{bd}}{\sqrt{d^2 + \gamma^2}} \tag{9.8-1}$$

式中　U_0——中性点位移电压,kV;

U_{bd}——消弧线圈投入前的电网中性点不对称电压,kV,一般取系统相电压的 0.8%;

d——阻尼率,对于 66kV~110kV 架空线路取 3%,35kV 及以下架空线路取 5%,电缆线路取 2%~4%;

γ——脱谐度,对于中性点经消弧线圈接地的电网,一般按不大于 10% 选择;对于中性点经消弧线圈接地的发电机,考虑到限制传递过电压等因素,一般按不超过 ±30% 选择。

2　脱谐度的确定。实际运行时脱谐度可按式 (9.8-2) 确定:

$$\gamma = \frac{I_C - I_L}{I_C} \tag{9.8-2}$$

式中　γ——脱谐度；

I_C——电网或发电机回路的电容电流，A；

I_L——消弧线圈的电感电流，A。

3　I_C 的确定：

1）电网的电容电流 I_C 等于线路的电容电流 I_C' 加上变电站增加的电容电流 I_C''。

$$I_C = I_C' + I_C'' \tag{9.8-3}$$

式中　I_C'——线路的电容电流，详见《工业与民用供配电设计手册（第四版）》式（4.6-33）～式（4.6-38）；

I_C''——变电站增加的电容电流，详见表 9.8-2。

变电站电力设备增加的接地电容电流百分数　　　　　　表 9.8-2

标称电压(kV)	6	10	15	35	66	110
附加值(%)	18	16	15	13	12	10

2）发电机回路的电容电流 I_C，应包括发电机、变压器和连接导体的电容电流，当回路装有直配线或电容器时，尚应计及这部分电容电流。

4　消弧线圈的补偿容量，可按式（9.8-4）计算：

$$Q = K I_C \frac{U_n}{\sqrt{3}} \tag{9.8-4}$$

式中　Q——消弧线圈补偿容量，kVA；

K——系数，过补偿取 1.35，欠补偿时按脱谐度确定；

I_C——电网或发电机回路的电容电流，A；

U_n——电网或发电机回路的标称电压，kV。

5　补偿方式：装在电网的变压器中性点的消弧线圈，以及具有直配线的发电机中性点的消弧线圈应采用过补偿方式。

对于采用单元连接的发电机中性点的消弧线圈，为了限制电容耦合传递过电压以及频率变动等对发电机中性点位移电压的影响，宜采取欠补偿的方式。

6　安装地点：在任何运行方式下，大部分电网不应失去消弧线圈的补偿，要避免将多台消弧线圈集中安装在一处，也应避免电网仅仅安装一台消弧线圈。消弧线圈不应安装于零序磁通经铁芯闭路的 YNyn 结线变压器的中性点上，如外铁型变压器或三台单相变压器组成的变压器组。

9.8.5　接地电阻器的选用。在 6kV～20kV 高压系统中所采用的电阻接地方式，目前一般认可的有三种形式，即高电阻、中电阻、低电阻接地，使用较多的是高电阻和低电阻。

采用低电阻接地方式，在发生单相接地故障时电流过大，使得低电阻装置的热容量也过大，带来制造上的困难；同时发生单相接地故障时产生的接地点位过高，对人身安全也存在危害；还有对通信线路和电子设备产生的干扰较严重等问题。

采用低电阻和高电阻接地方式，应根据接地故障电流大小来确定。当接地故障电流大于或等于 100A 而小于或等于 1000A 时，可采用低电阻接地方式；接地故障电流小于 10A

时，可采用高电阻接地方式。于 10kV 系统采用低电阻接地方式时，接地电阻值在不同地区也有不同规定，如有规定 10Ω 或 6Ω。

我国还没有规范对中性点接地电阻的选择做出明确规定，但有些地方的供电部门对当地供电系统中性点的接地电阻形式和单相接地故障电流都做出了具体规定。当有具体规定时，设计应满足当地供电部门要求；当供电部门没有具体要求时，接地电阻值可按以下要求选择：

1　经高电阻器直接接地，接地电阻器的额定电压按式（9.8-5）确定：

$$U_N \geqslant 1.05 \frac{U_n}{\sqrt{3}} \qquad (9.8\text{-}5)$$

式中　U_N——接地电阻器的额定电压，kV；

　　　U_n——系统的标称电压，kV。

2　接地电阻阻值的选择：

1）采用高电阻接地方式时的接地电阻值为：

$$R = \frac{U_n}{\sqrt{3}\,I_R} \times 10^3 = \frac{U_n}{\sqrt{3}\,KI_C} \times 10^3 \qquad (9.8\text{-}6)$$

式中　R——接地电阻器的阻值，Ω；

　　　U_n——系统的标称电压，kV；

　　　I_R——电阻电流，A；

　　　K——系数，单相接地短路时电阻电流与电容电流的比值，一般为 1.1；

　　　I_C——系统单相接地的电容电流。

2）经单相配电变压器接地时的接地电阻值为：

$$R = \frac{U_n}{1.1\sqrt{3}\,I_C t_r^2} \times 10^3 \qquad (9.8\text{-}7)$$

$$t_r = \frac{U_n}{\sqrt{3}\,U_{n2}} \times 10^3 \qquad (9.8\text{-}8)$$

式中　R——接地电阻器的阻值，Ω；

　　　U_n——系统的标称电压，kV；

　　　I_C——系统单相接地的电容电流；

　　　t_r——单相配电变压器的一次与二次绕组之间的变比；

　　　U_{n2}——单相配电变压器的二次电压，V。

3）采用低电阻接地方式的接地电阻值为：

$$R = \frac{U_n}{\sqrt{3}\,I_d} \times 10^3 \qquad (9.8\text{-}9)$$

式中　R——接地电阻器的阻值，Ω；

　　　U_n——系统的标称电压，kV；

　　　I_d——选定的单相接地故障电流，A。

3　中性点接地电阻器的消耗功率：

1）采用高电阻接地方式时，电阻器的消耗功率为：

$$P_R \geqslant \frac{U_n I_R}{\sqrt{3}} \tag{9.8-10}$$

式中　P_R——采用高电阻接地电阻器的消耗功率，kVA；

　　　U_n——系统的标称电压，kV；

　　　I_R——电阻电流，A。

　　2）采用单相配电变压器接地时，电阻器的消耗功率为：

$$P_R \geqslant \frac{U_n^2}{3R t_r^2} \times 10^3 \tag{9.8-11}$$

式中　P_R——经单相配电变压器接地电阻器的消耗功率，kVA；

　　　U_n——系统的标称电压，kV；

　　　t_r——单相配电变压器的变比；

　　　R——间接接入的电阻值，Ω。

　　3）采用低电阻接地方式时，电阻器的消耗功率为：

$$P_R \geqslant U_n I_d \tag{9.8-12}$$

式中　P_R——采用低电阻接地电阻器的消耗功率，kVA；

　　　U_n——系统的标称电压，kV；

　　　I_d——单相接地故障电流，A。

9.8.6　接地变压器的选用：当中性点可以引出时宜选用单相接地变压器，系统中性点不能引出时应选用三相变压器。有条件时宜选用干式无励磁调压接地变压器。

　　1　接地变压器的额定电压：

　　1）单相接地变压器安装在发电机或变压器中性点时，应满足下式：

$$U_{NT} = U_N \tag{9.8-13}$$

式中　U_{NT}——单相接地变压器额定一次电压，kV；

　　　U_N——采用接地变压器的发电机或变压器的一次侧额定线电压，kV。

　　接于系统母线的三相接地变压器额定一次电压应与系统标称电压相一致。

　　2）接地变压器二次侧额定电压可根据负载的特性确定，一般选择110V或220V。

　　2　接地变压器额定容量：

　　1）单相接地变压器额定容量为：

$$S_N \geqslant \frac{U_2 I_R}{K} \text{ 或 } S_N \geqslant \frac{U_N I_R}{\sqrt{3} K t_N} \tag{9.8-14}$$

式中　S_N——单相接地变压器额定容量，kVA；

　　　U_2——单相接地变压器二次侧的电压，kV；

　　　I_R——单相接地故障时变压器二次侧的电阻电流，A；

　　　U_N——发电机或变压器额定一次电压，kV；

　　　t_N——接地变压器的额定变比；

　　　K——接地变压器过负荷系数（可由变压器制造厂提供）。

　　2）三相接地变压器的额定容量。三相接地变压器的额定容量应与消弧线圈或所接到电阻的大小相匹配，需要时三相接地变压器的二次侧可以带一些用电负荷，或者兼作用电电源，这时还应考虑二次负荷的容量。

对于采用 Z 形接线的三相接地变压器，中性点接消弧线圈或接地电阻时，不考虑二次侧负荷的接地变压器的额定容量为：

$$S_N \geqslant Q_N \text{ 或 } S_N \geqslant P_N \tag{9.8-15}$$

式中　S_N——单相接地变压器额定容量，kVA；

　　　Q_N——消弧线圈额定容量，kVA；

　　　P_N——接地电阻额定容量，kVA。

对于采用三台单相变压器组成 Y/开口 d 形接线的三相接地变压器，中性点经消弧线圈或接地电阻接地时，接地变压器的容量为：

$$S_N \geqslant \frac{\sqrt{3}}{3} Q_N \text{ 或 } S_N \geqslant \frac{\sqrt{3}}{3} P_N \tag{9.8-16}$$

式中　S_N——每台单相接地变压器额定容量，kVA；

　　　Q_N——消弧线圈额定容量，kVA；

　　　P_N——接地电阻额定容量，kVA。

9.9　箱式变电站

9.9.1　箱式变电站的组成与使用条件：

1　组成与功能。箱式变电站是由高压开关设备、电力变压器、低压开关设备、电能计量设备、无功补偿设备、辅助设备和联结件等元件组成的成套配电设备，这些元件在工厂内被预先组装在一个或几个箱壳内，用来从高压系统向低压系统输送电能。

2　适用场所与使用条件：

1）适用场所。箱式变电站的电压等级为高压 6kV～35kV，低压 220V/380V，三相交流，50Hz。常用额定容量为 50kVA～1250kVA。箱式变电站中的变压器分干式和油浸两种。大多数箱式变电站安装在室外，也可以安装在室内。箱式变电站可用于高压环网供电或高压终端供电；具有成套性强、体积小占地少、安装方便、投资省、建设周期短、易深入负荷中心等优点；主要适用于路灯供电、公园或小区用电、工矿用电、临时用电等场所。

2）使用条件：

（1）海拔不超过 1000m；

（2）环境温度：最高温度 40℃，最高日平均气温不超过 35℃。最低气温 −25℃；

（3）相对湿度：25℃时，日平均值不超过 95%，月平均值不超过 90%；

（4）户外风速不超过 34m/s；

（5）地面倾斜度不大于 3°；

（6）阳光辐射不得超过 1000W/m²；

（7）安装地点无爆炸危险、火灾、化学腐蚀及剧烈振动。

当与上述正常使用条件不同时，需与制造厂协商解决。

3　工程设计和选用产品应遵循的主要标准见表 9.9-1。

	设计和选用箱变应遵循的主要标准	表 9.9-1

编号	名称
DL/T 537—2018	高压/低压预装式变电站
GB/T 17467—2020	高压/低压预装式变电站
JB/T 10217—2013	组合式变压器
IEC 62271—202:2014	高压开关设备和控制设备　第202部分:高压/低压预装式变电站
GB 50052—2009	供配电系统设计规范
GB 50053—2013	20kV 及以下变电所设计规范
GB/T 1094.7—2008	电力变压器　第7部分:油浸式电力变压器负载导则
GB/T 1094.12—2013	电力变压器　第12部分:干式电力变压器负载导则
04D201-3	室外变压器安装

9.9.2　箱式变电站的类型与特性。箱式变电站按结构形式分为组合箱式变电站和预装箱式变电站两大类。常见箱式变电站分类及技术特性详见表9.9-2。组合箱式变电站高低压概略图如图9.9-1所示。预装箱式变电站高低压概略图如图9.9-2所示。组合箱式变电站参考外形尺寸如表9.9-3所示。预装式箱式变电站参考外形尺寸如表9.9-4所示。

	常见箱式变电站分类及技术特性				表 9.9-2

形式	组合箱式变电站(美式箱变)		预装箱式变电站(欧式箱变)		
设备型号	ZGS 共箱式	ZFS 分箱式	DXB 紧凑型	ZBW 普通型	XBZ1 智能型
使用场合	Z(终端)、H(环网)				
变压器容量(kVA)	50～1000	100～800	50～800	200～1250	50～1250
计量	低压计量		高/低压计量		
低压回路数	1、4～6	4～6	4～8	4～12	4～12
结构	高压、变压器、低压三个部分可排列为品字形、目字形,加上智能组件和计量时也可排列成田字形				
特点	变压器铁芯、高压负荷开关、高压熔断器等电器元件安装在密封的变压器油箱体内 按 JB/T 10217 标准。体积小,结构紧凑,安装方便。 出线开关较少,一般只能采用油浸变压器,不能采用干式变压器。因供电可靠性相对较低,主要用于供电要求相对较低的场所供电。	由上油箱(高压负荷开关等电器)、下油箱(变压器身及其他高压电器)、操作室、低压件组成	由高压(环网柜)室、低压室、变压器三个功能单元组成。成套性强,结构紧凑,占地少,节能,造价低。按《高压/低压预装式变电站》DL/T 537 标准归口管理	将高压柜、低压柜、变压器套装在较大箱体内,变压器罩在外壳内,需机械通风。组合方便,体积较大,重量较重。按《高压/低压预装式变电站》GB/T 17467 标准归口管理	由高压、低压、变压器、计量单元及智能系统等组合。成套性强,体积较小,占地少,实现智能化终端

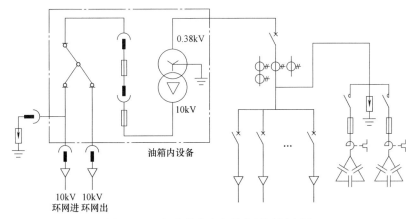

图 9.9-1　组合箱式变电站高低压概略图

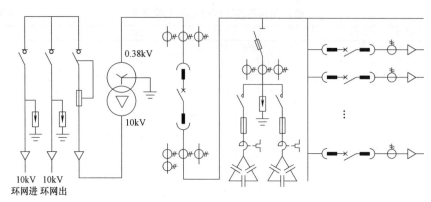

图 9.9-2　预装箱式变电站高低压概略图

组合箱式变电站参考外形尺寸

表 9.9-3

	额定容量（kVA）	长（mm）	宽（mm）	高（mm）
品字形	50～200	2050	1116	1580
	250～500	2050	1560	1580
	630、800	2050	1690	1710
	1000、1250	2050	1840	1710
	额定容量（kVA）	长（mm）	宽（mm）	高（mm）
目字形	≤500	1820	1820	1635
	630、800	2000	1860	1635
	1000、1250	2200	1920	1635

预装式箱式变电站参考外形尺寸

表 9.9-4

	额定容量（kVA）	长（mm）	宽（mm）	高（mm）
品字形	200	2300	1800	2090
	250～500	2300	1800	2090
	630～800	2400	1800	2240
	额定容量（kVA）	长（mm）	宽（mm）	高（mm）
目字形	200～315	3100	2000	2450
	400～630	3200	2200	2450
	800～1250	3500	2400	2650

9.10　高压配电系统自动化

9.10.1　配电自动化系统定义：

1　配电自动化系统是应用现代电子技术、通信技术、计算机网络技术，将配电网实时信息、离线信息、用户信息、电网结构参数和地理信息进行安全集成，构成完整的自动化及管理系统，实现配电网正常运行及事故情况下的监测、保护、控制和配电管理。配电自动化的实施应遵循统一规划、因地制宜、分步实施、信息共享、开放兼容、模块化设计的原则，应与城市配电网建设、改造同步实施，提供足够的自动化通信通道。

2　配电主站是整个配电自动化系统的监控和管理中心。

3　配电子站或称配电自动化系统局压监控单元，是为分布主站功能、优化信息传输及系统结构层次、方便通信系统组网而设置的中间层，实现所辖范围内的信息汇集、处理以及故障处理、通信监视等功能。

4　配电远方终端是用于中低压电网的各种远方监测、控制单元的总称，包括配电开关监控终端 FTU（Feeder Terminal Unit）、配电变压器监测终端 TTU（Transformer Terminal Unit）、开闭所、公用及终端配电所的监控终端 DTU（Distribution Terminal

Unit）等。

9.10.2 配电主站的功能：

1 配电主站的数据采集：

1）基本功能需采集的模拟量，如电压、电流、有功功率、无功功率。

2）供选配的功能需采集的模拟量，如功率因数、温度、频率。

3）需采集的数字量，如电能量、标准时钟接收输出。

4）基本功能需采集的状态量，如开关状态、事故跳闸信号、保护动作信号和异常信号、终端状态信号、开关储能信号、通道状态信号。

5）供选配的功能需采集的状态量，如 SF6 开关压力信号。

2 配电主站需进行的数据传输有：与配电子站、远方终端、调度自动化系统通信，与管理系统等交换信息。

3 配电主站需处理的数据有：有功功率总加、无功功率总加、有功电能量总加、无功电能量总加、越限告警、计算功能、合理性检查和处理。

4 配电主站的控制功能：

1）基本功能：开关分合闸、闭锁控制功能。

2）选配功能：保护及重合闸远方投停、保护定值远方设置。

5 配电主站的事件报告：

1）基本功能有事件顺序记录功能；

2）选配功能有事故追忆功能。

6 配电主站的人机联系：

1）画面显示与操作的功能配电网络图。配变电所概略图；系统实时数据显示：实时负荷曲线图及预测负荷曲线图；主要事件顺序显示：事件报警（推图、语音、文字、打印）；配电自动化系统运行状况图；修改数据库的数据；生成与修改图形报表。

2）报表和操作纪录的管理、存储及打印。

3）根据需要设大屏幕功能。

7 配电主站的管理功能：

1）采集配变电所、配电网、负荷中与可靠性管理有关的实时数据，录入其他采集数据，进行配电系统的供电可靠率分析与管理。

2）采集配变电所、公用配电变压器、专用变压器等实时电能数据，录入所需手抄电能数据，进行线损分析、分台区分析与管理。

3）采集配变电所、公用配电变压器，专用变压器等电压监测点的实时电压数据，录入其他电压监测点的电压数据，进行电压合格率分析与管理。

4）图形及数据维护。在建筑电气工程中，位置信息系统管理所含图形及数据维护内容有：网络图（在地图上表示变电所和电力线、电信设备和传输线之类的电网的概略图）的自动生成；图形数据的录入、转换和编辑（包括道路图、总平面布置图、行政区规划图、地形图、电网设备分布图等）；属性数据的录入、转换和编辑；属性数据与图形数据的关联；含有配电网络设备分布图及其属性数据的工程图的打印输出（可输出全图和局部图）；图形建模；系统内数据一致性。

5）查询与统计。在建筑电气工程中需查询与统计的功能有：设备图形双向查询功能

（既可通过图形属性查询设备属性，又可通过设备属性定位其相应位置）；区域查询与统计；分配电所查询与统计；网络发布功能；其他查询。

6）供电系统工况管理：供电系统工况管理所需的基本功能：实时供电系统概略图；实时网络图；实时配电网络工况监测；变电站（所）供电范围分析与显示；故障区域分析与显示。

供电系统工况管理可选配的功能：配电变压器负荷率；继电保护整定值；实时网络运行方式分析；配电变压器三相不平衡度监视。

7）停电管理。停电管理的功能有：事故及检修停电范围分析、显示；停电事项管理；挂牌管理；事故预演和重演。

8）工作票单管理。工作票单管理所需功能：操作票、工作票生成；操作票、工作票、停电申请单显示、打印、存储；网上传递、网上签名。

9.10.3 配电子站的功能：

1 数据采集：

1）基本功能需采集的状态量，如断路器、隔离开关和手车。

2）基本功能需采集的模拟量，如电流、电压、有功功率和无功功率。

3）基本功能需采集的电能量，如电源进线、变压器回路、馈出线路和需用电考核的电动机回路。

4）供选配的功能，如事件顺序记录。

2 控制功能：基本功能有当地控制和远方控制两种。

3 数据传输：

1）基本功能有与主站和终端通信。

2）选配功能有支持多种通信规约、与其他智能设备通信。

4 维护功能：

1）基本功能有当地维护。

2）选配功能有远方维护。

5 故障处理：选配功能有故障区段定位、故障区段隔离、非故障区段恢复供电。

6 通信监视：基本功能有通信故障监视、通信故障上报。

7 其他功能：基本功能有校时、设备自诊断及程序自恢复、后备电源。

9.10.4 配电远方终端的功能：

1 数据采集：

1）基本功能有：开关位置、终端状态、开关储能、操作电源。

2）选配功能有：SF6 开关压力信号、通信状态、保护动作信号和异常信号。

3）基本功能有：电流、电压、有功功率、无功功率、功率因数、电能量。

4）选配功能有：低压电流、低压电压、低压有功功率、低压无功功率。

2 控制功能：选配功能有开关分合闸。

3 数据传输：

1）基本功能有：上级通信、校时、电能量转发。

2）选配功能有：下级通信。

4 维护功能：

1）基本功能有：当地参数设置。

2）选配功能有：远程参数设置。

5　其他功能：

1）基本功能有：程序自恢复、终端用后备电源及自动投入、最大需求量及出现时间、失电数据保护、断电时间。

2）选配功能有：设备自诊断、当地显示、备用电源自动投入、电压合格率统计、模拟量定时存储、配电变压器有载调压、配电电容器自动投停、终端蓄电池自动维护、其他当地功能。

9.10.5　配电自动化系统通信配置：

1　通信介质：通信介质可为光纤、电力线载波和通信电缆等。

2　通信协议：通信协议应符合现行国家标准或国际标准的规定。

3　通信接口：通信接口为 RS 232、RS 485 或网络接口。

9.10.6　配电自动化系统的主要技术指标见表 9.10-1。

配电自动化系统的主要技术指标　　　　　　　　　　表 9.10-1

内容		指标
模拟量	(1)遥控综合误差	≤1.5%
	(2)遥测合格率	≥98%
状态量	(3)通信动作正确率(年)	≥99%
遥控	(4)遥控正确率	≥99.99%
	(5)遥控拒动率	≤2%/月
系统响应时间	(6)开关量变位由终端传递到子站	<5s(光纤方式)
	(7)开关量变位传递到主站	<10s(光纤方式)
	(8)遥控完成时间	<20s(FTU级,光纤方式)
	(9)双机切换时间	<60s
	(10)站内事件分辨率(站内单个远方终端)	<10ms
	(11)重要模拟量越死区传递时间	<15s
	(12)画面调用时间	<5s
	(13)事故画面推出时间	<15s
	(14)故障区段隔离	<1min
	(15)非故障区段恢复送电时间	<2min
子站、远方终端平均无故障时间		≥8760h
系统可用率		≥99.9%
其他	配电自动化设备的环境温度、湿度、耐压强度、抗电磁干扰、抗振动、防雷等	满足《远动终端设备》GB/T 13729—2019 和《配电自动化远方终端》DL/T 721—2013 要求

9.10.7　配电自动化系统组成结构：

1　配电自动化的基本特征

在数字技术、数据通信技术、自动化技术的基础上，功能综合化；采用分布式集散系统；通信采用总线；计量显示数字化；监控屏幕化；运行管理自动化。

2　建筑设备监控系统（BAS）中的配电自动化系统的组成结构

在继电保护和自动装置较复杂的高可靠性配变电所，配电自动化系统的安全运行不允许 BAS 系统的干扰，所以建筑设备监控系统使用到高压配电系统的配电自动化有一定的局限性，一般建筑设备监控系统用于传统继电保护的高压配电系统中，仅实现配电系统监控、测量等局部配电自动化功能，不承担继电保护及自动装置等功能。当配变电所的配电自动化系统与 BAS 相对独立时，BAS 系统可根据批准的权限通过通信网络收集配变电所的信息。

10kV 变电所配电自动化系统附设在建筑设备监控系统（BAS），其组成结构如图 9.10-1 所示。

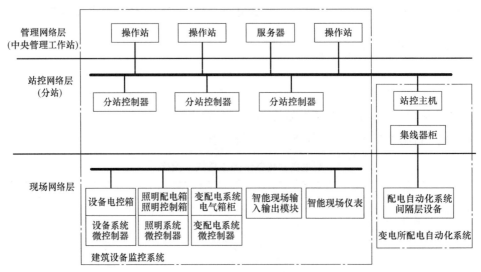

图 9.10-1   BAS 中变电所配电自动化系统组成结构

3　高压成套柜设数字式多功能继电器、数字式保护装置的配电自动化系统组成结构

数字式多功能继电器是同时可以完成监视功能的数字式保护继电器。数字式保护装置（Digital Protection Equipment）是由一个或多个保护继电器和/或逻辑元件结合在一起，利用数字电路把电力系统的电量（或参数）由模拟量转换为数字量，以运行运算和逻辑判别来完成某项预定保护功能的设备。综合式数字继电器集成了保护、测量、控制、监测、通信功能于一体。它有单独的箱体，安装在高压成套柜上实现对各类电器设备及线路的主保护或后备保护。

4　集中式配电自动化系统

指采用不同档次的计算机，扩展其外围接口电路，集中采集变电站的模拟量、开关量和数字量等信息，集中进行计算处理，分别完成数字监控、数字保护及自动控制等功能的配电自动化系统，其组成如图 9.10-2 所示。

集中式配电自动化系统一般数字监控、数字保护、调度等通信功能由不同的数字完成，监控计算机负责数据采集、数据处理、人机联系等功能，有的监控计算机也负担开关操作等控制功能，保护计算机根据其 I/O 点数负责多个馈出回路、变电设备、用电设备的保护等，通信主机承担电调及通信等功能。

5　分层分布式结构集中式组屏的配电自动化系统

变电站配电自动化系统分层式结构指将变电站信息的采集和控制分为管理层、站控层和间隔层 3 个层，分层布置。

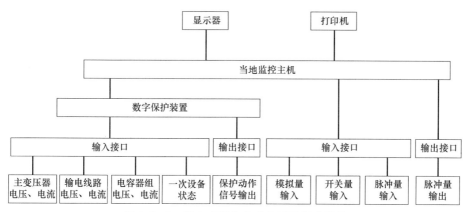

图 9.10-2　集中式配电自动化系统组成结构

变电站配电自动化系统结构上采用主从 CPU 协同工作方式，各功能模块（通常是各个从 CPU）之间采用网络技术或串行方式实现数据通信，称为分布式结构。

按分层、分布式结构组成的配电自动化系统，按其功能组装成多个屏、集中安装在变电站控制室中，称为分层分布式结构集中式组屏的配电自动化系统，其组成框图如图 9.10-3 所示。

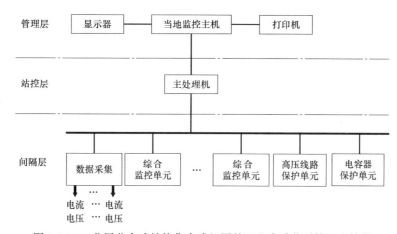

图 9.10-3　分层分布式结构集中式组屏的配电自动化系统组成结构

建筑电气工程中，高压开关柜一般除开关等一次元件外，还集成了继电保护、表计、操作器及指示器等元件，仅预报告警、事故告警组装成中央信号屏安装在控制室，所以在建筑电气工程中很少采用分层分布式结构集中式组屏的配电自动化系统。

6　分散分布与集中相结合的配电自动化系统

配电自动化系统采用面向电气一次回路或电气间隔的方法进行设计，间隔层各数据采集、监控单元和保护单元设计在同一机箱内。该机箱就地分散安装在高压成套柜上或其他一次设备附近的分散式结构，使各间隔单元的设备互相独立，仅通过光缆或线缆网络由站控机对设备进行管理和交换信息的分布式结构，与除安装在间隔高压成套开关柜外的部分在控制室集中组屏或分层组屏相结合的结构称为分散分布式与集中相结合的综合配电自动化系统，其结构框图如图 9.10-4 所示。

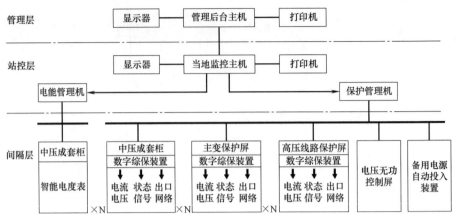

图 9.10-4   分散分布式与集中相结合的配电自动化系统组成结构

保护单元可通过网络接口或串行接口与站控计算机通信，通过相应软件可实现间隔层数字式多功能继电器、数字式保护装置的参数设置、故障诊断、日常维护；数字式多功能继电器、数字式保护装置借助网络通信可实时上传事故、状态、告警、事件信号，设备运行状态的变化，测量值，重要的保护动作信息；站级或电调系统通过网络通信可对数字式多功能继电器、数字式保护装置测控单元的参数和保护的设定值进行查询、修改，保护投退，定值切换选用，保护信号复归等操作；站级或电调系统通过网络通信可对全站所有断路器、主变压器分接头开关实行操作控制。

7   分散分布式配电自动化系统

建筑电气工程中，用户的 10kV 开关站的配电自动化系统普遍采用数字式多功能继电器、数字式保护装置安装在 10kV 高压成套柜中，可就地操作、监控。在电控室设置管理后台机，开关站的信息的采集和控制分层布置，组成分散分布式的综合配电自动化系统，在当前民用建筑中应用最为广泛。10kV 开关站分散分布式配电自动化系统如图 9.10-5 所示。

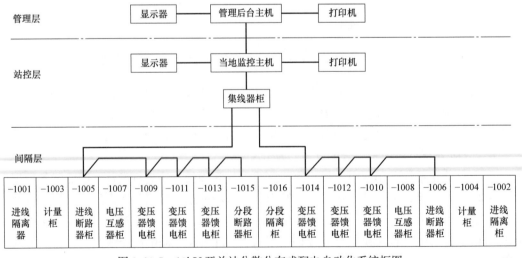

图 9.10-5   10kV 开关站分散分布式配电自动化系统框图

10 变电所低压配电系统

10.1 一般规定

10.1.1 应根据用户的负荷性质并结合当地供电部门提供的"市政电源条件",确定用户是否设置自备应急电源。

10.1.2 低压配电系统设计,应做到分级明确、系统简单、配电级数和保护级数合理;低压应急电源的接入方案应便捷和灵活。

10.1.3 系统运行做到安全可靠、功能完善、技术先进、经济合理,具有可持续性和维护方便。

10.1.4 低压配电电压等级宜采用 220V/380V,给用电设备端子处供电电压偏差应满足电器设备正常运行的允许值要求。

10.1.5 当建筑外电源采用高压进线时,低压侧不设置为供电公司收费用的计量装置;当建筑内低压侧有不同电价的负荷时,应将同类负荷单独设置供电母线,并在供电端设置计量装置。

10.1.6 低压配电系统接地形式,可采用 TN 系统、TT 系统和 IT 系统,应用场所及技术措施详见本技术措施第 18 章的相关要求。

10.1.7 宜设置剩余电流和电缆触头温度探测的电气火灾监控系统,以检测配电线路绝缘损坏、接地电弧和开关与电缆触头接触不良等故障发生,监测模块应以配电柜为单元设置。电气火灾监控系统技术措施详见本技术措施第 22 章的相关规定。

10.1.8 变电所低压配电系统图的样图及表达方式、深度要求如图 10.1-1 所示。

10.2 负荷计算要点

10.2.1 负荷计算应包括设备容量、计算容量(含计算有功功率、计算视在功率、计算无功功率)、计算电流、尖峰电流,详见本技术措施第 7 章。

10.2.2 设备容量也称为安装容量,即计算范围内安装的所有用电设备的额定容量或额定功率的算数和;是配电系统设计的依据,是计算的基础资料。

10.2.3 计算容量是计算配电系统各回路中电流的依据,是确定用户或供配电系统的正常电源、备用电源、应急电源容量、无功补偿容量和季节性负荷容量的依据。

10.2.4 计算电流是在额定电压下的正常工作电流,它是选择导体、保护电器、计算电压偏差、功率损耗等的依据。

10.2.5 尖峰电流是负荷的短时(如电动机启动等)最大电流,它是计算电压降、电压波动和选择导体、电器及保护元件等的依据。

10.2.6 依据配电系统回路的负荷计算，确定保护开关特性及定值；依据变电所负荷计算结果，确定变压器安装容量。

10.2.7 有功功率、计算视在功率、计算无功功率、计算电流、尖峰电流的计算需考虑的因数及注意事项详见本技术措施第 7 章。

10.2.8 预期最大短路电流计算及预期最小短路电流计算，是选择保护开关分断能力和灵敏度的依据，其计算需考虑的因数及注意事项详见本技术措施第 7 章和附录 A～附录 D。

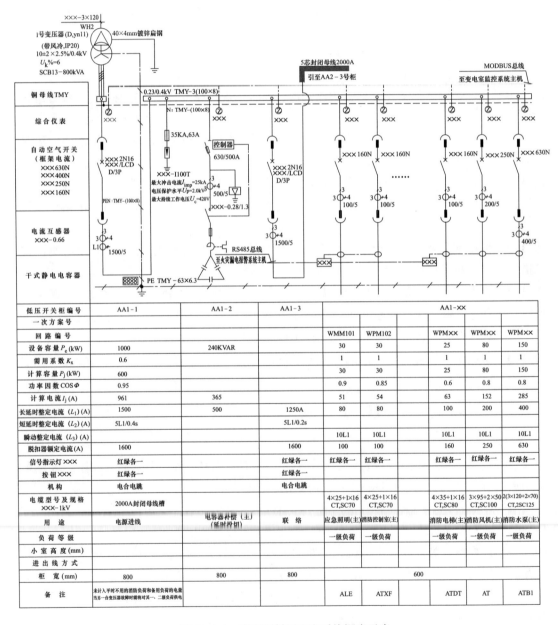

图 10.1-1   变电所低压配电系统深度示意

10.3　变压器选择原则

10.3.1　设计中应综合变压器的负载率、建设者的投资支撑以及国家相关部门的要求等因素选择相应能效等级的变压器，要尽量优选高效、低能耗、低噪声、短路阻抗小的变压器。宜选择《绿色技术推广目录（2020 年）》（发改办环资〔2020〕990 号）中的绿色节能产品。对于单独为阶段性负载供电的变压器，且无退出机制的，更应首选低能耗的节能型变压器。

10.3.2　设在建筑内的变电所，其变压器应首选不爆、难燃或不燃的干式变压器或气体绝缘的变压器。

10.3.3　三相变压器一般低压侧电压为 400V，频率 50Hz，Dyn11 结线组别。

10.3.4　短路阻抗电压除应满足限制低压系统短路电流的要求外，还应满足现行国家标准《电力变压器能效限定值及能效等级》GB 20052 的相关规定。无特殊要求建议干式变压器容量 S_e<800kVA 时，短路阻抗 U_k%＝4；800≤S_e≤1600 时，U_k%＝6；S_e＝2000kVA 时，U_k%＝6 或 U_k%＝8（视当地供电部门要求而定）；S_e＞2000kVA 时，U_k%＝8。

10.3.5　干式变压器一般采用强迫风冷式，绝缘等级不低于 H 级，温升 100K。

10.3.6　变压器设置控制电磁干扰措施，使变压器不对该环境中任何事物构成不能承受的干扰。

10.3.7　变压器台数选择：

　　1　根据负荷性质、负荷计算容量和运行方式，合理配置变压器台数。

　　2　变电所宜成对安装变压器，当建筑物仅有三级负荷且容量不大于 800kVA 时可采用单台变压器供电，当建筑内有少量二级及以上负荷且总安装容量不大于 800kVA 时，若外电源能提供满足负荷使用的另一路低压 400V 电源，也可以采用单台变压器。

　　3　因负荷容量大而选择多台变压器时，在负荷分配合理的情况下，尽可能减少变压器的台数，选择相对较大容量的变压器，但一般不宜大于 2000kVA，部分地区不大于 1600kVA 或 1250kVA，设计初始需要了解当地供电部门的要求。

　　4　对于工艺负荷（如大型展览馆的展览用电、大型剧院的舞台设备用电、航站楼的行李系统、大型医疗设备用电）等可优先考虑单独设置变压器；对于大型建筑内季节性负荷（如制冷设备）宜单独设置变压器。

　　5　照明和电力可共公用变压器，但若电力设备运行对照明设备会产生质量和寿命的严重影响，宜单独设置照明变压器。

　　6　当冲击性负荷严重影响电能质量时，可设专用变压器。

10.3.8　变压器容量选择：

　　1　根据负荷计算、负荷性质，确定变压器的负载率，并根据当地供电局对变压器容量上限的限制来确定变压器安装容量。

　　2　成对变压器，其每台变压器的容量应考虑一台停运，另一台能负担一对中的一、二级负荷。

　　3　单台变压器的容量应考虑满足大型电动机及其他波动负荷启动时电压降的要求。

4   变压器设置在裙房及以下位置时，单台容量不宜大于 2000kVA；但对于超高层建筑，变压器设置在建筑高区时，单台变压器容量不宜大于 1250kVA。

10.3.9   变压器运行考虑因数：

1   对蓄冰、蓄热等用电设备采用错峰低谷时段运行的措施，可提高电力供应整体的效率与效益，节约能源，降低用电成本。

2   一般类型的建筑物内变压器正常运行负载率宜在 75%～85% 之间，但对于建筑物内负荷等级多数在二级及以上且仅含少量三级负荷的用户，变压器正常运行负载率宜在 60% 左右。

10.4   无功补偿措施

10.4.1   在低压配电系统端的自然功率因数不满足要求的情况下，应在变电所低压侧设置集中静态无功补偿装置，补偿后的功率因数不低于 0.95，当设计项目所在地供电部门对高压侧功率因数有要求时，以相应的规定为准。

10.4.2   当设备的无功计算负荷大于 100kvar 时，可在设备附近就地设置补偿装置。采用就地补偿时，宜采用固定电力电容器补偿方式，补偿装置宜与设备同时通断电，补偿容量应防止过补偿。

10.4.3   采用集中自动补偿时，宜采用分组自动循环投切式补偿装置，分组电容器投切时，应满足电压偏差的允许范围，可采用不等容分组、分步投切，以便减少分组组数；同时应防止过补偿、防止向电网倒送电。

10.4.4   对于三相不平衡的供配电系统，当三相不平衡超过 15% 时，应采用带分相无功自动补偿装置。

10.4.5   在低压电容补偿中，为限制电容器支路的接入所引起各侧母线谐波量满足现行国家标准《电能质量　公共电网谐波》GB/T 14549 的相关规定，需设置串联电抗器。当为 5 次及以上谐波时，电抗器宜取 5%；当 3 次及以上谐波时，电抗器宜取 12%，亦可采用 5% 与 12% 两种电抗器混装方式。

10.4.6   无功补偿装置容量的选择：

1   在一般民用建筑供电系统的方案设计时，无功补偿容量可按变压器容量的 20%～30% 确定；

2   在一些功率因数较高的供电系统方案设计时，无功补偿容量可按变压器容量的 10%～20% 确定；

3   在一些功率因数较低的供电系统方案设计时，无功补偿容量可按变压器容量的 30%～40% 确定；

4   采用三相、分相混合补偿时，分相补偿容量不小于总补偿容量的 30%；

5   计算补偿容量时，应考虑电容器额定电压与系统电压不一致时带来的影响，根据选择的额定电压不同，通常会有 1/4～1/3 的容量损失。

6   采用电抗器限制 5 次及以上谐波时，其补偿容量可按未采用电抗器时的容量的 1.85 倍计算，限制 3 次及以上谐波时，其补偿容量可按未采用电抗器时的容量 1.5 倍考虑。

10.4.7 无功补偿装置中，当采用电感-电容器组时，电容器的额定电压宜按表 10.4-1 选择。

电容器的额定电压选择   表 10.4-1

系统电压	电容器额定电压(建议值)	
	电抗器采用 5%～7%时	电抗器采用 12%～14.8%时
400V	480V	525V

10.4.8 电力电容装置的载流电器及导体的长期允许电力，低压电容器不应小于电容器额定电流的 1.5 倍。

10.5 谐波治理措施

10.5.1 变电所低压配电系统设计时应考虑向公共电网注入的谐波含量限制在不大于以下标准值：

1 供电公司向用户提供的公共电网电压波形应符合现行国家标准《电能质量 公共电网谐波》GB/T 14549 的要求，谐波电压（相电压）限值见表 10.5-1。

公共电网谐波电压（相电压）限值   表 10.5-1

电网标称电压 (kV)	电压总谐波畸变率 (%)	各次谐波电压含有率(%)	
		奇数次	偶数次
0.38	5.0	4.0	2.0
6	4.0	3.2	1.6
10			
35	3.0	2.4	1.2

2 注入公共连接点的谐波电流允许值见表 10.5-2。

注入公共连接点的谐波电流允许值   表 10.5-2

标准电压(kV)	基准短路容量(MVA)	谐波次数及谐波电流允许值(A)															
		2	3	4	5	6	7	8	10	10	11	12	13	14	15	16	17
0.38	10	78	62	310	62	26	44	110	21	16	28	13	24	11	12	10.7	18
6	100	43	34	21	34	14	24	11	11	8.5	16	7.1	13	6.1	6.8	5.3	10
10	100	26	20	13	20	8.5	15	6.4	6.8	5.1	10.3	4.3	7.10	3.7	4.1	3.2	6.0
35	250	15	12	7.7	12	5.1	8.8	3.8	4.1	3.1	5.6	2.6	4.7	2.2	2.5	1.10	3.6

10.5.2 当非线性负荷容量较大时，对非线性用电设备向电网注入的谐波电流（有条件时应当进行计算或实际测量），必要时采取如下抑制措施：

1 在 3n 次谐波电流含量较大的供配电系统中，应选用 D,yn11 组别变压器，如果谐波严重又未得到有效治理，需要考虑谐波电流对变压器负载能力的影响，必要时采取适当降低变压器负载率的措施。

2 当配电系统中具有持续运行且有稳定特征频率的大功率非线性负载时，宜采用无源滤波设备。

    3　当配电系统中具有动态的运行状态且变化频率特征的大功率非线性负载时，宜采用有源滤波设备。

    4　省级及以上政府机关、银行总行及同等金融机构的大楼、三级甲等医院医技楼、大型计算机中心等建筑物，以及有大容量调光等谐波源设备的公共建筑，宜在易产生谐波和对谐波骚扰敏感的医疗设备、计算机网络设备附近或其专用干线末端（或首端）设置滤波或隔离谐波的装置。当采用无源滤波装置时，应注意选择滤波装置的参数，避免电网发生局部谐振。

    5　对于建筑内用电负载产生较小谐波且设置较分散，应在变电所集中设置有源或无源抑制谐波装置，对于大功率非线性负载可考虑采用单独回路供电就地治理。

    6　大容量的谐波源设备，应要求其产品自带滤波装置，将谐波电流含量限制在允许范围内，大容量非线性负荷除进行必要的谐波治理外，应尽量将其接入配电系统上游，使其尽量靠近变电所布置，并采用专用回路供电。

10.5.3　当建筑内既有无功补偿要求又有谐波治理要求时，可采用一体化产品，针对不同情况采取如下不同的配置方式：

    1　三相负载基本平衡的动态一体化治理：建筑内三相负载基本平衡，但系统运行变化较为频繁，可采用晶闸管投切技术，串联调谐电抗器，既有效抑制系统谐波，又达到在谐波环境下快速的投切，实行安全动态无功补偿，如图 10.5-1 所示。

    2　三相负载不平衡的动态一体化治理：建筑内存在大量单相负载，系统配电三相负载不平衡超过限制值，且系统运行变化较为频繁，可采用晶闸管投切技术，串联调谐电抗器，增加单相电容器，既有效抑制系统谐波，又达到在谐波环境下快速的投切，平衡三相负载，实行安全动态无功补偿，如图 10.5-2 所示。

    3　高品质的动态一体化治理：对于建筑内用电要求较高、负载运行情况变化频繁且拥有大量非线性负载，产生的谐波含量大，可采用 SVG（SVG＋APF）或 SVGC（APF＋SVG＋SVC）一体化装置，通过 IGBT 逆变器输出矫正功率因数及滤除 2～51 次谐波电流，投切速度小于 20ms，同时可平衡三相负载，实现理想的无功补偿和谐波治理效果，如图 10.5-3 和图 10.5-4 所示。

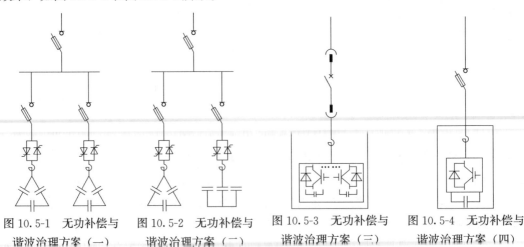

图 10.5-1　无功补偿与
谐波治理方案（一）　　图 10.5-2　无功补偿与
谐波治理方案（二）　　图 10.5-3　无功补偿与
谐波治理方案（三）　　图 10.5-4　无功补偿与
谐波治理方案（四）

10.5.4 由晶闸管控制的负载宜采用对称控制，以减小中性线电流。当中性线电流大于相线电流时，可按表10.5-3选择中性线截面。

电缆载流量的降低系数　　　　　　　　表 10.5-3

相线导体电流中三次谐波分量(%)	降低系数	
	按相线导体电流选择截面	按中性线导体电流选择截面
0～15	1.0	—
>15,且≤33	0.86	—
>33,且≤45	—	0.86
>45	—	1.0

注：本表引自《低压配电设计规范》GB 50054—2011

10.5.5 谐波严重场所的功率因数补偿电容器组宜串联适当参数的电抗器，以避免谐振和限制电容器回路中的谐波电流，保护电容器。当采用自动调节式补偿电容器时，应按电容器的分组分别串入电抗器。电抗器电抗率的选择可参照表10.5-4。

电抗率的选择、谐振频率与谐波治理　　　　表 10.5-4

电抗率 K	谐振频率(Hz)	谐波治理
$X_L/X_C=5\%$	224	5 次谐波
$X_L/X_C=6\%$	204	5 次谐波
$X_L/X_C=7\%$	189	4 次谐波
$X_L/X_C=12\%$	144	3 次谐波
$X_L/X_C=14\%$	134	3 次谐波
$X_L/X_C=14.8\%$	130	3 次谐波

10.6　系统主接线

10.6.1 单台变压器低压母线采用单母线运行；成对变压器低压母线采用单母线分列运行，根据用电性质中间设置联络开关。

10.6.2 低压母联断路器采用自投方式时应满足下列控制功能：

1 应设有自投自复、自投手复、自投停用的三种选择功能。

2 母联断路器自投时应设有一定的延时，当变压器低压侧主开关因过负荷或短路等故障而分闸时，不允许关合母联断路器。

3 低压侧主断路器与母联断路器应设有电气联锁防止变压器并联。

4 当两台变压器具备短时并机运行条件时，联络柜自动投切控制应具备合环倒闸功能。

10.6.3 应急发电机组供电应满足以下要求：

1 作为外电源为建筑内负荷供电，电压等级无特殊要求应采用电压为 230V/400V，频率为 50Hz。

2 当仅为建筑内重要负荷供电时，重要负荷应单设母线段，该母线段正常电源主开关与发电机侧电源供电开关应设有联锁（机械联锁、电气联锁），防止并网运行。

3 当柴油发电机既为消防负荷供电又为非消防的重要负荷供电时，接线方式应考虑在非火灾状态下具有向重要负荷供电的可能性。

10.6.4 当供电公司对建筑内低压负载有单独计量要求时，应单独设置供电母线段。

10.6.5 当一台柴油发电机组容量不满足时，可以采用两台柴油发电机组并机使用。

10.6.6 变压器和柴油发电机设置方案、系统接线方案图及运行方案见表 10.6-1。

变压器和柴油发电机设置方案、系统接线方案图及运行方案　　　　表 10.6-1

序号	变压器和柴油发电机设置方案	系统接线方案图
1	单台变压器	 运行方案：当用电负荷均为级别较低的三级负荷时，可采用单台变压器供电，单台变压器容量不能超过 1250kVA
2	单台变压器与一路低压电源	 运行方案：当建筑物内仅有少量的二级及以上负荷时(可包含消防负荷)，可由附近引来一路低压电源作为第二电源；要求引来的低压电源与变压器高压电源为两路不同回路电源；二级及以上负荷电源由变压器的低压母线和第二路低压电源负责供电
3	一台变压器与一台柴油发电机组电源(方案一)	 运行方案：当建筑物内仅有少量的二级及以上负荷时(可包含消防负荷)，附近无法取得第二电源时，可设置一台柴油发电机组作为二级及以上负荷第二电源。正常运行情况下由市电变压器供电，当正常电源失电时，由柴油发电机组供电。市电与柴油发电机通过 PC 级 ATS 实现两路电源的切换运行

序号	变压器和柴油发电机设置方案	系统接线方案图
4	一台变压器与一台柴油发电机组电源（方案二）	 运行方案：当市政电源不可靠，建筑物内用电负荷等级较高且不含消防负荷时，可设置一台柴油发电机组作为全部负荷的备用电源。正常运行情况下全部负荷由变压器供电，正常电源失电后，由柴油发电机组供电。市电与柴油发电机通过 PC 级 ATS 实现两路电源的切换
5	一台变压器与一台柴油发电机组电源（方案三）	 运行方案：当建筑物内用电负荷等级较高(可包含消防负荷)，附近无法取得第二电源时，可设置一台柴油发电机组作为二级及以上负荷第二电源。正常运行情况下，由变压器供电，QF1、QF3 闭合，QF2 打开；当正常电源失电时，QF1 断开，QF2 闭合，非保证负荷卸载，由柴油发电机组为二级及以上负荷供电。柴油发电机考虑冗余，通过 QF3 联络开关，可带载部分三级负荷
6	两台变压器	 运行方案：正常运行情况下，变压器同时工作，分列运行，QF1、QF2 合闸，QF3 断开；其中任意台变压器停运，相应停运变压器主开关 QF1 或 QF2 分闸，卸载非保障负荷，QF3 合闸；变压器恢复运行后，QF3 分闸，QF1 或 QF2 合闸。任何情况下，不允许 QF1、QF2、QF3 三个开关同时闭合

续表

序号	变压器和柴油发电机设置方案	系统接线方案图
7	两台变压器，设动力子表	电源1 TM1 QF1 电源2 TM2 QF2 Ⅰ Ⅱ QF3 Ⅲ 电力母线 QF4 运行方案：正常运行情况下，变压器同时工作，分列运行，QF1、QF2、QF4 合闸，QF3 断开；其中任意一台变压器停运，相应停运变压器主开关 QF1 或 QF2 分闸，卸载非保障负荷，QF3 合闸；变压器恢复运行后，QF3 分闸，QF1 或 QF2 合闸。 任何情况下，不允许 QF1、QF2、QF3 三个开关同时闭合。 如果照明负荷比电力负荷小，需按收费主管部门的规定设照明子表
8	两台变压器，非消防负荷设置子母线	电源1 TM1 QF1 电源2 TM2 QF2 Ⅰ Ⅱ QF4 Ⅳ QF3 Ⅲ QF5 运行方案：正常运行情况时，变压器同时工作，分列运行，QF1、QF4、QF2、QF5 合闸，QF3 断开；其中任意一台变压器停运，相应停运变压器主开关 QF1 或 QF2 分闸，卸载Ⅱ段、Ⅳ段母线非保障负荷，QF3 合闸；变压器恢复运行后，QF3 分闸，QF1 或 QF2 合闸。 任何情况下，不允许 QF1、QF2、QF3 三个开关同时闭合。 当发生火灾时，根据火灾情况，手动将 QF4、QF5 断开，切除全部非消防负荷
9	两台变压器，消防负荷与非消防负荷分设子母线供电	电源1 TM1 QS1 电源2 TM2 QS2 Ⅰ应急母线段 Ⅱ非消防母线段 非消防母线段Ⅳ 应急母线段Ⅲ QF1 QF2 QF5 QF4 QF3 运行方案：正常运行时，变压器同时工作，分列运行，QS1、QS2、QF1、QF2、QF3、QF4 合闸，QF5 断开；QF2 或 QF4 因检修或故障而分闸，卸载Ⅱ段、Ⅳ段母线非保障负荷，QF5 合闸；QF2 或 QF4 恢复供电后，QF5 分闸，QF2 或 QF4 合闸； 任何情况下，不允许 QF2、QF4、QF5 三个开关同时闭合。 消防负荷由Ⅰ段、Ⅲ段母线供电，末端互投。 发生火灾时，根据火灾情况，手动将 QF2、QF4 断开，切除全部非消防负荷

续表

序号	变压器和柴油发电机设置方案	系统接线方案图
10	两台变压器，消防负荷与非消防负荷分设主母线供电	电源1 TM1　电源2 TM2 QF1　QF2　QF3　QF4 Ⅰ　Ⅱ　Ⅲ　Ⅳ　QF5 运行方案：正常运行时，变压器同时工作，分列运行，QF1、QF2、QF3、QF4 合闸，QF5 断开；QF3 或 QF4 因检修或故障而分闸，卸载Ⅲ段、Ⅳ段母线非保障负荷，QF5 自动合闸；QF3 或 QF4 恢复后，QF5 分闸，QF3 或 QF4 合闸。 任何情况下，不允许 QF3、QF4、QF5 三个开关同时闭合。 消防负荷由Ⅰ段、Ⅱ段母线供电，末端互投。 发生火灾时，根据火灾情况，手动将 QF3、QF4 断开，切除全部非消防负荷，仅保留消防负荷供电
11	两台变压器与一台自备应急发电机组，自备应急发电机组供电为特别重要负荷供电	电源1 TM1　电源2 TM2　柴发机组 G QF1　QF2 Ⅰ　Ⅱ　Ⅲ 应急/备用母线 QF3　QF4　QS1 PC级 特别重要负荷(非消防)　特别重要负荷(消防)　一、二、三级负荷(非消防)　一、二、三级负荷(非消防)　特别重要负荷(消防)　特别重要负荷(非消防) 运行方案：正常运行情况下，变压器同时工作，分列运行，QF1、QF2、QF4、QS1 合闸，QF3 断开，转换开关在市电位置运行；其中任意一台变压器停运，相应停运变压器主开关 QF1 或 QF2 分闸，卸载Ⅰ段、Ⅱ段母线非保障负荷，QF3 合闸；变压器恢复运行后，QF3 分闸，QF1 或 QF2 合闸。 任何情况下，不允许 QF1、QF2、QF3 三个开关同时闭合。 当正常电源 QF1 和 QF2 均失电时，启动柴油发电机组，转换开关转至应急电源供电位置，为特别重要负荷供电。 市电与柴油发电机通过 PC 级 ATS 实现两路电源的切换运行 容量选择时，可以根据实际工况，不考虑消防负荷及一级负荷中特别重要负荷同时工作，以减少柴油发电机组的容量
12	两台变压器与一台自备应急发电机组，自备应急发电机组供电为特别重要负荷供电，特别重要负荷母线内设置非消防字母线段	电源1 TM1　电源2 TM2　柴发机组 G QF1　QF2 Ⅰ　Ⅱ　Ⅲ 应急母线　Ⅳ备用母线 QF3　QF4　QS1　QF5 PC级 特别重要负荷(非消防)　特别重要负荷(消防)　一、二、三级负荷(非消防)　一、二、三级负荷(非消防)　特别重要负荷(消防)　特别重要负荷(非消防)

续表

序号	变压器和柴油发电机设置方案	系统接线方案图
12	两台变压器与一台自备应急发电机组,自备应急发电机组供电为特别重要负荷供电,特别重要负荷母线内设置非消防字母线段	运行方案:正常运行情况时,变压器同时工作,分列运行,QF1、QF2、QF4、QS1 合闸,QF3 断开,转换开关在市电位置运行;其中任意一台变压器停运,相应停运变压器主开关 QF1 或 QF2 分闸,卸载 I 段、II 段母线非保障负荷,QF3 合闸;变压器恢复运行后,QF3 分闸,QF1 或 QF2 合闸。 任何情况下,不允许 QF1、QF2、QF3 三个开关同时闭合。 当正常电源 QF1 和 QF2 均失电时,启动柴油发电机组,转换开关转至应急电源供电位置,为特别重要负荷供电。 市电与柴油发电机通过 PC 级 ATS 实现两路电源的切换运行。 容量选择时,可以根据实际工况,不考虑消防负荷及一级负荷中特别重要负荷同时工作,以减少柴油发电机组的容量
13	两台变压器与一台应急发电机组,消防与非消防分设应急母线段	 运行方案:正常运行情况下,变压器同时工作,分列运行,QF1、QF2、QF4、QF5、QS1、QS2 合闸,QF3 断开,转换开关在市电位置运行;其中任意一台变压器停运,相应停运变压器主开关 QF1 或 QF2 分闸,卸载 I 段、II 段母线非保障负荷,QF3 合闸;变压器恢复运行后,QF3 分闸,QF1 或 QF2 合闸。 任何情况下,不允许 QF1、QF2、QF3 三个开关同时闭合。 当正常电源 QF1 和 QF2 均失电时,启动柴油发电机组,转换开关转至应急电源供电位置,分别为不同的应急母线段供电。 市电与柴油发电机通过 PC 级 ATS 实现两路电源的切换。 容量选择时,可以根据实际工况,不考虑消防负荷及一级负荷中特别重要负荷同时工作,以减少柴油发电机组的容量。
14	两台变压器与一台应急发电机组供电,消防负荷与非消防负荷在变压器主配出端分设子母线	 运行方案:正常运行时,变压器同时工作,分列运行,QF1、QF2、QF3、QF4、QF6 合闸,QF5 断开;QF2 或 QF4 因检修或故障而分闸,QF5 自动合闸;市电恢复后,QF5 分闸,QF2 或 QF4 合闸;任何情况下,不允许 QF2、QF4、QF5 三个开关同时闭合。 一台变压器失电时,由另外一台变压器保障全部一、二级负荷供电。 当正常电源 QF1、QF2 失电后,启动柴油发电机组,为消防负荷及一级负荷中特别重要负荷供电。柴油发电机组容量仅能满足项目消防负荷及一级负荷中特别重要负荷的正常运行要求。容量选择时,可以根据实际工况,不考虑消防负荷及一级负荷中特别重要负荷同时工作,以减少柴油发电机组的容量

续表

序号	变压器和柴油发电机设置方案	系统接线方案图
15	三台变压器	

运行方案：正常运行时，变压器同时工作，分列运行，QF1、QF2、QF3 合闸，QF12、QF23 断开；QF1 或 QF2 因检修或故障而分闸，QF12 自动合闸；QF3 因检修或故障而分闸，QF23 自动合闸；当 QF1 或 QF2 与 QF3 同时检修或故障而分闸，QF12、QF23 合闸；市电恢复后，QF12 分闸，QF1 或 QF2 合闸，QF23 分闸，QF3 合闸。

任何情况下，不允许 QF1、QF2、QF12 三个开关同时闭合，也不允许 QF3、QF23 两个开关同时闭合

注：表中各方案均未表示电容补偿柜，设计时应考虑，且要注意其设置位置，防止平时运行时某段母线没有补偿。

10.6.7 可再生能源光伏系统与市政电源低压系统的连接：

1 光伏系统与市政电源低压端集中并网运行时，其电压、频率、相位角应与电网一致，三相电压允许偏差为额定电压的±7%，频率偏差值允许±0.5Hz。当检测到不满足要求时，应在规定时间内与电网断开。

2 光伏系统并网运行时，不应对电网造成电压波形过度畸变，输入电网的总谐波电流应满足国家电网限制值要求。

3 在低压配电系统配电回路内为并网设备设置具有开断故障电流能力的断路器，并具备电源端与负荷反接能力。

10.7 配电回路保护电器设置

10.7.1 每个保护电器宜采用断路器保护，断路器可采用热磁脱扣器、单磁脱扣器、电子脱扣器和带网络接口的智能断路器，没有特殊要求的工程宜采用电子脱扣器的断路器。

10.7.2 每个断路器均应设置隔离电器（插拔式、抽屉式或加设隔离开关）。隔离电器宜同时断开电源所有极，以满足维护、测试和检修的要求。

10.7.3 低压侧主断路器及母线分段断路器采用固定式时，主断路器的进出线侧及母线分段断路器的两侧应装设刀开关。

10.7.4 低压馈线回路断路器类型根据开关柜类型配置，固定开关柜配置插拔式断路器或每个固定式断路器前端配置刀开关；抽屉开关柜配置固定式断路器。

10.7.5 断路器额定频率和额定电压应与所在回路的频率和标称电压相适应，额定电流不应小于所在回路的计算电流。计算电流的计算方法详见本技术措施第 7 章相关内容。

10.7.6 断路器应能接通、承载以及分断正常电路下的电流，也能在短路条件下接通、承

载一定时间和分断安装处预期短路电流的能力，并应同时校验断路器的灵敏度。短路电流及灵敏度效验的计算方法详见本技术措施附录相关内容。

10.7.7 断路器一般设置短路保护、过负荷保护、接地故障保护、过电压及欠电压保护。TN-S系统中，可采用过负荷保护兼作接地故障保护，当不满足兼用条件时，可设置剩余电流动作保护电器保护或辅助等电位方式。

10.7.8 在TN-C系统中不应将保护接地中性导体隔离，严禁将保护接地中性导体接入开关电器。

10.7.9 进线回路保护：

1 设置反时限长延时保护：

1）整定值一般取变压器额定电流的1.1倍～1.3倍。当变压器允许最大负荷电流超过变压器额定电流时，整定值一般取最大负荷电流的1.3倍。如为剧院、剧场及具有演出功能的大型体育场和展览等供电的变压器，其进线开关整定值要考虑允许变压器承受短时持续的峰值电流能力。

2）当变压器之间设有联络开关时，整定值应大于两台变压器所带的一、二级负荷电流的总合，并应与联络开关设置级差配合。

3）主开关整定值应低于配电变压器高压侧继电保护整定值。

4）开关整定值在达到6倍的长延时整定值时，宜在5s～10s之间动作。

2 设置定时限短路短延时保护：

1）整定值一般取3.5倍～4倍变压器额定电流，动作时间一般取0.3s。

2）当变压器之间设有联络开关时，应与联络开关设置级差配合。

3）整定值的动作时间应与变压器高压侧继电保护时间相配合。

3 欠电压保护：

当电压下降或短暂断电、短暂失压会造成电气装置和用电设备严重损坏，甚至对人员和财产造成危险时，应装设欠电压保护，一般主进开关处电压低于额定电压的50%时可延时脱扣开关。

10.7.10 联络回路保护：

1 设置反时限长延时保护，整定值一般取进线开关整定值的0.8倍，时间取值与进线开关一致。

2 设置定时限短路短延时保护，整定值一般取进线开关短路短延时整定值的0.8倍，动作时间一般取0.1s。

10.7.11 馈线回路保护：

1 设置反时限长延时保护：

1）整定值小于进线开关整定值的0.8倍，当有联络开关时，整定值小于联络开关整定值的0.8倍。

2）整定值宜大于配电回路馈线内的最大负荷电流的1.1倍～1.25倍，并应保证配电回路馈线末端故障情况下，具有足够的灵敏度。

3）开关时间定值应小于进线开关设定的时间定值，当设有联络开关时，应小于联络开关设定的时间定值。

4）对过负荷断电将引起严重后果的配电回路，其过负荷保护开关不应动作于跳闸，可采取作用于信号报警的断路器。

　　5）当配电回路为大容量群组电机或大容量单独电机配电，如制冷机组等，开关的整定值要躲过回路中电机启动时的最大短时电流。

　　2　设置瞬时保护，整定值一般不大于变压器额定电流值的 2 倍，当无法满足下级保护取值的要求时，可采用定时限短路短延时保护，但要注意需与进线开关短路短延时保护取值配合；当有联络开关时，要与联络开关短路短延时保护取值配合（馈出回路的瞬动值宜小于进线开关短延时整定值的 1.3 倍）。

　　3　馈线保护应考虑与下级保护电器的短路保护和过负荷保护的配合，其动作特性应具有选择性，各级之间应能协调配合。对于非重要负荷，可采用部分选择或无选择性切断。

10.7.12　应急电源接入进线回路保护：

　　1　当设置柴油发电机作为自备应急电源时，应单独设置应急配电母线段，当应急电源既给消防负荷又给非消防负荷供电时，宜采用不同的应急母线段供电。当系统中消防负荷或非消防负荷非常小时，可以采取共用应急母线段，但相互间要采取防火措施。

　　2　应急电源作为正常电源的备用电源，在正常电源故障后，应在短时间内快速、可靠启动，启动信号可取至成对变压器的两个进线开关上口电压信号，启动延时时间一般为 10s～15s；也可取至应急母线段正常电源进线保护开关上口电压信号。

　　3　应急电源与正常电源应可靠转换，保证应急母线段负荷供电的连续性，同时应急电源与正常电源之间要采取防止并联运行的转换装置。当有短时并联运行的需求时，须征得当地供电部门的许可，并相应采取满足并联安全运行的措施。

　　4　转换装置应具手动操作和自动投切功能，可根据负荷允许停电时间来确定。当设有自动复位功能时，复位应具有一定的延时可调性，同时要与发电机停机时间相匹配。

　　5　根据接地方式确定转换开关的级数。

　　6　为避免柴油发电机机投入供电时引起应急母线上启动压降，宜考虑分时投入用电负荷。当自动投入时，应按负荷停电时间的需求程度，考虑在部分断路器上增设延时继电器。

10.7.13　并联电容器装置保护开关：

　　1　并联电容器装置为配套产品，其性能应符合相应的设计标准。

　　2　总开关应具有切除所连接的全部电容器组和切断总回路短路电流的能力。

　　3　分组电容器组中单台电容器保护装置可采用电容器专用熔断器，其定值满足额定电流的 1.37 倍～1.5 倍。

10.7.14　其他要求：

　　1　馈线回路断路器脱扣器曲线一般采用 C 曲线，对馈线回路有特殊要求的可按需求确定。

　　2　断路器可配置失压脱扣器，也可配置分励脱扣器，可根据系统运行方式配置。当系统中馈线回路有联锁脱扣控制要求时，应选择配置分励脱扣器。

　　3　辅助触头包括断路器发生故障时动作的过电流、短路、过载的报警触头；断路器分、合动作状态触头；欠压脱扣和分励脱扣辅助触点。设计依据功能需求确定配置辅助触头。

　　4　当断路器具有远程控制要求时应配置电动自动分合闸。

　　5　对建筑内重点馈线回路宜设置智能断路器，可通过断路器通信接口上传信息，远程监控断路器所上传的相关信息。

10.8　电流互感器

10.8.1　按温度类别选择，电流互感器温度类别表示电流互感器可以投入运行的最低环境温度和能连续运行的最高环境温度。常见温度类别为：$-5℃/40℃$、$-25℃/40℃$、$-40℃/40℃$ 等。

10.8.2　正常使用条件海拔高度不超过 1000m。海拔高度超过 1000m 时，在标准大气压条件下的弧闪距离应由使用处要求的耐受电压乘以海拔校正因数 K。海拔校正因数 K 可用下述公式计算：

$$K = e^{m(H-1000)/8150} \tag{10.8-1}$$

式中：$e=2.72$；H 为海拔高度；$m=1$ 为适用于工频和雷电冲击电压；$m=0.75$ 为适用于操作冲击电压。

10.8.3　电流互感器的额定一次电压应大于或等于装设线路的额定电压。

10.8.4　电流互感器的额定一次电流应大于线路的计算电流。为避免电流互感器过负荷运行，电流互感器的额定一次电流应大于或等于线路保护电器的动作电流值。且能够承受该线路的额定短时热电流（I_{th}）、额定动稳定电流（I_{dyn}）。

10.8.5　常见的电流互感器额定一次和二次电流标准值见表 10.8-1。

一次和二次电流标准值　　　　　　　　　　　　　　　表 10.8-1

一次电流标准值	二次电流标准值
10A、15A、20A、30A、40A、50A、60A、75A、100A、150A、200A、300A、400A、500A、600A、800A、1000A、1250A、1600A、2000A、2500A、3000A、4000A、5000A	5A、1A

10.8.6　测量用电流互感器的选择：

1　线路正常运行的实际电流宜达到电流互感器额定一次电流的 60%，且不应小于 30%。

2　电流互感器二次绕组中所接入的实际负荷（S2）应为额定二次负荷（S2N）的 25%～100%。

3　测量用电流互感器的准确级选择：0.1、0.2、0.5、1.0、0.2S、0.5S、3、5。

4　误差限值：

1）对于 0.1、0.2、0.5 和 1 级，在二次负荷为额定负荷的 25%～100% 之间的任一值时，其额定频率下的电流误差和相位差不应超过表 10.8-2 所列限值。

测量用电流互感器（0.1 级～1 级）电流误差和相位差限值　　　　表 10.8-2

准确级	在下列额定电流百分数下的比差值(±%)				在下列额定电流百分数下的相位差							
					±(′)				±(crad)			
	5	20	100	120	5	20	100	120	5	20	100	120
0.1	0.4	0.2	0.1	0.1	15	8	5	5	0.45	0.24	0.15	0.15
0.2	0.75	0.35	0.2	0.2	30	15	10	10	0.9	0.45	0.3	0.3
0.5	1.5	0.75	0.5	0.5	90	45	30	30	2.7	1.35	0.9	0.9
1.0	3.0	1.5	1.0	1.0	180	90	60	60	5.4	2.7	1.8	1.8

注：本表引自《互感器　第 2 部分：电流互感器的补充技术要求》GB 2084.2—2014。

2）对于 0.2S 和 0.5S 级，在二次负荷为额定负荷的 25%～100% 之间的任一值时，其额定频率下的电流误差和相位差不应超过表 10.8-3 所列限值。

特殊用途的测量用电流互感器电流误差和相位差限值   表 10.8-3

准确级	在下列额定电流百分数下的比差值(±%)					在下列额定电流百分数下的相位差									
						±(′)					±(crad)				
	1	5	20	100	120	1	5	20	100	120	1	5	20	100	120
0.2S	0.75	0.35	0.2	0.2	0.2	30	15	10	10	10	0.9	0.45	0.3	0.3	0.3
0.5S	1.5	0.75	0.5	0.5	0.5	90	45	30	30	30	2.7	1.35	0.9	0.9	0.9

注：本表引自《互感器 第 2 部分：电流互感器的补充技术要求》GB 2084.2—2014。

3）对 3 级和 5 级，在二次负荷为额定负荷的 50%～100% 之间的任一值时，其额定功率下的电流误差应不超过表 10.8-4 内所列限值。

测量用电流互感器电流误差限值   表 10.8-4

准确级	在下列额定电流百分数下的比差值(±%)	
	50	120
3	3	3
5	5	5

注：1 对 3 级和 5 级的相位差限值不予规定。
    2 本表引自《互感器 第 2 部分：电流互感器的补充技术要求》GB 2084.2—2014。

10.9 低压配电柜

10.9.1 低压配电柜配出回路应有一定的冗余。给固定负荷供电的变电所如冷冻站变电所，可按总配出回路的 15% 考虑预留回路数量，其余无特殊要求的变电所可按总配出回路的 20% 考虑预留回路数量，对于不定因素较大的业态（如商业）可按总配出回路的 30%～40% 考虑预留回路。

10.9.2 低压配电柜配电回路安装有效高度为 1800mm（9 个模数，每个模数 200mm），可根据开关框架外形尺寸合理安排柜内开关数量。在没有具体数据的情况下，一般 250A 及以下开关占用 1 个模数、400A 开关占用 2 个模数、630A 开关占用 3 个模数。800A 及以上开关宜选用框架开关。

10.9.3 考虑配电柜配电开关的日常运行维护与互换，不建议柜底抽屉设置运行的 400A 及以下的运行开关，可设置备用回路。

10.9.4 消防类的馈出回路建议集中安装在同一配电柜内，不宜与其他普通回路共柜，消防与非消防柜间宜做防火封堵。

10.9.5 备用回路应考虑有 630A、400A、250A、160A 等不同规格，并考虑与配出回路至少预留一个同等容量的备用回路。

10.9.6 框架开关宜独立安装或与备用回路共柜。

10.10 变电所监控系统

10.10.1 在变电所值班室应设置高低压变配电系统电力监控系统。

10.10.2 当建筑物内有多个变电所时，若无特殊要求，可仅在主变电所设置，其他可设置无人值守，所有信息上传，统一管理，集中调控。

10.10.3 当用户对某一分变电所如冷冻站变电所有值班要求时，可设置变电所变配电系统电力监视系统分站，在分站仅显示本变电所的相关监视内容，同时上传至变电所监控系统中。

10.10.4 当分变电所的日常巡视与管理需现场进行系统参数设置时，可就地设置本变电所的监控终端机。

10.10.5 不设置值班室的分变电所，宜将配套的视频监视、出入门管理系统、消防报警等信息通过系统接口上传到变配电监视系统，使值班室人员能够对分变电所实时进行远程环境监视。

10.10.6 当建筑物设有能源管理系统时，变电所的采集信息需通过接口上传。

10.10.7 当系统有预警、远程分合开关的要求时，所控制回路的断路器须具有远程操作功能。

10.10.8 系统布线可采用双绞屏蔽线通过链式连接将网络元器件连接至数据采集器，数据采集器至网络交换机、网络交换机至电力监控主机采用网络连接，也可通过光纤进行数据传输。

10.10.9 当变电所装设遥测、遥信、遥控多功能仪表时，宜共用一套多功能仪表。多功能仪表应具有数据输出或脉冲输出功能，也可同时具有两种输出功能。

10.10.10 测量仪表选择：

1 测量仪表的装设应符合下列要求：

1）电测量装置的配置应正确反映电力装置的电气运行参数，如需要，还应正确反映电力装置的绝缘状况。

2）电测量装置宜包括计算机监控系统的测量部分、常用电测量仪表或其他数字式综合保护装置的测量部分。

3）电测量装置可采用直接仪表测量、一次仪表测量或二次仪表测量。

2 下列回路应装设电流测量仪表：

1）配电变压器回路；

2）35kV、20kV 或 10kV 及以下的供配电干线；

3）柴油发电机接至低压应急段进线及交流不间断电源装置的进线回路；

4）母线联络和母线分段断路器回路；

5）低压馈出回路；

6）无功补偿装置；

7）根据生产工艺或电力设备运行要求，须监视交流电流的其他回路。

3 常规仪表的准确度等级宜按下列原则选择：

1）交流回路的仪表（谐波测量仪表除外）不低于 2.5 级；

2）直流回路的仪表不低于 1.5 级；

3）电量变送器输出侧的仪表不低于 1.0 级。

4 常规仪表配用的互感器的准确度等级，宜按下列原则选择：

1）1.5 级及 2.5 级的常规测量仪表宜配用不低于 1.0 级的互感器；

2）电量变送器的准确度等级不低于 0.5 级；

3）直流电流表配用的外附分流器的准确度等级不低于 0.5 级。

5　三相电流基本平衡的电力装置回路，可以只测量一相电流；但在下列电力装置回路，应采用三只单相电流表分别测量三相电流：

1）无功补偿装置回路；

2）配电变压器低压侧总电流；

3）三相负荷不平衡幅度较大的 1kV 及以下的配电线路。

6　对于重载启动的电动机和运行中有可能出现冲击电流的电力装置回路，宜采用具有过负荷标度尺的电流表。

7　多个同类型电力设备和回路的电测量可采用选择测量方式。

8　在下列回路中应装设电压测量表：

1）可能分别工作的各段直流和交流母线；

2）直流发电机和电力整流装置回路；

3）蓄电池组回路；

4）根据生产工艺或电力设备运行的要求，须监视电压的其他回路。

9　下列回路应测量有功功率：

1）变压器的高压侧；

2）35kV、20kV 或 10kV 配电线路；

3）用电单位的有功电量计量点；

4）需要进行技术经济考核的电动机；

5）根据技术经济考核和节能管理的要求，需计量有功电量的其他装置及回路。

10　下列回路应测量无功功率：

1）无功补偿装置；

2）用电单位的无功电量计量点；

3）根据技术经济考核和节能管理的要求，需计量无功电量的其他装置及回路。

10.10.11　电能计量装置：

1　计费用的专用电能计量装置，宜设置在供用电设施的产权分界处，应按现行国家标准、结合供电管理部门的规定确定计量方式；

2　电力用户处电能计量点的计费电度表，应设置专用的互感器；

3　电能计量用电流互感器的一次侧电流，在正常最大负荷运行时（备用回路除外），应尽量为其额定电流的 2/3 以上；

4　电能计量装置应按其计量对象的重要程度和计量电能的多少分类，并应符合表 10.10-1 的规定。

电能计量装置类别

表 10.10-1

电能计量装置类别	对应用户
Ⅰ类电能计量装置	月平均用电量 500 万 kWh 及以上 或变压器容量为 10000kVA 及以上的高压计费用户
Ⅱ类电能计量装置	月平均用电量 100 万 kWh 及以上 或变压器容量为 2000kVA 及以上的高压计费用户

续表

电能计量装置类别	对应用户
Ⅲ类电能计量装置	月平均用电量 10 万 kWh 及以上 或变压器容量为 315kVA 及以上的计费用户
Ⅳ类电能计量装置	负荷容量为 315kVA 以下的计费用户
Ⅴ类电能计量装置	单相供电的电力用户

　　5　电能计量装置的准确度不应低于表 10.10-2 的规定。

电能计量装置的准确度要求　　　　　　　　表 10.10-2

电能计量 装置类别	准确度最低要求(级)			
	有功电能表	无功电能表	电压互感器	电压互感器
Ⅰ	0.2s	2.0	0.2	0.2s 或 0.2
Ⅱ	0.5s	2.0	0.2	0.2s 或 0.2
Ⅲ	1.0	2.0	0.5	0.5s
Ⅳ	2.0	2.0	0.5	0.5s
Ⅴ	2.0	—	—	0.5s

10.10.12　无功补偿装置的测量仪表量程应满足设备允许通过的最大电流和允许耐受的最高电压的要求。并联电容器组的电流测量应按并联电容器组持续通过的电流为其额定电流的 1.3 倍设计。

10.10.13　静止无功补偿装置宜测量并记录下列参数：

　　1　系统参考线电压；

　　2　静止补偿装置所接母线的一个线电压；

　　3　静止补偿装置用中间变压器高压侧的三相电流；

　　4　分组并联电容器和电抗器回路的单相电流和无功功率；

　　5　分组晶闸管控制电抗器和晶闸管投切电容器回路的单相电流和无功功率；

　　6　分组谐波滤波器组回路的单相电流和无功功率；

　　7　总回路的三相电流、无功功率和无功电能；

　　8　当总回路下装设并联电容器和电抗器时，应分别计量双方向无功功率。

10.10.14　执行功率因数调整电费的用户，应装设具有计量有功电能、感性和容性无功电能功能的电能计量装置；按最大需量计收基本电费的用户应装设具有最大需量功能的电能表；实行分时电价的用户应装设复费率电能表或多功能仪表。

10.10.15　变电所监控系统功能设置参见表 10.10-3，但功能不限于表内所列，可根据项目需求选择。

配变电所电力监控系统功能选择　　　　　　　表 10.10-3

拓扑结构	系统由现场采集层、通信层和监控中心监控层组成
系统功能	记录并显示变电所内配电装置配电回路的电力参数,绘制高、低压配电系统图,提供不同时段的设备电力运行曲线,用于分析设备状况； 可显示断路器的工作状态、电参量、平均和实时变化趋势图； 具有故障报警、预警及故障分析功能,并通过图形和图表记录故障回路、故障时间、故障地点等参数。可协助完成分析并显示电力品质； 系统数据库可保存全部运行数据和故障记录,并具有远传云端功能
采集层功能	通过现场网络继电保护装置、电力仪表或智能网络断路器对配变电所内配电装置中配电线路的电力参数； 变压器设备的温度和风机状态； 柴油发电机启动及运行参数等进行现场采集

续表

通讯层功能	由现场数据采集器对上传的参数进行分类及处理； 将现场数据采集器所采集的数据通过网络交换机传输到监控中心
监控层功能	对现场采集的各种电力参数及故障信号，通过系统软件进行统一的处理、分类、归纳和总结； 对系统供配电实现集中、全面、实时的远程监测，将变电所的供电质量、故障报警、电能分配等情况及时、准确反映到系统中并显示出来； 当建筑内设有多个变电所时，可通过全局的考虑，发出调度命令，对每个变电所实行同步管理
系统监视功能	通过带通信接口的继电保护装置的上传数据，对高压配电线路的过流、速断、单相接地等进行监视； 通过带通信接口的直流屏的上传数据，对直流电源及信号运行、报警等进行监视； 通过现场采集器的上传数据，对低压配电回路的电压、电流、功率因数、频率、谐波含量、断路器工作状态、预警、报警等进行监视； 通过对带通信接口的变压器温控器的上传数据，对变压器内线包温度、风机的工作状态等进行监视； 通过对带通信接口的柴油发电机启动柜的上传数据，对柴油发电机启动及运行参数等进行监视
系统管理功能	具有分析、整体、总结功能，这一时间段内发生的故障进行总结，建立故障档案，并给出故障解决方案； 具有预警提示功能，可将运行回路的电流预警信号、元器件老化更换信号发送至相应管理人员，并形成新的档案； 可根据现场采集数据分析，显示电力品质，包括谐波含量、三相不对称度、总谐波畸变系数（THD）、电话谐波干扰系数等，给出解决方案
软件功能	具有良好的人机交互界面，数据分类清晰，可操作性高等功能； 遥测：显示各回路的三相电压、三相电流、有功功率、无功功率、视在功率、功率因数、频率、电度等信息，并形成记录； 遥信：可显示断路器分合状态、辅助触点老化状态；变压器的风机状态、温包温度状态，并形成记录； 遥控：可远程遥控断路器分闸、合闸，并形成记录； 遥调：可现场宜可远程对配电回路开关定值进行参数设置、重置等，并形成记录； 界面显示：通过采集数据可显示变电所的物理位置、一次线路图、电力参数曲线、全线的电能分配情况及线路所有电量的实时情况等； 具有故障报警、报表生成、操作权限设定、数据打印、故障记录及查询等功能
硬件配置	采集层：具有网络接口的元器件，如：断路器、电力仪表等 通信层：现场数据采集器、网络交换机、通信电缆等 监控层：服务器、工控机、液晶显示器、保证监控主机的 UPS 不间断电源、网络打印机和通信多串口卡等

10.10.16 变电所监控系统结构图如图 10.10-1 所示。

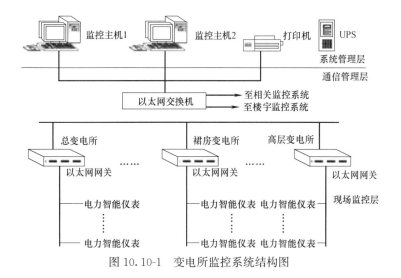

图 10.10-1　变电所监控系统结构图

11 变电所、柴油发电机房、竖井布置

11.1 一 般 规 定

1 适用于交流电压为 20kV 及以下的新建、扩建和改建工程的变电所设计，35kV 变电所可适当参考。

2 适用于发电机额定电压为 10kV 及以下的民用建筑工程中自备应急柴油发电机组的设计。

3 变电所的设计应满足当地供电部门要求，并在项目设计和施工前期取得供电部门相关技术文件。

4 变电所的布置应根据工程特点或业主需求，留有裕量，尽量满足扩容的可能性。

5 强、弱电间宜分别设置，如受条件限制强电间、弱电间（电信间）必须合用时，强、弱电线路应分别布置在竖井两侧。

6 超过 250m 的公共建筑应至少设置两个强电竖井，将应急电源的两个线路分别设置在不同的电气竖井。

11.2 变 电 所

11.2.1 民用建筑宜集中设置变电所，当供电负荷大、供电半径长时也可分散设置。高层或超高层建筑需要结合具体情况，可在避难层、设备层及屋顶层等处设置分变电所。变电所的所址选择应满足以下要求：

1 深入负荷中心，且低压供电线路的长度不宜太长，一般公共建筑项目供电半径 150m 以内，最大不应超过 250m（指从变电所至末端配电箱）。

2 接近电源侧，贴邻外墙，进出线方便，不应设在人防区内。

3 设备吊装、运输方便。

4 不宜设在多尘、水雾或有腐蚀性气体的场所，当无法远离时，不应设在污染源的下风侧。

5 不应设在厕所、厨房、浴室等经常积水场所的正下方，且不宜与上述场所贴邻。若需贴邻，相邻墙体应做无渗漏、无结露等防水处理，或要求建筑做双层墙体。

6 变压器室、高压配电室、电容器室，不应在教室、居室的直接上、下层及贴邻处设置；当变电所的直接上、下层及贴邻处设置病房、办公室、智能化系统机房时，应采取屏蔽、降噪等措施。

7 不应设在有剧烈振动或有爆炸危险介质的场所；结构的伸缩缝、沉降缝不应跨越变电所。

8 变电所为独立建筑物时，不应设在位置低洼和可能积水场所，且变电所地面宜高出室外地面 150mm～300mm。

9 变电所可设置在建筑物的地下层，但不宜设在最底层。设置在建筑物地下层时，当只有地下一层时，应采取措施预防洪水、消防水或积水从其他渠道淹渍变电所的措施（此条尚应遵守各地供电部门的规定）。

10 变电所设置在建筑物内时，应根据环境要求加设机械通风、去湿设备或空调降温设备。变压器发热量主要由变压器空载损耗和负载损耗组成，可按变压器样本数据，提供给暖通专业。

11 超高层建筑的变电所宜分设在地下室、裙房、避难层、设备层、屋顶等处；建筑高度在 180m 以下的，为便于管理维护，可不在楼上设置；建筑高度在 180m 及以上的，宜在楼上设置，当不设时，应校验其电压偏差及保护电器设置能否满足要求，并进行综合性方案比较；当通过加大电缆截面减少电压损失时，应进行经济性比较。

11.2.2 变电所平面布置应考虑以下方面：

1 布置要求：应紧凑、合理、方便操作。满足巡视检查、维修搬运、试验等要求，并留有发展余地，考虑设备更新。运输路径的荷载应提供给结构专业。有条件时变压器可单独设置房间。

2 搬运通道与吊装：建筑物内变电所应设有设备搬运通道。

1）搬运路径地面的承重能力和通道尺寸应分别满足最大荷载及最大尺寸设备运输的需要。变电所门的宽度按最大不可拆卸部件宽度加 0.3m，高度按不可拆卸部件最大高度加 0.5m；除此之外，通道尺寸还需考虑运输过程中转弯空间的需求。

2）当搬运通道为吊装孔或吊装平台时，其吊装孔和平台的尺寸应满足吊装最大设备的需要。吊钩与吊装孔的垂直距离应满足吊装最高设备的要求，吊钩需要满足最大设备吊装荷载要求。设备吊装孔不应开在配电装置正上方。

3）超高层避难层、设备层变电所应考虑变压器二次运输条件，变压器安装容量不宜选择过大，通常不宜大于 1250kVA。变压器二次运输通常采用大载重电梯运输或电梯井道运输（根据电梯载重确定变压器的容量），并向建筑、结构专业提出变压器运输荷载要求，电梯井道吊装时应预留吊装条件（一般 2.5T 电梯可运输至少 1000kVA 变压器，3T 电梯可运输 1250kVA 变压器，如果选用体积和重量较轻的敞开式干式变压器，变压器容量可至少放大一级）。

3 变电所内各种通道的最小净宽

1）高压开关柜各种通道的最小净宽见表 11.2-1。

高压开关柜各种通道的最小净宽（单位：m）　　　　表 11.2-1

开关柜布置方式	柜后维护通道	柜前操作通道	
		固定式	手车式
单排布置	0.8	1.5	单车长+1.2m
双排面对面	0.8	2.0	双车长+0.9m
双排背对背	1.0	1.5	单车长+1.2m

注：手车长一般为 600mm～900mm。

2）低压开关柜各种通道的最小净宽见表 11.2-2。

低压开关柜各种通道的最小净宽 表 11.2-2

最小净宽(m) 布置方式 低压柜种类	单排布置		双排对面布置		双排背对背布置	
	屏前	屏后	屏前	屏后	屏前	屏后
固定式	1.5	1.0	2.0	1.0	1.5	1.5
抽屉式	1.8	1.0	2.3	1.0	1.8	1.0
控制屏(柜)	1.5	0.8	2.0	0.8	—	—

3）变压器外廓（防护外壳）与变压器室墙壁和门的最小净距见表 11.2-3。

变压器各种通道的最小净宽 表 11.2-3

最小净宽(m) 变压器容量(kVA) 项目	100～1000	1250～2500
干式变压器带有 IP2X 及以上防护等级金属外壳与后壁、侧壁净距	0.6	0.8
干式变压器带有 IP2X 及以上防护等级金属外壳与门净距	0.8	1.0

4）多台变压器防护外壳间的最小净距见表 11.2-4。

多台变压器防护外壳间的最小净距 表 11.2-4

最小净距(m) 变压器容量(kVA) 项目		100～1000	1250～2500
变压器侧面具有 IP2X 防护等级及以上的金属外壳	A	0.6	0.8
变压器侧面具有 IP3X 防护等级及以上的金属外壳	A	可贴邻布置	可贴邻布置
考虑变压器外壳之间有一台变压器拉出防护外壳	B^*	变压器宽度 b+0.6	变压器宽度 b+0.6
不考虑变压器外壳之间有一台变压器拉出防护外壳	B	1.0	1.2

* 当变压器的外壳为不可拆卸式时，其 B 值应为门扇的宽度 C 加变压器宽度 b 之和再加 0.3m。

4 值班要求：有人值班的配变电所应设有值班室，值班室应能直通室外或走道。值班室可与低压配电装置室合并，这时值班人员工作的一端，其低压配电装置与墙的净距不应小于 3m。

5 高低压进出线：结合高压进线位置以及项目是否有高压用电设备或分变电所，合理设置高压电缆桥架进出线的走向。低压出线按消防电源和一般电源分桥架敷设，桥架数量及规格根据电缆总截面积与电缆托盘内横断面积的比值确定，电力电缆不应大于 40%，控制电缆不应大于 50%。电缆桥架多层敷设时，其层间应保持合理的间距；当两组或多组桥架在同一高度平行或上下平行敷设时，各相邻电缆桥架间应预留维护、检修距离。低压出线应由变电所外公共空间引出，不应穿越水、暖、智能化等其他专业的机房。

6 变电所的平面布置图示例见图 11.2-1～图 11.2-4。

11.2.3 变电所竖向布置应满足下列要求：

1 层高要求：应满足对房间高度、跨度及设置电缆沟的要求。高低压配电间梁下净高不小于 3.5m，宜装设机械进排风装置；高压配电柜距顶板的距离不宜小于 0.8m，当有梁时，距梁底不宜小于 0.6m；电缆桥架上部距顶棚、楼板或梁等障碍物不宜小于 0.3m。

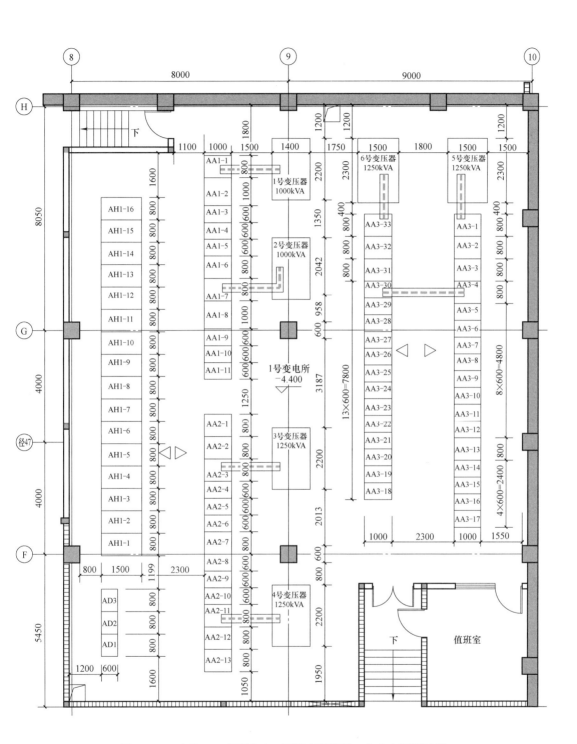

图 11.2-1　方案一：总配电室，两路高压进线、六台变压器示例

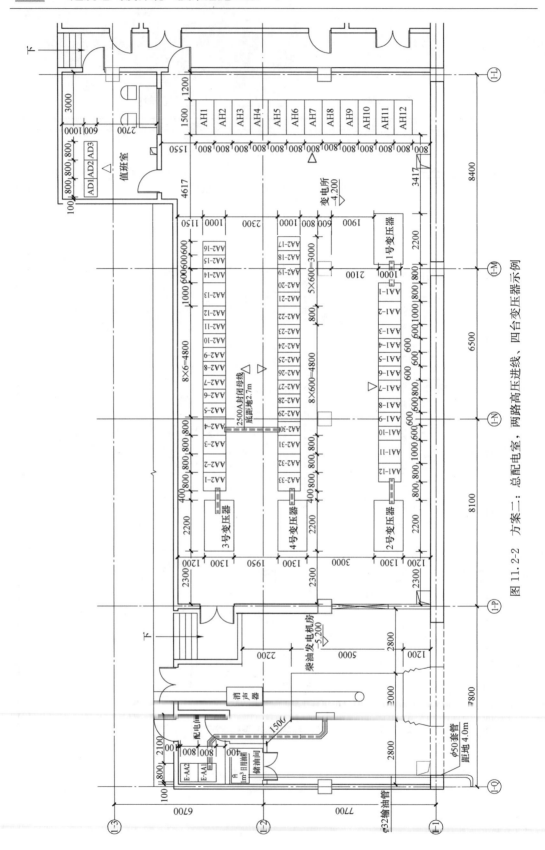

图 11.2-2 方案二：总配电室、两路高压进线、四台变压器示例

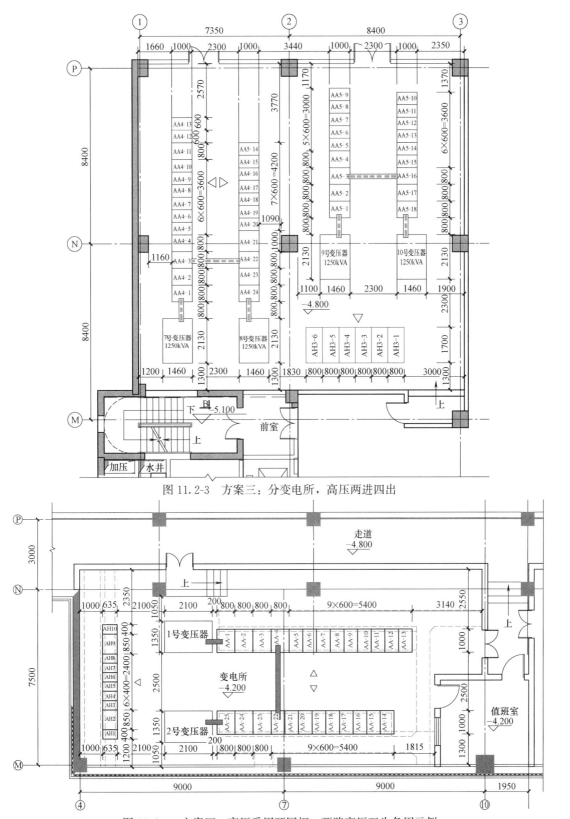

图 11.2-3 方案三：分变电所，高压两进四出

图 11.2-4 方案四：高压采用环网柜，两路高压互为备用示例

2　出线方式：应满足当地供电部门要求，采用电缆上出线、电缆下出线等出线方式。当采用下出线时，主变电所及出线较多的分变电所宜设置电缆夹层出线，条件受限时采用电缆沟出线。

3　电缆上出线：当高低压配电柜采用上进上出方式时，电缆桥架应布置在柜上方偏后位置，消防电源和一般电源分桥架敷设，见图 11.2-5。注意与暖通专业协调机房内进风、排风管的安装位置。

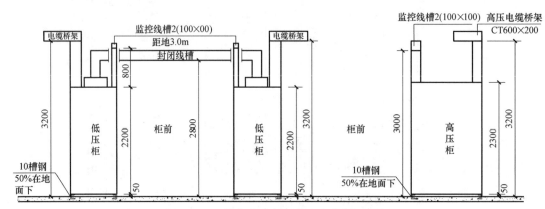

图 11.2-5　变电所高低压柜上出线剖面示意

4　电缆沟出线：当高低压配电柜采用下设电缆沟出线方式时，宜在高低压配电柜的正下方及柜后设连通的电缆沟，柜后电缆沟内设支架（柜下电缆沟用于下出线，柜后电缆沟用于敷设电缆）。电缆沟深度及宽度应考虑电缆弯曲半径及电缆数量。一般情况下，高压电缆沟深度为 1.0m～1.5m，宽度根据柜深确定；低压电缆沟深度为 0.8m～1.2m，宽度根据柜深确定，见图 11.2-6。

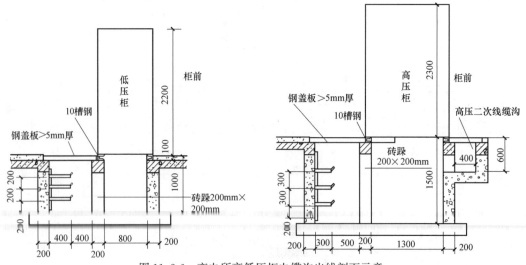

图 11.2-6　变电所高低压柜电缆沟出线剖面示意

5　电缆夹层：变电所也可以采用下设电缆夹层的方式。当高低压配电装置采用下设电缆夹层方式时，电缆夹层层高不宜低于 2.1m、梁下不低于 1.8m（北京供电局要求1.9m），便于人员操作、检修设备，见图 11-2.7。

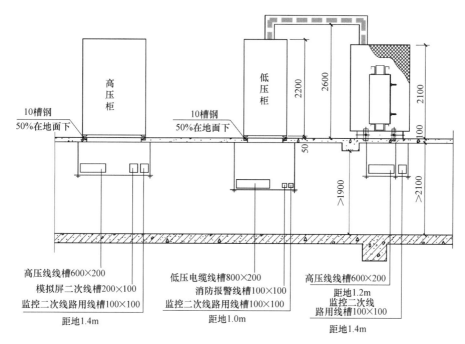

图 11.2-7 变电所高低压柜电缆夹层出线剖面示意

6 变电所竖向布置图示见 11.2-8~图 11.2-11。

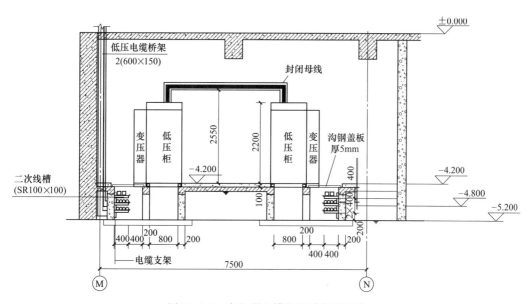

图 11.2-8 变电所电缆沟出线剖面示意

11.2.4 与其他专业的关系

1 建筑专业：

1）地上高压配电室宜设不能开启的自然采光窗，其窗距室外地坪不宜低于 1.8m；地上低压配电室可设能开启的不临街自然采光通风窗，其窗应按本条第 7）款做防护措施。

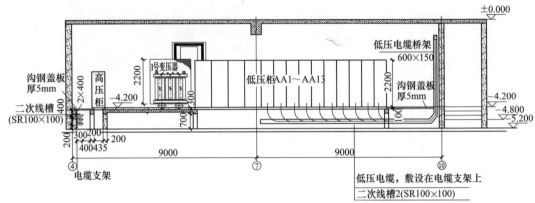

图 11.2-9　变电所电缆夹层出线剖面示意（高压环网柜）

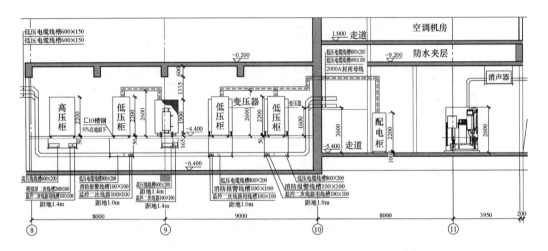

图 11.2-10　变电所电缆夹层出线剖面示意

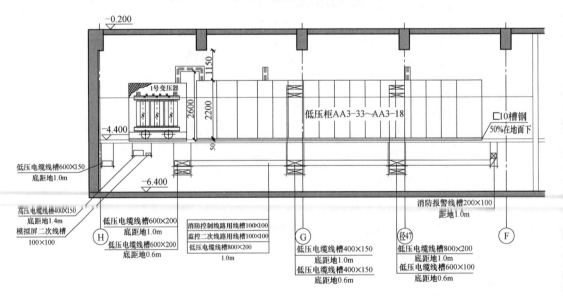

图 11.2-11　变电所电缆夹层出线剖面示意

2）变电所宜设在一个防火分区内。在一个防火分区内设置的变电所，建筑面积不大于200m²时至少应设置一个直接通向疏散走道（安全出口）或室外的疏散门；建筑面积大于或等于200m²时至少应设置两个直接通向疏散走道（安全出口）或室外的疏散门。

3）电气房间的门均应向外开启，高压室与低压室之间的门应由高压室开向低压室。长度大于7m的配电室应设两个出口，并宜布置在房间的两端；当长度大于60m时，宜增加一个出口。配电装置室及变压器室门的宽度宜按最大不可拆卸部件宽度加0.3m、高度加0.5m；如果条件受限时也可采用在墙上预留安装洞的方式

4）防噪要求：当变电所与上、下或贴邻的办公房间仅一墙之隔时，配变电室内应采取屏蔽、降噪等措施，并应满足《声环境质量标准》GB 3096—2008中环境噪声限值要求，推荐环境噪声限值为：昼间55dB，夜间45dB。

5）变电所内设置值班室时，值班室尽量靠近高压柜，并应设置直接通向室外或疏散走道的疏散门。

6）变压器室、配电室、电容器室的出入口门应向外开启。同一个防火分区内的变电所，其内部相通的门应为不燃材料制作的双向弹簧门。

7）变压器室、配电室、电容器室等应设置防雨雪和小动物从采光窗、通风窗、门、电缆沟等进入室内的设施。

8）变电所直接通向疏散走道的疏散门，以及直接通向非变电所区域的门，应为甲级防火门；变电所直接通向室外的疏散门，应为不低于丙级的防火门。

9）变电所内配电箱不应在建筑物的外墙上嵌入式安装。

2 结构专业：变电所荷载较大，需要将设备布置和设备重量提给结构专业。应该特别注意的是，在向结构专业提供设备荷载时应同时提供设备的运输通道。电缆及桥架的重量也不容忽视，特别是安装在网架及马道上时应该提给结构专业，各场所荷载参考见表11.2-5。

变电所地面、楼面活荷载参考值 表 11.2-5

项目	活荷载标准值（kN/m²）	说明
3kV～20kV 变电所	4～7	限用于每组开关荷重≤8kN
主控制室、继电器室及通信室楼面	4	当电缆层的电缆吊在主控制室、继电器室等楼板上时，应按实际发生的最大荷载考虑
室内沟盖板	4	

3 给水排水专业：变电所为独立建筑物时，不应设在位置低洼和可能积水场所，必须抬高地面标高；变电所可设置在建筑物的地下层，但不宜设在最底层，当只有地下一层时，应采取措施预防洪水、消防水或积水从其他渠道淹渍配变电所的措施；设在地下室的变电所，其地面宜抬100mm～300mm，以防地面水流入配变电所内，层高所限无法抬高时可做100mm高挡水门槛。变电所的电缆夹层、电缆沟和电缆室应采取防水、排水措施，宜在变电所夹层或电缆沟外临近区域设置集水坑，由排水管引入。

4 空调通风专业：变电所设置在建筑物内时，应根据环境要求加设机械通风或空调降温设备。发热量按变压器安装容量的1%～1.5%估算或者按变压器样本提供的数据，提供给暖通专业。通风管道不能布置在变配电设备的正上方，避免后期影响母线槽或桥架的安装检修，同时也避免金属器具掉落柜内造成短路故障。控制室和配电装置室内的供暖装置，应采取防止渗漏措施，不应有法兰、螺纹接头和阀门等。变电所内VRV室内机不

应设置在变配电所中间位置；在已设置空调系统的变电所，通风换气次数不宜小于 8 次/h。有排有害气体的变电所应设置事故风机。

5　智能化专业：变配电所监控系统应预留与建筑设备管理系统接口；变配电所预留语音和数据插口，出入口设置门禁控制器；无人值守变配电所宜在机房内设置视频监控摄像头。

6　管道综合要求：变电所内不应有与此无关的管道或线路通过。

11.2.5　变电所面积估算：

1　根据建筑物性质，一般建筑总面积的 0.8%～1.5% 为变电所面积，净宽不小于 6500mm。通常，功能简单建筑物的变电所面积指数偏小，功能复杂建筑物的变电所面积指数偏大。

2　以北京地区为例，给出下列经验值供参考：

住宅低基变电所：通常由供电设计院负责，每个内设两台变压器（单台容量不超过 1000kVA），土建面积约 150m²，下进下出，下设电缆夹层。

高基变电所：两台变压器时面积为 150m²～200m²，四台变压器时面积约为 450m²。在给建筑专业提出面积需求时应结合变压器容量或出线柜多少以及建筑物跨距综合考虑，适当增减。典型方案的机房面积预估见表 11.2-6。

典型方案的机房面积预估　　　　　　　　　　　　　　　表 11.2-6

方案	型式	面积（m²）	备注
2 台变压器	主变电所	150～200	主变电所高压采用中置柜，内设值班室，直流电源装置；
	分变电所	120～150	
4 台变压器	主变电所	350～400	变电所大小根据变压器容量、消防负荷与重要负荷是否分断、配电系统是否设置柴油机等因素增减；
	分变电所	300～350	
6 台变压器	主变电所	450～550	分变电所就地检修开关采用手车柜时，面积适当增加
	分变电所	400～500	

11.2.6　常用数据：

1　高压开关柜的常用数据见表 11.2-7。

高压开关柜的常用数据　　　　　　　　　　　　　　　表 11.2-7

柜体名称	高压柜型号		参考尺寸（mm）			质量（kg）	柜型示例	备注
			宽	深	高			
10kV 高压柜	标准手车柜		800	1500	2300	1000～1500	KYNA-12	柜体上进上出线时柜深加 250mm 手车长度 632mm～900mm
	窄手车柜		650	1400	2250	800～1200	—	柜体上进上出线时柜深加 200mm
	超窄手车柜		550	1400/1650	2250	600～1000	—	柜体上进上出线时柜深加 200mm
	固定开关柜		400	780	1430	1000～1500	—	柜体上进上出线时柜深加 200mm
	环网柜	提升柜	320、400、600	635、750 840、900	1400～2000	100～160	HXGN	柜体为下进下出线
		负荷开关柜	320、400、600			160～200		
		真空断路器柜	320、400、600			180～250		
		计量柜	850			300～400		
		PT 柜	320、400、600			300～400		
20kV 高压柜	标准手车柜		800～1000	1650～1800	2400	1000～1500	KYN28A-24	柜体上进上出线时柜深加 460mm
	固定开关柜		400	780	1430	1000～1500	—	
35kV 高压柜	标准手车柜		1200～1400	2500～2800	2600	1500～1800	KYN61-40.5	—
	固定开关柜		600	1300	2300	1000～1500		

2　低压开关柜、直流屏的常用数据见表11.2-8。

低压开关柜、直流屏的常用数据　　表 11.2-8

柜体名称	低压柜类别		参考尺寸（mm）			质量	柜型示例	备注
			宽	深	高			
低压开关柜	进线	2500kVA 变压器	1200	1000～1200	2200	平均每台650kg	GCK	同一排布置的柜体深度宜一致
		1250～2000kVA 变压器	1000	1000	2200			
		≤1000kVA 变压器	800	1000	2200			
	无功补偿柜	300kVAR	1000	1000	2200			
		180～240kVAR	800	1000	2200			
		≤120kVAR	800	1000	2200			
	馈出柜		600～1000	100	2200			
	ATSE 柜	≤630A	600	1000	300～800	ATSE 单独10kg～80kg	—	可与断路器共柜安装
		800、1000、1250	800	1000	800～1000	ATSE 单独80kg～150kg	—	可与1个断路器共柜安装
		1600A、2000A、2500A	1000	1000	1000～1200	ATSE 单独250kg～500kg	—	可与1个断路器共柜安装
		3200	1000～1200	1000	2200	ATSE 单独500kg	—	
		4000	1200～1600	1000～1600	2200	ATS 单独600kg～800kg	—	不同型号的ATSE 尺寸相差较大
直流屏	32Ah、65Ah、100Ah		800	600	2260	200kg/台～400kg/台	—	直流屏配套包括直流屏、信号屏，一般为3台柜

3　变压器的常用数据见表11.2-9。

变压器的常用数据　　表 11.2-9

变压器类型	规格（kVA）	SC(B)11/12/13有保护罩参考尺寸（宽×深×高）	有保护罩 SG(B)10参考尺寸（宽×深×高）	SG(B)11/12/13有保护罩参考尺寸（宽×深×高）	非晶合金 SCRBH15参考尺寸（宽×深×高）（三相三柱）	质量（kg）
干式变压器10kV/0.4kV	315	1900×1300×1660	1700×1250×1700	1900×1250×1650	1600×1350×1700	1200～1800
	400				1800×1400×1800	1800～2000
	500					2000～2300
	630	2100×1400×2015	1900×1400×1900	2100×1350×1850	1800×1450×1800	2300～2500
	800				1800×1500×1950	2500～3000
	1000				1900×1500×2100	3000～3500
	1250	2300×1500×2120	2100×1400×2200	2300×1350×1850	1900×1600×2150	3500～4000
	1600	2300×1500×2120			2000×1650×2300	4000～5000
	2000	2400×1500×2300	2300×1500×2200	2500×1500×2200	2000×1700×2200	5000～6000
	2500	2600×1500×2500			2100×1750×2350	6000～7000
干式变压器20kV/0.4kV	315	2000×1400×1865	2000×1400×2000	—	—	1800～2000
	400	2100×1450×1965	2100×1400×2000	—	—	2000～2300
	500	2100×1450×1965	2100×1500×2000	—	—	2300～2500
	630	2200×1500×2065	2200×1600×2050	—	—	2500～2900
	800	2300×1550×2065	2300×1650×2100	—	—	2900～3400
	1000	2300×1650×2165	2300×1650×2200	—	—	3400～4100
	1250	2400×1700×2300	2400×1700×2300	—	—	4100～4800
	1600	2500×1800×2400	2400×1750×2400	—	—	4800～5600
	2000	2700×1800×2500	2500×1750×2450	—	—	5600～6500
	2500	2800×1900×2700	2500×1800×2550	—	—	6500～7500

续表

变压器类型	规格(kVA)	SC(B)11/12/13有保护罩参考尺寸（宽×深×高）	有保护罩 SG(B)10参考尺寸（宽×深×高）	SG(B)11/12/13有保护罩参考尺寸（宽×深×高）	非晶合金 SCRBH15参考尺寸（宽×深×高）（三相三柱）	质量(kg)
干式变压器 35kV/ 0.4kV	315	2420×1800×2300	—	—	—	1900～2100
	400		—	—	—	2100～2400
	500		—	—	—	2400～3000
	630	2520×1900×2350	—	—	—	3000～3600
	800	2650×1900×2350	—	—	—	3600～4200
	1000	2870×1900×2350	—	—	—	4200～4600
	1250	2980×2000×2450	—	—	—	4600～5400
	1600	2800×2000×2650	—	—	—	5400～6300
	2000	3000×2000×2700	—	—	—	6300～6900
	2500	3200×2200×2700	—	—	—	6900～7500

4 电缆的质量见表 11.2-10。

电缆重量   表 11.2-10

电缆规格 \ 质量(kg/m) \ 电缆类别	交联聚乙烯电缆 YJV-1kV	低烟无卤电缆 WDZN-1kV	矿物绝缘电缆 BTTZ(单芯质量)
5×16	1.426	1.481	0.355
4×25+1×16	2.015	2.263	0.493
4×35+1×16	2.799	2.732	0.619
4×50+1×25	3.699	3.912	0.816
4×70+1×35	4.873	4.937	1.076
4×95+1×50	6.306	6.507	1.386
4×120+1×70	7.822	7.925	1.674
4×150+1×70	9.306	9.395	1.997
4×185+1×95	11.393	11.336	2.468
4×240+1×120	14.355	14.122	3.917

5 母线槽的质量见表 11.2-11。

母线槽的质量   表 11.2-11

母线	质量(kg/m)	参考尺寸(宽×高,mm)(五线制)
400A	37.6	275×165
630A	43	275×180
800A	49.3	275×190
1000A	54.1	275×220
1250A	58	275×230
1600A	81.4	275×270
2000A	89.2	275×310
2500A	104.2	275×350
3000A	146	500×270
4000A	169	500×310
5000A	205.3	500×350

6 电缆桥架的质量（仅列常见规格）见表 11.2-12。

电缆桥架的质量 表 11.2-12

桥架规格 （宽×高)(mm)	梯形桥架 质量(kg/m)	槽式桥架 质量(kg/m)	厚度(mm)
100×50	—	6	1.5
100×100	—	8	1.5
200×100	12	12	1.5
400×100	15	20	1.5
600×150	20	45	2
800×200	25	50	2

11.3 柴油发电机房

11.3.1 柴油发电机组有多种分类方式，按照安装条件及场所可分为室内型、室外型、预留接口型等。

1 室内型：机组主要由柴油机、发电机、控制系统、机座、减振装置、冷却系统、供油系统和输出保护开关等部分组成。由于柴油机、发电机、排烟管在运行时散热量大，使室温升高，影响发电机出力，必须采取措施保证机组的冷却。通常采用闭式水循环风冷机组或闭式水循环水冷机组。

2 室外型：如室内受空间限制，不具备设置柴油发电机房或无进排风条件，如大型数据机房等，可采用户外型柴油发电机组，通常采用低噪声方舱电站或集装箱电站，以减少对户外环境的影响。

3 预留接口型：对于有接临时应急电源要求的配电系统，可采用室内变电所附近预留穿墙套管的方式。预留穿墙套管位置应留有移动电站放置空间，并留有接驳电缆井，建议在变电所预留接驳点。

11.3.2 柴油发电机组电压等级的确定：

1 柴油发电机组的电压等级应根据供电距离、供电容量、投资成本，可靠性要求等因素综合比较分析确定。长距离、大容量供电宜采用高压柴油发电机组。

2 含大量 A、B 级数据机房的建筑物，供电可靠性要求高、供电容量大，可采用高压柴油发电机组作为备用电源。

3 0.4kV 柴油发电机组受电压波动限制，供电距离一般不宜超过 300m，应急柴油机（平时不用）可扩大至 400m。超高层建筑、特大型铁路车站等大体量建筑物或建筑群，供电半径过大时，可采用 10kV 柴油发电机组作为备用电源。

11.3.3 柴油发电机组容量的确定：

1 柴油发电机的功率是柴油发电机组端子处为用户负载输出的功率，不包括基本独立辅助设备所吸收的电功率。除特殊规定外，发电机组的功率定额是指在额定频率、功率因数 cosφ 为 0.8 条件下用千瓦（kW）表示的功率。

2 柴油发电机组铭牌功率通常分为常用功率、备用功率、连续功率。设计中一般按常用功率选择发电机组容量，常用功率应大于或等于设备计算功率的 1.1 倍。

1) 常用功率等同于国际标准中的基本功率（PRP），即在规定的运行条件下，按制造商规定的维修间隔和方法实施维护保养，发电机组每年运行时间不受限制的为可变负载持续供电的最大功率。在 24h 周期内的允许平均输出功率应不大于基本功率的 70%。

2) 备用功率等同于国际标准中的限时运行功率（LTP），即在规定的运行条件下并按制造商规定的维修间隔和方法实施维护保养，发电机组每年供电达 500h 的最大功率。

3) 连续功率等同于国际标准中的持续功率（COP），即在商定的运行条件下并按制造商规定的维修间隔和方法实施维护保养，发电机组每年运行时间不受限制地为恒定负载持续供电的最大功率。

3 柴油发电机组容量选择的原则：

1) 机组容量与台数应根据应急负荷大小和投入顺序以及单台电动机最大启动容量等因素综合确定。当应急负荷较大时，可采用多机并列运行，机组台数宜为 2 台～4 台。当受并列条件限制时，可实施分区供电。当用电负荷谐波较大时，应考虑其对发电机的影响。

2) 柴油发电机组长期允许容量，应能满足机组安全停机最低限度连续运行的负荷的需要。

3) 用成组启动或自启动时的最大视在功率校验发电机的短时过载能力。

4) 机组容量要满足电动机自启动时母线最低电压不得低于额定电压的 75%，当有电梯负荷时，不得低于而定电压的 80%。当电压不能满足要求时，可在运行情况允许的条件下将负荷分批启动，或电动机采用降压启动方式。

4 在方案及初步设计阶段，柴油发电机容量可按配电变压器总容量的 10%～20% 进行估算。在施工图设计阶段，可根据一级负荷、消防负荷（最大同时使用）以及某些重要二级负荷的容量，按下列方法计算的最大容量确定（该容量一般为常用功率）：

1) 按稳定负荷计算发电机容量；

$$S = \alpha \cdot P_{\Sigma} / \eta \cos\phi \qquad (11.3\text{-}1)$$

式中　S——按稳定负荷计算发电机组容量，kVA；

　　　α——负荷率；

　　P_{Σ}——总负荷，kW；

　　　η——总负荷效率，一般取 0.82～0.88；

　$\cos\phi$——发电机额定功率因素，可取 0.8。

2) 按最大的单台电动机或成组电动机启动的需要，计算发电机容量。

$$S = [(P_{\Sigma} - P_{m}) / \eta + P_{m} \cdot K \cdot C \cdot \cos\phi_{m}] \cdot 1/\cos\phi \qquad (11.3\text{-}2)$$

式中　S——按最大的单台电动机或成组动机启动的需要计算发电机容量，kVA；

　　P_{Σ}——总负荷，kW；

　　P_{m}——启动容量最大的电动机或成组电动机容量，kW；

　　　η——负荷效率；

$\cos\phi_{m}$——电动机启动功率因数，一般取 0.4；

　　　K——电动机的启动倍数；

　　　C——按电动机启动方式确定的系数，全压启动，$C=1.0$；Y/△启动，$C-0.67$；白耦变压器启动：50%抽头，$C=0.25$；65%抽头，$C=0.42$；80%抽头，$C=0.64$。

3）按启动电动机时母线容许电压降计算发电机容量。

$$S=P_n \cdot K \cdot C \cdot X_d [(1/\Delta E)-1] \qquad (11.3\text{-}3)$$

式中　S——按启动电动机时母线容许电压降计算发电机容量，kVA；

　　　P_n——电动机总负荷，kW；

　　　X_d——发电机暂态电抗，一般取 0.25；

　　　ΔE——应急负荷中心母线允许的瞬时电压降，一般取 0.25～0.3（有电梯时取 0.2）。

5　多台机组时，应选择型号、规格和特性相同的机组和配套设备。

6　三相低压柴油发电机组在空载时，能全电压直接启动的空载四极笼型三相异步电动机最大容量可参见表 11.3-1。

全电压直接启动的空载四极笼型三相异步电动机最大容量　　表 11.3-1

序号	柴油发电机功率(kW)	异步电动机额定功率(kW)
1	40	$0.7 \cdot P$
2	50、64、75	30
3	90、120	55
4	150、200、250	75
5	400 以上	125

注：P 为柴油发电机额定功率。

7　民用建筑中设置柴油发电机组单机容量，10kV 不宜超过 2400kW，1kV 以下不宜超过 1600kW。

11.3.4　柴油发电机房的所址选择：柴油发电机房机组宜靠近一级负荷或变电所设置。柴油发电机房可布置于建筑物的首层、地下一层或地下二层，不应布置在地下三层及以下。当布置在地下层时，应有通风、防潮以及机组的排烟、消声和减振等措施，并满足环保要求。机房设置在高层建筑物内时，机房应有足够的新风进口、热风出口并合理敷设排烟管引至排烟道位置。机房排烟应采取防止污染大气措施，并应避开居民敏感区，排烟口宜内置排烟道至屋顶。

1　机组热风管设置主要应符合下列要求：热风出口宜靠近且正对柴油机散热器；热风管出口的面积不宜小于柴油机散热器面积的 1.5 倍；热风口不宜设在主导风向一侧，当有困难时，应增设挡风墙。

2　机房进风口设置应符合下列要求：进风口宜设在正对发电机端或发电机端两侧；进风口面积不宜小于柴油机散热器面积的 1.6 倍，进风口与排风口宜布置在不同方向，当只能在同一方向时应把进风口安排在上风侧，宜相距 6m 以上。

3　机组排烟管的敷设应符合下列要求：每台柴油机的金属排烟管应单独引至排烟道（金属排烟管应沿排烟井内敷设至室外屋面），宜架空敷设，也可敷设在地沟中；水平敷设的排烟管宜设 0.3%～0.5% 的坡度，并应在排烟管最低点装排污阀；机房内的排烟管采用架空敷设时，室内部分应敷设隔热保护层。当排烟管道无法敷设至室外屋面时，可采用消烟池等烟气净化措施。

11.3.5　柴油发电机房平面布置：

1　布置要求：应紧凑、合理、方便操作。满足巡视检查、维修搬运、试验等要求，运输通道要满足最大电气设备的运输要求，并考虑长远的设备更新，运输路径的荷载应提供给结构专业。

2 搬运通道与吊装：

1）当发电机采用运输通道运输时，运输通道尺寸参考柴油机组最大不可拆卸部件宽度加 0.3m、高度加 0.5m 考虑，且应留有设备转弯空间。

2）柴油发电机房、建筑物内运输路径，均应按其自重考虑地面、楼面活荷载。

3）发电机组采用吊装孔吊装时，发电机吊装孔不应设于发电机组或配电装置正上方。

3 安装尺寸见表 11.3-2，机组布置示意见图 11.3-1。

机组之间及机组外廓与墙壁的净距（单位：m）　　　　　表 11.3-2

		64 以下	75～150	200～400	500～1500	1600～2000	2100～2400
机组操作面	a	1.5	1.5	1.5	1.5～2.0	2.0～2.2	2.5
机组背面	b	1.5	1.5	1.5	1.8	2.0	2.0
柴油机端	c	0.7	0.7	1.0	1.0～1.5	1.5	1.8
机组间距	d	1.5	1.5	1.5	1.5～2.0	2.3	2.5
发电机端	e	1.5	1.5	1.5	1.8	2.0～2.3	2.5
机房净高	h	2.5	3.0	2.5	4.0～5.0	5.0～6.0	6.0

注：当机组按水冷却方式设计时，柴油机端距离可适当缩小；当机组需要做消音工程时，尺寸应另外考虑。

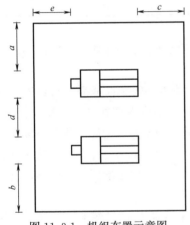

图 11.3-1　机组布置示意图

4 外接条件预留：

1）在室外首层便于加油车接入的位置设置快速输油接口箱，距地 1300mm 安装。

2）储油间预留输油管、透气管引出室外，具体规格结合实际工程确定，方案示意见图 11.3-2。

3）根据工程要求，需要预留外接柴油发电车条件时，应在负载端预留电缆连接端口，柴油车自带电缆长度一般为 50m～100m，柴油车端采用快速插头连接。

4）输油管道应做好接地和防静电措施。

5 柴油发电机组布置图示：室内图示见 11.3-3～图 11.3-5，室外图示见图 11.3-6。

11.3.6　柴油发电机房竖向布置：

1 竖向高度要求要求见表 11.3-3。

柴油发电机房竖向高度要求　　　　　　　　表 11.3-3

发电机容量（kVA）	64 以下	75～150	200～400	500～1500	1600～2000	2100～2400
机房净高（m）	2.5	3.0	2.5	4.0～5.0	5.0～6.0	6.0

2 剖面图示见图 11.3-7。

11.3.7　与其他专业的关系：

1 建筑专业：

1）应采用耐火极限不低于 2.00h 的防火隔墙和 1.50h 的不燃性楼板与其他部位分隔，门应采用甲级防火门。

2）机房内设置储油间时，其总储存量不应大于 $1m^3$，当大于 $1m^3$ 时，可在相邻机房适当增设储油间，储油间应采用耐火极限不低于 3.00h 的防火隔墙与发电机间分隔，确需在防火隔墙上开门时，应设置甲级防火门。

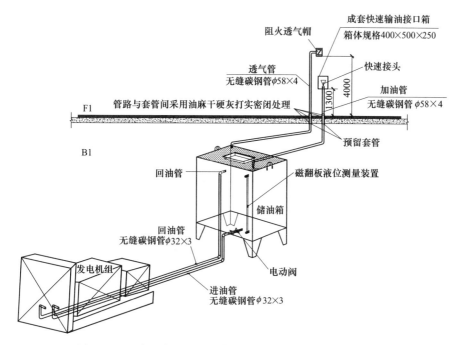

图 11.3-2　柴油发电机组油路示意（油路属于动力专业范畴）

注：日用燃油箱内安装磁翻板液位测量装置，监测液位的低位、高位。

机组控制屏接收到低位、高位报警信号后，发出声光报警。

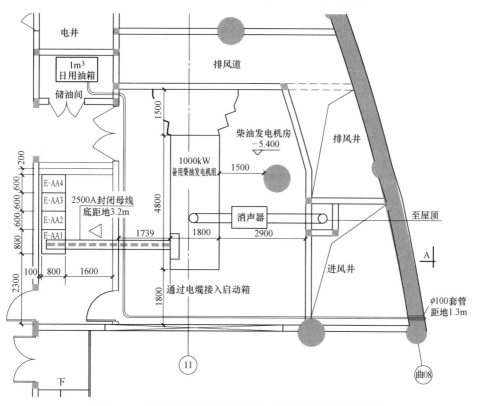

图 11.3-3　室内柴油发电机组布置（排烟管属于动力专业）

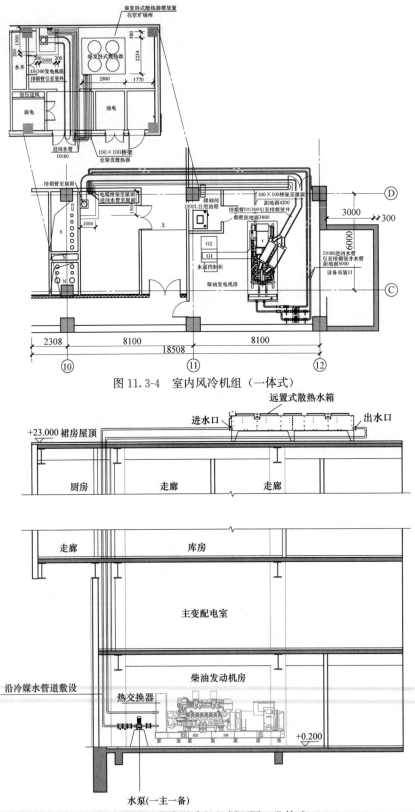

图 11.3-4　室内风冷机组（一体式）

图 11.3-5　室内风冷机组剖面图（分体式）

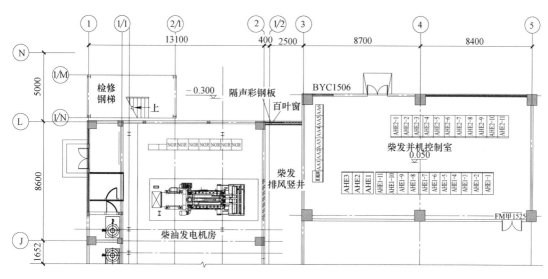

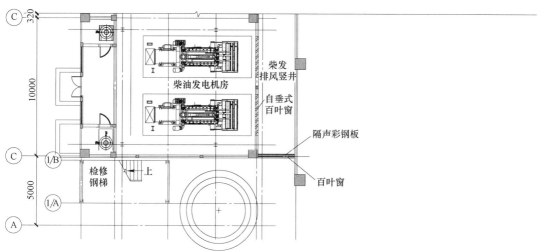

图 11.3-6　室外型机组

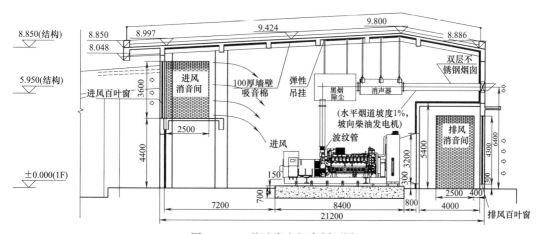

图 11.3-7　柴油发电机房剖面图

3）发电机房大于 50m² 时应有两个出入口，其中一个应满足搬运机组的需要。门应为甲级防火门，并应采取隔声措施，向外开启。机房门的宽度宜按最大不可拆卸部件宽度加 0.3m、高度加 0.5m；如果条件受限时也可采用在墙上预留安装洞的方式。

4）机组基础应采取减振措施，当机组设置在主体建筑内或地下层时，应防止与房屋产生共振。

2　结构专业：

1）运输路径的荷载应提供给结构专业，以保证运输路径地面的承重能力能满足最大设备运输的需要。

2）当设有设备运输吊装孔时，吊装孔上方要有足够的吊装设备的空间，如设有吊钩需满足最重设备吊装荷载要求。

3　设备专业：

1）应设置火灾报警装置。

2）应设置与柴油发电机容量和建筑规模相适应的灭火设施，当建筑内其他部位设置自动喷水灭火系统时，机房内应设置自动喷水灭火系统，这时柴油发电机房的配电柜应设置单独的房间。

3）排烟：每台柴油机的排烟管应单独引至排烟道，宜架空敷设，也可敷设在地沟中；排烟管与柴油机排烟口连接处应装设弹性波纹管；非增压柴油机应在排烟管装设消声器。两台柴油机不应共用一个消声器，消声器应单独固定。

4）供油：当燃油来源及运输不便或机房内机组较多、容量较大时，宜在建筑物主体外设置不大于 15m³ 耗油量的储油设施；机房内应设置储油间，其总储存量不应超过 8.00h 的燃油量，并应采取相应的防火措施。

11.3.8　柴油发电机房面积估算：机房设备布置应符合机组运行工艺要求，力求紧凑、保证安全及便于维护、检修。参照《民用建筑电气设计标准》GB 51348—2019 表 6.1.3-1，当设置单台柴油发电机组时，机组容量为 500kW～1500kW 的柴油发电机房面积约为 80m²、1600kW～2000kW 的柴油发电机房面积约为 100m²（包含储油量不大于 1m³ 的储油间，未包含进、排风井）。当工程需设置两台或更多台柴油发电机组时，机房面积应相应增加。

11.3.9　柴油发电机组典型方案见图 11.3-8 和图 11.3-9（进风通道在控制室上方夹层）。

11.3.10　柴油发电机组的常用数据见表 11.3-4 和表 11.3.5。

低压（0.4kV）柴油发电机组技术参数　　　　　　表 11.3-4

品牌	发电机组常用功率（kW）	发电机组备用功率（kW）	排烟量（m³/m）	排烟管接口的直径（mm）	柴油发电机组的小时耗油量（g/kWh）	排风量（m³/m）/排风面积（m²）	进风量（m³/m）/进风面积（m²）	质量（kg）	外形尺寸 L×W×H（mm）
奔驰	500	550	102	DN125	192	643/2.3	816/3.0	4410	3400×1350×1850
	600	660	138	DN150	198	1062/2.6	1113/3.4	5155	3930×1580×2100
	800	880	177	DN150	198	1260/3.3	1302/4.4	6590	4220×1580×2250
	1000	1100	204	DN250	199	2120/5.8	2204/7.6	9820	4150×1670×2380
	1500	1650	270	DN250	193	2120/5.8	2228/7.6	10890	4250×1670×2390
	1800	1980	348	DN250	191	2698/7.2	2836/9.6	13400	4950×1670×2380
	2000	2200	420	DN250	192	2783/8.2	2939/11	15890	5500×1670×2600
	2500	2750	468	DN250	192	2783/8.2	2957/11	10910	5700×1670×2600

续表

品牌	发电机组常用功率（kW）	发电机组备用功率（kW）	排烟量（m³/m）	排烟管接口的直径（mm）	柴油发电机组的小时耗油量（g/kWh）	排风量（m³/m）/排风面积（m²）	进风量（m³/m）/进风面积（m²）	质量（kg）	外形尺寸 $L \times W \times H$（mm）
康明斯	500	550			128 L/h	2.4m²	3.2m²	4700	3684×1454×2000
	600	660			150 L/h	3.1m²	4.1m²	6310	4090×1874×2098
	810	850			228 L/h	3.5m²	4.5m²	7667	4374×1785×2229
	1000	1120			261 L/h	3.6m²	4.7m²	9099	5105×2120×2260
	1200	1340			309 L/h	3.5m²	4.6m²	9664	5811×2033×2330
	1500	1650			363 L/h	5.2m²	6.7m²	15152	6175×2286×2537
	1600	1800			394 L/h	5.2m²	6.7m²	15366	6175×2286×2537
	1800	2000			446 L/h	6.8m²	8.8m²	16781	6175×2494×3116
卡特比勒	1088	1200	232.6	2×200	189.7	1295/7.8	1395.7/7.8	13204	5241×1975×2341
	1280	1400	276.5	1×300	189.7	1558/7.93	1663/7.93	14520	5462×2091×2367
	1360	1500	293.5	2×200	189.7	1713/8.5	1823.8/8.5	14678	5462×2091×2367
	1600	1800	442.9	2×200	189.7	1543/7.93	1669/7.93	15198	5988×3077×2646
	1820	2000	425.9	2×200	189.7	1543/7.93	1693.7/7.93	17457	6357×2318×2646
	2000	2200	444.2	2×200	189.7	3036/17	3207.2/18	21300	7151×2569×3096
	2180	2400	456.9	4×150	189.7	2074/11.6	2249.7/11.6	26500	7657×2618×3346
	2880	3200	456.9	4×150	189.7	1740.6/9.6(4个9S风机)	1973.1/9.6(4个9S风机)	25400（远置水箱）	6719×2377×2556

注：以上数据参考相关厂家样本数据，准确数据以厂家提供正式技术文件为准。

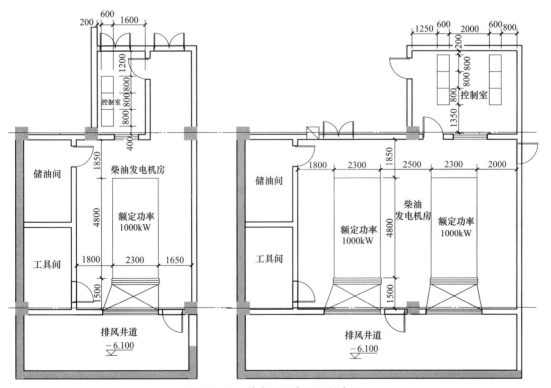

图 11.3-8 单台和两台机组的布置

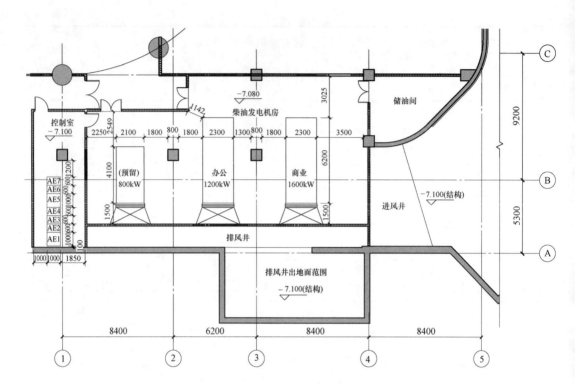

图 11.3-9   两台＋预留一台机组的布置

高压（10kV）柴油发电机组技术参数   表 11.3-5

机组型号 （50Hz/10.5kV）	主用功率 （kW）	备用功率 （kW）	排烟量 （m³/h）	进/排风面积 （m²）	排风量 （m³/h）	尺寸 （长×宽×高）(mm)	重量 （净重）kg
C1650M-10.5 （CE1813M-10.5）	1300	1440	14400	7.6/5.8	127220	5300×2310×2650	12770
C1800M-10.5 （CE2000M-10.5）	1460	1600	16200	7.6/5.8	127220	5400×2310×2650	12770
C2000M-10.5 （CE2250M-10.5）	1600	1800	19400	9.6/7.2	161860	5900×2310×2660	15260
C2250M-10.5 （CE2500M-10.5）	1800	2000	20880	9.6/7.2	161860	6150×2310×2660	16220
C2500M-10.5 （CE2750M-10.5）	2000	2200	25200	11/8.2	167000	7150×2910×2800	19550
C2850M-10.5 （CE3125M-10.5）	2280	2500	26280	11/8.2	167000	7420×2910×2800	20550
C3000M-10.5 （CE3300M-10.5）	2400	2640	28080	11/8.2	167000	7480×2910×2800	22000

11.4 电气竖井布置

11.4.1 电气竖井的位置及数量应根据建筑物规模、用电负荷性质、各支线供电半径及建筑物的变形缝位置、防火分区等因素确定，并应符合下列要求：

1 应靠近用电负荷中心、且电气竖井位置上下应对齐；

2 不应和电梯井、管道井共用同一竖井；

3 应避免邻近烟囱、热力管道及其他散热量大或潮湿的设施；

4 在条件允许时宜避免与电梯井及楼梯间相邻；

5 不应在封闭楼梯间、防烟楼梯间内设置；

6 电气竖井不宜布置在人行楼梯踏步侧墙上；

7 强电井与弱电井宜分别设置竖井，当受条件限制必须合用时，电力与电信线路应分别布置在竖井两侧或采取隔离措施；

8 竖井内应敷有接地干线和接地端子；

9 多层住宅建筑弱电系统设备宜集中设置在一层或地下一层弱电间内；

10 电气竖井的供电半径宜按 40m～60m 考虑，当个别支线回路范围超长时应核算其短路保护的灵敏度，核算方法参见附录 C。

11.4.2 电气竖井对其他专业的要求：

1 建筑专业：

1）竖井的井壁应是耐火极限不低于 1h 的非燃烧体。竖井在每层楼应设维护检修门并应开向公共走廊，其耐火等级不应低于丙级。楼层间钢筋混凝土楼板或钢结构楼板应做防火密封隔离，线缆穿过楼板应做防火封堵。

2）竖井大小除应满足布线间隔及端子箱、配电箱布置所必须尺寸外，宜在箱体前留有不小于 0.8m 的操作、维护距离，当建筑平面受限制时，可利用公共走道满足操作、维护距离的要求。

3）竖井内高压、低压和应急电源的电气线路之间应保持不小于 0.3m 的距离或采取隔离措施，并且高压线路应设有明显标志。

2 结构专业：电气竖井内若墙为空心砖，则宜每隔 500mm 做圈梁，以便安装、固定设备。

3 设备专业：竖井内不应有与其无关的管道等通过（通风、空调、气体灭火措施等）。

11.4.3 电气竖井面积估算：

1 高层建筑电气竖井在利用通道作为检修面积时，竖井的净宽度不宜小于 0.8m。

2 高层办公、综合商业体电气竖井兼具强电间功能，同时预留发展需要，面积宜为 8m^2～10m^2。

3 竖井内设备布置应便于检修操作、电缆进出接线；维护检修频率较高的设备宜靠外区布置；消防配电桥架应与非消防配电桥架应分别布置在竖井的两侧。

11.4.4 典型布置方案：住宅方案见图 11.4-1～图 11.4-4（楼板留洞可单独绘制，给结构专业提资）；公共建筑方案见图 11.4-5。

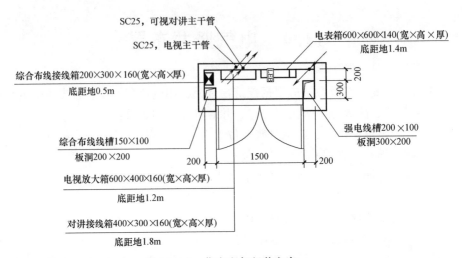

图 11.4-1　住宅电气竖井方案一

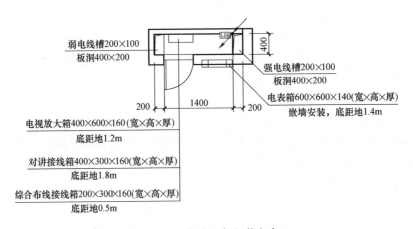

图 11.4-2　住宅电气竖井方案二

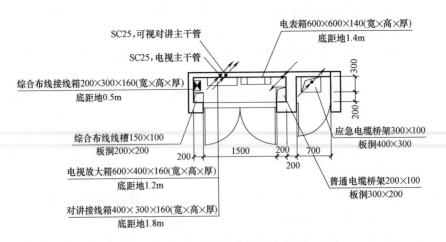

图 11.4-3　住宅电气竖井方案三

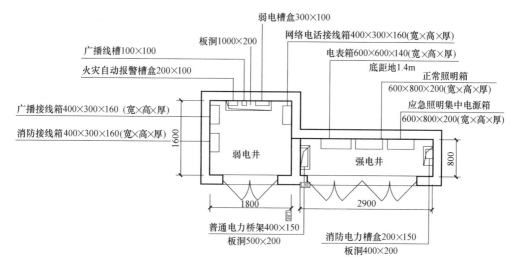

图 11.4-4 住宅电气竖井方案四

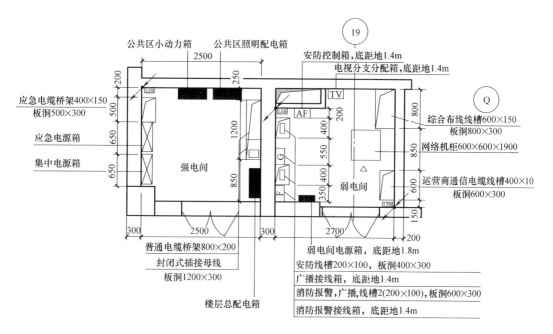

图 11.4-5 公共建筑电气竖井方案

12 配电干线

12.1 一般规定

12.1.1 基本定义

配电干线是对某个建筑物或构筑物，自电源点开始至终端配电箱为止，按设备所处相应楼层，绘制在图中的一种配电关系表达形式。

12.1.2 绘制原则

配电干线的绘制，原则上按变压器组绘制，未设有变压器仅有低压进线的项目，按竖井及用电设备相对位置绘制。变压器二次侧至用电设备之间的低压配电级数不宜超过三级。当难保证三级时，非重要负荷可适当增加配电级数。消防与非消防设备的桥架分别设置；人防区配电干线独立绘制。

12.1.3 深度要求

配电干线图应能清晰地表达出该建筑的进线电源、电源等级、电源数量；变电站设置楼层相对位置、变压器编号、容量；发电机设置楼层相对位置、编号、容量；电气竖井的相对位置、竖井内配电箱编号、容量（必要时可标注用途）；竖井外配电箱编号、容量（必要时可标注用途）；主要的空调机组、水泵等电力用电设备的相对位置、设备编号、容量；各配电箱之间的配电连接关系；自电源点引出回路编号等。

配电箱编号，根据项目情况可按与竖井对应编号或按与防火分区对应编号，并宜与楼层相对应。

12.2 负荷分级

12.2.1 用电负荷根据对供电可靠性的要求及中断供电在对人身安全、经济损失上所造成的影响程度进行分级，分为一级负荷、二级负荷及三级负荷。

12.2.2 根据规范要求，负荷分级的原则如下：

1 符合下列情况之一时，应视为一级负荷。

1）中断供电将造成人身伤害时；

2）中断供电将在经济上造成重大损失时；

3）中断供电将影响重要用电单位的正常工作。

例如：使生产过程或生产装备处于不安全状态、重大产品报废、用重要原料生产的产品大量报废、生产企业的连续生产过程被打乱需要长时间才能恢复等将在经济上造成重大损失；大型银行营业厅的照明、一般银行的防盗系统；大型博物馆、展览馆的防盗信号电源、珍贵展品室的照明电源，一旦中断供电可能会造成珍贵文物和珍贵展品被盗，在民用建筑中，重要的交通枢纽、重要的通信枢纽、重要宾馆、大型体育场馆，以及经常用于重要活动的大量人员集中的公共场所等，由于电源突然中断造成正常秩序严重混乱的用电负荷。

2 在一级负荷中，当中断供电将造成人员伤亡或重大设备损坏或发生中毒、爆炸或火灾等情况的负荷，以及特别重要场所的不允许中断供电的负荷，应视为一级负荷中特别重要的负荷。

例如：在生产连续性较高行业，当生产装置工作电源突然中断时，为确保安全停车，避免引起爆炸、火灾、中毒、人员伤亡而必须保证的负荷；高压及以上的锅炉给水泵、大型压缩机的润滑油泵等或者事故一旦发生能够及时处理，防止事故扩大、保证工作人员的抢救和撤离而必须保证的用电负荷；在工业生产中，如正常电源中断时处理安全停产所必需的应急照明、通信系统、保证安全停产的自动控制装置；大型金融中心的关键电子计算机系统和防盗报警系统；大型国际比赛场馆的记分系统以及监控系统等。

3 符合下列情况之一时，应视为二级负荷。

1）中断供电将在经济上造成较大损失时；

2）中断供电将影响较重要用电单位的正常工作。

例如：中断供电使得主要设备损坏、大量产品报废、连续生产过程被打乱需较长时间才能恢复、重点企业大量减产等将在经济上造成较大损失；中断供电将影响较重要用电单位的正常工作，例如：交通枢纽、通信枢纽等用电单位中的重要电力负荷，以及中断供电将造成大型影剧院、大型商场等较多人员集中的重要公共场所秩序混乱。

4 不属于一级和二级负荷者应为三级负荷。

5 其他负荷分级原则：

1）当主体建筑中有一级负荷中特别重要负荷时，直接影响其运行的空调用电应为一级负荷；当主体建筑中有大量一级负荷时，直接影响其运行的空调用电应为二级负荷。

2）重要电信机房的交流电源，其负荷级别应与该建筑工程中最高等级的用电负荷相同。

3）区域性的生活给水泵房、供暖锅炉房及换热站的用电负荷，应根据工程规模、重要性等因素合理确定负荷等级，且不应低于二级。

4）有特殊要求的用电负荷，应根据实际情况与有关部门协商确定。

在工程设计中，特别是对大型工矿企业，有时对某个区域的负荷定性比确定单个的负荷特性更具有可操作性。按照用电负荷在生产使用过程中的特性，对一个区域的用电负荷在整体上进行确定，其目的是确定整个区域的供电方案以及作为向外申请用电的依据。如在一个生产装置中只有少量的用电设备生产连续性要求高，不允许中断供电，其负荷为一级负荷，而其他用电设备可以断电，其性质为三级负荷，则整个生产装置的用电负荷可以确定为三级负荷；如果生产装置区的大部分用电设备生产的连续性要求都很高，停产将会造成重大经济损失，则可以确定本装置的负荷特性为一级负荷。如果区域负荷的特性为一级负荷，则应该按照一级负荷的供电要求对整个区域供电；如果区域负荷特性是二级负荷，则对整个区域按照二级负荷的供电要求进行供电，对其中少量的特别重要负荷按照规定供电。

在工程设计中，规范条文未对个别特殊用户的特别要求做具体表述。同时，规范中对特别重要负荷及一、二、三级负荷的供电要求是最低要求，工程设计中可以根据自身特点确定其供电方案。由于各个行业的负荷特性不一样，规范中只对负荷的分级作原则性规定，实际工程中各行业可以依据规范的分级规定，根据实际情况与有关部门协商确定用电设备或用户的负荷级别。

12.2.3　负荷分级的目的和意义

确定负荷特性的目的是确定其供电方案。在目前市场经济的大环境下，政府只对涉及人身和生产安全的问题采取强制性的规定，而对于停电造成的经济损失的评价应该主要取决于用户所能接受的程度。

用电负荷分级的意义，在于正确地反映它对供电可靠性要求的界限，以便根据负荷等级采取相应的供电方式，提高投资的经济效益和社会效益，保护人身生命安全和生产过程、生产装备的安全。

12.2.4　典型建筑类别的负荷分类

用电负荷按照使用功能和服务范围划分，可分为普通负荷、消防负荷、战时负荷。

普通用电负荷指建筑物正常状态下的常用负荷，此类用电负荷一般是指在消防状态下需要直接断电的用电设备负荷。民用建筑中的常用普通负荷包括：制冷机房、锅炉房、热交换站、新风机、空调机、排风机、进风机、风机盘管、诱导风机、给水泵、中水泵、热水泵、洗衣房、游泳池循环、冷却塔、电开水器、排水泵、电梯、扶梯、正常照明等。

消防用电负荷指用于防火和灭火，在消防状态下需要启动的用电设备负荷。民用建筑中的常用消防负荷包括：消防控制室、火灾自动报警及联动控制装置、火灾应急照明及疏散指示标志、防烟及排烟设施、自动灭火系统、消防水泵、消防电梯及其排水泵、电动的防火卷帘及门窗以及阀门等消防用电。

战时用电负荷是指在战争期间使用的用电设备负荷。常用的战时负荷包括：基本通信设备、应急通信设备、柴油电站配套的附属设备、三种通风方式装置系统、主要医疗救护房间内的设备和照明、人防用的风机和水泵、辅助医疗救护房间内的设备和照明、洗消用的电加热淋浴器、电动防护密闭门、电动密闭门、电动密闭阀门、人防场所的应急照明和正常照明等。

1　民用建筑中主要普通用电负荷的分级：民用建筑根据其建筑高度和层数可分为单、多层民用建筑和高层民用建筑。高层民用建筑根据其建筑高度、使用功能和楼层的建筑面积可分为一类和二类。民用建筑用电负荷，按照民用建筑建筑类别划分时，用电负荷划分如表 12.2-1 所示。

| 高层建筑主要用电负荷的分级 | | 表 12.2-1 |

序号	建筑规模	主要用电负荷名称	负荷等级
1	一类高层民用建筑	值班照明、警卫照明、障碍照明用电，主要业务和计算机系统用电；安防系统用电；电子信息设备用房用电；客梯用电；排污泵；生活水泵用电	一级
		主要通道及楼梯间照明用电	二级
2	二类高层建筑	主要通道及楼梯间照明用电；客梯用电，排污泵、生活水泵用电	二级

注：当各类建筑物与上表甲一类、二类高层建筑的用电负荷级别不相同时，负荷级别应按其中高者确定。

1）办公类民用建筑负荷分级：办公建筑的负荷分级可按照《民用建筑电气设计标准》GB 51348—2019 进行划分，办公建筑内的各类用电负荷可按表 12.2-2 进行负荷分级。

办公建筑主要用电负荷的分级　　表 12.2-2

序号	建筑规模	主要用电负荷名称	负荷等级
1	国家及省部级政府办公建筑	客梯、主要办公室、会议室、总值班室、档案室用电	一级
		省部级行政办公建筑主要通道照明用电	二级
2	办公建筑	建筑高度超过 100m 的高层办公建筑主要通道照明和重要办公室用电	一级
		一类高层办公建筑主要通道照明和重要办公室用电	二级
3	金融建筑（银行、金融中心、证交中心）	重要的计算机系统和安防系统用电；特级金融设施	一级*
		大型银行营业厅备用照明用电、一级金融设施	一级
		中小型银行营业厅备用照明用电、二级金融设施	二级
		三级金融设施	三级

注：1　金融建筑中金融设施按照金融设施等级进行负荷确定，其他非金融设施用电负荷按照常规办公建筑负荷分级确定。
　　2　带 * 号为一级负荷中的特别重要负荷，以下各表不再备注。

2）会展类民用建筑负荷分级：按照《民用建筑电气设计标准》GB 51348—2019 并结合《会展建筑电气设计规范》JGJ 333—2014 的相关表述，会展建筑内的主要用电设备负荷分级如表 12.2-3 所示。

会展建筑主要用电负荷的分级　　表 12.2-3

序号	建筑物名称	用电负荷名称	负荷级别
1	国家级会堂、国宾馆、国家级国际会议中心	主会场、接见厅、宴会厅照明、电声、录像、计算机系统用电	一级*
		客梯、总值班室、会议室、主要办公室、档案室用电	一级
2	会展建筑、博展建筑	特大型会展建筑的应急响应系统用电；珍贵展品展室照明及安全防范系统用电	一级*
		特大型会展建筑的客梯、排污泵、生活水泵用电；大型会展建筑的客梯用电；甲等、乙等展厅安全防范系统、备用照明用电	一级
		特大型会展建筑的展厅照明、主要展览、通风机、闸口机用电；大型及中型会展建筑的展厅照明、主要展览、排污泵、生活水泵、通风机、闸口机用电；中型会展建筑的客梯用电；小型会展建筑的主要展览、客梯、排污泵、生活水泵用电；丙等展厅备用照明及展览用电	二级

注：
1　甲等、乙等展厅备用照明应按一级负荷供电，丙等展厅备用照明应按二级负荷供电。
2　会展建筑中会议系统用电负荷分级根据其举办会议的重要性确定。
3　会展建筑中消防用电的负荷等级应符合现行国家标准《供配电系统设计规范》GB 50052、《建筑设计防火规范》GB 50016 和《民用建筑电气设计标准》GB 51348 的有关规定。
4　会展建筑规模按基地以内的总展览面积划分为特大型会展建筑（S＞100000m²）、大型会展建筑（30000m²＜S≤100000m²）、中型会展建筑（10000m²＜S≤30000m²）、小型会展建筑（S≤10000m²）。
5　展厅等级是指陈列展品或提供服务的室内单个展厅等级，按其展览面积划分为甲等（S＞10000m²）、乙等（5000m²＜S≤10000m²）和丙等（S≤5000m²）。
6　博物馆建筑可按建筑规模划分为特大型馆（＞50000m²）、大型馆（20001m²～50000m²）、大中型馆（10001m²～20000m²）、中型馆（5001m²～10000m²）、小型馆（≤5000m²）五类。

3）商业酒店类民用建筑负荷分级：按照《民用建筑电气设计标准》GB 51348—2019 并结合《商店建筑电气设计规范》JGJ 392—2016、《旅馆建筑设计规范》JGJ 62—2014、《饮食建筑设计标准》JGJ 64—2017 的相关表述，商业酒店类建筑内的主要用电设备负荷分级如表 12.2-4 所示。

商业酒店类民用建筑主要用电负荷的分级　　　　　　　表 12.2-4

序号	建筑物名称	用电负荷名称	负荷级别
1	商场、百货商店、超市	大型百货商店、商场及超市的经营管理用计算机系统用电	一级
		大型百货商店、商场及超市营业厅、门厅公共楼梯及主要通道的照明及乘客电梯、自动扶梯及空调用电	二级
2	旅游饭店	四星级及以上旅游饭店的经营及管理用计算机系统用电	一级*
		四星级及以上旅游饭店的宴会厅、餐厅、厨房、康体设施用房、门厅及高级客房、主要通道等场所的照明用电，厨房、排污泵、生活水泵、主要客梯用电，计算机、电话、电声和录像设备、新闻摄影用电	一级
		三星级旅游饭店的宴会厅、餐厅、厨房、康体设施用房、门厅及高级客房、主要通道等场所的照明用电，厨房、排污泵、生活水泵、主要客梯用电、计算机、电话、电声和录像设备、新闻摄影用电，除上栏所述之外的四星级及以上旅游饭店的其他用电	二级
3	饮食建筑	特大型饮食建筑的用餐区域、公共区域的备用照明用电	一级
		特大型饮食建筑的自动扶梯、空调用电；大型、中型饮食建筑用餐区域、公共区域的备用照明用电	二级
		小型饮食建筑的用电	三级

注：1 商店建筑中其他用电负荷应根据建筑规模和重要性按现行国家标准《民用建筑电气设计标准》GB 51348 进行确定。

2 商店建筑规模应按单项建筑内的商店总建筑面积进行划分，分为大型（>20000m²）、中型（5000m²～20000m²）、小型（<5000m²）。

3 旅馆建筑为至少 15 间（套）出租客房的旅馆饭店等。

4 旅馆建筑等级按由低到高的顺序可划分为一级、二级、三级、四级和五级。

5 饮食建筑按建筑规模可分为特大型（面积>3000m² 或座位数>1000）、大型（3000m²≥面积>500m² 或1000≥座位数>250）、中型（500m²≥面积>15m² 或 250≥座位数>70）和小型（面积≤150m² 或座位数≥75）。

6 食堂按照服务的人数可分为：特大型（人数>5000）、大型（5000≥人数>1000）、中型（1000≥人数>100）和小型（人数≤100）。

7 火灾事故风机按照消防负荷等级划分和供电标准设计，非火灾事故风机的用电负荷等级宜按照不低于二级负荷考虑，当服务区域特别重要时可按照建筑最高负荷等级考虑。

4）文化博览类民用建筑负荷分级：按照《民用建筑电气设计标准》GB 51348—2019 并结合《剧场建筑设计规范》JGJ 57—2016、《电影院建筑设计规范》JGJ 58—2008、《图书馆建筑设计规范》JGJ 38—2015、《档案馆建筑设计规范》JGJ 25—2010、《体育建筑设计规范》JGJ 31—2013 的相关表述，文化博览类建筑内的主要用电设备负荷分级如表 12.2-5 所示。

文化博览类民用建筑主要用电负荷的分级　　　　表 12.2-5

序号	建筑物名称	用电负荷名称	负荷级别
1	国家及省部级防灾中心、电力调度中心、交通指挥中心	防灾、电力调度及交通指挥计算机系统用电	一级*
2	地、市级及以上气象台	气象业主用计算机系统用电	一级*
		气象雷达、电报及传真收发设备、卫星云图接收机机语言广播设备、气象绘图机预报照明用电	一级
3	电信枢纽、卫星地面站	保证通信不中断的主要设备用电	一级*
4	电视台、广播电台	国家及省、市、自治区电视台、广播电台的计算机系统用电;直接播出的电视演播厅、中心机房、录像室、微波设备及其发射机房用电	一级*
		语音播音室、控制室的电力和照明用电	一级
		洗印室、电视电影室、审听室、通道照明用电	二级
5	剧场	特大型、大型剧场的舞台照明、贵宾室、演员化妆室、舞台机械设备、电声设备、电视转播、显示屏和字幕系统用电	一级
		特大型、大型剧场的观众厅照明、空调用房电力和照明用电	二级
6	电影院	特大型电影院的消防用电和放映用电	一级
		特大型电影院放映厅照明、大型电影院的消防负荷、放映用电	二级
7	图书馆	藏书量超过 100 万册及重要图书馆的安防系统、图书检索用电子计算机系统用电	一级
		藏书量超过 100 万册的图书馆阅览室及主要通道照明和珍本、善本书库照明及空调系统用电	二级
8	体育建筑	特级体育建筑的主席台、贵宾室及其接待室、新闻发布厅等照明用电;计时记分、现场影像采集及回放、升旗控制等系统及其机房用电;网络机房、固定通信机房、扩声及广播机一级火房等的用电;电台和电视转播设备用电;应急照明用电(含 TV 应急照明);消防和安防设备等的用电	一级*
		特级体育建筑的临时医疗站、兴奋剂检查室、血样收集室等设备的用电;VIP 办公室、体育建筑奖牌储存室、运动员及裁判员用房、包厢、观众席等照明用电;场地照明用电;建筑设备管理系统、售检票系统等用电;生活水泵、污水泵等用电;直接影响比赛的空调系统、泳池水处理系统、冰场制冰系统等的用电; 甲级体育建筑的主席台、贵宾室及其接待室、新闻发布厅等照明用电;计时记分、现场影像采集及回放、升旗控制等系统及其机房用电;网络机房、固定通信机房、扩声及广播机房等的用电;电台和电视转播设备用电;场地照明用电;应急照明用电;消防和安防设备等的用电	一级
		特级体育建筑的普通办公用房、广场照明等的用电; 甲级体育建筑的临时医疗站、兴奋剂检查室、血样收集室等设备的用电;VIP 办公室、奖牌储存室、运动员及裁判员用房、包厢、观众席等照明用电;建筑设备管理系统、售检票系统等用电;生活水泵、污水泵等用电;直接影响比赛的空调系统、泳池水处理系统、冰场制冰系统等的用电; 乙级及丙级体育建筑(含相同级别的学校风雨操场)的主席台、贵宾室及其接待室、新闻发布厅等照明用电;计时记分、现场影像采集及回放、升旗控制等系统及其机房用电;网络机房、固定通信机房、扩声及广播机房等的用电;电台和电视转播设备用电;应急照明用电;消防和安防设备等的用电;临时医疗站、兴奋剂检查室、血样收集室等设备的用电;VIP 办公室、奖牌储存室、运动员及裁判员用房、包厢、观众席等照明用电;场地照明用电;建筑设备管理系统、售检票系统等用电;生活水泵、污水泵等用电	二级

续表

序号	建筑物名称	用电负荷名称	负荷级别
9	档案馆建筑	特级档案馆的档案库、变配电室、水泵房、消防用房等的用电	
		甲级档案馆宜设自备电源,且档案库、变配电室、水泵房、消防用房等的用电负荷	
		乙级档案馆的档案库、变配电室、水泵房、消防用房等的用电负荷	

注:1　剧场建筑规模按观众座席数量可划分为:特大型,观众座席数量(座)>1500;大型,观众座席数量(座)1201~1500;中型,观众座席数量(座)801~1200;小型,观众座席数量(座)≤800。

2　电影院的规模按总座位数可划分为:特大型、大型、中型和小型四个规模。不同规模的电影院应符合下列规定:

1)特大型电影院的总座位数应大于1800个,观众厅不宜少于11个;

2)大型电影院的总座位数宜为1201个~1800个,观众厅宜为8个~10个;

3)中型电影院的总座位数宜为701个~1200个,观众厅宜为5个~7个;

4)小型电影院的总座位数宜小于或等于700个,观众厅不宜少于4个。

3　体育建筑等级根据其使用要求进行分级,分为特级(举办亚运会、奥运会及世界锦标赛主场)、甲级(举办全国性和单项国际比赛)、乙级(举办地区性和全国单项比赛)、丙级(举办地方性、群众性运动会)四级。

4　档案馆可分特级、甲级、乙级三个等级。其中特级适用于中央级档案馆;甲级适用于省、自治区、直辖市、计划单列市、副部级市档案馆;乙级适用于地(市)及县(市)档案馆。

5)教育类民用建筑负荷分级:按照《民用建筑电气设计标准》GB 51348—2019 并结合《教育建筑电气设计规范》JGJ 310—2013 的相关表述,教育建筑内的主要用电设备负荷分级如表 12.2-6 所示。

教育类民用建筑主要用电负荷的分级　　　　　表 12.2-6

序号	建筑物类别	用电负荷名称	负荷级别
1	教学楼	主要通道照明	二级
2	图书馆	藏书超过 100 万册的,其计算机检索系统及安全技术防范系统	一级
		藏书超过 100 万册的,阅览室及主要通道照明、珍善本书库照明及空调系统用电	二级
3	实验楼	四级生物安全实验室;对供电连续性要求很高的国家重点实验室	一级 *
		三级生物安全实验室;对供电连续性要求较高的国家重点实验室	一级
		对供电连续性要求较高的其他实验室;主要通道照明	二级
4	风雨操场(体育场馆)	乙、丙级体育场馆的主席台、贵宾室、新闻发布厅照明,计时计分装置、通信及网络机房,升旗系统、现场采集及回放系统等用电;乙、丙级体育场馆的其他与比赛相关的用房,观众席及主要通道照明,生活水泵、污水泵等	二级
5	会堂	特大型会堂主要通道照明	一级
		大型会堂主要通道照明,乙等会堂舞台照明、电声设备	二级
6	学生宿舍	主要通道照明	二级
7	食堂	厨房主要设备用电,冷库,主要操作间、备餐间照明	二级
8	属一类高层的建筑	主要通道照明、值班照明,计算机系统用电,客梯、排水泵、生活水泵	一级
9	属二类高层的建筑	主要通道照明、值班照明,计算机系统用电,客梯、排水泵、生活水泵	二级

注:1　除一、二级负荷以外的其他用电负荷为三级。

2　教育建筑为高层建筑时,用电负荷级别应为表中的最高等级。

3　教育建筑中的消防负荷分级应符合有关现行国家标准的规定。安全技术防范系统和应急响应系统的负荷级别宜与该建筑的最高负荷级别相同。

4　高等学校信息机房用电负荷宜为一级,中等学校信息机房用电负荷不宜低于二级。

5　火灾事故风机按照消防负荷等级划分和供电标准设计,非火灾事故风机的用电负荷等级宜按照不低于二级负荷考虑,当服务区域特别重要时可按照建筑最高负荷等级考虑。

6) 交通类民用建筑负荷分级：交通建筑中用电负荷等级应根据供电可靠性及中断供电所造成的损失或影响程度，分为一级负荷、二级负荷及三级负荷，交通建筑内各级负荷分级情况详见表12.2-7。

交通建筑主要用电负荷的分级

表 12.2-7

序号	建筑物类别	用电负荷名称	负荷级别
1	民用机场	航空管制、导航、通信、气象、助航灯光系统设施和台站用电；边防、海关的安全检查设备用电，航班预报设备用电，航班信息、显示及时钟系统用电；航站楼、外航驻机场办事处中不允许中断供电的重要场所的用电	一级*
		Ⅲ类及以上民用机场航站楼中公共区域照明、电梯、送排风系统设备、排污泵、生活水泵、行李处理系统用电；航站楼、外航驻机场航站楼办事处、机场宾馆内与机场航班信息相关的系统用电；站坪照明、站坪勤务、飞行区雨水泵等用电	一级
		航站楼内除一级负荷以外的其他主要负荷，包括公共场所空调系统设备、自动扶梯、自动人行道；Ⅳ类及以下民用机场航站楼的公共区域照明、电梯、送排风系统设备、排水泵、生活泵等用电	二级
2	铁路旅客站、综合交通枢纽站	特大型铁路旅客车站、集大型铁路旅客车站及其他车站等一体的大型综合交通枢纽站中不允许中断供电的重要场所的用电	一级*
		特大型铁路旅客车站、国境站和集大型铁路旅客车站及其他车站等为一体的综合交通枢纽的旅客站房、站台、天桥、地道用电、防灾报警设备用电；特大型铁路旅客车站、国境站的公共区域照明；售票系统设备、安防和安全检查设备、通信系统用电	一级
		大、中型铁路旅客车站、集铁路旅客车站(中型)及其他车站等为一体的综合交通枢纽的旅客站房、站台、天桥、地道的用电；防灾报警设备用电；特大型铁路旅客车站、国境站的列车到站发预告显示系统、旅客用电梯、自动扶梯、国际换装设备、行包用电梯、皮带输送机、送排风机、排污泵设备用电；特大型铁路旅客车站的冷热源设备用电；大、中型铁路旅客车站的公共区域照明、管理用房照明及设备用电；铁路旅客车站的驻站警务室	二级
3	城市轨道交通车站磁浮列车站地铁车站	专用通信系统设备、信号系统设备、环境与设备监控系统设备、地铁变电站操作电源等车站内不允许中断供电的其他重要场所的用电	一级*
		牵引设备用电负荷；自动售票系统设备用电；车站中作为事故疏散用的自动扶梯、电动屏蔽门(安全门)、防护门、防淹门、排水泵、城市轨道交通雨水泵用电；信息设备管理用房照明、公共区车站域照明用电；地铁电力监控系统设备、综合监控系统设备、门禁系统设备、安防设施及自动地铁车站售检票设备、站台门设备、地下站厅台等公共区照明、地下区间照明、供暖区的锅炉房设备等用电	一级
		非消防用电梯及自动扶梯和自动人行道、地上站厅站台等公共区照明、附属房间照明、普通风机、排污泵用电；乘客信息系统、变电所检修电源用电	二级
4	港口客运站	一级港口客运站的通信、监控系统设备、导航设施用电	一级
		港口重要作业区、一级及二级客运站主要用电负荷，包括公共区域照明、管理用房照明及设备、电梯、送排风系统设备、排污水设备、生活水泵用电	二级

续表

序号	建筑物类别	用电负荷名称	负荷级别
5	汽车客运站	一级、二级汽车客运站主要用电负荷,包括公共区域照明、管理用房照明及设备、电梯、送排风系统设备、排污水设备、生活水泵用电	二级

注:1 交通建筑中其他用电负荷应根据建筑规模和重要性按现行国家标准《民用建筑电气设计标准》GB 51348 进行确定。

2 依照机场所在城市的性质、地位并考虑机场在全国航空运输网络中的作用,可将机场划分为Ⅰ、Ⅱ、Ⅲ、类。

  1)Ⅰ类机场——全国政治、经济、文化中心城市的机场,是全国航空运输网络和国际航线的枢纽,运输业务量特别大,除承担直达客货运输外,还具有中转功能,北京首都机场、上海虹桥机场、广州白云机场即属于此类机场。

  2)Ⅱ类机场——省会、自治区首府、直辖市和重要经济特区、开放城市和旅游城市或经济发达、人口密集城市的机场,可以全方位建立跨省、跨地区的国内航线,是区域或省内航空运输的枢纽,有的可开辟少量国际航线。Ⅱ类机场也可称为国内干线机场。

  3)Ⅲ类机场——国内经济比较发达的中小城市,或一般的对外开放和旅游城市的机场,能与有关省区中心城市建立航线。Ⅲ类机场也可称为次干线机场。

  4)Ⅳ类机场——支线机场及直升机场。

3 客货共线铁路旅客车站建筑规模按照最高聚集人数(H)划分建筑规模,分为特大型(H≥10000 人)、大型(3000 人<H<10000 人)、中型(600 人<H<3000 人)、小型(H≤600 人)。

4 客运专线铁路旅客车站建筑规模按照高峰小时发送量(PH)划分建筑规模,分为特大型(PH≥10000 人)、大型(5000 人≤PH<10000 人)、中型(1000 人≤PH<5000 人)、小型(PH<1000 人)。

5 港口客运站的站级分级按照平均日旅客发送量划分,其中一级港口客运站年平均日旅客发送量超过 3000 人/d;二级港口客运站年平均日旅客发送量为 2000 人/d~2999 人/d;三级港口客运站年平均日旅客发送量为 1000 人/d~1999 人/d;四级港口客运站年平均日旅客发送量为小于 1000 人/d。

6 汽车客运站的站级分级按照平均日旅客发送量划分,其中一级汽车客运站年平均日旅客发送量超过 10000 人/d;二级汽车客运站年平均日旅客发送量为 5000 人/d~9999 人/d;三级汽车客运站年平均日旅客发送量为 2000 人/d~4999 人/d;四级汽车客运站年平均日旅客发送量为 300 人/d~1999 人/d;五级汽车客运站年平均日旅客发送量为小于 300 人/d。

7)住宅类民用建筑负荷分级:按照《民用建筑电气设计标准》GB 51348—2019 并结合《住宅建筑电气设计规范》JGJ 242—2011 的相关表述,住宅建筑内的各类用电负荷可按表 12.2-8 进行负荷分级。

住宅建筑主要用电负荷的分级　　　　　　　　　　表 12.2-8

序号	建筑规模	主要用电负荷名称	负荷等级
1	建筑高度为 100m 或 35 层及以上的住宅建筑	消防用电负荷、应急照明、航空障碍照明、走道照明、值班照明、安防系统、电子信息设备机房、客梯、排污泵、生活水泵	一级
2	建筑高度大于 54m 的一类高层住宅	航空障碍照明、走道照明、值班照明、安防系统、电子信息设备机房、客梯、排污泵、生活水泵用电	一级
3	建筑高度为 50m~100m 且 19 层~34 层的一类高层住宅建筑	消防用电负荷、应急照明、航空障碍照明、走道照明、值班照明、安防系统、客梯、排污泵、生活水泵	一级
4	10 层~18 层的二类高层住宅建筑	消防用电负荷、应急照明、走道照明、值班照明、安防系统、客梯、排污泵、生活水泵	二级
5	建筑高度大于 27m 但不大于 54m 的二类高层住宅	走道照明、值班照明、安防系统、客梯、排污泵、生活水泵用电	二级
6	严寒和寒冷地区住宅建筑	集中供暖系统的热交换系统	不低于二级
7	其他规模住宅建筑	其他用电负荷	三级

注:《住宅建筑电气设计规范》JGJ 242—2011 中关于负荷分类的表述与《民用建筑电气设计标准》GB 51348—2019 中住宅建筑的负荷分类表述略有差异,实际项目中要结合建筑规模类别综合确定。

8)医养类民用建筑负荷分级:按照《民用建筑电气设计标准》GB 51348—2019 并结合《医疗建筑电气设计规范》JGJ 312—2013 和《综合医院建筑设计规范》GB 51039—

2014 的相关表述，医院建筑内的主要用电设备负荷分级如表 12.2-9 所示。

医院建筑主要用电负荷的分级　　　　表 12.2-9

序号	建筑规模	主要用电负荷名称	负荷等级
1	三级、二级医院	急诊抢救室、血液病房的净化室、产房、烧伤病房、重症监护室、早产儿室、血液透析室、手术室、术前准备室、术后复苏室、麻醉室、心血管造影检查室等场所中涉及患者生命安全的设备及其照明用电；大型生化仪器、重症呼吸道感染区的通风系统用电	一级*
		急诊抢救室、血液病房的净化室、产房、烧伤病房、重症监护室、早产儿室、血液透析室、手术室、术前准备室、术后复苏室、麻醉室、心血管造影检查室等场所中的除一级负荷医院中特别重要负荷外的其他用电；下列场所的诊疗设备及照明用电；急诊诊室、急诊观察室及处置室、分娩室、婴儿室、内镜检查室、影像科、放射治疗室、核医学室等；高压氧舱、血库及配血室、培养箱、恒温箱用电；病理科的取材室、制片室、镜检室设备用电；计算机网络系统用电；门诊部、医技部及住院部 30% 的走道照明用电；配电室照明用电；医用气体供应系统中的真空泵、压缩机、制氧机及其控制与报警系统设备用电	一级
		电子显微镜、影像科诊断设备用电；肢体伤残康复病房照明用电；中心(消毒)供应室、空气净化机组用电；贵重药品冷库、太平柜用电；客梯、生活水泵、供暖锅炉及换热站等的用电	二级
2	一级医院	急诊室用电	二级
3	三级、二级、一级医院	一、二级负荷以外的其他负荷	三级

注：1 医疗建筑主要包括两大类：一是医院建筑，包括三级医院、二级医院、一级医院；二是其他医疗机构建筑，包括专科疾病防治院(所、站)、妇幼保健院(所、站)、卫生院(其中含乡镇卫生院)、社区卫生服务中心(站)、诊所(医务室)、村卫生室。

2 一级医院是直接为社区提供医疗、预防、康复、保健综合服务的基层医院，是初级卫生保健机构(病床数≤100 张)。

3 二级医院是跨几个社区提供医疗卫生服务的地区性医院，是地区性医疗预防的技术中心(100 张<病床数≤500 张)。

4 三级医院是跨地区、省、市以及向全国范围提供医疗卫生服务的医院，是具有全面医疗、教学、科研能力的医疗预防技术中心(病床数≥501 张)。

2 民用建筑中主要消防用电负荷的分级：消防用电的可靠性是保证建筑消防设施可靠运行的基本保证。根据建筑扑救难度和建筑的功能及其重要性以及建筑发生火灾后可能的危害与损失、消防设施的用电情况，确定了建筑中的消防用电设备的负荷等级，具体分类如表 12.2-10 所示。

消防负荷分级表　　　　表 12.2-10

序号	消防负荷名称	负荷级别
1	建筑高度大于 50m 的乙、丙类厂房和丙类仓库的消防用电	一级
2	一类高层民用建筑、特大型、大型剧场中的消防用电	一级
3	甲级体育场(馆)及游泳馆的应急照明	一级
4	特级体育场(馆)及游泳馆的应急照明	一级*
5	室外消防用水量大于 30L/s 的厂房(仓库)中的消防用电	二级
6	室外消防用水量大于 35L/s 的可燃材料堆场、可燃气体储罐(区)和甲、乙类液体储罐(区)的消防用电	二级

续表

序号	消防负荷名称	负荷级别
7	粮食仓库及粮食筒仓的消防用电	二级
8	二类高层民用建筑、中小型剧场中的消防用电	二级
9	座位数超过 1500 个的电影院、剧场，座位数超过 3000 个的体育馆，任一层建筑面积大于 3000m² 的商店和展览建筑，省(市)级及以上的广播电视、电信和财贸金融建筑室外消防用水量大于 25L/s 的其他公共建筑中的消防用电	二级
10	地下车站及区间的应急照明、火灾自动报警系统设备用电	一级*
11	Ⅲ类及以上民用机场航站楼、特大型和大型铁路旅客车站、集民用机场航站楼或铁路及城市轨道交通车站为一体的大型综合交通枢纽站、城市轨道交通地下站以及具有一级耐火等级的交通建筑的消防用电；地铁消防水泵及消防水管电保温设备、防排烟风机及各类防火排烟阀、防火(卷帘)门、消防疏散自动扶梯、消防电梯、应急照明等消防设备及发生火灾或其他灾害时仍需使用的设备用电；Ⅰ、Ⅱ类飞机库的消防用电；Ⅰ类汽车库的消防用电及其机械停车设备，采用升降梯作车辆疏散出口的升降梯用电；一类、二类隧道的消防用电	一级
12	建筑高度大于 250m 的超高层公共建筑中的消防用电	一级*
13	地铁车站消防系统设备、消防电梯、排烟系统用风机及电动阀门用电	二级
14	Ⅲ类以下机场航站楼、铁路旅客车站、城市轨道交通地面站、地上站、港口客运站、汽车客运站及其他交通建筑等的消防用电；Ⅲ类飞机库的消防用电；Ⅱ、Ⅲ类汽车库和Ⅰ类修车库的消防用电及其机械停车设备，采用升降梯作车辆疏散出口的升降梯用电；三类隧道的消防用电	二级
15	建筑面积大于 5000m² 的人防工程的消防用电	一级
16	建筑面积小于或等于 5000m² 的人防工程的消防用电	二级
17	除了以上各条所述建筑外的建筑物、储罐(区)和堆场等的消防用电	三级

注：1　本表所列为消防负荷分级的最低要求，当建筑物另有更高级别的负荷时，消防负荷应与之同级；当建筑物设有应急供电系统时，消防负荷应归入应急负荷。

　　2　当各类建筑物与上表中消防用电负荷级别不相同时，负荷级别应按其中高者确定。

3　人防工程中战时负荷的分级：人防负荷分级原则：战时电力负荷分级按照战时用电负荷的重要性、供电连续性及中断供电后可能造成的损失或影响程度分为一级负荷、二级负荷和三级负荷。

一级负荷：

1) 中断供电将危及人员生命安全；

2) 中断供电将严重影响通信、警报的正常工作；

3) 不允许中断供电的重要机械、设备；

4) 中断供电将造成人员秩序严重混乱或恐慌；

二级负荷：

1) 中断供电将严重影响医疗救护工程、防空专业队工程、人员掩蔽工程和配套工程的正常工作；

2) 中断供电将影响生存环境；

三级负荷：除上述两款规定外的其他电力负荷。

战时常用设备电力负荷分级如表 12.2-11 所示。

人防负荷主要负荷分级　　　　　　　　表 12.2-11

工程类别	设备名称	负荷等级
中心医院 急救医院	基本通信设备、应急通信设备 柴油电站配套的附属设备 三种通风方式装置系统 主要医疗救护房间内的设备和照明 应急照明	一级
	重要的风机、水泵 辅助医疗救护房间内的设备和照明 洗消用的电加热淋浴器 医疗救护必需的空调、电热设备 电动防护密闭门、电动密闭门和电动密闭阀门 正常照明	二级
	不属于一级和二级负荷的其他负荷	三级
救护站 防空专业队工程 一等人员掩蔽所	基本通信设备、应急通信设备 柴油电站配套的附属设备 应急照明	一级
	重要的风机、水泵 三种通风方式装置系统 洗消用的电加热淋浴器 完成防空专业队任务必需的用电设备 电动防护密闭门、电动密闭门和电动密闭阀门 正常照明	二级
	不属于一级和二级负荷的其他负荷	三级
二等人员掩蔽所 生产车间 食品站 区域电站 区域供水站	基本通信设备、音箱警报接收设备、应急通信设备 柴油电站配套的附属设备 应急照明	一级
	重要的风机、水泵 三种通风方式装置系统 洗消用的电加热淋浴器 区域水源的用电设备 电动防护密闭门、电动密闭门和电动密闭阀门 正常照明	二级
	不属于一级和二级负荷的其他负荷	三级
物资库 汽车库	基本通信设备、应急通信设备 柴油电站配套的附属设备 应急照明	一级
	重要的风机、水泵 电动防护密闭门、电动密闭门和电动密闭阀门 正常照明	二级
	不属于一级和二级负荷的其他负荷	三级

12.3 用电负荷的供电原则

12.3.1 普通（通用）用电设备负荷

1 一级负荷应由双重电源的两个低压回路在末端配电箱处切换供电。

2 二级负荷采用来自两台变压器不同母线段的两路电源供电，在适当位置互投，当建筑物由双重电源供电，且两台变压器低压侧设有母联开关时，二级负荷可由任一段低压母线单回路供电。

　　3　三级负荷采用单电源单回路供电。

　　4　一级负荷中特别重要负荷采用来自两台变压器不同母线段，其中一个母线段为应急母线段，在末端互投。需通过设置独立于正常电源的发电机组、供电网络中独立于正常电源的专用的馈电线路、蓄电池、干电池等可作为自备备用电源的电气设施，满足一级负荷中特别重要负荷对供电电源的切换时间、设备允许中断时间的要求。

12.3.2　消防用电设备负荷

　　1　一级负荷时，由双电源供电，并在其配电线路的最末一级配电箱处设置自动切换装置。其上级电源的具体要求如下：

　　1)　当一个电源发生故障时，另一个电源不应同时受到破坏；

　　2)　一级负荷中特别重要的负荷，除由两个电源供电外，尚应增设自备应急电源，并严禁将其他负荷接入应急供电系统。应急电源可以是独立于正常电源的发电机组、供电网中独立于正常电源的专用的馈电线路、蓄电池或干电池。

　　2　二级消防设备用电，采用两回线路供电，并在其配电线路的最末一级配电箱处设置自动切换装置。

　　3　三级负荷供电是建筑供电的最基本要求，只需要一路电源供电；有条件的建筑要尽量通过设置两台终端变压器来保证建筑的消防用电，线路敷设条件较差易发生故障时可以采用两路电源末端互投方式供电。

12.3.3　战时用电设备负荷

　　1　战时一级负荷，应有两个独立的电源供电，其中一个独立电源应是该防空地下室的内部电源；

　　2　战时二级负荷，应引接区域电源，当引接区域电源有困难时，应在防空地下室内设置自备电源；

　　3　战时三级负荷，引接电力系统电源。

　　4　其他要求：

　　1)　每个防护单元应设置人防电源配电柜（箱），自成配电系统；

　　2)　电力系统电源和柴油发电机组应分列运行；

　　3)　通信、防灾报警、照明、电力等应分别设置独立回路；

　　4)　不同等级的电力负荷应各有独立回路；

　　5)　引接内部电源应有固定回路；

　　6)　单相用电设备应均匀地分配在三相回路中；

　　7)　一级、二级和大容量的三级负荷宜采用放射式配电，室内的低压配电级数不宜超过二级。

12.4　低压配电接线形式

12.4.1　低压配电干线由放射式、树干式、放射式与树干式相结合的三种形式组成。放射式与树干式相结合的形式主要应用于负荷相对较小，但比较分散的配电方案，也称为二次配电形式。

12.4.2　树干式供电有插接母线、电缆 T 接、电缆预分支等多种形式。

12.4.3　配电干线中的电源箱（照明配电箱、应急照明箱、动力配电箱）由进线和出线组成，进、出线的配电形式也有插接母线、电缆 T 接、电缆预分支等多种形式。同时，电源箱的进、出线有单电源、双电源之分。

12.4.4　绘制配电干线系统一般要考虑以下因素：

　　1　对消防用电设备应采用专用回路供电。

　　2　对容量较大的集中负荷或重要负荷，宜从配电室以放射式直接供电。

　　3　对高层公用建筑的垂直供电干线，应视负荷重要程度、负荷大小及分布情况，可采用以下方式：1）母线槽供电；2）放射式电缆干线供电；3）树干式电缆干线供电：采用 T 接，链接，预分支等方式引至各层配电箱。

　　4　负荷较分散、容量不大的同类负荷宜采用分区二次配电的形式，进线一般由变配电室放射式引来，出线可根据负荷的分布、容量的大小采用放射式、树干式等几种形式。

12.4.5　放射式配电（电缆、母线）：

　　1　放射式配电是供电装置集中设置在一处，而负载遍布在周围的一种配电形式，其主要特点为：供电可靠性高，故障发生后影响范围较小；配电线故障互不影响，配电设备集中，检修比较方便，但灵活性较差，有色金属消耗较多。

　　2　一般在下列情况下采用：

　　1）容量大、负荷集中或重要的用电设备。

　　2）需要集中连锁启动、停车的设备。

　　3）有腐蚀性介质和爆炸危险等环境，不宜将用电设备及保护启动设备放在现场时。

　　3　放射式配电分为单路进线和双路进线两种形式，具体配电形式示意如图 12.4-1 所示。

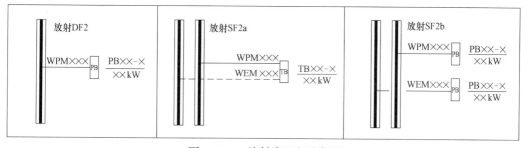

图 12.4-1　放射式配电示意图

12.4.6　树干式配电（母线、T 接、预分支）：

　　树干式配电是直线供电，多个负荷由一条干线供电。其主要特点为：配电设备及有色金属消耗较少，系统灵活性好，但干线故障时影响范围大。一般应用于用电设备的布置比较均匀、容量不大，又无特殊要求的场所。

　　链式供电作为一类特殊的树干式配电方式，适用于距离配电屏较远而彼此相距又接近的不重要的小容量用电设备。链接的设备一般不超过 5 台、总容量不超过 10kW。供电给容量较小用电设备的插座，采用链式配电时，每一条环链回路的数量可适当增加。

树干式配电分为单路进线和双路进线两种形式，具体配电形式示意如图 12-4-2 所示。

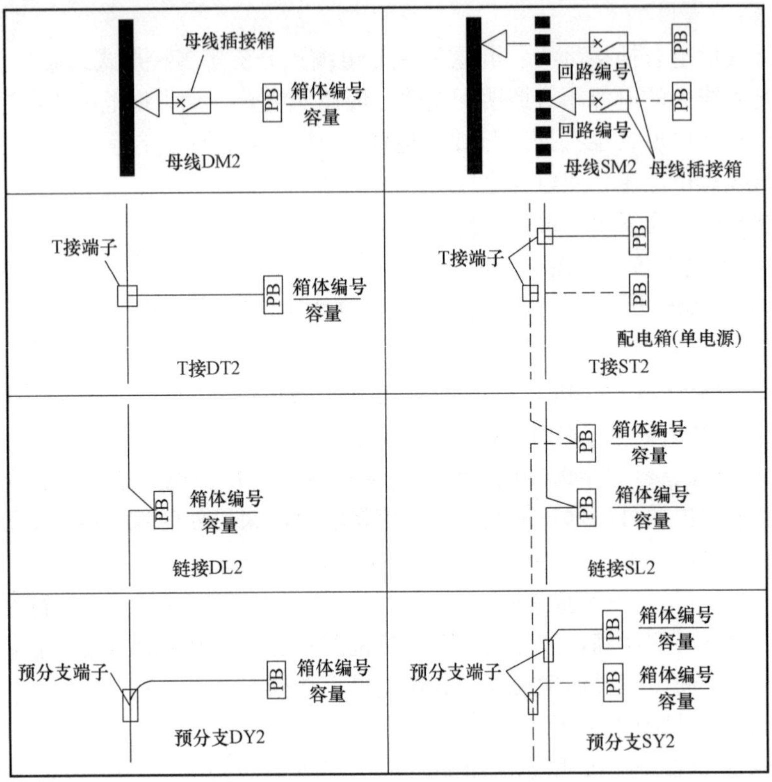

图 12.4-2   树干式配电示意图

12.4.7   放射式与树干式结合（二次配电）：

放射式配电和树干式配电的接线形式是较典型的，实际工作中往往是放射式与树干式结合的配电形式。局部低压配电干线具有放射式或树干式的配电形式的特点。

以下附图是各种配电形式的组合示意，部分组合形式实际工程中应用较少，需根据具体情况选择适宜的配电组合形式。

1   单路进线直接配出时放射式与树干式结合配电形式见图 12.4-3。

2   单路进线二次配出时放射式与树干式结合配电形式，见图 12.4-4。

3   双路进线直接配出时放射式与树干式结合配电形式，详见图 12-4-5。

4   双路进线二次配出时放射式与树干式结合配电形式，详见图 12-4-6。

5   双路进线经二次配电配出时放射式与树干式结合配电形式（总箱体处互投），详见图 12-4-7。

12.4.8   低压配电系统形式选择应满足下列要求：

1   低压配电系统设计应根据工程种类、规模、负荷性质、容量及发展等因素综合确定。应满足生产和使用所需的供电可靠性和电能质量的要求，同时应注意结线简单可靠、经济合理、技术先进、操作方便安全，具有一定灵活性，能适应生产和使用上的变化及设备检修的需要。

2   在正常环境的建筑物内，当大部分用电设备容量不是很大，且无特殊要求时，宜采用树干式配电。

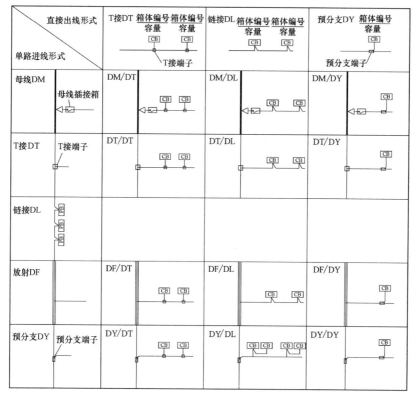

图 12.4-3　放射式与树干式结合配电示意图一

二次配电出线形式 (末端配电箱) 单路进线形式 (总箱)		T接DT 箱体编号箱体编号 容量　容量 CB　CB T接端子	链接DL 箱体编号箱体编号 容量　容量 CB　CB	放射DF 箱体编号箱体编号 容量　容量 CB　CB 箱体编号 / 容量	预分支DY 箱体编号 容量 CB 预分支端子
母线DM2	母线插接箱 箱体编号 容量	DM2/DT	DM2/DL	DM2/DF	DM2/DY
T接DT2	T接端子 箱体编号 容量	DT2/DT	DT2/DL	DT2/DF	DT2/DY
链接DL2	箱体编号 容量	DL2/DT	DL2/DL	DL2/DF	DL2/DY
放射DF2	箱体编号 容量	DF2/DT	DF2/DL	DF2/DF	DF2/DY
预分支DY2	预分支端子 箱体编号 容量	DY2/DT	DY2/DL	DY2/DF	DY2/DY

图 12.4-4　放射式与树干式结合配电示意图二

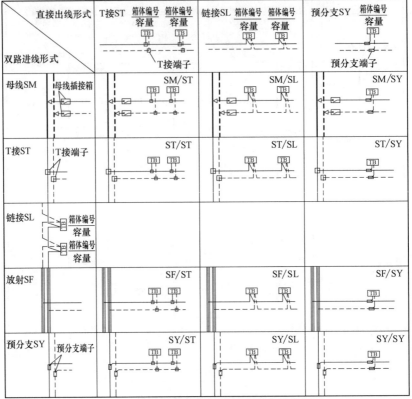

图 12.4-5　放射式与树干式结合配电示意图三

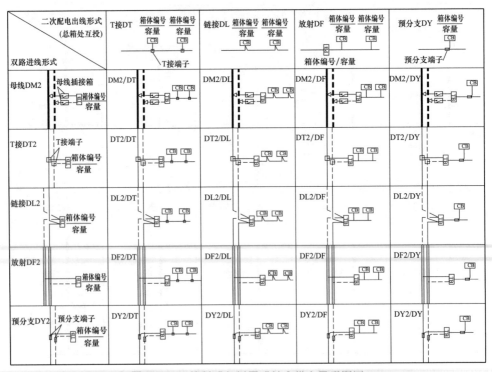

图 12.4-6　放射式与树干式结合供电示意图四

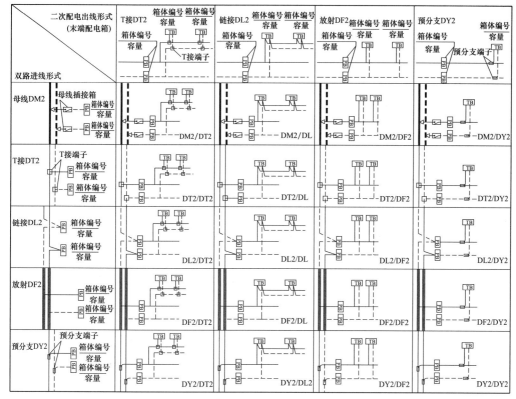

图 12.4-7　放射式与树干式结合配电示意图五

3　当用电设备为大容量或负荷性质重要，或在有潮湿、腐蚀性环境、爆炸和火灾危险场所等的建筑物内，宜采用放射式配电。

4　在多层建筑物内，由总配电箱至楼层配电箱，宜采用树干式配电或分区树干式配电。对于容量较大的集中负荷或重要用电设备，应从配电室直接放射式配电；楼层配电箱至用户配电箱应采用放射式配电。在高层建筑物内，向楼层各配电点供电时，宜采用分区树干式配电；由楼层配电间或竖井内配电箱至用户配电箱的配电，应采取放射式配电；对部分容量较大的集中负荷或重要用电设备，应从变电所或配电室以放射式配电。

5　平行的生产流水线或互为备用的生产机组，应根据生产要求，宜由不同的回路配电；同一生产流水线的各用电设备，宜由同一回路配电。

6　单相用电设备的配置应力求三相负荷平衡。

7　冲击负荷和用电量较大的电焊设备等，宜与其他用电设备分开，用单独线路或变压器供电。

8　配电系统的设计应便于运行、维修，生产班组或工段比较固定时，一个大厂房可分车间或分工段配电，多层厂房宜分层设置配电箱，每个生产小组可考虑设单独的电源开关。实验室的每套房间宜有单独的电源开关。

9　在用电单位内部的邻近变电所之间，可设置低压联络线。

10　由建筑物外引入的配电线路，应在室内分界点便于操作维护的地方装设隔离电器。

12.5　消防负荷的供电措施

12.5.1　消防用电设备供电应符合下列规定：

1　消防用电设备应采用专用的供电回路，当建筑内的生产、生活用电被切断时，应仍能保证消防设备用电。备用消防电源的供电时间和容量，应满足该建筑物火灾延续时间内（一般按一处着火考虑）各消防用电设备的要求。

2　消防配电干线宜按防火分区划分，消防配电支线不应穿越防火分区。

3　消防控制室、消防水泵房、消防电梯的消防用电设备等的供电，应在其配电线路的最末一级配电箱处设置自动切换装置。

4　按一、二级负荷供电的消防设备，其配电箱应独立设置；按三级负荷供电的消防设备，其配电箱宜独立设置。消防配电设备应设置明显标志。

5　对于其他消防设备用电，如消防应急照明和疏散指示标志、防火卷帘门、电动排烟窗、消防排水泵等，可由所在防火分区配电间内双电源互投箱单电源放射供电。

6　消防设备不得采用变频调速器作为控制装置。

7　建筑物（群）的消防用电设备供电，应符合下列要求：

1）消防用电负荷等级为一级时，应由主电源和自备电源或城市电网中独立于主电源的专用回路的双电源供电；

2）消防用电负荷等级为二级时，应由主电源和与主电源不同变电系统，提供应急电源的双回路电源供电。

3）消防用电负荷等级为三级时，只需要一路电源供电；有条件的建筑要尽量通过设置两台变压器来保证建筑的消防用电。

4）为消防用电设备提供的两路电源同时供电时，可由任一回路作主电源，当主电源断电时，另一路电源应自动投入。

5）消防系统配电从变电所或建筑物的电源进线处开始核定确认，其应急电源配电装置宜与主电源配电装置分开设置；当分开设置有困难，需要与主电源并列布置时，其分界处应设防火隔断。

8　除消防水泵、消防电梯、防烟及排烟风机等消防设备外，各防火分区的消防用电设备，应由消防电源中的双电源或双回线路电源供电，并应满足下列要求：

1）末端配电箱应设置双电源自动切换装置，该箱应安装于所在防火分区内。

2）由末端配电箱配出引至相应设备，宜采用放射式供电。对于作用相同、性质相同且容量较小的消防设备，可视为一组设备并采用一个分支回路供电。每个分支回路所供设备不宜超过 5 台，总计容量不宜超过 10kW。

9　公共建筑物顶层，除消防电梯外的其他消防设备，可采用一组消防双电源供电。由末端配电箱引至设备控制箱，应采用放射式供电。

10　住宅类建筑内消防负荷配电应符合下列要求：

1）建筑物内的消防设备负荷应按该建筑物的负荷级别供电；其他用电设备负荷级别应参照国家现行标准、规范的相关规定执行。

2）配电设计中用电负荷级别及配电要求：

（1）高层一（二）类住宅中的消防控制室、消防水泵、消防电梯、防排烟风机应采用双重电源（两回线路）供电，在最末一级配电箱处自动切换；

（2）高层一（二）类住宅中的消防应急照明、电动的防火门、窗、卷帘、阀门等消防负荷应采用双重电源（两回线路）供电，自动切换；

（3）建筑高度为100m及以下住宅区域的消防应急照明，当采用自带蓄电池消防应急照明灯具时，可直接接入楼中的公共照明电源回路；当采用消防专用电源供电时，应采用消防应急照明灯具接入；

（4）当不大于54m的普通住宅消防电梯兼作客梯且两类电梯共用前室时，可由一组消防双电源供电。末端双电源自动切换配电箱，应设置在消防电梯机房间，由配电箱至相应设备应采用放射式供电；

（5）其他消防用电设备应采用专用供电回路，其配电线路和控制回路宜按建筑物防火分区或单元划分。

12.5.2　消防负荷的划分（人防污水泵、事故风机的区分）：

1　消防负荷是指用于防火、灭火的设备，消防状态下需要启动的用电负荷，民用建筑中的常用消防负荷包括：消防控制室、火灾自动报警及联动控制装置、火灾应急照明及疏散指示标志、防烟及排烟设施、自动灭火系统、消防水泵、消防电梯及其排水泵、电动的防火卷帘及门窗以及阀门等消防用电。

2　部分用电设备由于其功能具有一定特殊性，在进行配电时需要特别注意：

1）人防污水泵水专业要求如下：防排水设施宜与生活排水设施合并设置，兼作消防排水的生活污水泵（含备用泵），总排水量应满足消防排水量的要求，是否需要按照消防负荷考虑应按给水排水专业的要求确定。

2）事故风机的相关要求为：事故通风的排风量宜根据工艺设计要求通过计算确定，但换气次数不应小于12次/h。事故排风量可以由房间中设计的排风系统和专门的事故通风系统共同承担。该设备在火灾发生时不使用，不需按照消防负荷考虑（如变电所的事故风机用于气体灭火后的排气或其他有毒气体泄露后的排气，此类灾后用的事故风机，其配电线路和配电装置火灾时不应受到破坏）。

12.5.3　消防水泵的供电措施（主泵、稳压泵、转输泵）：

1　消防水泵主要包括：室内消火栓泵、室外消火栓泵、自动喷水泵、水喷雾泵、雨淋泵、消火栓增压泵、自动喷水增压泵等。

2　除室外消火栓泵水专业明确要求双路消防电源供电外，其他均按照负荷等级，按照消防负荷供电措施要求供电。

3　主泵一般设备容量较大，消防水泵房宜采用放射式供电，双路进线末端互投。配电形式如图12.4-1所示。

4　稳压泵等小容量设备可就近与其他用电设备采用树干式供电，双路进线末端互投。可采用的配电形式如图12.4-7所示。

12.5.4　消防进排烟风机的供电措施（专用、兼用）：

1　进排烟风机主要功能为：采用机械排烟的方式，将房间、走道等空间的火灾烟气排至建筑物外。

　　2　根据通风的系统形式有专用和兼用两种，其中兼用型需按照消防负荷要求进行配电，并注意消防负荷和非消防负荷分别进行负荷计算。

　　3　消防进排烟风机按照用电量大小、机房位置，可采用放射式供电和树干式供电。

　　4　当每处配电箱容量较小时，可采用二次配电的方式配电，区域集中设置总箱，在末端配电处进行互投。可采用的配电形式如图 12.4-7 所示。

12.5.5　正压风机的供电措施：

　　1　正压风机的主要功能为：阻止火灾烟气侵入楼梯间、前室、避难层（间）等空间。

　　2　为了确保疏散通道的余压在火灾发生时能够处于有效的受控状态，既能阻止烟气的扩散，又能使逃生者轻松地打开防火门逃生，保护人员安全疏散。需要配合暖通专业在封闭楼梯间及其前室（或合用前室）内风管上设置压差自动调节装置，进行余压监控。其余压值应符合以下要求：

　　　　1）防烟楼梯间为 40Pa～50Pa；

　　　　2）前室、合用前室、消防电梯前室、封闭避难层（间）为 25Pa～30Pa。

　　3　正压风机按照用电量大小、机房位置可采用放射式供电和树干式供电。

　　4　当单独配电箱容量较大时，宜采用放射式供电，双路进线末端互投。

　　5　当每处配电箱容量较小时，可采用二次配电的方式配电，区域集中设置总箱，在末端配电处进行互投。可采用的配电形式如图 12.4-7 所示。

12.5.6　消防电梯的供电措施：

　　1　消防电梯为火灾发生时仍需继续使用的电梯，可采用符合消防电梯要求的客梯或货梯兼作消防电梯。

　　2　消防电梯按照消防负荷级别对应的供电措施供电，为其供电的两个供电回路，应在最末一级配电箱处自动切换（电梯应由专用回路供电，但杂货梯除外。重要电梯的供电线应直接引自变电站。消防电梯与其他电梯应分别供电）。

　　3　消防电梯应从低压柜或低压进线单体配电总箱直接放射式供电，双路进线末端互投。配电形式如图 12.4-1 所示。

12.5.7　防火卷帘门：

　　1　防火卷帘门主要用来进行防火分区的分隔，防止临近的一个防火分区发生的火灾向其他防火分区蔓延。

　　2　防火卷帘门配电时，可按照一个防火分区设置一个末端配电箱，末端配电箱需按照消防负荷供电要求，双电源互投供电。由末端配电箱配出引至防火卷帘门自带控制箱，按照防火分区划分供电回路，宜采用独立回路放射式供电。对于布线方便且在同一防火分区内时，可视为一组设备并采用一个分支回路树干式供电。

　　3　当防火卷帘门独立设置配电箱时，可采用的配电形式如图 12.4-7 所示。

　　4　当防火卷帘门较少且分散设置时，可从同一防火分区的消防末端互投配电箱出线处取单回路供电。

12.5.8　消防排水泵：

　　1　排水泵中属于消防负荷的用电设备主要有消防电梯排水泵、消防水泵房排水泵。

　　2　消防电梯排水泵按照用电量大小、位置可采用放射式供电和树干式供电；消防泵房排水泵可由其泵房内消防水泵的电源供电。

3 当单独配电箱容量较大时，宜采用放射式供电，双路进线末端互投。

4 当每处配电箱容量较小，且相对集中时，可采用二次配电的方式配电，区域集中设置总箱。

12.5.9 电动防火门、防火窗、电动挡烟垂壁：

1 根据建筑疏散及排烟要求，部分建筑中需设置电动防火门、电动排烟窗、电动挡烟垂壁等末端设备。

2 可按照一个防火分区或就近的几个防火分区设置一组末端配电箱，末端配电箱需按照消防负荷供电要求，双电源互投供电。

3 由末端配电箱配出引至设备自带控制箱，应按照防火分区划分供电回路，宜采用独立回路放射式供电。对于布线方便且在同一防火分区内时，可视为一组设备并采用一个分支回路树干式供电。

4 当电动防火门、防火窗、电动挡烟垂壁等用电负荷独立设置配电箱时，可采用的配电形式如图 12.4-7 所示。

5 当电动防火门、防火窗、挡烟垂壁等用电负荷较少且分散设置时，可从同一防火分区的消防末端互投配电箱出线处取单回路供电。

12.5.10 应急疏散照明的供电措施：

1 当建筑物消防用电负荷为一级，且采用交流电源供电时，宜由主电源和应急电源提供双电源，并以树干式或放射式供电。应按防火分区设置末端双电源自动切换应急照明电源箱，提供该分区内的备用照明和疏散照明电源。

2 当采用集中蓄电池或灯具内附电池组时，宜由双电源中的应急电源提供专用回路采用树干式供电，并按防火分区设置应急照明配电箱。

3 当消防用电负荷为二级并采用交流电源供电时，宜采用双回线路树干式供电，并按防火分区设置自动切换应急照明电源箱。当采用集中蓄电池或灯具内附电池组时，可由单回线路树干式供电，并按防火分区设置应急照明配电箱。

4 高层建筑楼梯间的应急照明，宜由应急电源提供专用回路，采用树干式供电。宜根据工程具体情况，设置应急照明配电箱。

5 备用照明和疏散照明，不应由同一分支回路供电，严禁在应急照明电源输出回路中连接插座。

6 应急疏散照明配电箱容量一般较小，且相对集中时，可采用二次配电的方式配电，区域集中设置总箱，在各区设应急照明电源箱。

7 根据建筑功能划分和相对位置，可设置多处总箱，需根据建筑体量和总容量确定。可采用的配电形式如图 12-4-7 所示。

12.6　电力负荷的供电措施

12.6.1 提资分析：普通电力负荷以三级负荷为主，部分区域性机房内的泵组、锅炉房设备等负荷等级高，需按照二级及以上负荷进行配电。

12.6.2 锅炉房、换热站的供电应符合下列要求：

1 锅炉房、换热站电源宜采用独立回路放射式供电；

2 区域性的生活给水、供暖锅炉房及换热站的用电负荷，应根据工程规模、重要性等因素合理确定负荷等级，且不应低于二级；

3 严寒和寒冷地区住宅建筑采用集中供暖系统时，热交换系统的用电负荷等级不宜低于二级；

4 当锅炉房和换热站采用单路电源供电时，配电形式如图 12.4-1 所示，当锅炉房和换热站采用双路电源供电时，配电形式如图 12.4-1 中双电源所示。

12.6.3 风机（含诱导风机）的供电措施应符合下列要求：

1 根据用电容量及服务范围设置区域总箱，区域总箱宜由与诱导风机同时工作的排风机配电箱供电或由电力总箱放射式供电；

2 末端设备可以按照防火分区划分供电回路，可根据用电容量及分布位置确定采用放射式或树干式供电；

3 当机房上下垂直对应时，可采用垂直树干式供电；

4 当设备较少时，可采用的配电形式如图 12.4-3 所示；当设备较多时，可区域集中设置配电总箱进行二次配电，可采用的配电形式如图 12.4-4 所示；

5 诱导风机：由配套风机供电的配电箱供电，按照防火分区设置供电回路。当诱导风机与风机无确定配套关系或风机为消防兼用风机时，可从所在防火分区的照明配电箱供电，但需要设置接触器与风机联动。

12.6.4 中水泵、直饮水泵的供电措施应符合下列要求：

1 宜采用独立回路放射式供电。

2 当用电量较大时，可从低压柜放射式供电，当用电量较小时可从就近电力总箱独立回路放射式供电。

3 当设备较少时，可采用的配电形式如图 12.4-3 所示；当设备较多时，可区域集中设置配电总箱进行二次配电，可采用的配电形式如图 12.4-4 所示。

12.6.5 污水泵、废水泵、雨水泵的供电措施：

1 区域设置配电总箱，区域总箱宜放射式供电；

2 末端设备可以按照防火分区划分供电回路，可根据用电容量及分布位置确定采用放射式或树干式供电；

3 部分地下空间复杂项目雨水泵，水专业会按照消防负荷进行提资，设计时需与水专业进一步落实，此时配电形式同消防电梯排水泵；

4 当设备较少时，可采用的配电形式如图 12.4-3 所示；当设备较多时，可区域集中设置配电总箱，可采用的配电形式如图 12.4-4 所示。

12.6.6 非消防电梯的供电措施：

1 一级负荷的客梯，应由引自两路独立电源的专用回路供电；二级负荷的客梯，可由两回路供电，其中一回路应为专用回路；

2 三级负荷的客梯，宜由建筑物低压配电柜以一路专用回路供电，当有困难时，电源可由同层配电箱接引；电梯配电箱安装在电梯机房内，无机房电梯的配电箱安装在电梯顶层靠近电梯井道附近；液压电梯的配电箱安装于电梯底层靠近电梯井道附近；

3 电梯应具有断电自动平层开门功能；

4 自动扶梯和自动人行道宜为三级负荷，重要场所宜为二级负荷，人员密集场所的自动扶梯宜设置防电压暂降的措施；

5 非消防电梯宜从低压柜或低压进线单体配电总箱直接放射式供电，根据负荷等级确定采用单路进行或双路进线供电。配电形式如图 12.4-1 所示。

12.6.7 电动门、机械停车装置等供电措施：

1 电动门应由所在防火分区内的配电箱（屏）引单独回路供电；

2 机械停车装置就近配电箱（屏）引单独回路供电；

3 根据电动门、机械停车装置整体用电量确定是否设置专用配电箱，当整体用电量大时宜设置专用配电箱，当整体用电量小时可从所在防火分区照明配电箱供电；

4 当电动门等用专用配电箱按照三级负荷配电时，可采用的配电形式如图 12.4-2 中单路进线树干配电形式所示；当电动门、机械停车装置等用专用配电箱按照二级负荷配电时，可采用的配电形式如图 12.4-2 中双路进线树干配电形式所示。

12.6.8 厨房、超市等区域的工艺设备：

1 根据厨房、超市等区域的工艺设备需要并结合所在建筑物的类别以及工艺需求确定负荷分级；在供电形式上需要充分考虑后期的商业运行及管理模式，宜采用放射式供电；多个用户属于同一产权，且用电量不大时可采用树干式供电。

2 厨房、超市等区域的工艺设备一般采用单路电源供电，当设备较少或体量较小时，可采用的配电形式如图 12.4-3 所示；当设备较多或体量较大时进行二次配电，可区域集中设置配电总箱，可采用的配电形式如图 12.4-4 所示。

3 厨房、超市等区域冷柜用电，一般为二级负荷；当建筑物由双重电源供电，且两台变压器低压侧设有母联开关时，可由任一段低压母线单回路供电。当市政电源为非双重电源时可从上级电源取双回路供电，其中一路应为专用回路，该路电源在单路市电停电时不切除；另一路可由厨房、超市等区域的工艺设备配电箱取电。可采用的配电形式如图 12.4-5 和图 12.4-6 所示。

12.7　空调负荷的供电措施

12.7.1 提资分析：空调负荷的负荷分级主要取决于其服务的区域，需针对不同的建筑类型区别对待。当主体建筑中有一级负荷中特别重要负荷时，直接影响其运行的空调用电应为一级负荷；当主体建筑中有大量一级负荷时，直接影响其运行的空调用电应为二级负荷。

12.7.2 冷水机组供电（风冷、水冷）应符合下列要求：

1 当采用高压冷水机组时，宜从总变电所高压柜直接放射式供电，高压冷机机组自带控制柜（包括进线柜、启动柜、补偿柜），柜体尺寸较大，需提前规划布置空间，柜体上部不应有给水排水专业管道、喷洒等设施或采取防水措施或单独设置控制室。

2 当采用低压冷水机组时，大容量设备机组宜从变电所低压柜直接放射式供电。小容量机组可与其他泵组进行区域二次配电，其区域总箱从变电所低压柜直接放射式供电。

3   当冷水机组按照低压配电，采用单路电源供电时，配电形式如图 12.4-1 所示。

12.7.3   空调机组、新风机供电应符合下列要求：

1   上下层机房对应时可垂直树干式供电。

2   当建筑规模较大时，根据用电容量及服务范围设置区域总箱，区域总箱宜从低压柜放射式供电。末端配电箱可以按照防火分区划分供电回路，可根据用电容量及分布位置确定采用放射式或树干式供电。

3   当设备较少或体量较小时，可采用的配电形式如图 12.-4-3 所示；当设备较多或体量较大时，可区域集中设置配电总箱进行二次配电，可采用的配电形式如图 12.4-4 所示。

12.7.4   冷却塔、补水泵（变频）的供电应符合下列要求：

1   根据用电容量及服务范围设置区域总箱，区域总箱宜从低压柜放射式供电。

2   末端配电箱可以按照防火分区划分供电回路，可根据用电容量及分布位置确定采用放射式或树干式供电。部分变频设备自带控制柜，需与水专业进一步确定，避免重复设计。

3   当设备较少或体量较小时，可采用的配电形式如图 12.4-3 所示；当设备较多或体量较大时，可区域集中设置配电总箱进行二次配电，可采用的配电形式如图 12.4-4 所示。

12.7.5   空调室外机组供电应符合下列要求：

1   根据用电容量及服务范围设置区域总箱，区域总箱宜从低压柜放射式供电。

2   末端配电箱可以按照防火分区划分供电回路，可根据用电容量及分布位置确定采用放射式或树干式供电。

3   当空调室外机供电需要兼顾物业管理及计量收费等需求时，宜从其服务区域的户总箱供电，宜局部采用放射式供电。

4   可采用的配电形式如图 12.4-4 所示。

12.7.6   末端设备（VAV、VRV、热风幕、风机盘管）供电应符合下列要求：

1   VAV、VRV、风机盘管属于 220V 用电设备，热风幕一般属于 380V 用电设备。

2   当末端设备与主机设备无逻辑控制关系时，宜由所在防火分区的照明配电箱供电，用电设备可根据单台容量多台链式供电，不应跨越防火分区。

3   当末端设备与主机设备有逻辑控制关系时，宜由为主机设备供电的配电箱供电，用电设备可根据单台容量多台链式供电，不宜跨越防火分区。（空调单位计费时适用本条）

4   热风幕当整体用电量不大时，可由所在防火分区的照明配电箱供电，宜采用放射式供电；当整体用电量大时，宜设置区域总箱。区域总箱宜从低压柜放射式供电，末端设备宜采用放射式供电。热风幕等 380V 用电设备，可采用的配电形式如图 12.4-4 所示。

12.7.7   精密空调机组的供电应符合下列要求：

1   精密空调机组宜从低压柜放射式供电，当用电量小且相对集中时可采用树干式供电或二次配电方式。

2   精密空调机组的负荷等级需要与其服务的机房等级有关，需结合机房等级确定其负荷等级，并按照供电要求进行供电设计。

3 当单台用电量较大时，配电形式如图 12.4-1 所示；当用电量小且相对集中时，配电形式如图 12.4-6 和图 12.4-7 所示。

12.8 照明负荷的供电措施

12.8.1 照明负荷应根据其中断供电可能造成的影响及损失，合理确定负荷等级，并应根据照明的类别，结合电力供电方式统一考虑，正确选择照明配电系统的方案。

12.8.2 正常照明电源不宜与较大冲击性电力负荷合用。如必须合用时，应由专用馈电线供电，并校核电压偏差值。对于照明容量较大而又集中的场所如果电压波动或偏差过大，严重影响照明质量或光源寿命时，可装设照明专用变压器或调压装置。

12.8.3 备用照明（用于确保正常活动继续进行的非火灾照明）应由两路电源或两回线路供电，其具体方案应符合下列要求：

1 备用照明的两路电源取自不同变压器低压母线段。

2 当设有自备发电机组时，备用照明的一路电源可接至发电机作为专用供电回路，另一路可接至正常照明电源。在重要场所，柴油发电机组的切换时间不能满足要求时，尚应设置带有蓄电池的应急照明灯或用蓄电池组供电的备用照明，供发电机组投运前过渡期间使用。

3 当供电条件不具备两路电源或两回线路时，备用电源宜采用蓄电池组，或设置带有蓄电池的应急照明灯。

4 当备用照明作为正常照明的一部分时，其配电线路及控制开关应与正常照明分开装设并做好标识。当备用照明仅在事故情况下使用时，则当正常照明因故停电时，备用照明应自动投入工作。

12.8.4 道路照明可以分别由几个变电站供电，尽可能在集中控制。控制方式采用手动或自动，控制点应设在有人值班的地方。

12.8.5 露天工作场地、露天堆场的照明可由道路照明线路供电，也可由附近有关建筑物供电。需设置单独的计量表计。

12.8.6 正常照明的设计应符合下列要求：

1 重要的照明负荷，宜在负荷末级配电箱采用自动切换电源的方式供电，负荷较大时，可采用由两个专用回路交叉供电的配电方式。

2 公共区域的照明宜单独的配电箱供电。

3 普通照明可采用的配电形式如图 12.4-3 和图 12.4-4 所示，应用时根据整体用电量和建筑功能分布选取适宜的配电形式。

4 走道照明和非消防备用照明可采用的配电形式如图 12.4-5 和图 12.4-6 所示，应用时根据整体用电量和建筑功能分布选取适宜的配电形式，要求特别高的区域，可采用的配电形式如图 12.4-7 所示。

12.8.7 备用照明（消防）的设计应符合下列要求：

1　当建筑物消防用电负荷为一级，且采用交流电源供电时，宜由主电源和应急电源提供双电源，并以树干式或放射式供电。应按防火分区设置末端双电源自动切换应急照明配电箱，提供该分区内的备用照明和疏散照明电源。

2　当采用相对集中的蓄电池或灯具内附电池组时，宜由双电源中的应急电源提供专用回路采用树干式供电，并按防火分区设置应急照明配电箱。

3　当消防用电负荷为二级并采用交流电源供电时，宜采用双回线路树干式供电，并按防火分区设置自动切换应急照明配电箱。当采用集中蓄电池或灯具内附电池组时，可由单回线路树干式供电，并按防火分区设置应急照明配电箱。

4　备用照明和疏散照明，不应由同一分支回路供电，严禁在应急照明电源输出回路中连接插座。

5　备用照明（消防）为消防负荷，需末端互投，可采用的配电形式如图 12.4-7 所示。

12.8.8　应急疏散照明的设计应符合下列要求：

1　应急照明电源箱的供电应符合下列要求：

1）集中控制型系统中，应急照明配电箱应由消防电源的专用应急回路或所在防火分区、同一防火分区的楼层、隧道区间、地铁站台和站厅的消防电源配电箱供电；

2）非集中控制型系统中，应急照明电源箱应由防火分区、同一防火分区的楼层、隧道区间、地铁站台和站厅的正常照明配电箱供电。

2　建筑内垂直对应的强电间，一般不属于任一层的防火分区，可定义为安全区域。当多层合用一台应急照明配电箱或集中电源时，相应去往各层的配电线路不属于跨越防火分区。

3　应急疏散照明的配电形式与疏散照明系统控制形式息息相关，实际应用中需根据所选用的疏散照明系统形式，采用匹配的配电形式。详见本技术措施第 17 章。

12.9　保障性负荷的供电措施

12.9.1　在一级负荷中，当中断供电将发生中毒、爆炸和火灾等情况的负荷，一级特别重要的不允许中断供电的负荷，应为特别重要的负荷。对于一级负荷中的特别重要负荷，应增设应急电源，并严禁将其他负荷接入应急供电系统。

12.9.2　重要电信机房的交流电源，其负荷级别应与该建筑工程中最高等级的用电负荷相同。

12.9.3　安防系统供电应符合下列要求：

1　安全监控中心应设置专用配电箱，由专用线路直接供电，并宜采用双路电源末端互投方式。

2　系统监控中心和系统重要设备应配备相应的备用电源装置。系统前端设备视工程实际情况，可由监控中心集中供电，也可本地供电。

3　系统主电源和备用电源应有足够容量。

4　应根据入侵报警系统、视频安防监控系统、出入口控制系统等的不同供电消耗，按总系统额定功率的 1.5 倍设置主电源容量；应根据管理工作对主电源断电后系统防范功能的要求，选择配置持续工作时间符合管理要求的备用电源。

5　当不能满足电源质量要求时，应采用稳频稳压、不间断电源供电或备用发电等措施。

6　重要建筑的安全技术防范系统，应采用在线式不间断电源供电，不间断电源应保证系统正常工作 60min。其他建筑的安全技术防范系统宜采用不间断电源供电。安防系统用电一般双电源末端互投供电，可采用的配电形式如图 12.4-7 所示。

12.9.4　智能化系统供电应符合下列要求：

1　有线电视机房：有线电视机房应采用单相 220V、50Hz 交流电源供电，电源配电箱内，宜根据需要安装浪涌保护器。前端箱供电宜采用 UPS 电源，其标称功率不应小于使用功率的 1.5 倍。

2　广播、扩声与会议系统：

1）交流电源供电等级应与建筑物供电等级相适应；对重要的广播、扩声系统宜由两路供电，并在末端配电箱处自动切换；

2）交流电源的电压偏移值不应大于 10%，当不能满足要求时，应加装自动稳压装置，其功率不应小于使用功率的 1.5 倍。

3）当广播、扩声系统功放设备的容量在 250W 及以上时，应在广播、扩声控制室设电源配电箱。广播、扩声设备的功放机柜由单相、放射式供电。

4）广播、扩声系统的交流电源容量宜为终期广播、扩声设备容量的 1.5 倍～2 倍。

5）广播、扩声设备的供电电源，应由不带晶闸管调光设备的变压器供电。

3　呼应信号及信息显示：

1）当信息显示装置用电负荷不大于 8kW 时，可采用单相交流电源供电；当用电负荷大于 8kW 时，可采用三相交流电源供电，并宜做到三相负荷平衡。供电、防雷的接地应满足所选用设备的要求。

2）重要场所或重大比赛期间使用的信息显示装置，应对其计算机系统配备不间断电源（UPS）。UPS 后备时间不应于 30min。

3）时钟系统的母钟站需设不间断电源供电。母钟站电源及接地系统不宜单设，宜与其他电信机房统一设置。

4　建筑设备监控系统：

1）机房设备供电电源的负荷分级及供电要求，需根据建筑功能确定；

2）机房应根据实际工程情况，预留电子信息系统工作电源和维修电源，电源宜从配电室（间）直接引来；

3）电信间内应留有设备电源，其电源可靠性应满足电子信息设备对电源可靠性的要求；

4）照明电源不应引自电子信息设备配电盘。

5　电子信息设备机房：

民用建筑物（群）所设置的各类控制机房、通信机房、计算机机房及电信间等机房供电应符合下列规定：

1) 机房设备的供电电源的负荷分级及供电要求，应符合本技术措施第 12.3 节的规定；

2) 机房应根据实际工程情况，预留电子信息系统工作电源和维修电源，电源宜从配电室（间）直接引来；

3) 电信间内应留有设备电源，其电源可靠性应满足电子信息设备对电源可靠性的要求；

4) 照明电源不应引自电子信息设备配电盘。

智能化系统机房用电一般双电源末端互投供电，可采用的配电形式如图 12.4-7 所示。

12.9.5 事故风机供电应符合下列要求：

1 事故风机应根据放散物的种类，设置相应的检测报警及控制系统。事故通风机与事故探测器连锁，一旦发生紧急事故可自动进行通风机开启，同时在工作地点发出警示和风机状态显示。事故通风的手动控制装置应在室内外便于操作的地方分别设置，以便一旦发生紧急事故时，使其立即投入运行。

2 事故风机负荷等级一般不低于二级负荷，制冷机房内事故排风机应按二级负荷供电，当制冷系统因故障被切除供电电源停止运行时，应保证排风机的可靠供电。事故排风机的过载保护应作用于信号报警而不直接停风机。

3 事故风机用电一般双电源末端互投供电，当用电量少且分散时可采用的配电形式如图 12.4-7 所示；当设备较多或体量较大时，可区域集中设置配电总箱进行二次配电，可采用的配电形式如图 12.4-6 所示。

12.9.6 其他（排油烟风机、废水泵、隔油池、稳压泵、电伴热）设备供电应符合下列要求：

1 排油烟风机：根据与厨房的距离采用就近设置配电箱供电或从厨房工艺配电箱直接供电，注意在厨房内便于操作处预留排油烟风机异地控制按钮。

2 废水泵：区域集中供电，根据位置分布树干式供电或放射式供电。

3 隔油池：有计量要求时由厨房工艺配电箱放射式供电。

4 稳压泵：根据位置分布采用树干式供电或放射式供电。

5 电伴热：按照防火分区区域集中供电，可根据位置分布树干式供电或放射式供电。

6 生活泵：采用双路电源，独立回路放射式供电。

以上负荷供电措施在实际应用中需按照用电设备的负荷等级，采用相匹配的供电措施和配电形式。需根据设备用电量大小及位置分区，选择单独配电或区域设置总箱进行二次配电。

12.10　各类建筑的典型区域供电干线图示例

12.10.1 住宅建筑：

1 高层塔楼住宅建筑配电干线图示例如图 12.10-1 所示。

　2　多层住宅建筑配电干线图示例如图 12.10-2 所示。

　3　板楼住宅建筑配电干线图示例如图 12.10-3 所示。

12.10.2　办公建筑配电干线图示例如图 12.10-4 所示。

12.10.3　旅馆建筑：

　1　酒店建筑配电干线图示例如图 12.10-5 所示。

　2　公寓建筑配电干线图示例如图 12.10-6 所示。

12.10.4　体育建筑配电干线图示例如图 12.10-7 所示。

12.10.5　医疗建筑配电干线图示例如图 12.10-8 所示。

12.10.6　学校建筑配电干线图示例如图 12.10-9 所示。

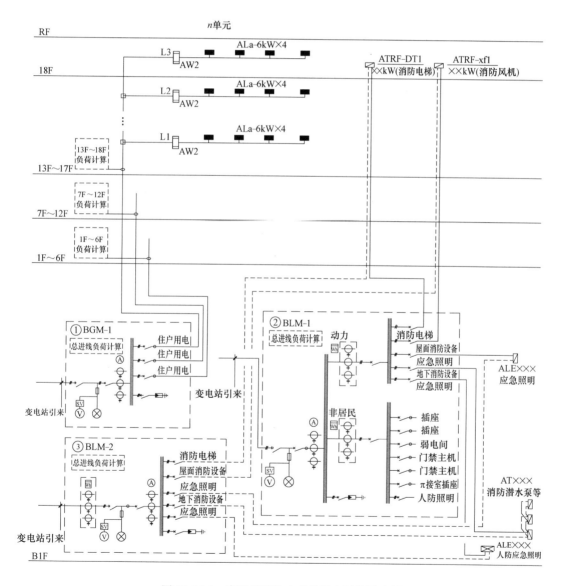

图 12.10-1　高层塔楼住宅建筑配电干线图示例

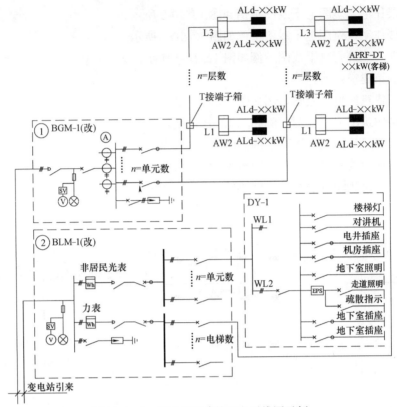

图 12.10-2　多层住宅建筑配电干线图示例

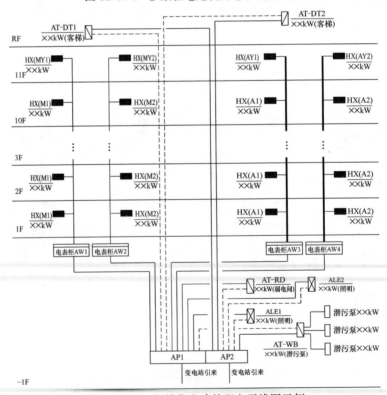

图 12.10-3　板楼住宅建筑配电干线图示例

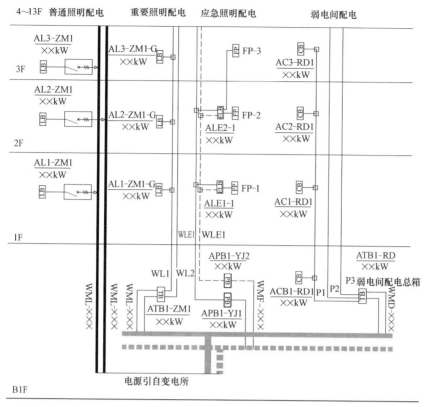

图 12.10-4　办公建筑配电干线图示例

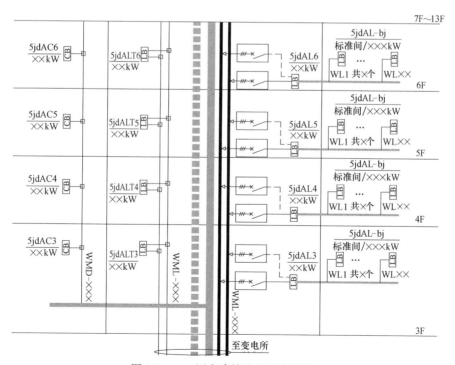

图 12.10-5　酒店建筑配电干线图示例

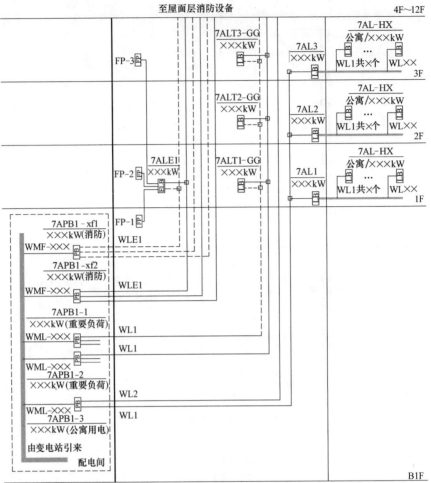

图 12.10-6　公寓建筑配电干线图示例

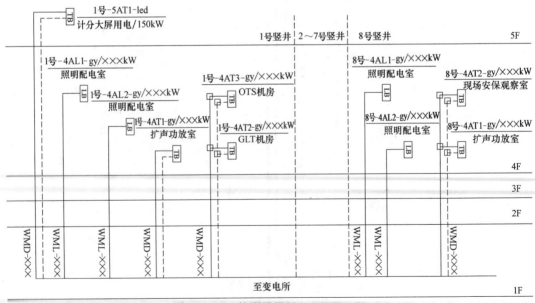

图 12.10-7　体育建筑配电十线图示例

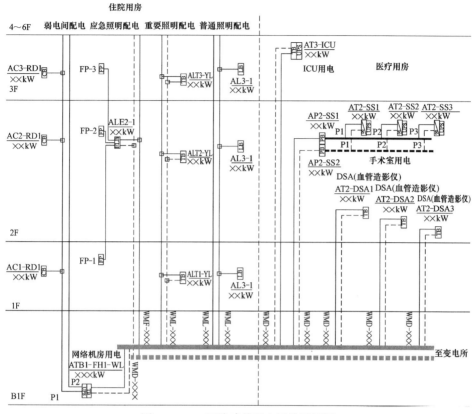

图 12.10-8　医院建筑配电干线图示例

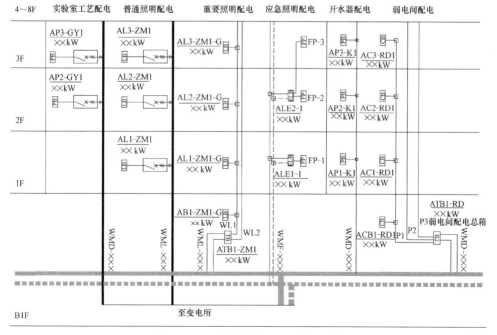

图 12.10-9　学校建筑配电干线图示例

13 电力平面图

13.1 一般规定

13.1.1 电力平面一般包括水、暖、电等专业的用电设备配电、线路敷设、插座布置（插座配电也可与照明配电同平面）及配电等内容。局部表达不清时可另行绘制大样图或剖面图，在大样图或剖面图下方标注其所在位置、名称和比例。当建筑规模较大，电缆桥架较多时，可单独按比例绘制电缆桥架走向图（不含机房内的桥架），并标注桥架的规格、安装高度及主要区域的桥架内电缆回路号。此时电力平面图中的线槽仅为示意。

13.1.2 电气设备布置不相同的楼层应分别绘制其电力平面图；电气设备布置相同的楼层可只绘制其中一个楼层的电力平面图。

13.1.3 建筑平面图采用分区绘制时，电气平面图也应分区绘制，分区部位和编号宜与建筑专业一致，并应绘制分区组合示意图。

13.1.4 当电力平面图中需要注释的信息内容重复较多，或在平面图中不能详尽表达敷设或安装要求时，可采用施工说明或施工安装要求文字表达。

13.1.5 当电力平面图内容较多时，可将插座平面图与电力平面图（或电力平面图与电力干线平面图）分别表达；当内容较少时也可与照明平面合并绘制。

13.1.6 电力平面图应包括以下内容：

   1 建筑门窗、墙体、轴线、主要尺寸、工艺设备编号及容量。

   2 布置电力配电箱、控制箱、照明配电箱，并注明编号。

   3 绘制供电线路始、终位置（包括控制线路）（照明配电箱在电力平面图中仅绘制进线回路），标注回路编号、敷设方式（需要强调时）。所有从电缆桥架引出电源，均必须标注电源回路编号。

   4 专项设计的场所，其配电及控制设计图由专项设计负责，但配电平面图上应相应标注预留的配电箱，并标注预留容量。

   5 图纸应注明绘制比例。

13.2 配电设备的布置

13.2.1 电力配电箱（控制箱）在机房内的设置应符合下列要求：

   1 电力配电箱（控制箱）在机房内应壁挂明装或者落地安装，并预留相应的检修操作空间。当机房有控制室（值班室）时，电力箱（控制箱）应优先安装在控制室（值班室）内；当电力配电箱（控制箱）直接设置在机房内时，不应在水管正下方或有可能被水溅到的地方。当配电箱有竖向管线敷设时，应避开箱体正上方有空调管道通过的墙体上安装。

2 当箱体高度<1500mm 时，可选择壁装方式。当安装配电箱的墙体强度不满足安装要求时，需要做加固处理。电力箱（控制箱）前操作距离不应小于 800mm（箱门宽度＋0.2m）。

3 当箱体高度≥1500mm 时，应落地安装，箱体厚度一般为 300mm～500mm。室内安装应在箱体底部设置 200mm 高的素混凝土台或槽钢；室外安装应在箱体底部设置 300mm～500mm 高的素混凝土台。电力配电箱（控制箱）前操作距离不小于 800mm（箱门宽度＋0.2m）。

4 当配电柜（控制柜）柜体深度一般为 600mm～1000mm，不需要柜后检修时，柜前操作空间不小于 1500mm（采用抽屉柜时应不小于 1800mm）。柜后需要维修时，距后墙最小距离不小于 1000mm（局部不小于 800mm）。

5 控制箱宜就近设置在用电设备旁，且便于人员到达处。当控制箱与其用电设备不同时在操作人员的视线范围内时，需要在设备旁设置就地启停装置和隔离开关，以保证检修或操作人的人身安全。

6 安装在燃气表间、变电所、柴发机房、厨房、锅炉房等机房内的事故风机，应在机房内、外靠近门口的位置设置风机启停按钮。

7 锅炉房应设置控制室，控制箱、配电箱设置在控制室内。

13.2.2 电力配电箱（控制箱）在其他区域的设置应符合下列要求：

1 电力配电箱（控制箱）根据平面情况可在配电间、电气竖井、车库、商铺内、屋面、室外等区域设置。消防类配电箱、控制箱应安装在机房、配电间、电气竖井、值班室、配电小间等场所。

2 电力配电箱（控制箱）在车库内设置时，不应设在排水沟、集水坑上方，污水管道正下方，汽车坡道等位置，安装在车位附近时需考虑应避开车位正后方。

3 电力配电箱（控制箱）应尽量避免在走道、电梯厅、门厅等公共区域安装，无法避免时应暗装，并且配合土建专业预留孔洞

4 电力配电箱（控制箱）设置在屋面落地安装时，箱体底部应设置 300mm～500mm 的素混凝土台。屋顶敷设的缆线较多时，电井宜出屋面，线缆经电井引至屋面，并在屋面水平敷设至各电力配电箱；屋面管线较少的情况下，线缆可以在屋面下一层垂直引至屋面电力箱的素混凝土基座位置，引出管线位置必须采取防水措施。

5 上人屋面线缆敷设：尽量在建筑面层、结构层、覆土层暗敷设，线缆较多或管线大于 Φ40 以上，需采用线槽时，线槽应避让人行通道等位置敷设，宜采用金属槽盒敷设。

6 电力配电箱（控制箱）设置在其他室外区域时，素混凝土台应高于地坪，周围排水应通畅，其底座周围应采取封闭措施。

7 装配式建筑的箱体尽量在电气竖井内安装，优先选择现浇或砌筑墙体上安装，设有预埋件的开关、插座、灯具、接线盒、导管、管孔、操作空间应做好预留预埋要求。

13.3 图面信息的表达

13.3.1 用电设备信息的表达：

1   风机、水泵等用电设备的编号及位置应与设备专业一致，文字标注见本技术措施第 2.4 节的要求。

2   电力配电平面中风机应标注风机编号及设备容量，排水泵可以不标注编号，仅标注设备容量即可。风机（进排风及平时/消防风机、平时/事故风机、新风机、空调机、回风机、热回收风机、空气压缩机、风机盘管、VRV、VAV 等）、水泵（潜水泵、生活水泵、中水泵、消防水泵等）图例可以直接利用设备专业提资图例，如图 13.3-1 所示。

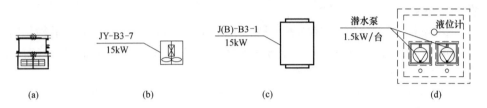

图 13.3-1   末端设备表示方法一

（a）风机盘管；（b）消防风机；（c）平/消两用风机或空调机；（d）潜水泵

3   进排风及平时/消防风机、平时/事故风机、风机盘管、VRV、VAV、潜水泵也可以用电气专业图例表示，如图 13.3-2 所示。

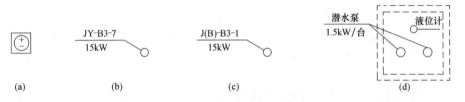

图 13.3-2   末端设备表示方法二

（a）风机盘管；（b）消防风机；（c）平/消两用风机或空调机；（d）潜水泵

注：同一项目不同子项的电气平面中设备图例应统一。

4   应注明不同风机编号所代表的风机类型（与空调专业保持一致），如表 13.3-1 所示。

风机编号含义   表 13.3-1

风机编号	风机类型	风机编号	风机类型
P-	排风机	JS-	事故补风
PY-	消防排烟风机	J(S)-	平时/事故补风
P(Y)-	平时排风/消防排烟风机	PYY-	厨房排油烟风机
J-	进风机	JYY-	厨房排油烟补风风机
JY-	消防加压风机	X-	新风机
J(B)-	平时送风/消防补风机	XH-	新风热回收机组
JB-	消防补风机	K-	空调机
PS-	事故排风	KH-	空调热回收机组
P(S)-	平时/事故排风		

13.3.2   配电及控制设备信息的表达：配电箱编号应能体现出楼层号、配电箱序号、配电箱容量（也可以省略）、配电箱种类、配电箱功能等信息，当项目分多个子项时，配电箱编号还应体现子项号，如表 13.3-2 所示。

配电箱标注及含义 表 13.3-2

配电箱编号说明	配电箱在平面图中的表示方法

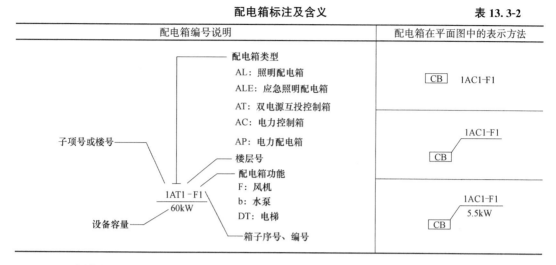

13.3.3 线缆敷设信息的表达:

1 平面图应绘制出敷设在本层和连接本层的电气设备的线缆、路由等信息。进出建筑物的线缆,其防水套管或止水钢板应注明与建筑轴线的定位尺寸、穿建筑物外墙的标高和防水形式。

2 从变电所引出的桥架应标注桥架内敷设的电缆回路编号,当桥架有分支、桥架内电缆数量有变化的情况应标注桥架内敷设的电缆回路编号,如图 13.3-3 所示。

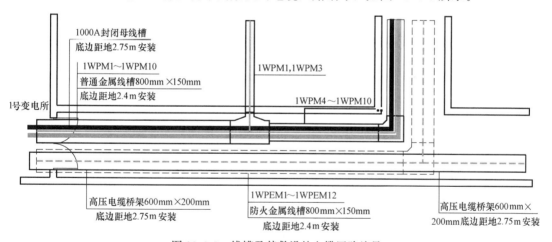

图 13.3-3 线槽及其敷设的电缆回路编号

3 普通电力桥架、消防电力桥架、封闭母线在平面中要有不同的图示,应按比例绘制,并注明安装高度、桥架规格及用途,桥架高度变化处需标注清楚。桥架应敷设在公共区域,如图 13.3-4 所示。

4 同一桥架内强电导线或电缆的总截面(含外护层)不应大于桥架内截面的 40%,载流导体不应多于 30 根。

5 所有从电缆桥架上进入箱、柜、设备的电源线均应标注回路编号,由变电所或上级配电箱引来电源的还应标注变电所回路编号、上级配电箱的编号及回路编号(当无法表达清楚时,引上、引下箭头应能明确表达电源从何处引来,引至何处)。风机房内有设备

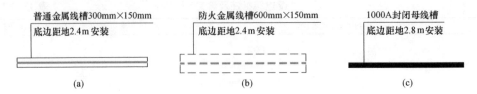

图 13.3-4　桥架和母线槽的标注

(a) 普通金属线槽；(b) 防火金属线槽；(c) 封闭母线槽

编号，控制箱至设备可不标注编号，如图 13.3-5 所示。

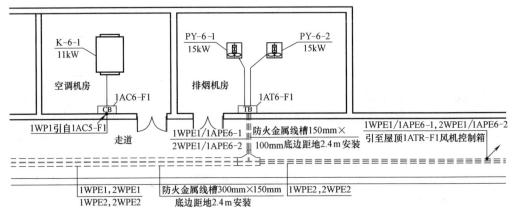

图 13.3-5　电力平面图机房局部表达示例

6　导线敷设方式的标注：机房内的设备配管以明敷为主，线缆较集中时宜采用电缆桥架敷设，机房内的明敷管可采用 JDG 管，地下室等潮湿场所穿焊接钢管或镀锌钢管，线缆的敷设方式如表 13.3-3、表 13.3-4 所示。

导线敷设方式的标注　　　　　　　　　　　　表 13.3-3

符号	说明	符号	说明
SC	穿热浸镀锌焊接金属管敷设	JDG	穿套接紧定式镀锌钢管敷设
PC	穿聚氯乙烯硬质管敷设	CT	用电缆桥架敷设
FPC	穿聚氯乙烯半硬质管敷设	SR	用金属槽盒敷设

导线敷设部位的标注　　　　　　　　　　　　表 13.3-4

符号	说明	符号	说明
CE	沿顶棚面或顶板面明敷设	FC	暗敷设在地面或地板内
ACE	在能进人的吊顶内明敷设	CC	暗敷设在屋面或顶板内
CLC	暗敷设在柱内	ACC	暗敷设在不能进人的吊顶内
WC	暗敷设在墙内		

7　配电箱出线应垂直于箱体绘制，各出线回路的间距宜一致，管线应避开风井、吊装孔、挑空区等区域。相交管线处需要断线，且断线间距尽量保持一致，如图 13.3-6 所示。

8　T 接箱的安装：T 接箱主要为树干式配电系统各配电箱供电，它的安装位置最好在配电箱的正上方或安装在配电箱内，便于安装检修，同时能满足 T 接变径小于 3m 的距离要求。如果配电箱离主干线距离较远时，T 接箱可选择电缆敷设最短的路径位置，但不

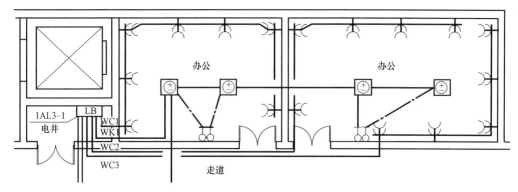

图 13.3-6　配电箱出线的标注

可以安装在电缆桥架上。

9　配电箱出线线缆较多时，集中部分可采用电缆桥架敷设，当设备容量较大时也可采用电缆桥架敷设。

13.4　管线综合

13.4.1　管线综合的原则要求：

1　管线的敷设详见本技术措施第 8.3 节。

2　管线综合一般包括：给水管道、排水管道（重力流）、消防喷淋管、空调送排风管、空调冷冻水供回管、冷却水供回管、电缆桥架、弱电线槽及工艺管线等的平面布置及竖向布置。

3　一般管线布置避让原则：小管线让大管线，有压管线让无压管线，弱电线槽让强电桥架，低压桥架让高压桥架，临时管线让永久管线等，电气线槽避免在污水管正下方。电气线槽与风管交叉时，一般电气线槽在梁间上翻，翻越空间应满足线槽内截面最大电缆转弯半径需求。

4　高压桥架尽量避开人员密集区域敷设，优先选择在车库层敷设。当高压桥架与低压桥架上下平行敷设时，高压桥架应该敷设在低压桥架的上面；封闭母线宜设置在最上方；无吊顶的场所强电桥架尽量设置在设备管道上方，有吊顶的场所强电桥架尽量设置在管道的最下层。

5　管线及设备密集的部位，如走廊通道、设备机房附近、机电管线竖井附近等关键位置，应绘制局部综合布线图及机电管线剖面布置图。

6　安装电力线槽时，需为安装、放置线缆预留操作空间，除与其他管线应考虑适当的垂直间距外，还应考虑线槽侧面的操作空间。线槽距最下层管道距离 $h \leqslant 300mm$，操作空间宜 $\geqslant 300mm$；$300mm < h \leqslant 1200mm$，操作空间宜 $\geqslant 500mm$；$h > 1200mm$ 时，操作空间宜 $\geqslant 800mm$，有吊顶的情况尽量做可上人吊顶，并在吊顶做检修口。

13.4.2　强电桥架与设备管道间距应该满足表 13.4-1 的要求。

管线类别		平行净距(m)	交叉净距(m)
设备管道	有保温层	0.5	0.3
	无保温层	1.0	0.5
其他管线		0.4	0.3

强电桥架与设备管道间距   表 13.4-1

13.4.3 重点部位的节点图或剖面图如图 13.4-1、图 13.4-2 所示。

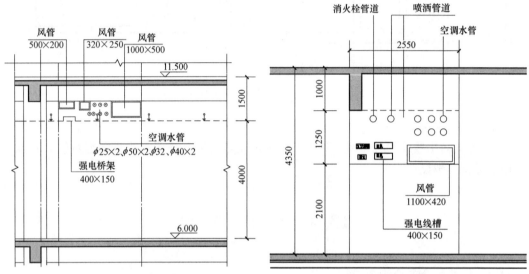

图 13.4-1   有吊顶的走道管线综合   图 13.4-2   无吊顶的走道管线综合

13.5 电力管线进、出建筑物的要求

13.5.1 有地下室的建筑物:

1 高压或低压管线通过室外直接进入建筑物地下室时,外墙做止水钢板,止水钢板的第一排钢管的上沿标高一般大于 0.7m,并避开建筑物外墙处的结构梁。

2 引入室内管线的室外埋深不宜大于 3m,当室外管线埋深大于 3m 时,应考虑设置室外双层井,或减小室外管线埋深而在室内设置竖向引下电缆井等措施。

13.5.2 无地下室的建筑物:

1 当引入线缆管径小于 80mm,根数少于 8 根时,可以直接引入室内配电间或电井。

2 当引入线缆较多,管径较大时,应在强电进线间或强电机房靠外墙的室内地面做电缆沟,电缆沟的尺寸应该满足电缆最大截面电缆弯曲半径的需求,电缆沟做法如图 13.5-1 所示。电源进线处需与结构专业核实是否有连梁,若有应考虑预留进出线套管等措施。

13.5.3 穿越人防区:

1 穿过外墙、临空墙、防护密闭隔墙和密闭隔墙的各种电缆管线和预留备用管,应做防护密闭或密闭处理,应选用管壁厚度不小于 2.5mm 的热镀锌钢管。

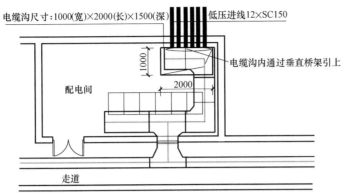

图 13.5-1   电缆进线处电缆沟表示方式

2　电缆线槽、桥架不得直接穿过临空墙、防护密闭隔墙、密闭隔墙。当必须通过时应改为穿管敷设，并应符合防护密闭要求。

3　由室外地下进、出防空地下室的强电线路，应设置强电防爆波电缆井。防爆波电缆井宜设置在紧靠外墙外侧。留有设计需要的穿墙管数量，管壁厚度为不小于 2.5mm 的热镀锌钢管，并应符合防护密闭要求。

13.5.4　临空墙、防护墙、楼板示意详见《〈人民防空地下室设计规范〉图示—电气专业》05SFD10、《防空地下室电气设备安装》07FD02。

14 电力配电箱

14.1 一 般 规 定

14.1.1 本章电力配电箱包括风机、水泵、空调等负荷的配电箱（柜）、控制箱（柜），一般落地安装的称为柜，壁式安装的称为箱。

14.1.2 电力配电箱（或控制箱）系统图（以下均简称配电箱），至少应标注以下内容：

    1 配电箱编号，进线回路编号（如干线系统图中已标注，可省略）；

    2 应标注各元器件型号（建议写国标型号）、规格及整定值等重要参数；

    3 应标注配出回路编号、导线型号规格、敷设方式及穿管规格。

    4 对有控制要求的回路应提供控制原理图或提供设备控制要求和选用的标准图；

    5 应注明各配出回路的用途和电量（对于单相负荷应注明相别）；

    6 末端隔离开关箱、末端启停按钮箱、末端断路器箱等可仅标注规格型号，并加虚框。

14.1.3 配电箱系统图表达可采用表格方式，参考表 14.1-1，配电箱编号、系统图、控制原理图及安装方式和其他特别说明等内容清晰准确的表达在表格内。

配电箱系统图示例

表 14.1-1

控制箱编号	系统图	控制要求	安装方式	备注
$+×××-AC×××$ ─────── $×××kW$	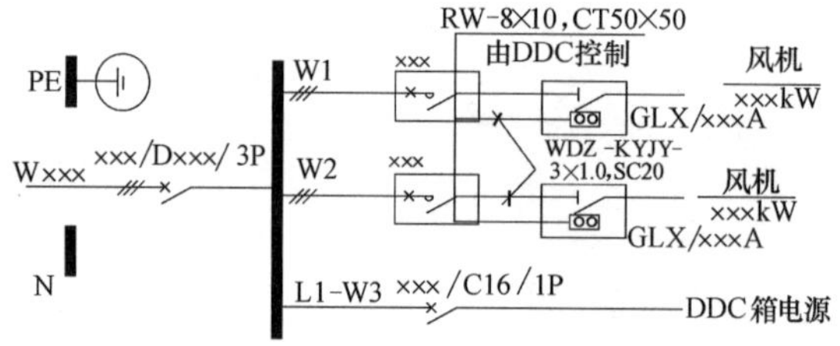	$×××$ $×××$	明装	1. 箱体参考尺寸：×××; 2. 配电箱箱型：终端箱 3. 每个风机由 DDC 箱至控制箱的线缆包括手/动、启动、状态、故障信号
$+×××-ATi×××$ ─────── $×××kW$	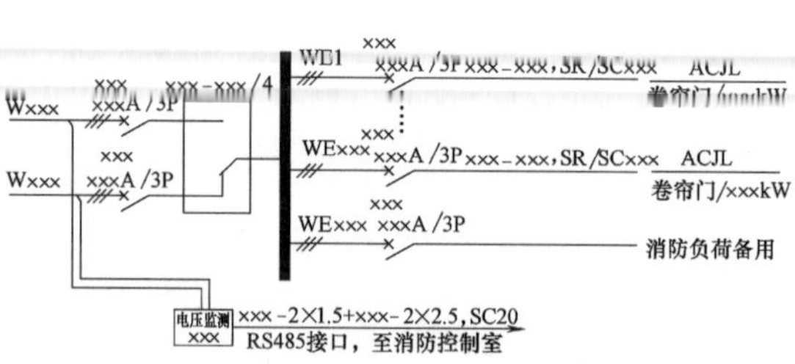		落地安装	1. 箱体参考尺寸：×××; 2. 配电箱箱型：终端箱 3. 卷帘门控制箱由厂家自带

14.2　电力配电箱一次元器件的选择

14.2.1　概述

1　一次回路元器件通常包括框架断路器（仅在制冷机房控制配电柜等大型机房）、塑壳断路器、微型断路器、隔离开关、隔离器、熔断器、自动转换开关 ATS、接触器、热继电器、多功能控制与保护开关设备 CPS、变频器、软启动器等。

2　电力配电箱二次回路元器件通常包括转换开关、启停按钮、继电器、数字控制器等。

3　断路器作为重要的元器件，其主要依据计算电流等相关计算来选择。

1）断路器的整定电流：

（1）壳架等级额定电流 I_N：基本几何尺寸相同或结构相似的框架或塑料外壳中能承受的最大脱扣器的额定电流。$I_N \geqslant I_n$。

（2）脱扣器额定电流 I_n：是指脱扣器能长期通过的电流。对带可调式脱扣器的断路器则为脱扣器可长期通过的最大电流。$I_n \geqslant I_{set1}$。

（3）脱扣器整定电流 I_{set1}：长延时过电流整定值（反时限）。I_z（导体允许持续载流量）$\geqslant I_{set1} \geqslant I_c$（线路计算电流）。

（4）脱扣器整定电流 I_{set2}：短延时过电流整定值（定时限），应躲过短时间出现的尖峰电流。

$$I_{set2} \geqslant K_{set2}(I_{stm1} + I_{c(n-1)}) \tag{14.2-1}$$

式中　K_{set2}——可靠系数，取 1.2；

　　　I_{stm1}——最大一台电机的启动电流；

　　$I_{c(n-1)}$——除最大一台电机外的其他的线路计算电流

　　整定时间 0.1s～0.8s，上下级时差 0.1s～0.2s。

（5）脱扣器整定电流 I_{set3}：瞬时过电流整定值，应躲过配电线路的尖峰电流。

$$I_{set3} \geqslant K_{set3}(I_{stm1} + I_{c(n-1)}) \tag{14.2-2}$$

式中　K_{set3}——可靠系数，取 1.2；

　　　I_{stm1}——最大电机的全启动电流，含周期性和非周期性分量，鼠笼电机 2～2.5I_{stm1}；

　　$I_{c(n-1)}$——除最大一台电机外的其他的线路计算电流。

　　照明线路：$I_{set3} \geqslant K_{rel3} \times I_c$

式中　K_{rel3}——可靠系数，取 3～5；

　　　I_c——线路计算电流。

采用断路器保护时，被保护线路末端的短路电流 I_k 必须大于断路器的瞬时脱扣器整定值的 1.3 倍，以满足灵敏度要求。

相线与 PE 线、相线与电气设备的外露导电部分、相线与大地间短路，这种短路电流较相间短路电流小，当断路器的三段保护不能满足上述要求时，可采用带有单相接地保护的断路器。接地故障保护分为三相不平衡电流保护和剩余电流保护。

（6）三相不平衡电流（$I_a + I_b + I_c = I_n$，3 个互感器）：三相负荷不平衡或某一相发生接地故障，三相不平衡电流 I_n 不等于 0，将增加至 I_G（不适合于 TT，故障阻抗大，故障电流远小于不平衡电流，很难检测出故障电流）。三相不平衡电流保护整定值 I_{set0} 要求满足：

$$I_K/1.3 \geqslant I_{set0} \geqslant 2.0I_{n0} \tag{14.2-3}$$

式中　I_{set0}——三相不平衡电流整定值，A；

　　　I_K——单相接地故障电流，A；

　　　I_{n0}——三相不平衡电流，A。

（7）剩余电流保护（$I_a+I_b+I_c+I_n=0$，4 个互感器）

当某相发生接地故障时，$I_a+I_b+I_c+I_n=0$ 不成立，而等于接地故障电流 I_G（不能用于 TN-C）；剩余电流保护方式的整定电流 I_{set4} 应大于正常运行时线路和设备的泄漏电流总和的 2.5 倍～4 倍，多用于安全防护高的场所。而三相不平衡电流的整定值 I_{Iset0} 更大，包含三相不平衡电流、谐波电流、泄漏电流，一般为 I_{set1} 的 50%～60%。

2）断路器的四段保护特性如图 14.2-1 所示。

长延时 L：反时限特性（$I_t^2=K$）曲线　$I_1=(0.4\sim1)\times I_n$，热磁（0.8～1）（时间是否可调）。

短延时 S：定时限特性（$t=K$）曲线（也可以是反时限）$I_2=(1\sim10、\text{off})\times I_n$，$t_1=0.05s\sim0.4s$。

瞬动 I：定时限特性（$t=K$）曲线　$I_3=(1.5\sim12、\text{off})\times I_n$。

接地故障保护 G：定时限特性（$t=K$）曲线（也可以是反时限）$I_4=(0.2\sim1、\text{off})\times I_n$。

根据产品的不同，脱扣电流是否可调、脱扣时间是否可调，根据功能要求选择适应的产品。

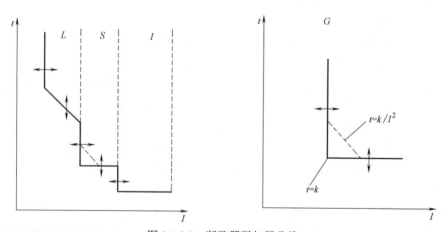

图 14.2-1　断路器脱扣器曲线

3）带电导体自身断裂或因接触不良产生的串联电弧或带电导体（相导体间、相导体和中性导体间）之间的并联电弧发生故障时，由于没有产生对地故障电流，因此剩余电流保护器不能动作；也低于断路器的脱扣阈值，断路器不动作。电弧故障保护器（AFDD）能有效检测串联或并联故障电弧的电流和电压波形，与给定值比较，超过动作值时断开被保护电路。一般安装在高大空间（大于 12m）、档口式家电商场、批发市场、易燃结构构成的场所、火灾易蔓延的建筑物。

4）剩余电流保护器的分类：按动作特性分为 AC 型、A 型、F 型、B 型（其功能是依次叠加的，如 A 型包含 AC 型），不同波形的剩余电流应该使用不同类型的 RCD 来提供保护。

在剩余电流含有直流分量时，不宜采用常规的 AC 型剩余电流保护器；

对于有整流电路而没有变频电路的用电器具回路，应采用 A 型剩余电流保护器；

对于同时含有单相输入整流电路和变频电路的用电器具回路，应该使用 F 型的 RCD 保护；

对于同时含有三相输入整流电路和变频电路的用电器具回路，则应该使用 B 型的 RCD 保护；

对于除上述情况外，均可以使用 AC 型 RCD。

5）断路器的分断能力：

额定极限短路分断能力（I_{cu}）：是指在一定的试验参数（电压、短路电流、功率因数）条件下，经一定的试验程序，能够接通、分断的短路电流，经此通断后，不再继续承载其额定电流的分断能力。至少应不小于被保护线路最大三相短路电流的有效值。

额定运行短路分断能力（I_{cs}）：是指在一定的试验参数（电压、短路电流和功率因数）条件下，经一定的试验程序，能够接通、分断的短路电流，经此通断后，还要继续承载其额定电流的分断能力。很多断路器可以做到 $I_{cu}=I_{cs}$。

短时耐受电流（I_{cw}）：是指在一定的电压、短路电流、功率因数下，忍受 0.05s、0.1s、0.25s、0.5s 或 1s 而断路器不允许脱扣的能力，I_{cw} 是在短延时脱扣时，对断路器的电动稳定性和热稳定性的考核指标，它是针对 B 类断路器的，通常 I_{cw} 的最小值：当 $I_n \leqslant 2500$A 时，为 $12I_n$ 或 5kA（取较大者），而 $I_n > 2500$A 时为 30kA。试验后还要用，需要验证温升。

额定短路接通能力（I_{cm}）：断路器应在短延时脱扣器的最大延时范围内保持闭合的能力，此时它的瞬时脱扣器不动作，而由下级开关瞬动切除短路故障，或本级短延时时间到，由本开关切断短路故障，从而保证系统的选择性保护。当系统发生短路时，断路器最快的动作时间也大于冲击短路电流峰值出现的时间，所以断路器必须承受冲击短路电流峰值 I_{pk} 的冲击。冲击短路电流峰值 I_{pk} 用峰值系数 n 和短路电流稳态值 I_k 的乘积表示，即峰值系数 $n=I_{pk}/I_k$（短路电流在 20kA～50kA 之间时，可取 2，峰值系数 n 也是断路器的短路接通能力 I_{cm} 与断路器的极限短路分断能力 I_{cu} 之比）。

6）TN 系统接地故障防护的灵敏度：当配电线路较长，接地故障电流较小，配电线路保护断路器未设置短路延时、三相不平衡电流保护、剩余电流保护，仅设置瞬时过流脱扣器 I_{set3} 作为短路保护时，其灵敏度需满足 $I_K/1.3 \geqslant I_{set3}$。详见本技术措施附录 C。

14.2.2 交流断路器（ACB、MCCB）的选择

1 断路器分为框架断路器（ACB）和塑壳断路器（MCCB），800A 以下选用塑壳断路器，800A 以上选用框架断路器，800A 可选用框架或塑壳断路器。

2 选用框架断路器需注明开关的型号、壳体电流、脱扣器的额定电流、脱扣器的整定电流，开关型号能反映出开关的分断能力、短时耐受电流。

3 框架断路器一般为电动操作，脱扣器为电子式，具有长延时、短延时、瞬动的三

段基本保护，根据需要可增设接地保护；塑壳断路器如果需要远动控制则选用电动操作，其脱扣器可选用电子脱扣器和电磁＋热磁脱扣器。

4 特性：断路器的特性包括断路器的形式（极数、电流种类）、主电路的额定值和极限值（包括短路特性）、控制电路、辅助电路、脱扣器形式（分励脱扣器、过电流脱扣器、欠电压脱扣器、电磁脱扣器、热磁脱扣器、电子脱扣器等）、操作过电压等。

1）额定短路接通能力（I_{cm}）：不应小于其额定极限短路分断能力和表 14.2-1 中比值 n 的乘积。

（交流断路器的）短路接通和分断能力之间的比值 n　　　　　表 14.2-1

额定极限短路分断能力 I_{cu}(kA)	功率因数	比值 n
$4.5 < I_{cu} \leqslant 6$	0.7	1.5
$6 < I_{cu} \leqslant 10$	0.5	1.7
$10 < I_{cu} \leqslant 20$	0.3	2.0
$20 < I_{cu} \leqslant 50$	0.25	2,1
$50 < I_{cu}$	0.2	2.2

2）额定短时耐受电流（I_{cw}）：对于交流为方均根值。额定短时耐受电流应不小于表 14.2-2 所示的相应值。

额定短时耐受电流最小值　　　　　表 14.2-2

额定电流 I_N(A)	额定短时耐受电流 I_{cw} 的最小值(kA)
$I_N \leqslant 2500$	$12I_N$ 或 5kA 中取大者
$I_N > 2500$	30

3）额定极限短路分断能力 I_{cu} 应大于极限短路电流值。

4）额定运行短路分断能力 I_{cs} 应大于运行短路电流值。

5）过电流脱扣器：过电流脱扣器包括瞬时过电流脱扣器、定时限过电流脱扣器（又称短延时过电流脱扣器）、反时限过电流脱扣器（又称长延时过电流脱扣器）。

（1）瞬时或定时限过电流脱扣器在达到电流整定值时应瞬时（固有动作时间）或在规定时间内动作。

（2）反时限过电流脱扣器在基准温度下的断开特性见表 14.2-3。

反时限过电流脱扣器在基准温度下的断开动作特性　　　　　表 14.2-3

所有相极通电		约定时间
约定不脱扣电流	约定脱扣电流	
1.05 倍整定电流	1.30 倍整定电流	2*

* 当 $I_{set} \leqslant 63A$ 时，为 1h。

6）电磁脱扣器：只能提供短路保护（瞬时）。消防负荷配电电路中可采用电磁脱扣器来提供短路保护，由热继电器来提供过载保护（仅作用于报警）。

7）热磁脱扣器：提供磁保护和热保护，即短路保护和过载保护。其缺点是只能提供两段保护（过载，短路瞬时）。一般来说，非消防负荷配电电路中都采用热磁脱扣器来提供短路和过载保护。

8）电子脱扣器：通过电子元件构成的电路，检测主电路电流，放大、推动脱扣机构，可以提供三段甚至四段保护，灵敏度高，动作值比较精确，而且可以调节，加装通信模块后还可以与上位机连接，进行远程控制，基本不受环境温度影响。

5 塑壳断路器类型及附件的选择：

1）当采用塑壳断路器作为短路保护时，电动机主回路应采用电动机保护用低压断路器。其瞬时过电流脱扣器的动作电流与长延时脱扣器动作电流之比（以下简称瞬时电流倍数）宜为14倍左右或10倍～20倍可调。

2）仅用作短路保护时，即在另装过载保护电器的常见情况下，宜采用只带瞬动脱扣器的低压断路器，或把长延时脱扣器作为后备过电流保护。

3）兼作电动机过载保护时，即在没有其他过载保护电器的情况下，低压断路器应装有瞬动脱扣器和长延时脱扣器，且必须为电动机保护型。

4）兼作低电压保护时，即不另装接触器或机电式启动器的情况下，低压断路器应装有低电压脱扣器。

5）低压断路器的电动操作机构、分励脱扣器、辅助触点及其他附件，应根据电动机的控制要求装设。

6）瞬动脱扣器的整定电流应为电动机启动电流的2倍～2.5倍，一般取2.2倍。

7）长延时脱扣器用作后备保护时，其整定电流 I_{set} 应按满足相应的瞬动脱扣整定电流为电动机启动电流2.2倍的条件确定；笼型电动机直接启动时应符合下式要求：

$$I_{set} \geqslant \frac{2.2 I_{st}}{K_{ins}} = \frac{2.2 K_{LR}}{K_{ins}} I_{rm} \qquad (14.2\text{-}4)$$

式中　I_{set}——长延时脱扣器整定电流，A；

　　　I_{rm}——电动机的额定电流，A；

　　　I_{st}——电动机的堵转电流，A；

　　　K_{LR}——电动机的堵转电流倍数；

　　　K_{ins}——断路器的瞬动电流倍数。

8）长延时脱扣器用作电动机过载保护时，其整定电流应接近但不小于电动机的额定电流，且在7.2倍整定电流下的动作时间应大于电动机的启动时间。此外，相应的瞬动脱扣器应满足本款2）项的要求；否则应另装过载保护电器，而不得随意加大长延时脱扣器的整定电流。

6 过电流脱扣器的额定电流和可调范围应根据整定电流选择。断路器的额定电流应不小于长延时脱扣器的额定电流。

7 瞬动过电流继电器或直接动作的电磁脱扣器一旦启动就不能返回，分闸在所难免。启动冲击电流在1/4周波（5ms）即达到峰值，瞬动元件是否启动仅取决于电磁力的大小，与后续的断路器机械动作时间无关。因此，断路器的固有动作时间不能防止误动作。

14.2.3　微型断路器的选择

1 特性：

1）瞬时脱扣器的整定值是一个范围，不能整定为一个固定的值，应按最不利的取值来校核各项保护。瞬时脱扣范围见表14.2-4。

瞬时脱扣范围 表 14.2-4

脱扣形式	脱扣范围
B	$3I_N \sim 5I_N$(含 $5I_N$)
C	$5I_N \sim 10I_N$(含 $10I_N$)
D	$10I_N \sim 20I_N$(含 $20I_N$)*

＊对特定场合，也可使用至 $50I_N$ 的值。

2）时间—电流动作特性见表 14.2-5。

时间—电流动作特性 表 14.2-5

形式	试验电流	起始状态	脱扣或不脱扣时间极限	预期结果	附注
B C D	$1.13I_N$	冷态＊	$t \geq 1h(I_N \leq 63A)$ $t \geq 2h(I_N > 63A)$	不脱扣	
B C D	$1.45I_N$	紧接着前面试验	$t < 1h(I_N \leq 63A)$ $t < 2h(I_N > 63A)$	脱扣	电流在 5s 内稳定上升
B C D	$2.55I_N$	冷态＊	$1s < t < 60s(I_N \leq 32A)$ $1s < t < 120s(I_N < 32A)$	脱扣	
B C D	$3I_N$ $5I_N$ $10I_N$	冷态＊	$t \geq 0.1s$	不脱扣	闭合辅助开关接通电源
B C D	$5I_N$ $10I_N$ $50I_N$	冷态＊	$t < 0.1s$	脱扣	闭合辅助开关接通电源

＊"冷态"指在基准校正温度下，进行试验前不带负荷。

3）多极断路器单极负荷对脱扣特性的影响：

当具有多个保护极的断路器从冷态开始，仅在一个保护极上通以下电流的负荷时：对带两个保护极的二极断路器，为 1.1 倍约定脱扣电流；对三极和四极断路器，为 1.2 倍约定脱扣电流。

2 不同极数微断的选择：

1）1P：单极断路器，具有热磁脱扣功能，仅控制火线（相线），模数为 18mm。一般用于照明或用电量较小的单相电气设备。

2）1P＋N：带一个保护极的二极断路器，同时控制火线、零线，但只有火线具有热磁脱扣功能，模数为 18mm。为避免检修时火、零错乱造成事故，可使用 1P＋N，但其极限分断能力一般会低于 1P。

3）2P：带两个保护极的二极断路器，可同时控制火线、零线，且都具有热磁脱扣功能，模数为 36mm。对于比较重要、检修与操作频繁、容易出现故障的用电回路，宜采用 2P。

4）3P：带三个保护极的三极断路器。

5）4P：带四个保护极的四极断路器。

6）1P 与 2P 断路器用于单相设备，3P 与 4P 断路器用于三相设备，当保护接地时，宜采用 4P。

3 微断不适用于：

1）保护电动机的断路器。

2）整定电流由用户能触及的可调节断路器。

14.2.4 熔断器

1 常用的熔断体类型有 aM 和 gG。其中"a"表示在规定条件下，能分断示于熔断体熔断时间—电流曲线上的最小电流至额定分断能力之间的所有电流的熔断体（部分范围分段）；"g"表示在规定条件下，能分断使熔体熔化的电流至额定分断能力之间的所有电流的限流熔断体（全范围分段）；"G"表示一般用途的熔断体，即保护配电线路用；"M"表示保护电机的熔断体。

2 熔断器可用作短路保护和过负荷保护，但熔断器不具备短路接通能力。

3 熔断器的支持件应具有峰值耐受电流，该耐受电流不应小于与支持件配用的任何熔体的最大截断电流值，当短路电流达到最大截断电流值时，熔断体必须熔断，熔断体不需考核短时耐受能力。

4 熔断器的全熔断时间包括熔化时间和燃弧时间，熔化时间与过负荷电流大小成反比，可以大于数毫秒、数分钟甚至一两个小时。

5 对每个预期电流值，上级熔断器的最小燃弧时间，不应小于下级熔断器的最大熔断时间，选择性可以实现。

6 熔断器用于过负荷保护的使用要求如表 14.2-6 所示。

熔断器用于过负荷保护的使用要求　　　　　　　　　　　　　　　表 14.2-6

熔体额定电流 I_n（A）	过负荷保护要求	备　　注
$I_n \geq 16A$	$I_B \leq I_n \leq I_Z$	
$4A < I_n \leq 13A$	$I_B \leq I_n \leq 0.76 I_Z$	铜导体最小截面积为 $1.5mm^2$，I_n 为 12A～13A 时,可能要求 $2.5mm^2$
$I_n \leq 4A$	$I_B \leq I_n \leq 0.69 I_Z$	按铜芯 $1.5mm^2$ 已足够,不需要为过负荷加大截面积

注：摘自任元会．低压配电设计解析．北京：中国电力出版社，2020．

14.2.5 隔离开关的选择

1 在正常电路条件下（包括规定的过负荷工作条件），能够接通、承载和分断正常电流，并在规定的非正常电路条件下（如短路），能在规定时间内承载电流，可以接通但不能分断短路电流，同时，在断开状态下能符合规定的隔离功能要求，可满足距离、泄漏电流要求，一级断开位置指示可靠性和加锁等附加要求。

2 隔离开关选用的一般原则：

1）机械维修时断电用的隔离开关应保证维修时的安全。

2）机械维修时断电用的隔离开关应接入主电源回路内。为此目的而装设的开关应能切断电气装置有关部分的满负荷电流，不一定需要断开所有带电导体。机械维修时断电用的开关电器或这种开关电器用的控制开关应是人工操作的。断开触头之间的电气间隙应是可见的或明显的，并用标记"开"或"断"可靠地标示出来。

3）机械维修时断电用的开关电器，可以采用多极开关、断路器、用控制开关操作的接触器、插头和插座。

4）隔离开关的额定接通分断能力宜为额定工作电流的 1.5 倍。

14.2.6 隔离器的选择

1 在断开状态下能符合规定的隔离功能要求的机械开关电器，应满足距离、泄漏电流的要求，以及断开位置指示可靠性和加锁等附加要求；能承载正常电路条件下的电流和一定时间内非正常电路条件下的电流（短路电流）。

2 隔离器选用的一般原则：

1）在新的、清洁的、干燥的条件下，触头在断开位置时，每极触头间的冲击耐受电压与电气装置标称电压的关系见表 14.2-7。

与标称电压对应的冲击耐受电压   表 14.2-7

装置的标称电压 （V）	隔离电器的冲击耐受电压（kV）	
	过电压类型Ⅲ	过电压类别Ⅳ
220/380	5	8
380/660	8	10

2）断开触头之间的泄漏电流不得超过以下数值：

（1）在新的、清洁的、干燥的条件下为每极 0.5mA。

（2）在有关标准中确定的电器的约定使用寿命末期时为每极 6mA。

3）半导体开关电器，严禁作为隔离器。

4）隔离器可采用单级或多极隔离器、隔离开关或隔离插头；插头与插座；连接片；不需要拆除导线的特殊端子；熔断器；具有隔离功能的断路器。

14.2.7 ATSE 的选择

1 分类：

PC 级：能够接通和承载，但不用于分断短路电流。

CB 级：配备过电流脱扣器，它的主触头能够接通并用于分断短路电流。

CC 级：能够接通和承载，但不用于分断短路电流。

2 ATSE 选用的一般原则：

1）应满足短路条件下的动稳定与热稳定要求。CB 级的转换开关电器应满足短路条件下的分断能力，PC/CC 级的转换开关电器应满足承载短路耐受电流的要求。

2）当日常维护及损坏维修仍要确保连续供电时，建议选用旁路、抽屉型转换开关电器。

3）转换开关电器上下级动作时间应根据系统要求进行配合。

4）在电路过负荷情况下，ATSE 应具有安全转换的能力。

5）CB 级 ATSE 应能分断额定短路分断能力及以下的任何电流。

6）ATSE 在外施电压小于等于额定工作电压的 105% 时，应能接通相应于额定短路接通能力的电流。

7）一般地，ATS 转换时间在 0.2s 以内，部分产品切换时间在 80ms 以内，静态转换开关 STS 转换时间可达到微秒级。对于切换时间需要做到毫秒级的系统，如电力工业的自动化系统、石化工业的电源系统、计算机数据中心及通信枢纽等对电源中断敏感的系统和设备，需要使用 ATS 转换开关配合 UPS，或者使用静态转换开关 STS 代替 ATS，可以实现两路电源的不断电转换（在线式与互动式 UPS 转换开关一般采用 STS，转换时间可达到微秒级，离线式 UPS 转换时间一般为 10ms）。

14.2.8 接触器的选择

1 接触器的动作条件：

1）除非产品标准另有规定，电磁操作或电控气动操作的电器在周围空气温度为

$-5℃\sim+40℃$ 范围内，在交流或直流控制电源电压为额定值的 $85\%\sim110\%$ 范围内均应可靠吸合。除非产品标准另有规定，气动或电控气动操作的电器在施加气压为额定气压的 $85\%\sim110\%$ 范围内均应可靠吸合。

2）电磁操作或电控气动电器的释放电压应不高于控制电源额定电压的 75%，对交流在额定频率下应不低于额定电压的 20%，对直流应不低于额定电压的 10%。除非另有规定，气动或电控气动操作的电器应在 $75\%\sim100\%$ 额定气压下断开。对动作线圈而言，上述释放电压极限值适用于当线圈电路的电阻等于 $-5℃$ 下所得的阻值时。

3）对锁扣接触器，当施加的解锁电压在额定解锁电压的 $85\%\sim110\%$ 之间时，电器应脱扣并可靠断开。

4）分励脱扣器的动作范围：当电源电压（脱扣动作期间测得）保持在额定控制电源电压的 $70\%\sim110\%$ 之间（交流在额定频率下）时，在电器的所有工作条件下分励脱扣器应脱扣，使电器动作。

2 接触器选择要点：

1）应根据负荷特性和操作条件选择接触器的使用类别。用于控制笼型电动机，通常选用 AC-3 类别；用于控制需要点动、反向运转或反向制动条件下的电动机，应选用 AC-4 类别；用于控制电阻炉、照明灯等用电设备时，应相应选用 AC-1、AC-5a、AC-5b 类别。

2）接触器的额定工作电流应大于或等于负荷计算电流；接触器的接通电流应大于负荷的启动电流，分断电流应大于负荷运行时需要分断的电流。负荷的计算电流要考虑实际工作环境和工况。

3）接触器吸引线圈的额定电压、额定电流及辅助触头的数量、电流容量应满足控制回路接线要求。要考虑接在接触器控制回路的线路长度，使接触器能够在 $85\%\sim110\%$ 的额定电压值下工作。如果线路过长，由于电压降太大，接触器线圈对合闸指令有可能不起反应；或由于线路电容太大，可能对跳闸指令不起反应。

14.2.9 热继电器的选择

1 类型和特性选择：

1）三相电动机的热继电器宜采用断相保护和环境温度补偿型。

2）热继电器和过载脱扣器的整定电流应当可调，调整范围应不小于其额定电流的 20%。

3）热继电器和过载脱扣器在 7.2 倍整定电流下的动作时间，应大于电动机的启动时间。

2 热继电器的复位方式：应防止电动机自行重新启动。用按钮、自复式转换开关或类似的主令电器手动控制启停时，宜采用自动复位的热继电器。用自动接点以连续通电方式控制启停时，应采用手动复位的热继电器，但工艺有特殊要求者除外。

3 整定电流和额定电流的确定：

1）一般情况下，热继电器和过载脱扣器的整定电流应等于或略大于电动机额定电流，一般可按 $0.95\sim1.05$ 的额定电流整定，热继电器的整定范围应有适当的裕量。

2）电动机的启动时间太长而导致过负荷保护误动时，宜在启动过程中短接过负荷保护器件，也可以经速饱和电流互感器接入主回路。不能采取提高整定电流的做法，以免运行中过负荷保护失效。

3）电动机频繁启动、制动和反向时，过负荷保护器件的整定电流只能适当加大。这将不能实现完全的过负荷保护，但一定程度的保护对防止转子受损仍然有效。

4）电动机的功率较大时，热继电器可接在电流互感器二次回路中，其整定电流应除以互感器的变比。

14.2.10　控制与保护开关电器（CPS）的选择

1　概述：

1）CPS 能够接通、承载和分断正常条件下包括规定的运行过负荷条件下的电流，且能够接通、在规定时间内承载并分断规定的非正常条件下的电流，如短路电流。

2）CPS 具有过负荷和短路保护功能，这些功能经协调配合使其能够在分断短路额定值（I_{cs}）后连续运行。协调配合可以是内在的，也可以是遵照制造厂的规定经正确选取脱扣器而获得的。CPS 可以是单一的电器，也可以由多个电器组成，但总被认为是一个整体（或单元）。

2　CPS 的控制功能：

1）一个旋转方向，启停在正常使用条件下运转的电动机（使用类别 AC-42，AC-43）。

2）两个旋转方向，但只有在电动机完全停转以后，才能实现在第二个方向的运转（使用类别 AC-42，AC-43）。

3）一个旋转方向或如本款第 2）项所述的两个旋转方向，但具有不频繁点动的可能性（使用类别 AC-43）。

4）一个旋转方向且有频繁点动（使用类别 AC-44）。

5）一个或两个旋转方向，但具有不频繁的反接制动的可能性，如果带有转子电阻制动器，则 CPS 可用于定子电路（使用类别 AC-42）。

6）两个旋转方向，具有当电动机在一个方向上运转时反接电动机电源接线的可能性（反接制动或反向运转），直接可逆 CPS 通常用于这种工作情况（使用类别 AC-44）。

3　CPS 用作启动器是基于电动机的启动特性与其接通能力相一致而设计的。当电动机的启动电流超过这些值时，则应选用额定工作电流适当高的 CPS。

14.2.11　变频器的选择

1　变频器的负载特性：

1）恒转矩负载。负载具有恒转矩特性，例如起重机械之类的位能性负载需要电动机提供与速度基本无关的恒定转矩—转速特性。保持 E/f 比值不变，控制电动机的电流为恒定，即可控制电动机的转矩为恒定。对普通笼型电动机，由于电动机低速时的温升，对转矩有限制。如果在低速区需要恒转矩，如输送带、起重机、台车、机床进给、挤压机，可以采用矢量控制方式达到在全速范围内额定转矩控制。

2）恒功率负载。恒功率的转矩—转速特性指的是负载在转速变化时需要电动机提供的功率为恒定。用恒转矩调速的电动机驱动降转矩负载，例如，风机、水泵的转速变化到低速时，电动机所能输出的转矩仍有剩余，因此恒转矩调速电动机可以满足调速要求。但是恒转矩调速的驱动恒功率负载时，低速转矩可能不能满足负载要求。

3）二次方减转矩负载。以风机、泵为代表的二次方减转矩负载为例，在低速下负载转矩非常小，用变频器运转，在温度、转矩方面都不存在问题，只考虑在额定点变频器运转引起的损耗增大即可。

2　变频器的选型及应用：

1）变频器分为：通用型（G）和风机、水泵专用型（P），应根据负载特性正确选用。

当电动机功率≥55kW 时，宜加装滤波电抗器。保护电器额定电流会降低，应根据制造商的说明书选择。

2）变频器应设置线路接触器，且延时接通变频器的控制电源，防止欠电压保护误动作；变频器不投入运行时，切断变频器冷却风扇电源，以节能和延长使用寿命。

3）变频器通常以适用的电机容量（kW）、输出容量（kVA）、额定输出电流（A）表示。其中额定电流为变频器允许的最大连续输出电流的方均根值，无论什么用途都不能长期超出此连续电流值。对于三相变频器而言，功率数是指该变频器可以适配的四极三相异步电动机满载连续运行的电动机功率。一般情况下，可以据此确定需要的变频器容量。如果要求该变频器驱动六极以上的异步电动机或驱动特殊电动机，应根据被驱动电动机的额定电流来选择变频器的容量。

4）根据电动机电流选择变频器时，对于不同厂家的电动机，不同系列的电动机，不同极数的电动机，即使同一容量等级，其额定电流也不尽相同。

5）由于变频器输出中包含谐波成分，其电流有所增加，应考虑适当加大容量。当电动机属频繁启动、制动工作或处于重载启动且较频繁工作时，可选取大 1 档的变频器。还应考虑最小和最大运行速度极限，满载低速运行时电动机可能会过热，所选变频器应有可设定下限频率、可设定加速和减速时间的功能，以防止低于该频率下运行。

6）通用变频器过电流能力通常为在一个周期内允许 125％ 或 150％ 过载，60s。超过过载值就必须增大变频器的容量。

14.2.12　软启动器的选择

1　软启动器通常指具备截止状态、启动功能、可控加减速、运行、全电压等功能，并带有电动机保护功能的半导体电动机启动器。不带过载保护，称为"软启动半导体电动机控制器"。

2　软启动器的启动方式：斜坡升压启动、电流控制启动、转矩控制启动、带突跳脉冲电压的启动等。

3　软启动器的停止方式：惯性停止（即自然停止）、软停止或泵停止、DC 制动或组合制动。

4　节电运行：某些产品带有节电运行功能（带节电运行的软件）。节电运行时，装置首先进入保持阶段，之后软启动器自动进入节电运行阶段；系统根据定子电流值及功率因数情况，决定供给电动机的能量。节电只能在轻载情况下（≤50％）有效。

5　软启动器的保护功能：

1）不带电动机保护的软启动器；

2）带基本保护的软启动器，主要是电动机过负荷保护；

3）带完善保护的软启动器，可包括电动机过载保护、温度和启动次数限制保护；过电流、欠电流、电流不平衡、接地电流、过电压、欠电压、相序保护；频率过高、过低保护等；

4）软启动器自身的过温保护、CPU 失效保护、晶闸管短路保护等。

6　软启动器的计量、监控和通信功能：

1）不带电路计量、监控功能的软启动器；

2）只带基本参数（如电流、电压）测量监控和基本通信接口的软启动器；

3）带完善计量、监控和通信接口的软启动器，可包括电有功功率、无功功率、电能用量等；还可包括各种运行状态，如启动次数、间隔时间，以至电动机绕组、轴承温度等；可配置各种主流通信总线。

　　7　软启动器需要有旁路回路，有的产品自带旁路回路，有的需要配置旁路回路。

14.3　电力配电箱二次元器件的选择

14.3.1　转换开关

　　1　转化开关由操作机构、面板、手柄和数个触头座等部件组成。

　　2　转换开关文字符号为：SAC。

　　3　转换开关图形符号为：

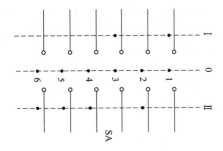

　　4　各触头在手柄转到不同挡位时的通断状态用黑点"·"表示，有黑点的表示触头闭合，没有黑点的表示触头断开。

14.3.2　启停按钮

　　1　通常根据所需要的触头数量、使用的场合及颜色来选择启停按钮。

　　2　启停按钮文字符号：SS、SF。

　　3　启停按钮分类：常开按钮，常用作"启动按钮"；常闭按钮，常用作"停止按钮"。

　　4　启停按钮颜色要求：

　　1）"停止"按钮和"急停"按钮必须是红色。当按下红色按钮时必须使设备停止运行或断电；

　　2）"启动"按钮的颜色是绿色；

　　3）"启动"和"停止"交替动作的按钮必须是黑色、白色或灰色，不得使用红色和绿色按钮；

　　4）"点动"的按钮必须是黑色；

　　5）"复位"按钮（如有保护继电器的复位按钮）必须是蓝色，当复位按钮同时还有停止作用时，则必须是红色。

14.3.3　中间继电器的选择

　　1　中间继电器：是将一个输入信号变成多个输出信号或将信号放大（即增大继电器触头容量）的继电器。

　　2　中间继电器文字符号：KA。

　　3　中间继电器分类：按触头形式分为常升型和常闭型两类。

4　用于继电保护与自动控制系统中，以增加触点的数量及容量，它用于在控制电路中传递中间信号。其实质是电压继电器，中间继电器的触头较多（可多达 8 对，分常开、常闭触点）、触头容量可达 5A～10A、动作灵敏。当其他电器的触头对数不够时，可借助中间继电器来扩展其触头对数，也有通过中间继电器实现触电通电容量的扩展。由于其触头只能通过小电流，只能用于控制电路中。

14.3.4　时间继电器的选择

1　时间继电器是一种利用电磁原理或机械原理实现延时控制的自动开关装置。当加入（或去掉）输入的动作信号后，其输出电路需经过规定的准确时间才产生跳跃式变化（或触头动作）的一种继电器。是一种利用电磁原理或机械原理实现延时控制的控制电器。

2　时间继电器文字符号：KF。

3　时间继电器分类：

1）按触点形式，可分为常开延时闭合型、常闭延时打开型、常开延时打开型和常闭延时闭合型四类，前两类属于通电延时，后两类属于断电延时；

2）还可分为电磁时间继电器、电子时间继电器及混合式时间继电器。

4　在常规 Y-△的电动机控制线路中，时间继电器的延时控制使电机在 Y 形启动切换至△形运行起到有效的控制。

14.3.5　热继电器触头的选择

1　热继电器是利用电流通过元件所产生的热效应原理而反时限动作的继电器。

2　热继电器文字符号：BB。

3　热继电器分类：按触头形式分为常开型和常闭型两类。

14.3.6　数字控制器的选择

1　常见的数字控制器：直接数字控制器（DDC）、可编程控制器（PLC）。

2　DDC 控制器的应用：由智能化专业的建筑设备管理系统选择，DDC 控制器属于标准化的直接数字控制器，由数字输入量 DI、数字输出量 DO、模拟输入量 AI、模拟输出量 AO 组成，在二次原理图中需要预留出输出量的接口（控制接口）。

3　PLC 控制器的应用：由智能化专业的建筑设备管理系统选择，采用一类可编程的存储器，用于其内部存储程序，执行逻辑运算、顺序控制、定时、计数与算术操作等面向用户的指令，并通过数字或模拟式输入/输出控制各种类型的机械或生产过程。属于非标类产品，不如 DDC 产品标准化。

14.4　配套系统元器件选择

14.4.1　电气火灾探测模块的选择

1　电气火灾探测模块属于电气火灾监控系统的探测单元。

2　探测点的设置应符合现行国家标准《民用建筑电气设计标准》GB 51348 及《火灾自动报警系统设计规范》GB 50116 中关于剩余电流式火灾探测器监测点的设置要求。

3　已设置直接及间接接触电击防护的剩余电流保护电器的配电回路，不应重复设置剩余电流式电气火灾监控器。

4 采用独立式电气火灾监控设备的监控点数不超过 8 个时,可自行组成系统,也可采用编码模块接入火灾自动报警系统。报警点位号在火灾报警器上显示应区别于火灾探测器编号。

5 电气火灾监控系统的控制器应安装在建筑物的消防控制室内,宜由消防控制室统一管理。

14.4.2 消防电源监视模块

1 消防电源监视模块用于在现场对各种消防设备的电源及设备运行状态进行信息采集,可通过选择功能不同的监控模块实现对不同消防设备电源的监控要求。

2 消防电源监控模块的分类:一般分为电源监测模块、剩余电流监控模块、兼具电源监测与剩余电流监控功能的监控模块。

3 超过 500m 传输距离的建筑群应选配中继装置。

4 监控主机与监控模块的通信线路采用总线型连接方式。

5 所有监控模块宜安装在被监测消防设备供电电源附近的专业箱内,特殊情况下,可安装在所监测的消防设备供电电源的配电箱内。

6 系统中主机、模块、金属模块箱、通信线路屏蔽层应做等电位联结并接地。

14.4.3 SPD 的选择

SPD 的选择可详见本技术措施第 20 章。

14.4.4 电能表

1 运行中的电能计量装置按计量对象重要程度和管理需要分为五类,即Ⅰ、Ⅱ、Ⅲ、Ⅳ、Ⅴ。其中,Ⅳ类电能计量装置应用于 380kV~10kV 电能计量,Ⅴ类电能计量装置应用于 220V 单相电能计量。

2 电能表的电流和电压回路应分别装设电流和电压专用试验接线盒。

3 执行功率因数调整电费的用户,应装设具有计量有功电能、感性和容性无功电能功能的电能计量装置;按最大需量计收基本电费的用户应装设具有最大需量功能的电能表;实行分时电价的用户应装设复费率电能表或多功能电能表。

4 具有正向和反向输电的线路计量点,应装设计 S 正向和反向有功电能及四象限无功电能的电能表。

5 中性点有效接地系统的电能计量装置,应采用三相四线的接线方式;中性点不接地系统的电能计量装置,宜采用三相三线的接线方式;经电阻或消弧线圈等接地的非有效接地系统电能计量装置宜采用三相四线的接线方式;对计费用户年平均中性点电流大于额定电流的 0.1% 时,应采用三相四线的接线方式。照明变压器、照明与电力共用的变压器、照明负荷占 15% 及以上的电力与照明混合供电的 1200V 及以上的供电线路,以及三相负荷不对称度大于 10% 的 1200V 及以上的电力用户线路,应采用三相四线的接线方式。

6 应选用过载 4 倍及以上的电能表。经电流互感器接入的电能表,标定电流不宜超过电流互感器额定二次电流的 30%(对 S 级为 20%),额定最大电流宜为额定二次电流的120%。直接接入式电能表的标定电流应按正常运行负荷电流的 30% 选择。

7 低压供电系统中,计算负荷电流为 60A 及以下时,宜采用直接接入电能表的接线方式;计算负荷电流为 60A 及以上时,宜采用经电流互感器接入电能表的接线方式。

8 选用直接接入式的电能表其最大电流不宜超过 100A。

9 电气计量装置应能接入电能信息采集与管理系统。

14.4.5 末端高次谐波治理模块

1 谐波的产生主要是由于大容量电力和用电整流或换流，以及其他非线性负荷造成的。

2 电力系统中主要的谐波源是各种整流设备、交直流换流设备、电子电压调整设备、电弧炉、感应炉、现代工业设施为节能和控制使用各种电力电子设备、非线性负荷以及多种家用电器和照明设备等。

3 抑制电力系统谐波，主要有以下措施：

1) 减少谐波源产生的谐波含量。这种措施一般在工程设计中予以考虑，最有效的办法是增加整流装置的脉波数，常用于大型整流装置中。

2) 在谐波源附近安装无源滤波器，就近吸收谐波电流。由交流电抗器和电容器组成无源滤波器，利用电路的谐振原理，即当发生对某次谐波的谐振时，装置对该次谐波形成低阻通路，而达到滤波的目的。

3) 采用有源电力滤波器。通过检测及控制电路对负载电流进行检测，分离出谐波及基波无功部分，从而控制主电路输出相应的补偿电流。

14.4.6 降压启动的选择

一般电动机启动时配电母线的电压不应低于系统标称电压的 85%。通常只要电动机额定功率不超过电源变压器额定容量的 30%，即可全压启动。降压启动由于启动电流小，但启动转矩也小，启动时间延长，绕组温升高，启动电器复杂，在不符合全压启动条件时应采用降压启动。

降压启动的目的是限制启动电流，从而减小母线电压降。限制启动力矩，减少对设备的机械冲击。

低压笼型电动机常用的降压启动方式有：星—三角启动、电阻降压启动、自耦变压器降压启动、软启动器降压启动等。

1 降压启动的条件

1) 启动时电动机端子电压相对值应能保证传动机械要求的启动转矩，即

$$u_{stM} \geqslant \sqrt{\frac{1.1 m_s}{m_{stM}}} \tag{14.4-1}$$

式中 u_{stM}——启动时电动机端子电压相对值，即端子电压与系统标称电压的比值；

     m_{stM}——电动机启动转矩相对值，即启动转矩与额定转矩的比值；

     m_s——电动机传动机械的静阻转矩相对值。

2) 低压电动机启动时，接触器线圈的电压应高于释放电压。

3) 启动时电动机的温升不应超过允许值。

4) 电动机启动方式及其特点见表 14.4-1。

电动机启动方式及特点   表 14.4-1

启动方式	全压启动	Y-△降压启动	自耦变压器降压启动	软启动器启动
启动电压	U_n	$\frac{1}{\sqrt{3}}U_n = 0.58 U_n$	$k U_n$	$(0.4 \sim 0.9)U_n$（电压斜坡）
启动电流	I_{st}	$\left(\frac{1}{\sqrt{3}}\right)^2 I_{st}$	$k^2 I_{st}$	$(2 \sim 5)I_n$（额定电流）

启动方式	全压启动	Y-△降压启动	自耦变压器降压启动	软启动器启动
启动转矩	M_{st}	$\left(\dfrac{1}{\sqrt{3}}\right)^2 M_{st}=0.33 M_{st}$	$k^2 M_{st}$	$(0.15\sim0.8)M_{st}$
突跳启动	—	—	—	可选（$90\%U_n$ 或 $80\%M_{st}$ 直接启动）
适用范围	高、低压电动机	定子绕组为△接线的中心型低压电动机	高、低压电动机	低压电动机
启动特点	启动方法简单，启动电流大，启动转矩大	启动电流小，启动转矩小	启动电流小，启动转矩居中	启动电流小（自动可调）启动转矩小（自动可调）

2. 星—三角启动

1）普通星—三角启动接线如图 14.4-1、图 14.4-2 所示。

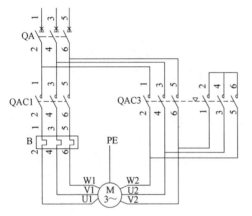

图 14.4-1　普通星—三角启动（启动时间不超过 10s）
QAC1—主接触器，电流为 $0.58I_{rM}$；
QAC3—三角形接触器，电流为 $0.58I_{rM}$

图 14.4-2　不中断的星—三角启动
QAC1—星形接触器，电流为 $0.58I_{rM}$（为分断过渡电阻的电流，较大规格）；QAC2—星形接触器，电流为 $0.337I_{rM}$；
QAC3—三角形接触器，电流为 $0.58I_{rM}$，QAC4—过渡接触器，电流为 $0.26I_{rM}$，R_1—过渡电阻

2）为了防止转换过程中通过星形接触器引起相间短路，必须有一个转换间歇。计及接触器的机械动作和熄弧时间，间歇时间应为 50ms 左右。这期间电动机电流中断、转速降低，在接通三角形接触器时，电网的相位与电动机的磁场相位不同甚至相反。这一暂态过程会引起很高的转换电流峰值，可能造成接触器触头熔焊。

3）采用不中断转换的星—三角启动方式，如图 14.4-2 所示，电动机在星形启动结束后，通过过渡接触器和过渡电阻，维持电流不中断；经 50ms 后无间歇地转换到三角形接线。过渡电阻按流过电动机额定电流的 1.5 倍设计。

3　自耦变压器降压启动

自耦变压器降压启动接线如图 14.4-3 所示。

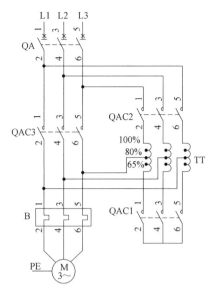

图 14.4-3　自耦变压器降压启动主回路接线

QAC1—星形接触器，电流为 $0.25I_{rM}$（按最高抽头电压为 $0.8U_{rM}$）；QAC2—变压器
接触器，电流为 $0.64I_{rM}$（按最高抽头电压为 $0.8U_{rM}$）；QAC3—主接触器，电流为
I_{rM}，其中 I_{rM} 为电动机额定电流，A

14.5　线缆的选择

14.5.1　线缆的选择需要满足其载流量不小于保护电器的整定电流，详细参见本技术措施
第 7 章和第 8 章的内容。

14.5.2　热稳定：在短时工作情况下，断路器的允通量（I^2t）不应超过电缆所能承载电
能的最大值。如果所选断路器对负载侧电缆在经受过载电流或短路故障电流时具有保护能
力，这就要求电缆的热稳定要满足要求。断路器负载侧电缆长度越长，短路电流值就越
小，电缆的热稳定越能满足要求。

　　1　对于持续时间不超过 5s 的短路，导体截面应满足：

$$S \geqslant \frac{I\sqrt{t}}{K} \tag{14.5-1}$$

式中　I——预期短路电流方根均值，A；

　　　t——持续时间，s；

　　　S——导体截面积，mm^2；

　　　K——导体计算系数，交联聚乙烯铜芯电缆，取 143；矿物电缆 PVC 护套，取 115。

　　2　对于持续时间小于 0.1s 的短路，应计入短路电流非周期分量对热作用的影响，以
保证保护电器在分断短路电流前，导体能承受包括非周期分量在内的短路电流的热作用，
按下式校验：

$$K^2S^2 \geqslant I^2t \tag{14.5-2}$$

式中　K——导体计算系数，交联聚乙烯铜芯电缆，取 143；矿物电缆 PVC 护套，取 115；

S——导体截面积，mm^2；

I^2t——保护电器的允许通过的能量值（允通量），由产品提供。

3　短路电流的选择点应按第一个分接点选取。

14.5.3　灵敏度：当电缆超过一定的长度时，电缆所具有的较大的阻抗会使短路电流低于断路器设定的短路保护最小值，从而使电缆得不到应有的保护而导致电缆严重过热损坏。所以有必要对只具有短路电流保护功能的断路器所能保护电缆的最长长度进行验证，即断路器的灵敏度校核。

14.5.4　电压偏差：电缆长度长，有利于电缆的热稳定，不利于线路的电压偏差。

1　受电端电压的偏差：照明为标称系统电压的±5％；应急照明为标称系统电压的+5％、−10％。

2　在配电设计中，应按用电设备端子电压偏差允许值的要求和地区电网电压偏差的具体情况，确定线路电压降允许值。

末端电压偏差＝首端电压偏差＋变压器分接头的电压提升−变压器电压损失−线路电压损失。

3　示例（见图14.5-1）：

1）高压侧为系统标称电压，1250kVA变压器SCB13、阻抗电压6％、负荷率80％、功率因数0.95，假设其变压器电压损失2.08％；变压器有载调压分接头0位（提升电压5％，即0.4kV）；用电设备允许电压偏差±5％时，则低压侧线路允许压降7.92％。

2）由变压器至层箱（层竖井）$25mm^3$交联聚乙烯电缆100m、负荷80A、功率因数0.8的压降约为2.72％（0.34％/A.km）；$2.5mm^2$的单相220V铜导线50m、负荷10A、功率因数0.9，电压降约3.5％（6.9％/(A·km)），总计6.22％，符合要求。

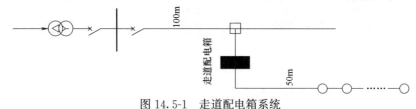

图 14.5-1　走道配电箱系统

14.6　电力配电箱的标注

14.6.1　箱体的标注参见本技术措施第4.2节。

14.6.2　受控设备控制原理图可参考国标图集《常用水泵控制图集》16D303-3、《常用风机控制图集》16D303-2。受控设备的控制要求可按图6.2-1编制。

14.6.3　箱体尺寸及出线方式：

1　控制箱的尺寸依据控制箱内的元器件种类、数量及电气元器件的尺寸确定。

2　当配电箱柜为过路箱时，箱内需考虑设置π接铜排或T接端子，预留足够的接线空间。

3　配电柜有多种型号，一般不同的厂家都有相应的型号。国产产品型号有：XL-21、ML3、GCS、GCK GGD 等；国外企业产品的型号有：MD190、MNS、ArTu、Blokset、

8PT 等。

4 配电柜按开关安装方式可分为：固定式、抽出式及固定、抽出混装式；按电缆出线方式可分为侧出线式和后出线式。

5 配电柜的规格尺寸如果不选用成套柜，应提供配电柜的建议规格。配电柜尺寸应满足柜内电气元器件的外形尺寸及元器件之间接线盒安全距离的要求。

6 如果采用成套配电柜，可依据厂家样本，根据工程设备情况，确定柜体的尺寸规格。

7 一些常用低压配电设备柜体外形尺寸见表 14.6-1。

XL-21 建议规格尺寸　　　　　　　　　　　　表 14.6-1

序号	名称	规格(宽×深×高)(mm)	安装方式
1	XL-21	600×250×1200	明装/落地
2	XL-21	700×350×1700	明装/落地
3	XL-21	800×350×1800	明装/落地

14.6.4　安装高度（不同安装方式的要求）：

1 电力配电箱除竖井、机房、车库、防火分区隔墙上、人防防护墙上、（剪力墙上）及建筑物外墙上应明装外，其他宜为暗装。消防用电设备配电箱柜应有明显标志，并作防火处理（涂防火涂料保护）。

2 一般原则：配电箱明装，箱底距地 1.2m；配电箱暗装，箱底距地 1.4m；明暗装配电箱上皮距地面不高于 2.0m。如：箱体高度 600mm 及以下，底边距地 1.5m；箱体高度 600mm～800mm，底边距地 1.2m；箱体高度 800mm～1000mm，底边距地 1.0m；箱体高度 1000mm～1200mm，底边距地 0.8m；箱体高度 1200mm 以上，宜落地式安装，下设 300mm 基座。

3 特殊设备控制箱安装：卷帘门控制箱顶距梁底 200mm，卷帘门两侧设就地控制按钮，底距地 1.4m，并设玻璃门保护。控制按钮至控制箱设 WDZN-BYJF-750V-6X1.0 SC25。卷帘门下降时，在门两侧顶部应有声、光警报装置。施工单位应配合厂家预留管。卷帘门应设熔片装置及断电后的手动装置。

14.7　不同安装条件下电气设备与线缆的选型及安装

14.7.1　潮湿环境

1 浴室内电气设备的选用与安装应满足以下要求：

1) 在各区内所选用的电气设备应至少具有以下保护等级：在 0 区内应至少：IPX7；在 1 区内应至少：IPX4；在 2 区内应至少：IPX4（在公共浴池内为 IPX5）。

2) 浴室内明敷电气线路和埋深不超过 50mm 的暗敷线路应符合以下要求：

（1）线路应为双重绝缘电缆或电线，即应为非金属护套或穿绝缘套管的电线；在 0 区、1 区、2 区和 3 区内宜选用加强绝缘的铜芯电线或电缆。

（2）在 0 区、1 区及 2 区内，不应通过与该区用电无关的线路；也不得在该区内装设线路接线盒。

3）开关和控制设备的装设应符合以下要求：

（1）0区、1区及2区内，不应装设开关设备及线路附件，当在2区外安装插座时，其供电应符合下列条件：可由隔离变压器供电；可由安全特低电压供电；由剩余电流动作保护器保护的线路供电，其额定动作电流值不应大于30mA，动作时间不应大于0.1s。

（2）开关和插座位置距预制淋浴间的门口不得小于0.6m。

4）当未采取安全特低电压供电及其用电器具时，在0区内，应采用专用于浴盆的电气设备；在1区内，只可装设防护等级不低于IPX4的电热水器；在2区内，只可装设电热水器及Ⅱ类灯具。

2 游泳池内应采取以下防电击措施：

1）游泳池内电气设备的选用与安装应满足以下要求：

（1）在各区内所选用的电气设备必须具有以下保护等级：在0区内应至少：IPX8；

（2）在1区内应至少：IPX5（当室内平时不用喷水清洗游泳池时，可采用IPX4）；在2区内应至少：IPX2，用于室内游泳池时；IPX4，用于室外游泳池时；IPX5，用于可能用喷水清洗的场所。

2）游泳池内明敷电气线路和埋深不超过50mm的暗敷线路应符合以下要求：

（1）应采用无金属外皮的双重绝缘电缆或电线；

（2）在0区及1区内不允许通过与该区用电设备无关的线路；也不得在该区内装设接线盒。

3）开关、控制设备及其他电气器具的装设，须符合以下要求：

（1）在0区及1区内，严禁装设开关设备及辅助设备；

（2）在2区内如装设插座，其供电应符合如下要求：可由隔离变压器供电；可由安全特低电压供电；由剩余电流动作保护器保护的线路供电，其额定动作电流值不应大于30mA，动作时间不应大于0.1s。

（3）在0区内，除采用标称电压不超过12V的安全特低电压供电外，不得装设用电器具及照明器（如水下照明器等）。

（4）在1区内，用电器具必须由安全特低电压供电或采用Ⅱ级结构的用电器具。

（5）在2区内，用电器具应符合下列要求：采用Ⅱ类用电器具；当采用Ⅰ类用电器具时，应采取剩余电流动作保护措施，其额定动作电流值不应超过30mA，动作时间不应大于0.1s；应采用隔离变压器供电。

3 喷水池内应采取以下防电击措施：

1）喷水池的0区、1区的供电回路的保护，可采用以下任一种方式：

（1）安全特低电压供电（交流不超过12V，直流不超过30V），电源设备设置在0区、1区以外；

（2）220V电气设备采用隔离变压器供电，每一隔离电源（一台隔离变压器或一个二次绕组）只供给一台电气设备；

（3）220V电气设备采用剩余电流保护装置自动切断电源，其额定动作电流值不应大于30mA，动作时间不应大于0.1s。

2）室内喷水池与建筑总体形成总等电位联结外，还应进行辅助等电位联结；室外喷水池在0区、1区域范围内均应进行等电位联结，下列导电部分应与等电位联结导体可靠连接：

（1）喷水池构筑物的所有外露金属部件及墙体内的钢筋；

（2）所有成型金属外框架；

（3）固定在池上或池内的所有金属构件；

（4）与喷水池有关的电气设备的金属配件，包括水泵、电动机等；

（5）水下照明灯的电源及灯盒、爬梯、扶手、给水口、排水口、变压器外壳、金属穿线管；

（6）永久性的金属隔离棚栏、金属网罩等。

3）在采用安全特低电压的场合，应采用以下方式提供直接接触保护：保护等级至少是IP2X的遮挡或防护物；或能耐受500V试验电压，历时1min的绝缘。

4）喷水池内电气设备应满足的保护等级：0区域应至少：IPX8；1区域应至少：IPX4。

5）在0区内设备的供电电缆应尽可能远离池边及靠近用电设备。电缆必须穿套管保护以便于更换线路。在1区内应注意作适当机械保护。

（1）除1区内采用特低电压回路外，不允许在0区和1区内装有接线盒。

（2）在0区和1区内灯具应为固定安装。在0区和1区内灯具和其他电气设备的最高工作电压可为220V，这些灯具和电气设备应装设只能用工具才能拆卸的网格玻璃或隔栅加以遮挡。

14.7.2 高海拔影响

1 海拔超过1000m的地区划为高原地区。高原气候的特征是气压、气温和绝对湿度都随海拔的升高而减小，太阳辐射则随之增强。高原地区宜采用相应的高原型电器，标识为G，如G4表示适用于海拔最高为4000m。

2 根据电器科研部门的调查研究，现有普通型低压电器可按下述原则在高原地区使用：

1）由于气温随海拔的升高而降低，因此足以补偿海拔升高对电器温升的影响。当产品温升的增加不能为环境气温的降低所补偿时，应降低额定容量使用，其降低值为绝缘允许极限工作温度每超过1℃，降低1%额定容量。对连续工作的大发热量电器（如电阻器）可适当降低电流使用。

2）普通型低压电器在海拔2500m时仍有60%的前压格度，可在其额定电压下正常运行。

3）海拔升高时双金属片热继电器和熔断器的动作特性有少许变化，但在海拔4000m及以下时，仍在其技术条件规定的范围内。在海拔超过4000m时，对其动作电流应重新整定，以满足高原地区的要求。

4）低压电器的电气间隙和漏电距离的击穿强度随海拔的升高而降低，其递减率一般为海拔每升高100m降低0.5%~1%，最大不超过1%。

14.7.3 腐蚀环境

腐蚀环境类别的划分应根据化学腐蚀性物质的释放严酷度、低区最湿月平均最高相对湿度等条件确定。化学腐蚀性物质的释放严酷度分级见表14.7-1。腐蚀环境分类见表14.7-2，户内外腐蚀环境电气设备的选择见表14.7-3。

化学腐蚀性物质释放严酷度分级　　　　　　　　　　　表 14.7-1

化学腐蚀性物质名称		级别					
		1 级		2 级		3 级	
		平均值	最大值	平均值	最大值	平均值	最大值
气体及其释放浓度（mg/m³）	氯气（CL₂）	0.1	0.3	0.3	1.0	0.6	3.0
	氯化氢（HCL）	0.1	0.5	1.0	5.0	1.0	5.0
	二氧化硫（SO₂）	0.3	1.0	5.0	10.0	13.0	40
	氮氧化物（折算成 NO₂）	0.5	1.0	5.0	9.0	10.0	20.0
	硫化氢（H₂S）	0.1	0.5	3.0	10.0	14.0	70.0
	氟化物（折算成 HF）	0.01	0.03	0.1	2.0	0.1	2.0
	氨气（NH₃）	1.0	3.0	10	35.0	35.0	175.0
	臭氧	0.05	0.1	0.1	0.3	0.2	2.0
雾	酸雾（硫酸、盐酸、硝酸）碱雾（氢氧化钠）	—		有时存在		经常存在	
液体	硫酸、盐酸、硝酸、氢氧化钠、食盐水、氨水	—		有时滴漏		经常滴漏	
粉尘	沙（mg/m³）	30/300		300/1000		3000/4000	
	尘（漂浮）（mg/m³）	0.2/5.0		0.4/15		4/20	
	尘（沉积）（mg/m³）	1.5/20		15/40		40/80	
土壤	pH 值	>6.5,≤8.5		4.5～6.5		<4.5,>8.5	
	有机质（%）	<1		1～1.5		>1.5	
	硝酸根离子（%）	<1×10⁻⁴		1×10⁻⁴～1×10⁻³		>1×10⁻³	
	电阻率（Ω·m）	>50～100		23～50		<23	

腐蚀环境分类　　　　　　　　　　　表 14.7-2

环境特征	类型		
	0 类	1 类	2 类
	轻腐蚀环境	中等腐蚀环境	强腐蚀环境
化学腐蚀性物质的释放状况	一般无泄漏现象，任一种腐蚀性物质的释放严酷度经常为 1 级，有时（如事故或不正常操作时）可能达到 2 级	有泄漏现象，任一种腐蚀性物质的释放严酷度经常为 2 级，有时（如事故或不正常操作时）可能达到 3 级	泄漏现象比较严重，任一种腐蚀性物质的释放严酷度经常为 3 级，有时（如事故或不正常操作时）偶然超过 3 级
低区最湿月平均最高相对湿度	65% 及以上	75% 及以上	85% 及以上
操作条件	65% 及以上	75% 及以上	85% 及以上
表观现象	建筑物和工艺、电气设施只有一般锈蚀现象，工艺和电气设施只需常规维修；一般树木生长正常	建筑物和工艺、电气设施锈蚀现象明显，工艺和电气设施需年度大修；一般树木生长不好	建筑物和工艺、电气设施锈蚀现象严重，设备大修间隔期较短；一般树木成活率低
通风情况	通风条件正常	自然通风良好	通风条件不好

注：如果地区最湿月平均最低温度低于 25℃时，其同月平均最高相对湿度必须换算到 25℃时的相对湿度。

户内外腐蚀环境电气设备的选择 表 14.7-3

电气设备名称	户内环境类别			户外环境类别		
	0 类	1 类	2 类	0 类	1 类	2 类
配电装置和控制装置	封闭型	F1 级防腐型	F2 级防腐型	W 级户外型	WF1 级户外防腐型	WF2 级户外防腐型
电力变压器	普通型或全封闭型	全封闭型或防腐型	—	普通型或全封闭型	全封闭型或防腐型	—
电动机	基本系列（如 Y 系列电动机）	F1 级防腐型	F2 级防腐型	W 级户外型	WF1 级户外防腐型	WF2 级户外防腐型
控制电器和仪表（包括按钮、信号灯、点表、插座等）	保护型、封闭型或密闭型	F1 级防腐型	F2 级防腐型	W 级户外型	WF1 级户外防腐型	WF2 级户外防腐型
灯具	普通型或防水防尘型	防腐型		普通型	户外防腐型	
电线	塑料绝缘电线	橡皮绝缘电线或塑料护套电线		塑料绝缘电线	塑料绝缘电线（1kV 以上架空线路采用防腐钢芯铝绞线）	
电缆	塑料外护层电缆			塑料外护层电缆		
电缆桥架	普通型	F1 级防腐型	F2 级防腐型	普通型	WF1 级防腐型	WF2 级防腐型

注：适用环境类别和标志符号：F1、F2 为户内 1 类、2 类；W、WF1、W12 为户外 0 类、1 类、2 类。

14.7.4 爆炸性环境电气设备配电设计与安装

1 油浸型设备，应在没有振动、不会倾斜和固定安装的条件下采用。

2 电气设备特别是正常运行时能发生电火花的设备，尽量布置在爆炸危险环境以外，当必须设在危险环境内时，应布置在危险性较小的地点。在爆炸危险环境内应尽量少用携带式电气设备。

3 除本质安全电路外，爆炸性环境的电气线路和设备应装设过负荷、短路和接地保护，不可能产生过负荷的电气设备可不装设过负荷保护。爆炸性环境的电动机均应装设断相保护。如过负荷保护自动断电可能引起比引燃危险更大的危险时，应采用报警代替自动断电。

4 紧急情况下，在危险场所外合适地点应采取一种或多种措施对危险场所设备断电。连续运行的设备不应包括在紧急断电回路中，而应安装在单独的回路上，防止附加危险产生。

5 变电站、配电站和控制室的设计应符合下列规定：

1）变电站、配电所（包括配电室，下同）和控制室应布置在爆炸性环境以外，当为正压室时，可布置在 1 区、2 区内。

2）对于可燃物质比空气重的爆炸环境，位于爆炸危险区附加 2 区的变电站、配电所和控制室的电气和仪表的设备层地面，应高出室外地面 0.6m。

14.8 电力配电箱图示

14.8.1 采用接触器、热继元器件时，电力配电箱表达详见图 14.8-1～图 14.8-4，出图时按本技术措施第 14.1.3 条的规定列表。

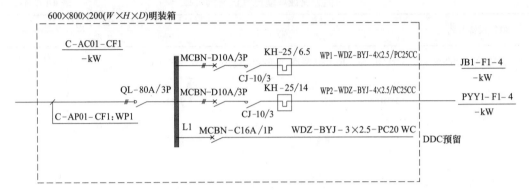

图 14.8-1   普通电力控制箱

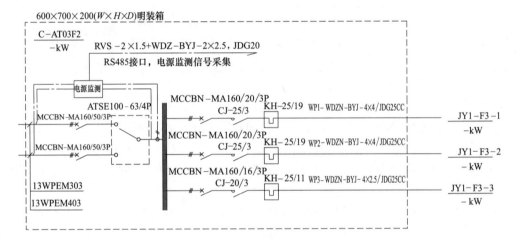

图 14.8-2   互投电力控制箱

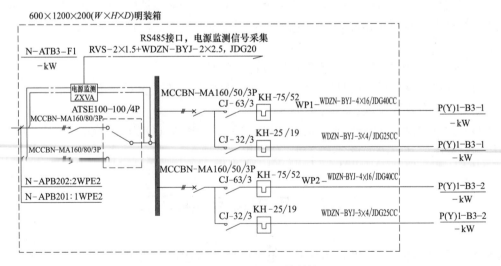

图 14.8-3   双速风机控制箱

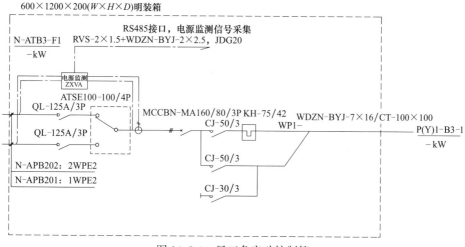

图 14.8-4　星三角启动控制箱

14.8.2 采用控制与保护开关电器，见图 14.8-5～图 14.8-8。

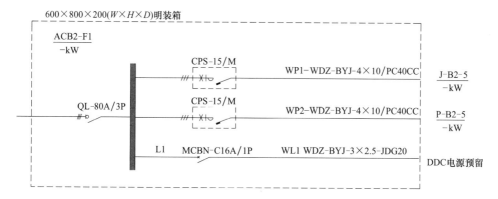

图 14.8-5　普通电力控制箱

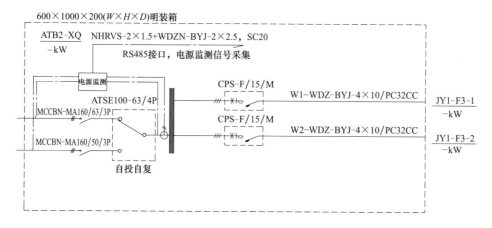

图 14.8-6　互投电力控制箱

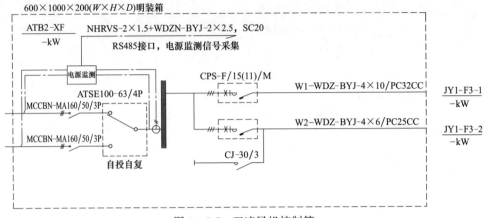

图 14.8-7　双速风机控制箱

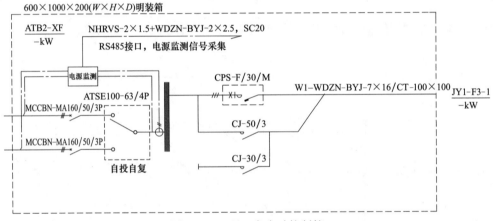

图 14.8-8　星三角启动控制箱

15 照明平面图

15.1 一 般 规 定

15.1.1 基本制图要求：

1 照明平面图设计内容包括普通照明和应急照明设计，根据项目的复杂程度，可以合并或分开，但原则上不超过 2 套平面，当平面图中 70％及以上的场所均属于一次照明设计时，建议采用两套平面设计，即应急照明为 1 套平面，普通照明为 1 套平面。

2 照明灯具图例应按以下原则插入：线光源（如荧光灯、直管型 LED 灯）按实际长度插入，随图纸比例缩放，面光源按实际尺寸插入，随图纸缩放；点光源按外径 5mm 绘制，插座按外径 5mm 绘制。

3 不同类型的灯具及光源、不同安装方式的灯具均需采用不同灯具图例加以区分，并在图例表中做详细说明。

15.1.2 初步设计照明平面应满足下列深度要求：

1 照明平面图中应包括应急疏散照明灯具布置。

2 大型、复杂建筑的典型场所应有普通照明灯具布置、照度值和功率密度值的计算，有明确精装区域的场所应注明该区域普通照明的照度值和功率密度值。

大型复杂建筑的典型场所包括：博展建筑的展厅、藏品库；交通建筑的出发大厅、候车（机）厅、售票厅、站台雨棚等高大空间；体育建筑的场馆照明；学校建筑教室；图书馆、档案馆的阅览室、书库；办公建筑的开敞式办公区；需要在初步设计阶段评审工程造价的政府拨款项目等。

15.1.3 施工图设计照明平面应满足下列深度要求：

1 照明平面图设计根据项目特点应包括应急疏散照明、应急疏散指示标志、应急照明（备用照明、警卫照明、安全照明）、普通照明（非精装区域）、照明控制、照明电源配电箱、管线敷设及标注等。

2 当建筑平面含有大量精装区域，一次图纸不做装修区照明设计或仅局部非装修区域（设备机房、库房、车库等）做照明设计时，插座宜画在照明平面图中；当建筑平面一次设计包括普通照明设计，插座宜画在电力平面图中。

3 照明平面图中应标注以下信息：照明配电箱编号、由照明配电箱引出的各支线回路编号、在图例符号表中无法统一表述的特殊灯具的安装高度、安装方式、灯具选型及数量、管路中所穿导线根数（3 根导线可不标注，含 PE 线）以及无法统一描述的管线敷设方式等。

4 平面图中灯具较少时，可在平面图中标注灯具属性，灯具数量品种较多时，应绘制灯具表，灯具表格式见第 4 章。灯具属性标注方法如下：

$$a-b\frac{c \cdot d \cdot L}{e}f$$

式中　a——灯具的数量；

　　　b——型号；

　　　c——每盏灯具的光源的数量；当光源采用 LED 一体化灯具时，c 可以省略。

　　　d——光源安装容量；

　　　e——灯具安装高度；

　　　L——光源种类；不同光源代号：荧光灯：FL、发光二极管：LED；

　　　f——安装方式，安装方式代号：壁装：W；吸顶式：C；嵌入式：R；柱上安装：CL；链吊式：CS；管吊式：DS。

5　凡需二次装修部位，除应急照明（含应急疏散照明、应急疏散指示标志）外的其他照明设计及配电箱系统图由二次装修设计，但照明平面图上应标注相应区域的照明配电箱位置（二次装修可调）、编号、并注明相应区域照度及功率密度值要求等信息。

15.2　光源的选择

15.2.1　选择光源时，应满足显色性、启动时间等要求，并应根据光源、灯具及镇流器等的效率或效能、寿命等在进行综合技术经济分析比较后确定。

15.2.2　光源种类及应用场所见表 15.2-1。

光源种类及应用场所 表 15.2-1

光源分类	名称	工作原理及特性	应用场所
热辐射光源	卤钨灯	全称卤钨循环类白炽灯，是充有卤素或卤化物的钨丝灯； 比普通白炽灯体积小、寿命长、光效高、光输出稳定	常用于装饰性照明、重点照明、轨道照明等
固态光源	半导体发光二极管（LED）、有机半导体发光二极管（OLED）	利用固体半导体芯片作为发光材料，当两端加上正向电压时，半导体中的载流子发生复合放出过剩的能量，引起光子发射产生光； 白光 LED 灯多由蓝光 LED 激发黄色荧光粉发出白光。 具有发光效率高、使用寿命长、发热量低、安全可靠性高、质量轻、响应时间短、防潮、耐低温、抗振动、便于调光等优点。 具有色温偏高、显色指数偏低、光通量维持率偏低，易产生炫光、谐波较大，功率因数低等不足	应用于室内各个场所、需要瞬时点亮的应急照明、一般照明、装饰性照明、有调光要求的场所的照明、高大空间照明、室外景观照明等。应积极提倡使用 LED 光源的灯具
弧光放电（低压）	荧光灯	为气体放电光源，热阴极型； 具有结构简单、光效高、寿命长等特点，发光效率是白炽灯的 4 倍~5 倍，寿命是白炽灯的 10 倍~15 倍。 按外形可分为双端荧光灯和单端荧光灯。双端荧光灯多为直管型，灯头在两端；单端荧光灯有 H 形、U 形、双 U 形、环形、球形、螺旋形等多种外形，灯头在一端。 灯具启动需要配备镇流器。采用电感镇流器，功率因数可达到 0.85，采用电子镇流器功率因数可达到 0.95 以上	室内空间较低的一般照明（净高小于 6m）

续表

光源分类	名称	工作原理及特性	应用场所
弧光放电（高压）	高压钠灯	高压钠蒸气产生的电弧放电发光的气体放电灯； 具有发光效率高、寿命长、透雾性能好、显色指数低等特点； 中显色高压钠灯色温为 2200K，平均显色指数为 60，高显色高压钠灯色温 2500K，平均显色指数可达到 85； 灯具启动需要配备镇流器。采用电感镇流器，功率因数可达到 0.85，采用电子镇流器功率因数可达 0.95 以上	室外道路照明（高杆照明）
	金属卤化物灯	汞和稀有金属的卤化物混合蒸气产生的电弧放电发光的气体放电灯； 光效高（65lm/W～140lm/W）、寿命长（5000h～20000h）、显色性好（R_a 为 65～95）、性能稳定； 启动困难，不能用于要求瞬间点亮的场所； 灯具启动需要配备镇流器。采用电感镇流器，功率因数可达到 0.85，采用电子镇流器功率因数可达 0.95 以上	室内高大空间的照明、室外道路照明、泛光照明、场地照明

15.2.3 几种典型光源的基本参数：

　1　荧光灯的参数见表 15.2-2 和表 15.2-3。

直管荧光灯参数　　　　表 15.2-2

灯具类型	常用功率(W)	光通量	显色指数	平均寿命(h)
T8 直管荧光灯	18	1350	85	15000
	30	2400		
	36	3350		
	58	5200		
T8 高光效直管荧光灯	18	1330	84	13000
	30	2340		
	36	3250		
T5 直管荧光灯	14	1250	85	24000
	21	1925		
	28	2625		
	35	3325		
T5 高光效节能型直管荧光灯	13	1150		
	19	1925		
	25	2600		
	32	3100		

单端荧光灯参数　　　　表 15.2-3

灯具类型	常用功率(W)	光通量	显色指数	平均寿命(h)
紧凑型荧光灯	10	600	82	10000
	13	900		
	18	1200		
	26	1800		
环形荧光灯	22	1200～1400	83	8000
	32	2400		
	40	3200		

2　高压钠灯的参数见表 15.2-4。

高压钠灯的参数　　　　　　　　　　表 15.2-4

类型	电压等级(V)	常用功率(W)	光通量(lm/W)	显示指数(R_a)	色温(K)	平均寿命(h)	其他
SON 高压钠灯	220	50	70	25	2000	24000	50W、70W 为内触发性型光源
		70	80	20		28000	
		150	95	20			
		250	108	25			
		400	120	25			
SON-T 直管型高压钠灯	220	70	85	25	2000	24000	
		100	90	20		28000	
		150	100	25		28000	
		250	112	25		28000	
		400	120	25		28000	
		1000	130	25		16000	
中显色性高压钠灯	220	150	61～63	≥60	2170	9000	最大启动时间 5s；2000h 光通量维持率 80%
		250	70～72			12000	
		400	65～67			12000	
高显色性高压钠灯	220	35	37		2500	15000	SDW-T 型
		50	46	83		15000	
		100	50			15000	
		150	40			8000	最大启动时间 60s；2000h 光通量维持率 70%
		250	48	85		8000	
		400	50			8000	

3　金属卤化物灯参数见表 15.2-5。

金属卤化物灯参数　　　　　　　　　　表 15.2-5

序号	填充物分类	光效(lm/W)	显色指数R_a	特点
1	钠铊铟类	70～90	70～75	常用主流灯型；自身功耗较小，寿命长，配电感镇流器，不适用于电压变化大的场合
2	钪钠类	80～100	60～70	常用主流灯型；自身功耗较大，寿命较长，配专用超前顶峰式镇流器，适用于电源电压范围较大的场合
3	镝钬类	50～80	80～95	寿命较短，用于显色性要求很高的大面积照明场所，如：电视摄像场所、体育场、礼堂等
4	卤化锡类	50～60	90 以上	启动困难，光效低，光色一致性差

4　LED 灯应符合下列技术要求：

1）对于长时间有人工作的场所，显色指数（R_a）不应小于 80；

2）同类光源的色容差不应超过 5SDCM（对所有光源）；

3）特殊显色指数 R_9（饱和红色）>0；

4）长期工作或停留的场所，色温不宜高于 4000K；

5）寿命期内的色偏差不应超过 0.007；

6）不同方向的色偏差不应超过 0.004；

7）灯具宜有漫射罩或有不小于 30°的遮光角；

8）灯的功率因数：$P>25W$，不小于 0.9，$5W<P\leqslant25W$，不小于 0.7，$P\leqslant5W$，不小于 0.4；

9）灯具使用寿命一般不低于 25000h；

10）光效不低于中国能效标识 3 级，并符合国家能效标准的能效限定值。

15.3 灯具的选择

15.3.1 灯具的选型、防护等级：

1 灯具类型：

1）室内灯具根据光通在上下空间分布划分为 A、B、C、D、E 五种类型，见表 15.3-1。

室内灯具按光通在上下空间分布类型   表 15.3-1

型号	灯具类型	光通比（%）		典型灯具、特点及应用场所
		上半球	下半球	
A	直接型	0～10	100～90	射灯、投光灯、筒灯、格栅灯盘等，典型灯具及出光方式（见下图）； 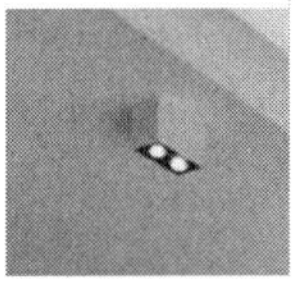 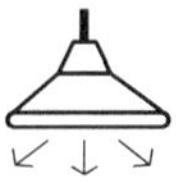  灯具光通量利用率最高； 容易产生直接炫光和间接眩光，常应用于对照度要求较高的场所，如办公室、教室、设备用房等，设置于办公室、教室等场所时应采取防眩光措施
B	半直接型	10～40	90～60	采用半透明材质制成的灯罩罩住光源上部（见下图）；  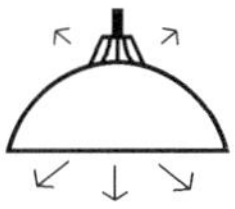 少部分光通量向上漫射，利用率较高，光线比较柔和； 应用于房间高度较低的场所，通过漫射光线照亮屋顶，视觉上产生较高的空间感

续表

型号	灯具类型	光通比(%) 上半球	光通比(%) 下半球	典型灯具、特点及应用场所
C	直接-间接型（均匀扩散）	40～60	60～40	乳白玻璃球形灯罩（见下图）； 光线均匀投向四面八方，光通利用率较低
D	半间接型	60～90	40～10	1　上面敞口的半透明灯罩，典型灯具及出光方式（见下图）； 向下分量用于产生与顶棚相称的亮度，光线更为柔和，但向下分量分配不当时，容易产生直接或间接眩光； 主要应用于建筑装饰照明
E	间接型	90～100	10～0	几乎全部利用反射光，使整个顶棚成为一个照明光源（见下图）； 直接眩光和反射眩光都很小； 光通利用率最低。

注：精装区域的灯具选择应配合精装设计要求选择合适的灯具。

2）室内灯具按 1/2 照度角对灯具的分类见表 15.3-2。

室内灯具按 1/2 照度角分类　　　　　　　　　　　　表 15.3-2

分类名称	1/2 照度角 θ	灯具安装间距/安装高度(L/H)
特窄照型	θ<14°	L/H<0.5
窄照型	14°≤θ<19°	0.5≤L/H<0.7
中照型	19°≤θ<27°	0.7≤L/H<1.0
广照型	27°≤θ<37°	1.0≤L/H<1.5
特广照型	37°≤θ	1.5≤L/H

注：对于对照明均匀度有要求的场所，灯具布置时应根据不同照度角及安装高度，确定灯具的安装间距。

2　防护等级：

1）不同场所对灯具防护等级的要求见表 15.3-3。

不同场所灯具防护等级　　　　　　　　　　　　表 15.3-3

场所分类	防护等级要求
垃圾间等潮湿、灰尘较大的场所	不低于 IP54
浴室	不低于 IP65
路灯	不低于 IP54
地埋灯	不低于 IP67
水下灯	不低于 IP68
机动车库	不低于 IP54
厨房、卫生间、阳台	不低于 IP44
挑檐、雨棚	不低于 IP54
室内一般场所	不低于 IP30

2）防触电保护形式分类见表 15.3-4。

灯具防触电保护形式分类表　　　　　　　　　　　　　　表 15.3-4

灯具等级	灯具主要性能	应用说明
Ⅰ类	除基本绝缘外,在易触及的导电外壳上有接地措施,使之在基本绝缘失效时不致带电	除采用Ⅱ类或Ⅲ类灯具外的所有场所,用于各种金属外壳灯具,需连接 PE 线
Ⅱ类	不仅依靠基本绝缘,而且具有附加安全措施,如双重绝缘或加强绝缘,没有保护接地或依赖安装条件的措施	人体经常接触,需要经常移动,容易跌倒或要求安全程度特别高的灯具,无需连接 PE 线
Ⅲ类	防触电保护依靠电源电压安全特低电压,并且不会产生高于 SELV 的电压(交流不大于 50V)	可移动式灯、手提灯、机床工作灯等,变压器一次侧需引入 PE 线,变压器二次侧无需设置 PE 线

3）典型爆炸危险场所防爆灯具、插座类型见表 15.3-5。

典型爆炸危险场所防爆灯具、插座类型　　　　　　　　　表 15.3-5

爆炸性环境	典型场所	防爆要求		防爆等级(EPL)	
		灯具	插座	灯具	插座
爆炸性气体环境	燃气锅炉房、柴油发电机房、储油间、燃气表间等	光源应有透明保护罩,可附加保护网保护;网孔大小按《爆炸性环境　第1部分:设备通用要求》GB 3836.1—2010 表 12 的规定进行试验;灯具不应仅用一个螺钉安装,吊环安装时,吊环可作为灯具的一部分铸或焊在外壳上。若吊环用螺纹旋在外壳上,应有放松措施	单插脚额定电流不超过 10A,任意两插脚之间额定电压不超过 254V 或直流 60V;插座接电源侧;插头与插座有分离延迟时间;灭弧期间,插头插座负荷隔爆外壳的规定	Gb 防爆型式符号:增安型"e"	
爆炸性粉尘环境	面粉加工区、燃煤锅炉房	光源应有透明保护罩,可附加保护网保护;网孔大小按《爆炸性环境　第1部分:设备通用要求》GB 3836.1—2010 表 12 的规定进行试验;灯具不应仅用一个螺钉安装,吊环安装时,吊环可作为灯具的一部分铸或焊在外壳上。若吊环用螺纹旋在外壳上,应有放松措施	单插脚额定电流不超过 10A,任意两插脚之间额定电压不超过 254V 或直流 60V;插座接电源侧;插头与插座有分离延迟时间;插头插座负荷保护类型"t"的规定	Db 防爆型式符号:外壳保护型"tb"	

15.3.2　不同灯具的应用场所见表 15.3-6,不同安装方式的灯具适用场所见表 15.3-7。

不同灯具的应用场所　　　　　　　　　　　　　　　　　表 15.3-6

灯具类型		适用场所	不适用场所
直接型	宽配光	提供均匀照明,用于只考虑水平照明的工作或非工作场所	室形指数小的场所
	中配光不对称	应用于泛光照明、体育馆照明	高度太低的室内场所
	窄配光	需要通过细长光束照亮指定的目标,常用于家庭、餐厅、博物馆、商店等	低矮场所的均匀照明
半直接型		最常用的均匀作业照明灯具,广泛应用于高级会议室、办公室	很重视外观设计的场所

续表

灯具类型	适用场所	不适用场所
直接—间接型	要求高照度的工作场所,如餐厅、购物等	需要显示空间处理有主次的场所
半间接型	增强对手工作业的照明	非作业区
间接型	显示顶棚图案、高度为 2.8m～5m 的非工作场所或高度为 2.8m～3.6m、视觉作业涉及反光纸张、反光墨水的精细作业场所	顶棚无装修、视觉作业以地面设施为观察目标的空间
漫射型	非工作场所非均匀环境照明	作业照明

不同安装方式的灯具适用场所　　　　　　　　表 15.3-7

序号	安装方式	特点	适用场所
1	吸顶式灯具	顶棚较亮、眩光可控、光利用率高、易于安装和维护、费用低	顶棚较低、无吊顶的照明场所,高度不超过 4.5m
2	嵌入式灯具	与吊顶组合在一起、眩光可控、光利用率较高、费用高	有吊顶、顶棚较低、要求眩光小的场所
3	悬吊式灯具	光利用率高、易于安装和维护、费用低、顶棚暗	顶棚较高的场所,高度大于 5m
4	壁装灯具	易于安装和维护、易形成眩光、顶棚暗、费用低	装饰照明兼加强照明或对眩光及照明均匀度要求不高、顶棚管线多无法从顶棚引下的照明场所(设备机房、管线多且无吊顶的走道)

15.3.3 灯具效率应满足下列要求:

1 常用灯具效率见表 15.3-8。

常用灯具类型的灯具效率　　　　　　　　表 15.3-8

常用灯具	灯具效率	
直管荧光灯	开敞式 75%、透明保护罩 70%、格栅 65%	
紧凑型荧光灯	开敞式 55%、保护罩 50%、格栅 45%	
小功率金属卤化物灯	开敞式 60%、保护罩 55%、格栅 50%	
高强气体放电灯	开敞式 75%、格栅 60%	
LED 筒灯	2700K 色温	保护罩 60%、格栅 55%
	3000K 色温	保护罩 65%、格栅 60%
	4000K 色温	保护罩 70%、格栅 65%
LED 平面灯	2700K 色温	直射式 65%、反射式 60%
	3000K 色温	直射式 70%、反射式 65%
	4000K 色温	直射式 75%、反射式 70%

2 灯具效率与利用系数的关系:

$$利用系数(U) = 固有利用系数(U_0) \times 灯具效率(\eta) \qquad (15.3\text{-}1)$$

$$灯具效率 \ \eta = \frac{灯具输出光通(\Phi_1)}{光源总光通(\Phi_0)} \qquad (15.3\text{-}2)$$

$$固有利用系数(U_0) = \frac{\Phi_2 + \Phi_3}{\Phi_1} \qquad (15.3\text{-}3)$$

$$利用系数(U) = \frac{\Phi_2 + \Phi_3}{\Phi_0} \qquad (15.3\text{-}4)$$

室内光源光通示意见图 15.3-1。

3 提高利用系数的因素:

1) 灯具效率越高,利用系数越高,即优先选用直射型灯具;

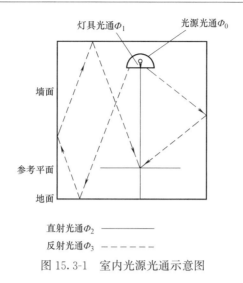

图 15.3-1 室内光源光通示意图

2）室空间（屋顶、墙面、地面）反射系数越高，固有利用系数越高，利用系数就越高；

3）室形指数越大，越有利于灯具发出的光通量全部投射到参考面上（Φ_2 接近于 Φ_1），固有利用系数越高，利用系数就越高。

15.4 照度要求及计算

15.4.1 典型场所照度要求：

1 典型场所照度要求应不低于《建筑照明设计标准》GB 50034—2013 中照度标准值。

1）当房间或场所的照度提高或降低时（如旅馆建筑各场所的照度值需酒店管理公司提出的要求设计），功率密度值（LPD）应按比例相应提升或折减；

2）设装饰性灯具场所，可将实际采用的装饰性灯具总功率的 50% 计入照明功率密度值的计算（如大堂、展厅、营业厅等）。

3）照明节能应采用一般照明的照明功率密度值（LPD）作为评价指标。

2 符合下列一项或多项条件，作业面或参考平面的照度标准值可提高一级：

1）视觉要求高的精细作业场所，眼睛至识别对象的距离大于 500mm；

2）连续长时间紧张的视觉作业，对视觉器官有不良影响；

3）识别移动对象，要求识别时间短促而辨认困难；

4）视觉作业对操作安全有重要影响；

5）识别对象与背景辨认困难；

6）作业精度要求高，且产生差错会造成很大损失；

7）视觉能力显著低于正常能力；

8）建筑等级和功能要求高。

3 符合下列一项或多项条件，作业面或参考平面的照度标准值可降低一级：

1）进行很短时间的作业；

  2）作用精度或速度无关紧要；

  3）建筑等级和功能要求较低。

  4　临近作业面周围过渡照度值要求见表 15.4-1。

临近作业面周围过渡照度值要求表　　　　表 15.4-1

作业面照度(lx)	作业面外宽度不小于 0.5m 的区域照度(lx)
≥750	500
500	300
300	200
≤200	与作业面照度相同

15.4.2　平均照度计算。平均照度包括水平照度和垂直照度，作业面和参考面为水平面时，需进行水平照度计算，参考面为垂直面时（如书架、货架、展板、配电柜、黑板等）需进行垂直照度计算，应急疏散照明不考虑反射光的影响，采用点光源照度计算。

  1　水平照度计算通常采用利用系数法，综合考虑由光源直接投射到工作面上的光通量和经过室内表面相互反射后再投射到工作面上的光通量。利用系数法适用于灯具平均布置、墙和顶棚反射系数较高，空间无大型设备遮挡的室内一般照明的水平照度计算。

  1）基本公式：

$$E_{av} = \frac{N\varPhi UK}{A} \tag{15.4-1}$$

式中　E_{av}——工作面上的平均照度，lx；

   $\varPhi$——光源光通量，lm；

   N——光源数量；

   U——利用系数；

   A——工作面面积，m^2；

   K——灯具的维护系数。

  2）利用系数计算方法参见本技术措施第 15.3.3 条，不同灯具由于灯具效率和光源光通量不同，其利用系数也不同。利用系数的取值可以根据查表法求得，当无具体参数时，灯具效率取值可按《建筑照明设计标准》GB 50034—2013 中要求的最低灯具效率值计算。

  3）维护系数应按表 15.4-2 选取。

维护系数　　　　表 15.4-2

环境污染特征		房间或场所举例	灯具最少擦拭次数(次/a)	维护系数值
室内	清洁	卧室、办公室、影院、剧场、餐厅、阅览室、教室、病房、客房、仪器仪表装配间、检验室、商店营业厅、体育馆、体育场	2	0.8
	一般	机场候机厅、候车室、机械加工车间、机械装配车间、农贸市场等	2	0.7
	污染严重	公用厨房、锻工车间、铸工车间、水泥车间等	3	0.6
开敞空间		雨棚、站台	2	0.65

  2　应急疏散照明的照度计算。疏散照明照度是地面水平的最低照度，是疏散通道上的点照度值，光源主要来自灯具的直射光，不考虑房间表面相互反射的影响，因此，疏散照明照度采用点照度计算水平照度。

$$E_h = K \cdot \frac{I_\theta \cos^3\theta}{h^2} \tag{15.4-2}$$

式中　E_h——点光源产生的水平照度，lx；

　　　I_θ——点光源在 θ 角度照射方向的光强，cd；

　　　$\cos\theta$——地面通过光源的法线与入射光线的夹角的余弦；

　　　K——灯具的维护系数。

某点光源 1000lm 发光强度值见表 15.4-3。

1000lm 发光强度值　　　　　　　　　表 15.4-3

$\theta(°)$		0	5	10	15	20	25	30	35	40
I_θ	B—B	191	191	189	188	183	177	169	160	151
(cd)	A—A	191	191	189	188	183	177	169	160	151
$\theta(°)$		45	50	55	60	65	70	75	80	85
I_θ	B—B	143	131	119	105	85	70	54	35	12
(cd)	A—A	143	131	119	105	85	70	54	35	12

3　垂直照度计算及应用场所：

1）垂直照度一般应用于对垂直平面上有照度要求的场合，以下场所需要进行垂直照度计算：教室黑板、图书馆书架、图书库、档案库、变配电室配电柜、展览建筑的壁装展品等。

2）水平面上的平均照度和垂直平面上的平均照度的关系基本满足下式：

$$\frac{E_h}{E_v} \approx \frac{h}{D} \tag{15.4-3}$$

式中　h——光源在计算水平面上的计算高度，m。

　　　D——光源距所计算平面的水平距离，m。

此计算公式可用于水平照度换算成垂直照度，通过利用系数法对书架间人行道进行水平面的平均照度，再根据式（15.4-3）换算成垂直照度。

15.4.3　功率密度（LPD）校验：

1　功率密度值作为校验典型场所在满足照度要求时，是否同时满足节能标准的评价指标，其值应小于《建筑照明设计标准》GB 50034—2013 中功率密度值的相关要求。

$$LPD = \frac{P}{S} \tag{15.4-4}$$

式中　P——灯具功率，W；

　　　S——房间面积，m^2。

装修场所照明配电设计时，将实际采用的装饰性灯具总功率的 50% 计入照明功率密度值计算，并应考虑部分应急照明。

2　《建筑照明设计标准》GB 50034—2013 中功率密度值包括现行值和目标值，均为限值，即当照明场所无绿建星级要求时；其功率密度值应小于现行值要求；当照明场所有绿建星级要求时，其功率密度值应小于目标值要求。

3　不应根据功率密度值的限值和照度标准反推照明场所的灯具数量。

15.4.4　标准照度节能计算表见表 15.4-4。

1　照明设计应提供典型场所的照度计算。

2 根据各典型场所照度值计算 *LPD* 值，并提供满足节能审查的节能计算判定表，详见表 15.4-4。

标准照度节能计算表   表 15.4-4

序号	房间名称	楼层	房间位置	光源类型	房间面积(m²)	灯具安装高度(m)	参考平面高度(m)	灯具类型 灯型	灯具类型 效率	单套灯具光源参数 光源(W)	单套灯具光源参数 镇流器(W)	单套灯具光源参数 光通量(lm)	灯具数量	光源个数/每灯具	总安装容量(W)	计算照度(lx)	计算功率密度W/(m²)	标准照度(lx)	标准功率密度(W/(m²)	利用系数	维护系数	备注	带镇流器	反算灯具数量	反算灯具光通量(lm)

15.5 典型场所照明设计

15.5.1 机房类场所照明设计

1 配电室照明设计要点及样图（不含应急疏散照明）

1）根据《建筑照明设计标准》GB 50034—2013，变配电室 0.75m 水平面照度标准值为 200lx，功率密度限值现行值为 7W/m²，目标值为 6W/m²，电缆夹层照度值为 15lx。

2）配电室照明灯具宜选用直管型荧光灯灯具、线型 LED 灯具，在变配电室内出入口设置开关，分区域就地控制。

3）照明灯具布置应结合配电柜的布置方式设计，不可在配电室内进行均匀布置，且应兼顾配电柜垂直照度。

4）灯具不应设置在配电柜的正上方，柜前巡视通道上方灯具选用双管灯，平行于通道均匀布置，巡视通道上方的照明灯具距配电柜的水平距离不宜小于 500mm。

5）柜后应设置检修照明灯具，灯具宜壁装，并在每条检修通道两端设置双控开关，灯具安装高度底边距地 2.4m。柜后检修通道不大于 1.5m 时，检修灯具壁装，大于 1.5m 时，灯具吊装，灯具吊装时，距柜体水平距离不小于 500mm。

6）设有变配电室夹层时，应在夹层内设置 36V 低压照明灯，在人孔附近应设置照明灯具，便于检修人员通行，灯具应安装在检修通道上方，并尽量避开桥架的正上方，在变配电室设备层的人孔旁设置带指示灯的双控开关。夹层的照明管线路由需避开顶板洞口设置。

7）电缆进线间照明灯具宜壁装，并让开电缆进出线区域。

变配电室灯具布置样图见图 15.5-1。

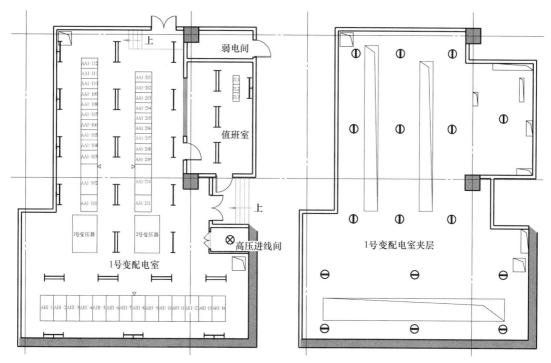

图 15.5-1 变配电室灯具布置样图

2 制冷机房照明设计要点及样图

1）根据《建筑照明设计标准》GB 50034—2013，制冷机房地面照度标准值为 150lx，功率密度限值现行值为 6W/m²，目标值为 5W/m²。

2）制冷机房内灯具应选用直接型灯具，点光源选用深罩型灯具、线光源选用控罩型灯具，光源可选用金卤灯、线型 LED 灯、三基色荧光灯及大功率节能灯等。制冷机房控制室内可选用直管型荧光灯或线型 LED 灯。

3）机房在主要出入口门内侧设置开关分区域就地控制，在机房控制室门内侧设置开关就地控制。

4）制冷机房内应根据设备的安装位置确定灯具位置，灯具应避免安装在设备正上方，不利于检修，且应避让机房内的管路，控制室内灯具平行于配电柜布置。

5）灯具杆吊式安装或壁装与杆吊式安装相结合的方式，安装高度宜为 4m～4.5m。

6）机房内有设备吊装孔时，灯具布置应避开吊装孔区域。

制冷机房灯具布置样图见图 15.5-2。

3 水泵房照明设计要点及样图

1）根据《建筑照明设计标准》GB 50034—2013，水泵房地面照度标准值为 100lx，功率密度限值现行值为 4W/m²，目标值为 3.5W/m²。

2）水泵房内应采用防水防尘灯，光源可选用三基色直管荧光灯、线型 LED 灯、节能灯等。

3）在水泵房门内侧设置就地控制开关。

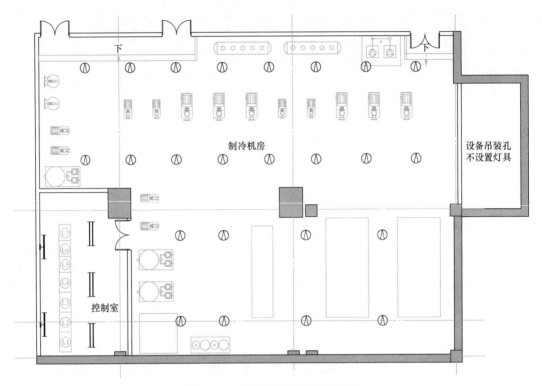

图 15.5-2　制冷机房灯具布置样图

4）机房内应根据设备的安装位置和管线路由确定灯具位置，布置于机房内主要通道上方的灯具，应避免安装在设备正上方，不利于灯具检修。机房内线型灯具应垂直于水泵布置，控制室内应选用线型灯具，并应平行于配电柜布置。当配电柜后设有检修通道时，应设置检修照明，设置原则参见本技术措施第 15.5.1 条的相关规定。

5）水泵房水箱（水池）上方不设置一般照明，但应在水箱周围的检修通道设置壁灯用作检修照明，并宜在检修通道两端设置双控开关。

6）水池检修口附近应设置检修照明，吸顶安装或壁装，照明灯具可采用 36V 低压灯或电源回路设置漏电保护装置，检修口照明应单独设置照明开关，就地控制。

7）水泵房内检修插座距地安装高度不小于 1.5m。

水泵房灯具布置样图见图 15.5-3。

4　空调机房照明设计要点及样图

1）根据《建筑照明设计标准》GB 50034—2013，空调机房地面照度标准值为 100lx，功率密度限值现行值为 4W/m²，目标值为 3.5W/m²。

2）机房内选用三基色直管型荧光灯或线型 LED 灯，灯具宜选用支架灯。

3）在风机房门内侧设置开关就地控制。

4）风机房内灯具应避让风管及风机布置，小型风机房以壁装为主，大的风机房采用壁装和顶板安装相结合的方式，当面对面壁装灯具间距大于 8m 时，宜在中间增设顶装灯具，且不应设置在机组的正上方，灯具壁装时不应安装在风井的墙上，风管路由走向的正下方。

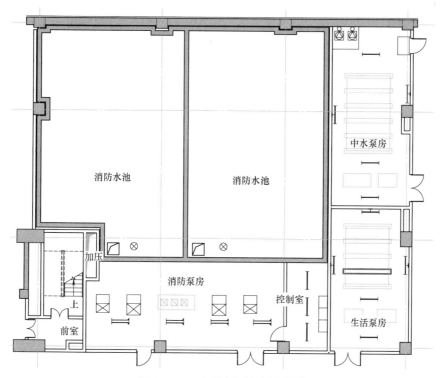

图 15.5-3　水泵房灯具布置样图

5) 机房内含有消防风机等火灾时仍需工作的设备时,应设置 100% 备用照明。
空调机房灯具布置样图见图 15.5-4。

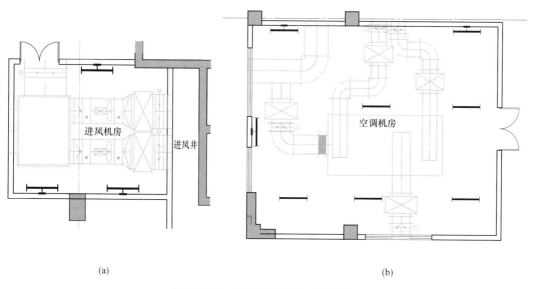

(a)

(b)

图 15.5-4　空调机房灯具布置样图

(a) 小型风机房灯具布置样图;(b) 大型空调机房灯具布置样图

5　锅炉房照明设计要点及样图

1) 根据《建筑照明设计标准》GB 50034—2013,锅炉房地面照度标准值为 100lx,

功率密度限值现行值为 $5W/m^2$，目标值为 $4.5W/m^2$。

 2）锅炉房内照明灯具应采用增安型防爆型灯具，防爆等级见表 15.3-5 的相关要求，光源优先选用 LED 灯或金卤灯，控制室内选用直管型荧光灯或线型 LED 灯。

 3）在锅炉房门外侧设置开关就地控制，控制室应靠近疏散通道，当有直接开向疏散通道的门时，开关宜设置在控制室内，当照明开关必须设置在锅炉房内时，应选用防爆型开关。

 4）照明灯具布置应避开锅炉、水泵等设备的正上方区域，且满足平均照度的要求。

 5）锅炉水位表、锅炉压力表、仪表屏和其他照度要求较高的部位，应设置局部照明。

 6）在装设锅炉水位表、锅炉压力表、给水泵以及其他主要操作的地点和通道，宜设置事故照明。事故照明的电源选择，应按锅炉房的容量、生产用汽的重要性和锅炉房附近供电设施的设置情况等因素确定。

 7）地下凝结水箱间、出灰渣地点和安装热水箱、锅炉本体、金属平台等设备和构件处的灯具，当距地面和平台工作面小于 2.5m 时，应有防止触电的措施或采用不超过 36V 的电压。

 8）机房吊装孔、泄爆井等处不应设置灯具或管线明敷，明敷时应采用镀锌钢管敷设。

锅炉房灯具布置样图见图 15.5-5。

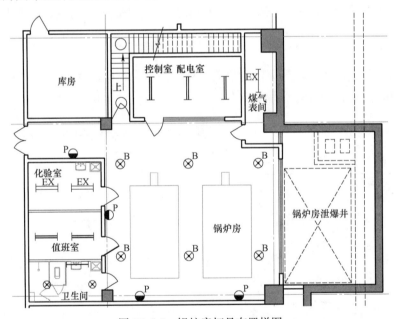

图 15.5-5 锅炉房灯具布置样图

15.5.2　办公场所照明设计要点及样图

 1　设计要点：

 1）根据《建筑照明设计标准》GB 50034—2013，普通办公室 0.75m 水平面照度标准值为 300lx，功率密度限值现行值为 $9.0W/m^2$，目标值为 $8.0W/m^2$；高档办公室 0.75m 水平面照度标准值为 500lx，功率密度限值现行值为 $15.0W/m^2$，目标值为 $13.5W/m^2$。

 2）办公建筑应选用防眩光的照明灯具，并采用高效、节能的 LED 灯具或其他节能型光源。

 3）小型办公室内照明灯具采用开关就地控制或由照度、红外传感器智能控制。

4）大开间办公区的走道区域照明可采用智能照明系统集中控制，并在出入口及合适位置设置控制面板，工位上方的照明灯具分区域设置就地开关或由照度、红外传感器智能控制，并设置现场控制面板。

5）小型办公室、大开间办公室工位区应选用荧光灯、LED 灯等线型光源或平面型光源，不应选择点光源，走道区域照明可结合室内装修选择点光源（筒灯）、线光源或面光源等多种形式的灯具组合。

6）办公建筑配电回路应将照明回路和插座回路分开，插座回路应有剩余电流保护装置。

7）办公室照明应注意各区域的亮度比，避免引起视觉的不舒适感，办公室照明推荐亮度比见表 15.5-1。

办公室照明推荐亮度比　　　　　　　　　　　　　　　表 15.5-1

表面类型之间	亮度比
作业面区域与作业面临近周围区域之间	≤1：1/3
作业面区域与作业面背景区域之间	≤1：1/10
作业面区域与顶棚区域（仅灯具暗装时）之间	≤1：10
作业面临近周围区域与作业面背景区域之间	≤1：1/3

8）一般办公室照明光源的色温选择在 3300K～5300K 之间比较合适，显色指数不小于 80，当办公室采用 LED 光源时，色温不宜高于 4000K，特殊显色指数 R_9 应大于零。

9）办公室的一般照明宜设置在工作区域两侧，采用线型灯具时，灯具纵轴与水平视线平行，不宜将灯具布置在工作位置的正前方。

10）办公室内的顶棚、墙面、工作面尽量选用无光泽的浅色饰面，减小反射，避免眩光。

2　典型办公场所示例：

1）大开间办公室的照明灯具和插座，宜按建筑的开间或根据办公室基本单元进行布置，主要通道处的灯具宜单独设置回路，并在出入口处设置双控开关，每个工位上方设置照明灯具，并能平行于外窗进行控制，还需结合工位布置分组控制。对于出租性质的大开间办公，其照明回路宜按柱跨连接，便于后期的空间改造。开敞办公室灯具布置样图见图 15.5-6。

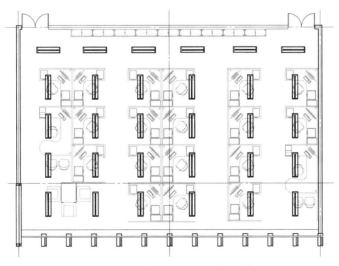

图 15.5-6　开敞办公室灯具布置样图

2）小型办公室没有家具布置时，应采用均匀布置，照明灯具宜选用格栅灯避免眩光，照明控制应采用平行于外窗由外到里分排控制。办公室内灯具应让开风盘风口位置布置。照明灯具采用线型光源时，其长轴宜平行于外窗布置。小型办公室灯具布置样图见图 15.5-7。

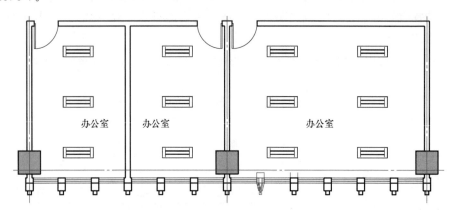

图 15.5-7 小型办公室灯具布置样图

15.5.3 公共活动类场所照明设计要点及样图

1 地下停车库照明设计要点及样图：

1）根据《建筑照明设计标准》GB 50034—2013，车库照明按车道照度 50lx，车位照度 30lx 设计，功率密度限值现行值为 $2.5W/m^2$，目标值为 $2.0W/m^2$。

2）车库内灯具宜选用直管型荧光灯或线型 LED 灯具，采用线槽安装或杆吊安装（兼作人防的车库应采用链吊式安装），线槽安装时，线槽规格宜采用 75mm×75mm，光源可选用三基色直管荧光灯或 LED 灯等节能型光源。

3）车库内一般采用集中控制，车位和车道的照明应分回路设置。车道照明回路可按维持 1/4 或 1/2 照度交叉设置，以满足不同场景对照度的要求，或采用自带感应的灯具，有车来时点亮，没车时维持低照度，达到节能的目的。

4）车库照明分车道、车位以及出入口三种场所设计。

5）车道、车库出入口灯具布置应将线型灯具纵轴与行车方向一致，车位上灯具长轴方向与车位长袖方向平行，以避免眩光，车库出入口灯具宜壁装。

6）灯具布置时应避让风管的敷设路由，建议与暖通专业协商，当高度允许时，风管尽量布置在车道中间，灯具布置在车道两侧，风管在车位上方敷设时，尽量靠近车头位置，灯具布置在靠近车尾区域。

7）机械停车库车位正上方不应设置照明灯具，照明灯具应安装在机械车位两侧的梁侧壁，一般与梁底齐平。

8）设有充电桩的车位，应保证充电桩的垂直照度满足 50lx，线型灯具长轴万向与允电桩布置方向平行，且灯具不应安装在充电桩正上方，水平距充电桩不小于 500mm。

9）行车转弯处，照度标准值宜提高一级。

10）坡道式地下汽车库出入口处应设过渡照明，其设计应符合现行国家标准《地下建筑照明设计标准》CECS 45—1992 的要求。白天入口处亮度变化可按 10∶1～15∶1 取值；夜间室内外亮度变化可按 2∶1～4∶1 取值。

11）出入口的人行速度宜按 2.5km/h 取值，车行速度按 5km/h 取值，见表 15.5-2。地下停车库灯具布置样图见图 15.5-8。

出口距离与照度要求对照表　　　　　　　　表 15.5-2

距离	时间	亮度	照度
5m	3.6s	12cd/m²	250lx
10m	7.2s	5cd/m²	105lx
15m	10.8s	3cd/m²	63lx
20m	14s	1.6cd/m²	35lx

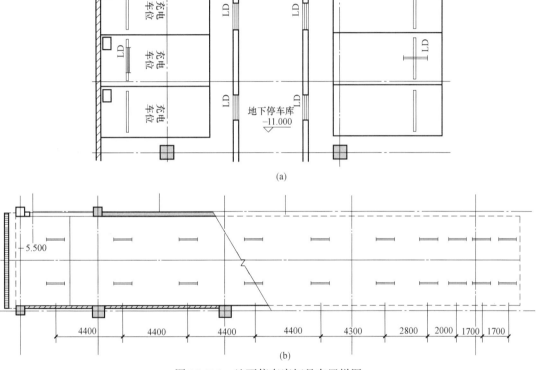

图 15.5-8　地下停车库灯具布置样图
（a）地下车库；（b）汽车坡道

2　公共走廊照明设计要点及样图：

1）根据《建筑照明设计标准》GB 50034—2013，一般走廊地面照度标准值为 50lx，功率密度限值现行值为 2.5W/m²，目标值为 2.0W/m²；高档走廊地面照度标准值为 100lx，功率密度限值现行值为 4W/m²，目标值为 3.5W/m²。

2）地上公共走廊可结合室内装修选择不同类型灯具，包括筒灯、圆盘灯、线型灯具等，光源优先选用 LED 灯等节能型光源，常见的灯具安装方式包括嵌入式和吸顶式；地下走廊设备管线较多且无吊顶时选用线型灯具，壁装，有吊顶时选用筒灯、线型灯具嵌入式安装或吸顶安装。光源优先选用 LED 灯等节能型光源。

3）走廊照明可采用就地控制方式或集中控制方式，当采用就地控制室方式时，应分区、分段控制，宜采用双控开关。

4）走廊灯具布置应考虑柱网情况，按每个柱网单元均匀布置，避免灯具安装在梁上。

5）地下机房区走廊管道较多，在没有吊顶的情况下，宜设置壁灯。走廊过长（大于30m）照明灯具宜采用跨接方式配线。

公共走廊灯具布置样图见图 15.5-9。

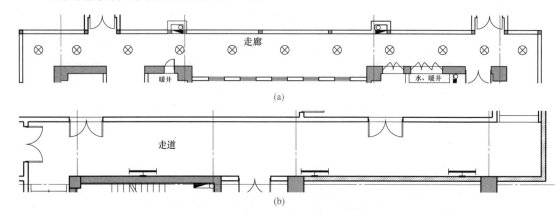

(a)

(b)

图 15.5-9 公共走廊灯具布置样图
(a) 地上走道；(b) 机房区走道

3 公共卫生间照明设计要点及样图：

1）根据《建筑照明设计标准》GB 50034—2013，一般卫生间地面照度标准值为75lx，功率密度限值现行值为 3.5W/m²，目标值为 3.0W/m²；高档卫生间地面照度标准值为150lx，功率密度限值现行值为 6W/m²，目标值为 5W/m²。

2）卫生间、浴室等潮湿且易污场所，采用防潮易清洁的灯具，防护等级见本技术措施第 15.3.1 条的相关要求。

3）卫生间开关设置在门口处，当设置在门外时，开关宜设置带指示灯的翘板开关，对于公共场所的卫生间，照明灯具宜采用集中控制。

4）卫生间照明灯具布置宜在有隔板的便器斜上方设置照明灯具，管线应躲开下水口。

5）公共卫生间入口处（机场航站楼、火车候车厅、大型商场的等流动人员较多的卫生间）宜设置应急照明灯具。

公共卫生间灯具布置样图见图 15.5-10。

4 避难层及走廊照明设计要点及样图：根据《消防应急照明和疏散指示系统技术标准》GB 51309—2018，避难层（间）等火灾时仍需工作的区域，应设置备用照明，备用照明可采用正常照明灯具。避难区灯具选用吸顶灯，分区域就地设置开关，并在火灾时强制点亮。

避难区灯具布置样图见图 15.5-11。

5 设备夹层（层高小于 2.2m）照明设计要点及样图：设备夹层（层高小于2.2m）可设置 36V 低压灯，当采用交流

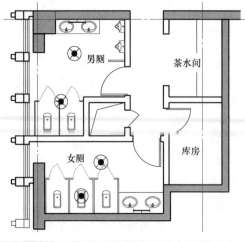

图 15.5-10 公共卫生间灯具布置样图

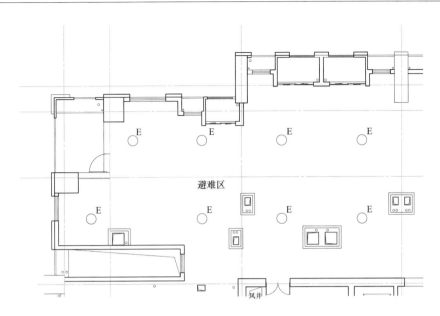

图 15.5-11　避难区灯具布置样图

220V电源供电时，应设置剩余电流保护开关，动作电流30mA。灯具壁装时应避免安装于敷设有设备管线的一侧，若两侧都有设备管线则应安装于顶板上。在楼梯口处设置就地控制开关，当有两个以上出入口时，应设置双控开关。

设备夹层（层高小于2.2m）灯具布置样图见图15.5-12。

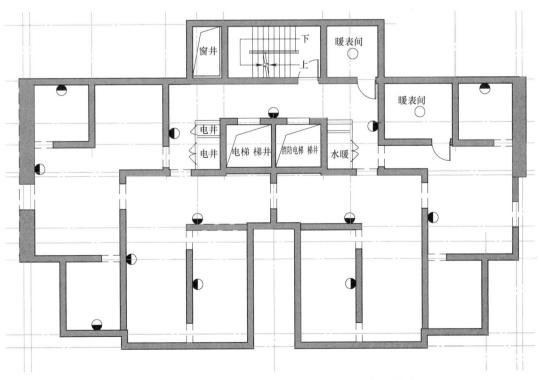

图 15.5-12　设备夹层（层高小于2.2m）灯具布置样图

15.5.4 教育建筑典型场所照明设计

1 教室照明设计要点及样图：

1）根据《建筑照明设计标准》GB 50034—2013，教室课桌面照度标准值为 300lx，功率密度限值现行值为 9.0W/m²，目标值为 8.0W/m²；教室黑板面混合照度值为 500lx。

2）教室内不宜采用无罩的直射灯具及盒式荧光灯具，宜选用有一定保护角、效率不低于 75% 的开启式配罩型灯具，有条件时可选用带格栅或带漫射罩型灯具。教室光源推荐采用三基色直管荧光灯。

3）教室照明控制方式为就地控制，在前、后门分别设置开关，黑板灯开关单独设置在黑板旁。

4）用于晚间学习的教室的平均照度值宜较普通教室高一级，且照度均匀度不应低于0.7。课桌区域内的照度均匀度不应小于 0.7，黑板面上的照度均匀度不应小于 0.7。

5）教室照明灯具与课桌面的垂直距离不宜小于 1.7m。

6）教室设有固定黑板时，应装设黑板照明，黑板灯距黑板水平距离一般在 700mm～1000mm 范围内，距黑板上沿垂直距离 $h＝100m～200mm$，且黑板上的垂直照度值不宜低于教室的平均水平照度值。

7）光学实验室、生物实验室一般照明照度宜为 100lx～200lx，实验桌上应设置局部照明。

8）教室照明的控制应沿平行外窗方向顺序设置开关，黑板照明开关应单独装设。走廊照明开关的设置宜在上课后关掉部分灯具。

9）普通教室内灯具垂直于黑板方向布置，且应布置在课桌的侧上方。

10）为方便教学时投影仪的使用，第一排灯应能单独控制。

11）对于家具不固定的活动教室，照明灯具应均匀布置。

教室灯具布置样图见图 15.5-13。

2 学生宿舍照明设计要点及样图：

1）根据《建筑照明设计标准》GB 50034—2013，宿舍地面照度标准值为 150lx，功率密度限值现行值为 5W/m²，目标值为 4.5W/m²。

2）宿舍房间内选用直管荧光灯，阳台选用吸顶灯，宿舍独立卫生间选用防水防尘灯，光源选用三基色荧光灯或 LED 灯。

3）宿舍照明灯具应布置在过道上方，且平行于床铺方向。

4）宿舍照明与卫生间照明不共用回路，宿舍照明可集中控制电源断开，便于宿舍统一管理，宿舍内卫生间照明应由 24h 不间断的电源供电；带独立卫生间的宿舍，卫生间照明应由 24h 不断电电源供电；宿舍照明开关采用

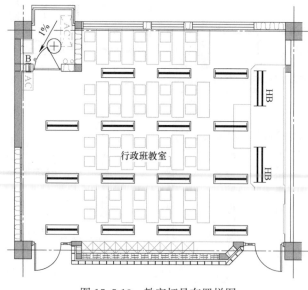

图 15.5-13 教室灯具布置样图

翘板开关，设置位置应避让上下铺的床架位置，卫生间照明开关设置于门外侧，且应选用带指示灯的开关。

5）当宿舍内家具为上床下桌时，在床下设置壁灯，应单独设置开关，不受宿舍集中断电的控制。

6）宿舍外公共走廊照明灯具应避开宿舍门口，且宜采用红外感应装置控制照明灯具的开启。

宿舍灯具布置样图见图 15.5-14。

3 阅览室照明设计要点及样图：

1）阅览室通道照明平均照度宜按 150lx 设计，桌面照度宜按 300lx～500lx 设计，宜采用一般照明加局部照明相结合方式设计，功率密度限值现行值为 9W/m²，目标值为 8W/m²。

2）阅览室应选用防眩光灯具，如格栅灯，光源选用三基色荧光灯或 LED 灯。

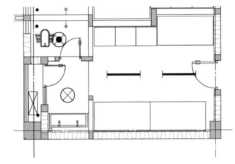

图 15.5-14 宿舍灯具布置样图

3）大型阅览室照明宜采线型灯具或平面型灯具，其一般照明宜沿外窗平行方向控制或分区控制。供长时间阅览的阅览室宜设置局部照明。

4）图书馆内的公用照明与工作（办公）区照明宜分开配电和控制。

5）灯具布置方向应垂直于桌面，书架间的灯具应平行于书架布置，不应设置在书架的正上方，书架应考虑垂直照度，0.25m 的垂直照度为 50lx，垂直照度计算方法详见本技术措施第 15.4.2 条。

阅览室灯具布置详图见图 15.5-15。

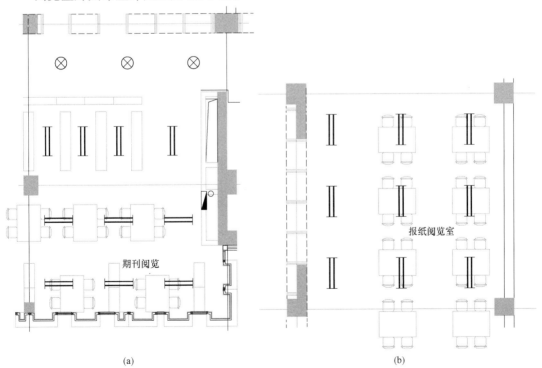

(a)   (b)

图 15.5-15 阅览室灯具布置样图

4　书库照明设计要点及样图：

1）根据《建筑照明设计标准》GB 50034—2013，书库0.25m垂直面照度标准值为50lx。

2）书库照明宜采用窄配光荧光灯具。光源可选用三基色荧光灯或线型LED灯。

3）在书库门内设置双控开关就地控制。

4）灯具与图书等易燃物的距离应大于0.5m。地面宜采用反射比较高的建筑材料。对于珍贵图书和文物书库，应选用有过滤紫外线的灯具。

5）应考虑垂直照度，0.25m的垂直照度50lx，$U_0 = 0.4$，垂直照度计算方法详见本技术措施第15.4.2条。

书库灯具布置样图见图15.5-16。

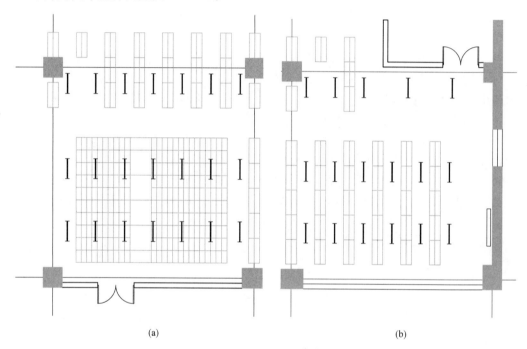

(a)　　　　　　　　　　　　　　　　(b)

图15.5-16　书库灯具布置样图

（a）移动书架式书库；（b）固定书架式书库

15.5.5　体育场馆典型场所照明设计

1　综合体育馆照明设计要点及样图：

1）体育馆照明标准与所举行的比赛和有无彩电转播有关，具体照明标准参见现行国家标准《建筑照明设计标准》GB 50034。

2）当灯具安装高度低于6m时，宜选用荧光灯或LED灯；当灯具安装高度在12m～18m时，宜选用不超过400W金属卤化物类灯具或大功率LED灯；当灯具安装高度在18m以上时，宜选用功率不超过1000W的金属卤化物类灯或LED灯具，并有防坠落措施；体育馆照明不宜使用功率大于1000W的泛光灯具。

3）灯具布置：

顶部布置：灯具布置在场地上方，光束垂直于场地平面，适用于主要利用低空间、对地面水平照度均匀度要求较高且无电视转播要求的体育馆；

两侧布置：灯具布置在场地两侧，光束非垂直于场地平面，侧向布灯方式通常将灯具安装在运动场地边侧的马道上，适用于垂直照度要求较高、有电视转播的场馆；

混合布置：顶部布置和两侧布置相结合，通过不同组合的开灯控制模式，可以满足大型体育馆以及对垂直照度要求较高的彩电转播的体育馆。

4）体育馆应设有灯光控制室，灯光控制室要能够很方便地观察到比赛场地的照明情况。灯光控制室内应设有灯光控制柜和灯光操作台，操作台要具有自动和手动操作功能，采用微机或单板机控制。集中控制系统应根据需要预置针对各类运动项目的比赛、训练、健身、场地维护等不同使用目的的多种照明场景控制方案。

5）体育场馆照明应包括比赛场地照明、观众席照明和应急照明。

6）有电视转播时场地平均水平照度与平均垂直照度的比值宜为：体育馆 1.0～2.0。

7）照明计算维护系数取值应为 0.8。

8）比赛场地每个计算点四个方向上的最小垂直照度和最大垂直照度之比不应小于 0.3；HDTV 转播重大比赛时不应小于 0.6。

9）光源色温不应大于 6000K。

10）室内场所应选用符合现行国家标准《灯具 第 1 部分：一般要求与试验》GB 7000.1 规定的 I 类灯具或 II 类灯具。

11）场地照明用金属卤化物灯不应采用开敞式灯具。

体育馆灯具布置样图见图 15.5-17。

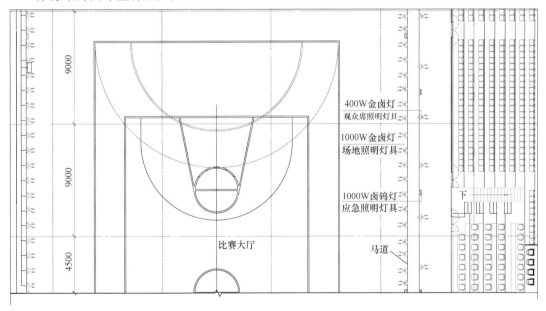

图 15.5-17　体育馆灯具布置样图

注：另一侧对称布置。

2　训练馆照明设计要点及样图：对于顶棚较低、规模小的练习场地，宜采用配有电子镇流器的荧光灯、小型金卤灯、LED 灯等。

3　游泳馆照明设计要点及样图：

1）游泳馆照明标准与所举行的比赛和有无彩电转播有关，具体照明标准参见现行国家标准《建筑照明设计标准》GB 50034。

2）游泳馆通常采用金卤灯或 LED 灯配反射器、格栅或配棱镜板。

3）游泳馆灯具宜采用两侧布置或混合布置方式，灯具瞄准角宜为 50°～60°。

4）灯光控制：照明等级Ⅳ级及以上比赛场地照明应设置集中控制系统，Ⅲ级比赛场地照明宜设置集中控制系统。集中控制系统应设于专用控制室内，在控制室内应能直接观察到比赛场地和主席台。

5）跳水池、游泳池、戏水池、冲浪池及类似场所水下照明设备应选用防触电等级为Ⅲ类的灯具，其配电应采用安全特低电压（SELV）系统，标称电压不应超过 12V，安全特低电压电源应设在 2 区以外的地方。

6）游泳池和类似场所的 0 区和 1 区应选用Ⅲ类灯具。

7）由于潮湿和凝结水，灯具外壳的防护等级不应低于 IP55，且在不便维护或污染严重的场所灯具外壳的防护等级不应低于 IP65，水下灯具外壳的防护等级应为 IP68。

游泳馆灯具布置样图见图 15.5-18 和图 15.5-19。

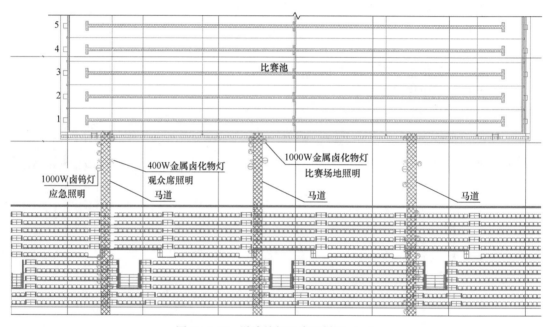

图 15.5-18　游泳馆灯具布置样图（一）

4　体育场照明设计要点及样图：

1）体育场照明标准与所举行的比赛和有无彩电转播有关，具体照明标准参见现行国家标准《建筑照明设计标准》GB 50034。有电视转播要求的观众席前 12 排和主席台面向场地方向的平均垂直照度不应低于比赛场地主摄像机方向平均垂直照度的 10%。主席台面的平均水平照度值不宜低于 200lx，观众席的最小水平照度值不宜低于 50lx。

2）金卤灯是目前体育场照明性价比最佳的光源，比较适用于彩色电视转播；LED 灯逐渐在体育场照明中得到应用。

3）灯具布置：

内侧布置：灯具与灯杆或建筑马道结合，以连续光带形式或簇状集中形式布置在比赛

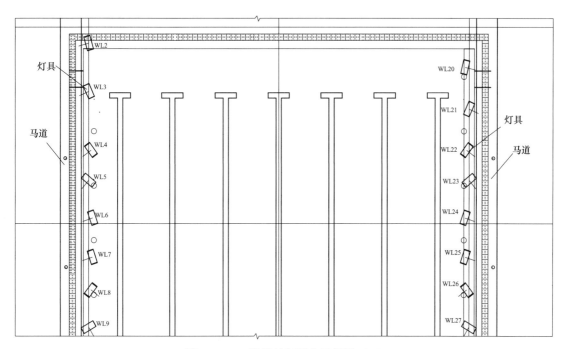

图 15.5-19　游泳馆灯具布置样图（二）

场地两侧；

四角布置：灯具以集中形式与灯杆结合布置在比赛场地四角；四角灯塔位置应选在球门的中线与底线成 15°角、半场中心线与边线成 5°角的两线相交后延长线所夹的范围，灯塔宜布置在场地的对角线上（见图 15.5-20）。灯塔最低一排灯组至场地中心与场地水平夹角宜在 20°～30°之间（见图 15.5-21）。灯塔（最低一排灯组）至场地水平面的垂直高度可由下式确定：

$$H \geqslant L \times \tan 25° \text{ 或 } H \geqslant 0.4663L \tag{15.5-1}$$

式中　H——灯塔最低一排灯组至场地水平面的垂直高度，m；

　　　L——场地中心点至灯塔座的水平距离，m。

当采用四角塔式布灯时，由于受观众席罩棚的遮挡而在场地或跑道上产生阴影，因此应在观众席的罩棚上加装场地的辅助照明，场地上的阴影区可通过式（15.5-2）和式（15.5-3）确定，见图 15.5-22。

$$a = \frac{b \cdot H}{H - h} \tag{15.5-2}$$

$$b = \frac{b \cdot H}{H - h} \tag{15.5-3}$$

混合布置：两侧布置和四角布置相结合。

4）体育场一般设置一个灯光控制室，其位置最好设在主席台斜对面的一层，也有设在主席台一侧的上部，还有和计时记分牌控制室合一的。控制室内设灯光控制台，控制台上设有全场灯光布置模拟盘和灯光（手动/自动）单控和总控按钮。

5）有电视转播时场地平均水平照度与平均垂直照度的比值宜为：体育场 0.75～1.80。

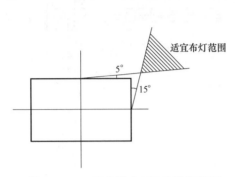

图 15.5-20　四角塔式布置的适宜范围

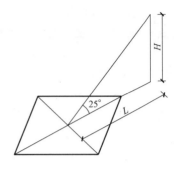

图 15.5-21　灯塔最低一排灯具安装高度的确定

6）照明计算维护系数取值应为 0.8；多雾和污染严重地区的室外体育场维护系数可取 0.7。

7）室外场所应选用 I 类灯具。

8）安装在室外灯具外壳的防护等级不应低于 IP55，不便于维护或污染严重的场所其防护等级不应低于 IP65。

9）体育场照明灯杆宜采用独杆式结构，当满足照明技术条件时，可采用与建筑物结合的形式。

体育场灯具布置样图见图 15.5-23。

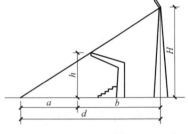

图 15.5-22　阴影区的确定

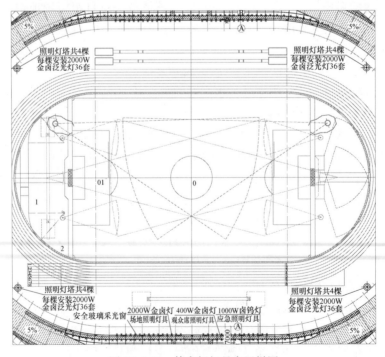

图 15.5-23　体育场灯具布置样图

15.5.6　交通建筑典型场所照明设计

1　候车厅（候机厅）高大空间照明设计要点及样图：

1）普通候车厅照度标准值为150lx，高档候车厅照度标准值为200lx。

2）空间高度低于8m时，应选用三基色直管荧光灯或LED灯；高于8m时，可选用金属卤化物灯或大功率LED顶棚灯，并有防坠落措施。

3）灯具布置：高大空间上部安装灯具时，应考虑必要的维护手段和措施，高度低于15m应选用升降车维修灯具，高度大于15m且小于20m，宜选用升降车维修灯具，灯具安装高度大于20m，应设置马道，马道间距与灯具布置相结合，马道间距参见表15.5-3。

灯具安装高度与马道间距参考值　　　　　表 15.5-3

灯具安装高度 （m）	马道间距（m）		
	窄照型	中照型	广照型
15	7～10	10～15	15～20
20	10～14	14～20	20～30
25	12～17	17～25	25～35
30	15～20	20～30	30～45
35	17～24	24～35	35～50

4）公共场所照明宜采用智能照明集中控制，分设不同场景设置照明模式，且宜与交通进出港信息结合，控制相应区域照明模式。

5）交通建筑应有效利用自然光，并应处理好人工照明与自然光的关系。

6）交通建筑中的高大空间公共场所，当利用灯光作为辅助引导旅客客流时，其场所内非作业区域照明的照度均匀度可适度减小，但不应小于0.4，且不应影响旅客的视觉环境。

7）高大空间的公共场所，垂直照度（E_v）与水平照度（E_h）之比不宜小于0.25。

8）候机（车）厅、出发厅、站厅等场所，当照明区域内空间及高度较大，且有装饰效果要求采用以非直接的照明方式为主时，在满足基本照明功能要求的基础上，该区域内的照度标准值可降低一级。

9）升降式灯具的升降高度一般不超过15m。

10）采用升降机检修灯具时，需考虑升降机的日常存放位置。

11）应根据空间高度，选择合适的光束角度及布置间距。

12）高大空间照明设置应结合室内建筑材料，避免间接眩光。

13）高大空间照明负荷等级为二级时，宜采用A/B电源交叉供电，两路电源取自变压器不同母线段，当负荷等级为一级负荷时，采用双电源末端互投，照明回路采用跳接方式供电。

候车厅（候机厅）灯具布置样图见图15.5-24。

2　（火车站、公交站）雨棚站台照明设计要点及样图：

1）雨棚站台照度标准值为75lx。

2）雨棚站台宜采用宽配光直接型灯具，光源优先选用金卤灯或LED灯；灯具配光最大光强角度宜在45°以上。

3）照明灯具一般可布置在雨棚下，但应注意灯具位置不应对列车驾驶员判别灯光信号和观察前方情况产生有害影响，应采取防眩光措施。

4）站台照明控制应采用分区、分段集中控制，所控灯列应与站台平行。

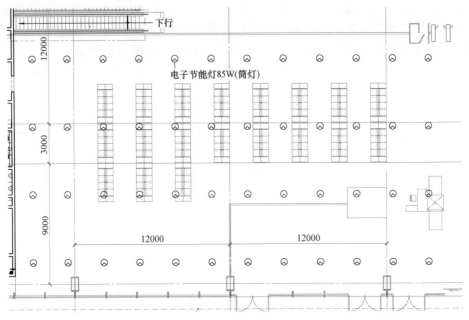

图 15.5-24 候车厅（候机厅）灯具布置样图

5）站台照明的照度应与车厢内照明系统的照度相适应，以保证旅客在上下列车时的安全和视觉舒适性。站台照明还要保证列车员能顺利识别车票表面的文字。

站台灯具布置样图见图 15.5-25。

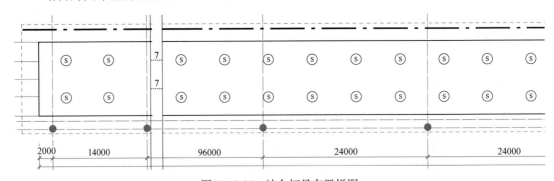

图 15.5-25 站台灯具布置样图

3 售票厅照明设计要点及样图：

1）售票厅一般照明的水平照度标准值不低于 200lx，售票台面水平照度不应低于 500lx。

2）售票厅的一般照明宜选用 LED 或高效荧光灯具。

3）售票厅的一般照明宜采用均匀布置在顶棚的方式，以便于获得尽可能高的照明能效和较好的照明均匀度。在售票窗口处可考虑设置局部照明，目的是消除可能妨碍购票操作的局部阴影。

4）售票厅宜采用智能照明控制系统，集中控制；售票室宜采用就地控制方式。

5）办票处、候机（车）处、海关、安检、行李托运、行李认领等场所应根据识别颜色要求和场所特点，选用高显色指数的光源。

6）交通建筑内有作业要求的作业面上一般照明照度均匀度不应小于0.7，非作业区域、通道等的照明照度均匀度不宜小于0.5。

7）房间或场所内的通道和其他非作业区域一般照明的照度值不宜低于作业区域一般照明照度值的1/3。

8）售票厅内设置了较多的大屏幕光电显示系统，同样要避免灯具在其表面上形成的反射眩光。

售票厅灯具布置样图见图15.5-26。

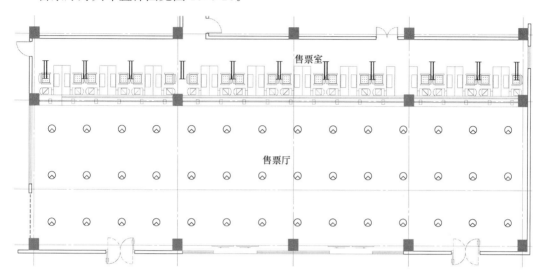

图15.5 26　售票厅灯具布置样图

15.5.7　展览类建筑照明设计

1　展厅照明设计要点及样图：

1）一般展厅照度标准值为200lx，高档展厅照度标准值为300lx。

2）顶棚较低、面积较小的丙等展厅宜采用荧光灯和小功率金属卤化物灯、LED灯；甲等、乙等展厅宜采用中功率、小功率金属卤化物灯、LED灯。

3）灯具布置：按柱网内均匀布置；按柱网布置组合灯；按工艺展要求布灯；高空间长廊式布灯；

4）展厅的照明应采用分区、分组或单灯控制，照明控制箱宜集中设置；特大型、大型博物馆建筑的展厅应采用智能照明控制系统；对光敏感的展品宜采用能通过感应人体来开关灯光的控制装置。

5）局部照明设计的方案应按照各参展商的产品特点、各自品牌的设计理念及展位位置由参展单位自行设计。

6）单层展厅宜充分利用天然光，人工照明应与天然采光相结合使用。

7）高大空间照明灯具应采取安全防护，并应便于检修维护，可设置马道进行检修。

8）高大空间照明在配电箱内设置电弧监测系统。

9）展厅的照明电源应装设防火剩余电流动作保护装置。

10）展厅照明宜采用由两条专用回路各带50%照明灯具交叉供电的配电方式。

11）对于博物馆展厅其照明质量应符合以下规定：

（1）一般照明应按展品照度值的 20%～30% 选取；

（2）当展厅内只有一般照明时，地面最低照度与平均照度之比不应小于 0.7；

（3）平面展品的最低照度与平均照度之比不应小于 0.8；高度大于 1.4m 的平面展品，其最低照度与平均照度之比不应小于 0.4；

（4）展厅内一般照明的统一眩光值（UGR）不宜大于 19；

（5）展品与其背景的亮度比不宜大于 3：1。

12）对于为展品设置的局部照明应符合以下规定：

（1）壁挂式展示品，应使展品表面的亮度在 25cd/m² 以上，照度均匀度应大于 0.75；

（2）对于有光泽或放入玻璃镜柜内的壁挂式展品，一般照明光源的位置应避开反射干扰区，以减少反射眩光。为防止镜面映像，应使观众面向展品方向的亮度与展品表面亮度之比小于 0.5；

（3）对于具有立体造型的展品，宜在展品的侧前方 40°～60° 处，设置定向聚光灯，其照度宜为一般照度的 3 倍～5 倍，当展品为暗色时则应为 5 倍～10 倍；

（4）展厅内一般照明的统一眩光值（UGR）不宜大于 19；

（5）陈列橱窗的照明，应注意照明灯具的配置和遮光板的设置，防止直接眩光。

13）展厅灯具布置方式应根据需要选择。

展厅类建筑灯具布置样图见图 15.5-27。

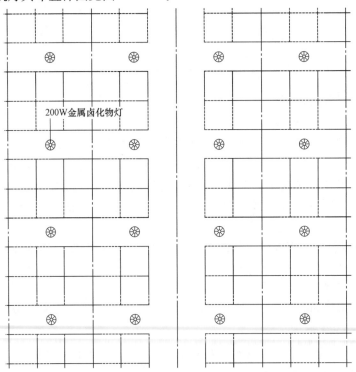

图 15.5-27　展览类建筑灯具布置样图

2　文博库房照明设计要点及样图：

1）藏品库房地面照度标准值为 75lx，戊类库房地面照度标准值为 100lx。

2）藏品库房室内和对光特别敏感的展品的照明应选用无紫外线的光源，并应有遮光装置。

3）藏品库房有货架时，照明灯具宜根据货架行道分列设置，行道照明应有单独开关控制。藏品库房不设置货架时，照明灯具应采用均匀布置方式。

4）藏品库房可采用就地控制方式。当藏品库房有两个出入口时，照明灯具控制开关应采用双控开关。

5）统一眩光值（UGR）不应大于22，照明的照度均匀度不应小于0.4，光源显色指数（R_a）不应小于80。

6）重要藏品库房应在库区走道设置警卫照明。

7）藏品库房的照明电源应装设防火剩余电流动作保护装置，储存可燃物品的库房的照明、插座回路，宜装设电弧故障保护电器。

8）藏品库房的电源开关应统一设在藏品库区内的藏品库房总门之外，藏品库房照明宜分区控制。

9）藏品库房的照明线路应采用铜芯绝缘导线暗配线方式。

文博库房灯具布置样图见图15.5-28。

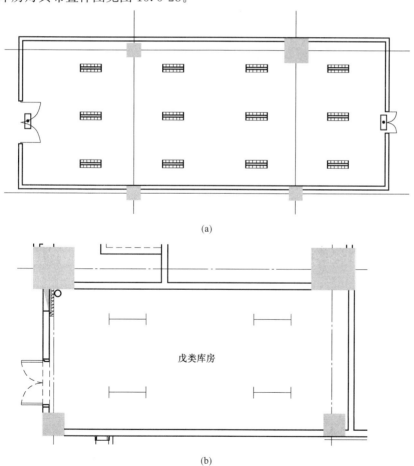

(a)

(b)

图15.5-28　文博库房灯具布置样图

（a）文博库房；（b）戊类库房

15.5.8　居住建筑照明设计

1　居室照明设计及样图：

1) 居室内具体各房间照度标准值参见现行国家标准《建筑照明设计标准》GB 50034。

2) 灯具的选择应根据具体房间的功能而定，并宜采用直接照明和开启式灯具。

3) 灯具布置：

（1）起居室（厅）、餐厅等公共活动场所的照明应在顶板至少预留一个电源出线口，起居室与餐厅合用时，应在起居活动区居中位置和餐桌的正上方预留电源出线口。

（2）书房、卫生间、厨房的照明宜在顶板预留一个电源出线口，灯位宜居中布置，卫生间、厨房预留照明出线口应避开下水管道的位置。

（3）卧室照明灯具应避免设置在床的正上方。

4) 一般住宅多采用面板开关控制，在需要两地控制的地方，应设计双控功能，起居室、通道和卫生间照明开关，宜选用夜间有光显示的面板。大户型或别墅中，也可采用总线型智能照明控制。

5) 卫生间等潮湿场所，宜采用防潮易清洁的灯具；卫生间的灯具位置不应安装在 0 区、1 区内及上方。装有淋浴或浴盆卫生间的照明回路，宜装设剩余电流动作保护器，灯具、浴霸开关宜设于卫生间门外。

6) 阳台、卫生间、餐厅照明避免作为过路灯具，宜设置在该电源回路的末端。

7) 由起居室通往卫生间的走道宜在墙面设置夜灯，底距地 0.5m，或走道照明选用红外感应与照度相结合的控制方式。

居室灯具布置样图见图 15.5-29。

2　走道照明设计及样图：

1) 走道照明照度标准值为 50lx。

2) 走道常选用嵌入式筒灯、吸顶灯，也可采用方形或条形 LED 平面灯或 LED 灯带。

3) 走道的照明应根据照度要求均匀布置。

4) 住宅建筑的门厅、前室、公共走道、楼梯间等应设人工照明及节能控制。住宅建筑的门厅应设置便于残疾人使用的照明开关，开关处宜有标识。有自然光的门厅、公共走道、楼梯间等的照明，宜采用光控开关。

住宅走道灯具布置样图见图 15.5-30。

3　养老居住用房照明设计及样图：

1) 老年人卧室一般照明照度标准值为 150lx，起居室照度标准值为 200lx。居室、单元起居厅、餐厅、文娱与健身用

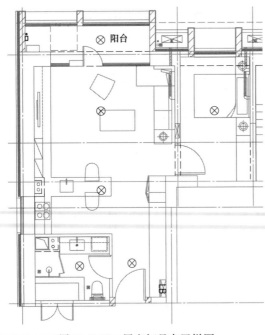

图 15.5-29　居室灯具布置样图

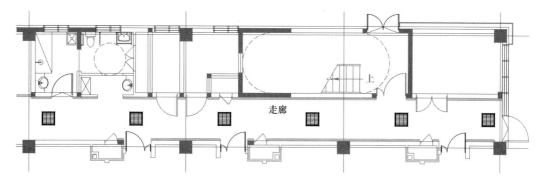

图 15.5-30 住宅走道灯具布置样图

房宜设置备用照明，照度值不应低于该场所一般照明照度标准值的 10%。

2）光源宜选用暖色节能光源，相关色温小于 3300K，显色指数宜大于 80，眩光指数宜小于 19。

3）灯具布置：建筑出入口、阳台应设照明设施。供老年人使用的盥洗盆或盥洗槽、厨房操作台应设局部照明，有条件时，每个居室的门外可增设局部照明。居室至居室卫生间的走道墙面距地 0.40m 处应设嵌装脚灯。

4）居室的顶灯、长过道的照明宜采用双控开关两地控制或采用红外感应式开关控制。照明开关应选用带夜间指示灯的宽板翘板开关，安装位置应醒目，且颜色应与墙壁区分，高度宜距地面 1.10m。

5）当采用Ⅰ类灯具时，灯具的外露可导电部分应可靠接地。

养老建筑灯具布置样图见图 15.5-31。

15.5.9 医院建筑照明设计

1 病房照明设计及样图：

1）病房的照度标准值为 100lx。

2）病房一般照明宜选用带罩灯具吸顶或嵌入安装，当选用荧光灯具时，宜选用无光泽白色反射体；除特别需要，不宜采用反射式间接照明方式。

3）灯具布置：

（1）病房的顶灯不宜安装在病床患者头部的正上方，以免对患者产生不舒适的眩光。病床单侧排列的病室，在护理通道上设置顶灯，病床双侧排列的病室，在中央通道设置顶灯。

（2）除精神病房外，病房内应按一床一灯设置床头局部照明，且配光应适宜，灯具及开关控制宜与多功能医用线槽结合。没有配线槽的病房，单独设置壁灯，高度距离地面 1.4m～1.6m。灯具的外壳的金属部分应可靠接地，配电线路应设置漏电保护装置。

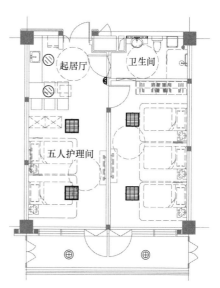

图 15.5-31 养老建筑灯具布置样图

（3）病房内和病房走道宜设有夜间照明。病房内夜间照明宜设置在房门附近或卫生间内。在病床床头部位的夜间照明照度宜小于 0.1lx，儿科病房床头部位的夜间照明照度宜为 1.0lx。

（4）设置的地脚灯，一般距地面 0.3m，夜间医护人员查房护理时或病人床头夜间使用，光源应采用色温 3000K 左右的 LED 光源，功率 0.3W～0.5W。

4）有帷幕的病室灯具布置在帷幕内，灯具采用单灯单控方式。夜间照明开关宜由护士站统一控制。

5）病房宜采用高显色光源，且光源显色指数（R_a）不应小于 80。

6）精神病房照明宜设置在患者不易接触处，并应采用带保护罩的吸顶或嵌入式灯具。

7）除精神病房外，三级医院病房可按床位在多功能医用线槽上设置工作照明。

病房灯具布置样图见图 15.5-32。

2　手术室照明设计及样图：

1）手术室一般照明的照度为 750lx，手术台采用专用无影灯，一般由医务人员与设计人员共同研究确定。

2）手术室应设手术专用无影灯，且无影灯设置高度宜为 3.0m～3.2m；无影灯的照度应为 $20×10^3$lx～$100×10^3$lx，且胸外科手术专用无影灯的照度应为 $60×10^3$lx～$100×10^3$lx；有影像要求的手术室应采用内置摄像机的无影灯。手术室一般照明光源的色温应与手术无影灯光源的色温相接近，一般应选用色温 5000K 左右、显色指数 $R_a＞90$ 的光源。

3）手术室的一般照明灯具在手术台四周布置，应采用不积灰尘的洁净型灯具，有吊顶的手术室，灯具应嵌入顶棚安装，也可与通风口组合在一起设置。手术室的门口上方应设置"正在手术"字样的标志灯，光源可采用 LED 红色信号灯，在手术室内控制。

4）手术室无影灯和一般照明，应分别设置照明开关。

手术室灯具布置样图见图 15.5-33。

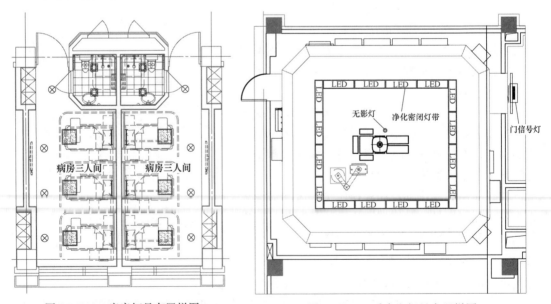

图 15.5-32　病房灯具布置样图　　　　图 15.5-33　手术室灯具布置样图

15.6 应急疏散照明设计

15.6.1 应急疏散照明设计要求

1 不同场所的照度要求：应急疏散照明的最低照度标准应满足现行国家标准《消防应急照明和疏散指示系统技术规范》GB 51309 中规定的照度要求。

2 应急疏散照明灯具的选择：

1）设置在距地面 8m 及以下的灯具应选用不大于 DC36V 的 A 型灯具；未设置消防控制室的住宅建筑，疏散走道、楼梯间等场所可选择自带电源 B 型灯具。

2）室外或地面上设置的灯具防护等级不应低于 IP67；隧道、潮湿场所内设置的灯具防护等级不低于 IP65；B 型灯具防护等级不低于 IP34。

3）除地面设置的灯具可采用厚度 4mm 及以上的钢化玻璃外，设置在距地面 1m 及以下标志灯面板或灯罩不应采用易碎材料或玻璃材质；顶棚、疏散路径上方设置的灯具面板或灯罩不应采用玻璃材质。

4）室内高度大于 4.5m 的场所，应选择特大型或大型标志灯，室内高度为 3.5m～4.5m 的场所，应选择大型或中型标志灯；室内高度小于 3.5m 的场所，应选择中型或小型标志灯。

5）不同类型标志灯规格见表 15.6-1。

标志灯规格 表 15.6-1

灯具分类	消防标志灯面板尺寸	灯具分类	消防标志灯面板尺寸
超大型	$D>1000mm$	中型	$500mm \geqslant D>350mm$
大型	$1000mm \geqslant D>500mm$	小型	$350mm \geqslant D$

3 灯具的控制方式：

1）火灾状态下，灯具光源应急点亮、熄灭的响应时间见表 15.6-2。

灯具光源应急点亮、熄灭响应时间 表 15.6-2

序号	场所	灯具状态	响应时间(s)
1	高危险场所灯具光源	应急点亮	$\leqslant 0.25$
2	其他场所	应急点亮	$\leqslant 5$
3	具有两种及以上疏散指示方案的场所	标志灯光源点亮、熄灭	$\leqslant 5$

2）火灾状态下系统应急启动后蓄电池电源供电时的持续工作时间见表 15.6-3。

蓄电池电源供电持续工作时间 表 15.6-3

序号	供电场所	供电时间
1	建筑高度大于 100m 的民用建筑	$\geqslant 1.5h$
2	医疗建筑、老年人照料设施、总建筑面积大于 100000m² 的公共建筑、总建筑面积大于 20000m² 的地下、半地下建筑	$\geqslant 1.0h$
3	其他建筑	$\geqslant 0.5h$
4	一、二类隧道	$\geqslant 1.5h$
5	一、二类隧道端口外接的站房	$\geqslant 2.0h$
6	三、四类隧道	$\geqslant 1.0h$
7	三、四类隧道端口外接的站房	$\geqslant 1.5h$

在非火灾状态下，灯具持续应急点亮时间应符合设计文件的规定，且不应超过 0.5h。

3）灯具的控制：

（1）应急照明控制器应通过集中电源或应急照明配电箱连接灯具，并控制灯具的应急启动、蓄电池电源的转换；

（2）具有一种疏散指示方案的场所，系统不应设置可变疏散指示方向功能；

（3）集中电源或应急照明配电箱与灯具的通信中断时，非持续型灯具的光源应应急点亮、持续型灯具的光源应由节电点亮模式转入应急点亮模式；

（4）应急照明控制器与集中电源或应急照明配电箱的通信中断时，集中电源或应急照明配电箱应连锁控制器配接的非持续型照明灯的光源应急点亮，持续型灯具的光源由节电点亮模式转入应急点亮模式；

（5）非火灾状态下系统主电源断电后，集中电源或应急照明配电箱应连锁控制其配接的非持续型照明灯的光源应急点亮，持续型灯具的光源由节电模式转入应急点亮模式；系统主电源恢复后，光源恢复原工作状态；

（6）火灾确认后，应急照明控制器应能按预设逻辑手动、自动控制系统的应急启动。

15.6.2　典型场所应急疏散照明设计

疏散照明设置应满足现行国家标准《建筑设计防火规范》GB 50016 的相关规定，一个防火分区中，标志灯形成的疏散指示方向应满足最短距离疏散的原则，标志灯设计形成的疏散途径不应出现循环转圈、找不到安全出口的情况。消防应急照明灯应设置在墙面或顶棚上，设置在顶棚上疏散照明灯不应采用嵌入式安装方式。

1　楼梯间、电梯厅的应急疏散照明：

1）位于地下层的楼梯间需要安装疏散指示灯，指示上楼方向（见图 15.6-1）；公共建筑的地上楼梯间宜安装疏散指示灯。

2）防烟楼梯间前室及合用前室内设置灯具应由前室所在楼层的配电回路供电。

3）公共建筑楼梯间内宜安装方向标志灯，指示下楼方向，如图 15.6-2 所示，

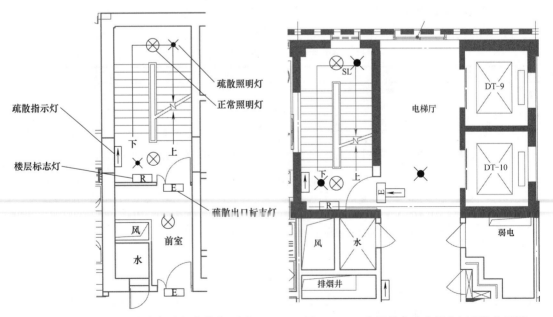

图 15.6-1　楼梯间方向标志灯安装位置图　　　图 15.6-2　合用前室方向标志灯安装位置图

2 走道应急疏散照明设计:

1) 疏散照明有效范围指走道中心线两侧,宽度为走道宽度的一半,走道疏散照明地面水平最低照度根据不同功能建筑的走道,照度可为 1.0lx、3.0lx、5.0lx、10.0lx。

2) 安全出口标志灯应安装在疏散口的内侧上浮,底边距地不宜低于 2.0m。

3) 疏散指示标志灯宜安装在墙面或柱上,底边距地 0.5m~1.0m,采用顶装时,底边距地宜为 2.0m~2.5m。

4) 墙面安装的疏散指示标志灯间距在直行段为垂直视觉时不应大于 20m,侧向视觉时,不应大于 10m,对于带型走道,不应大于 10m。

5) 在交叉通道及转角处宜在正对疏散走道的中心的垂直视觉范围内安装,在转角处安装时距角边不应大于 1m。

走道应急疏散标志灯布置方案见图 15.6-3。

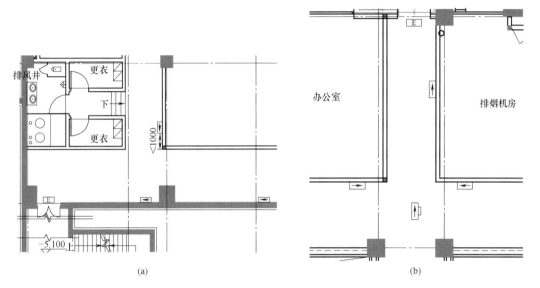

图 15.6-3 走道疏散标志灯布置方案
(a) T 字形走廊;(b) 交叉走道

3 高大空间场所应急疏散照明设计:

1) 灯具安装高度超过 8m,可采用 B 型灯具。

2) 应急疏散指示标志根据灯具的安装高度选择不同规格尺寸的灯具。

3) 对于人员密集场所的高大空间,在主要疏散通道上应设置保持视觉连续的疏散指示标志灯,间距不宜大于 3m。

4) 对于高大空间的人员密集场所(如火车站、机场等),应急疏散标志灯壁装时,可采用垂直于疏散方向的灯具支出墙面安装,安装高度在 2.2m~2.5m,见图 15.6-4。

5) 疏散照明灯的设置,不应影响正常通行,不得在其周围存放有容易混同以及遮挡疏散标志灯的其他标志牌等。

4 酒店走道及客房应急疏散照明设计:

1) 在酒店走廊距地 500mm 的墙面上安装疏散标志灯,间距不大于 10m;在拐弯处应设置有明确指示的疏散标志灯,在拐弯处垂直于疏散方向的位置,吊装或壁装。

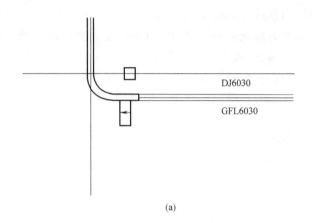

(a)

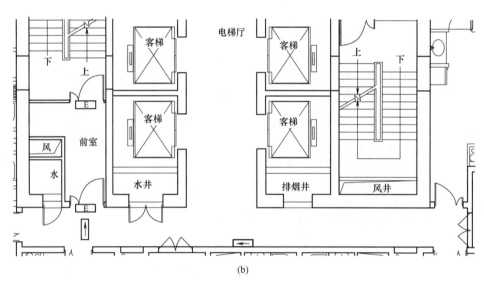

(b)

图 15.6-4　高大空间场所应急疏散标志灯安装示意

(a) 垂直于疏散方向的壁装标志灯；(b) 垂直于疏散方向的吊装标志灯

2）在走廊顶棚设置应急疏散照明，采用 9W，LED 灯，间距可按柱跨设置，每跨一个灯。

3）在酒店客房入门处走廊上方设置应急疏散照明灯。

4）走道应急疏散照明灯布置时宜尽量放在客房门的附近。

酒店走道及客房应急疏散照明样图见图 15.6-5。

5　大开间（展厅）应急疏散照明设计：

1）应急疏散照明应设置在疏散通道上。

2）对于人员密集场所的高大空间，在主要疏散通道上应设置保持视觉连续的疏散指示标志灯，间距不宜大于 3m。

3）疏散照明灯的设置，不应影响正常通行，不得在其周围存放有容易混同以及遮挡疏散标志灯的其他标志牌等。

大开间地面疏散标志灯样图见图 15.6-6。

6　住宅楼应急疏散照明设计：

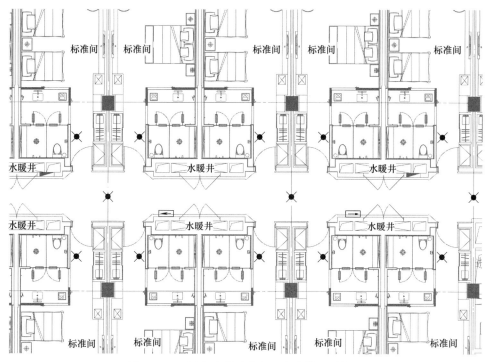

图 15.6-5 酒店走道及客房应急疏散照明样图

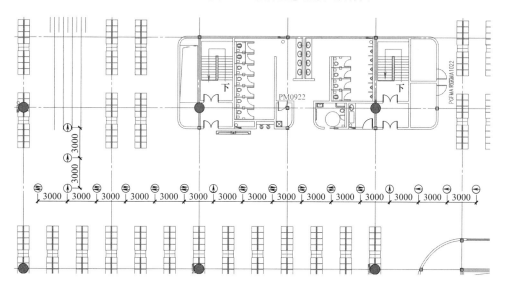

图 15.6-6 大开间地面疏散标志灯样图

1）根据《消防应急照明和疏散指示系统技术标准》GB 51309—2018 的规定，合用前室和敞开楼梯间的疏散照明地面水平最低照度不应低于 5.0lx。

2）住宅疏散照明采用自带电源的 A 型灯具，采用集中控制系统，火灾时应急照明灯具由自带蓄电池供电，兼作日常照明。

3）灯具应保证疏散照明地面水平最低照度≥5lx，日常照明平均照度≥50lx。

4）灯具日常照明采用节能自熄开关控制，火灾状态下，待接收到市电断电信号后，自动转入蓄电池输出。

5）住宅建筑地上楼梯间内可不装设方向标志灯。

6）建筑的地下与地上部分共用楼梯间时，应在首层下地下室门上方设置禁入标志灯。

住宅建筑楼梯间应急疏散照明样图见图 15.6-7。

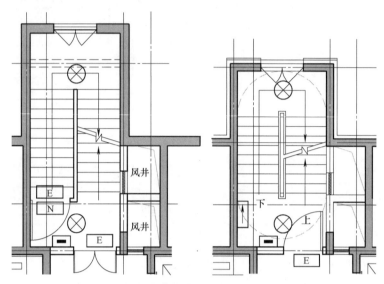

图 15.6-7　住宅建筑楼梯间应急疏散照明样图

7　避难（层）走道应急疏散照明设计：

1）根据《消防应急照明和疏散指示系统技术标准》GB 51309—2018 的规定，病房楼或手术部的避难间、人员密集场所、老年人照料设施、病房楼或手术部内的避难走道疏散照明地面水平最低照度不应低于 10.0lx。除此以外的避难走道疏散照明地面水平最低照度不应低于 5.0lx，避难层（间）不应低于 3.0lx。

2）出口标志灯应设置在避难层、避难间、避难走道防烟前室、避难走道入口的上方。

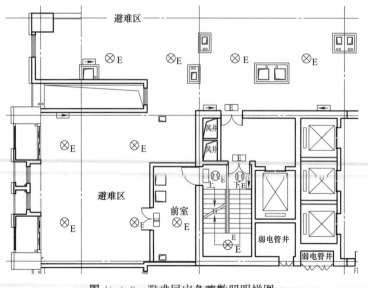

图 15.6-8　避难层应急疏散照明样图

3）避难走道应单独设置配电回路。

4）避难层和避难层连接的下行楼梯间应单独设置配电回路。

避难层应急疏散照明样图见图 15.6-8。

8　车库应急疏散照明设计：

1）车库应急疏散照明选用 A 类灯具，纳入大楼的集中应急疏散照明系统。

2）应急疏散指示标

志灯安装在墙上或柱子上，灯具明装，底边距地 0.3m。当吊装时，底边距地 2.4m，且安装高度应低于所有管线的安装高度，疏散指示标志灯应与车行指示灯有明显区别。

3）应急疏散灯顶装，电源回路单独敷设。

4）应急疏散照明应按防火分区设置，不同防火分区的应急疏散照明灯不应连接在同一照明回路上。

地下车库应急疏散照明样图见图 15.6-9。

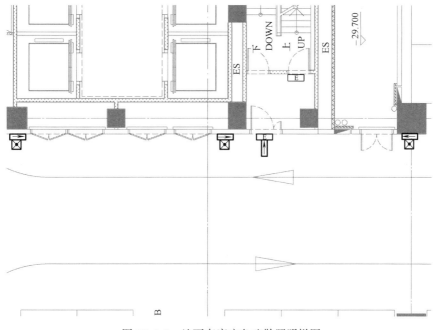

图 15.6-9　地下车库应急疏散照明样图

9　商业店铺应急疏散照明设计：

1）对于商业街或大型商业内的出租商铺，其内部的应急疏散照明纳入大楼的集中应急疏散照明系统，应采用 A 类灯具。

2）对于小型独立商铺，可采用自带蓄电池 B 类灯具，主用电源由本商铺内电源箱引来。

3）出口标志灯设置在步行街两侧商铺通向步行街疏散门的上方。

15.7　备用照明的设置要求

15.7.1　备用照明定义及电源要求

1　备用照明：正常照明失电后，为确保正常工作或活动继续进行的场所提供的照明；安全照明：正常照明失电后，为确保处于潜在危险场所中的人员安全设置的照明。

2　备用照明电源：

1）当正常照明负荷等级与备用照明的负荷等级相同时，可不另设备用照明；

2）当满足要求时，可利用正常照明灯具的一部分作为备用照明；

3）备用照明可与疏散照明共用双电源配电箱，当市电满足要求时，可不设置蓄电池，对于火灾时仍需坚持工作的场所，备用照明应设置蓄电池，建筑火灾延续时间为 2h 的，蓄电池工作时间大于或等于 120min，其他均为大于等于 180min；

4）同一个防火分区的备用照明和疏散照明，不应由应急照明配电箱的同一分支回路供电；

5）安全照明的备用电源应与该场所的供电线路分别接自不同变压器或不同馈电干线，必要时采用蓄电池供电；

6）采用双电源交叉供电的场所，一般照明可兼作备用照明，采用两个专用回路分别取自不同变压器低压母线段，各带 50％的照明灯具，每路电源所带灯具均需均匀布置于该场所。

7）警卫照明由双路电源末端互投供电，有柴油发电机时，备用电源取自柴油发电机，未设置柴油发电机的建筑，警卫照明需设置蓄电池供电。

15.7.2　不同场所备用照明的照度要求

不同场所备用照明的设置要求不低于表 15.7-1 的要求。

不同场所备用照明的设置要求　　　　　　　　　　表 15.7-1

序号	建筑类别	备用照明设置区域	备用照明设置要求
1	各类机房	消防控制室、自备电源室、变配电室、消防水泵房、防烟及排烟机房、电话总机房、电子信息机房、建筑设备监控系统控制室、安全防范控制中心、监控机房	备用电源取自本防火分区应急照明双电源箱；备用照明照度与正常照明照度相同
2	商业建筑	大型和中型商店建筑的营业厅	应设置备用照明，照度不应低于正常照明的 1/10；当商店正常照明采用双电源（回路）交叉供电时，正常照明可兼做备用照明
		小型商店建筑的营业厅	宜设置备用照明，照度不应低于 30lx；当商店正常照明采用双电源（回路）交叉供电时，正常照明可兼作备用照明
3	剧场	特等、甲等剧场的灯控室、调光柜室、声控室、功放室、舞台机械控制室、舞台机械电气柜室、空调机房、制冷机房、锅炉房	应设置备用照明，照度不低于正常照明照度 50％
4	旅馆	四星级及以上旅馆建筑客房内	每个客房门口处应设置一盏灯具作为备用照明，接入应急供电回路
		四级以下旅馆客房内	每个客房门口处宜设置一盏灯具作为备用照明
5	交通建筑	交通建筑的机场塔台、售（办）票厅、候机（车）厅、出发到达大厅、站厅、安检、检票、行李托运、行李认领处以及在火灾、事故时仍需要坚持工作的其他场所	设置应急照明，照明采用双路电源供电
		指挥中心、急救中心等，大空间场所	设置应急照明，照明采用双路电源供电，对于大型机场航站楼、火车站等交通建筑的大空间场所其中一路照明电源应取自柴油发电机组
6	金融建筑	营业厅、交易厅及其他大空间公共场所	特级金融设施照明灯具应由两个回路供电；一级金融设施的照明灯具宜由两个回路供电，且各带 50％交叉供电
		库房禁区、特级金融设施警戒区等部位	设置警卫照明
7	展览建筑	登录厅、观众厅、展厅、多功能厅、宴会厅、大会议厅、餐厅等人员密集场所	设置安全照明，展厅安全照明的照度值不宜低于一般照明照度值的 10％；安全照明电源可取自应急疏散照明双电源配电箱

续表

序号	建筑类别	备用照明设置区域	备用照明设置要求
8	体育建筑	特级和甲级体育建筑的贵宾区、有顶棚的主席台、新闻发布厅主席台	设置100%的备用照明
		新闻发布厅记者席、混合区、检录处	设置不低于50%的备用照明
		兴奋剂检查室	应设置100%的备用照明
			备用照明采用双路电源供电,有条件的备用电源取自柴油发电机组应急母线段
9	为老年人居提供公共设施的建筑	居室、单元起居厅、餐厅、文娱与健身用房	宜设置备用照明,照度值不应低于该场所一般照明照度标准值的10%

15.8　航空障碍灯的设置要求

15.8.1　航空障碍灯分类

　　航空障碍灯按光强可分为低光强、中光强和高光强,按颜色可分为红色、白色、黄色、蓝色,如表 15.8-1 所示。

障碍灯的分类 表 15.8-1

分　类	发光颜色	闪光方式及频率	分　类	发光颜色	闪光方式及频率
A 型低光强障碍灯	红色	恒定光	B 型中光强障碍灯	红色	20 闪/分～60 闪/分
B 型低光强障碍灯	红色	恒定光	C 型中光强障碍灯	红色	恒定光
C 型低光强障碍灯	黄色/蓝色	60 闪/分～90 闪/分	A 型高光强障碍灯	白色	40 闪/分～60 闪/分
D 型低光强障碍灯	黄色	60 闪/分～90 闪/分	B 型高光强障碍灯	白色	40 闪/分～60 闪/分
A 型中光强障碍灯	白色	20 闪/分～60 闪/分			

15.8.2　航空障碍灯设置范围

　　1　根据《中华人民共和国民用航空法》、国际民航组织 ICSO 附件 14 和《民用机场飞行区技术标准》MH 5001-2013 中的有关规定,自机场跑道中点起、沿跑道延长线双向各 15km、两侧散开度各 15% 的区域内,顶部与跑道端点连线与水平面夹角大于 0.57° 的建筑物或构筑物应该装设航空障碍标志灯。

　　2　上述第 1 款之外的区域是否需要设置航空障碍灯,需要核实当地是否有飞行器低空飞行的要求,应咨询当地空管部门。

15.8.3　航空障碍标志灯的设置应符合下列规定:

　　1　航空障碍标志灯应装设在建筑物或构筑物的最高部位;当最高点平面面积较大或为建筑群时,除在最高端装设障碍标志灯外,还应在其外侧转角的顶端分别设置航空障碍标志灯。

2 航空障碍标志灯的水平安装间距不宜大于 52m；垂直安装自地面以上 45m 起，以不大于 52m 的等间距布置。

3 为了减少夜间标志灯对居民的干扰，低于 45m 的建筑物和其他建筑物低于 45m 的部分只能使用低光强（小于 32.5cd）的障碍标志灯。设置位置如图 15.8-1 所示。

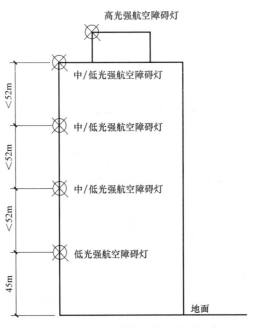

图 15.8-1　航空障碍灯设置位置示意

15.8.4　航空障碍灯控制

1 航空障碍标志灯宜采用自动通断电源的控制装置，并宜采取变化光强的措施。

2 白色闪光障碍灯系统的控制

控制设备应能设定系统的闪光频率、闪光顺序和光强，并在距离灯具不大于 762m 的情况下实现对灯具的有效控制。在控制设备或控制线路出现故障时，灯具应继续按规定的频率闪光。在控制设备的控制光强级电路失效时，所有灯具应保持在其常用的光强级或运行在最高光强级。

3 红色障碍灯的控制

所有红色闪光障碍灯与同一系统中不闪光的红色障碍灯应共设一个控制设备，且在距离灯具不大于 762m 的情况下实现对灯具的有效控制。控制设备应能设定系统的闪光频率并在闪光电路失效时使所有光源常亮。控制设备宜设有闪光频率、闪光顺序、光强等级设置装置和自动/手控控制开关，以便在维护或光电控制失效时实行人工控制。内部和外部的照明系统，包括相关系统常亮红灯在内的所有红色闪光障碍灯应与控制设备相连。

4 双障碍灯系统的控制

控制设备应能设定系统中每个灯具的工作模式，且在距离灯具不大于 762m 的情况下实现对灯具的有效控制。在顶层的 B 型中光强障碍灯中的一个或两个光源失效或顶层的任意一个红色闪光障碍灯失效的情况下，控制设备应具有使白色障碍灯在规定的夜间光强级上投入运行的功能。控制设备应具备使红色障碍灯系统和白色障碍灯系统不能同时运行的功能。控制设备应设有闪光频率、闪光顺序、光强等级设置装置和自动/手动控制开关，以便在维护或光电控制失效时实行人工控制。

15.8.5　航空障碍灯供电

根据《民用建筑电气设计标准》GB 51348—2019，障碍照明的负荷等级按主体建筑中最高用电负荷等级确定。交流供电时，电压范围应保证在 $80\%\sim120\%$ 的额定输入电压以内；直流供电时，电压范围应保证在 $90\%\sim110\%$ 的额定输入电压以内。

15.9　箱体的设置

15.9.1　配电箱的安装

1　照明配电箱，除竖井、防火分区隔墙上、人防防护墙上、剪力墙上明装外，其他宜暗装。

2　博物馆展区内不应有外露的配电设备。

3　人员密集的公共场所不宜设置外露配电设备。

4　照明配电箱安装高度顶边距地不高于 2.0m。

5　对于办公室、会议室、教室、客房、住户内等为特定区域照明提供电源的配电箱宜暗装，靠近门口侧，但不宜设置在门后，顶边距地不高于 2.0m，客房、宿舍、住宅户内配电箱底边距地 1.8m。

6　应急照明箱箱体应有明显标志，并作防火处理。

7　有装修场所设置的配电箱，其外观由装修公司处理。

15.9.2　照明配电箱平面表达方式

1　普通照明箱为 AL 箱、应急照明电源箱为 ALE 箱、应急照明配电箱（应急照明集中电源箱）为 ALEE 箱，如图 15.9-1 所示。

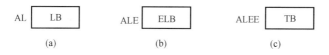

图 15.9-1　照明配电箱图例符号

（a）普通照明箱；（b）应急照明电源箱；（c）应急照明配电箱（应急照明集中电源箱）

2　平面图中绘制照明配电箱，出线回路应从配电箱箱前引出，配电箱电源线应从配电箱箱后引入，配电箱引出线过多时，可从配电箱引出后再分支，当引出线能明确指示至配电线的敷设路由时，可不直接引至配电箱处，仅以箭头表示，但箭头应指向配电箱方向，如图 15.9-2、图 15.9-3 所示。

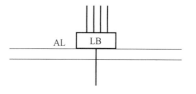

图 15.9-2　照明配电箱平
面画法示意图（一）

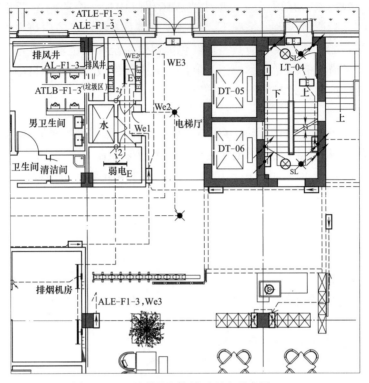

图 15.9-3　照明配电箱平面画法示意图（二）

3　平面图中照明配电箱应注明配电箱编号，进线回路应标明电源回路编号，当出线回路直接从配电箱引出时，需标注回路编号，当出线回路不是从配电箱引出仅以箭头形式表示时，除注明回路号外，还应注明配电箱编号。

15.10　开关、插座的设置要求

15.10.1　一般要求

1　照明开关、插座均为 86 系列，暗装，引出管不宜多于 4 根。

2　淋浴间、游泳池内开关、插座均需采用防溅型，且设在 II 区以外。

3　厨房、水泵房等潮湿宜积水场所，插座安装高度不宜低于 1.5m。

15.10.2　开关设置要求

1　照明开关应设置在门的开口侧，面板边距门边 150mm，不得设置在门后方，当为双开门时，开关放置侧墙，放在同侧墙时，开关距门口的距离大于单扇门的宽度。底边距地 1.3m。

2　无障碍卫生间照明开关采用大跷板开关，底边距地 0.8m，距门框 0.15m；插座底边距地 0.8m。无障碍厕位旁底距地 1.0m 设求助按钮，门外底距地 2.5m 设求助警铃，且为安全电压供电。

3　卫生间照明开关宜设置在卫生间外，选用带指示灯的开关，开关打开时，电源指示灯亮,应急照明开关应带电源指示灯,开关断开时,电源指示灯亮,以显示开关位置。

4 用于检修、巡视的走廊、通道,照明开关宜选用双控开关。

5 公共建筑楼梯间、住宅楼公共区照明(电梯厅除外)采用声光控或红外感应控等节能自熄开关,开关设置在灯具上。

6 残疾人房间、老年居住场所开关选用大翘板开关,宜选用带有夜明灯的开关,开关底距地 1.1m。

7 有爆炸危险的场所(锅炉房)、潮湿场所(卫生间、浴室等)的开关应设置在房间外,宜采用带指示灯的开关。

8 平时兼备用照明的场所,设置就地翘板开关时,应设置可强制点亮的双控开关,如图 15.10-1 所示。

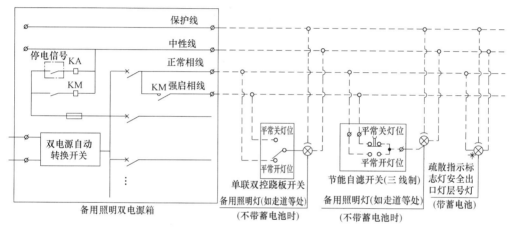

图 15.10-1 备用照明灯控制要求

15.10.3 插座的设置要求

1 一般插座均为单相两孔+三孔安全型插座,250V,10A,底边距地 0.3m。

2 锅炉房、柴油发电机房等易燃易爆危险场所设置插座时,应设置防爆型插座。

3 专用插座安装高度参见表 15.10-1(所有插座均选用带安全门插座)。

4 所有插座回路均应设置剩余电流动作保护装置。

插座规格及安装高度   表 15.10-1

安装区域	规格	安装高度
烘手器插座	~220V,10A,三孔插座	底边距地 1.5m
消防泵房、水泵房、厨房、卫生间等潮湿场所一般插座	~220V,10A,二、三孔插座	底边距地 1.5m
洗衣机插座	~220V,10A,三孔带开关插座	底边距地 1.5m
电开水器插座	预留断路器箱或~380V 五孔插座	底边距地 2.2m,安装在热水器的侧墙
电热水器插座(厨宝)	~220V,10A,三孔带开关插座(防溅型)	底边距地 0.5m
电热水器插座(洗澡)	~220V,16A,三孔带开关插座(防溅型)	底边距地 1.8m
冰箱插座	~220V,10A,三孔插座	底边距地 0.3m

续表

安装区域	规格	安装高度
壁挂空调插座	～220V,16A,三孔带开关插座	底边距地 2.2m
落地空调插座	～220V,16A,三孔带开关插座	底边距地 0.3m
卫生间小便斗感应冲水阀接线盒		底边距地 1.35m
洗手盆下红外感应龙头防水电源接线盒		底边距地 0.55m
托儿所、幼儿园房间内插座	～220V,10A,二、三孔插座	底边距地 1.8m
老年人居住建筑居室内	～220V,10A,二、三孔插座	底边距地 0.6m～0.8m
供老年人使用的电炊操作台电源	～220V,16A,三孔带开关插座	底边距地 0.9m～1.1m
卧室床头柜处开关	～220V,10A,二、三孔插座	底边距地 0.6m

15.11   管线敷设要求

15.11.1   敷设的一般要求

1   在照明平面图中,应采用不同的线型表示不同类型照明回路,普通照明回路采用实线表示,应急照明回路采用虚线表示。

2   平面中导线交叉时,应有一根导线断开,断线原则如下:

1) 当长导线与短导线交叉,断长导线;

2) 当应急照明导线与普通照明导线交叉,断应急照明导线;

3) 线型相同,长短接近时,断竖向导线。

3   照明、插座回路应按回路穿管敷设,不同电压等级的电线不宜同管(槽)敷设,当同槽敷设时,应采取隔离措施。

4   同一配电回路的所有相线、N 线、PE 线应敷设在同一导管或槽盒内。

5   在有可燃物的闷顶和封闭吊顶内明敷的配电线路,应采用金属导管或金属槽盒布线。

6   明敷塑料导管、槽盒、接线盒、分线盒应采用阻燃性能分级为 B1 级难燃制品。

7   敷设在钢筋混凝土现浇板内的电线导管最大外径不大于板厚的 1/3,其与楼板、墙体表面的外保护层厚度不应小于 15mm。

8   电线在线槽、导管内敷设不得有接头。

15.11.2   照明(插座)配电线路要求

1   照明、插座分别由不同的支路供电,照明、插座均为单相三线,普通照明回路公共建筑宜采用 WDZ-BYJ-750V-3×2.5mm² 低烟无卤型铜芯导线,居住类建筑采用 BV-500V-3×2.5mm² 铜芯导线,应急照明回路导线应采用 WDZN-BYJ-750V-3×2.5mm² 低烟无卤耐火型导线。

2   应急照明、疏散照明指示灯支线应穿热镀锌钢管暗敷在楼板或墙内,且保护层厚度不应小于 30mm,由顶板接线盒至吊顶灯具一段线路,长度不超过 1.5m,穿可弯曲金属导管;普通照明、插座回路暗敷时,应敷设在不燃烧体结构内,且保护层厚度不宜小于 15mm。

15.11.3   线槽的敷设(指照明支线)

　1　导线明敷在槽盒内时，照明、插座导线应按回路绑扎成束。

　2　普通照明与应急照明回路应分槽敷设。

　3　应急照明回路槽盒应采取防火处理，耐火时间不小于应急照明持续供电时间。

15.11.4　金属管的敷设（包括穿管管径）

　1　金属管包括焊接钢管（RC）、热浸镀锌钢管（SC）、可弯曲金属导管（KJG）、套接紧定式镀锌钢导管（JDG）。

　2　焊接钢管和热浸镀锌钢管管壁厚度大于 2.0mm，其标称管径 RC（SC）15、20、25、32、40 等均表示管内径尺寸，一般用于人防、地下潮湿场所或具有一定腐蚀性场所，焊接导管明敷时需作防腐处理，其施工难度较大。

　3　可弯曲金属导管可用于室内的明敷和暗敷，其标称管径表示管外径尺寸。

　4　套接紧定式镀锌钢导管（JDG），分为厚壁管和薄壁管，厚壁管管壁厚度大于 1.5mm，为便于施工，当采用 JDG 管式时，宜采用厚壁电线管。其标称管径表示管外径，当与镀锌钢管替换时，应放大一级，JDG 管最大管径为 40mm。

15.11.5　刚性塑料管的敷设（包括穿管管径）

　1　刚性塑料管适用于室内外场所和有酸碱腐蚀性介质的场所；不适用于高温和易受机械损伤的场所。

　2　室内在混凝土内暗敷时，应采用壁厚不小于 1.8mm、燃烧性能为 B2 级的塑料导管；明敷时，应采用壁厚不小于 1.6mm、燃烧性能为 B1 级的塑料导管。

　3　刚性塑料导管在线路连接、转角、分支及终端处应采用专用附件。

　4　导管标称管径为管外径，具体规格见表 15.11-1。

刚性塑料管规格　　　　　　　　　　　　表 15.11-1

管材种类 （标注代号）	公称 口径 （mm）	外径 （mm）	壁厚 （mm）	内径 （mm）	内孔 截面积 （mm²）	内孔截面积（mm²）			
						40%	33%	27.5%	22%
聚氯乙烯硬质 电线管 （PC） GA 305-2001	16	16	1.9	12.2	117	47	39	32	26
	20	20	2.1	15.8	196	78	65	54	43
	25	25	2.2	20.6	333	133	110	92	73
	32	32	2.7	26.6	556	222	183	153	122
	40	40	2.8	34.4	929	371	307	255	204
	50	50	3.4	43.2	1465	586	483	402	322

15.11.6　可弯曲金属导管（包括穿管管径）

可弯曲金属导管规格见表 15.11-2。

15.11.7　照明小母线

　1　照明母线属于低电流母线，额定电流通常为 25A 或 40A，能满足商业建筑、工业建筑等众多场所照明回路的配电需求，一般适用于工作环境经常变化、对照度需求变化的大空间，如厂房、展厅。

　2　照明母线包含馈电单元、直身段、固定装置和直接单元四部分，可分为刚性和柔性两种。柔性母线可安装于顶棚内，能沿建筑结构贴附安装，刚性母线则通过固定装置悬挂安装。

可弯曲金属导管规格　　　　　　　　　　表 15.11-2

管材种类（标注代号）	公称口径（mm）	外径(mm) KJG/KJG-V、KJG-WV	内径（mm）	内孔截面积（mm²）	内孔截面积(mm²)			
					40%	33%	27.5%	22%
可弯曲金属导管（KJG）	15	19.0/20.6	16.4	211	84	70	58	46
	20	23.6/25.2	21.3	356	142	117	98	78
	25	28.8/30.4	26.4	547	219	181	150	120
	32	35.4/37.0	32.8	845	338	279	232	185
	40	44.0/45.6	41.3	1339	536	442	368	295
	50	54.9/56.9	51.8	2106	842	695	579	463
	65	69.1/71.5	66.4	3461	1384	1142	952	761
	80	88.1/90.9	85	5672	2269	1872	1560	1248
	100	107.3/110.1	101.1	8024	3210	2648	2207	1765
	125	132.6/136.7	126.4	12542	5017	4139	3449	2759

　　不同于刚性母线，柔性母线灯具不能直接固定在母线槽上，额定电流仅有 20A，包含一个照明回路，插接口间隔为 1.5m 或者 3m。刚性母线灯具可直接固定在母线槽上，额定电流可选 25A 或 40A，最多可包含两个照明回路，插接口间隔则为 0.5m、1m、1.5m。

　　3　照明母线具有高灵活性和扩展性的特点，布线规范简洁，系统控制和维护简单，设备调整和负载增减等需求皆可轻易实现，适合长期发展、使用周期长或经营运作灵活多变的场所应用。母线槽还具有模块化的特点，部件标准、安装简易，能缩短工期，使用寿命长，便于拆卸，并可重新利用。防护等级能达到 IP55，可满足多种环境的使用要求，且不含卤素元素，火灾时不会有含毒烟气散发。

15.12　与其他专业关系

15.12.1　防火措施要求

　　1　开关、插座和照明灯具靠近可燃物时，应采取隔热、散热等防火措施。

　　2　卤钨灯的吸顶灯、槽灯、嵌入式灯，引入线应采用瓷管、矿棉等不燃材料作隔热保护。

　　3　额定功率不小于 60W 的卤钨灯、高压钠灯、金属卤化物灯、荧光高压汞灯（包括电感镇流器）等，不应直接安装在可燃物体上或采取其他防火措施。

15.12.2　灯具布置与其他专业的关系

　　1　照明灯具布置应避免管路的遮挡，走道内照明当无吊顶，且管路密集时，照明灯具应采用杆吊或壁装，灯具安装高度不宜高于管道安装的最低高度。

　　2　照明灯具顶板安装时，应避免安装在设备的正上方。

　　3　室内灯具设置需要和风管、风口、火灾探测器、扬声器、喷头等配合，综合考虑，一般照明灯具与其他各设备间距详见图 15.12-1，有条件时，应配合建筑专业做顶棚综合图。

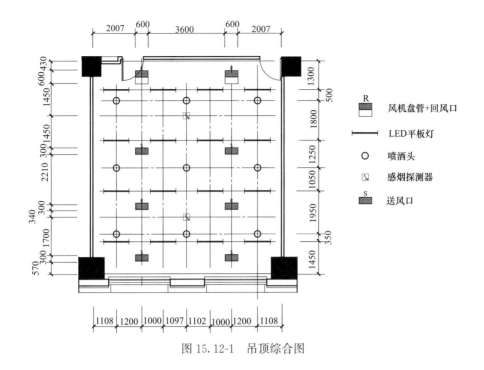

图 15.12-1　吊顶综合图

R　█　风机盘管+回风口

——　LED平板灯

○　喷洒头

▢　感烟探测器

█　送风口

15.13　灯具安装与检修

15.13.1 Ⅰ类灯具外露可导电部分必须采用铜芯软导线与保护导体可靠连接，连接处应设置接地标识，铜芯软导线的截面积应与进入灯具的电源线截面积相同。

15.13.2 除采用安全电压以外，当设计无要求时，敞开式灯具的灯头与地面距离应大于 2.5m。

15.13.3 安装在公共场所的大型灯具的玻璃罩，应采取防止玻璃罩向下溅落的措施。

不同安装方式及不同灯具的安装要求见表 15.13-1。

不同安装方式及不同灯具的安装要求　表 15.13-1

安装方式或灯具	安装要求
固定安装	灯具固定应牢固可靠，在砌体和混凝土结构上严禁使用木楔、尼龙塞或塑料塞固定；质量大于 10kg 的灯具，固定装置及悬吊装置应按灯具重量的 5 倍恒定均布载荷做强度试验，且持续时间不得少于 15min
悬吊式安装	带升降器的软线吊灯在吊线展开后，灯具下沿应高于工作台面 0.3m； 质量大于 0.5kg 的软线吊灯，灯具的电源线不应受力； 质量大于 3kg 的悬吊灯具，固定在螺栓或预埋吊钩上，螺栓或预埋吊钩的直径不应小于灯具挂销直径，且不应小于 6mm； 当采用钢管作灯具吊杆时，其内径不应小于 10mm，壁厚不应小于 1.5mm； 灯具与固定装置及灯具连接件之间采用螺纹连接的，螺纹啮合扣数不应少于 5 扣
吸顶或墙面上安装	固定用的螺栓或螺钉不应少于 2 个，灯具应紧贴饰面
嵌入式安装	绝缘导线应采用柔性导管保护，不得裸露，且不应在灯槽内明敷； 柔性导管与灯具壳体应采用专用接头连接
埋地灯	埋地灯的防护等级应符合设计要求； 埋地灯的接线盒应采用防护等级为 IPX7 的防水接线盒，盒内绝缘导线接头应做防水绝缘处理

续表

安装方式或灯具	安装要求
庭院灯、建筑物附属路灯	灯具与基础固定应可靠,地脚螺栓备帽应齐全;灯具接线盒应采用防护等级不小于 IPX5 的防水接线盒,盒盖防水密封垫应齐全、完整; 灯具的电器保护装置应齐全,规格应与灯具适配; 灯杆的检修门应采取防水措施,且闭锁防盗装置完好
LED 灯具	灯具安装应牢固可靠,饰面不应使用胶类粘贴; 灯具安装位置应有较好的散热条件,且不宜安装在潮湿场所; 灯具用的金属防水接头密封圈应齐全、完好; 灯具的驱动电源、电子控制装置室外安装时,应置于金属箱(盒)内; 金属箱(盒)的 IP 防护等级和散热应符合设计要求,驱动电源的极性标记应清晰、完整; 室外灯具配线管路应按明配管敷设,且应具备防雨功能,IP 防护等级应符合设计要求
手术台无影灯	固定灯座的螺栓数量不应少于灯具法兰底座上的固定孔数,且螺栓直径应与底座孔径相适配;螺栓应采用双螺母锁固; 无影灯的固定装置除应进行均布载荷试验外,尚应符合产品技术文件的要求
应急灯	消防应急照明回路的设置除应符合设计要求外,尚应符合防火分区设置的要求,穿越不同防火分区时应采取防火隔堵措施; 对于应急灯具,运行中温度高于 60℃ 的灯具,当靠近可燃物时,应采取隔热、散热防火措施; EPS 供电的应急灯具安装完毕后,应检验 EPS 供电运行的最少持续供电时间,并应符合设计要求; 安全出口指示标志灯设置应符合设计要求; 疏散指示标志灯安装高度及设置部位应符合设计要求; 疏散指示标志灯的设置不应影响正常通行,且不应在其周围设置容易混同疏散标志灯的其他标志牌等; 疏散指示标志灯工作应正常,并应符合设计要求; 消防应急照明线路在非燃烧体内穿钢导管暗敷时,暗敷钢导管保护层厚度不应小于 30mm
高压钠灯、金卤灯	光源及附件应与镇流器、触发器和限流器配套使用,触发器与灯具本体的距离应符合产品技术文件的要求; 电源线应经接线柱连接,不应使电源线靠近灯具表面
景观照明	在人行道等人员来往密集场所安装的落地式灯具,当无围栏防护时,灯具距地面高度应大于 2.5m; 金属构架及金属保护管应分别与保护导体采用焊接或螺栓连接,连接处应设置接地标识
航空障碍灯	灯具安装应牢固可靠,且应有维修和更换光源的措施; 当灯具在烟囱顶上装设时,应安装在低于烟囱口 1.5m~3m 的部位且应呈正三角形水平排列; 对于安装在屋面接闪器保护范围以外的灯具,当需设置接闪器时,其接闪器应与屋面接闪器可靠连接
水下灯及防水灯具	当引入灯具的电源采用导管保护时,应采用塑料导管; 固定在水池构筑物上的所有金属部件应与保护联结导体可靠连接,并应设置标识

16 照明配电箱系统图

16.1 一 般 规 定

16.1.1 照明配电箱系统图表达方式

配电箱系统图表达方式可参考表 16.1-1，采用表格式架构制图，将配电箱编号、系统图及安装方式和其他特别说明等内容清晰准确的表示在框架内。

照明配电箱示意 表 16.1-1

控制箱编号	系 统 图	安装方式	备注
$+\times\times\times$-AL$\times\times\times$ $\dfrac{}{\times\times\times kW}$	PE　N W$\times\times\times$　$\times\times\times/\times\times\times$A/3P W1　$\times\times\times/1P$ C16 L1　$\times\times\times-3\times2.5, SC15,SCE　走廊照明 $\times\times\times$kW W2　$\times\times\times/1P$ C16 L2　$\times\times\times-3\times2.5, SC15,SCE　走廊照明 $\times\times\times$kW W3　$\times\times\times/1P$ C16 L3　$\times\times\times-3\times2.5, SC15,SCE　走廊照明 $\times\times\times$kW W4　$\times\times\times/1P$ C16 L1　$\times\times\times-3\times2.5, SC15,SCE　走廊照明 $\times\times\times$kW W5　$\times\times\times/1P$ C16 L2　$\times\times\times-3\times2.5, SC15,SCE　走廊照明 $\times\times\times$kW W6　$\times\times\times/1P$ C16 L3　$\times\times\times-3\times2.5, SC15,SCE　走廊照明 $\times\times\times$kW RS485接口　灯光智能控制模块 $\times\times\times$ 6.16 W7　$\times\times\times/1P$ C16 L1　备用 W8　$\times\times\times/1P$ C16 L2　备用 W9　$\times\times\times/1P$ C16 L3　备用	明装	1. 配电箱箱型:终端柜 2. 参考尺寸: $\times\times\times$

16.1.2 照明配电箱系统图表达深度要求

1 配电箱系统应注明配电箱编号、容量和参考尺寸（箱体尺寸见表 16.5-1），并根据实际情况标注配电箱箱型（进线开关处同时有引出电源的为过路箱，否则为终端箱）。

2 系统图应包含：所有开关、仪表、电气火灾监控模块、智能灯光控制模块等元器件的型号规格、出线回路编号、相序（单相回路采用三相逐回路轮换的方式）、出线电缆（线）的型号及规格以及各回路负荷（类型及容量）。

3 二级配电箱/层箱需增加负荷计算主要参数，包括设备容量（P_e）、计算容量（P_j）、需要系数（K_x）、功率因数（$\cos\phi$）、计算电流（I_j）等。

4 当两个以上配电箱系统图相同时可以共用系统图，但需在编号栏里把所有配电箱编号和用电量罗列清楚。

16.2 照明配电箱元器件选择

16.2.1 进线开关的选择

本章未叙述的元器件选择参见电力配电箱一章。

1 层箱（照明总配电箱）进线处可选择断路器或隔离开关，当配电箱采用放射式供电，上级设有过负荷保护和短路保护且满足灵敏度校验时采用隔离开关，当配电箱采用树干式供电或采用放射式供电但灵敏度不满足要求时，应采用断路器或熔断器。

2 10kW 以下的公共建筑末端照明配电箱和 12kW 以下的住宅建筑住户配电箱，宜采用单相进线，进线处采用负荷隔离或断路器，住宅建筑住户配电箱并设置过欠电压保护装置。

3 公共建筑层箱，采用树干式配电时，进线开关采用塑壳断路器（带有隔离功能）。

16.2.2　出线开关的选择

1 照明出线回路：正常照明单相回路选择微型断路器 16A/1P，所接光源数和 LED 灯具数不超过 25 个；

2 装饰组合灯具单相回路选择微型断路器不大于 25A/1P＋N，光源数量不超过 60 个；

3 高强度气体放电灯回路选择微型断路器不大于 25A；

4 风机盘管出线回路：微型断路器 16A/1P；

5 VAV、VRV 出线回路：微型断路器 16A/1P；

6 插座出线回路：微型断路器（带剩余电流保护型）16A/2P，20A/2P，30mA，0.1s；

7 开水器出线回路：带剩余电流保护型的微型断路器，30mA，0.1s。

16.2.3　计量仪表的设置（设置位置、容量选择、精度要求、仪表的种类）

1 当照明场所有独立计费的需求时，如办公、商业分区由租户/小业主自管并负担电费，则需要为每台分区的照明配电箱设置计量电表。设置方式可以在分箱进线处，也可在总配电箱的出线处设置独立/集中是电能表。在总箱设置独立或集中式电表，具体方式见图 16.2-1。

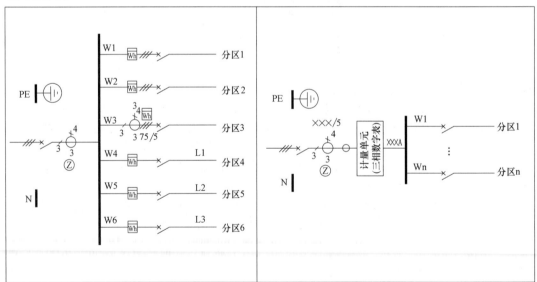

图 16.2-1　照明配电箱内计量表的设置

2 根据绿色建筑的要求，冷热源、输配系统和照明能耗需要分项计量。当需要将照明、插座、空调分别计量时（如国家机关办公建筑）可在相应场所照明配电箱内设置计量电表，具体方式如图 16.2-2 所示。

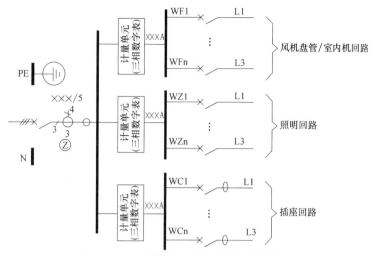

图 16.2-2 照明配电箱内分项计量的设置

3 如项目无分项要求，可以按实际管理需要的位置设置计量表。

16.2.4 智能照明控制器的选择

设置智能灯光控制系统时，照明配电箱内安装智能照明模块。模块一般有 4 路/6 路/8 路/12 路等几种规格；控制模块输入端口一般为智能灯光控制系统总线接口，还具有消防接口作为事故照明的启动信号。

16.2.5 剩余电流保护装置的选择

1 设置目的：装设动作电流为 30mA 的剩余电流保护器可作为基本防护的附加防护和故障防护；装设动作电流为 300mA 的剩余电流监测或保护电器可作为减少接地故障引起电气火灾危险；切断电源时应断开回路的所有带电导体（单相回路开关采用 2P，三相回路开关采用 4P），照明配电箱内插座出线回路设置剩余电流保护开关，动作电流 30mA，切断时间不大于 0.1s。

2 设置原则：

1）住宅楼设置原则：

配电间内总配电柜处：每幢住宅的总电源进线应设剩余电流动作保护或剩余电流动作报警。

户配电箱内：电源插座回路应设置剩余电流动作保护器。

2）公共建筑设置原则：照明配电箱内插座电源、开水器电源和室外照明等设置剩余电流保护开关。

3 燃弧探测器设置：高度大于 12m 的空间、人员密集场所或重要的场所，照明线路上设置具有探测故障电弧功能的电气火灾监控探测器，保护线路的长度不大于 100m。

16.3 照明线缆的选择

16.3.1 照明分支回路应采用铜芯绝缘电线，分支线截面不小于 1.5mm^2（一般采用 2.5mm^2）；配电干线的中性线截面与相导体截面相同，当主要供给气体放电灯或 LED 灯时，中性线截面需满足不平衡电流和谐波电流的要求。

16.3.2   热稳定：在短时工作情况下，断路器的允通能量（I^2t）一定不可以超过电缆所能承载电能的最大值。如果所选断路器对负载侧电缆在经受过载电流或短路故障电流时具有保护能力，这就要求电缆的热稳定要满足要求。断路器负载侧电缆长度越长，短路电流值就越小，电缆的热稳定越能满足要求。

16.3.3   灵敏度：当电缆或导线超过一定的长度时，电缆或导线所具有的较大的阻抗会使短路电流低于断路器设定的短路保护最小值，从而对电缆或导线得不到应有的保护而导致电缆严重过热损坏。所以有必要对具有短路电流保护功能的断路器所能保护电缆的最长长度进行验证。即断路器的灵敏度校核。断路器和导线的匹配关系可参见表 16.3-1。

<table>
<tr><td colspan="2" style="text-align:center">断路器和导线的匹配关系</td><td colspan="10" style="text-align:right">表 16.3-1</td></tr>
<tr><td colspan="2">导体截面（mm²）</td><td colspan="10" style="text-align:center">断路器瞬动电流或短延时动作电流 I_{set3}（A）</td></tr>
<tr><td>S_{Ph}</td><td>S_{PE}</td><td>50</td><td>63</td><td>80</td><td>100</td><td>125</td><td>160</td><td>200</td><td>250</td><td>320</td><td>400</td></tr>
<tr><td>1.5</td><td>1.5</td><td>86</td><td>68</td><td>54</td><td>43</td><td>34</td><td>27</td><td>21</td><td>17</td><td>13</td><td>11</td></tr>
<tr><td>2.5</td><td>2.5</td><td>143</td><td>113</td><td>89</td><td>71</td><td>57</td><td>45</td><td>36</td><td>29</td><td>22</td><td>18</td></tr>
<tr><td>4.0</td><td>4.0</td><td>229</td><td>181</td><td>143</td><td>114</td><td>91</td><td>71</td><td>57</td><td>46</td><td>36</td><td>29</td></tr>
<tr><td>6.0</td><td>6.0</td><td>343</td><td>272</td><td>214</td><td>171</td><td>137</td><td>107</td><td>86</td><td>69</td><td>54</td><td>43</td></tr>
</table>

16.3.4   电压偏差：电缆长度越长有利于电缆的热稳定，不利于断路器的灵敏度，也不利于线路的电压偏差。

16.4   照明控制接线图

16.4.1   单联单控：用于一般场所的正常照明，接线原理和控制方式简单，见图 16.4-1。

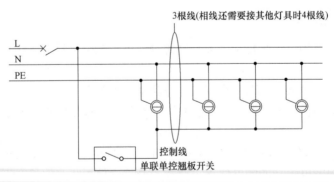

图 16.4-1   单联单控开关接线示意

16.4.2   单联双控一：多用于公共通道的安全照明或备用照明，平时电源 1 供电，事故期间由系统自动接通电源 2，即使开关此时未接通在电源 1 状态时，也能通过电源 2 的触点接通，点亮控区内灯具，实现后备控制，提高安全性。一次接线图见图 16.4-2、二次接线图见图 16.4-3。

图 16.4-2   单联双控开关一次接线图

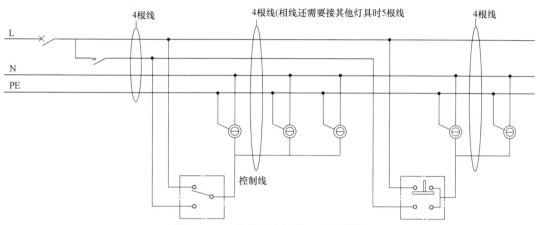

图 16.4-3   单联双控开关二次接线图

16.4.3   单联双控二：多用于维护通道、楼梯间或有多个出入口的房间等处的照明，通过设置在两地的单联双控开关 K1 和 K2，实现两地控制，方便快捷，见图 16.4-4。

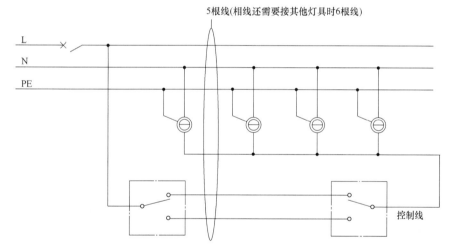

图 16.4-4   单联双控开关二次接线图

16.4.4   集中控制（异地控制）：集中控制一次接线图如图 16.4-5 所示。

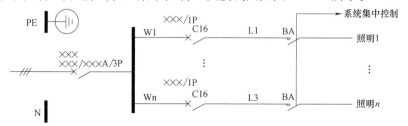

图 16.4-5   集中控制一次接线图

16.4.5 强启、强切：照明回路的强启可通过两种方式实现：一是参照"16.4.2 单联双控一"方式，通过系统自动接通备用电源接触器的方式，将处于熄灭状态的灯具自动点亮（处于电源接通状态的灯具不变）；二是采用智能照明控制方式，系统接入智能照明控制系统的接口，强制点亮相关区域的照明灯具。

强切一般通过断路器的分励脱扣器实现，系统信号控制脱扣器动作，实现强制切断照明电源，普通光源强切一次接线图见图 16.4-6，二次接线图见图 16.4-7。强切用的断路器需采用塑壳断路器增加分励脱扣器附件，采用微断时无法实现此功能。

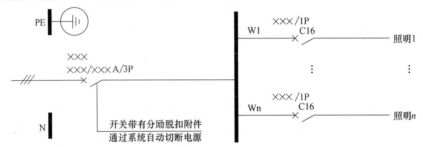

图 16.4-6　普通电源消防强切一次接线图

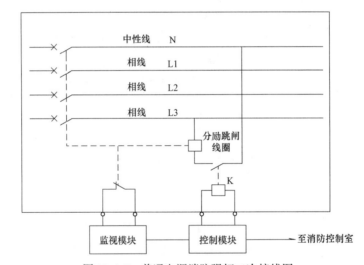

图 16.4-7　普通电源消防强切二次接线图

16.4.6 智能照明控制：智能照明系统的控制包括多种方式。

1　时间编程：根据预先定义的时间，按场景需求自动开启或关闭相关回路；

2　本地手动控制：利用现场设置的控制面板手动控制场所内各个场所的照明回路开关；

3　多地控制：可在多个位置设置智能控制面板，通过总线通信实现多地控制；

4　场景控制：可预先设定控制方式相同的回路为一个场景，设置完成后通过场景选择键一键开关场景回路；

5　外部信息控制：可以接收红外移动探测器信号，实现人、车来时开灯，走时关灯；也可接收光照度探测器信号，当现场光照度低于设定值，自动开启全部灯光；

6　控制中心远程控制：通过系统总线，在控制中心电脑主机上，实现远程管理。系统能够显示各个控制器回路的工作状态、手动控制每条回路、远程设置个控制器场景和光控功能。见图 16.4-8。

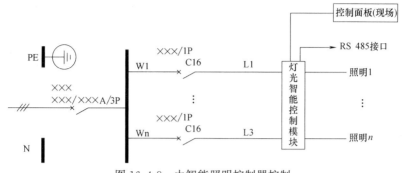

图 16.4-8　由智能照明控制器控制

16.5　照明配电箱箱体尺寸及安装

16.5.1　照明配电箱箱体布置：照明配电箱内除常规的进、出线断路器之外，还经常设置有智能灯控模块、计量电表等；进出线开关一般按照从上到下的顺序排列；微型断路器在轨道上安装。箱内设置隔板将开关等元器件与一次配线隔开；箱内的二次配线需采用绑扎带、行线槽和导线固定夹或螺旋带等配件，使配线整齐、方便，见图 16.5-1。

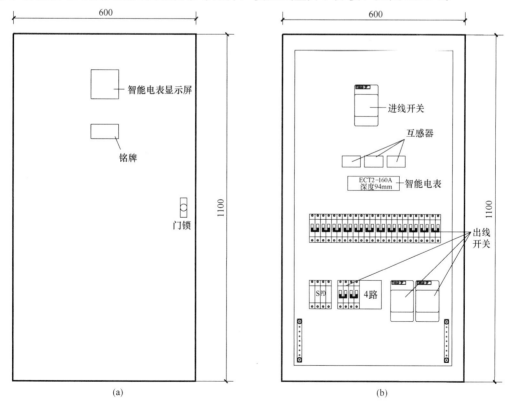

图 16.5-1　照明配电箱内元器件布置

(a) 盘面布置图；(b) 盘内布置图

注：图中尺寸单位为：mm。

16.5.2　配电箱体实际尺寸需根据内部元器件排布确定，设计中根据回路开关类型和数量估算，以便预留安装空间。一般箱/柜体面宽按 600mm 确定。一般配电箱厚度为 200mm，进线开关为微断，且进线电源为导线时，箱体厚度为 120mm，单相电源配电箱（户箱）当条件受限时，箱体厚度最小不宜小于 90mm，双电源互投照明配电箱箱体厚度为 250mm。当高度大于 1500mm 时，采用落地式的配电柜，其厚度宜为 400mm。末端照明配电箱（箱内均为微型断路器）箱体尺寸可参考表 16.5-1。

<table>
<tr><td colspan="4">末端配电箱箱体尺寸参考</td><td>表 16.5-1</td></tr>
<tr><td>序号</td><td>照明配电箱出线开关模数</td><td colspan="2">参考尺寸(宽×高×厚)(mm)</td><td>备注</td></tr>
<tr><td>1</td><td>3</td><td colspan="2" rowspan="2">430×280×160</td><td rowspan="6">1P 为占 1 个模数；1P＋N,2P 占 2 个模数；带剩余电流保护的开关还需增加 2 个模数的空间</td></tr>
<tr><td>2</td><td>6</td></tr>
<tr><td>3</td><td>9</td><td colspan="2">510×280×160</td></tr>
<tr><td>4</td><td>12</td><td colspan="2">580×280×160</td></tr>
<tr><td>5</td><td>15</td><td colspan="2" rowspan="2">660×280×160</td></tr>
<tr><td>6</td><td>18</td></tr>
</table>

16.5.3　照明配电箱安装：

1　照明配电箱、配电柜在配电间/竖井安装时采用明装，在有装修要求的办公、商业等区域内安装时采用暗装；安装高度保证配电箱顶部不超过 2m，安装高度示意参考图 16.5-2。

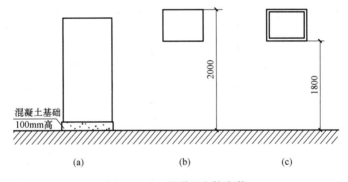

图 16.5-2　照明配电箱安装

（a）照明配电柜落地安装；（b）明装照明配电箱上端高度；（c）暗装照明配电箱下端高度

2　配电柜落地安装方法：当箱体高度大于 1500mm 时，采用落地式安装，正下方设置 100m～300mm 高的基础底座，基础底座可采用槽钢或素混凝土墩，见图 16.5-3。

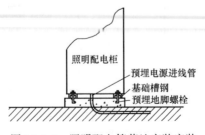

图 16.5-3　照明配电箱落地安装安装

3　配电箱壁装（明装/暗装）如图 16.5-4 所示。

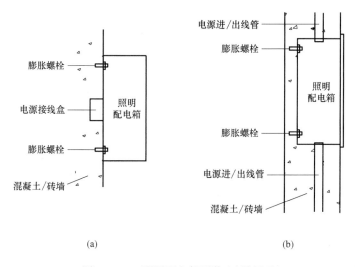

(a)　　　　　　　　　　　(b)

图 16.5-4　照明配电箱明装/暗装图示
(a) 明装；(b) 暗装

17　应急照明箱系统图

17.1　一般规定

17.1.1　应急照明箱包括应急照明电源箱、应急照明集中电源、应急照明配电箱、安全照明配电箱、备用照明配电箱。其中应急照明电源箱是为应急照明集中电源、应急照明配电箱提供电源的箱体，可兼作消防备用照明配电箱。

17.1.2　以表格形式表达应急照明箱系统图，内容包括：箱体编号、系统图、安装方式、备注等，以应急照明电源箱为例，典型箱体系统图如图 17.1-1 所示。

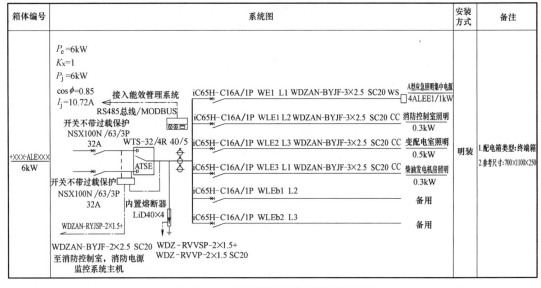

图 17.1-1　应急照明箱典型箱体系统图

17.1.3　深度要求：

1　表达进线开关、双电源转换开关、出线开关规格、出线回路编号及管线规格。

2　如涉及消防电源监控、能耗监控、浪涌保护、电气火灾监控系统等，均应在箱体系统图中表达。

3　回路编号按顺序进行大排行，例如：WE1、WE2 等。

4　根据不同出线回路的性质，可以区别编号，例如可以将带 EPS 的回路编制为：WE1-1、WE1-2 等。

5　应标注各回路的相序，按先三相、后单相的原则标注出线回路相序。

6　宜标注各回路的设备容量，疏散照明中的应急照明集中电源（配电箱）的出线回路不做要求。

7　表达明装、暗装、落地安装等基本信息，安装方式与箱体大小相关。

8　表达中间箱、终端箱、箱体尺寸、防护等级以及其他需要表达的基本信息。

17.2　应急照明分类

17.2.1　定义：应急照明是在正常状态下因正常照明电源的失效而启动的照明，或在火灾等紧急状态下按预设逻辑和时序而启动的照明。

17.2.2　分类：应急照明分为疏散照明、安全照明、备用照明，应急照明分类构架如图 17.2-1 所示，其中与消防相关的部分如图中阴影区域所示。

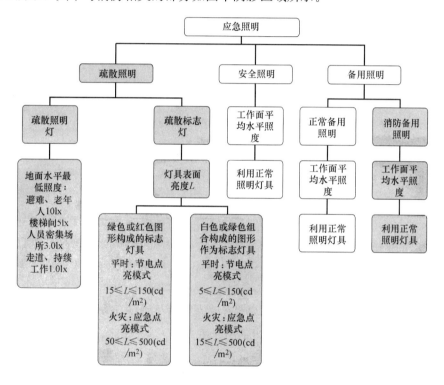

图 17.2-1　应急照明分类构架图

1　疏散照明：是用于确保疏散通道被有效地辨识和使用的应急照明，由疏散照明灯和疏散标志灯组成，疏散照明灯对疏散路径提供疏散所需照度条件，强调了对疏散路径的照度要求；疏散标志灯标识安全出口、疏散出口、疏散方向、楼层等疏散信息，强调了灯具表面亮度的要求，包括出口标志灯、方向标志灯、楼层标志灯和多信息复合标志灯。

消防应急照明和疏散指示系统是为人员疏散和发生火灾时仍需工作的场所提供照明和疏散指示的系统。按消防灯具的控制方式分为集中控制型系统和非集中控制型系统，设置消防控制室的场所应选择集中控制型系统，消防控制室所管辖范围内设置火灾自动报警系统的建筑均应设置集中控制型系统。

消防应急灯具的分类如图 17.2-2 所示。

2　安全照明：是用于确保处于潜在危险之中的人员安全的应急照明。安全照明典型
场所示意如表 17.2-1 所示。

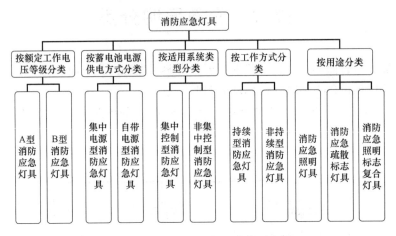

图 17.2-2　消防应急灯具分类示意图

安全照明典型场所　　　　　　　　　　　　　　　　　　表 17.2-1

建筑类别	典型场所及区域
医疗建筑	手术室、抢救室等
会展建筑	登录厅、观众厅、展厅、多功能厅、宴会厅、大会议厅、餐厅等人员密集场所
教育建筑	生化实验、核物理等特殊实验室
体育建筑	观众席和运动场地；游泳馆高台跳水区域
工业建筑	工业圆盘锯等场所

3　备用照明：是用于确保正常活动继续或暂时继续进行而使用的应急照明。备用照
明分为消防备用照明和重要场所非消防备用照明。

（1）非消防备用照明：是对重要建筑物尤其是人员密集的高大空间、具有重要功能特
定场所的照明系统提出的更高要求，要求除正常照明和消防应急照明外，设置一部分照
明，以确保正常照明失效后能使正常活动继续或暂时继续进行。非消防备用照明典型场所
示意如表 15.7-1 所示。

（2）消防备用照明：是为保证避难间（层）及配电室、消防控制室、消防水泵房、自
备发电机房等火灾时仍需工作、职守的区域等场所的正常活动、作业的应急照明。消防备
用照明典型场所示意如表 17.2-2 所示。

消防备用照明典型场所示意　　　　　　　　　　　　　　　表 17.2-2

建筑类别	典型场所及区域
所有建筑	避难间（层）及配电室、消防控制室、消防水泵房、自备发电机房等； 按《建筑设计防火规范（2018 年版）》GB 50016—2014 要求：防排烟机房、消防电梯机房设置消防备用照明； 电气竖井、湿式报警阀间照明暂保留传统做法，优先采用消防备用照明配电箱供电

17.3　应急照明箱

17.3.1　类别划分：应急照明箱的类别划分如表 17.3-1 所示。

应急照明配电箱分类示意图

表 17.3-1

分类	名称		编号	说明	备注
疏散照明	集中控制型/非集中控制型	A 型应急照明集中电源	ALEE	额定输出电压不大于 DC36V 的应急照明集中电源	灯具无需电池
		B 型应急照明集中电源	ALEE	额定输出电压大于 DC36V 或 AC36V 的应急照明集中电源	灯具无需电池
		A 型应急照明配电箱	ALEE	额定输出电压不大于 DC36V 的应急照明配电箱	灯具自带蓄电池
		B 型应急照明配电箱	ALEE	额定输出电压大于 DC36V 或 AC36V 的应急照明配电箱	灯具自带蓄电池
安全照明	安全照明配电箱		ALS	确保处于潜在危险之中的人员安全的应急照明	正常灯具,灯具无需电池
备用照明	非消防备用照明配电箱		ALB	确保正常照明失效后,能使正常活动继续或暂时继续进行而使用的应急照明	正常灯具,灯具无需电池
	消防备用照明配电箱		ALE	保证火灾时仍需工作、职守的区域等场所的正常活动、作业的应急照明	正常灯具,灯具无需电池

17.3.2　疏散照明配电箱：

1　疏散照明配电箱分类：按照灯具蓄电池电源供电方式的不同，消防应急照明和疏散指示系统的配电箱可分为应急照明配电箱、应急照明集中电源两大类。每类按电源电压等级又可分为 A 型和 B 型。按适用系统类型分类，又可分为集中控制型、非集中控制型。故消防应急照明和疏散指示系统配电装置共可划分为 8 类。

（1）应急照明配电箱：由控制开关和一些指示装置组成，是为自带电源型消防应急灯具进行主电源配电的装置。

（2）应急照明集中电源：以蓄电池为储能装置，是为集中电源型消防应急灯具进行主电源和蓄电池电源供电的电源。

2　集中控制型：按照灯具蓄电池电源供电方式的不同，集中控制型消防应急照明及疏散指示系统（以下简称"集中控制型系统"）的组成分为两种不同的方式：灯具的蓄电池电源采用集中电源供电方式时，系统由应急照明控制器、集中电源集中控制型消防应急灯具、应急照明集中电源等系统部件组成，系统组成如图 17.3-1 所示；灯具的蓄电池电源采用自带蓄电池供电方式时，系统由应急照明控制器、自带电源集中控制型消防应急灯具、应急照明配电箱等系统部件组成，系统组成如图 17.3-2 所示。

集中控制型系统中可同时采用集中电源型灯具和自带电源型灯具，不同类别灯具的供

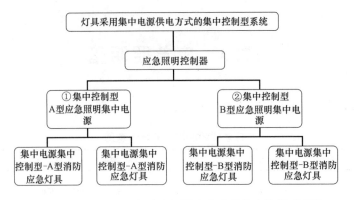

图 17.3-1　灯具采用集中电源供电方式的集中控制型系统

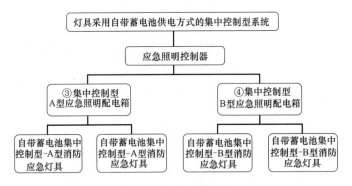

图 17.3-2　灯具采用自带蓄电池供电方式的集中控制型系统

电回路和通信回路应分别设置。

　　3　非集中控制型：按照灯具蓄电池电源供电方式的不同，非集中控制型消防应急照明及疏散指示系统（以下简称"非集中控制型系统"）的组成分为两种不同的方式：灯具的蓄电池电源采用集中电源供电方式时，系统由集中电源非集中控制型消防应急灯具、应急照明集中电源等系统部件组成，系统组成如图 17.3-3 所示；灯具的蓄电池电源采用自带蓄电池供电方式时，系统由自带电源非集中控制型消防应急灯具、应急照明配电箱等系统部件组成，系统组成如图 17.3-4 所示。

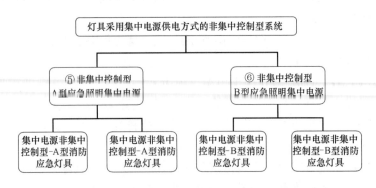

图 17.3-3　灯具采用集中电源供电方式的非集中控制型系统

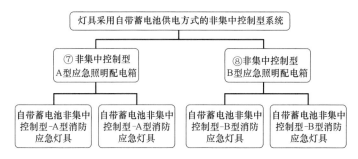

图 17.3-4 灯具采用自带电源供电方式的非集中控制型系统

17.3.3 疏散照明配电箱技术措施：

1 A 型应急照明集中电源系统图如图 17.3-5 所示。

箱体编号	系统图				安装方式	备注
+×××-ALEE××× 1kW	市电检测线：ALB4-1 WDZN-BYJ-3×1.5-SC20 消防电源线：ALE4-1/WE1 WDZN-BYJ-3×2.5-SC20 通信信号 WDZN-RYJSP-2×1.5 SC20 CE	A型应急照明集中电源-1kVA	WE1	WDZN-RYJS-2×2.5-SC20 CC	疏散照明	明装	1.配电箱类型：终端箱 2.参考尺寸：500×1400×300
			WE2	WDZN-RYJS-2×2.5-SC20 CC	疏散照明		
			WE3	WDZN-RYJS-2×2.5-SC20 CC	疏散照明		
			WE4	WDZN-RYJS-2×2.5-SC20 CC	疏散照明		
			WE5	WDZN-RYJS-2×2.5-SC20 CC	疏散照明		
			WE6	WDZN-RYJS-2×2.5-SC20 CC	疏散照明		
			WE7	WDZN-RYJS-2×2.5-SC20 CC	楼梯间疏散照明		
			WE8		备用		

图 17.3-5 A 型应急照明集中电源系统图

2 A 型应急照明配电箱系统图如图 17.3-6 所示。

箱体编号	系统图				安装方式	备注
+×××-ALEE××× 1kW	市电检测线：ALB4-1 WDZN-BYJ-3×1.5-SC20 消防电源线：ALE4-1/WE1 WDZN-BYJ-3×2.5-SC20 通信信号 WDZN-RYJSP-2×1.5-SC20 CE	A型应急照明配电箱	WE1	WDZN-RYJS-2×2.5-SC20 CC	疏散照明	明装	1.配电箱类型：终端箱 2.参考尺寸：600×800×200
			WE2	WDZN-RYJS-2×2.5-SC20 CC	疏散照明		
			WE3	WDZN-RYJS-2×2.5-SC20 CC	疏散照明		
			WE4	WDZN-RYJS-2×2.5-SC20 CC	疏散照明		
			WE5	WDZN-RYJS-2×2.5-SC20 CC	疏散照明		
			WE6	WDZN-RYJS-2×2.5-SC20 CC	疏散照明		
			WE7	WDZN-RYJS-2×2.5-SC20 CC	楼梯间疏散照明		
			WE8		备用		

图 17.3-6 A 型应急照明配电箱系统图

3 以表格形式表达疏散照明配电箱系统图表达方式及深度要求，如表 17.3-2 所示。

应急疏散照明箱表达方式及深度要求

表 17.3-2

分类	名称		表达方式	深度要求
疏散照明	集中控制型/非集中控制型	A 型应急照明配电箱	①应急照明集中电源系统图 ②应急照明配电箱系统图	1)箱体编号:确保唯一性。大量箱体系统图内容一致时,可按地上、地下合并编号,同时标注箱体数量 2)箱体结构示意:如样图所示的示意图即可,箱体内部结构没必要展开绘制 3)蓄电池: ①应急照明集中电源需注明蓄电池容量,备注供电时间或在工程说明中统一表达; ②应急照明配电箱处无蓄电池,灯具采用自带蓄电池的形式,灯具的图例符号应加以区分,供电时间图例中备注或在工程说明中统一表达。 4)电源线及供电箱体编号:表达电源线的规格型号以及供电箱体的箱体编号。 5)通信线:表达通信线的规格型号。 6)市电检测线及采样箱体编号:集中控制型系统,需表达市电检测线规格型号及采样箱体的编号。 7)消防联动线:非集中控制型系统,需表达手动控制线路及区域报警控制器对应的火灾自动报警输出线路。 8)出线回路及管线规格型号:表达出线回路用途及出线回路的管线规格型号,出线回路可不标注容量。 9)安装方式:表达明装、暗装、落地安装等基本信息。 10)备注:表达中间箱、终端箱、箱体尺寸、防护等级以及其他需要表达的基本信息
		B 型应急照明配电箱		
		A 型应急照明集中电源		
		B 型应急照明集中电源		

17.3.4 配置原则:系统配电应根据系统的类型、灯具的设置部位、灯具的供电方式进行设计。灯具的电源应由主电源和蓄电池电源组成,且蓄电池电源的供电方式分为集中电源供电方式和灯具自带蓄电池供电方式。灯具的供电与电源转换应符合下列规定:

1 当灯具采用集中电源供电时,灯具的主电源和蓄电池电源应由集中电源提供,灯具主电源和蓄电池电源在集中电源内部实现输出转换后应由同一配电回路为灯具供电;

2 当灯具采用自带蓄电池供电时,灯具的主电源应通过应急照明配电箱一级分配电后为灯具供电,应急照明配电箱的主电源输出断开后,灯具应自动转入自带蓄电池供电。

3 应急照明配电箱或集中电源的输入及输出回路中不应装设剩余电流动作保护器,输出回路严禁接入系统以外的开关装置、插座及其他负载。

17.3.5 灯具配电回路的设计:

1 水平疏散区域灯具配电回路的设计应符合下列规定:

1)应按防火分区、同一防火分区的楼层、隧道区间、地铁站台和站厅等为基本单元设置配电回路;

2)除住宅建筑外,不同的防火分区、隧道区间、地铁站台和站厅不能共用同一配电回路;

3)避难走道应单独设置配电回路;

4)防烟楼梯间前室及合用前室内设置的灯具应由前室所在楼层的配电回路供电;

5)配电室、消防控制室、消防水泵房、自备发电机房等发生火灾时仍需工作、值守的区域和相关疏散通道,应单独设置配电回路。

2 竖向疏散区域灯具配电回路的设计应符合下列规定:

1)封闭楼梯间、防烟楼梯间、室外疏散楼梯应单独设置配电回路;

2)敞开楼梯间内设置的灯具应出灯具所在楼层或就近楼层的配电回路供电;

3）避难层和避难层连接的下行楼梯间应单独设置配电回路。

3 任一配电回路配接灯具的数量、范围应符合下列规定：

1）配接灯具的数量不宜超过 60 只；

2）道路交通隧道内，配接灯具的范围不宜超过 1000m；

3）地铁隧道内，配接灯具的范围不应超过一个区间的 1/2。

4 任一配电回路的额定功率、额定电流应符合下列规定：

1）配接灯具的额定功率总和不应大于配电回路额定功率的 80%；

2）A 型灯具配电回路的额定电流不应大于 6A；B 型灯具配电回路的额定电流不应大于 10A。

17.3.6 集中控制型 A 型应急照明集中电源：

1 接线示意如图 17.3-7 所示。

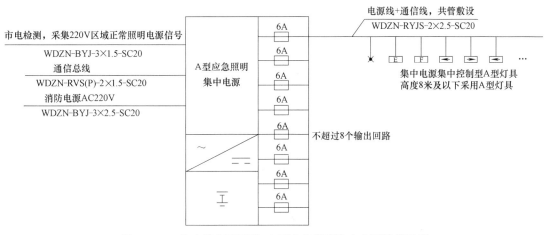

图 17.3-7 集中控制型系统-A 型应急照明集中电源接线示意

2 设置原则：

1）应根据系统的类型及规模、灯具及其配电回路的设置情况、集中电源的设置部位及设备散热能力等因素综合选择适宜电压等级与额定输出功率的集中电源；集中电源额定输出功率不应大于 5kW；设置在电缆竖井中的集中电源额定输出功率不应大于 1kW。

2）应综合考虑配电线路的供电距离、导线截面、压降损耗等因素，按防火分区的划分情况设置集中电源；灯具总功率大于 5kW 的系统，应分散设置集中电源。

3）水平分区：相邻防火分区可以设置一台共用集中电源（临近分隔墙设置），其输出线路不应跨越防火分区。

4）竖向分区：

（1）不同楼层可以共用集中电源装置，前提条件是满足输出线缆在电气竖井内敷设（住宅建筑公共区域的竖向线路可穿钢管沿墙暗敷设，并满足《建筑设计防火规范（2018 年版）》GB 50016—2014 第 10.1.10 条第 2 款规定）。

（2）每个回路不能跨越防火分区（除住宅外），且公共建筑中，每个回路不超过 8 层；住宅 18 层。

（3）容量限制：5kW、1kW；在电气竖井中功率不应大于 1kW；当电气竖井的空间和环境条件满足集中电源正常工作要求时，可在一处竖井设置多台额定输出功率不大于 1kW 的集中电源。

3　应用场所：

1）应设置在消防控制室、低压配电室、配电间内或电气竖井内；集中电源的额定输出功率不大于 1kW 时，可设置在电气竖井内。

2）设置场所不应有可燃气体管道、易燃物、腐蚀性气体或蒸汽。

3）酸性电池的设置场所不应存放带有碱性介质的物质；碱性电池的设置场所不应存放带有酸性介质的物质。

4）设置场所宜通风良好，设置场所的环境温度不应超出电池标称的工作温度范围。

4　供电：

1）集中控制型系统中，集中设置的集中电源应由消防电源的专用应急回路供电，分散设置的集中电源应由所在防火分区、同一防火分区的楼层、隧道区间、地铁站台和站厅的消防电源配电箱供电。

2）非集中控制型系统中，集中设置的集中电源应由正常照明线路供电，分散设置的集中电源应由所在防火分区、同一防火分区的楼层、隧道区间、地铁站台和站厅的正常照明配电箱供电。目的是切除正常照明时，可控制应急灯自动点亮。

5　蓄电池：

1）蓄电池电源宜优先选择安全性高、不含重金属等对环境有害物质的蓄电池（组）。

2）供电时间：$T=T_1+T_2$。

① T：集中电源的蓄电池（或灯具自带蓄电池）在达到使用寿命周期后，其标称剩余容量应保证的放电时间。

② T_1：在应急照明系统启动后，蓄电池电源供电时的持续工作时间（详见《消防应急照明和疏散指示系统技术标准》GB 51309—2018 第 3.2.4 条）

③ T_2：在非火灾状态下出现系统主电源失电时，要求应急照明灯具持续应急点亮时间。此时间为设计师自定的时间（不大于 0.5h）。

6　输出回路：

1）每个出线回路不能跨越防火分区（除住宅外）。

2）集中电源的输出回路不应超过 8 路。

3）沿电气竖井垂直方向为不同楼层的灯具供电时，集中电源的每个输出回路在公共建筑中的供电范围不宜超过 8 层，在住宅建筑的供电范围不宜超过 18 层。

7　防护等级：在隧道、潮湿场所，应选择防护等级不低于 IP65 的产品；在电气竖井内，应选择防护等级不低于 IP33 的产品。

17.3.7　集中控制型 B 型应急照明集中电源接线示意如图 17.3-8 所示，其余要求见第 17.3.6 条。

17.3.8　集中控制型 A 型应急照明配电箱：

1　接线示意如图 17.3-9 所示。

2　设置原则：

1）应选择进、出线口分开设置在箱体下部的产品。

2）水平分区：

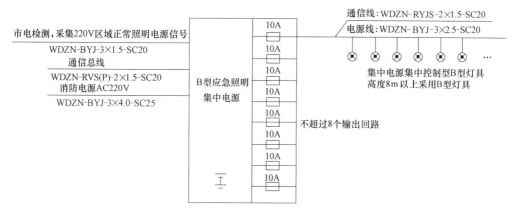

图 17.3-8　集中控制型系统-B 型应急照明集中电源接线示意

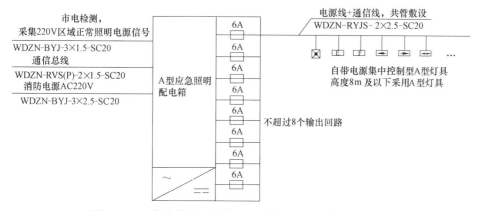

图 17.3-9　集中控制型系统-A 型应急照明配电箱接线示意

（1）人员密集场所，每个防火分区应设置独立的应急照明配电箱；

（2）非人员密集场所，多个相邻防火分区可设置一个共用的应急照明配电箱（临近分隔墙设置），其输出线路不宜跨越防火分区。

3）竖向分区：

（1）不同楼层可以共用应急照明配电箱，前提条件是满足输出线缆在电气竖井内敷设（住宅建筑公共区域的竖向线路可穿钢管沿墙暗敷设，并满足《建筑设计防火规范（2018年版）》GB 50016—2014 第 10.1.10 条第 2 款规定）。

（2）每个回路不能跨越防火分区（除住宅外），且公共建筑中，每个回路不超过 8 层；住宅不超过 18 层。

4）防烟楼梯间应设置独立的应急照明配电箱：该配电箱应设在配电间或电气竖井内，多个防烟楼梯间相距较近时，可合用一个应急照明配电箱，但每个楼梯间的供电回路应独立。

3　应用场所：宜设置于值班室、设备机房、配电间或电气竖井内。

4　供电：

1）集中控制型系统中，应急照明配电箱应由消防电源的专用应急回路或所在防火分区、同一防火分区的楼层、隧道区间、地铁站台和站厅的消防电源配电箱供电。

2）非集中控制型系统中，应急照明配电箱应由防火分区、同一防火分区的楼层、隧道区间、地铁站台和站厅的正常照明配电箱供电。目的是切除正常照明时，可控制应急灯自动点亮。

3）A 型应急照明配电箱的变压装置可设置在应急照明配电箱内或其附近。

5   蓄电池：

1）蓄电池电源宜优先选择安全性高、不含重金属等对环境有害物质的蓄电池（组）。

2）供电时间：$T=T_1+T_2$。

T：集中电源的蓄电池（或灯具自带蓄电池）在达到使用寿命周期后，其标称剩余容量应保证的放电时间。

T_1：在应急照明系统启动后，蓄电池电源供电时的持续工作时间（详见《消防应急照明和疏散指示系统技术标准》GB 51309—2018 第 3.2.4 条）

T_2：在非火灾状态下出现系统主电源失电时，要求应急照明灯具持续应急点亮时间。此时间为设计师自定的时间（不大于 0.5h）。

6   输出回路：

1）每个出线回路不能跨越防火分区（除住宅外）。

2）A 型应急照明配电箱的输出回路不应超过 8 路，B 型应急照明配电箱的输出回路不应超过 12 路；

3）沿电气竖井垂直方向为不同楼层的灯具供电时，应急照明配电箱的每个输出回路在公共建筑中的供电范围不宜超过 8 层，在住宅建筑的供电范围不宜超过 18 层。

7   防护等级：在隧道、潮湿场所，应选择防护等级不低于 IP65 的产品；在电气竖井内，应选择防护等级不低于 IP33 的产品。

17.3.9   集中控制型 B 型应急照明配电箱接线示意如图 17.3-10 所示，其余要求见第 17.3.8 条。

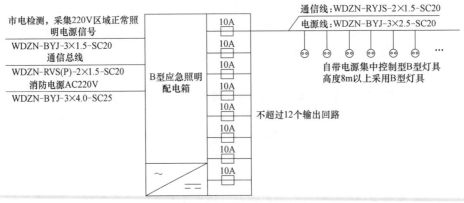

图 17.3-10   集中控制型系统 B 型应急照明配电箱接线示意

17.3.10   非集中控制型 A 型应急照明集中电源接线示意如图 17.3-11 所示，其余要求见第 17.3.6 条。

17.3.11   非集中控制型 B 型应急照明集中电源接线示意如图 17.3-12 所示，其余要求见第 17.3.6 条。

17.3.12   非集中控制型 A 型应急照明配电箱接线示意如图 17.3-13 所示，其余要求

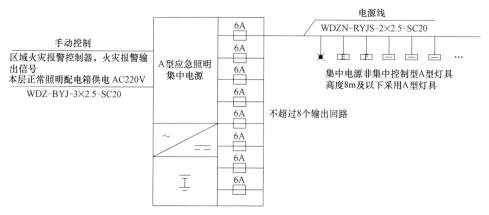

图 17.3-11 非集中控制型系统-A 型应急照明集中电源接线示意

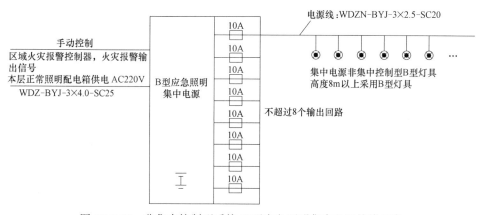

图 17.3-12 非集中控制型系统-B 型应急照明集中电源接线示意

见第 17.3.8 条。

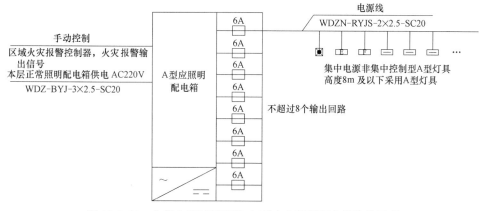

图 17.3-13 非集中控制型系统-A 型应急照明配电箱接线示意

13.7.13 非集中控制型 B 型应急照明配电箱接线示意如图 17.3-14 所示，其余要求见第 17.3.8 条。

17.3.14 安全照明配电箱：

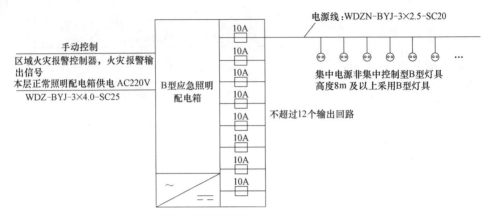

图 17.3-14   非集中控制型系统-B 型应急照明配电箱接线示意

1   示意图：安全照明配电箱系统示意图如图 17.3-15 所示。

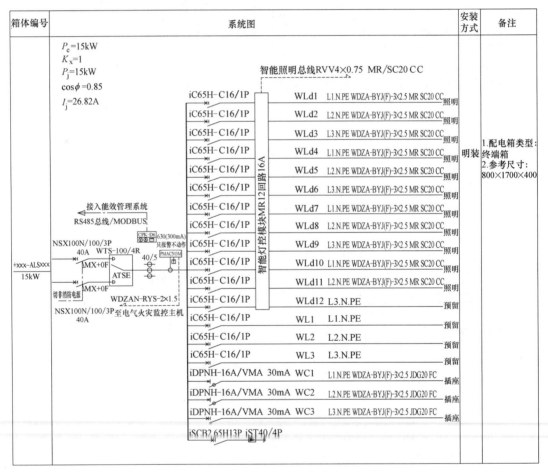

图 17.3-15   安全照明配电箱系统示意图

2   表达方式：以表格形式表达安全照明配电箱系统图，表达方式及深度要求：包括
箱体编号、负荷计算、配电箱系统图、安装方式、备注等。

3   设置原则：根据工程的实际需要，按防火分区的划分情况设置女全照明配电箱，可与备用照明配电箱合并设置。

4 应用场所：宜设置于值班室、设备机房、配电间或电气竖井内。

5 供电：

1）根据安全照明的负荷等级，确定是否为双路电源以及是否纳入柴发供电。

2）当安全照明应急电源转换时间要求不大于 0.1s，且供电系统自身达不到转换时间要求时，可设 UPS（不间断）电源作为供电系统电源转换时的过渡电源，输出电压 AC220V，UPS 供电时间宜为 15min。

3）当安全照明应急电源转换时间要求不大于 0.5s～15s 时，且供电系统自身达不到转换时间要求时，可设 EPS 电源作为供电系统电源转换时的过渡电源，输出电压 AC220V，EPS 供电时间宜为 15min。

6 箱体系统图组成：

1）箱体编号：确保唯一性。大量箱体系统图内容一致时，可按地上、地下合并编号，同时标注箱体数量。

2）负荷计算：表达设备容量（P_e）；需要系数（K_x）；计算负荷（P_j）；功率因数（$COS\phi$）；计算电流（I_j）等。

3）配电箱系统图：完整表达配电箱一次接线图，电气火灾监控、电力监控、浪涌保护器、智能照明等的设置，由设计人员根据设计标准并结合具体工程确定。

4）安装方式：表达明装、暗装、落地安装等基本信息。

5）配电箱类型：表达中间箱、终端箱。

6）参考尺寸：表达箱体尺寸供施工单位参考。

7）元器件规格型号：表达所有元器件的规格型号，大量简单重复的标注可在第一张系统图中统一文字表达。

8）管线规格型号：表达所有出线回路的线缆规格型号、管径材质、规格及安装方式等，大量简单重复的标注可在第一张系统图中统一文字表达。

7 防护等级：在隧道、潮湿场所，应选择防护等级不低于 IP65 的产品；在电气竖井内，应选择防护等级不低于 IP33 的产品。

17.3.15 非消防备用照明配电箱：

1 非消防备用照明配电箱系统示意图如图 17.3-16 所示。

2 表达方式：以表格形式表达备用照明配电箱系统图，表达方式及深度要求：包括箱体编号、负荷计算、配电箱系统图、安装方式、备注等。

3 技术措施：非消防备用照明配电箱技术措施同第 17.3.14 条。

17.3.16 消防备用照明配电箱：

1 消防备用照明配电箱系统示意图如图 17.1-1 所示。

2 表达方式：以表格形式表达备用照明配电箱系统图，表达方式及深度要求：包括箱体编号、负荷计算、配电箱系统图、安装方式、备注等。

3 设置原则：

1）根据工程的实际需要，按防火分区的划分情况设置消防备用照明配电箱。

2）疏散照明中的集中控制型应急照明集中电源（配电箱），宜由此配电箱提供消防电源。

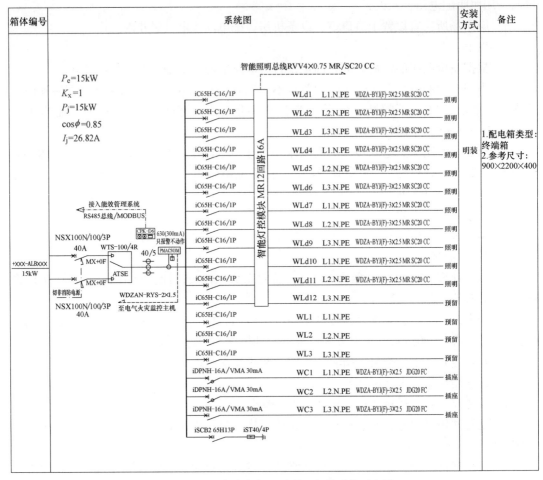

图 17.3-16　非消防备用照明配电箱系统示意图

4　应用场所：宜设置于值班室、设备机房、配电间或电气竖井内。

5　供电：

1）根据消防备用照明的负荷等级，确定是否为双路电源以及是否纳入柴发供电。

2）避难间（层）及配电室、消防控制室、消防水泵房、自备发电机房等设置的消防备用照明，供电系统自身可达到转换时间要求，无需设置 UPS 或 EPS。

6　箱体系统图组成：

1）箱体编号：确保本工程内箱体编号的唯一性，如大量重复可合并，标注所有箱体编号并标明箱体数量。

2）负荷计算：表达设备容量（P_e）；需要系数（K_x）；计算负荷（P_j）；功率因数（$COS\phi$）；计算电流（I_j）等。

3）配电箱系统图：完整表达配电箱一次接线图，消防电源监控、电力监控、浪涌保护器等的设置，由设计人员根据设计标准并结合具体工程确定。

4）安装方式：表达明装、暗装、落地安装等基本信息。

5）配电箱类型：表达中间箱、终端箱。

6）参考尺寸：表达箱体尺寸供施工单位参考。

7）元器件规格型号：表达所有元器件的规格型号，大量简单重复的标注可在第一张系统图中统一文字表达。

8）管线规格型号：表达所有出线回路的线缆规格型号、管径材质、规格及安装方式等，大量简单重复的标注可在第一张系统图中统一文字表达。

7　防护等级：在隧道、潮湿场所，应选择防护等级不低于 IP65 的产品；在电气竖井内，应选择防护等级不低于 IP33 的产品。

17.4　元器件选择

详细的元器件选择详见第 14 章电力配电箱。

17.4.1　主进开关的技术要求如表 17.4-1 所示。

主进开关的技术要求　　　　　　　　　　　　　表 17.4-1

类别	主进开关的技术要求
疏散照明	应急照明集中电源(配电箱)的进线开关通常由设备厂家配套提供,设计图纸中不必详细表达
安全照明 非消防备用照明	通常采用塑壳断路器,具体选型根据进线开关处的计算电流及短路电流值确定; 非消防电源强切时,主进开关设置分励脱扣器与消防系统联动
消防备用照明	通常采用塑壳断路器,具体选型根据进线开关处的计算电流及短路电流值确定; 进线开关取消过载保护功能

17.4.2　ATS 的技术要求如表 17.4-2 所示。

ATS 的技术要求　　　　　　　　　　　　　　表 17.4-2

类别	ATS 的技术要求
疏散照明	应急照明集中电源(配电箱)无需设置 ATS; 集中控制型系统,应急照明集中电源(配电箱)的上级电源箱是否设置 ATS 根据本工程消防负荷的负荷等级确定; 非集中控制型系统,应急照明集中电源(配电箱)的上级引自本防火分区的普通照明箱(AL),无需设置 ATS
安全照明 非消防备用照明	根据安全照明、非消防备用照明的负荷等级,确定是否设置 ATS
消防备用照明	根据消防备用照明的负荷等级,确定是否设置 ATS; 进线开关取消过载保护功能

17.4.3　出线开关的技术要求如表 17.4-3 所示。

出线开关的技术要求　　　　　　　　　　　　表 17.4-3

类别	出线开关的技术要求
疏散照明	A 型应急照明集中电源(应急照明配电箱),配电回路额定电流≤6A,出线开关通常由设备厂家配套提供,设计图纸中不必详细表达; B 型应急照明集中电源(应急照明配电箱),配电回路额定电流≤10A,出线开关通常由设备厂家配套提供,设计图纸中不必详细表达

续表

类别	出线开关的技术要求
安全照明	照明出线:通常采用微型断路器,额定电流 16A(20A),额定电流根据计算电流确定,短路分断能力根据此处短路电流值确定;
非消防备用照明	插座出线:通常采用微型漏电断路器,额定电流 16A(20A),额定电流根据计算电流确定,短路分断能力根据此处短路电流值确定,剩余电流动作特性(AC、A、B)根据工程要求确定
消防备用照明	仅设计照明出线开关,不允许设计插座出线开关; 通常采用微型断路器,额定电流 16A(20A),额定电流根据出线回路计算电流确定,短路分断能力根据此处短路电流值确定; 为本防火分区疏散照明的集中电源(应急照明配电箱)供电的出线开关,通常选用微型断路器,额定电流根据出线回路计算电流确定,分断能力根据此处短路电流值确定

17.4.4 SPD 的技术要求如表 17.4-4 所示。

SPD 的技术要求 表 17.4-4

类别	SPD 的技术要求
疏散照明	应急照明集中电源(配电箱)无需设置 SPD; 为其供电的上级消防电源箱、普通照明箱(AL),宜设置 SPD
安全照明	宜设置 SPD
非消防备用照明	
消防备用照明	宜设置 SPD

17.4.5 电力监控系统的技术要求如表 17.4-5 所示。

电力监控系统的技术要求 表 17.4-5

类别	电力监控系统的技术要求
疏散照明	应急照明集中电源(配电箱)无需设置电力监控系统; 为其供电的上级消防电源箱、普通照明箱(AL),宜设置电力监控系统
安全照明	可设置电力监控系统
非消防备用照明	
消防备用照明	可设置电力监控系统

17.4.6 电气火灾监控系统的技术要求如表 17.4-6 所示。

电气火灾监控系统的技术要求 表 17.4-6

类别	电气火灾监控系统的技术要求
疏散照明	应急照明集中电源(配电箱)无需设置电气火灾监控系统;为其供电的上级消防电源箱,属于消防类箱体,不设置电气火灾监控系统; 为其供电的上级普通照明箱(AL),宜设置电气火灾监控系统
安全照明	宜设置电气火灾力监控系统
非消防备用照明	
消防备用照明	属于消防类箱体,不设置电气火灾监控系统

17.4.7 消防电源监控系统的技术要求如表 17.4-7 所示。

消防电源监控系统的技术要求 表 17.4-7

类别	消防电源监控系统的技术要求
疏散照明	应急照明集中电源(配电箱),无需设置消防电源监控装置; 为集中控制型系统中的应急照明集中电源(明配电箱)供电的上级消防电源箱,应按规范要求设置消防电源监控装置
安全照明	不设置消防电源监控系统
非消防备用照明	
消防备用照明	属于消防类箱体,应按规范要求设置消防电源监控装置

17.5 线 缆 选 择

17.5.1 安全照明、备用照明:线缆选择及校验参考本技术措施第 16 章相关内容。

17.5.2 疏散照明线缆选择要求如下:

1 系统线路应选择铜芯导线或铜芯电缆。

2 A 型灯具除地面敷设的灯具外,应选择电压等级不低于交流 300V/500V 的线缆;

3 B 型灯具除地面敷设的灯具外,应选择电压等级不低于交流 450V/750V 的线缆。

4 地面上设置的标志灯的配电线路和通信线路应选择耐腐蚀橡胶线缆。

5 集中控制型系统中,除地面上设置的灯具外,系统的配电线路应选择耐火线缆,系统的通信线路应选择耐火线缆或耐火光纤。

6 非集中控制型系统中,除地面上设置的灯具外,灯具采用自带蓄电池供电时,系统的配电线路应选择阻燃或耐火线缆。灯具采用集中电源供电时,系统的配电线路应选择耐火线缆。

7 同一工程中相同用途电线电缆的颜色应一致;线路正极"+"线应为红色,负极"-"线应为蓝色或黑色,接地线应为黄色绿色相间。

17.5.3 线缆校验:疏散照明中 A 类消防应急灯具端子处电压偏差允许值可为额定电压的(+20%,-20%),按 DC36V、DC24V 分别进行线缆校验,如表 17.5-1 及表 17.5-2 所示。B 类消防应急灯具线缆校验参考本技术措施第 16 章相关内容。

DC36V 线路电压损失百分数表 (单位:%) 表 17.5-1

截面(mm²)	负荷(W) 距离(m)	30	50	70	90	100	120	150	170	200
2.5	50	1.92	3.19	4.46	5.74	6.38	7.65	9.56	10.83	12.75
	75	2.87	4.78	6.69	8.60	9.56	11.47	14.34	16.25	19.12
	100	3.83	6.38	8.92	11.47	12.75	15.29	19.12	21.66	25.49

续表

DC36V 线路电压损失百分数(DC36V,铜导体,电线工作温度 70℃)									
负荷(W)		30	50	70	90	100	120	150	170	200
截面(mm²)	距离(m)									
2.5	150	5.74	9.56	13.38	17.20	19.12	22.94	28.67	32.49	38.23
	200	7.65	12.75	17.84	22.94	25.49	30.58	38.23	43.32	50.97
	250	9.56	15.93	22.30	28.67	31.86	38.23	47.78	54.15	63.71
4	50	1.20	2.00	2.79	3.59	3.99	4.78	5.98	6.77	7.97
	75	1.80	2.99	4.19	5.38	5.98	7.17	8.96	10.16	11.95
	100	2.39	3.99	5.58	7.17	7.97	9.56	11.95	13.54	15.93
	150	3.59	5.98	8.37	10.75	11.95	14.34	17.92	20.31	23.89
	200	4.78	7.97	11.15	14.34	15.93	19.12	23.89	27.08	31.86
	250	5.98	9.96	13.94	17.92	19.91	23.89	29.87	33.85	39.82
6	50	0.80	1.33	1.86	2.39	2.66	3.19	3.99	4.52	5.31
	75	1.20	2.00	2.79	3.59	3.99	4.78	5.98	6.77	7.97
	100	1.60	2.66	3.72	4.78	5.31	6.38	7.97	9.03	10.62
	150	2.39	3.99	5.58	7.17	7.97	9.56	11.95	13.54	15.93
	200	3.19	5.31	7.44	9.56	10.62	12.75	15.93	18.05	21.24
	250	3.99	6.64	9.30	11.95	13.28	15.93	19.91	22.57	26.55

DC24V 线路电压损失百分数表（单位：%）　　　　表 17.5-2

DC24V 线路电压损失百分数(DC24V,铜导体,电线工作温度 70℃)									
负荷(W)		30	50	70	90	100	110	120	130	140
截面(mm²)	距离(m)									
2.5	50	4.30	7.17	10.04	12.90	14.34	15.77	17.20	18.64	20.07
	75	6.45	10.75	15.05	19.35	21.50	23.65	25.80	27.95	30.10
	100	8.60	14.34	20.07	25.80	28.67	31.54	34.40	37.27	40.14
	150	12.90	21.50	30.10	38.70	43.00	47.30	51.60	55.90	60.20
	200	17.20	28.67	40.14	51.60	57.34	63.07	68.80	74.54	80.27
	250	21.50	35.84	50.17	64.50	71.67	78.84	86.00	93.17	100.00
4	50	2.69	4.48	6.28	8.07	8.96	9.86	10.75	11.65	12.55
	75	4.04	6.72	9.41	12.10	13.44	14.79	16.13	17.47	18.82
	100	5.38	8.96	12.55	16.13	17.92	19.71	21.50	23.30	25.09
	150	8.07	13.44	18.82	24.19	26.88	29.57	32.25	34.94	37.63
	200	10.75	17.92	25.09	32.25	35.84	39.42	43.00	46.59	50.17
	250	13.44	22.40	31.36	40.32	44.80	49.28	53.75	58.23	62.71
6	50	1.80	2.99	4.19	5.38	5.98	6.57	7.17	7.77	8.37
	75	2.69	4.48	6.28	8.07	8.96	9.86	10.75	11.65	12.55
	100	3.59	5.98	8.37	10.75	11.95	13.14	14.34	15.53	16.73
	150	5.38	8.96	12.55	16.13	17.92	19.71	21.50	23.30	25.09
	200	7.17	11.95	16.73	21.50	23.89	26.28	28.67	31.06	33.45
	250	8.96	14.94	20.91	26.88	29.87	32.85	35.84	38.82	41.81

17.6 控 制

17.6.1 疏散照明的控制

1 集中控制型系统的控制

1）在非火灾状态下，系统主电源断电后，系统的控制应符合下列规定：

（1）应急照明集中电源或应急照明配电箱应连锁控制其配接的非持续型照明灯的光源应急点亮、持续型灯具的光源由节电点亮模式转入应急点亮模式；灯具持续应急点亮时间应符合设计文件的规定，且不应超过0.5h；

（2）系统主电源恢复后，应急照明集中电源或应急照明配电箱应连锁其配接灯具的光源恢复原工作状态；灯具持续点亮时间达到设计文件规定的时间，且系统主电源仍未恢复供电时，集中电源或应急照明配电箱应连锁其配接灯具的光源熄灭。

2）火灾状态下，系统控制应符合下列规定：

（1）火灾确认后，应急照明控制器应能按预设逻辑手动、自动控制系统的应急启动，具有两种及以上疏散指示方案的区域应作为独立的控制单元，且需要同时改变指示状态的灯具应作为一个灯具组，由应急照明控制器的一个信号统一控制。

（2）应由火灾报警控制器或火灾报警控制器（联动型）的火灾报警输出信号作为系统自动应急启动的触发信号。

（3）应能手动操作应急照明控制器控制系统的应急启动。

（4）需要借用相邻防火分区疏散的防火分区，应有改变相应标志灯具指示状态的控制功能。

（5）需要采用不同疏散预案的交通隧道、地铁隧道、地铁站台和站厅等场所，应有改变相应标志灯具指示状态的控制功能。

2　非集中控制型系统的控制

1）非火灾状态下，系统的正常工作模式应符合下列规定：

（1）应保持主电源为灯具供电；

（2）系统内非持续型照明灯的光源应保持熄灭状态；

（3）系统内持续型灯具的光源应保持节电点亮状态。

2）火灾状态下，系统控制应符合下列规定：

（1）应急照明配电箱、应急照明集中电源的前端供电电源，由所在防火分区的正常照明电源供电。火灾确认后切除正常照明，控制应急灯自动点亮。

（2）火灾确认后，应能手动控制系统的应急启动；设置区域火灾报警系统的场所，尚应能自动控制系统的应急启动。

（3）系统手动应急启动的设计应符合下列规定：

① 灯具采用集中电源供电时，应能手动操作集中电源，控制集中电源转入蓄电池电源输出，同时控制其配接的所有非持续型照明灯的光源应急点亮、持续型灯具的光源由节电点亮模式转入应急点亮模式；

② 灯具采用自带蓄电池供电时，应能手动操作切断应急照明配电箱的主电源输出，同时控制其配接的所有非持续型照明灯的光源应急点亮、持续型灯具的光源由节电点亮模式转入应急点亮模式。

3）在设置区域火灾报警系统的场所，系统的自动应急启动应符合下列规定：

（1）灯具采用集中电源供电时，集中电源接收到火灾报警控制器的火灾报警输出信号后，应自动转入蓄电池电源输出，并控制其配接的所有非持续型照明灯的光源应急点亮、持续型灯具的光源由节电点亮模式转入应急点亮模式；

（2）灯具采用自带蓄电池供电时，应急照明配电箱接收到火灾报警控制器的火灾报警输出信号后，应自动切断主电源输出，并控制其配接的所有非持续型照明灯的光源应急点亮、持续型灯具的光源应由节电点亮模式转入应急点亮模式。

17.6.2 安全照明、备用照明的控制：安全照明、备用照明灯具可采用正常照明灯具，就地控制或纳入智能照明系统统一控制，无特殊控制要求。

17.7 应急照明箱箱体尺寸及安装

17.7.1 应急照明箱的箱体尺寸应根据箱体内的元器件尺寸，特别是 ATS 开关、EPS 电源规格确定。

17.7.2 安全照明、非消防备用照明配电箱箱体尺寸示意如图 17.7-1 所示。

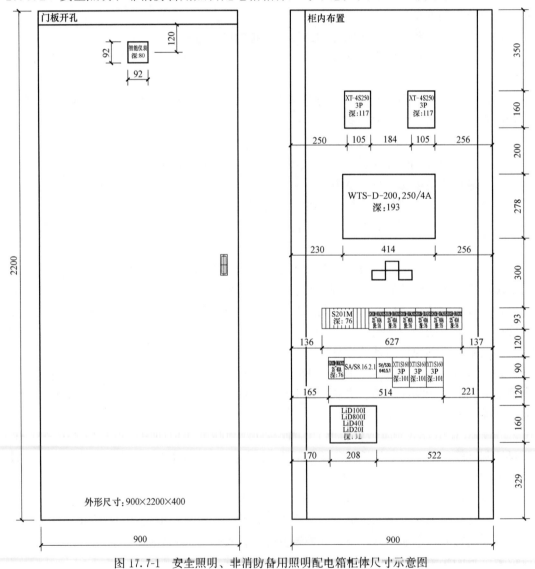

图 17.7-1 安全照明、非消防备用照明配电箱柜体尺寸示意图

17.7.3 消防备用照明配电箱箱体尺寸示意如图 17.7-2 所示。

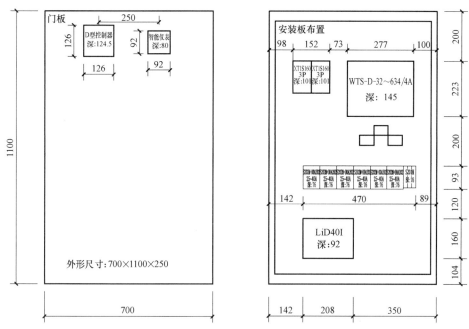

图 17.7-2　消防备用照明配电箱箱体尺寸示意图

17.7.4 应急照明集中电源参考尺寸及安装方式如表 17.7-1 所示，不同设备厂家箱体尺寸会有不同，此表仅供参考。应急照明配电箱箱体尺寸可参考应急照明集中电源，因其无蓄电池，其尺寸小于应急照明集中电源。

应急照明集中电源参考尺寸及安装方式示意表　　　　表 17.7-1

应急照明集中电源技术参数					
类别	输入电源（V）	输出电源（V）	电池容量（kVA）	输出回路	安装方式	外形尺寸(mm)（宽×厚×高）
A 类	AC220V	DC24V	0.12	8 路	壁装	365×190×550
			0.24		托架安装	390×210×670
			0.4			390×210×770
		DC36V	0.18			390×240×550
			0.36			390×240×1100
			0.68		托架安装或落地安装	390×240×1100
			1.0			390×240×1400
B 类	AC220V	正常状态 AC220V	1.0	8 路	落地安装	600×450×1800
			1.5			600×450×1800
		应急状态 DC216V	3.0			600×450×2200
			5.0			600×450×2200

18 接地及等电位平面图

18.1 一般规定

18.1.1 接地平面包含：接地装置、防雷引下线、各类机房的接地引上线、接地电阻测试卡、各类机房等电位接地端子等。

18.1.2 接地平面图一般在结构基础图的基础上绘制，图中应有标高、轴线号及其尺寸、指北针及建筑各区域的名称等信息。图中的接地装置应注明其所处的实际楼层位置。工程比较简单时接地平面可与防雷屋顶平面重合，工程复杂或其他楼层需要单独表达才能清楚其做法时，可绘制多个楼层的接地平面。当建筑体量较大时，尽量将设计内容布置在一张接地平面图中，这时图纸比例可以最小到1：300。

18.1.3 接地平面图中可附图说明，内容一般包括：本工程采取的接地形式、接地措施、接地材料、接地电阻的要求等，并列出采用的标准图集。这时总设计说明内容可简化，避免重复叙述。

18.1.4 接地平面图中的附图说明示例如下：

1 本工程利用建筑基础内的钢筋作为接地装置。基础底板上下两层中的各2根直径不小于16mm的主筋通长焊接形成的基础接地网及桩基础作为接地体，基础接地网与柱子内钢筋及引下线可靠焊接。

2 本工程采用联合接地系统。低压电源工作接地、配电装置保护接地及建筑物防雷接地共用接地装置，接地电阻≤1Ω，在接地电阻不能满足要求时，应在建筑物周边增补人工接地装置直至满足要求（注：北京市供电局要求小电阻接地系统的变电所建筑联合接地电阻≤0.5Ω）。

3 在本工程电源进线的配电室内设置总等电位联结端子箱，在各配电间、弱电间、消防安防控制室、电信机房、空调机房、厨房（指公共厨房）、卷帘门等金属门框、泵房及竖井内、带淋浴的卫生间设置辅助等电位联结端子箱。本工程带淋浴的卫生间设置辅助等电位联结。

4 进出建筑物的金属管线（除装有绝缘段和需要阴极保护的金属管线外）、室内公用金属管道（风管等）、各专业设备金属外壳及建筑物结构中的金属构件就近与总等电位联结干线连接。

5 裸露在土壤中的接地材料应采用铜包钢材料，或其他抗腐蚀接地材料。防雷接地系统中的钢材均采用热镀锌钢材料。

6 本设计涉及的接地做法参见标准图集《电力防雷与接地图集》D500-D505（2016年合订本）。基础防雷接地做法大样图参见《民用建筑电气设计与施工-防雷接地》08D800-8第104、106、108页。

7 强、弱电竖井内设置−40×4热镀锌扁钢作为接地干线，其下端接至基础接地网，每三层及顶层与楼板钢筋做等电位联接，每层与接地端子板连接，做法参见《电气竖井设备安装图集》04D701-1（35页）。

8 消防控制室、安防控制室、数据机房、电信机房工作接地采用 BYJ-1×35-PC32 沿地面、墙暗敷并需与基础底板钢筋连接。机房工作接地端子箱宜距地 0.5m 安装。

9 图例说明：

▼ 预埋接地钢板 100×100×8，h＝0.2m（特别注明的除外），与柱内直径不小于 Φ16 的 2 根主筋焊接，并与基础钢筋可靠连通。参见图集《接地装置安装》14D504 第 44 页。

MEB 总等电位联结端子箱，明装，箱底距地高 0.3m。与柱内预埋钢板焊接，焊接点不小于 2 处。

SEB 辅助等电位联结端子箱，明装，箱底距地高 0.3m。与柱内预埋钢板焊接，焊接点不小于 2 处。

接地电阻测试点，与柱内作为防雷引下线的两根主筋焊接，暗装，距室外地坪 ＋0.5m。

接地平面图中防雷引下线联结处。

接地平面图中接地引上线联结处。

—·—·——接地极，利用结构基础钢筋，或采用－40×4 热镀锌扁钢。

－－－－－－接地连接线，采用－25×4 热镀锌扁钢。用于联结井道内电梯导轨。

————外甩接地线，采用 30×3 铜包钢，埋深 1m，以备接至人工接地极。

18.1.5 接地系统复杂的工程宜绘制接地系统框架图，见本措施第 20 章相关内容。

18.1.6 需要利用护坡桩作为接地装置，或者在建筑室外地下周圈增设人工接地体时，需要在接地平面图中表示该部分内容。

18.1.7 需要做等电位联结的管线内容较多，且无法在接地平面图中表达时，可在功能单一的地下一层外墙内侧设置一圈或断续的总等电位带，进出建筑的金属管道与等电位带联结，并在设计说明中补充。

18.1.8 特殊场所的接地及等电位联结内容亦可分散在各自区域的电气平面图中表达。如带淋浴的卫生间、浴室、弱电机房、变电所、强弱电竖井、电子设备机房、室外电气装置等。

18.1.9 人防区域的接地设计可在人防专项图纸中表达，也可在项目的接地平面图中表达。

18.2　接　地　电　阻

18.2.1 电力系统接地的接地电阻值计算应符合现行国家标准《交流电气装置的接地设计规范》GB/T 50065 及《低压电气装置 第 4-44 部分：安全防护 电压骚扰和电磁》GB/T 16895.10—2010 等规定。

18.2.2　建筑物各电气系统的接地，除另有规定外，应采用同一接地装置，接地装置的接地电阻应符合其中最小值的要求。各系统不能确定接地电阻值时，接地电阻不应大于 1Ω。

18.2.3　保护接地要求的变电站接地网的接地电阻应符合现行国家标准《交流电气装置的接地设计规范》GB/T 50065 规定，或满足下列要求：

　　1　当 10kV 系统为不接地或消弧线圈接地时，高压配电装置的保护接地及变压器低压侧工作接地共用接地极，接地电阻 $\leqslant 4\Omega$。

　　2　当 10kV 电源为小电阻接地系统时，高压配电装置的保护接地与变压器低压侧的工作接地分开设置，两网的接地电阻均需 $\leqslant 4\Omega$。

　　3　当 10kV 电源为小电阻接地系统时，高压配电装置的保护接地与变压器低压侧的工作接地利用建筑物综合接地网，采用总等电位联结方式接地，联合接地电阻要求 $\leqslant 1\Omega$（北京市供电局要求 $\leqslant 0.5\Omega$）。

18.2.4　表 18.2-1 是人工接地极的工频接地电阻计算。表 18.2-2 是常用各类接地体接地电阻值要求，与变电所相关的接地电阻值首先要满足各地供电部门的要求。

人工接地极的工频接地电阻简易计算　　　　　　　　　　　　表 18.2-1

接地极类型	接地电阻（Ω）简易公式	备注
单根垂直接地极	$R_V \approx 0.3\rho$	①单根垂直接地极长度为 3m 左右；②单根水平接地极长度为 60m 左右；③复合接地极（接地网）中，S 为大于 100m^2 的闭合接地网的面积；r 为与接地网面积 S 等值圆的半径(m)；L 为接地网水平接地极和垂直接地极总长度(m)。④ρ 为土壤电阻率（$\Omega\cdot\text{m}$）
单根水平接地极	$R_h \approx 0.03\rho$	
复合接地极（接地网）	$R \approx \rho/4r + \rho/L$ 或 $R \approx 0.5\dfrac{\rho}{\sqrt{S}} = 0.28\dfrac{\rho}{r}$	

常用各类接地体接地电阻值要求　　　　　　　　　　　　表 18.2-2

接地类别	接地电阻（Ω）	备注
10/0.4kV 变电所	$R_E \leqslant 4\Omega$	①10kV 侧工作于不接地系统；②变电所工作接地与保护接地共用接地；③低压 TN 用户需满足 $R_E \leqslant 50/I_E$；④低压 TT 用户需满足 $R_E \leqslant 250/I_E$；⑤供电局一般要求 $R_E \leqslant 4\Omega$
	$R_E \leqslant 1\Omega$ 或 $R_E \leqslant 0.5\Omega$	①10kV 侧工作于小电阻接地系统；②变电所工作接地与保护接地共用；③低压 TN 用户需满足 $R_E \leqslant U_f/I_E$；④低压 TT 用户需满足 $R_E \leqslant 1200/I_E$；⑤供电局一般要求 $R_E \leqslant 1\Omega$，北京市供电局要求 $\leqslant 0.5\Omega$
	$R_E \leqslant 4\Omega$ $R_B \leqslant 4\Omega$	①10kV 侧工作于小电阻接地系统；②变电所工作接地与保护接地分别设置；③用于独立设置的公用变电站或箱式变电站；④北京市供电局均要求 $\leqslant 4\Omega$
重复接地（TN 系统借用）	宜 $R_A \leqslant 10\Omega$	宜利用自然接地体，采用总等电位联结

续表

接地类别	接地电阻（Ω）	备注
保护接地	宜 $R_A \leqslant 4\Omega$	采用总等电位联结＋RCD保护
（TT系统供电）	宜 $R_A \leqslant 30\Omega$	采用RCD保护的户外路灯，设独立接地极
一类防雷建筑物	$R \leqslant 10\Omega$（冲击电阻）	防止直击雷
一类防雷建筑物	$R \leqslant 10\Omega$（工频电阻）	防止感应雷
二类防雷建筑物	$R \leqslant 10\Omega$（冲击电阻）	防止直击雷
三类防雷建筑物	$R \leqslant 30\Omega$（冲击电阻）	防止直击雷
电子设备接地电阻	$R \leqslant 4\Omega$	如果与防雷接地系统共用接地网时，$R \leqslant 1\Omega$
火灾自动报警系统	$R \leqslant 4\Omega$	如果与防雷接地系统共用接地网时，$R \leqslant 1\Omega$

18.3 接地装置的设置

18.3.1 接地装置由接地极、接地线和总接地端子等共同组成，用于传导危险或故障电流并将其流散入大地。

18.3.2 接地极指埋入土壤或特定的导电介质（如混凝土或焦炭）中与大地有电接触的可导电部分，分为人工接地极和自然接地极。

1 人工接地极，水平敷设的可采用圆钢、扁钢，垂直敷设的可采用角钢、钢管等。人工接地极做法可参见图集《接地装置安装》14D504 "埋地的棒型接地极安装" "埋于基础内的人工接地极安装"。

2 自然接地体为建筑物自有的金属构件，民用建筑接地极应尽可能利用建筑物、构筑物基础内金属体及建筑物户外地下的金属体等自然接地极。自然接地极做法参见图集《接地装置安装》14D504 "利用钢筋混凝土基础中的钢筋作为接地极安装"。利用自然接地极时，应同时采用至少两种自然接地体以保证安全。当需要增设人工接地体时，若敷设于土壤中的接地体连混凝土基础内钢筋或钢材，则土壤中的接地体宜采用铜质、镀铜或不锈钢导体。

3 当基础的外表面有其他类的防腐层且无桩基可利用时，或预应力钢筋混凝土结构无法作为接地极时，宜在基础防腐层下面的混凝土垫层内敷设人工环形接地体。做法参见图集《接地装置安装》14D504 "埋于基础内的人工接地极安装"。

4 变电站为独立建筑时及户外预装式变电站，接地网除利用自然接地极外，应敷设以水平接地极为主的人工接地网。人工接地网的外缘应闭合。对于20kV及以下变电站和配电站，当采用建筑物的基础作接地极，且接地电阻满足规定值时，可不另设人工接地极。具体做法要符合各地供电部门的要求。

18.3.3 接地线（导体）指电气设备、接闪器的接地端子与接地极连接用的，在正常情况下不载流的金属导体。

1 接地线采用铜时，其截面积不应小于 $6mm^2$，采用钢时，其截面积不应小于 $50mm^2$（$\varphi 8$）。防雷保护装置至接地极的接地线要求截面积铜不应小于 $16mm^2$，钢不应小于 $50mm^2$（$\varphi 8$），当敷设在混凝土结构柱中作引下线的钢筋仅为一根时，其直径不应小于10mm。建筑中各类接地线示意如图 18.3-1 所示。

2　规范中对接地线有明确要求时应以规范要求为准。如《火灾自动报警系统设计规范》GB 50116—2013 中要求"消防控制室接地板与建筑接地体之间，应采用线芯截面面积不小于 $25mm^2$ 的铜芯绝缘导线连接"。

3　接地线与接地极均为钢时，可采用搭接焊接、螺栓连接方式。二者有一个为铜时，应采用放热焊接方式连接。连接做法参见图集《接地装置安装》14D504 "接地线连接""接地线放热焊接连接"等。

18.3.4　总接地端子用于将电气装置内需接地的部分与接地极相连接，或将电气装置内各等电位联结线互相连通。总接地端子可以看作是建筑物电气装置的参考电位点。总接地端子与接地极之间的连接线即接地线，宜采用两根接地线接至不同接地点。总接地端子做法参见图集《接地装置安装》14D504 "总接地端子的安装"。

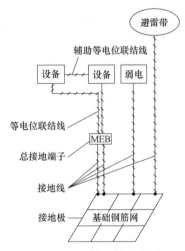

图 18.3-1　接地线示意图

18.3.5　除临时接地装置外，接地装置采用钢材时均应热镀锌，水平敷设的应采用热镀锌的圆钢和扁钢，垂直敷设的应采用热镀锌的角钢、钢管或圆钢，焊接处应涂防腐漆。在腐蚀性较强的土壤中，应适当加大其截面或采取其他防腐措施。人工接地体的材料和最小尺寸可参见图集《接地装置安装》14D504。

18.3.6　民用建筑一般采用共用接地装置，对于包含防雷接地装置时需要注意：

1　在高土壤电阻率的场地，降低防直击雷冲击接地电阻宜采用下列方法：

1）采用多支线外引接地装置，外引长度不应大于有效长度；

2）接地体埋于较深的低电阻率土壤中；

3）换土；

4）采用降阻剂，但应符合环保要求；

5）可在水下敷设接地网。

2　为降低跨步电压，防直击雷的专设引下线、人工接地体距建筑物出入口或人行道不应小于 3m。当小于 3m 时应采取下列措施之一：

1）水平接地体局部埋深不应小于 1m；

2）水平接地体局部应包绝缘物，可采用 50mm～80mm 厚的沥青层；

3）采用沥青碎石地面或在接地体上面敷设 50mm～80mm 厚的沥青层，其宽度应超过接地体 2m；

4）引下线 3m 范围内地表层敷设 50mm～80mm 厚的沥青层；

5）用网状接地装置对地面做均衡电位处理；

6）用护栏、警告牌使进入距引下线 3m 范围内地面的可能性减小到最低限度。

3　对于第二类防雷建筑物，其结构基础构件内有箍筋连接的钢筋或成网状的钢筋，其箍筋与钢筋、钢筋与钢筋应采用土建施工的绑扎法、螺丝、对焊或搭焊连接。单根钢筋、圆钢或外引预埋连接板、线与构件内钢筋应焊接或采用螺栓紧固的卡夹器连接。构件之间必须连接成电气通路。

18.3.7　电子设备、计算机房接地：

1 这类场所包含敏感电子设备，需要考虑等电位接地、防屏蔽接地及防雷击电磁脉冲，如果机房使用防静电地板，可将静电地板与等电位端子相连。

2 电子信息系统设备机房，应远离建筑物防雷引下线，宜布置在建筑物低层中心部位 LPZ2 或更高级别防雷区域。

3 电子系统的所有外露导电物应与建筑物的等电位连接网络做功能性等电位连接。电子系统不应设独立的接地装置。向电子系统供电的配电箱的保护地线（PE 线）应就近与建筑物的等电位连接网络做等电位连接。

4 需要保护的电子信息系统设备的金属外壳、机架、金属管、槽、屏蔽线缆外层、信息设备房静电接地、安全保护接地、电涌保护器（SPD）接地端等均应以最短的距离与等电位联结网络的接地端子连接。等电位联结的基本方法应采用以下两种基本形式：S 型（星型）结构和 M 型（网状）结构，见图 18.3-2。当电子系统为兆赫兹级数字线路时，应采用 M 型等电位连接，系统的各金属组件不应与接地系统各组件绝缘。M 型等电位连接应通过多点连接组合到等电位连接网络中去，形成 Mm 型连接方式。每台设备的等电位连接线的长度不宜大于 0.5m，并宜设两根等电位连接线安装于设备的对角处，其长度相差宜为 20%。

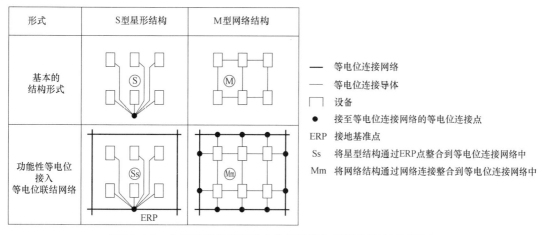

图 18.3-2 电子系统功能性等电位连接整合到等电位连接网络中

5 小型信息系统采用 S 型等电位网络，较大型、开环的信息系统宜采用 M 型等电位网络，在复杂系统中，两种接地网络可以组合使用。信息系统等电位联结的组合方法如图 18.3-3 所示。同一建筑物内的信息系统的等电位联结网不宜单独设置接地装置。

6 等电位接地端子板应设置在直击雷非防护区（LPZ0_A）或直击雷防护区（LPZ0_B）与第一防护（LPZ1）交界处。电子信息系统设备机房应设置辅助等电位接地端子板。等电位接地端子板的连接点应满足机械强度和电气连续性的要求。各接地端子板应设置在便于安装和检查的位置，不得设置在潮湿或有腐蚀性气体及易机械损伤的地方。

7 电子系统的线路和电缆的布线应尽可能靠近等电位联结网络的金属部件，并宜沿金属管路（线槽）布线。电气线路与信息线路管线宜相邻平行敷设以减小感应环路（但电气线路与非屏蔽信号线路之间应满足规范要求的隔离间距）。

8 电子信息系统线缆主干线的金属线槽宜敷设在电气竖井内。电子信息系统线缆与

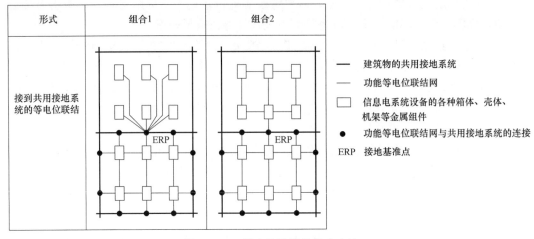

图 18.3-3　等电位连接的组合方法

其他管线间距应符合表 18.3-1 的规定。

电子信息系统线缆与其他管线的净距　　　　　　　　　　　　表 18.3-1

其他管线　　　　　　　　　　线缆间距	电子信息系统线缆	
	最小平行净距(mm)	最小交叉净距(mm)
防雷引下线	1000	300
保护接地线	50	20
给水管	150	20
压缩空气管	150	20
热力管(不包封)	500	500
热力管(包封)	300	300
煤气管	300	20

注：如线缆敷设高度超过 6000mm 时，与防雷引下线的交叉净距应按下式计算：$S \geqslant 0.05H$。式中，H 为交叉处防雷引下线距地面的高度（mm）；S 为交叉净距（mm）。

9　电子信息系统线缆与电力电缆的间距应符合表 18.3-2 的规定。

电子信息系统线缆与电力电缆的净距　　　　　　　　　　　　表 18.3-2

类别	与电子信息系统信号线缆接近状况	最小净距(mm)
380V 电力电缆容量小于 2kVA	与信号线缆平行敷设	130
	有一方在接地的金属线槽或钢管中	70
	双方都在接地的金属线槽或钢管中	10
380V 电力电缆容量 2~5kVA	与信号线缆平行敷设	300
	有一方在接地的金属线槽或钢管中	150
	双方都在接地的金属线槽或钢管中	80
380V 电力电缆容量大于 5kVA	与信号线缆平行敷设	600
	有一方在接地的金属线槽或钢管中	300
	双方都在接地的金属线槽或钢管中	150

注：1　当 380V 电力电缆的容量小于 2kVA，双方都在接地的线槽中，即两个不同线槽或在同一线槽中用金属板隔开，且平行长度小于等于 10m 时，最小间距可以是 10mm。

　　2　电话线缆中存在振铃电流时，不宜与计算机网络在同一根双绞线电缆中。

10　电子信息系统线缆与配电箱、变配电室、电梯机房、空调机房之间最小的净距宜符合表 18.3-3 的规定。

电子信息系统线缆与电气设备之间的净距　　　　　　　表 18.3-3

名称	配电箱	变配电室	电梯机房	空调机房
最小净距(mm)	1	2	2	2

11　在使用少量电子设备的住宅和小型商业建筑内，可以利用保护接地导体 PE 构成的星形网络来实现电子设备的等电位联结。电子信息机房等电位联结做法可以参见图集《等电位联结安装》15D502"电子信息机房等电位联结示意图"。

18.4　电力设备接地及保护等电位联结

18.4.1　高压供配电系统、装置或设备的下列部分（给定点）应接地：

1　有效接地系统中部分变压器、谐振接地、低电阻接地以及高电阻接地系统的中性点所接设备的接地端子。

2　高压并联电抗器中性点接地电抗器的接地端子。

3　电机、变压器和高压电器等的金属底座和外壳。

4　发电机中性点柜的外壳、发电机出线柜、封闭母线的外壳和变压器、开关柜等（配套）的金属母线槽等。

5　配电、控制和保护用的屏（柜、箱）等的金属框架。

6　箱式变电站和环网柜的金属箱体等。

7　变电站电缆沟和电缆隧道内，以及地上各种电缆金属支架等。

8　电力电缆接线盒、终端盒的外壳，电力电缆的金属护套或屏蔽层，穿线的钢管和电缆桥架等。

9　高压电气装置传动装置。

10　附属于高压电气装置的互感器的二次绕组和铠装控制电缆的外皮。

18.4.2　附属于高压电气装置的二次设备等的下列金属部分可不接地：

1　在木质、沥青等不良导电地面的干燥房间内，交流标称电压 380V 及以下、直流标称电压 220V 及以下的电气装置外壳，但当维护人员可能同时触及电气装置外壳和接地物件时除外。

2　安装在配电屏、控制屏和配电装置上的电测量仪表、继电器和其他低压电器等的外壳，以及当发生绝缘损坏时在支持物上不会引起危险电压的绝缘子金属底座等。

3　安装在已接地的金属架构上，且保证电气接触良好的设备。

4　标称电压 220V 及以下的蓄电池室内的支架。

18.4.3　低压固定式电气设备接地：

1　有下列情况之一者，必须接地：

1）采用封闭金属外皮的电线、电缆，金属桥架布线或钢管布线的；

2）在未隔离或防护的潮湿环境中；

3）在易爆炸及易燃环境内；

4）运行时任一端电压在 150V 以上者。

2　对于固定设备的控制器，不论电压高低（24V 及以下除外），均应将其外露导电部分（或金属外壳）接地。

3 根据低压电源工作接地制式的要求采取不同的接地方式。如 TN 系统，低压设备外壳接地通过 PE（或 PEN）接至低压电源的中性点；TT 系统，低压设备外壳通过接地端子直接接地。

4 其他需要采取接地措施的装置包括：配电设备的钢架、配电设备的底座、电机的金属底板、启动控制设备等。

18.4.4 手携式及移动式设备接地：

1 手持式电气设备应采用专用保护接地芯导体，且该芯导体严禁用来通过工作电流。

2 手持式电气设备的插座上应备有专用的接地插孔。金属外壳的插座的接地插孔和金属外壳应有可靠的电气连接。

3 移动式电力设备接地应符合下列规定：

1）由固定式电源或移动式发电机以 TN 系统供电时，移动式用电设备的外露可导电部分应与电源的接地系统有可靠的电气连接。在中性点不接地的 IT 系统中，可在移动式用电设备附近设接地网。

2）移动式用电设备的接地应符合固定式电气设备的接地要求。

3）移动式用电设备在下列情况可不接地：①移动式用电设备的自用发电设备直接放在机械的同一金属支架上，且不供其他设备用电时；②不超过两台用电设备由专用的移动发电机供电，用电设备距移动式发电机不超过 50m，且发电机和用电设备的外露可导电部分之间有可靠的电气连接时。

18.4.5 保护等电位联结：

1 建筑物内的保护接地导体和功能接地导体应连接到总接地端子，与建筑物的保护接地、功能接地和雷电防护的接地极应相互连接。

2 保护等电位联结又分为总等电位联结、辅助等电位联结。等电位联结可以更有效地降低接触电压值，还可以防止由建筑外传入的故障电压对人身造成危害，提高电气安全水平。

3 保护等电位联结作用于全建筑物，在一定程度上可降低建筑物内间接接触电击的接触电压和不同金属部件间的电位差，并消除自建筑物外经电气线路和各种金属管道引入的危险故障电压的危害。如果一个建筑物有多个电源进线，则每个电源进线处都要设总等电位联结母排，并将各个总等电位系统之间互相连通。

4 从建筑外进入的供应设施管道可导电部分，宜在靠近入户处进行等电位联结。建筑物内的接地导体、总接地端子和下列可导电部分联结：

1）进、出建筑物的各类设备管道（包括：给水管、下水管、污水管、供暖水管等）及金属件；

2）在正常使用时可触及的电气装置外可导电部分；

3）便于利用的钢筋混凝土结构中的钢筋；

4）电梯导轨。

5 基础底板内钢筋应保证电气贯通，并与结构柱子主筋连为一体。各种配电箱（柜）外壳、配电钢管、上下水管、热水管、煤气管及各种金属管道均须连成一体。外墙内、外竖直敷设的金属管道及金属物的顶端与底端与防雷装置等电位连接。支撑太阳能热水系统的钢结构支架应与建筑物接地系统可靠连接。电缆桥架全长不大于 30m 时，不应少于 2 处与保护导体可靠连接；全长大于 30m 时，每隔 20m～30m 应增加一个连接点，起始端和终点端均应可靠接地。

6　保护等电位具体做法参见图集《等电位联结安装》15D502 "等电位联结示意图"。

7　需要做辅助等电位联结的场所如：浴室、有洗浴设备的卫生间、游泳池、喷水池、1 类和 2 类医疗等场所，需要有更低接触电压要求的防电击措施；在局部区域，当自动切断供电时间不能满足防电击要求；具有防雷和电子信息系统抗干扰要求的场所。

8　保护总等电位的保护联结线截面积应符合设计要求，其最小值应符合下列规定：

1）铜保护联结线截面积不应小于 $6mm^2$。

2）铜覆钢保护联结线截面积不应小于 $25mm^2$。

3）铝保护联结线截面积不应小于 $16mm^2$。

4）钢保护联结线截面积不应小于 $50mm^2$。

9　辅助等电位联结应符合下列规定：

1）连接两个外露可导电部分的保护联结导体，其电导不应小于接到外露可导电部分的较小的保护接地导体的电导。

2）连接外露可导电部分和装置外可导电部分的保护联结导体，其电导不应小于相应保护接地导体一半截面积所具有的电导。

3）作辅助连接用单独敷设的保护联结导体最小截面应满足：有机械保护时，铜电位联结线截面积不应小于 $2.5mm^2$，铝电位联结线截面积不应小于 $16mm^2$；无机械保护时，铜电位联结线截面积不应小于 $4mm^2$，铝电位联结线截面积不应小于 $16mm^2$。

10　玻璃幕墙的接地通过将幕墙内的金属架构与建筑防雷接地系统连接为一体来实现。如果幕墙的预埋件与主体结构同时施工，可以将最上端、最下端及每隔 3 层处的幕墙预埋件与柱子及圈梁内主筋焊接，为节约成本，水平方向可以每隔 6m～9m 选择一处预埋件进行焊接。如果主体结构先施工，可以按上述位置预留接地条件，以便幕墙施工时再做接地。幕墙安装时，应将幕墙内的铝合金横梁、垂直立柱互相跨接，作为等电位连接的一部分并构成金属屏蔽网格，通过上述接地预埋件和防雷接地系统成为一体。跨接线采用 $25mm^2$ 的铝线或铝板，金属构件或支撑构件的连接可通过螺栓连接、铆接、可靠压接或构件焊接。

18.5　医疗场所的安全防护

18.5.1　医院中的电气设备经常与人体接触，甚至还有直接与心脏接触的，特别容易招致人身事故，必须妥善做好接地和等电位联结工作。医院接地特点及做法：

1　保护接地与功能接地共用接地装置。

2　低压配电严禁采用 TN-C 系统。

3　设置保护总等电位联结，1 类、2 类场所设辅助等电位联结。

4　公共区域设置接地干线，每个医疗室设置接地端子箱，接地端子箱直接与接地干线联结，接地端子箱与医疗设备之间采用接地分支线联结，大型医疗设备直接设接地端子箱并与接地干线联结。

18.5.2 用于1类、2类场所的辅助等电位联结做法参见图集《等电位联结安装》15D502 "典型医疗场所局部等电位联结示例"。

18.5.3 在用于维持生命或进行心脏手术以及不能断电的外科手术环境中的医疗设备,应采用IT系统供电。如在手术室内安装一台变比1:1的隔离变压器,其二次回路导体不接地,医疗电气设备外壳则经变压器一次侧的同一个PE接地,并采取辅助等电位联结。当发生一个接地故障时,故障电流极小,可以保证供电不间断。每个IT系统需要配置绝缘检测器,监测IT系统的绝缘情况。

18.6 特殊场所的安全防护

18.6.1 浴室、游泳池和喷水池及其周围,由于人身电阻降低和身体接触地电位而增加电击危险,除采取总等电位联结外,尚应进行辅助等电位联结。

18.6.2 浴室辅助等电位联结做法参见图集《等电位联结安装》15D502 "浴室局部等电位联结示例"。

18.6.3 游泳池、戏水池辅助等电位联结做法参见图集《等电位联结安装》15D502 "游泳池、戏水池局部等电位联结示例"。

18.6.4 喷水池辅助等电位联结做法参见图集《等电位联结安装》15D502 "喷水池局部等电位联结示例"。

18.6.5 户外照明装置包括小区或庭院内的照明、户外活动场所、停车场、广告牌、路标等的照明装置。由于这些场所不具备等电位联结条件,应采用TT系统供电。以户外照明为例,采用TT系统供电做法要点:

1 配电回路应采用RCD保护。

1) 接地电阻要求满足:

$$R_A I_{\Delta n} \leqslant 50V \tag{18.6-1}$$

式中 R_A——外露可导电部分的接地极和保护接地导体的电阻之和;

$I_{\Delta n}$——RCD的额定剩余动作电流。

2) $I_{\Delta n}$ 的确定:一般要求大于正常泄漏电流 I_L 的2倍,小于规定时间切断电源的预期剩余故障电流值 I_d 的1/5。

$$2I_L < I_{\Delta n} \leqslant I_d/5 \tag{18.6-2}$$

3) R_A 的确定:

TT系统的故障电流 $I_d = \dfrac{U_0}{R_A + R_B}$ (18.6-3)

式中 R_B——变压器中性点工作接地电阻值

$$R_A \leqslant U_0/5I_{\Delta n} - R_B \tag{18.6-4}$$

常用 $I_{\Delta n}$ 及 R_A 值选取参见表18.6-1。

4) 一般情况下,室外照明末端配电, $I_{\Delta n}$ 可以取100mA, R_A 取50Ω,能满足故障电流切断时间小于0.2s。

常用 $I_{\Delta n}$ 值及 R_A 值选用参考表 表 18.6-1

$I_{\Delta n}$(mA)	R_A 最大允许值(Ω)	推荐 R_A 最大值(Ω)	通常采用的 R_A 值(Ω)
30	1465	1000	100
100	439	400	50
200	219	150	30～50
300	145	100	30～50
500	87	70	30
1000	43	30	30
2000	21	10	10
3000	13.6	6	4

注：此处 U_0 取 220V，R_B 取 1Ω。

2 灯具利用钢筋混凝土基础内的钢筋作为接地极，也可另设接地极，当同一回路的多个灯具相距较近时，每个灯具的外露导电部分可接至共用的接地极；如果灯具之间相距较远，每个灯具的外露导电部分可连接至各自的接地极。

18.7 屏蔽接地、防静电接地

18.7.1 屏蔽接地可分为静电屏蔽体接地、电磁屏蔽体接地、磁屏蔽体接地三种系统，三种系统的接地电阻值不宜大于 4Ω。屏蔽室的接地应在电源进线处采用一点接地。

18.7.2 屏蔽室按其作用可分为防电场屏蔽室、防磁场屏蔽室和防电磁场屏蔽室三种。屏蔽室一般由专业厂家成套供应，由屏蔽壳体、屏蔽门、电源滤波器、信号滤波器、通风波导管和截止波导管等组成，是一个全封闭的六面体。做法可参见图集《民用建筑电气设计与施工 防雷与接地》08D800-8"屏蔽室接地示例"。

18.7.3 设有电子信息系统设备的建筑物应采取以下屏蔽措施：

1 将建筑物外部进行全屏蔽，应利用钢筋混凝土结构及钢结构建筑物的金属体，如顶棚、墙和地板中的钢筋、金属框架、金属屋顶、金属饰面等构成格栅状的空间屏蔽网。

2 电子信息系统设备主机房应设置在雷电防护区的高级别区域内，宜选择在建筑物低层中心部位，其设备应远离外墙结构柱。

3 金属管敷线是最基本的屏蔽措施，因此在需要屏蔽的建筑物内应全部采用金属管布线；金属封闭线槽或钢筋混凝土管道（钢筋网格宜在 300mm×300mm 以内），其两端须与等电位联结系统可靠连接。

4 当低压架空线路转换金属铠装电缆或护套电缆穿管直接埋地引入时，其埋入地中长度不小于 15m；入户端电缆的金属外皮、钢管应与防雷接地装置相连；在电缆与架空线连接处尚应加装接闪器。

5 在分开的建筑物之间布置的屏蔽电缆的屏蔽层应与各个建筑物的等电位联结带做等电位联结；非屏蔽电缆应敷设在金属管道、金属格栅或钢筋呈格栅形的混凝土管道内，这些金属管道应首尾电气贯通并应与各个建筑物的等电位联结带作等电位联结。

6 在需要保护的空间内，屏蔽电缆的屏蔽层应至少在两端作等电位联结。

7 建筑物外墙上的所有金属门窗框架都应与等电位联结在一起，并与防雷装置相连；金属门窗宜配做金属纱网，加工订货时，应在门窗上预留连接点以备连接。

8 玻璃幕墙内的金属构架，是等电位和屏蔽的一部分，应和防雷系统连接成一体；金属构架应构成金属屏蔽网格，其预埋件应在最上端、最下端及每隔 20m 处与柱子或圈梁内钢筋焊接，铝合金垂直立柱之间应相互跨接并应在最上端、最下端与铝合金横梁做跨接，跨接线采用截面积 $\geqslant 25\text{mm}^2$ 的铝线或铝板；金属构件和支撑构件的连接，可通过螺栓连接、铆接、可靠压接或构件焊接。

9 在建筑物的外墙屏蔽（LPZ1 区的屏蔽）内安装的信息设备应在安全空间 V_s 内，并距离屏蔽层符合安全距离的要求。

1）在考虑空间屏蔽附近遭受雷击的情况下，即 $SF \geqslant 10$ 时，安全距离 $d_{S/1}$ 应符合下式要求：

$$d_{S/1} = W \cdot SF/10 (\text{m}) \tag{18.7-1}$$

式中 W——LPZ1 格栅形屏蔽的格栅宽度，m。

$\qquad SF$——屏蔽系数，按照《建筑物防雷设计规范》GB 50057—2010 第 6.3.2 条进行计算。

2）在考虑空间屏蔽遭受雷击的情况下，即 $SF < 10$ 时，安全距离 $d_{S/2}$ 应符合下式要求：

$$d_{S/2} = W (\text{m}) \tag{18.7-2}$$

安全距离如图 18.7-1 所示。

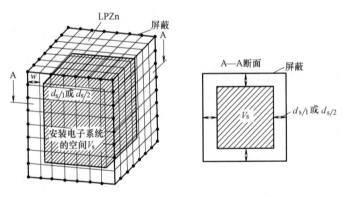

图 18.7-1　安全距离示意

18.7.4 防静电接地应满足以下要求：

1 各种可燃气体、易燃液体的金属工艺设备、容器和管道均应接地。

2 移动时可能产生静电危害的器具应接地。

3 防静电接地的接地线应采用绝缘铜芯导线，对移动设备应采用绝缘铜芯软导线，导线截面积应按机械强度选择，最小截面积为 6mm^2。

4 固定设备防静电接地的接地线连接应采用焊接，对于移动设备防静电接地的接地线应与接地体可靠连接，并应防止松动或断线。

5 防静电接地宜选择共用接地方式，当选择单独接地方式时，接地电阻不宜大于 10Ω，并应与防雷接地装置保持 20m 以上间距。

18.7.5 在工程设计中，凡经过有爆炸危险和变电、配电场所的管网系统，应做防静电接地。具体做法可参考《接地装置安装》14D504"风管防静电接地安装"。

18.8　变电所接地

18.8.1　供配电系统的接地包括 10kV 电源工作接地 $R_{B'}$、10kV 配电装置保护接地 R_E、变压器中性点接地（或低压电源工作接地）R_B、低压电气装置保护接地 R_A，如图 18.8-1 所示。在 10kV/0.4kV 变电所内部应采用保护电位联结，10kV 配电装置的保护接地与变压器外壳、低压配电装置、建筑物基础钢筋、进户钢管及人工接地极等共同构成保护接地。

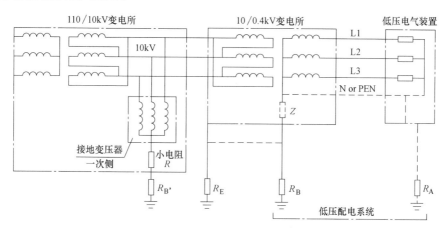

图 18.8-1　10/0.4kV 供配电系统接地示意图

注：1　10kV 侧有不接地、消弧线圈接地及小电阻接地等方式，本图表示小电阻接地。

　　2　图中变电所内 R_E 和 R_B 可以连接或分隔，低压电气装置保护接地可以单设 R_A 或共用 R_B 等多种组合（对于 TN-C-S 或 TN-S 系统，没有 R_A）。

18.8.2　10kV 电源工作接地可以分为小电阻接地、不接地系统或消弧线圈接地，具体详见本技术措施第 9 章。

18.8.3　在确定变电所接地装置的接地电阻值时，主要考虑变电所高压侧发生接地故障时，对低压系统产生的工频故障电压 U_f 和工频应力电压（U_1 和 U_2）的影响，这种影响与高压系统中性点对地情况，以及低压系统接地形式有关，也与变电所内高压系统保护接地和低压系统接地相互连接或分隔有关。在小电阻接地系统中，各地供电部门采用的高压系统接地故障电流值及切断电源的时间也不一样，所以设计阶段应严格按照供电部门的要求设计。当高压侧为不接地系统时，变电所工作接地和保护接地共用且接地电阻 $R_E \leqslant U_f / I_E$（在设计初期，如果未取得电力系统相关数据，按 4Ω 设计）；当高压侧为小电阻接地系统时，变电所工作接地和保护接地共用接地系统，北京市供电局要求接地电阻≤0.5Ω，其他地区一般按接地电阻≤1Ω。

18.8.4　变电所接地做法应以当地供电部门的要求为准，如果没有特殊要求，入楼变电所、独立变电所及室外箱变推荐采用共用接地的方式。

18.8.5　变电所高压侧不接地系统参见表 18.8-1 的要求。

变电所接地设计总结（一） 表 18.8-1

变电所类型	接地电阻	供电对象	应力电压及工频故障电压	危害性分析	备注或改善措施
独立变电所 箱式变电站 入楼变电所	R_E 与 R_B 共用接地电阻≤4Ω*	低压 TN 用户	$U_1=U_0$	无	
			$U_2=U_0$	无	
			$U_f=R_E \times I_E$	无	$U_f \leqslant 50V$ 可用于无等电位联结场所
		低压 TT 用户	$U_1=U_0$	无	
			$U_2=R_E \times I_E+U_0$	无	$U_2 \leqslant 250V+U_0$
			$U_f=0$	无	

* 表示接地电阻 $R_E \leqslant U_f/I_E$（在设计初期，如果未取得电力系统相关数据，按 4Ω 设计），下表同。

18.8.6 变电所高压侧小电阻接地系统参见表 18.8-2 的要求。

变电所接地设计总结（二） 表 18.8-2

变电所类型	接地电阻	供电对象	应力电压及工频故障电压	危害性分析	备注或改善措施
独立变电所 箱式变电站	R_E 与 R_B 共用接地电阻≤1Ω（注，北京供电局要求 0.5Ω）	低压 TN 用户	$U_1=U_0$	无	
			$U_2=U_0$	无	
			$U_f=0$	无	应有等电位联结
		低压 TT 用户	$U_1=U_0$	无	
			$U_2=R_E \times I_E+U_0$	无	满足 $R_E \times I_E \leqslant 1200V$
			$U_f=0$	无	
	R_E 与 R_B 分别设置接地电阻 ≤4Ω*	所内 低压 TN 用户	$U_1=U_0$	无	
			$U_2=U_0$	无	设所用变压器
			$U_f=0$	无	
		所外 低压 TN 用户	$U_1=R_E \times I_E+U_0$	无	满足变压器低压绕组绝缘水平
			$U_2=U_0$	无	
			$U_f=0$	无	
		所外 低压 TT 用户	$U_1=R_E \times I_E+U_0$	无	满足变压器低压绕组绝缘水平
			$U_2=U_0$	无	
			$U_f=0$	无	
入楼变电所	R_E 与 R_B 共用接地电阻≤1Ω（注,北京供电局要求 0.5Ω）	楼内 低压 TN 用户	$U_1=U_0$	无	
			$U_2=U_0$	无	
			$U_f=0$	无	有等电位联结
		楼外 低压 TN 用户	$U_1=U_0$	无	
			$U_2=U_0$	无	
			$U_f=0$	无	要求有等电位联结
		楼外 低压 TT 用户	$U_1=U_0$	无	
			$U_2=R_E \times I_E+U_0$	无	满足 $R_E \times I_E \leqslant 1200V$
			$U_f=0$	无	

18.8.7 低压配电系统接地方式分为 TN（TN-S、TN-C、TN-C-S），TT 和 IT 几种。

1 TN 系统电源的中性点直接接地，低压电气装置的外露导电部分通过与电源中性点连接而接地。TN 系统按中性线和 PE 线的不同组合又分为 TN-S，TN-C，TN-C-S 三种类型。建筑物内部应采用 TN-S 系统，将 N 与 PE 全部分开，如图 18.8-2 所示。

图 18.8-2 左图表示从变压器开始采用 TN-S 系统给低压配电装置供电的接线示意图。

图 18.8-2 右图表示从总配电柜开始采用 TN-S 系统，变压器中性点引出的一段是 PEN，这段 PEN 及低压柜内的 N（PEN）均需要与柜体绝缘。

实物变压器低压侧端子名称从左到右为 o、a、b、c，接线示意图中为表达方便，均

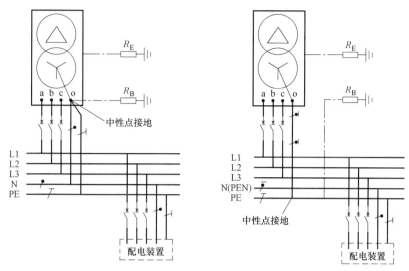

图 18.8-2 TN-S 系统接线示意图

按 a，b，c，o 表示。

单台变压器由变压器开始的 TN-S 系统接地平面图见图 18.8-3，单台变压器由总配电柜开始的 TN-S 系统接地平面图见图 18.8-4，变电所内保护接地 R_E 和低压电源工作接地 R_B 共用接地，采用总等电位联结。在变电所内四周设置的接地干线截面可以按照等电位联结的要求选取 25×4 截面，一般建议采用 40×4 的热镀锌扁钢（此处中性点只在一处做接地，故接地干线截面不用考虑承受接地故障电流）。低压母线槽及低压柜中的 PE、PEN 未表示。

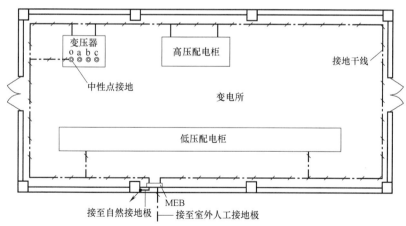

图 18.8-3 从变压器开始的 TN-S 接地平面图示意

2 图 18.8-5 是 TN-C 系统。在全系统中，N 和 PE 始终是合用一根导体，即系统中 PEN 导体兼有 PE 和 N 的功能，该 PEN 导体也可多处增设接地。这种接地形式由于配电装置外壳存在危险电压，在设计中已经很少采用，防干扰及安全性要求高的场合则严禁采用。

3 图 18.8-6 是 TN-C-S 系统，系统中的一部分 N 与 PE 是合并在一根导体中。整个系统中的 PEN 或 PE 线可以多次接地。本系统可引出 TN-S 和 TN-C-S 系统馈出回路，但

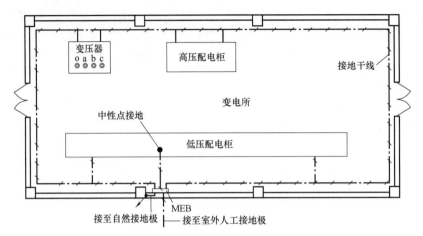

图 18.8-4 从总配电柜开始的 TN-S 接地平面图示意

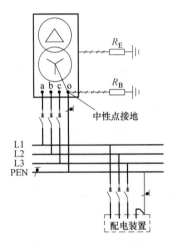

图 18.8-5 TN-C 系统

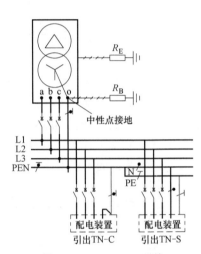

图 18.8-6 TN-C-S 系统

馈出本建筑的只能是 TN-S。馈出本建筑外的回路可以是 TN-C,在进入该建筑物后,将 PEN 分为 N 和 PE 母排并做等电位联结,建筑物内部采用 TN-S 系统,这样建筑内部配电可以采用 RCD 保护。

4 图 18.8-7 是 TT 系统。低压电源的中性点 R_B 直接接地,低压配电装置外露导电部分的保护接地 R_A 也是直接接地,但二者分开设置,在电气上是互不影响的。

由于建筑物内部采用保护等电位联结,要保证 R_B 与 R_A 相互独立,变电所与配电装置一般位于不同场所。在设计中最常见的 TT 方式配电,是从建筑物内给室外无等电位联结场所的电气装置配电,如距离建筑物 20m 以外的路灯等。

5 图 18.8-8 是 IT 接地系统。IT 系统的电源是不接地或经高阻抗接地的,其外露导电部分则是直接接地的,其接

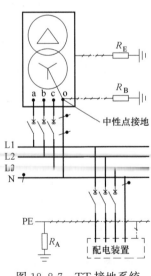

图 18.8-7 TT 接地系统

地分为两种情况，一种是 PE 导体相连后集中接地，见图 18.8-8（a）；一种是 PE 导体各自分组接地或单独接地，见图 18.8-8（b）。为安全起见，IT 系统一般不配出 N 线。从变压器开始就采用 IT 系统接线在我国应用较少，实际工程中主要用于对电源连续性要求较高的局部场所，如用于手术室等局部场所，其前端电源仍然引自大楼的 TN 或 TT 系统。

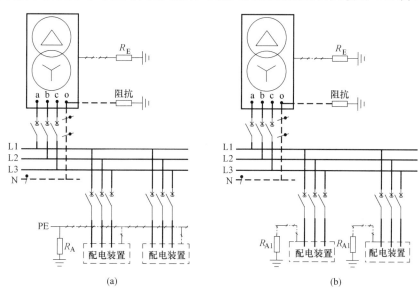

图 18.8-8 IT 接地系统

（a）集中采用 PE 的 IT 接地系统；（b）分组或独立接地的 IT 接地系统

6 变电所引出接地系统示例如图 18.8-9 所示，要求如下：

1）变电所内采用总等电位联结，中性点接地 R_B 与保护接地 R_E 共用接地系统。

2）变电所配出的低压回路可以采用 TN-C、TN-S 及 TT 系统。

3）建筑内部均要求总等电位联结，采用 TN-S 系统。室外无等电位联结场所建议采用 TT 系统。

4）本建筑外的建筑物由独立变电所馈出，可采用 TN-C 系统供电时，在电源进入处需改为 TN-S 系统，并做总等电位联结及重复接地。

7 各种接地系统的特点比较参见表 18.8-3。

接地系统特点比较   表 18.8-3

接地系统	TN-C	TN-S	TN-C-S	TT	IT
接地故障回路阻抗	低	低	低	高	最高（第一次接地）
RCD 适用	不适用	可选	可选	适用	适用（第二次接地）
设备就地设接地极	没有	没有	可选	适用	适用
PE 导体成本	最少（PEN 兼用）	最高	高	低	低
断中性线危害	最高	高	高	高	不建议设中性线
EMC	差	好	中	好	好
安全风险	断中性保护线	断中性线	断中性线	绝缘击穿	二次故障过电压

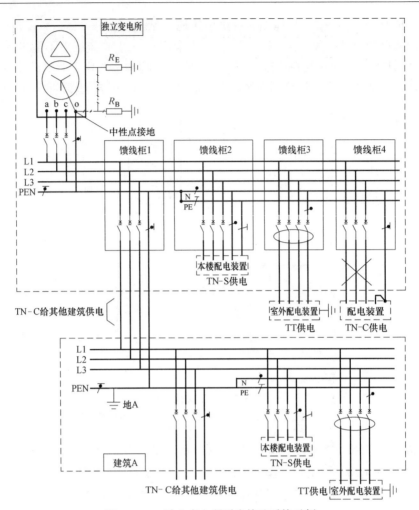

图 18.8-9　独立变电所引出接地系统示例

18.8.8　楼内两台变压器互为备用的变电所接地做法见图 18.8-10，进线及母联采用 3P

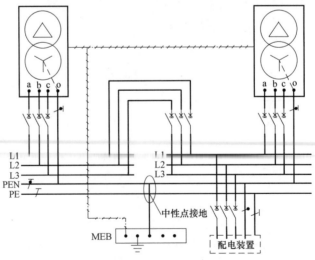

图 18.8-10　变电所"一点接地"接线示意图

开关，两台变压器中性点在低压柜内一点接地，接线满足 EMC 要求。

1　将两台变压器低压侧电源中性点之间直接相连的 N 母排采用一点与 PE 母排连接，作为两台变压器的功能性接地。此时，两台变压器中性点连接的 N 母排在低压配电装置发生接地故障时流过接地故障电流，故此处的 N 母排兼 PE 的功能，类似于 PEN，但是与 PEN 区别的是该导体应该是绝缘的，且只能有一点接地，不能将其与用电设备连接。

2　该变电所给楼内供电均采用 TN-S 系统，给室外无等电位联结场所的电气装置供电采用 TT 系统，给其他有等电位联结场所的建筑物供电推荐采用 TN-C-S。

3　上述系统的变电所接地平面见图 18.8-11，图中中性点接地线规格参考变电所内接地干线选型。低压配电系统图中接地做法示意见图 18.8-12，变压器低压侧馈出母线选用 4 芯母线槽，母联开关可选用 5 芯母线槽，但要注意 PE 母排如何引致柜下部的 PE 排。图 18.8-13 可以附在低压配电系统图中。

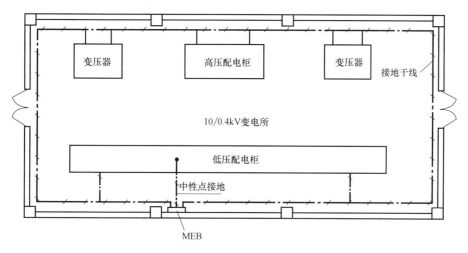

图 18.8-11　接地平面示意图

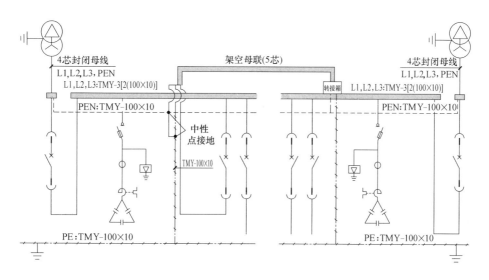

图 18.8-12　低压配电系统图中接地做法示意

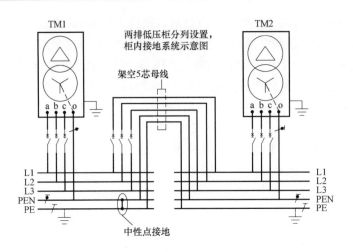

图 18.8-13   系统图接地附图

18.8.9   变压器与柴油发电机组成的低压配电系统接地做法：

1   变压器与柴油发电机位于同一建筑内，共用接地装置，柴油发电机组、变电所电气装置及建筑物钢筋等采用总等电位联结。

1）变压器与柴油发电机中性点之间的 PEN 母排全程绝缘，在配电柜内与 PE 母排采用一点接地，接线做法如图 18.8-14 所示。要求柴油发电机引至低压配电柜的电缆采用 4 芯；柴发与市电之间的转换开关采用一点接地后，第四极是 PEN 而非 N，既不能断开，也不能插入开关，故转换开关应采用 3P。

2）两台变压器采用"一点接地"，柴油发电机采用直接接地，要求市电与柴油发电机的转换开关应采用 4P，系统满足电磁兼容，此时变压器引出的 4 芯母线为 L1，L2，L3，PEN；柴油发电机引出的 5 芯母线为 L1，L2，L3，N，PE。

3）一个建筑内，柴油发电机给多个变电所供电，变电所均采用一点接地，柴油发

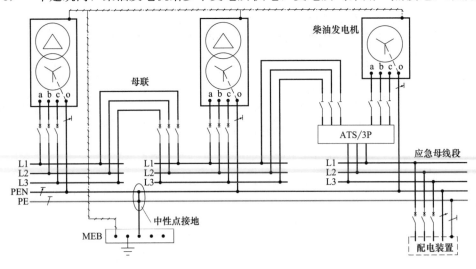

图 18.8-14   变压器与柴油发电机位于同一建筑内接地示意图

机直接接地，要求柴油发电机与各变电所市电转换开关采用 4P，柴油发电机引出的 5 芯母线为 L1，L2，L3，N，PE，系统具有电磁兼容。

2 变压器与柴油发电机位于不同建筑内（不同接地系统），相距 20m 以上，接线示意如图 18.8-15 所示，要求如下：

1）柴油发电机组的中性点直接接地。

2）柴油发电机房引至变电所低压配电柜的电缆采用 4 芯。

3）柴油发电机与市电之间的转换开关采用 4P。

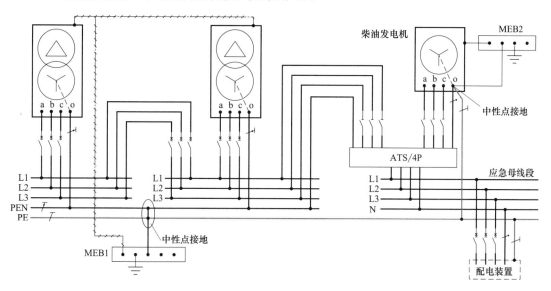

图 18.8-15 变压器与柴发位于不同建筑内接地系统示意图

18.8.10 室外箱式变压器接地做法：

1 本示例箱式变压器的保护接地 R_E 与变压器中性点接地 R_B 采用共用接地系统。接地网环绕箱变布置，接地极与接地带连接处焊接，并作防腐处理。设备外皮及变压器中性点可靠接地。接地极顶端与接地带埋深距地面不少于 0.6m。接地极采用 $\angle$ 50mm×50mm×5mm×2500mm 热镀锌角钢，接地带采用 $-$50mm×5mm 热镀锌扁钢。

2 如 10kV 为不接地系统，要求接地装置的接地电阻应≤4Ω，对于土壤电阻率高的地区，如电阻实测值不满足要求，应增加垂直接地极及水平接地体的长度，直到符合要求为止。

3 如 10kV 为低电阻接地系统，一般要求接地电阻≤1Ω，北京地区要求接地电阻≤0.5Ω。当接地电阻无法满足要求或降低接地电阻成本过高时，可将变压器的中性点接地与保护接地分设开设置，在保护接地网 20m 以外另设变压器的工作接地网。分开设置的两个接地系统电阻值均≤4Ω 即可。

4 图 18.8-16 是箱式变压器室外接地平面图，图 18.8-17 是箱式变压器低压系统图示意。

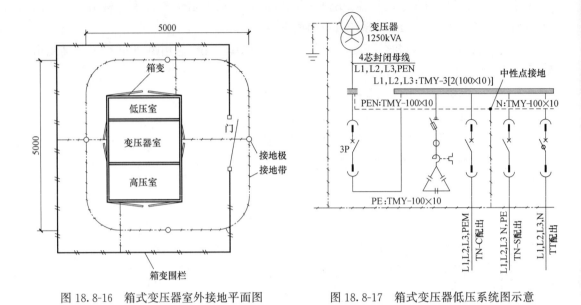

图 18.8-16　箱式变压器室外接地平面图　　　　图 18.8-17　箱式变压器低压系统图示意

18.9　低压配电系统的电击防护

18.9.1　低压配电系统的电击防护应包括基本保护、故障保护和特殊情况下采用的附加保护。电击防护应采取基本防护和故障防护组合或基本防护和故障防护兼有的保护措施。

18.9.2　基本保护可采用下列方式：

1　将带电体进行绝缘。

2　采用遮拦和外护物的防护。

3　采用阻挡物进行防护。

4　使设备位于伸臂范围以外的防护。

5　采用安全特低电压（SELV）系统供电。

6　采用剩余电流动作保护器作为附加保护。

18.9.3　故障保护可采用下列方式：

1　采用自动切断电源的保护（包括剩余电流动作保护）。

2　将电气设备安装在非导电场所内。

3　使用双重绝缘或加强绝缘的保护。

4　采用等电位联结的保护。

5　采用电气隔离。

6　采用安全特低电压（SELV）系统供电。

18.9.4　采用隔离变压器供电：

1　隔离变压器是加强绝缘的双绕组变压器，其二次回路与一次绕组回路导体之间没有任何电的联系，隔离了危险的高电压，它的主要作用是防电击而不是保证供电的不间断，主要用于游泳池、喷水池、手术室等场所。图 18.9-1 是隔离变压器供电示意图。

图 18.9-1　隔离变压器系统示意图

2　隔离变压器金属外壳与一次回路的 PE 线做保护接地，所供电气设备的金属外壳不允许接 PE 线，可以阻断沿 PE 线传导来的故障电压。

3　本回路接地故障时，接地故障电流没有返回电源的通路，所以故障电流较小，不足以引起电击事故。

4　宜采用 1 台隔离变压器供 1 台设备。如供多台设备，这些多台设备金属外壳之间应采用绝缘导线做不接地的等电位联结。

18.9.5　采用安全特低电压（SELV）供电：

1　除非特殊要求，安全特低电压照明装置应采用 SELV 而不应采用 PELV，即特低电压回路的带电导体和外露导电部分不应接地。

2　在民用建筑设计中，要求采用安全特低电压的场所包括：电梯井道照明、电缆夹层照明、组合式空调机组内部照明等。由于照明设备功率较小，特低电压照明宜采用 24V，以取得较好的防电击效果。

3　图 18.9-2 是安全电压照明变压器系统图，其特点如下：

1）变压器金属外壳与一次回路的 PE 线做保护接地，24V 供电系统及电气装置不应接地。

2）变压器一次侧防护电器的额定电流值取变压器的额定电流的 1.5 倍～2 倍，以避开变压器通电时铁芯的励磁电流及涌流。

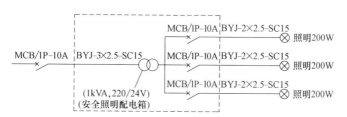

图 18.9-2　照明变压器系统示意图

18.9.6　采用辅助等电位联结：

1　下列情况需作辅助等电位联结：

1）当电源网络阻抗过大，发生接地故障时，不能在规定时间内自动切断电源，不能满足防电击要求时；

2）由 TN 系统同一配电箱供电给固定式和手持式、移动式两种电气设备，而固定设备保护电器切断电源时间不能满足手持式、移动式设备防电击要求时。

2　在距离变电所较远的规模较大的设备机房，除了利用本室配电箱的 PE 线实现所有设备的等电位联结外，还宜设置辅助等电位箱，对房间内所有导电装置作辅助等电位联结。

19 防雷平面图

19.1 一般规定

19.1.1 设计深度要求：

1 绘制建筑物顶层防雷平面，应有主要轴线号、尺寸、标高、标注接闪杆、接闪器、引下线位置。注明材料型号规格、所涉及的标准图编号、页次，图纸应注明比例。

2 当利用建筑物（或构筑物）钢筋混凝土内的钢筋作为防雷接闪器、引下线、接地装置时，应标注连接方式，注明所涉及的标准图编号、页次。

3 随图说明可包括：防雷类别和采取的防雷措施（包括防侧击雷、防雷击电磁脉冲、防高电位引入）；防雷引下线中的专设引下线或专用引线应标识清楚。

19.1.2 建筑物防雷设计应按现行国家标准《建筑物防雷设计规范》GB 50057 的要求，根据建筑物的重要性、使用性质和发生雷击的可能性及后果，确定建筑物的防雷分类。建筑物电子信息系统应按现行国家标准《建筑物电子信息系统防雷技术规范》GB 50343 的要求，确定雷电防护等级。

19.1.3 建筑物防雷设计，需要收集如下资料：年雷暴日、土壤电阻率、冻土层等地质、地貌、气象、环境条件，根据雷电流活动规律以及被保护物的特点等，因地制宜采取防雷措施，对所采用的防雷装置应做技术经济比较，使其符合建筑形式和其内部存放设备和物资的性质，做到安全可靠、技术先进、经济合理以及施工维护方便。

19.1.4 在大量使用信息设备的建筑物内，防雷设计应充分考虑接闪功能、分流影响、等电位联结、屏蔽作用、合理布线、接地措施等重要因素。

19.1.5 建筑物防雷设计时应与建筑专业密切配合，使建筑物防雷与建筑的形式和艺术造型相协调，避免对建筑物外观形象的破坏，影响建筑物美观。

19.1.6 装有防雷装置的建筑物，在防雷装置与其他设施和建筑物内人员无法隔离的情况下，应采取等电位措施。

19.1.7 在防雷设计时，应根据建筑及结构形式，与有关专业配合，充分利用建筑物金属结构及钢筋混凝土结构中的钢筋等导体作为防雷装置。

19.2 防雷计算

19.2.1 建筑物年预计雷击次数按下式计算：

$$N = k \times N_g \times A_e \tag{19.2-1}$$

式中　N——建筑物年预计雷击次数，次/a；

　　　　k——校正系数，在一般情况下取 1；位于河边、湖边、山坡下或山地中土壤电阻率较小处、地下水露头处、土山顶部、山谷风口等处的建筑物，以及特别潮湿的建筑物，取1.5；金属屋面没有接地的砖木结构建筑物，取1.7；位于山顶上或旷野的孤立建筑物，取2；

N_g——建筑物所处地区雷击大地的年平均密度，次/(km²·a)；

A_e——与建筑物截收相同雷击次数的等效面积，km²。

19.2.2 雷击大地的年平均密度，首先应按当地气象台、站资料确定；若无此资料，可按下式计算：

$$N_g = 0.1 \times T_d^{1.3} \quad (19.2\text{-}2)$$

式中 T_d——年平均雷暴日，根据当地气象台、站资料确定，d/a。

19.2.3 与建筑物截收相同雷击次数的等效面积应为其实际平面积向外扩大后的面积。其计算方法应符合下列规定：

1 当建筑物的高度<100m时，其每边的扩大宽度和等效面积应按下列公式计算（见图19.2-1）；

$$D = \sqrt{H(200-H)} \quad (19.2\text{-}3)$$

$$A_e = [LW + 2(L+W)\sqrt{H(200-H)} + \pi H(200-H)] \times 10^{-6} \quad (19.2\text{-}4)$$

式中 D——建筑物每边的扩大宽度，m；

L、W、H——分别为建筑物的长、宽、高，m。

2 当建筑物的高度≥100m，建筑物每边的扩大宽度 D 应按等于建筑物的高度 H 计算。其等效面积可按下式计算：

$$A_e = [LW + 2H(L+W) + \pi H^2] \times 10^{-6} \quad (19.2\text{-}5)$$

式中 L、W、H——分别为建筑物的长、宽、高，m。

3 当建筑物各部位的高度不同时，应沿建筑物周边逐点算出最大扩大宽度，其等效面积应按每点最大扩大宽度外端的连接线所包围的面积计算。

19.2.4 滚球法确定接闪器的保护范围：单支接闪杆的保护范围应按下列方法确定（见图19.2-2）。

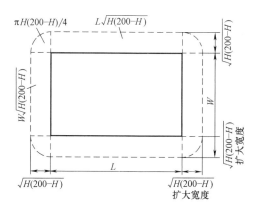

图 19.2-1 建筑物的等效面积

注：建筑物平面面积扩大后的等效面积如图中周边虚线所包围的面积。

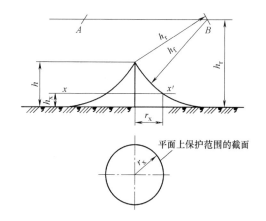

图 19.2-2 单支接闪杆的保护范围

1　当接闪杆高度 h 小于或等于 h_r 时：

1）距地面 h_r 处作一平行与地面的平行线。

2）以杆尖为圆心，h_r 为半径做弧线交于平行线的 A、B 两点。

3）以 A、B 为圆心，h 为半径作弧线，弧线与杆尖相交并与地面相切。弧线到地面为其保护范围。保护范围为一个对称的椎体。

4）接闪杆在 h_x 高度的 xx' 平面上和地面上的保护半径，应按下列公式计算：

$$r_x = \sqrt{h(2h_r - h)} - \sqrt{h_x(2h_r - h_x)} \tag{19.2-6}$$

$$r_0 = \sqrt{h(2h_r - h)} \tag{19.2-7}$$

式中　r_x——接闪杆在 h_x 高度的 xx' 平面上的保护半径，m；

　　　h_r——滚球半径，按表 19.4-3 的规定取值；

　　　h_x——被保护物的高度，m；

　　　r_0——接闪杆在地面上的保护半径，m。

2　当接闪杆高度 h 大于 h_r 时，在接闪杆上取高度等于 h_r 的一点代替单支接闪杆杆尖作为圆心。其余的做法符合本条第 1 款的规定，式（19.2-6）和式（19.2-7）中的 h 用 h_r 代入。

3　双支或多支接闪杆的保护范围可参照单支接闪杆计算。

19.3　建筑物的防雷分类与防雷措施

19.3.1　建筑物应根据建筑物的重要性、使用性质、发生雷电事故的可能性和后果，按防雷要求分三类。民用建筑中一般为第二类及第三类防雷建筑物。本技术措施只针对第二类及第三类防雷建筑物。

19.3.2　建筑物防雷类别划分见表 19.3-1。

建筑物防雷类别划分　　　　　　　　　　　　　　　表 19.3-1

第二类防雷建筑物	高度超过 100m 的建筑物
	国家级重点文物保护的建筑物
	国家级的会堂、办公建筑物、档案馆、大型博展建筑物；特大型、大型铁路旅客站；国际型的航空港、通信枢纽；国宾馆、大型旅游建筑物；国际港口客运站
	国家级计算中心、国家级通信枢纽等对国民经济有重要意义且装有大量电子设备的建筑物
	特级和甲级体育建筑
	预计年雷击次数大于 0.05 的部、省级办公建筑物和其他重要或人员密集的公共建筑物（人员密集场所：医院的门诊楼、病房楼、图书馆、食堂和集体宿舍、养老院、福利院、托儿所、幼儿园、学校、图书馆、展览馆、博物馆、体育馆、影剧院、商业、劳动密集型企业的生产加工车间及员工集体宿舍、旅游、宗教活动场所、以及公众聚集场所、公众娱乐场所等）
	预计雷击次数大于 0.25 次/a 的住宅、办公楼等一般性民用建筑物或一般性工业建筑物
	制造、使用或贮存火炸药及其制品的危险建筑物，且电火花不易引起爆炸或不致造成巨大破坏和人身伤亡者
	具有 1 区或 21 区爆炸危险场所的建筑物，且电火花不易引起爆炸或不致造成巨大破坏和人身伤亡者
	具有 2 区或 22 区爆炸危险场所的建筑物
	有爆炸危险的露天钢质封闭气罐

第三类防雷建筑物	省级重点文物保护的建筑物及省级档案馆
	省级大型计算中心和装有重要电子设备的建筑物
	100m 以下，高度超过 54m 的住宅建筑和高度超过 50m 的公共建筑物
	预计雷击次数大于或等于 0.01 且小于或等于 0.05 的部、省级办公建筑物和其他重要或人员密集的公共建筑物
	预计雷击次数大于或等于 0.05 且小于或等于 0.25 的住宅、办公楼等一般性民用建筑物或一般性工业建筑物
	建筑群中最高的建筑物或位于建筑群边缘高度超过 20m 的建筑物
	通过调查确认当地遭受过雷击灾害的类似建筑物；历史上雷害事故严重地区或雷害事故较多地区的较重要建筑物
	在平均雷暴日大于 15d/a 的地区，高度在 15m 及以上的烟囱、水塔等孤立的高耸建筑物；在平均雷暴日小于或等于 15d/a 的地区，高度在 20m 及以上的烟囱、水塔等孤立的高耸建筑物

19.3.3 第二、三类防雷建筑的防雷装置应设置防直击雷、侧击雷以及防闪电电涌侵入、防雷电反击的措施。

19.3.4 第二类防雷建筑物高度超过 45m 时，或第三类防雷建筑物高度超过 60m 时，应采取下列防侧击雷的措施：

1 利用钢柱或钢筋混凝土柱子内钢筋作为防雷引下线；结构圈梁中的钢筋应每 3 层连成闭合环路作为均压环，并应和防雷引下线相连。超过 250m 高度部分应每层连成闭合环路作为均压环。

2 将 45m（第二类防雷建筑物）或 60m（第三类防雷建筑物）及以上外墙上的栏杆、门窗等较大金属物直接或通过每层外墙距顶板 0.3m 处预埋件 100×100×5 镀锌扁钢与防雷装置相连，对水平突出外墙的物体，应按屋顶上的保护措施处理。

3 外墙内、外垂直敷设的金属管道及金属物的顶端和底端，应与防雷装置等电位连接。且 250m 及以上部分应每 50m 与防雷装置连接一次。

19.3.5 进出建筑物的线路防闪电电涌侵入的措施：

1 进出建筑物的各种线路及金属管道宜采用全线埋地引入，电缆埋地长度不应小于 15m。应将所有入户电缆的金属外皮、钢导管及金属管道与接地网连接。

2 在电缆与架空线连接处，应装设避雷器或电涌保护器，并应接地，其冲击接地电阻不应大于 10Ω。

3 低压电源应在电源引入处的总配电箱装设电涌保护器。

4 设在建筑物内、外的配电变压器，宜在高压侧装设避雷器、低压侧装设电涌保护器。

19.3.6 固定在建筑物上的节日彩灯、航空障碍信号灯及其他用电设备和线路应采取下列防电涌侵入的措施：

1 无金属外壳或保护网罩的用电设备应处在接闪器的保护范围内。

2 有金属外壳或保护网罩的用电设备应将金属外壳或保护网罩就近与屋顶防雷装置相连。

3 从配电箱引出的配电线路应穿钢管。钢管的一端应与配电箱和 PE 线相连，另一端应与用电设备外壳、保护罩相连，并应就近与屋顶防雷装置相连。当钢管因连接设备而中间断开时应设跨接线。

    4　在配电箱内应在开关的电源侧装设Ⅱ级试验的电涌保护器。

    5　屋顶彩灯上部的接闪带宜高出灯罩 150mm 以上或向外倾斜 100mm。

19.3.7　防雷电反击的措施。优先利用建筑物钢筋混凝土基础内的钢筋作为接地网，建筑物的防雷接地、电气设备的保护接地、设备的工作接地、弱电机房等的接地应共用接地体。

19.3.8　微波站、电视台、地面卫星站、广播发射台等通信枢纽建筑物的防雷，应符合下列规定：

    1　天线塔设在机房顶上时，塔的金属结构应与机房屋面上的防雷装置连在一起，其连接点不应少于两处；波导管或同轴电缆的金属外皮和航空障碍灯用的穿线金属导管，均应与防雷装置连接在一起。

    2　天线塔远离机房时进出机房的各种金属管道和电缆的金属外皮或电缆的金属保护导管应埋地敷设，其埋地长度不应小于 50m，两端应与塔体接地网和电气设备接地网相连接。当其长度大于 60m 时中间应接地。

19.3.9　由于高大树木接受直击雷和球雷的几率较多，设计多层及低层建筑物的防雷装置时，应统一考虑建筑物和大树的共同保护范围：

    1　重要建筑物附近的高大树木宜装接闪杆。

    2　非重要建筑物，应将附近的高大树木作为设想的接闪杆，综合计算其保护范围。

    3　树干距建筑物不宜小于 5m，距树枝不宜小于 2m，以防大树接闪时对建筑物内的影响。

    4　设计时应与园林设计人员协商，布置高大树木的位置，并估计该树木可能发展的最高高度，作为计算的依据。

    5　名贵的大树上宜做接闪杆，但针杆和引下线在树干上固定时，应用能松紧的抱箍和垫以防腐蚀，不得在树干上钉金属钉子。

19.3.10　建筑物伸缩缝和沉降缝的防雷装置两侧必须连成一体，做伸缩缝跨接弯，宜每三层做一处跨接，最少在最上层和最下层做两处跨接，跨接弯宜采用扁钢，使其便于伸缩，不宜采用多股线或圆钢。

19.3.11　全部防雷装置的材料均要考虑防腐和机械强度问题。虽然防雷规范里规定了材料的截面、直径或厚度，但一般均指最小值，当工程非常重要或地处具有酸、碱、盐等地质性质的地区时，应根据地区性质，适当加大截面或做防腐处理，必要时可采用素混凝土保护（四周的厚度不应小于 200mm）作为防腐措施，并将底部夯实。

19.3.12　当设有信息系统的建筑物需加装电涌保护器保护时，若该建筑物没有装设防直击雷装置和不处于其他建筑物或物体的保护范围时，宜按第三类防雷建筑物采取防直击雷的措施。在要考虑屏蔽的情况下，防直击雷接闪器宜采用接闪网。

19.3.13　除特殊重要建筑物或艺术上有要求用不锈钢外，一般宜用镀锌圆钢或扁钢，并要求热镀锌。

19.4　接　闪　器

19.4.1　宜采用装设在建筑物上的接闪网、接闪带或接闪杆，或由其混合组成的接闪器。

19.4.2　接闪网、接闪带应装设在建筑物易受雷击部位（屋角、屋脊、女儿墙、屋檐和檐角等），建筑物女儿墙外角应在接闪器保护范围之内，并应在整个屋面组成接闪网格。其中第二类防雷建筑物接闪网格应不大于 10m×10m 或 12m×8m，第三类防雷建筑物接闪网格应不大于 20m×20m 或 24m×16m。外圈的接闪带及作为接闪带的金属栏杆等应设在外墙外表面、屋檐边垂直面上或垂直面外。接闪器之间应互相连接。

19.4.3　建筑物具体采用何种接闪器，需结合建筑屋面造型、屋面建筑材料等，在保证防雷安全的前提下尽量满足建筑专业对美观的要求。建筑物易受雷击部位见表 19.4-1

建筑物易受雷击部位　　　　　　　　　　　表 19.4-1

建筑物屋面的坡度	易受雷击部位	示意图	备注
平屋面	檐角、女儿墙、屋檐		
坡度≤1/10	檐角、女儿墙、屋檐		(1)屋面坡度用 a/b 表示，其中 a——屋脊高出屋檐距离；b——屋脊高出屋檐距离。 (2)示意图中，实线为易受雷击部位，圆圈为雷击率最高部位，虚线为不易受雷击的屋脊或屋檐
1/10＜坡度＜1/2	屋角、屋脊、檐角、屋檐		
坡度≥1/10	屋角、屋脊、檐角		

19.4.4　接闪带安装在屋脊、天沟、屋面、女儿墙、挑檐等场所，安装在屋脊、天沟、女儿墙及挑檐的接闪带通常为明敷。

19.4.5　接闪杆可安装在山墙、侧墙、屋面上，在女儿墙、屋面烟囱、风道上可安装接闪短杆。

19.4.6　满足规范要求的金属物体及金属屋面应作为接闪器，屋面的金属物体应与屋面防雷装置相连。

19.4.7　当建筑物高度超过 250m 或雷计次数大于 0.42 次/a 时，应采用不大于 5m×5m 或 6m×4m 的接闪器网格保护。

19.4.8　当建筑物女儿墙以内的屋顶钢筋网以上的防水和混凝土层允许不被保护时可利用屋顶钢筋网作为接闪器；当建筑物是多层建筑、且周围除保安人员巡逻外通常无人停留时，可利用女儿墙压顶板内或檐口内的钢筋作为接闪器。

19.4.9　除利用混凝土构件钢筋或在混凝土内专设的作接闪器外，钢质接闪器应热镀锌，焊接处应涂防腐漆。在腐蚀性较强的场所，还应适当加大其截面或采取其他防腐措施。

19.4.10　按照滚球法计算接闪器的保护范围，专门敷设的接闪器，其布置应符合表 19.4-2 的规定。

接闪器布置　　　　　　　　　　　　表 19.4-2

建筑物防雷类别	滚球半径 h_r(m)	接闪网网格尺寸(m)
第二类防雷建筑物	45	≤10×10 或≤12×8
第三类防雷建筑物	60	≤20×20 或≤24×16

19.4.11　接闪杆宜采用圆钢或焊接钢管制成，钢管壁厚不应小于 2.5mm，其直径应符合表 19.4-3 的规定。

接闪杆最小规格　　　　　　　　　　表 19.4-3

接闪杆杆长	圆钢(mm)	钢管(mm)
1m 以下	12	20
1m～2m	16	25
烟囱顶上的杆	20	40

19.4.12　接闪带和接闪网宜采用热镀锌圆钢或扁钢（一般采用圆钢），其尺寸应符合表 19.4-4 的规定。

接闪带和接闪网最小截面　　　　　　表 19.4-4

材料	最小截面(mm²)	备注
圆钢	直径≥8mm	暗敷时直径≥8mm
扁钢	截面≥50mm²，厚度≥2.5mm	
钢筋混凝土屋面中的钢筋或圆钢	当仅为一根时,直径≥10mm	利用混凝土构件内有箍筋连接的钢筋,其截面积总和不小于一根直径为 10mm 钢筋的截面积

19.4.13　明敷接闪导体固定支架的间距不宜大于表 19.4-5 的规定。固定支架的高度不宜小于 150mm。

明敷接闪导体和引下线固定支架的间距　　　表 19.4-5

布置方式	扁形导体固定支架的间距(mm)	圆形导体固定支架的间距(mm)
安装于水平面上的水平导体		
安装于垂直面上的水平导体	500	1000
安装在高于 20m 垂直面上的垂直导体		
安装于从地面至高 20m 垂直面上的垂直导体	1000	1000

19.4.14　烟囱顶上的接闪环宜采用热镀锌圆钢或扁钢（一般采用圆钢），其尺寸应符合表 19.4-6 的规定。

烟囱顶上接闪环最小规格　　　　　　表 19.4-6

材　料	规　格
圆钢	直径 12mm
扁钢	截面 100mm²（厚度 4mm）

19.4.15　当利用金属物体或金属屋面作为接闪器时，应符合表 19.4-7 的规定。

金属屋面做接闪器条件　　　　　　　表 19.4-7

条件	材料	规格
金属屋面下无易燃物品时	铅板	厚度不应小于 2mm
	不锈钢、热镀锌钢钛、铜板	厚度不应小于 0.5mm
	铝板	厚度不应小于 0.65mm
	锌板	厚度不应小于 0.7mm

条件	材料	规格
金属屋面下 有易燃物品时	不锈钢、热镀锌钢钛板	厚度不应小于 4mm
	铜板	厚度不应小于 5mm
	铝板	厚度不应小于 7mm

1　金属板之间应具有持久的贯通连接，可采用铜锌合金焊、熔焊、卷边压接、缝接、螺钉或螺栓连接。

2　金属板应无绝缘被覆层，薄的油漆保护层或 1mm 厚沥青层或 0.5mm 厚聚氯乙烯层均不应属于绝缘被覆层。

19.4.16　屋面上的所有金属突出物，如卫星天线接收装置、节日彩打、航空障碍灯、金属设备和管道以及建筑金属构件等，均应与屋面上的防雷装置可靠连接。屋顶上的下列永久性金属物宜作为接闪器，但其各部件之间均应连接成电气贯通：

1　旗杆、栏杆、装饰物、女儿墙上的盖板等，其规格不小于标准接闪器所规定的尺寸。

2　壁厚不小于 2.5mm 的钢管、钢灌；当钢管、钢灌由于被雷击穿其内的介质对周围环境造成危险时，其壁厚不应小于 4mm。

19.4.17　在保护范围以外的屋顶突出金属物，如金属设备、金属管道、金属栏杆、广告牌、航空标志灯等，应在其上部增加接闪带、接闪网或接闪杆等。

19.4.18　停放直升机的屋顶平台，应按直升机的高度计算接闪杆保护范围。当接闪杆影响直升机起落时，宜做随时容易竖起或放倒的接闪杆（电动式或手动式）。

19.4.19　共用天线引下的电视馈线应采用双屏蔽电缆或穿金属管保护，其两端应与防雷系统连为一体，并应在电视引入馈线上加装电涌保护器。

19.4.20　高大建筑物的擦窗机及导轨应做好等电位联结并与防雷系统连为一体。当擦窗机升到最高处，其上部达不到人身的高度时，应作 2m 高的水平接闪带或加装接闪杆保护。

19.4.21　独立式的砖烟囱宜装设接闪杆，钢筋混凝土烟囱上宜装设接闪带或接闪杆保护。如采用多支接闪杆时，烟囱上部应连成闭合环路。

19.4.22　金属烟囱可作为接闪器和引下线，其下部应另做接地装置。

19.4.23　对第二类和第三类防雷建筑物的接闪器，还应符合下列规定：

1　不处在接闪器保护范围内的非导电性屋顶物体，当没有超过接闪器所形成的平面 0.5m 以上时，可不要求增设接闪器；超过时应装设接闪器并与屋面防雷装置连接。

2　不处在接闪器保护范围内的屋顶孤立金属物，高出屋面不超过 0.3m，或其上层总面积不超过 $1.0m^2$，或其上层表面的长度不超过 2.0m 时，可不要求做附加的保护措施。

19.5　防雷引下线

19.5.1　应优先利用建筑物钢筋混凝土中的钢筋或钢结构柱，当利用建筑物钢筋混凝土中的钢筋或钢结构柱作为防雷引下线时，引下线根数不限，但建筑外廊及内庭院外廊易受雷击的各个角上的柱子的钢筋或钢柱应作为防雷检测的专用引下线，第二类防雷建筑物其间距不应大于 18m（建筑高度超过 250m 或雷计次数大于 0.42 次/a 时，不大于 12m），第三类防雷建筑物其间距不应大于 25m。

19.5.2 如建筑物无可用作防雷引下线的混凝土结构钢筋或钢结构柱时，应专设引下线，其根数不应少于 2 根，并应沿建筑物和内庭院四周均匀对称布置。第二类防雷建筑物其间距不应大于 18m，第三类防雷建筑物其间距不应大于 25m。

19.5.3 引下线宜采用热镀锌圆钢或扁钢，优先采用圆钢。材质要求见表 19.5-1。引下线焊接处应涂防腐漆，但利用混凝土中钢筋作引下线除外。在腐蚀性较强的场所，还应适当加大截面或采取其他防腐措施。

引下线材质要求　　　　　　　　　　　　　　　　　表 19.5-1

类别	材料	规　格	备　注
明敷	圆钢	直径≥8mm	明敷防雷引下线上的保护管宜采用硬绝缘管，也可用镀锌角铁扣在墙面上。不应将引下线穿入钢管内
	扁钢	截面≥50mm²（厚度≥2.5mm）	
暗敷	圆钢	直径≥10mm	
	扁钢	截面≥80mm²（厚度≥3mm）	
烟囱	圆钢	直径≥12mm	
	扁钢	截面≥50mm²（厚度≥4mm）	

19.5.4 利用建筑物钢筋混凝土中的钢筋作为避雷引下线时，其单根直径或多根钢筋直径总和不小于 10mm。

19.5.5 专设引下线应沿建筑物外墙外表面明敷，并应经最短路径接地；建筑物外观要求较高时可暗敷。明敷引下线在易受机械损伤之处，地面上 1.7m 至地面下 0.3m 的一段应加保护设施（角钢或改性塑料管）。

19.5.6 引下线与接闪器的连接应可靠，应采用焊接或卡夹（接）器连接。引下线与接闪器连接的圆钢或扁钢，其截面不应小于接闪器的截面积。

　　1 当利用建筑物周边柱子钢筋做专用引下线时，接闪器应与建筑物周边柱子钢筋连接，柱距在 6m～9m 时，可每隔一根柱子连接一次。接闪器与建筑物内部柱子的钢筋可不连接。

　　2 当利用结构钢筋做专用引下线时，钢筋与钢筋的连接，可采用土建施工的绑扎法或螺丝扣连接或熔焊连接。

　　3 当利用幕墙竖向龙骨做引下线时，竖向龙骨应具有可靠的贯通性。贯通性的竖向龙骨之间的间距不应大于 3m。竖向龙骨的顶端和低端应与做防雷装置的钢筋进行连接。

19.5.7 采用多根专设引下线时，除利用钢筋混凝土中的钢筋、钢柱作为引下线并同时利用基础钢筋作为接地网外，应在各引下线上距地面 0.3m～1.8m 处设断接卡。

19.5.8 当利用钢筋混凝土中钢筋作为引下线时，宜在建筑物四个角上专用引下线距地面不低于 0.5m 处设接地测试板。

19.5.9 钢筋混凝土烟囱的钢筋应在其顶部和底部与引下线相连，连接主筋不得小于 2 根。构件应用防腐材料或作防腐处理。烟囱上有航空标志灯等金属构件时，应与引下线连接。金属烟囱、烟囱的金属爬梯等可作为引下线，但其所有部件之间均应连成电气通路。

19.6   接 地 装 置

19.6.1   通过防雷接地装置将雷电流传导并分散入地，一般将安全接地、信息接地、防雷接地等接地形式共用接地装置。

19.6.2   接地装置应优先利用建筑物钢筋混凝土基础钢筋。当不具备条件或接地电阻不能满足要求时，需要增设人工接地体。应采用圆钢、钢管、角钢、扁钢、铜棒、铜管等做人工接地体。

19.6.3   埋于土壤中的人工垂直接地体宜采用圆钢、钢管、角钢等；埋于土壤中的人工水平接地体宜采用扁钢、圆钢等。

19.6.4   接地装置的具体要求见本技术措施第 18.3 节。

19.7   电子信息系统防雷

19.7.1   电子信息系统防雷设计应遵循以下原则：

1   在进行建筑物电子信息系统防雷设计时，应根据建筑物电子信息系统的特点，按工程整体要求，进行全面规划，协调统一外部防雷措施和内部防雷措施，做到安全可靠、技术先进、经济合理。

2   电子信息系统应根据环境因素、雷电活动规律、设备所在雷电防护区和系统对雷电电磁脉冲的抗扰度、雷击事故受损程度以及系统设备的重要性，采取相应的外部防雷和内部防雷等措施进行综合保护。电子信息系统所采用外部防雷和内部防雷措施如表 19.7-1 所示。

电子信息系统所采用外部防雷和内部防雷措施   表 19.7-1

综合防雷系统								
外部防雷措施					内部防雷措施			
接闪器	引下线	屏蔽	接地装置	共用接地系统	屏蔽（隔离）	等电联结	合理布线	安装电涌保护器（SPD）

19.7.2   建筑物电子信息系统的防雷设计，应满足雷电防护分区、分级确定的防雷等级要求。建筑物电子信息系统的雷电防护等级应按防雷装置的拦截率或根据其重要性划分为 A、B、C、D 四级。划分原则参见国家标准《建筑物电子信息系统防雷技术规范》GB 50343—2012 的规定，可按式（19.7-1）确定或按表 19.7-2 选择：

$$E = 1 - N_c / N \tag{19.7-1}$$

式中 E——防雷装置的拦截效率；

N_c——直击雷和雷击电磁脉冲引起信息系统设备损坏的可接受的年平均雷击次数，次/a；

N——建筑物及入户设施年预计雷击次数，次/a，见本技术措施第 19.2 节；

当 $N \leqslant N_c$ 时，可不安装雷电防护装置；

当 $N>N_c$ 时，可安装雷电防护装置；

当 $E>0.98$ 时，为 A 级；

当 $0.9<E\leqslant0.98$ 时，为 B 级；

当 $0.8<E\leqslant0.9$ 时，为 C 级；

当 $E\leqslant0.8$ 时，为 D 级。

建筑物电子信息系统雷电防护等级　　　　　　　　　　表 19.7-2

雷电防护等级	建筑物电子信息系统
A 级	国家级计算中心、国家级通信枢纽、特级和一级金融设施、大中型机场、国家级和省级广播电视中心、枢纽港口、火车枢纽站、省级城市水、电、气、热等城市重要公用设施的电子信息系统； 一级安全防范单位，如国家文物、档案库的闭路电视和报警系统； 三级医院电子医疗设备
B 级	中型计算中心、二级金融设施、中型通信枢纽、移动通信基站、大型体育场(馆)、小型机场、大型港口、大型火车枢纽的电子信息系统； 二级安全防范单位，如省级文物、档案库的闭路电视和报警系统； 雷达站、微波站电子信息系统，高速公路监控和收费系统； 二级医院电子医疗设备； 五星及更高星级宾馆电子信息系统
C 级	三级金融设施、小型通信枢纽电子信息系统； 大中型有线电视系统； 四星及以下宾馆电子信息系统
D 级	除上述 A、B、C、D 级以外的一般用途的需防护电子信息设备

19.7.3 穿过雷电防护分区界面的金属物和系统均应在各区界面处做等电位连接。从不同方向、地点进入建筑物的各种电力、通信管线及给水排水、热力、空调管道等，均应就近连接到建筑物的等电位联结带上。对于不能直接进行等电位联结的带电体，可通过电涌保护器（SPD）进行等电位联结。

19.7.4 设有电子信息的建筑物，接地措施见本技术措施第 18.3.7 条，屏蔽措施见本技术措施第 18.7.3 条。

19.8 电涌保护器

19.8.1 电涌保护器（SPD）的安装原则：

1 电涌保护器的接线形式应符合表 19.8-1 的规定。

根据系统特征安装电涌保护器　　　　　　　　　　表 19.8-1

电涌保护器接于	电涌保护器安装处的系统特征								
	TT 系统		TN-C 系统	TN-S 系统		引出中性线的 IT 系统		不引出中性线的 IT 系统
	按以下形式连接			按以下形式连接		按以下形式连接		
	接线形式 1	接线形式 2		接线形式 1	接线形式 2	接线形式 1	接线形式 2	
每根相线与中性线间	+	○	不适用	+	○	+	○	不适用
每根相线与 PE 线间	○	不适用	不适用	○	不适用	○	不适用	○

续表

电涌保护器接于	电涌保护器安装处的系统特征							
	TT 系统		TN-C 系统	TN-S 系统		引出中性线的 IT 系统		不引出中性线的 IT 系统
	按以下形式连接			按以下形式连接		按以下形式连接		
	接线形式 1	接线形式 2		接线形式 1	接线形式 2	接线形式 1	接线形式 2	
中性线与 PE 线间	○	○	不适用	○	○	○	○	不适用
每根相线与 PEN 线间	不适用	不适用	○	不适用	不适用	不适用	不适用	不适用
各相线之间	＋	＋	＋	＋	＋	＋	＋	＋

注：1　○表示必须，＋表示非强制性的，可附加选用。
　　2　根据《建筑物防雷设计规范》GB 50057—2010 第 6.1.2 条规定，当电源采用 TN-C 系统时，从建筑物总配电箱起供电给本建筑物内的配电线路和分支线路必须采用 TN-S 系统。

　　2　当需要设置电涌保护器时，在装置的电源进线端或其附近安装电涌保护器，应取路径最短者。具体接线参见图 19.8-1～图 19.8-8。

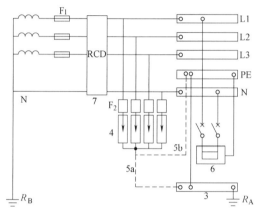

图 19.8-1　TT 系统 SPD 安装在进户处剩余电流保护器的负荷侧（接线形式 1）

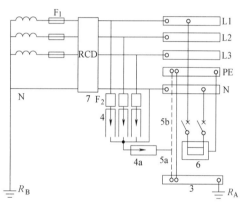

图 19.8-2　TT 系统 SPD 安装在进户处剩余电流保护器的负荷侧（接线形式 2）

　　图 19.8-1～图 19.8-3 中，1——总接地端或总接地连接带；4——电涌保护器，U_p 应小于或等于 2.5kV；5——电涌保护器的接地连接线，5a 或 5b；6——需要被电涌保护器保护的设备；7——剩余电流保护器（RCD），应考虑雷电流的能力；F_1——安装在电气装置电源进户处的保护电器；F_2——电涌保护器制造厂要求装设的过电流保护电器；R_A——本电气装置的接地电阻；R_B——电源系统的接地电阻；L1、L2、L3——相线 1、2、3。

　　图 19.8-4～图 19.8-5 中，3——总接地端或总接地连接带；4、4a——电涌保护器，串联后构成的 U_p 应小于或等于 2.5kV；

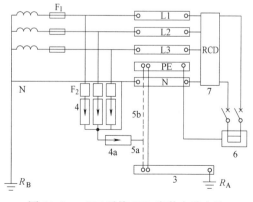

图 19.8-3　TT 系统 SPD 安装在进户处剩余电流保护器的电源侧

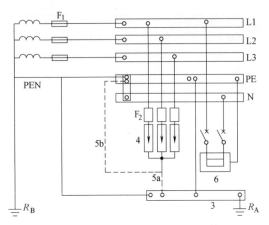

图 19.8-4　TN-C-S 系统 SPD 安装
在进户处（接线形式 1）

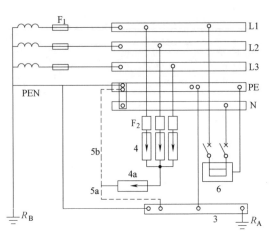

图 19.8-5　TN-C-S 系统 SPD 安装
在进户处（接线形式 2）

注：当采用 TN-C-S 或 TN-S 系统时，在 N 与 PE 线
连接处电涌保护器用三个，在其以后 N 也 PE 线
分开 10m 以后安装电涌保护器时用四个，
即在 N 与 PE 线间增加一个，见图 19.8-9。

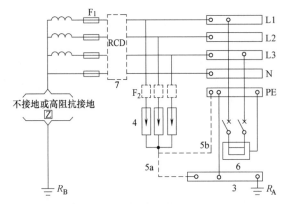

图 19.8-6　引出中性线的 IT 系统 SPD 安装在进户处剩余
电流保护器的负荷侧（接线形式 1）

5——电涌保护器的接地连接线，5a 或 5b；6——需要被电涌保护器保护的设备；F_1——安装在电气装置电源进户处的保护电器；F_2——电涌保护器制造厂要求装设的过电流保护电器；R_A——本电气装置的接地电阻；R_B——电源系统的接地电阻；L1、L2、L3——相线 1、2、3。

图 19.8-6~图 19.8-8 中，3——总接地端或总接地连接带；4、4a——电涌保护器，串联后构成的 U_p 应小于或等于 2.5kV；5——电涌保护器的接地连接线，5a 或 5b；6——需要被电涌保护器保护的设备；7——剩余电流保护器（RCD），应考虑雷电流的能力；F_1——安装在电气装置电源进户处的保护电器；F_2——电涌保护器制造厂要求装设的过电流保护电器；R_A——本电气装置的接地电阻；R_B——电源系统的接地电阻；L1、L2、L3——相线 1、2、3。

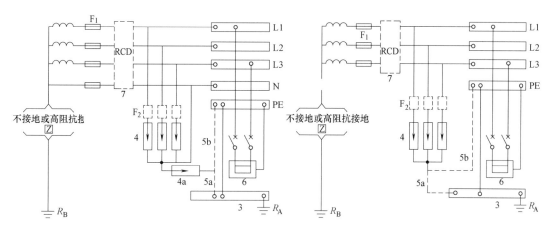

图 19.8-7　引出中性线的 IT 系统 SPD 安装在进户处剩余电流保护器的负荷侧（接线形式 2）

图 19.8-8　不引出中性线的 IT 系统 SPD 安装在进户处剩余电流保护器的负荷侧

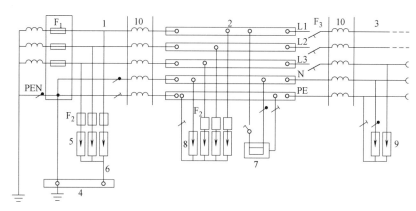

图 19.8-9　Ⅰ级、Ⅱ级和Ⅲ级试验的 SPD 的安装（以 TN-C-S 系统为例）

1——电气装置的电源进户处；2——配电箱；3——送出的配电线路；4——总接地端或总接地连接带；
5——Ⅰ级试验的电涌保护器；6——电涌保护器的接地连接线；7——需要被电涌保护器保护的固定安装的设备；
8——Ⅱ级试验的电涌保护器；9——Ⅱ级或Ⅲ级试验的电涌保护器；10——去耦器件或配电线路长度；
F_1、F_2、F_3——过电流保护电器；L_1、L_2、L_3——相线 1、2、3。

注：1　本图为以 TN-C-S 系统为例，对Ⅰ级、Ⅱ级和Ⅲ级试验的 SPD 的安装示意。

2　当电涌保护器 5 和 8 不是安装在同一处时，电涌保护器 5 的 U_p 应小于或等于 2.5kV。
电涌保护器 5 和 8 可以组合为一台电涌保护器，其 U_p 应小于或等于 2.5kV。

3　当电涌保护器 5 和 8 之间的距离小于 10m 时，在 8 处 N 和 PE 之间的电涌保护器可不装。

19.8.2　电涌保护器的选择：

1　电涌保护器（SPD）的电压保护水平的选择：

电涌保护器（SPD）的电压保护水平 U_p 宜按被保护设备的耐压水平的 80%。对于 220V/380V 三相配电系统中设备的耐冲击电压额定值可按表 19.8-1 的规定。220V/380V 电气装置 U_p 值不应大于表 19.8-2 中的Ⅱ类。

2　电涌保护器（SPD）的持续运行电压 U_c 的选择，应符合表 19.8-3 的规定。

3　在已具备防直击雷装置的情况下使用电涌保护器（SPD）防止直接雷击或在建筑物临近处被雷击引起的瞬态过电压时，应根据雷电防护分区的原则选择，安装Ⅰ级分类试验、Ⅱ级分类试验、Ⅲ级分类试验的电涌保护器（SPD）。

建筑物内 220/380V 配电系统中设备绝缘耐冲击电压额定值　　表 19.8-2

设备位置	电源处的设备	配电线路和最后分支线路的设备	用电设备	特殊需要保护的设备
耐冲击电压类别	Ⅳ类	Ⅲ类	Ⅱ类	Ⅰ类
耐冲击电压额定值 U_w（kV）	6	4	2.5	1.5

注：Ⅰ类——含有电子电路的设备，如计算机、有电子程序控制的设备；

　　Ⅱ类——如家用电器和类似负荷；

　　Ⅲ类——如配电箱，断路器，布线系统（包括线路、母线、分线盒、开关、插座）及应用于工业的设备和永久接至固定装置的固定安装的电动机等的设备。

　　Ⅳ类——如电器技术仪表、一次线过流保护设备，滤波器。

电涌保护器（SPD）的持续运行电压 U_c 最小值　　表 19.8-3

电涌保护器安装位置	配电网络的系统特征				
	TT 系统	TN-C 系统	TN-S 系统	引出中性线的 IT 系统	不引出中性线的 IT 系统
每一相线与中性线间	$1.15U_0$	不适用	$1.15U_0$	$1.15U_0$	不适用
每一相线与 PE 线间	$1.15U_0$	不适用	$1.15U_0$	$\sqrt{3}U_0$①	相间电压
中性线与 PE 线间	$U_0$①	不适用	$U_0$①	$U_0$①	不适用
每一相线与 PEN 线间	不适用	$1.15U_0$	不适用	不适用	不适用

注：1　标有①的值是故障下最坏的情况，所以不需要计及 15% 的允许误差。

　　2　U_0 是低压系统相线对中性线的标称电压，即相电压 220V。

　　3　此表基于按《低压配电系统的电涌保护器（SPD）　第 1 部分：低压配电系统的电涌保护器　性能要求和试验方法》GB 18802.1—2020 做过相关试验的电涌护器产品。

　　4　在建筑物电气装置中使用电涌保护器（SPD）限制从电源系统传来的大气瞬态过电压（由间接的，远处的雷击引起的）和操作过电压，可选择Ⅱ级分类试验的电涌保护器（SPD）及必要时加装Ⅲ级分类试验的电涌保护器（SPD）。

　　5　雷电防护区（LPZ）的划分原则见表 19.8-4。

雷电防护区（LPZ）的划分原则　　表 19.8-4

雷电防护分区	电磁场强度特征
$LPZ0_A$ 区	本区内的各物体完全暴露在外部防雷装置的保护范围之外，都可能遭受到直接雷击；本区内的电磁强度没有衰减
$LPZ0_B$ 区	本区内的各物体处在外部防雷装置的保护范围之内，应不可能遭到大于所选滚球半径对应的雷电流直接雷击，但本区内的电磁强度没有衰减
LPZ1 区	本区内的各物体不可能遭到直接雷击，流经各导体的雷电流已经分流，比 $LPZ0_B$ 区减小；且由于建筑物有屏蔽措施，本区内的电磁强度已初步衰减
LPZ_{N+1} 区后续防雷区	当需要进一步减小流入的电流和电磁强度时，应增设后续防雷区，并需要按保护的对象所要求的环境区选择后续防雷区的要求条件

注：通常防雷区的数越高，电磁环境越低。

　　6　用于电源线路的电涌保护器的冲击电流和标称放电电流参数推荐值宜符合表 19.8-5 的规定。

　　7　为满足信息系统设备耐受能量要求，电涌保护器（SPD）的安装可进行多级配合，在进行多级配合时应考虑电涌保护器（SPD）之间的能量配合，当有续流时应在线路中串接退耦装置。有条件时，宜采用同一厂家的同类产品，并要求厂家提供其各级产品之间的安装距离要求。

電源線路電涌保護器衝擊電流和標稱放電電流參數推薦值　　表 19.8-5

雷電防護等級	總配電箱		分配電箱	設備機房配電箱和需要特殊保護的電子信息設備端口處	
	LPZ0 和 LPZ1 邊界		LPZ1 和 LPZ2 邊界	後續防護區的邊界	
	$10/350\mu s$ Ⅰ級試驗	$8/20\mu s$ Ⅱ級試驗	$8/20\mu s$ Ⅱ級試驗	$8/20\mu s$ Ⅱ級試驗	$1.2/50\mu s$ 和 $8/20\mu s$ Ⅲ級試驗
	I_{imp}	I_n(kA)	I_n(kA)	I_n(kA)	U_{oc}(kA)/I_{BC}(kA)
A	≥20	≥80	≥40	≥5	≥10/≥5
B	≥15	≥60	≥30	≥5	≥10/≥5
C	≥12.5	≥50	≥20	≥3	≥6/≥3
D	≥12.5	≥50	≥10	≥3	≥6/≥3

8 應注意前級採用電壓開關型電涌保護器（SPD），後級採用壓敏型電涌保護器（SPD）時的能量配合問題，可採用如主動能量控制等先進技術。

9 在同一電源系統中，當安裝在電源裝置起點處的電涌保護器（SPD）的保護電壓水平 U_p≤末端被保護設備的耐壓水平的 50% 時，可僅安裝一級電涌保護器。

19.8.3 在低壓配電系統中，當需要安裝電涌保護器（SPD）時，其位置選擇如圖 19.8-10 所示，並遵循以下原則：

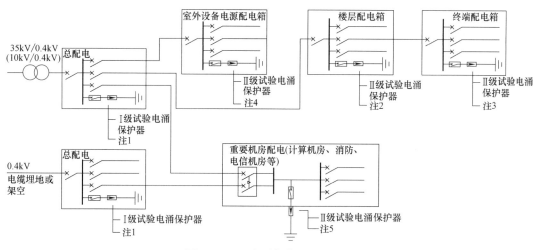

圖 19.8-10　電涌保護器設置選型

注：1. 總配電箱，作為電源系統的第一級保護，U_p≤2.5kV，I_{imp} 值參照表 19.8-5 總配電箱欄 Ⅰ 級試驗參數選擇；

2. 樓層配電箱，作為電源系統的第二級保護，U_p≤2.0kV，I_n 值參照表 19.8-5 分配電箱欄參數選擇；

3. 普通房間的終端配電箱，作為電源系統的第三級保護，U_p≤1.5kV，I_n 值參照表 19.8-5 參數選擇；

4. 室外設備電源配電箱，需保護的室外設備，作為電源系統的第一級保護，U_p≤2.5kV，I_n 值參照表 19.8-5 總配電箱 Ⅱ 級試驗參數選擇，但如果線路在本建築物防直擊雷裝置保護範圍外時應裝設 Ⅰ 級試驗電涌保護器；

5. 重要機房或設備電源配電處，作為電源系統的第二級保護；U_p≤1.5kV，I_n 值參照表 19.8-5 分配電箱 Ⅱ 級試驗參數選擇。

1 在 $LPZ0_A$ 區與 LPZ1 區交界面處穿越的供電及配電線路上應安裝符合 Ⅰ 級分類試驗的電涌保護器（SPD），如自樓內本建築物防直擊雷裝置保護範圍外的電源進線、饋出線路的配電箱內（電源引入線、屋頂風機、室外照明等）。

2 在 $LPZ0_B$ 區與 LPZ1 區交界面處穿越的電源線路上應安裝符合 Ⅱ 級分類試驗的電涌保護器（SPD），如出於建築物防直擊雷裝置保護範圍內的電源進線，饋出線路的配電箱内（电源引入线、屋顶风机等）。

3 当电源进线处安装的电涌保护器的电压保护水平加上其两端引线的感应电压保护不了该配电箱供电的设备时，应在该级配电箱安装符合Ⅱ级分类试验的电涌保护器（SPD）（其位置一般设在 LPZ1 区和 LPZ2 区交界面处），如：楼层配电箱、计算机中心、电信机房、电梯控制室、有线电视机房、建筑设备监控室、保安监控中心、消防控制室、工业控制室、变频设备控制室、医院手术室、监护室及装有电子医疗设备的场所的配电箱内。

4 对于需要将瞬态过电压限制到特定水平的设备（尤其是信息系统设备），应考虑在该设备前安装符合Ⅲ级分类试验的电涌保护器（SPD）（其位置一般设在 LPZ2 区和其后续防雷区交界面处）。如计算机设备、信息设备、电子设备及控制设备前或最近的插座箱内。

19.8.4 在信息系统中，当需要安装电涌保护器（SPD）时，可参考以下原则：

1 信息系统的信号传输线路 SPD 的选择应根据线路工作频率、传输介质、传输速度、工作电源、接口形式、阻抗特性等参数，选用电压驻波比和插入损耗小的适配的产品，参见表 19.8-6、表 19.8-7。

2 各种计算机网络数据线路上的 SPD 选择，应根据被保护设备的工作电压、接口形式、特性阻抗、信号传输速率或工作频率等参数，选用插入损耗低的适配的产品，参见表 19.8-6、表 19.8-7。

信号线路 SPD 性能参数   表 19.8-6

参数要求 ＼ 缆线类型	非屏蔽双绞线	屏蔽双绞线	同轴电缆
标称导通电压	$\geqslant 1.2 U_n$	$\geqslant 1.2 U_n$	$\geqslant 1.2 U_n$
测试波形	$(1.2/50\mu s、8/20\mu s)$混合波	$(1.2/50\mu s、8/20\mu s)$混合波	$(1.2/50\mu s、8/20\mu s)$混合波
标称防电电流	$\geqslant 1$	$\geqslant 0.5$	$\geqslant 3$

注：U_n——额定工作电压。

信号线路天馈线路 SPD 性能参数   表 19.8-7

名称	插入损耗（dB）	电压驻波比	响应时间（ns）	用于收发通信系统的 SPD 平均功率	特性阻抗（Ω）	传输速率（bps）	工作频率（MHz）	接口形式
数值	≤0.5	≤1.3	≤10	≥1.5 倍系统平均功率	应满足系统要求	应满足系统要求	应满足系统要求	应满足系统要求

注：信号线用 SPD 应满足信号传输速率及带宽的需要，其接口应与被保护设备兼容。

19.8.5 电涌保护器连接导线应平直，其长度不宜大于 0.5m。当电压开关型电涌保护器至限压型电涌保护器之间的线路长度小于 10m、限压型电涌保护器之间的线路长度小于 5m 时，在两级电涌保护器之间应加装退耦装置。当电涌保护器具有能量自动配合功能时，电涌保护器之间的线路长度不受限制。

19.8.6 电涌保护器应有过电流保护装置，并宜有劣化显示功能。电涌保护器（SPD）的过电流器（设置于内部或外部）与电涌保护器（SPD）一起承担等于和大于安装处的预期最大短路电流，选择规定的电涌保护器（SPD）的额定阻断蓄流值不应小于安装处的预期短路电流。

20 防雷接地系统构架图

20.1 一般规定

20.1.1 工程相对复杂时可以绘制防雷接地系统构架图，用来表达建筑物的接闪装置、防雷引下线、各强弱电机房的专用接地引上线、接地装置、辅助等电位和总等电位的做法及相互关系。

20.1.2 防雷接地系统构架图需要与防雷平面图、接地平面图相配合，保持其一致性。

20.1.3 防雷接地系统构架图的目的是更清楚地表达防雷和接地平面图中所要表达的内容。

20.2 图纸表达的内容

20.2.1 图纸应反映建筑物的楼层数以及强弱电机房、竖井所处相应楼层和相对位置。

20.2.2 表示清楚建筑物采用保护总等电位联结，总等电位的具体做法，各接地线、接地极的规格。

20.2.3 接闪装置和防雷引下线的做法，具体规格。

20.2.4 变电所、制冷机房、水泵房、电梯机房等电气机房的专用接地引上线做法。

20.2.5 运营商接入机房、电信机房、网络机房、安防控制室、消防控制室等智能化机房的专用引上线做法。

20.2.6 电气竖井、电信间、弱电间等竖向强弱电竖井或强弱电间的接地线做法。

20.3 接地系统构架图要点

20.3.1 接地系统分为 TN-S、TN-C-S、TT、IT 系统。

20.3.2 利用所有与屋面相连接的结构柱内两根对角主筋（Φ16 以上）上下通长焊接（丝扣或绑扎）作为防雷引下线。要求该主筋上与避雷带可靠联结，下与基础接地极可靠联结。

20.3.3 利用基础底板轴线上的上下两层主筋中的两根 Φ16 以上主筋焊接形成的基础接地网作为接地极。要求接地电阻不大于 1Ω，实测不能满足要求时补打人工接地极。所有防雷引下线，必须与其可靠焊接。

20.3.4 所有进入建筑物的外来导电物均应在 LPZ0$_A$ 或 LPZ0$_B$ 与 LPZ1 区的界面处做等电位联结带。等电位联结可以采用保护总等电位联结箱或保护总等电位联结带，建筑物规模小或进入建筑物的管线较集中时采用总等电位箱，当外来导电物、电气和电子系统的线路在不同键进入建筑物时，可以设置总等电位带，总等电位带可以是若干段也可以是一根环形连接带。等电位连接带应将其就近连接到环形接地体、内部环形导体或在电气上贯通并连接到接地体或基础接地体的钢筋上。环形接地体和内部环形导体应连接到钢筋或金属立面等其他屏蔽构建上，宜每隔 5m 连接一次。

　　1　保护总等电位箱的联结示意见图 20.3-1。

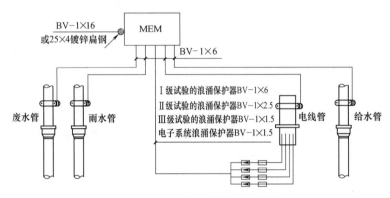

图 20.3-1　总等电位箱的联结线

　　2　总等电位带的联结见图 20.3-2。

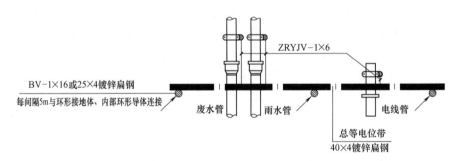

图 20.3-2　总等电位带的联结线

20.3.5　专用接地引上线：

　　1　电梯井道接地引上线：采用 40×4 镀锌扁钢引上，下端与基础接地极焊接，电梯井道内明敷设。

　　2　强、弱电竖井接地引上线：采用 40×4 镀锌扁钢，其下端与基础接地极连接，进最下层竖井内垂直敷设至竖井顶层。

　　3　变电所接地引上线：采用 40×4 镀锌扁钢，下端与基础接地焊接，在变电所内距地 0.2m 引出。

　　4　智能化机房、各运营商接入机房、数据中心等引上线：采用 BV-1X25/PVC40，下端与基础接地极焊接，在机房距 0.4m 设接地端子箱，接地端子箱与接地引上线可靠焊接。

　　5　消防控制室接地引上线：采用 BV-1X25/PVC40，下端与基础接地极焊接，在机房距地板 0.4m 设接地端子箱，接地端子箱与接地引上线可靠焊接。

6　防空地下室防护密闭门、密闭门、防爆波活门的金属门框通过 40×4 镀锌接地扁钢，与结构钢筋相连接。

7　重要设备机房、电气间的接地引上线，采用 40×4 镀锌扁钢，其下端与基础接地极连接，上端与设备机房内沿墙敷设的一圈 40×4 镀锌扁钢焊接接。

8　其他图中未注明的施工方法参见《民用建筑电气设计与施工》D800-8 及相关规程、规定。

20.4　防雷接地系统示例

接地系统示例见图 20.4-1。

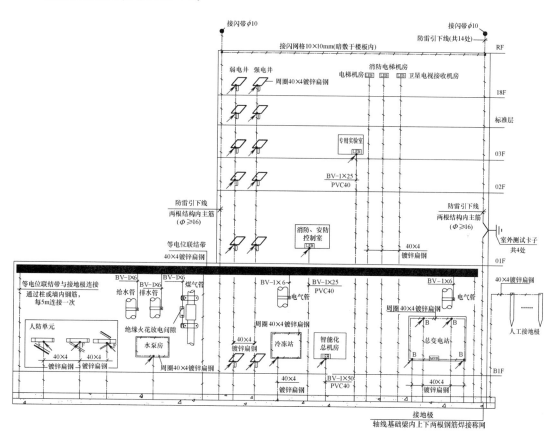

图 20.4-1　接地系统示例

21 电气消防平面图

21.1 一般规定

21.1.1 电气消防平面图包括火灾自动报警及联动、消防应急广播、电气火灾监控、消防设施电源监控等与电气消防相关系统的设备及器件布点、连线、线路型号、规格及敷设要求等。

21.1.2 当消防联动内容较多时可分为火灾自动报警平面和消防联动控制平面。火灾自动报警平面图内容包括火灾自动报警探测器、总线短路隔离器、接线端子箱、带消防电话插孔的手动火灾报警按钮、消防专用电话、消火栓按钮、消防应急广播等;消防联动控制平面图内容包括消防系统线槽(消防报警及联动线槽、消防广播系统线槽)、总线短路隔离器、模块箱(输入模块、输出模块、输入/输出模块等)、相应的联动设备(水流指示器、信号阀、液位传感器、压力开关、流量开关、湿式报警阀、预作用报警阀、消防设备控制箱、防火阀、末端放气阀等)、火灾警报器等、区域显示器(火灾显示盘)以及电气火灾报警系统、消防设施电源监控系统、防火门监控系统等相关内容。

21.1.3 建筑平面图采用分区绘制时,火灾自动报警与消防联动控制平面图也应分区绘制;分区部位和编号宜与建筑专业一致,并应绘制分区组合示意图。各区电气设备线缆连接处应加标注或有共用空间并有分区界限示意。

21.1.4 当一张平面包含多个防火分区时,应在图纸的右下角图框上方设置防火分区示意图。

21.2 消防控制室、消防值班室等机房位置设置

21.2.1 消防控制室、消防值班室的设置原则

1 消防控制室

1)设置了火灾自动报警系统和需要联动控制的消防设备的建筑(群)应设置消防控制室。

2)采用集中报警系统且只设置了一台具有集中控制功能的火灾报警控制器和消防联动控制器的保护对象(一个单体建筑或建筑群)应设置一个消防控制室。

2 主消防控制室与分消防控制室

1)控制中心报警系统可以由一个、两个及以上消防控制室组成,当有两个及以上时应确定一个主消防控制室,其余为分消防控制室。

2)设置多个消防控制室时,宜选择靠近消防水泵房的消防控制室作为主消防控制室,其余为分消防控制室。

3）主消防控制室应能集中显示保护对象内所有火灾报警部位信号和联通控制状态信号，并能显示设置在各分消防控室内的消防设备的状态信息。各分消防控制室内的消防设备之间可以互相传输、显示状态信息，但不能相互控制。消防主控制室可以控制分消防控制室所控设备。整个系统共同使用的消防水泵等重要设备，由最高级别的主消防控制室统一控制。

4）分消防控制室主要负责本区域火灾报警、疏散照明、消防应急广播和声光警报装置、防排烟系统、防火卷帘以及本区域的消火栓泵、喷淋消防泵等联动控制。

5）消防控制室距消防水泵房的距离不宜超过 3min 路程（可按不大于 180m 考虑）。

3　消防值班室

1）仅设置了火灾区域自动报警系统的建筑应设置消防值班室。

2）不具备设置分消防控制室条件的超高层建筑裙房以上部分，有需求的业态可设置消防值班室。

21.2.2　消防控制室、消防值班室的位置设置原则

1　附设在建筑内的消防控制室，宜设置在建筑内首层或地下一层，疏散门应直通室外或安全出口。

2　建筑群或园区的消防控制室宜设置在消防车能够到达且靠近园区主要出入口、靠近主市政路附近，便于火灾施救及管理。

3　不应设置在变配电所等电磁场干扰较强的设备用房附近，当不能避免时，应采取有效的电磁屏蔽措施。

4　远离强振动源和强噪声源等可能影响消防控制室设备正常工作的场所，当不能避免时，应采取有效的隔振、消声和隔声措施。

5　不应设置在厕所、浴室、卫生间、厨房、空调机房、泵房或其他潮湿、易积水场所的正下方或贴邻。

6　应远离粉尘、油烟、有害气体以及生产（厨房等）或储存具有腐蚀性、易燃、易爆物品的场所。

7　宜与防火监控、广播、通信设施等用房相邻近。

21.2.3　消防控制室的相关要求

1　土建专业

1）单独建造的消防控制室，其耐火等级不应低于二级。

2）设置防静电地板时，设置与静电地板同高的门槛（高出本室外地面 15mm～30mm）；没有设置防静电地板时，将本室地面抬高 15mm～30mm 或设置 15mm～30mm 的门槛。

3）地震基本烈度为 6 度及以上地区，机房的结构设计和设备的安装应采取抗震措施。

4）消防控制室附近宜设卫生间和休息间。

2　机电专业

1）消防控制室内严禁穿过与消防设施无关的电气线路及管路。

2）消防控制室送、回风管的穿墙处应设防火阀。

3）消防控制室应有用于火灾报警系统的外线电话。

4）消防控制室门口应有明显标志。

5）消防控制室内宜设独立空调。

21.2.4 消防控制室平面平面布置大样图一般采用 1：50 绘制，参见图 21.2-1。

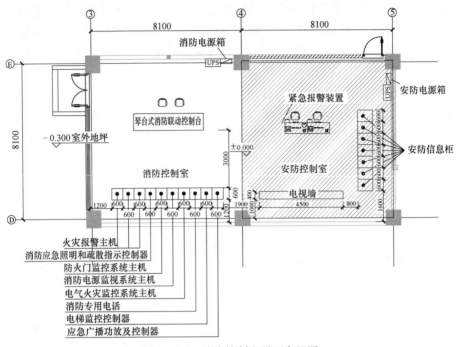

图 21.2-1　消防控制室平面布置图

　　1　消防控制室可单独设置，也可与安全技术防范系统、建筑设备管理系统、公共广播系统等中央控制设备合用控制室，称作智能化总控制室。大型公共建筑，安防监控中心宜与消防控制室合并设置；与消防有关的公共广播机房可与消防控制室合并设置。

　　2　当火灾自动报警系统、安全技术防范系统、建筑设备管理系统、公共广播系统等的中央控制设备集中设置在智能化总控制室内时，各系统应有独立的操作区域，消防设备应集中设置，并应与其他设备间有明显间隔，消防控制设备布置靠外主门侧。

　　3　设备面盘前的操作距离：单列布置时不应小于 1.5m；双列布置时不应小于 2.0m。

　　4　在值班人员经常工作的一面，设备面盘至墙的距离不应小于 3.0m。

　　5　设备面盘后的维修距离不宜小于 1.0m。

　　6　设备面盘的排列长度大于 4.0m 时，其两端应设置宽度不小于 1.0m 的通道。

　　7　火灾自动报警控制器和消防联动控制器墙面安装时，其主线束屏高度宜为 1.5m～1.8m，其靠近门轴的侧面距墙不应小于 0.5m，正面操作距离不应小于 1.2m。

21.3　区域火灾报警控制器、区域显示器、接线端子箱的设置

21.3.1 区域火灾报警控制器的设置

　　1　区域报警系统的区域火灾报警控制器应设置在有人值班的场所（消防值班室、传达室、有人值班的控制室）。

2 集中报警系统和控制中心报警系统中的区域火灾报警控制器在满足下列条件时，可设置在值班室或无人值班的场所：

1）本区域的火灾自动报警控制器（联动型）在火灾时不需要人工介入，而且所有信息已传至消防控制室；

2）区域火灾报警控制器的所有信息在集中火灾报警控制器上均有显示。

21.3.2 区域显示器的设置

1 每个报警区域宜设置一台区域显示器（火灾显示盘）。

2 宾馆、饭店等场所应在每个报警区域设置一台区域显示器。

3 当一个报警区域包括多个楼层时，宜在每个楼层设置一台仅显示本楼层的区域显示器。

4 区域显示器应设置在出入口等明显和便于操作的部位。

5 当采用壁挂方式安装时，其底边距地高度宜为 1.3m～1.5m。

21.3.3 接线端子箱的设置

1 火灾报警系统的各类主干线缆需要配接出多个分支回路时，应采用接线端子有序连接各分支接线，并将所有端子集中设置在一个金属接线端子箱体内，见图 21.3-1。箱体尺寸可根据接线端子的数量确定。

2 建筑单体内接线端子箱一般设置在该建筑的弱电竖井或相应弱电间内。

3 对一个建筑群而言，未设置消防控制室的楼座在其弱电进线间及弱电竖井（或弱电间）设置接线端子箱。

4 接线端子箱一般采用壁挂方式安装，其底边距地高度宜为 1.3m～1.5m。

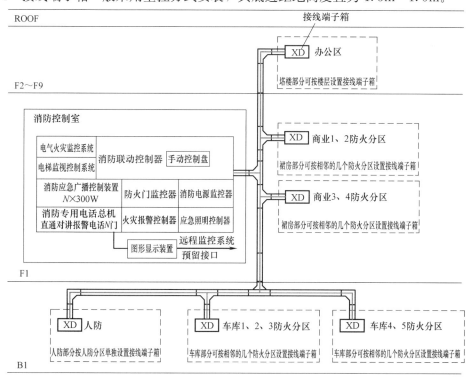

图 21.3-1 接线端子箱的设置

21.3.4 模块箱的设置和编号

1 每个报警区域内的模块宜相对集中设置在本区域内的金属模块箱中。

2 模块箱一般设置在监控设备较多的部位，如弱电间、设备机房或其他模块数量较多的区域等。当安装在公共区域时，应考虑检修条件；吊顶内安装的模块箱在其附近应预留检修孔，尺寸不小于 300mm×300mm，模块箱壁装时，底边距地高度宜为 1.8m。

3 严禁将模块设置在配电（控制）柜（箱）内。

4 模块箱宜就地或在被监控设备附近设置，本报警区域内的模块不应控制其他报警区域的设备。

5 模块箱的编号可按楼层、区域编号，模块箱的设置和编号见图 21.3-2。

21.3.5 总线短路隔离器的设置

1 系统总线上应设置短路隔离器，每只总线短路隔离器保护的火灾探测器、手动报警按钮和模块等消防设备的总数不应超过 28 点；总线穿越防火分区时，应在穿越处设置总线短路隔离器。

2 短路隔离器通常设置在弱电竖井内火灾自动报警系统的接线端子箱内；当平面规模较大、传输距离较长时，也可根据需要将几个短路隔离器相对集中后设置在一个接线端子箱内，将此接线端子箱设置到一个弱电间（配电间、设备间、吊顶内等短路隔离器设置在便于检修更换的场所）。总线短路隔离器的设置见图 21.3-3。

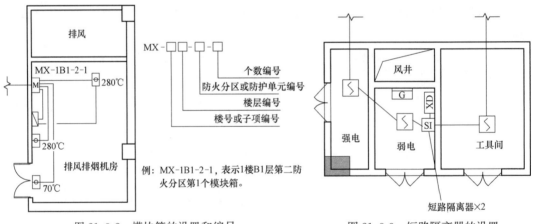

图 21.3-2 模块箱的设置和编号   图 21.3-3 短路隔离器的设置

21.4 火灾探测器的设置

21.4.1 火灾探测器的分类见表 21.4-1、表 21.4-2。

火灾探测器分类   表 21.4-1

感烟式探测器	点型	离子感烟探测器
		光电感烟探测器
		吸气式感烟探测器
	线型	激光感烟探测器
		分离式红外光束感烟探测器

感温式探测器	点型	差温式感温火灾探测器
		定温式感温火灾探测器
		差温式感温火灾探测器
	线型	差温式感温火灾探测器
		定温式感温火灾探测器
		电缆型感温火灾探测器
		半导体型感温火灾探测器
感光式(火焰光)探测器	点型	紫外感光火灾探测器
		红外感光火灾探测器
		双波段图像感光探测器
可燃气体探测器	点型	催化燃烧型可燃气体探测器
		气敏半导体可燃气体探测器
		光电式可燃气体探测器
		固体电介质可燃气体探测器
复合式探测器	点型	复合式感温感烟探测器
		复合式感温感光探测器
		复合式感温感烟感光探测器
	线型	分离式红外光束感烟感光探测器

点型感温火灾探测器分类 表 21.4-2

探测器类别	典型应用温度(℃)	最高应用温度(℃)	动作温度下限值(℃)	动作温度上限值(℃)
A1	25	50	54	65
A2	25	50	54	70
B	40	65	69	85
C	55	80	84	100
D	70	95	99	115
E	85	110	114	130
F	100	125	129	145
G	115	140	144	160

1 按信息采集类型分为感烟探测器、感温探测器、感光探测器、可燃气体探测器。

2 按信息采集原理分为离子型探测器、光电型探测器、线型探测器。

3 按探测器的安装方式分为点型探测器、缆式（线型）探测器、红外光束探测器。

21.4.2 火灾探测器的适用场所：

1 基于探测特性，火灾探测器的选择应符合下列规定：

1）对火灾初期有阴燃阶段，产生大量的烟和少量的热，很少或没有火焰辐射的场所，应选择感烟火灾探测器。

2）对火灾发展迅速，可产生大量热、烟和火焰辐射的场所，可选择感温火灾探测器、感烟火灾探测器、火焰探测器或其组合。

3）对火灾发展迅速，有强烈的火焰辐射和少量烟、热的场所，应选择火焰探测器。

4）对火灾初期有阴燃阶段，且需要早期探测的场所，宜增设一氧化碳火灾探测器。

5）对使用、生产可燃气体或可燃蒸气的场所，应选择可燃气体探测器。

6）应根据保护场所可能发生火灾的部位和燃烧材料的分析，以及火灾探测器的类型、灵敏度和响应时间等选择相应的火灾探测器，对火灾形成特征不可预料的场所，可根据模拟试验的结果选择火灾探测器。

7）同一探测区域内设置多个火灾探测器时，可选择具有复合判断火灾功能的火灾探测器和火灾报警控制器。

2　点型探测器的选择：

1）对不同高度的房间，可按表 21.4-3 选择点型火灾探测器。

对不同高度的房间点型火灾探测器的选择　　　表 21.4-3

房间高度 h（m）	点型感烟火灾探测器	点型感温火灾探测器			火焰探测器
		A1、A2	B	C、D、E、F、G	
12＜h≤20	不适合	不适合	不适合	不适合	适合
8＜h≤12	适合	不适合	不适合	不适合	适合
6＜h≤8	适合	适合	不适合	不适合	适合
4＜h≤6	适合	适合	适合	不适合	适合
h≤4	适合	适合	适合	适合	适合

注：表中 A1、A2、B、C、D、E、F、G 为点型感温探测器的不同类别，其具体参数应符合《火灾自动报警系统设计规范》GB 50116—2013 附录 C 的规定。

2）点型火灾探测器的选择见表 21.4-4。

点型感烟火灾探测器的选择　　　表 21.4-4

设备名称	宜适用场所	不宜适用场所
点型感烟火灾探测器	饭店、旅馆、教学楼、办公楼的厅堂、卧室、办公室、商场、列车载客车厢等； 计算机房、通信机房、电影或电视放映室等； 楼梯、走道、电梯机房、车库等； 书库、档案库等	
点型离子感烟火灾探测器		相对湿度经常大于 95％； 气流速度大于 5m/s； 有大量粉尘、水雾滞留； 可能产生腐蚀性气体； 在正常情况下有烟滞留； 产生醇类、醚类、酮类等有机物质
点型光电感烟火灾探测器		有大量粉尘、水雾滞留； 可能产生蒸气和油雾； 高海拔地区； 在正常情况下有烟滞留
点型感温火灾探测器	相对湿度经常大于 95％； 可能发生无烟火灾； 有大量粉尘； 吸烟室等在正常情况下有烟或蒸气滞留的场所； 厨房、锅炉房、发电机房、烘干车间等不宜安装感烟火灾探测器的场所； 需要联动熄灭"安全出口"标志灯的安全出口内侧； 其他无人滞留且不适合安装感烟火灾探测器，但发生火灾时需要及时报警的场所	可能产生阴燃火或发生火灾不及时报警将造成重大损失的场所； 温度在 0℃以下的场所； 温度变化较大的场所 （注：应根据使用场所的典型应用温度和最高应用温度选择适当类别的感温火灾探测器）
点型火焰探测器或图像型火焰探测器	火灾时有强烈的火焰辐射； 可能发生液体燃烧等无阴燃阶段的火灾； 需要对火焰做出快速反应；	在火焰出现前有浓烟扩散； 探测器的镜头易被污染； 探测器的"视线"易被油雾、烟雾、水雾和冰雪遮挡； 探测区域内的可燃物是金属和无机物； 探测器易受阳光、白炽灯等光源直接或间接照射

续表

设备名称	宜适用场所	不宜适用场所
单波段红外火焰探测器		正常情况下，探测区域内有高温物体的场所
紫外火焰探测器		正常情况下有明火作业，探测器易受 X 射线、弧光和闪电等影响的场所
可燃气体探测器	使用可燃气体的场所； 燃气站和燃气表房以及存储液化石油气罐的场所； 其他散发可燃气体和可燃蒸气的场所	
点型一氧化碳火灾探测器	在火灾初期产生一氧化碳的下列场所： 烟不容易对流或顶棚上方有热屏障的场所； 在棚顶上无法安装其他点型火灾探测器的场所； 需要多信号复合报警的场所	
间断吸气的点型采样吸气式感烟火灾探测器	污物较多且必须安装感烟火灾探测器的场所	
具有过滤网和管路自清洗功能的管路采样吸气式感烟火灾探测器	污物较多且必须安装感烟火灾探测器的场所	

3　线型探测器的选择

线型光束感烟火灾探测器的选择见表 21.4-5。

线型光束感烟火灾探测器的选择 表 **21.4-5**

设备名称	宜适用场所	不宜适用场所
线型光束感烟火灾探测器	无遮挡的大空间或有特殊要求的房间	有大量粉尘、水雾滞留； 可能产生蒸气和油雾； 在正常情况下有烟滞留； 固定探测器的建筑结构由于振动等原因会产生较大位移的场所
缆式线型感温火灾探测器	电缆隧道、电缆竖井、电缆夹层、电缆桥架； 不易安装点型探测器的夹层、闷顶； 各种皮带输送装置； 其他环境恶劣不适合点型探测器安装的场所	
线型光纤感温火灾探测器	除液化石油气外的石油储罐； 需要设置线型感温火灾探测器的易燃易爆场所； 需要监测环境温度的地下空间等场所； 公路隧道、敷设动力电缆的铁路隧道和城市地铁隧道等	
线型定温火灾探测器的选择	应能保证其不动作温度符合设置场所最高环境温度的要求	
吸气式感烟火灾探测器	具有高速气流的场所； 点型感烟、感温火灾探测器不适宜的大空间、舞台上方、建筑高度超过 12m 或有特殊要求的场所； 低温场所； 需要进行隐蔽探测的场所； 需要进行火灾早期探测的重要场所； 人员不宜进入的场所	灰尘比较大的场所，不应选择没有过滤网和管路自清洗功能的管路采样式吸气感烟火灾探测器

21.4.3　火灾探测器的布点要求（吊顶、梁布置、风口、灯具等要求）

1　点型探测器的设置原则

1) 探测区域的每个房间应至少设置一只火灾探测器。

2) 感烟火灾探测器和 A1、A2、B 型感温火灾探测器的保护面积和保护半径应按《火灾自动报警系统设计规范》GB 50016—2013 表 6.2.2 确定；C、D、E、F、G 型感温火灾探测器的保护面积和保护半径，应根据生产企业设计说明书确定，但不应超过 GB 50016—2013 表 6.2.2 的规定。

3) 按面积估算一个探测区域内所需设置的探测器数量时，需根据探测区域的使用功能考虑其修正系数 K。

$$N=S/(K \cdot A)$$

式中　N——探测器数量，只，N 应取整数；

　　　S——该探测区域面积，m^2；

　　　K——修正系数，容纳人数超过 10000 人的公共场所宜取 0.7~0.8；容纳人数为 2000 人~10000 人的公共场所，宜取 0.8~0.9；容纳人数为 500 人~2000 人的公共场所，宜取 0.9~1.0，其他场所可取 1.0；

　　　A——探测器的保护面积，m^2。

2　点型探测器的安装位置

1) 当吊顶为实体板式时，探测器吸顶应设置在吊顶下方；

2) 当吊顶为格栅吊顶时：镂空面积与总面积的比例不大于 15% 时，探测器吸顶安装在吊顶下方；镂空面积与总面积的比例大于 30% 时，探测器应设置在吊顶上方，同时需要注意梁的布置和风管的位置等；镂空面积与总面积的比例为 15%~30% 时，探测器的设置部位应根据试验结果确定。

3) 无吊顶的场所，探测器应设置在结构板下，但需考虑梁突出顶棚的高度、梁间净距等因素。

4) 专门用于联动防火卷帘的感烟探测器、感温探测器在卷帘的任一侧，距卷帘纵深 0.5m~5m 内应设置不少于 1 只感烟探测器、2 只感温探测器。

5) 隧道探测器的安装：

(1) 道路隧道探测器的安装：线型光纤感探测器应设置在车道顶部距顶棚 100mm~200mm，线型光栅光纤感温火灾探测器的光栅间距不应大于 10m；每根分布式线型光纤感温火灾探测器和线型光栅光纤感温火灾探测器保护车道的数量不应超过 2 条；点型红外火焰探测器或图像型火灾探测器应设置在行车道侧面墙上距行车道地面高度 2.7m~3.5m，并应保证无探测盲区；在行车道两侧设置时，探测器应交错设置。

(2) 隧道用电缆通道宜设置缆式线性感温火灾探测器；探测器应采用接触式布置，即敷设于被保护电缆（表层电缆）外护层上面。

(3) 电缆隧道：隧道内应沿电缆设置线型感温火灾探测器，而且在电缆接头、端子等发热部位应保证有效的探测长度。线型干温火灾探测器应采用接触式的敷设方式对隧道内的所有动力电缆进行探测。缆式线性感温火灾探测器应采用"S"形布置在每层电缆的上表面，线性光纤感温火灾探测器应采用一根感温光缆保护一根电力电缆的方式，并应沿电力电缆敷设。分布式线型光纤感温火灾探测器在电缆接头、端子等发热部位敷设时，其感温光缆的延展长度不应少于探测单元长度的 1.5 倍；线型光栅光纤感温火灾探测器在电缆接头、端于等发热部位应设感温光栅。

6）夹层分电缆夹层和设备夹层：

（1）电缆夹层：宜同时选择两种及以上火灾参数的火灾探测器；顶板下根据结构梁的高度及布置设置烟感探测器；沿电缆外护层上面设置线型感温火灾探测器。

（2）设备夹层：没有可燃物、只有水暖设备管道的设备夹层可不设置火灾报警探测器；同时设有水暖设备管道及电气电缆线槽的设备夹层应设置两种及以上火灾参数的火灾探测器；设置原则同上条。

7）高大空间：高度大于 12m 的空间场所宜同时选择两种及以上火灾参数的火灾探测器。

（1）线性光束感烟火灾探测器的设置应符合下列要求：

① 探测器应设置在建筑顶部；

② 探测器宜采用分层组网的探测方式；

③ 建筑高度不超过 16m 时，宜 6m～7m 增设一层探测器；

④ 建筑高度超过 16m 但不超过 26m 时，宜在 6m～7m 和 11m～12m 处各增设一层探测器；

⑤ 由开窗或通风空调形成的的对流层为 7m～13m 时，可将增设的一层探测器设置在对流层下面 1m 处；

⑥ 分层设置的探测器保护面积按常规计算，并宜与下层探测器交错布置。

（2）管路吸气式感烟火灾探测器的设置应符合下列要求：

① 探测器的采样管宜采用水平和垂直结合的布管方式，并应保证至少有两个采样孔在 16m 以下，并宜有 2 个采样孔设置在开窗或通风空调对流层下面 1m 处。

② 可在回风口处设置起辅助报警作用的采样孔。

8）井道：在电梯井、升降机井设置点型探测器时，其位置宜在井道上方的机房顶棚上。

3　在有梁的顶棚上设置点型探测器时，应符合下列规定：

1）当梁突出顶棚的高度小于 200mm 时，可不计梁对探测器保护面积的影响。

2）当梁突出顶棚的高度小于 200mm～600mm 时，应按《火灾自动报警系统设计规范》GB 50116—2013 附录 F、附录 G 确定梁对探测器保护面积的影响和一只探测器能够保护的梁间区域的数量。

3）当梁突出顶棚的高度大于 600mm 时，被梁隔断的每个梁间区域应至少设置一只探测器。

4）当被梁隔断的区域面积超过一只探测器的保护面积时，被隔断的区域应按《火灾自动报警系统设计规范》GB 50116—2013 相关规定计算探测器的设置数量。

5）当梁间净距小于 1m 时，可不计梁对探测器保护面积的影响。

4　探测器与其他设备的水平间距要求：

1）点型探测器至墙、梁边的水平距离应大于 0.5m。

2）点型探测器周围 0.5m 内，应无遮挡物。

3）点型探测器至空调送风口边的水平净距应大于 1.5m，并且宜接近回风口安装。

4）探测器至多孔送风顶棚孔口的水平净距应大于 0.5m。

5）探测器与灯具的水平净距应大于 0.2m。

6）与嵌入式扬声器的净距应大于 0.1m。

7）与自动喷淋头的净距应大于 0.3m。

8）探测器的具体定位，以建筑吊顶综合图为准（注：当有综合吊顶时）。

5 房间被书架、设备、隔断等分隔，其顶部至顶棚或梁的距离小于房间净高的 5%时，每个被隔开的部分应至少安装一只点型探测器。

6 在宽度小于 3m 的内走道顶棚上设置点型探测器时，宜居中布置。感温火灾探测器的安装间距不应超过 10m；感烟火灾探测器的安装间距不应超过 15m；探测器至端墙的距离，不应大于探测器安装间距的 1/2。

21.5 手动报警按钮的设置

21.5.1 设置原则：每个防火分区应至少设置一只手动火灾报警按钮；宜选用电话插孔与手动火灾报警按钮于一体的设备。从一个防火分区内的任何位置到最邻近的手动火灾报警按钮的步行距离不应大于 30m。

21.5.2 设置位置：

1 手动火灾报警按钮宜设置在疏散通道、出入口、消火栓等处。

2 手动火灾报警按钮应设置在明显和便于操作的部位。当采用壁挂方式安装时，其底边距地高度为 1.5m，且应有明显的标志。

21.6 消防专用电话的设置

21.6.1 消防专用电话网络应为独立的消防通信系统。

21.6.2 消防控制室、消防值班室等处，应设置可直接报警的外线电话。

21.6.3 消防控制室应设置消防专用电话总机。

21.6.4 多线制消防专用电话系统中的每个电话分机应与总机单独连接。

21.6.5 电话分机或电话插孔的设置，应符合下列规定：

1 消防水泵房、发电机房、配变电室、计算机网络机房、主要通风和空调机房、防排烟机房、灭火控制系统操作装置处或控制室、企业消防站、消防值班室、总调度室、消防电梯机房及其他与消防联动控制有关的且经常有人值班的机房应设置消防专用电话分机。消防专用电话分机，应固定安装在明显且便于使用的部位，并应有区别于普通电话的标识。

2 设有手动火灾报警按钮或消火栓按钮等处，宜设置电话插孔，并宜选择带有电话插孔的手动火灾报警按钮。

3 各避难层应每隔 20m 设置一个消防专用电话分机或电话插孔。

4 电话插孔在墙上安装时，其底边距地面高度宜为 1.3m～1.5m。

21.7 火灾警报器的设置

21.7.1 火灾光警报器应设置在每个楼层的楼梯口、消防电梯前室、建筑内部拐角等处的明显部位，且不宜与安全出口指示标志灯具设置在同一面墙上。

21.7.2 每个报警区域内应均匀设置火灾警报器，其声压级应高于环境噪声 15dB，但最小不应低于 60dB。

21.7.3 当火灾警报器采用壁挂方式安装时，其底边距地面高度应大于 2.2m。

21.8 可燃气体探测器的设置

21.8.1 可燃气体报警控制器的设置：有消防控制室时，可燃气体报警控制器可设置在保护区域附近；当无消防控制室时，可燃气体报警控制器应设置在有人值班的场所。

21.8.2 可燃气体探测器的设置：

1 设置原则：可燃气体探测器宜设置在可能产生可燃气体部位附近。点型可燃气体探测器的保护半径应符合现行国家标准《石油化工可能气体和有毒气体检测报警设计规范》GB 50493 的有关规定。线性可燃气体探测器的保护区域长度不宜大于 60m。

2 探测气体与设置部位：

1）当探测气体密度小于空气密度时，可燃气体探测器应设置在被保护空间的顶部。

2）当探测气体密度大于空气密度时，可燃气体探测器应设置在被保护空间的下部。

3）当探测器密度与空气密度相当时，可燃气体探测器可设置在被保护空间的中间部位或顶部。

3 燃气探测器应设置在下列场所：

1）建筑物内专用的封闭式燃气调压、计量间；

2）地下室、半地下室和地上密闭的用气房间；

3）燃气管道竖井；

4）地下室、半地下室引入管穿墙处；

5）有燃气管道的管道层。

4 燃气探测器的设置要求：燃气比空气轻，探测器与燃具或阀门的水平距离不得大于 8m，安装高度应距顶棚 0.3m 内，且不得设置在燃气上方，距送风口、窗户应大于 0.5m。房间高度大于 4m 时，应设置集气罩或分层设置探测器。在密闭空间内任意两点距离大于 8m 时，可设置两个或多个探测器；在一个较大的空间中，燃气设施及燃气用具只占一部分或呈条状时，可只对释放源进行局部保护。

21.9 消防应急广播的设置

21.9.1 扬声器应设置在走道、大厅、电梯厅、电梯前室、疏散楼梯间等公共场所。每个扬声器的额定功率不应小于 3W，其数量应能保证从一个防火分区内的任何部位到最近一个扬声器的直线距离不大于 25m，走道末端距最近的扬声器距离不应大于 12.5m。

21.9.2 在环境噪声大于 60dB 的场所设置的扬声器，要确保其播放范围内最远点的播放声压级应高于背景噪声 15dB，具体措施可根据现场实际情况适当增加扬声器的数量（密度）或扬声器的额定功率。

21.9.3 客房设置消防专用扬声器时，一般设置在客房入口走道上方，其功率不宜小于 1W。

21.9.4 壁挂扬声器的底边距地面高度应大于 2.2m。

21.9.5 住宅建筑每台扬声器覆盖的楼层不应超过 3 层。

21.10 线路选型及敷设

21.10.1 进出建筑物的线缆敷设要求：

1 进入、引出建筑物的火灾自动报警系统传输线缆应通过室外弱电井、穿钢管进出。

2 弱电井距建筑物外墙的距离宜≤10m。

3 火灾自动报警系统传输线路的线芯截面选择，除应满足自动报警装置技术条件的要求外，还应满足机械强度的要求。铜芯绝缘导线和铜芯电缆线芯的最小截面面积，参见表 21.10-1、表 21.10-2。

4 火灾自动报警系统的供电线路和传输线路设置在室外时，应埋地敷设。

5 火灾自动报警系统的供电线路和信号传输线路设置在地（水）下隧道或湿度大于 90% 的场所时，线路及接线处应做防水处理。

6 采用无线通信方式的系统设计，应符合下列规定：

1）无线通信模块的设置间距不应大于额定通信距离的 75%。

2）无线通信模块应设置在明显部位，且应有明显标识。

21.10.2 主干线路的敷设要求（线槽的表示）：

1 火灾自动报警及联动控制系统的主干线路宜采用电缆金属槽盒敷设。竖向线槽沿弱电竖井敷设、水平线槽沿公共空间敷设。

2 火灾自动报警及联动控制系统的电缆金属槽盒通常由报警槽盒（报警总线＋DC24V 电源线＋手动报警按钮＋消防专用电话）、手动控制（硬拉线）槽盒、应急广播槽盒、电梯监控槽盒等组成。电气火灾监控系统、消防设施电源监控系统、消防应急照明和疏散指示系统等共用一根线槽。

3 火灾自动报警系统用的电缆竖井，宜与电力、照明用的低压配电线路电气竖井分别设置，可与弱电竖井共用。受条件限制必须与电气竖井合用时，应将火灾自动报警系统用的电缆和电力、照明用的低压配电线路电缆分别布置在竖井的两侧。

4 电缆金属槽盒穿过防烟分区、防火分区、楼层时应在安装完毕后，用防火堵料密实封堵。

5 竖井内竖向金属槽盒应与平面图中水平金属槽盒连接。平面图中未注明金属槽盒均为 SR-100×100。金属槽盒安装时尽量往上抬，在吊顶内安装时，至少应满足底距吊顶 50mm。

21.10.3 支线线路的敷设要求：

1 火灾自动报警系统支线线路应采用金属管、可弯曲（金属）电气导管、B1 级以上的刚性塑料管保护。

2 线路暗敷设时，应采用金属管、可弯曲（金属）电气导管或 B1 级以上的刚性塑料管保护，并应敷设在不燃烧体的结构层内，且保护层厚度不应小于 30mm。

3 线路明敷设时，应采用金属管、可弯曲（金属）电气导管或电缆金属槽盒保护。

4 矿物绝缘类不燃性电缆可直接明敷。

5 采用穿管水平敷设时，除报警总线外，不同防火分区的线路不应穿入同一根管内。

6 从接线盒、线槽等处引至探测器底座盒、控制设备盒、扬声器箱的线路，均应穿金属保护管保护。

7 不同电压等级的线缆不应穿入同一根保护管内，当合用同一线槽时，线槽内应有隔板分隔。

21.10.4 报警总线与联动总线的设计要求：

1 当消防报警平面和联动控制平面共用一个平面时，公共空间的探测器、声光报警器、模块箱、手动报警按钮共用短路隔离器及管路，室内区域的探测器共用短路隔离器及管路。

2 当消防联动设备较多，消防报警平面和联动控制平面分别绘制时，公共空间的探测器、手动报警按钮共用短路隔离器及管路，室内区域的探测器共用短路隔离器及管路；声光报警器、模块箱共用短路隔离器及管路。

3 消防专用电话线独立敷设管路，每个直通对讲分机一对电话线，电话插孔可按一个报警区域设置一对电话线。

21.10.5 线缆选型要求（报警总线、电源线、联动控制线、电话线、广播线、通信线）：

1 火灾时需要继续工作的自动报警系统的电源线路、联动控制线路应采用耐火类铜芯绝缘导线或电缆。

2 报警总线、消防应急广播和消防专用电话等传输线路应采用阻燃型或阻燃耐火电线电缆。

3 火灾探测器的传输线路，宜选择不同颜色的绝缘导线或电缆。正极"＋"线应为红色，负极"－"线应为蓝色或黑色。同一工程中相同用途导线的颜色应一致，接线端子应有标号。

21.10.6 火灾自动报警系统线缆选型示例见表 21.10-1、表 21.10-2。

火灾自动报警线型图示   表 21.10-1

名称	线型	规格
信号线	——————	WDZN-RYJS-2×1.5-SC20
消防广播线	——— - - - ———	WDZN-RYJS-2×1.5-SC20
手报电话线	—— - —— - ——	WDZN-RYJS-2×1.5-SC20
消防电话分机电话线	—— — —— — ——	WDZN-RYJS-2×1.5-SC20

消防联动线型图示   表 21.10-2

名称	线型	规格
电源线	——————	干线（接线箱间）：WDZN-BYJ-2×2.5-SC20；支线：WDZN-BYJ-2×1.5-SC20
消防风机、水泵直启线	——— - - - ———	WDZN-KYJY-3×1.5-SC20/台
模块箱间连线（含电源线和信号线）	—— - —— - ——	(WDZN-BYJ-2×1.5＋WDZN-RYJS-2×1.5)-SC20
消防模块箱出线	———————	n 为：2 根～4 根，SC20；6 根，SC25；8 根，SC32
防火门监控系统总线	—— — —— — ——	(WDZN－RYJSP-2×1.5＋WDZN-BYJ-2×1.5)-SC25
消防电源监控系统总线	—— - - —— - - ——	(WDZN－RYJSP-2×1.5＋WDZN-BYJ-2×2.5)-SC25
电气火灾监控系统总线	— — — — — — —	(WDZN－RYJSP-2×1.5＋WDZN-BYJ-2×2.5)-SC25

21.10.7 线路的型号规格：

1 火灾报警系统电源主干线采用 WDZN-BYJ-2×4，由楼层竖井引出的支干线采用 WDZN-BYJ-2×2.5，模块箱引出的支线采用 WDZN-BYJ-2×1.5。

2 火灾报警系统报警总线的主干线采用 WDZ-RVJS-2×2.5；支线采用 WDZ-RVJS-2×1.5。

3 火灾报警系统报警联动控制线采用 WDZN-KYJY-3×1.0～1.5。

4 消防专用电话线采用 WDZ-RVS-2×0.5～1.5，穿（SC15）

5 消防广播线采用 WDZ-RVJS-2×0.8～1.5，穿（SC15），线路长且功率大时应核算其电压降，选择 1.5～2.5 的线缆。

21.11　典型平面示例

21.11.1 一般场所火灾自动报警平面示意图见图 21.11-1。

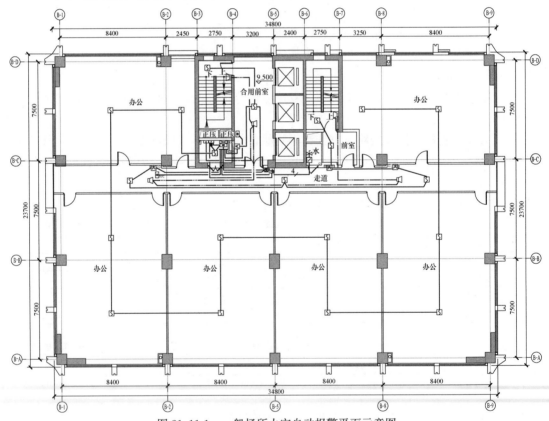

图 21.11-1　一般场所火灾自动报警平面示意图

21.11.2 排烟机房内消防联动控制平面示意图见图 21.11-2。

21.11.3 大空间火灾报警与联动平面示意：

1 大空间灭火（大雨滴）平面示意图见图 21.11-3。

2 大空间灭火（小水炮）平面示意图见图 21.11-4。

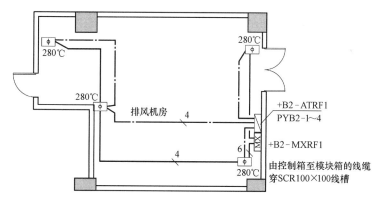

图 21.11-2　排烟机房内消防联动控制平面示意图

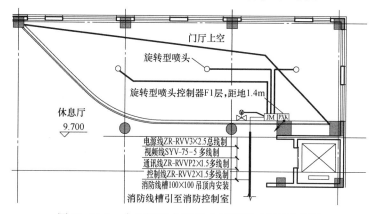

图 21.11-3　大空间灭火系统（大雨滴）平面示意图

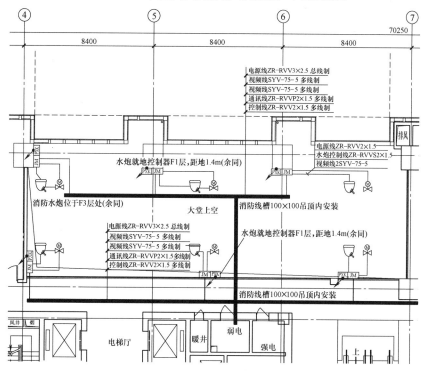

图 21.11-4　大空间灭火系统（小水炮）平面示意图

3　大空间固定炮（双路探测、现场按钮、线槽）平面示意图见图 21.11-5。

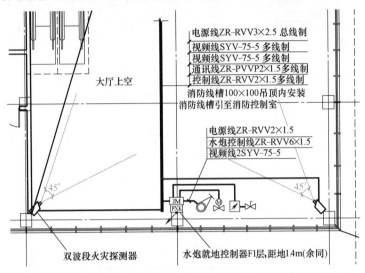

图 21.11-5　大空间灭火场所报警系统（固定炮）平面示意图

21.11.4　管网气体灭火系统平面示意图见图 21.11-6。

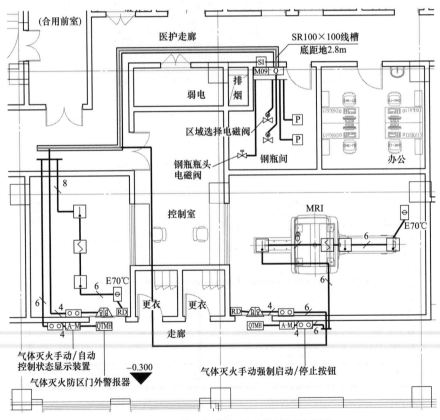

图 21.11-6　管网气体灭火系统平面示意图

21.11.5　无管网气体灭火系统平面示意图见图 21.11-7。

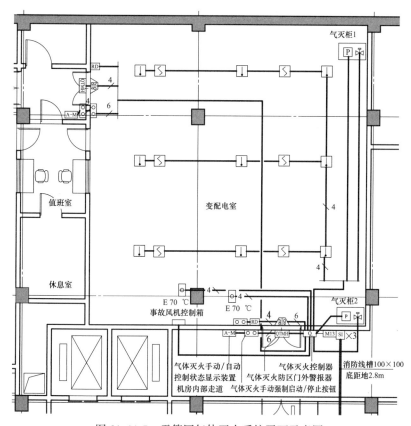

图 21.11-7　无管网气体灭火系统平面示意图

21.11.6　自动喷水灭火系统（预作用、雨淋、水幕）平面示意图见图 21.11-8。

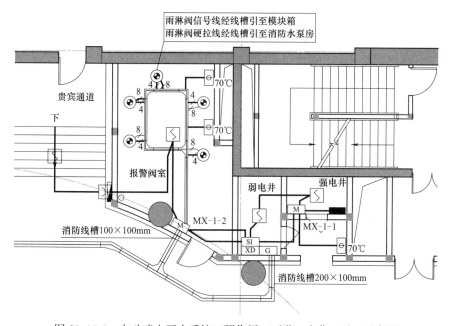

图 21.11-8　自动喷水灭火系统（预作用、雨淋、水幕）平面示意图

21.11.7 厨房火灾自动报警系统平面示意图见图 21.11-9。

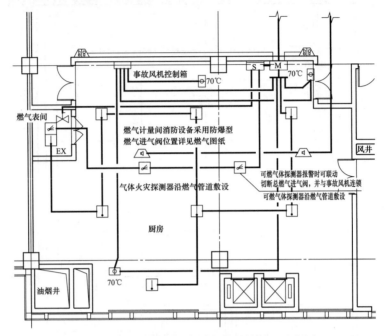

图 21.11-9 厨房火灾自动报警系统平面示意图

21.11.8 空气采样管火灾报警平面示意图见图 21.11-10。

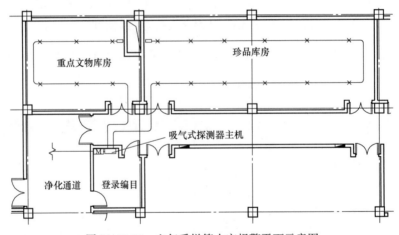

图 21.11-10 空气采样管火灾报警平面示意图

22 电气消防系统图

22.1 一般规定

22.1.1 电气消防系统图应根据建筑物楼层、竖井、防火分区及消防接线端子箱的设置等因素绘制，系统图能够体现消防控制中心、消防控制室及区域报警控制器之间的关系，表达出火灾自动报警与消防联动控制系统主机设备、消防接线端子箱、末端消防设备、导线等之间的相对位置、路由、接线关系及设备数量等信息。

22.1.2 消防接线端子绘制方式：

1 按楼层、竖井：消防接线端子箱的设置应根据设备点数确定，当楼层内有多个弱电竖井，且设备点数不多的情况下，可仅在其中一个弱电竖井设置消防接线端子箱；对于单层面积较小的工程，可多层设置一个消防接线端子箱；对于不超过100m的住宅建筑，可按住宅单元在地下一层或一层集中设置一个消防接线端子箱。

2 按防火分区：消防接线端子箱宜按防火分区设置，对于防火分区面积较小、且设备点数不多的防火分区（如较小的设备机房防火分区），可不单独设置消防接线端子箱。

22.1.3 报警与联动回路绘制要求：火灾自动报警系统图应与平面图对应绘制，当报警平面与联动平面分别绘制时，报警回路与联动回路宜采用不同回路。

22.1.4 对于建筑群或小区的一部分或一栋单体楼座，其系统图除表达该楼座的报警系统内容外还应表达与上级控制室和消防水泵房的关系。

22.1.5 初步设计阶段对"火灾自动报警及消防联动系统"的深度要求：

1 应表达出系统接线形式（环形结构、树形结构）；

2 消防控制室应体现项目中所有消防系统设备主机；

3 应表达系统干线路由；

4 应表达消防接线端子箱、短路隔离器、模块箱的设置；

5 根据平面点位布置图，统计主要设备数量（火灾探测器、短路隔离器、手动报警按钮、声光警报器、消火栓按钮、扬声器等）。

22.1.6 施工图设计阶段对"火灾自动报警及消防联动系统"的深度要求：

火灾自动报警及消防联动系统应在初步设计文件的基础上，进一步完善以下内容：

1 宜表达系统回路划分，标注回路数；

2 宜标注设备编号（消防接线端子箱、短路隔离器、模块箱、消防直启线路）；

3 应标注所有设备数量（含主机设备），复杂工程模块箱所带设备（如阀门、控制箱）可列表统计；

4 宜绘制消防设备手动直接控制线一览表。

22.2　火灾自动报警及消防联动系统设计要点

22.2.1　火灾自动报警系统形式的选择：

1　控制中心报警系统关系图：设置两个及以上消防控制室的保护对象，或设置两个及以上集中报警系统的保护对象，应采用控制中心报警系统。控制中心报警系统示意图见图 22.2-1、图 22.2-2，其中区域报警控制器根据需求设置，并宜设置在有人值班的场所（值班室、门卫等）。

控制中心报警系统适用于建筑规模较大、分期建设、设备点位较多的场所。对于共用的消防设备，如多栋建筑共用的消防水泵设备，应由主消防控制室（中心）控制。对于仅供建筑单体使用的消防设备，如消防风机设备，应由该建筑内消防控制室控制。

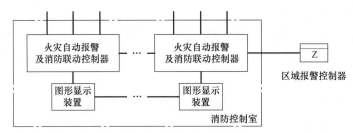

图 22.2-1　控制中心报警系统示意图（设置两个及以上集中报警系统）

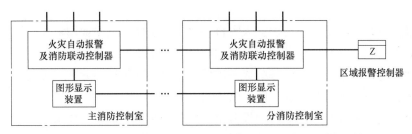

图 22.2-2　控制中心报警系统示意图（设置两个及以上消防控制室）

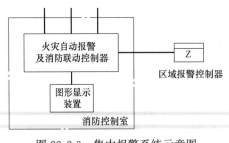

图 22.2-3　集中报警系统示意图

2　集中报警系统关系图：不仅需要报警，同时需要联动自动消防设备，且只设置一台具有集中控制功能的火灾报警控制器和消防联动控制器的保护对象，应采用集中报警系统，并应设置一个消防控制室。集中报警系统关系图见图 22.2-3，其中区域报警控制器根据需求设置，并宜设置在有人值班的场所（值班室、门卫等）。

3　区域报警系统关系图：仅需要报警，不需要联动自动消防设备的保护对象宜采用区域报警系统。区域报警系统关系图见图 22.2-4。区域报警系统主要适用于仅设有感温探测器、感烟探测器、手动报警按钮（无电话插口）、火灾警报器及区域显示器的场所，不适用于设有消火栓的项目。区域报警控制器具有火警继电器（一般点位不超过 8 个），可联动启动火灾警报器及应急照明。

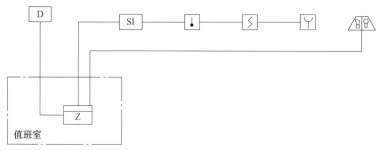

图 22.2-4 区域报警系统示意图

22.2.2 消防控制室内的主要消防设备应包括火灾报警控制器、消防联动控制器、手动控制盘、图形显示装置、消防专用电话总机、消防应急广播功放及控制装置、消防应急照明和疏散指示系统主机、消防设施电源监控器、防火门监控器、电气火灾监控器、余压监控器等设备或具有相应功能的组合设备。消防控制室内设置的消防控制室图形显示装置应能显示《火灾自动报警系统设计规范》GB 50116—2013 规范附录 A 规定的建筑物内设置的全部消防系统及相关设备的动态信息和该规范附录 B 规定的消防安全管理信息，并应为远程监控系统预留接口，同时应具有向远程监控系统传输该规范附录 A 和附录 B 规定的有关信息的功能。

消防控制室内主要设备见图 22.2-5，其设备主机数量应根据实际工程调整。

图 22.2-5 消防控制室主要设备

22.2.3 系统图中应表达消防控制室至各消防接线端子箱的主干路由，可采用 50 宽的 pline 线表示，并宜标注各段主干路由的线槽尺寸及线槽内导线根数。主干线路的规划与标注示意图如图 22.2-6 所示。

22.2.4 所有消防接线端子箱均应在系统图中体现，消防接线端子箱宜标注编号，当通过竖井、楼层、防火分区标注，消防接线端子箱唯一时，也可不编号。系统图中消防接线端子箱宜统一在右侧表达回路分支出线，左侧表达接入干线。消防接线端子箱的表达方式见图 22.2-7。

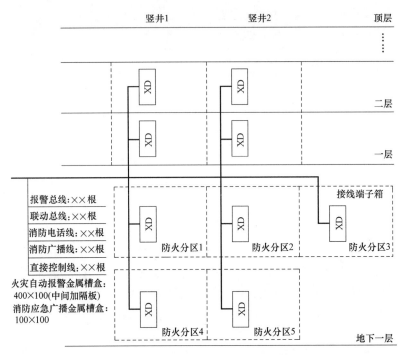

图 22.2-6　主干线路规划与标注

22.2.5　模块箱应按防火分区进行编号，模块箱连接的报警总线和联动总线分别绘制，系统图中模块箱可按图 22.2-8 方式绘制，各联动设备和阀门等所需的模块数量统一在图例表中备注说明，系统图中不再单独表示，若系统复杂，可仅绘制模块箱及编号，模块箱下方所接的设备和阀门用图表形式单独表达。

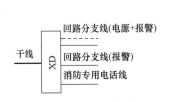

图 22.2-7　消防接线端子箱画法示意图

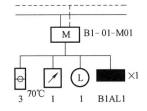

图 22.2-8　模块箱画法示意图

22.2.6　每只总线短路隔离器保护的火灾探测器、手动火灾报警按钮和模块等消防设备的总数不应超过 32 点，实际设计中每个短路隔离器所带设备数宜为 25 点～28 点，预留一定的点数备用。系统图中短路隔离器一般集中绘制在回路首端并标注设备数量，并可根据平面图标注短路隔离器编号。短路隔离器的画法示意见图 22.2-9。

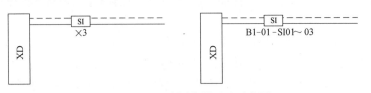

图 22.2-9　短路隔离器画法示意图

22.2.7 报警回路与联动回路的划分：

1 报警回路主要包括感烟火灾探测器、感温火灾探测器、手动火灾报警按钮、消火栓按钮等无需联动控制的报警设备。

2 联动回路主要包括火灾警报器、防火卷帘门、需联动控制的配电箱/柜（消防风机、消防水泵联动启动、非消防电源切除等）、暖通专业消防设备（防火阀、排烟口等）、给水排水专业消防设备（各系统报警阀组、压力开关、流量开关、液位计、水流指示器、信号阀等）等需要接入模块或需要联动控制的消防设备。

3 联动回路和报警回路划分。报警回路与联动回路是否共回路，可参照以下原则：

1) 对于回路连接的设备点数，指的是设备总数和地址总数中最大者；

2) 当报警与联动设备的点数不超过 180 点，且联动设备总数不宜超过 90 点时，报警与联动设备可共回路绘制；

3) 当报警与联动设备的点数超过 180 点时，报警与联动设备宜分回路绘制；

4) 对于建筑规模较小、联动设备不多的公共建筑项目以及住宅项目，报警与联动设备宜共回路绘制；

5) 对于规模较大、联动设备较多的公共建筑项目，报警与联动设备宜分回路绘制。

4 图 22.2-10 为树形结构报警与联动共回路绘制的系统示意图，图 22.2-11 为环形结构报警与联动同回路绘制的系统示意图。

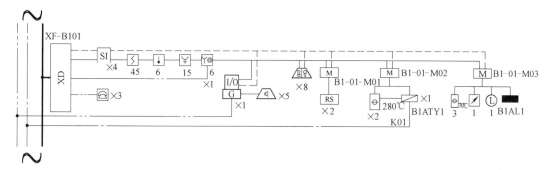

图 22.2-10　报警与联动共回路示意图（树形）

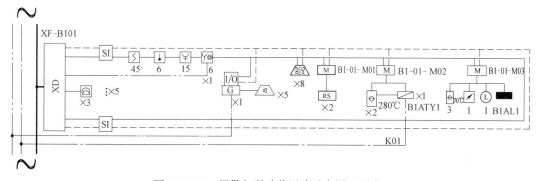

图 22.2-11　报警与联动共回路示意图（环形）

5 图 22.2-12 为树形结构报警与联动分回路绘制的系统示意图，图 22.2-13 为环形结构报警与联动分回路绘制的系统示意图。

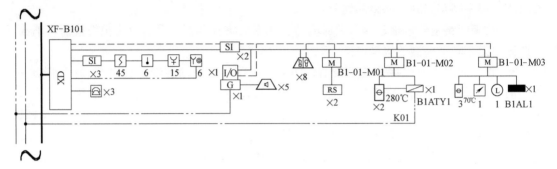

图 22.2-12　报警与联动分回路示意图（树形）

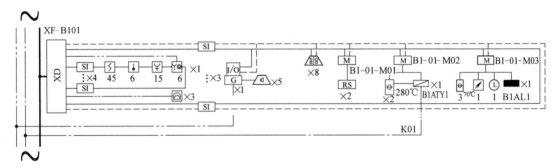

图 22.2-13　报警与联动分回路示意图（环形）

22.3　各类联动设备控制要点

22.3.1　各类联动系统主要包括湿式消火栓系统、干式消火栓系统、自动喷洒系统、预作用系统、大空间灭火系统、固定水泡灭火系统、雨淋灭火系统、防火幕灭火系统、水喷雾系统、细水雾灭火系统、气体灭火系统、防排烟联动控制系统、可燃气体探测系统等。为便于掌握各系统的联动关系，以下叙述包含了相关专业的部分工艺原理。

22.3.2　湿式消火栓系统：

　　1　联动控制方式，应由消火栓系统出水干管上设置的低压压力开关、高位消防水箱出水管上设置的流量开关信号作为触发信号，直接控制启动消火栓泵，联动控制不应受消防联动控制器处于自动或手动状态影响。当设置消火栓按钮时，消火栓按钮的动作信号应作为报警信号及启动消火栓泵的联动触发信号，由消防联动控制器联动控制消火栓泵的启动。

　　2　手动控制方式，应将消火栓泵控制箱（柜）的启动、停止按钮用专用线路直接连接至消防控制室内的消防联动控制器的手动控制盘，直接手动控制消火栓泵的启动、停止。

　　3　消火栓泵的动作信号应反馈至消防联动控制器。

　　4　监视模块与控制模块：

　　1）监视模块：消火栓按钮、屋顶水箱及消防水池液位信号、压力开关、流量开关、消防泵的手/自动信号、运行状态、故障状态。

    2）控制模块：消防泵的启停控制。

    5　湿式消火栓系统控制原理示意图如图 22.3-1 所示

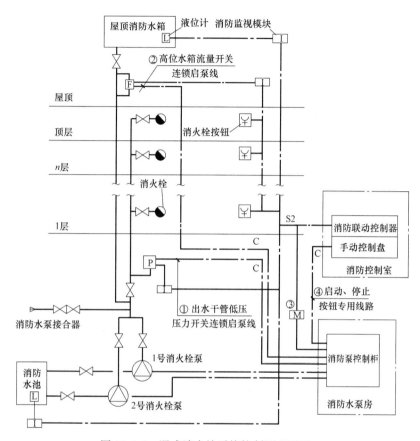

图 22.3-1　湿式消火栓系统控制原理图示

22.3.3　干式消火栓系统：

    1　消火栓按钮或火灾报警控制器在接受火灾报警信号后首先启动电动阀。其他控制方式同湿式消火栓系统。

    2　电动阀可以是电磁阀、报警阀、雨淋阀。

    3　干式消火栓系统如图 22.3-2、图 22.3-3 所示。

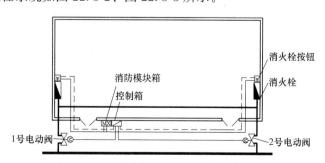

图 22.3-2　消火栓按钮与电动阀控制图示

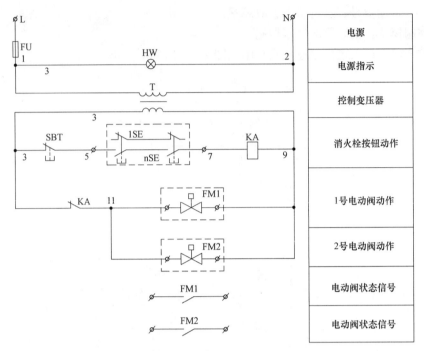

图 22.3-3　消火栓按钮与电动阀控制原理图示

22.3.4　自动喷洒系统：

1　湿式系统的联动控制设计，应符合下列要求：

1）联动控制方式，由湿式报警阀压力开关、屋顶水箱间的流量开关、出水干管上的压力开关作为动作信号，直接控制启动喷淋消防泵，联动控制不受消防联动控制器处于自动或手动状态影响。

2）手动控制方式，将喷淋消防泵控制箱（柜）的启动、停止按钮用专用线路直接连接至消防控制室内的消防联动控制器的手动控制盘，直接手动控制喷淋消防泵的启动、停止。

3）水流指示器、信号阀、压力开关、喷淋消防泵的启动和停止的动作信号应反馈至消防联动控制器。

2　监视模块与控制模块：

1）监视模块：屋顶水箱的流量开关、消防水池液位信号、消防泵房出水主干管上的压力开关、湿式报警阀的压力开关、信号阀、消防泵的手/自动信号、运行状态、故障状态等。

2）控制模块：消防泵的启停控制。

3　自动喷洒系统控制原理如图 22.3-4 所示。

22.3.5　预作用系统：

1　预作用系统由闭式喷头、管道系统、雨淋阀、湿式阀、火灾探测器、报警控制装置、充气设备（如空压机）、控制组件和供水设施部件组成。这种系统平时呈干式，在火灾发生时能实现对火灾的初期报警，并立刻使管网充水将系统转变为湿式。

2　火灾报警信号和空压机的压力开关同时动作作为动作信号。

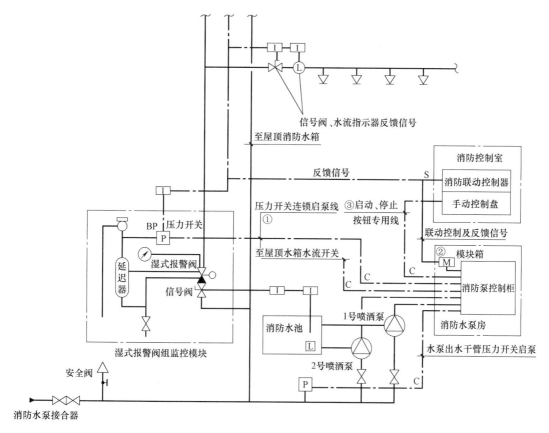

图 22.3-4　湿式自动喷洒系统图示

　　3　无空压机时：信号阀、试验信号阀、压力开关、电磁阀。共 1 个控制模块，3 个监视模块，末端排气阀不用电气控制。

　　4　有空压机时：信号阀、试验信号阀、压力开关、低气压压力报警、电磁阀。共 1 个控制模块，4 个监视模块。且末端有排气电动阀，需要直接控制。

　　5　启停喷洒主泵、预作用阀组和快速排气阀入口前的电动阀的启动和停止线路直接连接至消防控制室内的消防联动控制器的手动控制盘。

　　6　预作用系统控制原理如图 22.3-5 所示。

22.3.6　大空间灭火系统包括大空间灭火智能装置、自动扫描射水灭火装置、自动扫描射水高空水炮灭火装置三种类型，由给水排水专业提供详细资料。

　　1　大空间智能灭火装置：由智能型探测组件、大空间大流量喷头、电磁阀、水流指示器、信号阀、智能灭火装置控制器、声光报警器等组成。

　　2　自动扫描射水灭火装置：由智能型探测组件、扫射喷水喷头、机械传动装置（一体化）、电磁阀、水流指示器、信号阀、智能灭火装置控制器、声光报警器等组成。

　　3　自动扫描射水高空水炮灭火装置：由智能型探测组件、自动扫描射水高空水炮、机械传动装置（一体化）、电磁阀、水流指示器、信号阀、智能灭火装置控制器（或纳入火灾报警及联动控制器统一控制）、声光报警器等组成。电磁阀由智能型探测组件自动控制、消防控制室手动控制或现场人工控制。

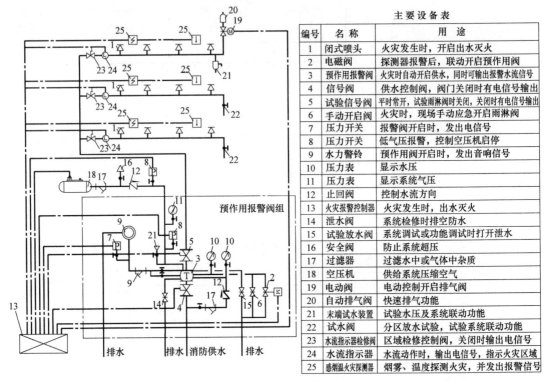

主 要 设 备 表

编号	名 称	用 途
1	闭式喷头	火灾发生时,开启出水灭火
2	电磁阀	探测器报警后,联动开启预作用阀
3	预作用报警阀	火灾时自动开启供水,同时可输出报警水流信号
4	信号阀	供水控制阀,阀门关闭时有电信号输出
5	试验信号阀	平时常开,试验雨淋阀时关闭,关闭时有电信号
6	手动开启阀	火灾时,现场手动应急开启雨淋阀
7	压力开关	报警阀开启时,发出电信号
8	压力开关	低气压报警,控制空压机启停
9	水力警铃	预作用阀开启时,发出音响信号
10	压力表	显示水压
11	压力表	显示系统气压
12	止回阀	控制水流方向
13	火灾报警控制器	火灾发生时,出水灭火
14	泄水阀	系统检修时排空防水
15	试验放水阀	系统调试或功能调试时打开泄水
16	安全阀	防止系统超压
17	过滤器	过滤水中或气体中杂质
18	空压机	供给系统缩空气
19	电动阀	电动控制开启排气阀
20	自动排气阀	快速排气功能
21	末端试水装置	试验水压及系统联动功能
22	试水阀	分区放水试验,试验系统联动功能
23	水流指示器检修阀	区域检修控制阀,关闭时输出电信号
24	水流指示器	水流动作时,输出电信号,指示火灾区域
25	感烟温火灾探测器	烟雾、温度探测火灾,并发出报警信号

图 22.3-5 预作用系统图示

4 大空间灭火系统如图 22.3-6 所示。

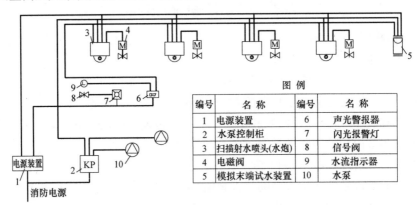

图 例

编号	名 称	编号	名 称
1	电源装置	6	声光警报器
2	水泵控制柜	7	闪光报警灯
3	扫描射水喷头(水炮)	8	信号阀
4	电磁阀	9	水流指示器
5	模拟末端试水装置	10	水泵

图 22.3-6 大空间灭火系统图示

22.3.7 固定水炮灭火系统:

1 系统由水炮、管网、消防泵组、阀门及火灾探测装置等组成,适合于高大空间的一种灭火形式。配置双波段探测器,同时还宜配置烟探测器(红外对射、极早期管式、光截面探测)。火灾发生时,双波段探测器将火灾信息和图像信息传至消防控制室,信息处理主机发出报警信号,显示报警区域的图像,自动启动录像机进行录像。同时系统主机确定着火点位置,启动消防水泵,联动控制器驱动灭火装置进行扫描并锁定着火点,对准着火点后开启电动阀喷水灭火。灭火后,手动关闭消防水泵和电动阀。

  2 系统控制分为自动、控制室手动、火灾现场手动三种控制方式。每个水炮处均设置水流指示器和电动阀（常闭）。电动阀和水流指示器动作信号显示于消防控制室。

  3 固定水泡灭火系统图如 22.3-7 所示。

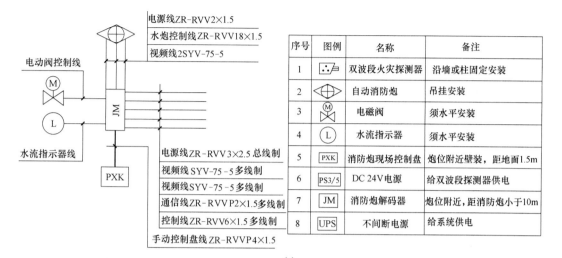

(a)

序号	图例	名称	备注
1	∴∴	双波段火灾探测器	沿墙或柱固定安装
2	⊕	自动消防炮	吊挂安装
3	Ⓜ	电磁阀	须水平安装
4	Ⓛ	水流指示器	须水平安装
5	PXK	消防炮现场控制盘	炮位附近壁装，距地面1.5m
6	PS3/5	DC 24V 电源	给双波段探测器供电
7	JM	消防炮解码器	炮位附近，距消防炮小于10m
8	UPS	不间断电源	给系统供电

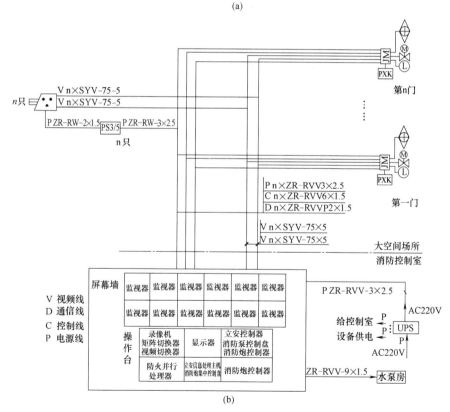

(b)

图 22.3-7 固定水炮灭火系统

（a）固定水炮接线图示；（b）固定水炮系统火灾探测原理图示

22.3.8 雨淋灭火系统：

  1 系统由雨淋阀、管网、消防泵组及火灾探测装置等组成，一般用于剧场的舞台区域，雨淋阀电信号包括电磁阀、信号阀、试验信号阀、压力开关等，共 1 个控制模块、3 个监视模块。

2　应由同一报警区域内两只及以上独立的感温火灾探测器或一只感温火灾探测器与一只手动火灾报警按钮的报警信号，作为雨淋阀组开启的联动触发信号。应由消防联动控制器控制雨淋阀组的开启。雨淋泵启停、雨淋阀组的启动和停止线路直接连接至消防控制室内的消防联动控制器的手动控制盘。

3　在非演出期间火灾时，由保护区内的红外对射探头探测到火灾后发出信号，打开雨淋阀处的电磁阀，雨淋阀开启，压力开关动作自动启动雨淋喷水加压泵；消防控制室可开启雨淋阀。在演出期间火灾时，由雨淋阀处的值班人员紧急开启雨淋阀处的手动快开阀，雨淋阀开启，压力开关动作自动启动雨淋喷水泵。

4　雨淋灭火系统如图 22.3-8 所示。

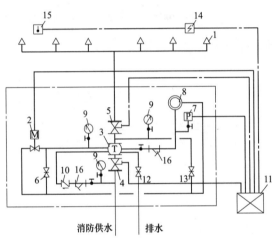

主要设备表

编号	名称	用途
1	开式喷头	火灾发生时，出水灭火
2	电磁阀	探测器报警后，联动开启雨淋阀
3	雨淋报警阀	火灾时自动开启供水，同时可输出报警水流信号
4	信号阀	供水控制阀，阀门关闭时有电信号输出
5	试验信号阀	平时常开，试验雨淋阀时关闭，关闭时有电信号输出
6	手动开启阀	火灾时，现场手动应急开启雨淋阀
7	压力开关	雨淋阀开启时，发出电信号
8	水力警铃	雨淋阀开启时，发出音响信号
9	压力表	显示水压
10	止回阀	控制水流方向
11	火灾报警控制器	火灾发生时，出水灭火
12	泄水阀	系统检修时排空防水
13	试验放水阀	系统调试或功能调试时打开泄水
14	感烟火灾探测器	烟雾探测火灾，并发出报警信号
15	感温火灾探测器	温度探测火灾，并发出报警信号
16	过滤器	过滤水中杂质

消防供水　排水

图 22.3-8　雨淋灭火系统图示

22.3.9　防火幕灭火系统：

1　系统由雨淋阀、管网、水流报警装置、消防泵组及火灾探测装置等组成，一般用于剧场舞台区域，舞台防火幕内侧设冷却防火水幕系统，分自动和手动两种控制方式。

2　非演出期间，由钢制防火幕的动作信号（由火灾报警信号启动）控制开启雨淋报警阀处的电磁阀，雨淋阀开启，压力开关动作启动水幕喷水泵；演出期间发生火灾，当钢质防火幕手动下降时，由水幕雨淋阀处的值班人员紧急开启雨淋阀处的手动快开阀，从而启动水幕喷水泵。

3　防火幕灭水系统主泵启停、雨淋阀组的启动和停止线路直接连接至消防控制室内的消防联动控制器的手动控制盘。现场需要设置手动应急启动装置。

4　作为保护防火卷帘门时，卷帘门落到底板的信号和区域内的烟感或手报信号作为触发信号；作为防火分隔时，报警区域内的两只独立的感温火灾信号作为触发信号。

5　雨淋阀组包括：电磁阀、信号阀、试验信号阀、压力开关，共 1 个控制模块、3 个信号模块。

6　防火幕灭火系统参见图 22.3-8。

22.3.10　水喷雾系统：

1　系统由水源、供水设备、管道、雨淋阀组、过滤器、水雾喷头及报警系统组成。用于扑救固体火灾，闪点高于 60℃的液体火灾和电气火灾。如未设置水喷洒的建筑内，锅炉房、柴油发电机房等场所采用水喷雾灭火系统。

2　开式喷头由设在防护区内的温感、烟感探测头均动作后自动开启雨淋阀上的电磁阀，雨淋阀打开，阀上的压力开关动作后自动开启自动喷洒系统加压泵；采用闭式喷头时，应采用传动管传输火灾信号。

3　设有自动、手动和应急操作三种控制方式。当相应时间大于 60s 时，可采用手动控制和应急操作两种控制方式。

4　雨淋阀组包括电磁阀、信号阀、压力开关等电信号，共 1 个控制模块、2 个信号模块。

5　水喷雾系统如图 22.3-9 所示。

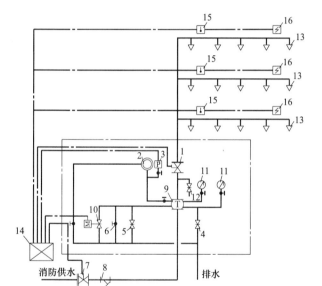

主要设备表

编号	名称	用途
1	试验信号阀	平时常开，试验雨淋阀时关闭，关闭时有电信号输出
2	水力警铃	雨淋阀开启时，发出音响信号
3	压力开关	雨淋阀开启时，发出电信号
4	放水阀	系统排空放水
5	远程手动装置	远程手动打开雨淋阀(非电控)
6	现场手动装置	现场手动打开雨淋阀
7	进水信号阀	供水控制阀，阀门关闭时有电信号输出
8	过滤器	过滤水中杂质
9	雨淋报警阀	火灾时自动开启供水，同时可输出报警水流信号
10	电磁阀	探测器报警后，联动开启预作用阀
11	压力表	显示水压
12	试水阀	雨淋阀功能试验
13	水雾喷头	使水雾化灭火
14	火灾报警控制器	接受探测信号并发出控制指令
15	感烟火灾探测器	烟雾探测火灾，并发出报警信号
16	感温火灾探测器	温度探测火灾，并发出报警信号

图 22.3-9　水喷雾系统图示

22.3.11　细水雾灭火系统：

1　系统由泵组、供水管网、区域控制阀箱组、高压细水雾喷头（包括开式、闭式喷头及微型喷嘴）及火灾探测报警系统等组成。细水雾灭火系统是以水为介质，采用特殊的喷头，在特定的工作压力下喷洒细水雾进行灭火或控火的一种固定式灭火系统，细水雾雾滴直径小，比面积大，火场火焰及高温将其迅速汽化，细水雾在汽化过程中吸收大量热量，降低火场温度，并降低氧气含量，达到迅速灭火的功效。

2　分类：泵组式系统（闭式、开式）；瓶组式系统（开式）。

3　应用场所：用于变配电室、信息机房、重要的设备室等场所的灭火。

4　开式系统需要两组探测装置，烟、温；闭式系统由其自身的喷头感应。

5　细水雾灭火系统如图 22.3-10 所示。

22.3.12　气体灭火系统：

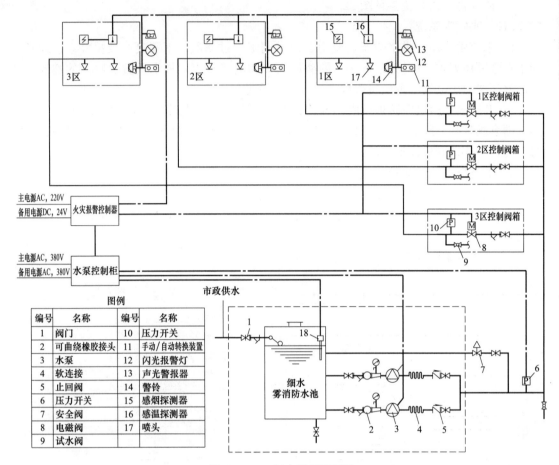

图 22.3-10 细水雾系统图示

编号	名称	编号	名称
1	阀门	10	压力开关
2	可曲绕橡胶接头	11	手动/自动转换装置
3	水泵	12	闪光报警灯
4	软连接	13	声光警报器
5	止回阀	14	警铃
6	压力开关	15	感烟探测器
7	安全阀	16	感温探测器
8	电磁阀	17	喷头
9	试水阀		

1 系统由气体钢瓶、阀门、气体灭火控制器以及火灾探测装置。

2 气体灭火控制器直接连接火灾探测器时，气体灭火系统的自动控制方式应符合下列规定：

1）有管网气体灭火系统的储存装置设在专用房间内；无管网气体灭火系统应考虑现场气体灭火装置的安装位置。

2）设有自动控制、手动控制和机械应急操作三种启动方式，包括对防护区开口封闭装置、通风设施、防火阀等的联动操作与控制。

3 无管网气体灭火系统分两种，一种是火灾报警灭火控制器内置于气体灭火柜内，另一种是安装于气体灭火柜外，如图 22.3-11 所示。

4 有管网气体灭火系统图如图 22.3-12 所示。

22.3.13 防排烟系统联动控制：

1 防烟系统的联动控制方式应符合下列规定：由加压送风口所在防火分区内的两只独立的火灾探测器或一只火灾探测器与一只手动火灾报警按钮的报警信号，作为送风口开启和加压送风机启动的联动触发信号，并应由消防联动控制器联动控制相关层前室等需要加压送风场所的加压送风口开启和加压送风机启动。

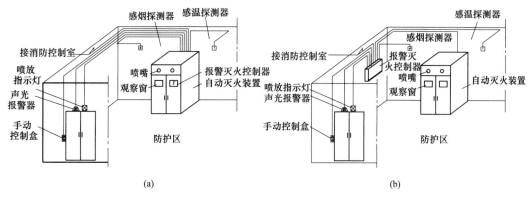

图 22.3-11 自动报警灭火控制器

（a）内置自动报警灭火控制器；（b）外置自动报警灭火控制器

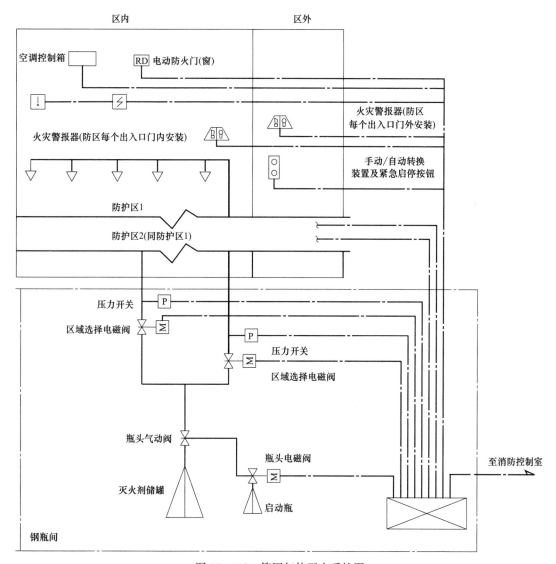

图 22.3-12 管网气体灭火系统图

　　2　排烟系统的联动控制方式应符合下列规定：

　　1）由同一防烟分区内的两只独立的火灾探测器的报警信号，作为排烟口、排烟窗或排烟阀开启的联动触发信号，并应由消防联动控制器联动控制排烟口、排烟窗或排烟阀的开启，同时停止该防烟分区的空气调节系统。

　　2）由排烟口、排烟窗或排烟阀开启的动作信号，作为排烟风机启动的联动触发信号，并应由消防联动控制器联动控制排烟风机的启动。

　　3　防烟系统、排烟系统的手动控制：能在消防控制室内的消防联动控制器上手动控制送风口、电动挡烟垂壁、排烟口、排烟窗、排烟阀的开启或关闭及防烟风机、排烟风机等设备的启动或停止，防烟、排烟风机的启动、停止按钮应采用专用线路直接连接至消防控制室内的消防联动控制器的手动控制盘，并应直接手动控制防烟、排烟风机的启动、停止。

　　4　送风口、排烟口、排烟窗或排烟阀开启和关闭的动作信号，防烟、排烟风机启动和停止及电动防火阀关闭的动作信号，均应反馈至消防联动控制器．

　　5　排烟风机入口处的总管上设置的280℃排烟防火阀在关闭后应直接联动控制风机停止，排烟防火阀及风机的动作信号应反馈至消防联动控制器。

　　6　防排烟系统联动控制图如图 22.3-13 所示。

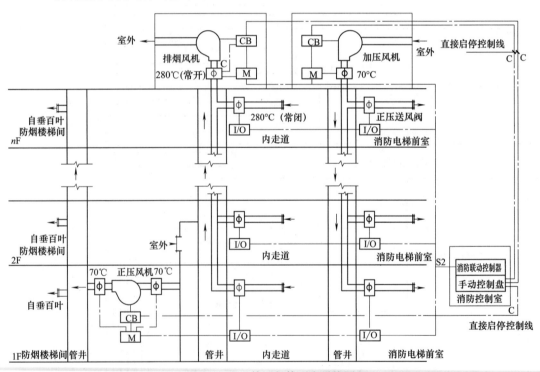

图 22.3-13　管网气体灭火系统图

　　7　防排烟系统相关阀门的功能及联动关系见表 22.3-1。

各类防排烟系统的阀门联动关系　　　　　　　　　　　表 22.3-1

序号	防火阀种类	安装场所	联动关系	模块种类
1	70℃常开防火阀 150℃常开防火阀	用于空调、通风管道上穿越防火分区和机房墙处	动作关闭信号（DC24V）反馈至消防控制系统	输入模块

续表

序号	防火阀种类	安装场所	联动关系	模块种类
2	电动防火阀	一般用于排风兼排烟系统的排风管上,也可用于空调通风管道穿越防火分区处	用于排风兼排烟系统(管道合用、风机分设或风机合用、管道分设)中的排风管道上,平时常开,火灾时电动关闭	输入模块、输出模块
3	排烟防火阀(280℃防火阀)	安装在排烟风机入口处,保护风机	280℃阀动作直接停风机,且将动作信号(DC24V)反馈至消防控制系统	输入模块
4	排烟防火阀(280℃防火阀)	垂直管道与水平支管交接处;一个排烟负责多个防烟分区的支管上;穿越防火分区及机房墙处	平时常开,火灾时当管道中气体温度达到280℃时能自动关闭。动作关闭信号(DC24V)反馈至消防控制系统	输入模块
5	排烟口/阀	用于机械排烟系统的吸烟口/管道处	平时处于常闭状态,火灾时手动或通过消防控制发出开启信号,打开排烟口/阀,并反馈状态信号,联动排烟风机动作	输入模块、输出模块
6	排烟口/阀(带280℃熔断功能)	用于机械排烟系统的吸烟口/管道处	平时处于常闭状态,火灾时手动或通过消防控制发出开启信号,打开排烟口/阀,并反馈状态信号,联动排烟风机动作。当管道中气体温度达到280℃时熔断再次关闭	输入模块、输出模块
7	前室正压送风口	用于前室送风	平时关闭,由加压送风口所在防火分区内的火灾报警后开启	输入模块、输出模块

22.4　手动直接控制线一览表的绘制

直接控制线一览表应包含回路编号、消防控制设备名称、电缆规格型号、设备起点、终点等信息,详见表 22.4-1。

直接控制线一览表 表 22.4-1

回路编号	消防设备	电缆规格	起点	终点
K01	B1ATY1(消防风机×n)	n(WDZN-KYJY-3×1.5)	地下一层补风机房	一层消防安防控制室
K02	B1ATY2(消防风机×n)	n(WDZN-KYJY-3×1.5)	地下一层排烟机房	一层消防安防控制室
K03	WATY1(消防风机×n)	n(WDZN-KYJY-3×1.5)	屋顶加压机房	一层消防安防控制室
K04	WATY2(消防风机×n)	n(WDZN-KYJY-3×1.5)	屋顶排烟机房	一层消防安防控制室
K05	预作用报警阀组×n	n(WDZN-KYJY-4×1.5)	地下一层报警阀间	一层消防安防控制室
K06	预作用报警阀组×n	WDZN-KYJY-2×1.5	地下一层报警阀间	地下一层消防泵控制柜
K07	快速排气阀前的电动阀×n	n(WDZN-KYJY-4×1.5)	地下一层车库	一层消防安防控制室
K08	湿式报警阀组×n	WDZN-KYJY-2×1.5	地下一层消防泵房	地下一层喷淋泵控制柜
K09	湿式报警阀组×n	WDZN-KYJY-2×1.5	地下一层报警阀间	地下一层喷淋泵控制柜
K10	雨淋阀组×n	n(WDZN-KYJY-4×1.5)	一层报警阀间	一层消防安防控制室
K11	雨淋阀组×n	WDZN-KYJY-2×1.5	一层报警阀间	地下一层雨淋泵控制柜
K12	SK1~6(消防泵×n)	n(WDZN-KYJY-3×1.5)	地下一层消防泵房	一层消防安防控制室
K13	消防水箱间流量开关(喷淋)	WDZN-KYJY-2×1.5	屋顶消防水箱间	地下一层喷淋泵控制柜
K14	消防水箱间流量开关(消火栓)	WDZN-KYJY-2×1.5	屋顶消防水箱间	地下一层消火栓泵控制柜
K15	消火栓泵干管压力开关	WDZN-KYJY-2×1.5	地下一层消防泵房	地下一层消火栓泵控制柜

22.5　消防应急广播系统的设置

22.5.1　消防应急广播系统包括信号源设备、功率放大器、分区控制器、传输线路及传输设备、广播扬声器等。消防应急广播系统主要有以下两种：

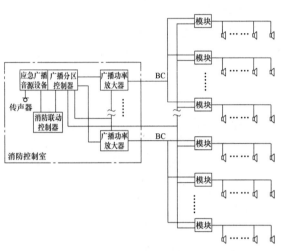

图 22.5-1　独立设置的消防应急广播系统

1　独立设置的消防应急广播系统：系统信号源设备、分区控制器设置在消防控制室内，功率放大器可根据需要设置在消防控制室、消防值班室或弱电竖井内；

2　与普通广播合用的消防应急广播系统：应急广播信号源设备设置在消防控制室内，功率放大器、分区控制器可设置在消防控制室内，也可以设置在普通广播室内，当设置在普通广播室内时，相关设备需要通过消防认证。

图 22.5-1～图 22.5-3 为消防应急广播系统框架示意图。

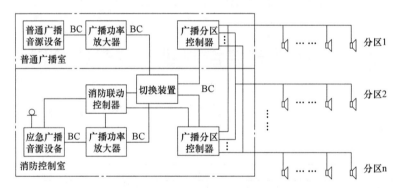

图 22.5-2　消防应急广播与背景音乐合用的消防应急广播系统（一）

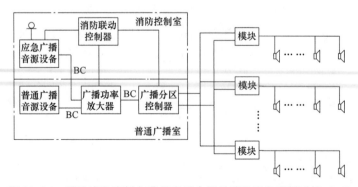

图 22.5-3　消防应急广播与背景音乐合用的消防应急广播系统（二）

22.5.2 联动控制要求：

1 消防应急广播系统的联动控制信号由消防联动控制器发出，当火灾确认后，应同时向全楼广播。

2 消防应急广播的单次语音播放时间宜为10s～30s，应与火灾声警报器分时交替工作，可采取1次火灾声警报器播放、1次或2次消防应急广播播放的交替工作方式循环播放。

3 在消防控制室应能手动或按预设控制逻辑联动控制选择广播分区、启动或停止应急广播系统，并应能监听消防应急广播。在通过传声器进行应急广播时，应自动对广播内容进行录音。

4 消防控制室内应能显示消防应急广播的广播分区的工作状态。

5 消防应急广播与普通广播或背景音乐广播合用时，应具有强制切入消防应急广播的功能。

6 住宅建筑内设置的应急广播应能接受联动控制或由手动火灾报警按钮信号直接控制进行广播。

7 与普通广播合用的消防应急广播系统，如果扬声器带有音量控制或者开关，则不论音量控制或开关处于何种状态，均应能够使用继电器将其强制切换到正常播放消防应急广播的线路上。切换信号可由消防联动控制器通过总线给出或由广播分区控制器给出。

22.5.3 消防应急广播机房设有广播信号源设备、广播功率放大器、广播分区控制器等设备。

1 广播信号源设备：包括广播传声器、警报信号发生器、语声文件播放器等，用于播放消防应急广播及火灾时指挥人员疏散等；

2 广播功率放大器：用于驱动无源广播终端，宜选用定压式（70V、100V）功率放大器。用于紧急广播的广播功率放大器，额定输出功率不应小于其所驱动的广播扬声器额定功率总和的1.5倍；全部紧急广播功率放大器的功率总容量，应满足所有广播分区同时发布紧急广播的要求；广播功率放大器常用功率包含150W、300W、500W（注：各厂商功率放大器容量略有不同，应以实际设备参数为准）。

3 广播分区控制器：用于分区启动或停止应急广播。

22.5.4 广播接线箱一般安装在电气井道内，用于线路的接线，也可包含广播分区控制装置。

22.5.5 广播线路的划分：

1 消防应急广播宜按楼层、防火分区划分线路；可按公共区域、车库区域、室内功能区域（可就地设开关，三线式配线）、室外区域等划分回路；当楼层或防火分区面积较小、广播扬声器不多时，可多个楼层或同一楼层的多个防火分区设置一个广播线路。

2 消防应急广播与普通广播合用时，消防应急广播的分区可与普通广播的分区一致。

3 每一个分区内广播扬声器的总功率不宜大于200W，并应同分区控制器的容量相适应。

4 当传输距离在3km时，广播传输线路宜采用双绞多股铜芯塑料绝缘软线；当传输距离大于3km，且终端功率在千瓦级以上时，广播传输线路宜采用五类屏蔽对绞电缆或光缆。

5 当广播扬声器为无源设备，且传输距离大于100m时，额定传输电压宜选用70V、100V；当传输距离与传输功率的乘积大于1km×kW时，额定电压可选用150V。

22.5.6 实际工程中，消防应急广播系统可以火灾自动报警系统合并绘制。系统图中应体现功率放大器容量标注、线路的划分、线路标注等内容。消防应急广播系统样图见图22.5-4。

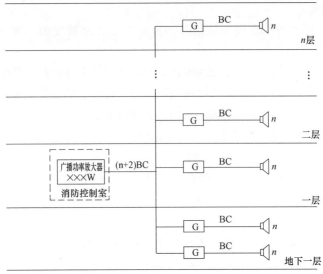

图 22.5-4　消防应急广播系统样图

22.6　电气火灾监控系统

22.6.1　系统由电气火灾监控器、接口模块、剩余电流式电气火灾监控探测器、测温式电气火灾监控探测器、故障电弧电气火灾监控探测器部分或全部设备组成。图 22.6-1 为公共建筑电气火灾监控系统组网示意图，图 22.6-2 为住宅建筑电气火灾监控系统组网示意图。

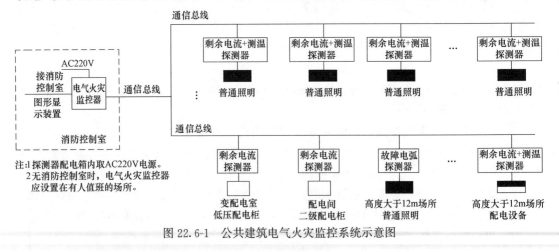

图 22.6-1　公共建筑电气火灾监控系统示意图

22.6.2　系统组网图中包括多个楼座或区域需要设置电气火灾监控分机时，应表达清楚主机、分机、末端探测装置的关系，标注各线缆规格。

22.6.3　下列场所的非消防用电宜设电气火灾监控系统：

　　1　建筑高度大于 50m 的乙类、丙类厂房和丙类仓库，室外消防用水量大于 30L/s 的厂房（仓库）。

　　2　一类高层民用建筑。

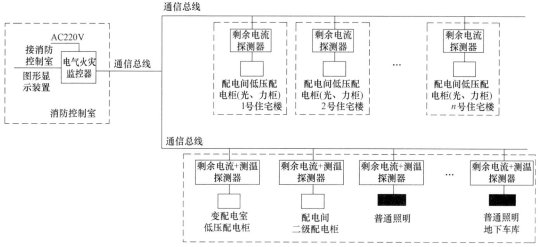

图 22.6-2 住宅建筑电气火灾监控系统示意图

注：1. 探测器配电箱内取 AC220V 电源。

2. 无消防控制室时，电气火灾监控器应设置在有人值班的场所。

3 座位数超过 1500 个的电影院、剧场。

4 座位数超过 3000 个的体育馆。

5 任一层建筑面积大于 $3000m^2$ 的商店和展览建筑。

6 省（市）级及以上的广播电视、电信和财贸金融建筑。

7 室外消防用水量大于 25L/s 的其他公共建筑。

8 国家级文物保护单位的重点砖木或木结构的古建筑。

9 博物馆藏品库房、图书馆书库、档案库。

22.6.4 系统设置要求：

1 在无消防控制室且电气火灾监控探测器设置数量不超过 8 只时，可采用独立式电气火灾监控探测器。

2 非独立式电气火灾监控探测器不应接入火灾报警控制器的探测器回路。

3 在设置消防控制室的场所，电气火灾监控器的报警信息和故障信息应在消防控制室图形显示装置或起集中控制功能的火灾报警控制器上显示，但该类信息与火灾报警信息的显示应有区别。

4 电气火灾监控系统的设置不应影响供电系统的正常工作，不宜自动切断供电电源。

5 当线型感温火灾探测器用于电气火灾监控时，可接入电气火灾监控器。

6 设有消防控制室时，电气火灾监控器应设置在消防控制室内或保护区域附近；设置在保护区域附近时，应将报警信息和故障信息传入消防控制室。

7 未设消防控制室时，电气火灾监控器应设置在有人值班的场所。

22.6.5 探测器设置要求：

1 剩余电流式电气火灾监控探测器：

1）宜集中在变电所或总配电室集中测量，配电回路为封闭母线槽或预分支电缆等树干式配电的宜在各分支箱处设置。建筑物为低压进线时，宜在总开关下的各分支回路上设置。

2）剩余电流式电气火灾监控探测器不宜设置在 IT 系统的配电线路和消防配电线路中。

3）选择剩余电流式电气火灾监控探测器时，应计及供电系统自然漏流的影响，并应选择参数合适的探测器；探测器报警值宜为 300mA～500mA。在火灾危险场所，电气火灾探测器的报警值不应大于 300mA。

4）具有探测线路故障电弧功能的电气火灾监控探测器，其保护线路的长度不宜大于 100m。

5）高度大于 12m 的空间场所，电气线路应设置电气火灾监控探测器，照明线路上应设置具有探测故障电弧功能的电气火灾监控探测器。

6）设置了电气火灾监控系统的档口式家电商场、批发市场等场所的末端配电箱应设置电弧故障火灾探测器或限流式电气防火保护器。

7）储备仓库、电动车充电等场所的末端回路应设置限流式电气防火保护器。

2　测温式电气火灾监控探测器：

1）测温式电气火灾监控探测器应设置在电缆接头、端子、重点发热部件等部位。

2）保护对象为 1000V 及以下的配电线路，测温式电气火灾监控探测器应采用接触式布置。

3）保护对象为 1000V 以上的供电线路，测温式电气火灾监控探测器宜选择光栅光纤测温式或红外测温式电气火灾监控探测器，光栅光纤测温式电气火灾监控探测器应直接设置在保护对象的表面。

3　独立式电气火灾监控探测器：

1）独立式电气火灾监控探测器的设置应符合前述两款的规定。

2）设有火灾自动报警系统时，独立式电气火灾监控探测器的报警信息和故障信息应在消防控制室图形显示装置或集中火灾报警控制器上显示；但该类信息与火灾报警信息的显示应有区别。

3）未设火灾自动报警系统时，独立式电气火灾监控探测器应将报警信号传至有人值班的场所。

22.6.6　电气火灾监控系统与火灾自动报警系统要求相同，见表 22.6-1。

电气火灾监控系统线缆选择与敷设　　　　　　　　　　　　　表 22.6-1

建筑类型	通信线缆选择	敷设方式
多层、二类高层建筑	ZR(ZN)-RVS-2×1.5	穿金属管单独敷设或与火灾自动报警系统共用金属槽盒敷设
一类高层建筑、人员密集场所	WDZ(WDZN)-RYJS-2×1.5	

22.7　消防设备电源监视系统

22.7.1　消防设备电源监控系统可由消防设备电源状态监控器、监控分机（系统规模小时监控分机可不设置）、电压传感器、电流传感器、电压/电流传感器等部分或全部设备组成。图 22.7-1 为消防电源监控系统示意图。

22.7.2　设置原则：

1　设置火灾自动报警系统的工程项目，应设置消防电源监控系统；未设置火灾自动报警系统的工程项目，宜设置消防电源监控系统，消防电源报警信号应送至有人值班场所（消防控制室、值班室、物业等）。

2　消防设备电源监控器应能接收并显示其监控的所有消防设备的主用电源和备用电源的实时工作状态信息。当消防设备电源发生过压、欠压、过流、缺相等故障时，消防设

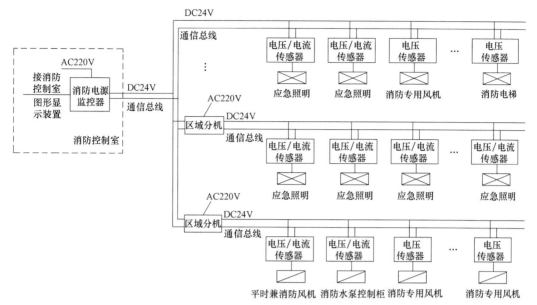

图 22.7-1 消防设备电源监控系统示意图

备电源监控器应发出故障声、光信号，显示并记录故障的部位、类型和时间。

3 平时使用的消防设备配电箱（柜），电源进线处可设置电压传感器或电压/电流传感器，出线回路宜设置电压/电流传感器；平时不使用的消防设备配电箱（柜），电源进线处可设置电压传感器。

4 采用 CPS 控制的回路电源监视器应拾取 CPS 前端，ATS 后端的监测点；采用断路器、接触器、热继电器控制的回路应拾取断路器后端、接触器后端的监测点。

5 每台消防设备电源监控器所能连接的监控分机数量及每台监控分机能连接的监控模块数量应满足设备产品要求。

6 消防设备电源监控器应设置在消防控制室，未设置消防控制室时，应设置在有人值班的场所。监控分机可设置在电气竖井或楼层配电间等处。

7 当系统中设置有图形显示装置时，消防设备电源监控器应将消防电源设备状态信息反馈至图形显示装置。

22.7.3 消防电源监控系统线缆选择与敷设见表 22.7-1。

消防电源监控系统线缆选择与敷设　　　　　　　　　　表 22.7-1

建筑类型	通信总线＋电源总线(24V)	监控分机电源线(220V)	线敷设方式
多层、二类高层建筑	ZR(ZN)-RVS-2×1.5＋＋ NH-BV-2×1.5	NH-BV-3×2.5	通信总线、电源总线穿金属管同管敷设或与火灾自动报警系统共用金属槽盒敷设。监控分机电源线单独穿管敷设
一类高层建筑、人员密集场所	WDZ(WDZN)-RYJS-2×1.5 ＋ WDZN-BYJ-2×1.5	WDZN-BYJ-3×2.5	

22.8 防火门监控系统

22.8.1 防火门监控系统由防火门监控器、监控分机（系统规模小时监控分机可不设置）、监控模块、电磁释放器、门磁开关、电动闭门器部分或全部设备组成。图 22.8-1 为防火门监控系统示意图。

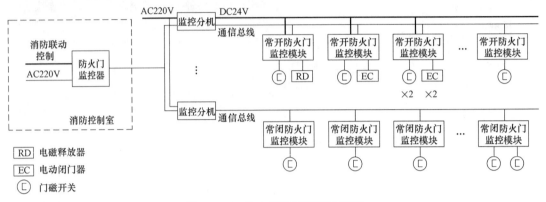

图 22.8-1　防火门监控系统示意图

22.8.2　设置原则：

1　设置火灾自动报警系统的工程项目，应设置防火门监控系统；消防疏散通道上的防火门及用作防火分区分隔的防火门应置设防火门监控；未设置火灾自动报警系统的工程项目，设置在建筑内疏散走道的常开防火门，应设置防火门监控，其他防火门可不设置防火门监控。

2　应由常开防火门任一侧所在防火分区内的两只独立的火灾探测器或一只火灾探测器与一只手动火灾报警按钮的报警信号，作为常开防火门关闭的联动触发信号，联动触发信号应由火灾报警控制器或消防联动控制器发出，并应由消防联动控制器或防火门监控器联动控制防火门关闭。

3　疏散通道上各防火门的开启、关闭及故障状态信号应反馈至防火门监控器。

4　每台防火门监控器能连接的监控分机数量及每台监控分机能连接的监控模块数量应满足设备产品要求。

5　防火门监控器宜按防火分区控制常开防火门的关闭。

6　防火门监控器应设置在消防控制室，未设置消防控制室时，应设置在有人值班的场所。监控分机可设置在电气竖井或楼层配电间等处。

7　当系统中设置有图形显示装置时，防火门监控器应将防火门状态信息反馈至图形显示装置。

22.8.3　防火门监控系统线缆选择与敷设见表 22.8-1。

防火门监控系统线缆选择与敷设　　　　　　　　　　表 22.8-1

建筑类型	通信总线＋电源总线(24V)	监控分机电源线(220V)	线缆敷设方式
多层、二类高层建筑	ZR(ZN)-RVS-2×1.5+ +NH-BV-2×1.5	NH-BV-3×2.5	通信总线、电源总线穿金属管同管敷设或与火灾自动报警系统共用金属槽盒敷设。监控分机电源线单独穿管敷设
一类高层建筑、人员密集场所	WDZ(WDZN)-RYJS-2×1.5 +WDZN-BYJ-2×1.5	WDZN-BYJ-3×2.5	

22.8.4　图 22.8-2、图 22.8-3 为常开、常闭防火门安装示意图及平面大样图。

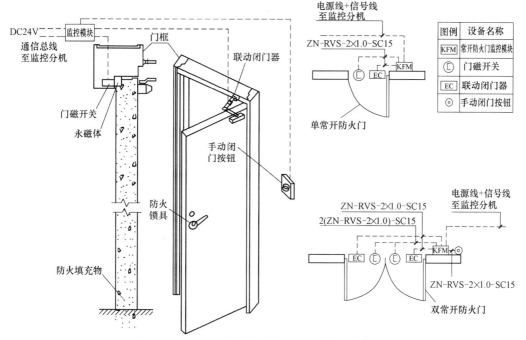

图 22.8-2 常开防火门安装示意图及平面大样图

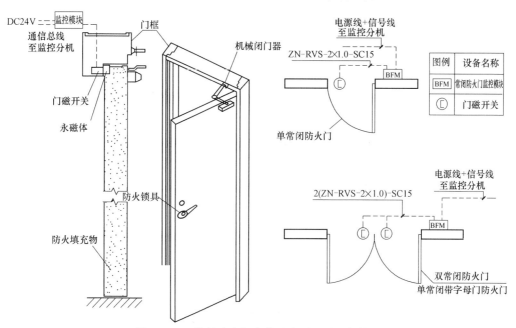

图 22.8-3 常闭防火门安装示意图及平面大样图

22.9 余压监测控制系统

22.9.1 余压监控系统由余压监控器、余压控制器、余压探测器等组成。图 22.9-1 为余压监控系统示意图。

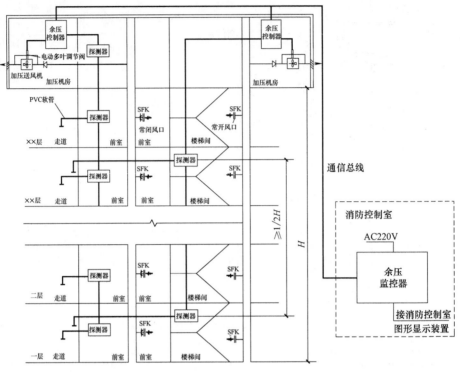

图 22.9-1 余压监控系统示意图

设置原则：

1 当暖通专业设有机械加压送风系统，且设有测压装置及风压调节措施时，应设置余压监测控制系统。

2 余压探测器的设置位置应根据暖通专业条件确定，通常在每层前室设置余压探测器，前室、合用前室、消防电梯前室与走道之间的压差应为25Pa～30Pa，楼梯间内两个余压探测器距离大于楼梯间高度的1/2，防烟楼梯间、封闭楼梯间与走道之间的压差应为40Pa～50Pa。

3 当余压值超过规范规定值时，余压探测器发出报警信号，余压监控器打开加压风机旁的电动多叶调节阀进行泄压，使楼梯间、前室余压值回落到正常值。

4 余压监控器应设置在消防控制室内。

22.9.2 余压监控系统线缆选择与敷设见表22.9-1。

余压监控系统线缆选择与敷设　　　　　　　　表 22.9-1

建筑类型	主机电源线	通信线缆选择	电动多叶调节阀控制线	敷设方式
多层、二类高层建筑	NH-BV-2×2.5	ZR(ZN)-RVS-2×1.5	NH-KVV-7×1.0	电源线缆穿金属管单独敷设；通信线缆穿金属管单独敷设或与火灾自动报警系统共用金属槽盒敷设
一类高层建筑、人员密集场所	WDZN-BYJ-2×2.5	WDZ(WDZN)-RYJS-2×1.5	WDZN-KYJY-7×1.0	

22.10 可燃气体探测报警系统

22.10.1 可燃气体探测报警系统应由可燃气体报警控制器、可燃气体探测器和火灾声光警报器等组成。可燃气体报警控制器发出报警信号时，应能启动保护区域的火灾声光警报器，同时关闭燃气管道的关断阀、打开事故风机。图 22.10-1 为可燃气体探测报警系统示意图。

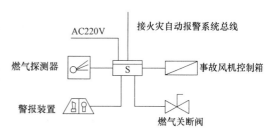

图 22.10-1　可燃气体探测报警系统示意图

22.10.2 设置原则：

1　建筑内设有可燃气体、可燃蒸气管路的场所（如燃气锅炉房、燃气表间、设有燃气灶的厨房、敷设有燃气管道的位置等）应设置可燃气体报警装置。

2　可燃气体探测报警系统应独立组成，可燃气体探测器不应接入火灾报警控制器的探测器回路；当可燃气体的报警信号需接入火灾自动报警系统时，应由可燃气体报警控制器接入。

3　可燃气体探测报警系统保护区域内有联动和警报要求时，应由可燃气体报警控制器或消防联动控制器联动实现。

4　当有消防控制室时，可燃气体报警控制器可设置在保护区域附近；当无消防控制室时，可燃气体报警控制器应设置在有人值班的场所。

5　可燃气体报警控制器的报警信息和故障信息，应在消防控制室图形显示装置或起集中控制功能的火灾报警控制器上显示，但该类信息与火灾报警信息的显示应有区别。

22.10.3 可燃气体探测报警系统线缆选择与敷设见表 22.10-1。

可燃气体探测报警系统线缆选择与敷设 表 22.10-1

建筑类型	主机电源线	通信总线+电源总线(24V)	敷设方式
多层、二类高层建筑	NH-BV-2×1.5	ZR(ZN)-RVS-2×1.5+ +NH-BV-2×1.5	电源线缆穿金属管单独敷设；通信线缆穿金属管单独敷设或与火灾自动报警系统共用金属槽盒敷设
一类高层建筑、人员密集场所	WDZN-BYJ-2×1.5	WDZ(WDZN)-RYJS-2×1.5+ +WDZN-BYJ-2×1.5	

22.11 自动末端试水监控系统

22.11.1 自动末端试水监控系统由自动末端试水监控器、自动末端试水监控分机（系统规模小时监控分机可不设置）、自动末端试水装置、电动试水阀等组成。图 22.11-1 为自动末端试水监控系统示意图。

22.11.2 设置原则：

1　自动喷水系统设有自动末端试水装置时，可设置自动末端试水监控系统。自动末端试水监控点位及监控要求，应与给水排水专业密切配合。

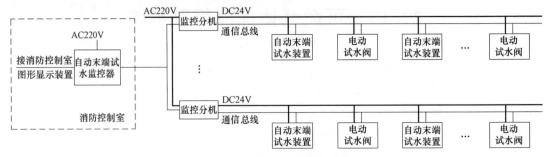

图 22.11-1   自动末端试水监控系统示意图

2   系统可在消防控制室内远程监测所测管道工作压力、流量及控制阀门的开、关状态。

3   每个报警阀组控制的最不利点喷头处，应设置自动末端试水装置；其他防火分区、楼层的最不利点喷头处，应设置电动试水阀。

4   自动末端试水监控器应设置在消防控制室，未设置消防控制室时，应设置在有人值班的场所。

5   每台自动末端试水监控器能连接的监控分机数量及每台监控分机能连接的自动末端试水装置数量应满足设备产品要求。

22.11.3   自动末端试水监控系统线缆选择与敷设见表 22.11-1。

自动末端试水监控系统线缆选择与敷设   表 22.11-1

建筑类型	通信总线+电源总线(24V)	监控分机电源线(220V)	线敷设方式
多层、二类高层建筑	ZR(ZN)-RVSP-2×1.5+ +NH-BV-2×2.5	NH-BV-3×2.5	通信总线、电源总线穿金属管同管敷设或与火灾自动报警系统共用金属槽盒敷设；监控分机电源线单独穿管敷设
一类高层建筑、人员密集场所	WDZ(WDZN)-RYJSP-2×1.5+ +WDZN-BYJ-2×2.5	WDZN-BYJ-3×2.5	

23 智能化系统设计说明

23.1 一 般 要 求

23.1.1 智能化设计前，应首先明确设计内容及深度，并按下列顺序逐一落实：

1 所签合同规定的相关设计内容及深度。

2 甲方提供的设计任务书。

3 住房和城乡建设部《建筑工程设计文件编制深度规定（2016 年版）》（火灾报警及消防联动系统属于智能化范畴，但一般由电气专业完成设计）。

4 《智能建筑工程设计通则》T/CECA20003 等行业、地方以及学协会团体标准。

23.1.2 设计说明应区分下列阶段，表达不同的内容：

1 智能化投标。

2 建筑设计（土建设计）（方案、初设、施工图）。

3 专项设计（方案、初设、施工图）。

4 中标单位深化设计。

5 竣工图。

23.1.3 智能化各阶段需与其他专业包括并不限于了解、配合、确定下列工作：

1 智能化投标：

1）原建筑设计单位土建机房设置概况；

2）原建筑设计单位电气专业的预留条件。

2 建筑设计（土建设计）智能化方案：

1）与建筑专业配合机房设置数量及大概位置；

2）与电气专业明确消防报警、建设设备监控、能源管理等分工界面。

3 建筑设计（土建设计）智能化初设：

1）与总图专业确定进出线路由；

2）与建筑专业确定机房设置位置；

3）与各专业一起规划竖井位置、尺寸；

4）与电气专业明确消防报警、建设设备监控、能源管理、智能照明控制、智能化系统电源配置等分工界面；

5）当需要计量用水量时，与给水排水专业确定水表设置大概位置；

6）当需要热力计量时，与暖通专业确定热力计费大概位置。

4 建筑设计（土建设计）智能化施工图：

1）与建筑专业核对机房位置；

2）核对智能化系统进出线路由及预留防水套管；

3）核对竖井位置、尺寸以及配合竖井的土建（后浇板或留板洞、门框上混凝土墙）

留洞（如果专项设计与建筑设计同步进行，留洞工作由专项设计完成）；

　　4）与各专业一起规划智能化专业桥架安装空间位置；

　　5）与电气专业核对智能化系统的电源、智能化专用机房内部接地与大楼接地位置等。

　　5　专项设计智能化方案：

　　同建筑设计（土建设计）智能化方案。

　　6　专项设计智能化初设：

　　1）同建筑设计（土建设计）智能化初设；

　　2）按照合同要求提供概算。

　　7　专项设计智能化施工图：

　　1）机房设备布置后，与建筑专业核对机房具体尺寸、地面做法、吊顶高度、门开启位置等；

　　2）与结构专业核对机房荷载、智能化系统进出线路由及预留防水管线等；

　　3）核对竖井位置、尺寸以及配合竖井的土建（留板洞、门框上混凝土墙）留洞；

　　4）与水、暖、电专业等一起进行智能化专业桥架安装位置管线综合；

　　5）与电气专业核对消防报警联动、智能化系统电源、智能化专用机房内部接地与大楼接地位置、智能化专用机房内照明、智能照明控制点位置、智能化末端点位电源设置等；

　　6）与暖通、给水排水、电气专业核对会签建设设备监控各个点位；

　　7）能源管理系统与给水排水专业核对水表设置位置、与暖通专业核对热力计费位置、与电气专业核对电量计费点位；

　　8）与装修及水、暖、电专业等进行吊顶点位综合；

　　9）与给水排水专业核对机房灭火措施；

　　10）与暖通专业核对智能化机房等温、湿度要求。

　　8　中标单位深化设计：

　　1）按照建筑设计单位或专项设计单位的施工图，再次与甲方核对末端点位需求；

　　2）按照投标产品系列，深化原施工图系统中设备配置选型；

　　3）其他同专项设计智能化施工图；

　　4）按招标文件及投标文件，提供全部设备、材料的技术指标要求、型号、规格、数量的订货清单。

　　9　竣工图：施工单位在中标单位深化设计施工图的基础上，按照工程变更、施工洽商等甲方确认得修改文件，标注、修改全部施工图内容。

23.1.4　智能化各阶段设计图纸深度：

　　1　智能化建筑设计（土建设计）扩初：

　　1）智能化各系统的系统图；

　　2）智能化各系统及其子系统主要干线所在楼层的干线路由平面图；

　　3）智能化各系统及其子系统主机房布置平面示意图。

　　2　智能化建筑设计（土建设计）施工图：

　　1）智能化各系统及其子系统的系统框图；

　　2）智能化各系统及其子系统的干线桥架走向平面图；

3）智能化各系统及其子系统竖井布置分布图。

3　智能化专项设计方案：建筑智能化设计文件应包括设计说明书、系统造价估算。

4　智能化专项设计扩初：设计文件一般应包括封面、图纸目录、设计说明书（见表23.2-1）、设计图纸及系统概算。

1）各子系统的系统框图或系统图；

2）智能化技术用房的位置及布置图；

3）系统框图或系统图应包含系统名称、组成单元、框架体系、图例等；

4）图例应注明主要设备的图例、名称、规格、单位、数量、安装要求等；

5）概算需确定各子系统规模；

6）概算需确定各子系统概算，包括单位、数量、系统造价。

5　智能化专项设计施工图：包括封面、图纸目录、设计说明（见表23.2-1）、系统图与平面图以及详图。系统图与平面图以及详图的技术要求与深度要求详见本技术措施第28～31章。

6　智能化设计深化图：不少于智能化专项设计施工图设计内容，增加中标设备性能指标及选型。

23.2　不同设计阶段设计说明

23.2.1　住房和城乡建设部《建筑工程设计文件编制深度规定（2016年版）》要求见表23.2-1。

《建筑工程设计文件编制深度规定（2016年版）》要求　　　　表23.2-1

建筑设计（土建设计）	智能化方案	智能化各系统配置内容； 智能化各系统对城市公用设施的需求
	智能化扩初	智能化设计概况； 智能化各系统的系统形式及其系统组成； 智能化各系统的主机房、控制室位置； 智能化各系统的布线方案； 智能化各系统的点位配置标准； 智能化各系统的供电、防雷及接地等要求； 智能化各系统与其他专业设计的分工界面、接口条件。 机房工程：确定智能化机房的位置、面积及通信接入要求；当智能化机房有特殊荷载设备时，确定智能化机房的结构荷载要求；确定智能化机房的空调形式及机房环境要求；确定智能化机房的给水、排水及消防要求；确定智能化机房用电容量要求；确定智能化机房装修、电磁屏蔽、防雷接地等要求
	智能化施工图	智能化系统设计概况； 智能化各系统的供电、防雷及接地等要求； 智能化各系统与其他专业设计的分工界面、接口条件
智能化专项设计	方案	工程概况：应说明建筑类别、性质、功能、组成、面积（或体积）、层数、高度以及能反映建筑规模的主要技术指标等（参见5.2.1条）；应说明本项目需设置的机房数量、类型、功能、面积、位置要求及指标。 设计依据：建设单位提供有关资料和设计任务书；设计所执行的主要法规和所采用的主要标准（包括标准的名称、编号、年号及版本号）。 设计范围：本工程拟设的建筑智能化系统，内容一般应包括系统分类、系统名称，表述方式应符合《智能建筑设计标准》GB 50314层级分类的要求和顺序。 设计内容：包括建筑智能化系统架构，各子系统的系统概述、功能、结构、组成以及技术要求

续表

智能化专项设计	扩初	工程概况:与方案设计相同。 设计依据:已批准的方案设计文件(注明文号说明);建设单位提供有关资料和设计任务书;本专业设计所采用的设计所执行的主要法规和所采用的主要标准(包括标准的名称、编号、年号和版本号);工程可利用的市政条件或设计依据的市政条件;建筑和有关专业提供的条件图和有关资料。 设计范围:见方案设计。 设计内容:各子系统的功能要求、系统组成、系统结构、设计原则、系统的主要性能指标及机房位置。 节能及环保措施。 相关专业及市政相关部门的技术接口要求。 按照合同要求提供概算
	施工图	工程概况:应将经初步(或方案)设计审批定案的主要指标录入;其他初步设计。 设计依据:已批准的初步设计文件(注明文号或说明);其他初步设计。 设计范围:其他初步设计。 设计内容:应包括智能化系统及各系统的用途、结构、功能、功能、设计原则、系统点表、系统及主要设备的性能指标。 各系统的施工要求和注意事项(包括布线、设备安装等)。 设备主要技术要求及控制精度要求(亦可附在相应图纸上)。 防雷、接地及安全措施等要求(亦可附在相应图纸上)。 节能及环保措施。 与相关专业及市政相关部门的技术接口要求及专业分工界面说明。 各分系统间联动控制和信号传输的设计要求。 对承包商深化设计图纸的审核要求。 凡不能用图示表达的施工要求,均应以设计说明表述。 有特殊需要说明的可集中或分列在有关图纸上
	深化	同上,并满足设备材料采购、非标准设备制作、施工和调试的需要

23.2.2 建筑设计(土建设计)智能化方案、扩初、施工图设计说明要表达的重点内容见表 23.2-2。

建筑设计(土建设计)智能化方案、扩初、施工图设计说明要表达的重点 表 23.2-2

序号	建筑设计智能化方案	建筑设计智能化扩初	建筑设计智能化施工图	承包商深化设计
1	拟设置的系统	拟设系统的形式及组成	同左	与智能化专项设计后承包商深化设计相同
2	需要的市政条件	与市政分工界面、接口条件	与市政分工界面、接口条件;与各专业分工界面、接口条件	
3		各系统的机房、点位配置标准		

23.2.3 智能化专项设计方案、扩初、施工图设计说明要表达的重点内容见表 23.2-3。

智能化专项设计方案、扩初、施工图设计说明要表达的重点 表 23.2-3

序号	智能化专项设计方案	智能化专项设计扩初	智能化专项设计施工图	智能化专项设计后承包商深化设计
1	项目概况	同左	同左	同左
2	设计依据	设计任务书、法规标准、市政条件、有关专业提供的资料	同左,并将审批定案的主要指标录入	同左
3	设计范围:拟设的系统	同左	同左	同左
4	设计内容:包括系统架构、概述、功能、组成以及技术要求	设计内容:各系统的功能要求、组成、结构、设计原则、主要性能指标及机房位置	设计内容:同左,且各子系统的用途、功能、系统点表	同左

续表

序号	智能化专项设计方案	智能化专项设计扩初	智能化专项设计施工图	智能化专项设计后承包商深化设计
5		节能及环保措施	同左	同左
6		相关专业及市政相关部门的技术接口要求	同左	同左
7		按照合同要求提供概算	施工要求	同左并说明调试、验收的要求
8			设备主要技术要求,各分系统间联动控制	按招标文件及投标文件,提供全部设备、材料的技术指标要求、型号、规格、数量的订货清单
9			对承包商深化设计图纸的审核要求	

23.3 建筑设计（土建设计）智能化方案阶段

23.3.1 智能化各系统配置内容：

1 规范中对此类建筑的配置要求。

2 智能化系统机房及系统整体规划。

3 分别说明以下系统配置、末端需求及配置标准。

1）信息化应用系统：公共服务系统、智能卡应用系统、物业管理系统、信息设施运行管理系统、信息安全管理系统、通用业务系统、专用业务系统；

2）智能化系统集成：智能化信息集成（平台）系统、集成信息应用系统；

3）信息设施系统：信息接入系统、综合布线系统、移动通信室内信号覆盖系统、用户电话交换系统、卫星通信系统、无线对讲系统、信息网络系统、有线电视系统、卫星电视接收系统、公共广播系统、会议系统、信息导引及发布系统、时钟系统；

4）建筑设备管理系统：建筑设备监控系统、建筑能效监管系统、客房集控系统以及需纳入管理的其他业务设施系统等；

5）公共安全系统：火灾自动报警系统、安全技术防范系统（入侵报警、视频安防监控、出入口控制、电子巡查、安全检查、访客对讲、停车库（场）管理系统）、安全防范综合管理（平台）和应急响应系统。

6）机房工程：信息接入机房、有线电视前端机房、信息设施系统总配线机房、智能化总控室、信息网络机房、用户电话交换机机房、消防控制室、安防监控中心、应急响应中心、智能化设备间（弱电间）、机房安全系统、机房综合管理系统。

23.3.2 智能化各系统对城市公用设施的需求：

1 建筑物内用户对信息通信市政接入的需求，以及各公共信息网和专用信息网引入建筑物路径、容量需求。

  2　对接智慧城市的技术条件。

23.4　建筑设计（土建设计）智能化扩初阶段

23.4.1　智能化设计概况；

  1　建筑概况（与电气专业相同，见本技术措施第 5.2.1 条）

  2　设计依据：摘录合同中对智能化设计要求、设计任务书主要内容、各专业提供的资料目录等。

  3　采用的规范及图集：设计中遵循的规范目录、设计参考的图集目录等。

  4　设计范围，列举需设置的各系统：

  1）信息化应用系统：公共服务系统、智能卡应用系统、物业管理系统、信息设施运行管理系统、信息安全管理系统、通用业务系统、专用业务系统；

  2）智能化系统集成：智能化信息集成（平台）系统、集成信息应用系统；

  3）信息设施系统：信息接入系统、综合布线系统、移动通信室内信号覆盖系统、用户电话交换系统、卫星通信系统、无线对讲系统、信息网络系统、有线电视系统、卫星电视接收系统、公共广播系统、会议系统、信息导引及发布系统、时钟系统；

  4）建筑设备管理系统：建筑设备监控系统、建筑能效监管系统、客房集控系统以及需纳入管理的其他业务设施系统等；

  5）公共安全系统：火灾自动报警系统、安全技术防范系统（入侵报警、视频安防监控、出入口控制、电子巡查、安全检查、访客对讲、停车库（场）管理系统）、安全防范综合管理（平台）和应急响应系统。

  6）机房工程：信息接入机房、有线电视前端机房、信息设施系统总配线机房、智能化总控室、信息网络机房、用户电话交换机机房、消防控制室、安防监控中心、应急响应中心、智能化设备间（弱电间）、机房安全系统、机房综合管理系统。

  5　分工界面：

  1）智能化各系统与其他专业设计的分工界面、接口条件；

  2）电信系统（含有线电视系统）；

  3）火灾自动报警及消防联动控制系统；

  4）室内移动通信覆盖系统；

  5）装修场所；

  6）智能化各系统的供电、防雷及接地等要求。

  6　设计遗留问题：

  1）末端需求确认；

  2）系统设计标准确认。

23.4.2　分别说明表 23.4-1 中各系统的系统形式及其系统组成；主机房、控制室位置；系统的布线方案；系统的点位配置标准；系统的供电、防雷及接地等要求；系统与其他专业设计的分工界面、接口条件。

智能化系统分类　　　　　　　　　　　　　　　　　表 23.4-1

序号	系统名称	序号	系统名称
一、信 息 设 施 系 统		三、公 共 安 全 系 统	
1	综合布线系统	1	火灾自动报警系统(详电气专业图纸)
2	移动通信室内信号覆盖系统	2	安全技术防范系统
3	用户电话交换系统	1)	视频监控系统
4	卫星通信系统	2)	出入口控制系统
5	无线对讲系统	3)	入侵报警系统
6	信息网络系统	4)	电子巡查系统
7	有线电视系统	5)	访客对讲系统
8	卫星电视接收系统	6)	停车库(场)管理系统
9	公共广播系统	7)	安全防范综合管理(平台)
10	会议系统	3	应急响应系统
11	信息导引及发布系统	4	安全检查系统
12	时钟系统	四、智 能 化 系 统 集 成	
二、建 筑 设 备 管 理 系 统		智能化信息集成(平台)系统	
1	建筑设备监控系统	集成信息应用系统	
2	建筑能效监管系统		
3	旅馆建筑客房集控系统		
五、信 息 化 运 用 系 统			
1	公共服务系统	信息安全管理系统	
2	智能卡应用系统	通用业务系统(注 1)	
3	物业管理系统	专用业务系统(注 2)	
4	信息设施运行管理系统		

注: 1　通用业务系统包括基本业务办公、基本旅馆经营管理等系统。
　　2　专用业务系统包括专用办公、星级酒店经营管理、图书馆数字管理、博物馆业务信息化、舞台监督通信指挥、舞台监视、票务管理、自助寄存、会展业务运营、售检票、校务数字化管理、多媒体教学、教学评估音视频观察、多媒体制作与播放、语音教学、图书馆管理、金融业务、航站业务信息化管理、航班信息综合、离港、泊位引导、医疗业务信息化、病房探视、视频示教、候诊呼叫、护理呼应信号、计时记分、现场成绩处理、电视转播和现场评论、升旗控制、商店经营业务、企业信息化等系统。

23.4.3 机房工程：信息接入机房、有线电视前端机房、信息设施系统总配线机房、智能化总控室、信息网络机房、用户电话交换机机房、消防控制室、安防监控中心、应急响应中心、智能化设备间（弱电间）、机房安全系统、机房综合管理系统。

　　1　确定智能化机房或控制室、设备间（弱电间）的位置、面积要求。

　　2　确定智能化机房或控制室、设备间（弱电间）的结构荷载要求。

　　3　确定智能化机房的空调形式及机房环境要求。

　　4　确定智能化机房的给水、排水及消防要求。

　　5　确定智能化机房用电容量要求、防雷及接地等要求。

　　6　确定智能化机房装修、电磁屏蔽等要求。

23.5　建筑设计（土建设计）智能化施工图阶段

23.5.1　智能化系统设计概况；

　　1　建筑概况（与强电专业相同）；

2 设计依据（与建筑设计智能化扩初阶段相同）；

3 采用的规范及图集（与建筑设计智能化扩初阶段相同）；

4 设计范围（与建筑设计智能化扩初阶段相同）。

23.5.2 智能化各系统的供电、防雷及接地等要求。

23.5.3 智能化各系统与其他专业设计的分工界面、接口条件。

23.5.4 其他需说明的内容（机房、竖井、进户线、主干桥架规划等）。

23.6　智能化专项设计方案阶段

23.6.1 工程概况：

1 建筑类别、性质、功能、组成、面积、层数、高度以及能反映建筑规模的主要技术指标等。

2 需设置的机房数量、类型、功能、面积、位置要求及指标需求。

23.6.2 设计依据：

1 设计合同要求、建设单位提供有关资料和设计任务书。

2 设计所执行的主要法规和所采用的主要标准、图集（包括标准的名称、编号、年号和版本号）。

23.6.3 设计范围：本工程拟设的建筑智能化系统，包括系统分类、系统名称。

23.6.4 设计内容：按以下分项说明建筑智能化系统架构，各系统的概述、功能、结构、组成以及简单技术要求，各智能化系统整体规划。

1 信息化应用系统：公共服务系统、智能卡应用系统、物业管理系统、信息设施运行管理系统、信息安全管理系统、通用业务系统、专用业务系统。

2 智能化系统集成：智能化信息集成（平台）系统、集成信息应用系统。

3 信息设施系统：信息接入系统、综合布线系统、移动通信室内信号覆盖系统、用户电话交换系统、卫星通信系统、无线对讲系统、信息网络系统、有线电视系统、卫星电视接收系统、公共广播系统、会议系统、信息导引及发布系统、时钟系统。

4 建筑设备管理系统：建筑设备监控系统、建筑能效监管系统、客房集控系统以及需纳入管理的其他业务设施系统等。

5 公共安全系统：火灾自动报警系统、安全技术防范系统（入侵报警、视频安防监控、出入口控制、电子巡查、安全检查、访客对讲、停车库（场）管理系统）、安全防范综合管理（平台）和应急响应系统。

6 机房工程：信息接入机房、有线电视前端机房、信息设施系统总配线机房、智能化总控室、信息网络机房、用户电话交换机机房、消防控制室、安防监控中心、应急响应中心、智能化设备间（弱电间）、机房安全系统、机房综合管理系统。

23.6.5 智能化各系统对城市公用设施的需求：

1 建筑物内各类用户对信息通信的需求，以及各类公共信息网和专用信息网引入建筑物路径、容量需求；

2 对接智慧城市的技术条件。

23.6.6 相关专业出具智能化各系统造价估算。

23.7 智能化专项设计扩初阶段

23.7.1 工程概况：建筑类别、性质、功能、组成、面积、层数、高度以及能反映建筑规模的主要技术指标等。本项目需设置的机房数量、类型、功能、面积、位置要求及指标。

23.7.2 设计依据：

1 已批准的方案设计文件（注明文号说明）；

2 建设单位提供有关资料和设计任务书；

3 本专业设计所采用的设计所执行的主要法规和所采用的主要标准（包括标准的名称、编号、年号和版本号）；

4 工程可利用的市政条件或设计依据的市政条件；相关专业及市政相关部门的技术接口要求；

5 建筑和有关专业提供的条件图和有关资料；

6 设计遗留问题。

23.7.3 设计范围：本工程拟设的建筑智能化系统，内容一般应包括系统分类、系统名称。

1 信息化应用系统：公共服务系统、智能卡应用系统、物业管理系统、信息设施运行管理系统、信息安全管理系统、通用业务系统、专用业务系统；

2 智能化系统集成：智能化信息集成（平台）系统、集成信息应用系统；

3 信息设施系统：信息接入系统、综合布线系统、移动通信室内信号覆盖系统、用户电话交换系统、卫星通信系统、无线对讲系统、信息网络系统、有线电视系统、卫星电视接收系统、公共广播系统、会议系统、信息导引及发布系统、时钟系统；

4 建筑设备管理系统：建筑设备监控系统、建筑能效监管系统、客房集控系统以及需纳入管理的其他业务设施系统等；

5 公共安全系统：火灾自动报警系统、安全技术防范系统（入侵报警、视频安防监控、出入口控制、电子巡查、安全检查、访客对讲、停车库（场）管理系统）、安全防范综合管理（平台）和应急响应系统；

6 机房工程：信息接入机房、有线电视前端机房、信息设施系统总配线机房、智能化总控室、信息网络机房、用户电话交换机机房、消防控制室、安防监控中心、应急响应中心、智能化设备间（弱电间）、机房安全系统、机房综合管理系统。

23.7.4 设计主要内容：各子系统的功能要求、系统组成、系统结构、设计原则、系统的主要性能指标及机房位置；节能环保措施；相关专业及市政相关部门的技术接口要求。

23.7.5 相关专业提供系统概算：含各子系统规模；各子系统概算，包括单位、数量、系统造价。

23.7.6 信息设施系统——信息接入系统：

1 系统接入机房、进线间位置；

2 信息接入系统形式及其系统组成、系统构架及布线方案；

3 系统主布线路由、点位配置总数；

    4 系统接入线缆要求；

    5 系统供电、接入防雷及接地等要求；

    6 系统与其他市政部门的分工界面、接口标准及协议、接口条件。

23.7.7 信息设施系统——综合布线系统：

    1 系统形式及其系统组成；

    2 系统布线机房、设备间（弱电间）位置；

    3 系统构架及布线方案；

    4 系统点位配置标准；

    5 系统线缆要求；

    6 系统防浪涌及接地等要求；

    7 系统与其他关联系统的分工界面、接口标准及协议、接口条件。

23.7.8 信息设施系统——移动通信室内信号覆盖系统：

    1 系统形式及其系统组成；

    2 系统机房位置；

    3 系统构架及布线方案；

    4 系统点位配置标准；

    5 系统线缆要求；

    6 系统供电、防雷及接地等要求；

    7 系统与其他关联系统的分工界面、接口标准及协议、接口条件。

23.7.9 信息设施系统——用户电话交换系统：

    1 用户电话交换系统形式、功能要求及其系统组成、系统结构、设计原则、系统的主要性能指标；

    2 用户电话交换系统主机房、设备间（弱电间）位置；

    3 系统构架及布线方案、主布线路由；

    4 用户电话交换系统电话点位配置标准；

    5 系统线缆要求；

    6 系统供电、防浪涌及接地等要求；

    7 系统与其他关联系统的分工界面、接口标准及协议、接口条件。

23.7.10 信息设施系统——卫星通信系统：

    1 系统形式及其系统组成；

    2 系统机房位置；

    3 系统构架及布线方案；

    4 系统线缆要求；

    5 系统供电、防雷及接地等要求；

    6 系统与其他关联系统的分工界面、接口标准及协议、接口条件。

23.7.11 信息设施系统——无线对讲系统：

    1 系统形式及其系统组成；

    2 系统机房位置；

    3 系统构架及布线方案；

　　4 系统线缆要求；

　　5 系统供电、防雷及接地等要求；

　　6 系统与其他关联系统的分工界面、接口标准及协议、接口条件。

23.7.12 信息设施系统——信息网络系统：

　　1 信息网络形式、功能要求及其系统组成、系统结构、设计原则、系统的主要性能指标；

　　2 信息网络系统主机房、设备间（弱电间）位置；

　　3 系统构架及布线方案、主布线路由；

　　4 信息网络系统的分类、隔离要求和点位配置标准；

　　5 系统线缆、链路要求；

　　6 系统供电、防雷及接地等要求；

　　7 系统与其他关联系统的分工界面、接口标准及协议、接口条件。

23.7.13 信息设施系统——有线电视系统：

　　1 有线电视接收系统形式、功能要求及其系统组成、系统结构、设计原则、系统的主要性能指标；

　　2 有线电视接收系统机房、设备间（弱电间）位置；

　　3 系统构架及布线方案、主布线路由；

　　4 系统点位配置标准；

　　5 系统线缆要求；

　　6 系统供电、防雷及接地等要求；

　　7 系统与其他关联系统的分工界面、接口标准及协议、接口条件。

23.7.14 信息设施系统——卫星电视接收系统：

　　1 卫星电视接收系统形式、功能要求及其系统组成、系统结构、设计原则、系统的主要性能指标；

　　2 卫星电视系统机房位置；

　　3 系统构架及布线方案、主布线路由；

　　4 卫星电视系统点位配置标准；

　　5 系统线缆要求；

　　6 系统供电、防雷及接地等要求；

　　7 系统与其他关联系统的分工界面、接口标准及协议、接口条件。

23.7.15 信息设施系统——公共广播系统：

　　1 系统形式及其系统组成，与消防广播系统的区别；

　　2 公共广播系统机房、设备间（弱电间）位置；

　　3 系统构架及布线方案；

　　4 系统线缆要求；

　　5 系统供电、防雷及接地等要求；

　　6 系统与其他关联系统的分工界面、接口标准及协议、接口条件。

23.7.16 信息设施系统——会议系统：

　　1 各类大小会议室会议系统形式、功能要求及其系统组成、系统结构、设计原则、系统的主要性能指标；

 2　会议系统管理机房位置；

 3　会议系统管理系统构架及会议室布线方案；

 4　系统各类大小会议室配置标准；

 5　系统线缆要求；

 6　系统供电及接地等要求；

 7　系统与其他关联系统的分工界面、接口标准及协议、接口条件。

23.7.17　信息设施系统——信息导引及发布系统：

 1　系统形式及其系统组成；

 2　系统机房位置；

 3　系统构架及布线方案；

 4　信息导引及发布点位配置标准；

 5　系统线缆要求；

 6　系统供电及接地等要求；

 7　系统与其他关联系统的分工界面、接口标准及协议、接口条件。

23.7.18　信息设施系统——时钟系统：

 1　系统形式及其系统组成；

 2　系统主控制室位置；

 3　系统构架及布线方案；

 4　时钟系统用户配置标准；

 5　系统线缆要求；

 6　系统供电及接地等要求；

 7　系统与其他关联系统的分工界面、接口标准及协议、接口条件。

23.7.19　建筑设备管理系统——建筑设备监控系统：

 1　建筑设备监控系统形式、功能要求及其系统组成、系统结构、设计原则、系统的主要性能指标；

 2　建筑设备监控系统控制室位置；

 3　系统构架及布线方案、主布线路由；

 4　建筑设备监控系统所控制设备监控内容及配置标准；

 5　系统线缆要求；

 6　系统供电及接地等要求；

 7　系统与其他关联系统的分工界面、接口标准及协议、接口条件。

23.7.20　建筑设备管理系统——建筑能效监管系统：

 1　系统形式及其系统组成，与变电所电力监控系统关联性；

 2　系统控制室位置；

 3　系统构架及布线方案；

 4　系统能效监管内容及配置标准；

 5　系统线缆要求；

 6　系统供电及接地等要求；

7 系统与其他关联系统的分工界面、接口标准及协议、接口条件。

23.7.21 建筑设备管理系统——旅馆建筑客房集控系统：

1 系统形式及其系统组成；

2 系统机房或控制室位置；

3 系统构架及布线方案；

4 客房集控配置标准；

5 系统线缆要求；

6 系统供电及接地等要求；

7 系统与其他关联系统的分工界面、接口标准及协议、接口条件。

23.7.22 公共安全系统——火灾自动报警系统：

详见电气专业图纸。

23.7.23 公共安全系统——安全技术防范系统（入侵报警系统）：

1 入侵报警系统形式、功能要求及其系统组成、系统结构、设计原则、系统的主要性能指标；

2 入侵报警系统控制室、设备间（弱电间）位置；

3 入侵报警系统构架及布线方案、主布线路由；

4 入侵报警系统点位配置标准；

5 入侵报警系统线缆要求；

6 入侵报警系统供电、防浪涌及接地等要求；

7 入侵报警系统与其他关联系统的分工界面、接口标准及协议、接口条件。

23.7.24 公共安全系统——安全技术防范系统（视频安防监控系统）：

1 视频安防监控系统形式、功能要求及其系统组成、系统结构、设计原则、系统的主要性能指标；

2 视频安防监控系统控制室、设备间（弱电间）位置；

3 视频安防监控系统构架及布线方案、主布线路由；

4 视频安防监控系统点位配置标准；

5 视频安防监控系统线缆要求；

6 视频安防监控系统供电、防浪涌及接地等要求；

7 视频安防监控系统与其他关联系统的分工界面、接口标准及协议、接口条件。

23.7.25 公共安全系统——安全技术防范系统（出入口控制系统）：

1 出入口控制系统形式、功能要求及其系统组成、系统结构、设计原则、系统的主要性能指标；

2 出入口控制系统控制室、设备间（弱电间）位置；

3 系统构架及布线方案、主布线路由；

4 出入口控制系统点位配置标准；

5 系统线缆要求；

6 系统供电及接地等要求；

7 系统与其他关联系统的分工界面、接口标准及协议、接口条件。

23.7.26 公共安全系统——安全技术防范系统（电子巡查系统）：

  1　系统形式、功能要求及其系统组成、系统结构、设计原则、系统的主要性能指标；

  2　系统控制室、设备间（弱电间）位置；

  3　系统构架及布线方案、主布线路由；

  4　系统点位配置标准；

  5　系统线缆要求；

  6　系统供电及接地等要求；

  7　系统与其他关联系统的分工界面、接口标准及协议、接口条件。

23.7.27　公共安全系统——安全技术防范系统（安全检查系统）：

  1　系统形式、功能要求及其系统组成、系统结构、设计原则、系统的主要性能指标；

  2　系统控制室、设备间（弱电间）位置；

  3　系统构架及布线方案、主布线路由；

  4　安全检查位置配置标准；

  5　系统线缆要求；

  6　系统供电、防雷及接地等要求；

  7　系统与其他关联系统的分工界面、接口标准及协议、接口条件。

23.7.28　公共安全系统——安全技术防范系统（访客对讲系统）：

  1　系统形式、功能要求及其系统组成、系统结构、设计原则、系统的主要性能指标；

  2　系统控制室位置；

  3　系统构架及布线方案、主布线路由；

  4　系统访客控制点配置标准；

  5　系统线缆要求；

  6　系统供电、防雷及接地等要求；

  7　系统与其他关联系统的分工界面、接口标准及协议、接口条件。

23.7.29　公共安全系统——安全技术防范系统（停车库（场）管理系统）：

  1　停车库（场）管理系统形式、功能要求及其系统组成、系统结构、设计原则、系统的主要性能指标；

  2　停车库（场）管理系统控制室位置；

  3　系统构架及布线方案、主布线路由；

  4　系统进出口配置标准、几进几出；

  5　系统线缆要求；

  6　系统供电、防雷及接地等要求；

  7　系统与其他关联系统的分工界面、接口标准及协议、接口条件。

23.7.30　公共安全系统——安全防范综合管理（平台）：

  1　系统形式及平台组成；

  2　系统控制室位置；

  3　系统构架及布线方案；

  4　系统平台上线内容、配置标准以及各系统间的联动关系；

  5　系统供电、防浪涌及接地等要求；

  6　系统与其他关联系统的分工界面、接口标准及协议、接口条件。

23.7.31 公共安全系统——应急响应系统：

  1 系统形式及其系统组成；

  2 系统控制室位置；

  3 系统构架及布线方案；

  4 应急响应系统上线配置标准；

  5 系统供电、防浪涌及接地等要求；

  6 系统与其他关联系统的分工界面、接口标准及协议、接口条件。

23.7.32 智能化系统集成——智能化信息集成（平台）系统：

  1 系统形式及其集成系统组成、系统的功能；

  2 系统机房或控制室位置；

  3 系统构架方案、构建要求；

  4 主要需集成的系统功能配置标准；

  5 系统供电、防浪涌及接地等要求；

  6 系统与其他关联系统的分工界面、接口标准及协议、通信互联要求、接口条件。

23.7.33 智能化系统集成——集成信息应用系统：

  1 系统形式及其集成信息应用组成；

  2 系统机房或控制室位置；

  3 系统构架及布线方案；

  4 集成信息应用系统主要应用标准；

  5 系统与其他关联系统的分工界面、接口标准及协议、接口条件。

23.7.34 信息化应用系统——公共服务系统：

  1 系统形式及其系统组成；

  2 系统控制室位置；

  3 系统构架方案；

  4 公共服务主要内容；

  5 系统与其他关联系统的分工界面、接口标准及协议、接口条件。

23.7.35 信息化应用系统——智能卡应用系统：

  1 智能卡应用系统形式及其系统组成；

  2 智能卡应用系统控制室位置；

  3 智能卡应用系统构架方案；

  4 智能卡应用系统内容配置标准；

  5 系统供电要求；

  6 系统与其他关联系统的分工界面、接口标准及协议、接口条件。

23.7.36 信息化应用系统——物业管理系统：

  1 物业管理系统形式及其系统组成；

  2 物业管理系统控制室位置；

  3 物业管理系统构架；

  4 物业管理系统主要服务内容配置标准；

  5 物业管理系统供电要求；

　　6　系统与其他关联系统的分工界面、接口标准及协议、接口条件。

23.7.37　信息化应用系统——信息设施运行管理系统：

　　1　信息设施运行管理系统形式及其系统组成；

　　2　信息设施运行管理系统控制室位置；

　　3　信息设施运行管理系统构架；

　　4　信息设施运行管理系统配置标准；

　　5　信息设施运行管理系统供电要求；

　　6　系统与其他关联系统的分工界面、接口标准及协议、接口条件。

23.7.38　信息化应用系统——信息安全管理系统：

　　1　信息安全管理系统形式及其系统组成；

　　2　信息安全管理系统控制室位置；

　　3　信息安全管理系统构架；

　　4　信息安全管理系统配置标准；

　　5　信息安全管理系统供电、防浪涌及接地等要求；

　　6　系统与其他关联系统的分工界面、接口标准及协议、接口条件。

23.7.39　信息化应用系统——通用业务系统（基本业务办公、基本旅馆经营管理）：

　　1　通用业务系统形式及其系统组成；

　　2　通用业务系统机房位置；

　　3　通用业务系统构架及布线方案；

　　4　通用业务系统点位配置标准；

　　5　通用业务系统线缆要求；

　　6　通用业务系统供电、防雷及接地等要求；

　　7　通用业务系统与其他关联系统的分工界面、接口标准及协议、接口条件。

23.7.40　信息化应用系统——专用业务系统（专用办公、星级酒店经营管理、图书馆数字管理、博物馆业务信息化、舞台监督通信指挥、舞台监视、票务管理、自助寄存、会展业务运营、售检票、校务数字化管理、多媒体教学、教学评估音视频观察、多媒体制作与播放、语音教学、图书馆管理、金融业务、航站业务信息化管理、航班信息综合、离港、泊位引导、医疗业务信息化、病房探视、视频示教、候诊呼叫、护理呼应信号、计时记分、现场成绩处理、电视转播和现场评论、升旗控制、商店经营业务、企业信息化）：

　　1　专用业务系统形式及其系统组成；

　　2　专用业务系统控制室、设备间（弱电间）位置；

　　3　专用业务系统构架及布线方案；

　　4　专用业务系统配置标准；

　　5　专用业务系统线缆要求；

　　6　专用业务系统供电、防雷、防浪涌及接地等要求；

　　7　专用业务系统与其他关联系统的分工界面、接口标准及协议、接口条件。

23.7.41　机房工程——信息接入机房、有线电视前端机房、信息设施系统总配线机房、智能化总控室、信息网络机房、用户电话交换机机房、消防控制室、安防监控中心、应急响应中心、智能化设备间（弱电间）、机房安全系统、机房综合管理系统：

    1 说明智能化机房或控制室、设备间（弱电间）的位置、面积要求；

    2 说明智能化机房或控制室、设备间（弱电间）的结构荷载要求；

    3 说明智能化机房的空调形式及机房环境要求；

    4 说明智能化机房的给水、排水及消防要求；

    5 说明智能化机房用电容量要求、防雷及接地等要求。

    6 说明智能化机房装修、电磁屏蔽等要求。

23.7.42 节能及环保措施说明。

23.8 智能化专项设计施工图阶段

23.8.1 工程概况：

    1 将经初步（或方案）设计审批定案的主要指标录入；

    2 说明建筑类别、性质、功能、组成、面积、层数、高度以及能反映建筑规模的主要技术指标等；

    3 说明本项目需设置的机房数量、类型、功能、面积、位置要求及指标。

23.8.2 设计依据：

    1 已批准的初步设计文件（注明文号或说明）；

    2 建设单位提供有关资料和设计任务书；

    3 本专业设计所采用的设计所执行的主要法规和所采用的主要标准（包括标准的名称、编号、年号和版本号）；

    4 工程可利用的市政条件或设计依据的市政条件；

    5 建筑和有关专业提供的条件图和有关资料。

23.8.3 设计范围：本工程设置的建筑智能化系统，内容一般包括系统分类、系统名称；

    1 信息化应用系统：公共服务系统、智能卡应用系统、物业管理系统、信息设施运行管理系统、信息安全管理系统、通用业务系统、专用业务系统。

    2 智能化系统集成：智能化信息集成（平台）系统、集成信息应用系统。

    3 信息设施系统：信息接入系统、综合布线系统、移动通信室内信号覆盖系统、用户电话交换系统、卫星通信系统、无线对讲系统、信息网络系统、有线电视系统、卫星电视接收系统、公共广播系统、会议系统、信息导引及发布系统、时钟系统。

    4 建筑设备管理系统：建筑设备监控系统、建筑能效监管系统、客房集控系统以及需纳入管理的其他业务设施系统等。

    5 公共安全系统：火灾自动报警系统、安全技术防范系统（入侵报警、视频安防监控、出入口控制、电子巡查、安全检查、访客对讲、停车库（场）管理系统）、安全防范综合管理（平台）和应急响应系统。

    6 机房工程：信息接入机房、有线电视前端机房、信息设施系统总配线机房、智能化总控室、信息网络机房、用户电话交换机机房、消防控制室、安防监控中心、应急响应中心、智能化设备间（弱电间）、机房安全系统、机房综合管理系统。

23.8.4 设计主要内容：

1 系统的用途、结构、功能、设计原则、系统点表、系统及主要设备的性能指标；

2 系统的施工要求和注意事项，包括布线、设备安装等，这部分内容可以集中一章统一叙述设备安装和线缆的选择与敷设，也可以在各自系统中分别叙述；

3 设备主要技术要求及控制精度要求；

4 防雷、接地及安全措施等要求；

5 节能及环保措施；

6 与相关专业及市政相关部门的技术接口要求及专业分工界面说明；

7 系统间联动控制和信号传输的设计要求；

8 对承包商深化设计图纸的审核要求；

9 凡不能用图示表达的施工要求，均应以设计说明表述；

10 有特殊需要说明的可集中或分列在有关图纸上；

11 主要设备及材料表，按子系统注明主要设备及材料的名称、规格、单位、数量；

12 相关专业系统预算确定各子系统主要设备材料清单；确定各子系统预算，包括单位、主要性能参数、数量、系统造价。

23.8.5 信息设施系统——信息接入系统：

1 信息接入系统形式及其系统组成、系统构架及接入线缆要求；

2 信息接入系统接入进线间、机房位置；

3 信息接入系统主布线路由、点位配置总数、布线方案；

4 信息接入系统供电、防浪涌、接地及安全措施等要求；

5 与相关专业及市政相关部门的技术接口要求、接口标准及协议及专业分工界面接口条件说明；

6 施工要求和注意事项（包括布线、设备安装等），包括管线选择；

7 设备主要技术要求及控制精度要求；

8 各分系统间联动控制和信号传输的设计要求；

9 对承包商深化设计图纸的审核要求；

10 图示未表达的施工要求；

11 特殊需要说明的事项。

23.8.6 信息设施系统——综合布线系统：

1 布线系统形式、功能要求及其系统组成、系统结构、设计原则、系统及主要设备的主要性能指标；

2 系统布线机房、设备间（弱电间）位置；

3 系统主布线路由，配线设备类型；

4 系统供电、防浪涌、接地及安全措施等要求；

5 与相关专业的技术接口要求及分工界面说明；

6 施工要求和注意事项（包括布线、设备安装等），传输线缆的选择和敷设要求；

7 设备主要技术要求及控制精度要求；

8 各分系统间联动控制和信号传输的设计要求；

9 对承包商深化设计图纸的审核要求；

    10　图示未表达的施工要求；

    11　特殊需要说明的事项。

23.8.7　信息设施系统——移动通信室内信号覆盖系统：除增加设备安装、线缆敷设等施工要求外，与智能化专项设计扩初阶段相同。

23.8.8　信息设施系统——用户电话交换系统：

    1　根据工程性质、功能和近远期用户需求确定电话系统形式；

    2　当设置电话交换机时，说明电话机房的位置、电话中继线数量及配套相关专业技术要求；

    3　中继线路引入位置和方式的确定；

    4　通信接入机房外线接入预埋管、手（人）孔图；

    5　用户电话交换系统形式、功能要求及其系统组成、系统结构、设计原则、系统及主要设备的主要性能技术指标；

    6　用户电话交换系统设备间（弱电间）位置；

    7　系统布线方案、主布线路由、系统线缆要求；设备安装、传输线缆选择及敷设要求；

    8　用户电话交换系统主布线路由，施工要求和注意事项（包括布线、设备安装等）；

    9　用户电话交换系统点位配置标准、系统点表；

    10　用户电话交换系统供电、防浪涌及安全措施等要求，工作接地方式及接地电阻要求；

    11　与相关专业及市政相关部门的技术接口要求、接口标准及协议及专业分工界面说明；

    12　施工要求和注意事项（包括布线、设备安装等）；

    13　设备主要技术要求及控制精度要求；

    14　各分系统间联动控制和信号传输的设计要求；

    15　对承包商深化设计图纸的审核要求；

    16　图示未表达的施工要求；

    17　特殊需要说明的事项。

23.8.9　信息设施系统——卫星通信系统：除增加设备安装、线缆敷设等施工要求外，与智能化专项设计扩初阶段相同。

23.8.10　信息设施系统——无线对讲系统：除设备安装、线缆敷设等施工要求外，与智能化专项设计扩初阶段相同。

23.8.11　信息设施系统——信息网络系统：

    1　系统组网方式、网络出口、网络互联及网络安全要求；建筑群项目，应提供各单体系统联网的要求；

    2　与相关专业及市政相关部门的技术接口要求及专业分工界面说明、接口标准及协议；

    3　信息中心配置要求，信息网络及布线系统形式、功能要求及其系统组成、系统结构、设计原则、系统的主要性能指标；

    4　信息网络系统主机房、设备间（弱电间）位置；交换机的安装位置、类型及数量；

    5　系统构架及布线方案、主布线路由；施工要求和注意事项（包括系统线缆要求、布线、设备安装等）；

6 信息网络系统的类别、隔离要求；

7 设备主要技术要求及控制精度要求；主要设备名称、规格、单位、数量、安装要求；

8 各分系统间联动控制和信号传输的设计要求；

9 对承包商深化设计图纸的审核要求；

10 信息网络系统供电、防雷、接地及安全措施等要求；

11 图示未表达的施工要求；

12 特殊需要说明的事项。

23.8.12 信息设施系统——有线电视系统：

1 根据建设工程项目的性质、功能和近期需求、远期发展说明有线电视接收系统的组成以及设置标准；接收系统形式、功能要求及其系统结构、设计原则、系统的主要性能指标；

2 有线电视接收系统机房、设备间（弱电间）位置；

3 有线电视接收系统组成，系统构架及布线方案、主布线路由；设备安装、传输线缆的选择和敷设要求；

4 说明接收天线的位置、数量、基座类型及做法；

5 说明接收的节目及有线电视节目源；

6 系统点位配置标准；

7 对承包商深化设计图纸的审核要求；

8 系统供电、防雷、接地及安全措施等要求；

9 图示未表达的施工要求；

10 系统与其他关联系统的分工界面、接口标准及协议、接口条件；

11 特殊需要说明的事项。

23.8.13 信息设施系统——卫星电视接收系统：

1 根据建设工程项目的性质、功能和近期需求、远期发展确定卫星电视接收系统的组成以及设置标准；卫星电视接收系统形式、功能要求及其系统结构、设计原则、系统的主要性能指标；

2 卫星电视接收系统组成，设备安装、传输线缆的选择和敷设要求；

3 卫星电视系统监测机房位置；

4 卫星接收天线的位置、数量、基座类型及做法；

5 接收卫星的名称及卫星接收节目，确定有线电视节目源；

6 系统构架及布线方案、主布线路由；

7 卫星电视系统点位配置标准；

8 对承包商深化设计图纸的审核要求。

9 系统供电、防雷、接地及安全措施等要求；

10 图示未表达的施工要求；

11 系统与其他关联系统的分工界面、接口标准及协议、接口条件；

12 特殊需要说明的事项。

23.8.14 信息设施系统——公共广播系统：

1 根据建设工程项目的性质、功能和近期需求、远期发展确定系统设置标准，系统形式及其系统组成；

2 说明与消防应急广播的配合；

3 公共广播的声学要求、音源设置要求及末端扬声器的设置原则；

4 公共广播系统机房、设备间（弱电间）位置；

5 系统构架及布线方案，回路划分，末端设备规格，设备安装、传输线缆的选择和敷设要求；

6 系统供电、防雷及接地等要求；

7 系统与其他关联系统的分工界面、接口标准及协议、接口条件。

23.8.15 信息设施系统——会议系统：

1 根据建设工程项目的性质、功能和近期需求、远期发展确定会议系统建设标准和系统功能；

2 各类大小会议室会议系统形式、功能要求及其系统组成、系统结构、设计原则、系统及主要设备的主要性能技术指标；

3 会议系统管理机房位置；

4 各类大小会议室配置标准、系统点表；

5 确定末端设备规格，设备安装、传输线缆的选择和敷设要求；

6 会议系统管理系统构架及会议室布线方案、系统线缆要求；

7 会议系统供电、防雷、接地及安全措施等要求；

8 施工要求和注意事项（包括布线、设备安装、管线选择等）；

9 系统与其他关联系统的分工界面、接口标准及协议、接口条件；

10 设备主要技术要求及控制精度要求；

11 各分系统间联动控制和信号传输的设计要求；

12 对承包商深化设计图纸的审核要求；

13 图示未表达的施工要求；

14 特殊需要说明的事项。

23.8.16 信息设施系统——信息导引及发布系统：

1 根据建设工程项目的性质、功能和近期需求、远期发展确定系统功能、信息发布屏类型和位置；

2 系统形式及其系统组成；

3 系统机房位置；

4 系统构架及布线方案；设备安装、线缆敷设等施工要求；

5 信息导引及发布点位配置标准；

6 确定末端设备规格，传输线缆的选择和敷设要求；

7 系统供电及接地等要求；

8 系统与其他关联系统的分工界面、接口标准及协议、接口条件；

9 对承包商深化设计图纸的审核要求；

10 图示未表达的施工要求；

11 特殊需要说明的事项。

23.8.17 信息设施系统——时钟系统：

1 根据建设工程项目的性质、功能和近期需求、远期发展确定子钟位置和形式及其系统组成；

2 系统主控制室位置；

3 系统构架及布线方案，确定末端设备规格，设备安装、传输线缆的选择和敷设要求；

4 时钟系统用户配置标准；

5 系统供电及接地等要求；

6 系统与其他关联系统的分工界面、接口标准及协议、接口条件；

7 对承包商深化设计图纸的审核要求；

8 图示未表达的施工要求；

9 特殊需要说明的事项。

23.8.18 建筑设备管理系统——建筑设备监控系统：

1 建筑设备监控系统形式、功能要求及其系统组成、系统结构、设计原则、系统及主要设备的主要性能技术指标；满足电气、给水排水、暖通等专业对控制工艺的要求；

2 建筑设备监控系统控制室位置；

3 建筑设备监控系统主布线路由，施工要求和注意事项（包括布线、设备安装、管线选择等），设备安装、线缆敷设等施工要求；

4 各控制设备的监控内容；

5 设备主要技术要求及控制精度要求；

6 建筑设备监控系统供电、防雷、接地及安全措施等要求；

7 系统与其他关联系统的分工界面、接口标准及协议、接口条件；

8 各分系统间联动控制和信号传输的设计要求；

9 对承包商深化设计图纸的审核要求；

10 图示未表达的施工要求；

11 特殊需要说明的事项。

23.8.19 建筑设备管理系统——建筑能效监管系统：

1 系统形式及其系统组成，与变电所电力监控系统关联性；

2 系统控制室位置；

3 与水、暖、电等专业核对能效监控点位；

4 系统构架及布线方案；设备安装、线缆敷设等施工要求。

5 系统能效监管内容配置标准；

6 系统线缆要求；

7 系统供电及接地等要求；

8 系统与其他关联系统的分工界面、接口标准及协议、接口条件；

9 对承包商深化设计图纸的审核要求；

10 图示未表达的施工要求；

11 特殊需要说明的事项。

23.8.20 建筑设备管理系统——旅馆建筑客房集控系统：

1　系统形式及其系统组成；

2　系统机房或控制室位置；

3　系统构架及布线方案；设备安装、线缆敷设等施工要求。

4　客房集控配置标准；

5　系统线缆要求；

6　系统供电及接地等要求；

7　系统与其他关联系统的分工界面、接口标准及协议、接口条件；

8　对承包商深化设计图纸的审核要求；

9　图示未表达的施工要求；

10　特殊需要说明的事项。

23.8.21 公共安全系统——火灾自动报警系统：详见电气专业图纸。

23.8.22 公共安全系统——安全技术防范系统（入侵报警系统）：

1　入侵报警系统形式、功能要求及其系统组成、系统结构、设计原则、系统及主要设备的主要性能技术指标；

2　入侵报警系统控制室位置、设备间（弱电间）位置；

3　入侵报警系统线缆要求；

4　入侵报警系统主布线路由，施工要求和注意事项（包括布线、设备安装、管线选择等），设备安装、线缆敷设等施工要求；

5　入侵报警系统点位配置标准、系统点表；

6　入侵报警系统供电、防浪涌、接地及安全措施等要求；

7　入侵报警系统与其他关联系统的分工界面、接口标准及协议、接口条件；

8　设备主要技术要求及控制精度要求；

9　各分系统间联动控制和信号传输的设计要求；

10　对承包商深化设计图纸的审核要求；

11　图示未表达的施工要求；

12　特殊需要说明的事项。

23.8.23 公共安全系统——安全技术防范系统（视频安防监控系统）：

1　视频安防监控系统形式、功能要求及其系统组成、系统结构、设计原则、系统及主要设备的主要性能技术指标；

2　视频安防监控系统控制室位置；设备间（弱电间）位置；

3　视频安防监控系统系统构架及布线方案、系统线缆要求、主布线路由，施工要求和注意事项（包括布线、设备安装、管线选择等）；

4　视频安防监控系统点位配置标准、系统点表；

5　设备主要技术要求及控制精度要求；

6　视频安防监控系统供电、防雷及浪涌、接地及安全措施等要求；

7　视频安防监控系统与其他关联系统的分工界面、接口标准及协议、接口条件；

8　各分系统间联动控制和信号传输的设计要求；

9　对承包商深化设计图纸的审核要求；

10　图示未表达的施工要求；

11　特殊需要说明的事项。

23.8.24　公共安全系统——安全技术防范系统（出入口控制系统）：

1　出入口控制系统形式、功能要求及其系统组成、系统结构、设计原则、系统及主要设备的主要性能技术指标；

2　出入口控制系统控制室位置、设备间（弱电间）位置；

3　出入口控制系统构架及布线方案、主布线路由，系统线缆要求；施工要求和注意事项（包括布线、设备安装、管线选择等）；

4　出入口控制系统点位配置标准、系统点表；

5　出入口控制系统供电、防雷、接地及安全措施等要求；

6　系统与其他关联系统的分工界面、接口标准及协议、接口条件；

7　设备主要技术要求及控制精度要求；

8　各分系统间联动控制和信号传输的设计要求；

9　对承包商深化设计图纸的审核要求；

10　图示未表达的施工要求；

11　特殊需要说明的事项。

23.8.25　公共安全系统——安全技术防范系统（电子巡查系统）：

1　系统形式、功能要求及其系统组成、系统结构、设计原则、系统的主要性能指标；

2　系统控制室、设备间（弱电间）位置；

3　系统构架及布线方案、主布线路由；设备安装、线缆敷设等施工要求；

4　系统点位配置标准；

5　系统线缆要求；

6　系统供电及接地等要求；

7　系统与其他关联系统的分工界面、接口标准及协议、接口条件；

8　对承包商深化设计图纸的审核要求；

9　图示未表达的施工要求；

10　特殊需要说明的事项。

23.8.26　公共安全系统——安全技术防范系统（安全检查系统）：

1　系统形式、功能要求及其系统组成、系统结构、设计原则、系统的主要性能指标；

2　系统控制室、设备间（弱电间）位置；

3　系统构架及布线方案、主布线路由；设备安装、线缆敷设等施工要求；

4　安全检查位置配置标准；

5　系统线缆要求；

6　系统供电、防雷及接地等要求；

7　系统与其他关联系统的分工界面、接口标准及协议、接口条件；

8　对承包商深化设计图纸的审核要求；

9　图示未表达的施工要求；

10　特殊需要说明的事项。

23.8.27　公共安全系统——安全技术防范系统（访客对讲系统）：

1　系统形式、功能要求及其系统组成、系统结构、设计原则、系统的主要性能指标；

2　系统控制室位置；

3　系统构架及布线方案、主布线路由；设备安装、线缆敷设等施工要求；

4　系统访客控制点配置标准；

5　系统线缆要求；

6　系统供电、防雷及接地等要求；

7　系统与其他关联系统的分工界面、接口标准及协议、接口条件；

8　对承包商深化设计图纸的审核要求；

9　图示未表达的施工要求；

10　特殊需要说明的事项。

23.8.28　公共安全系统——安全技术防范系统（停车库（场）管理系统）：

1　停车库（场）管理系统形式、功能要求及其系统组成、系统结构、设计原则、系统及主要设备的主要性能技术指标；

2　停车库（场）管理系统控制室位置；

3　车库（场）管理系统构架及布线方案、主布线路由、系统线缆要求；施工要求和注意事项（包括布线、设备安装、管线选择等），线缆敷设等施工要求；

4　停车库（场）管理系统出入口配置标准、系统点表，系统进出口配置标准、几进几出；

5　停车库（场）管理系统供电、防雷、接地及安全措施等要求；

6　系统与其他关联系统的分工界面、接口标准及协议、接口条件；

7　设备主要技术要求及控制精度要求；

8　各分系统间联动控制和信号传输的设计要求；

9　对承包商深化设计图纸的审核要求；

10　图示未表达的施工要求；

11　特殊需要说明的事项。

23.8.29　公共安全系统——安全防范综合管理（平台）：

1　根据建设工程的性质、规模，说明系统架构、组成及功能要求；系统形式及其系统平台组成；

2　说明安全防范区域的划分原则及设防方法；

3　系统控制室位置；

4　系统平台上线内容、各系统联动要求以及配置标准；

5　传输线缆选择及敷设要求；

6　视频安防监控、入侵报警、出入口管理、访客管理、对讲、车库管理、电子巡查等系统设备位置、数量及类型；

7　视频安防监控系统的图像分辨率、存储时间及存储容量；

8　图中表达不清楚的内容做相应说明；

9　应满足电气、给水排水、暖通等专业对控制工艺的要求；

10　注明主要设备图例、名称、规格、单位、数量、安装要求；

11　系统与其他关联系统的分工界面、接口标准及协议、接口条件；

　12　设备主要技术要求及控制精度要求；

　13　各分系统间联动控制和信号传输的设计要求；

　14　对承包商深化设计图纸的审核要求；

　15　图示未表达的施工要求；

　16　特殊需要说明的事项。

23.8.30　公共安全系统——应急响应系统：

　1　系统形式及其系统组成；

　2　系统控制室位置；

　3　系统构架及布线方案；

　4　应急响应系统上线配置标准；

　5　系统供电、防浪涌及接地等要求；

　6　系统与其他关联系统的分工界面、接口标准及协议、接口条件；

　7　设备主要技术要求及控制精度要求；

　8　各分系统间联动控制和信号传输的设计要求；

　9　对承包商深化设计图纸的审核要求；

　10　图示未表达的施工要求；

　11　特殊需要说明的事项。

23.8.31　智能化系统集成——智能化信息集成（平台）系统：

　1　系统形式及其集成系统组成、系统的功能，智能化集成系统的功能。

　2　智能化集成系统构建要求：

　1）智能化集成系统的功能符合下列规定：

　（1）以实现绿色建筑为目标，应满足建筑的业务功能、物业运营及管理模式的应用需求；

　（2）采用智能化信息资源共享和协同运行的架构形式；

　（3）具有实用、规范和高效的监管功能；

　（4）适应信息化综合应用功能的延伸及增强。

　2）智能化集成系统构建符合下列规定：

　（1）系统包括智能化信息集成（平台）系统与集成信息应用系统；

　（2）智能化信息集成（平台）系统包括操作系统、数据库、集成系统平台应用程序、各纳入集成管理的智能化设施系统与集成互为关联的各类信息通信接口等；

　（3）集成信息应用系统由通用业务基础功能模块和专业业务运营功能模块等组成；

　（4）具有虚拟化、分布式应用、统一安全管理等整体平台的支撑能力；

　（5）顺应物联网、云计算、大数据、智慧城市等信息交互多元化和新应用的发展。

　3）智能化集成系统通信互联符合下列规定：

　（1）具有标准化通信方式和信息交互的支持能力；

　（2）符合国际通用的接口、协议及国家现行有关标准的规定。

　4）智能化集成系统配置符合下列规定：

　（1）适应标准化信息集成平台的技术发展方向，体现人工智能＋物联网等新技术；

　（2）形成对智能化相关信息采集、数据通信、分析处理等支持能力；

（3）满足对智能化实时信息及历史数据分析、可视化展现的要求；

（4）满足远程及移动应用的扩展需要；

（5）符合实施规范化的管理方式和专业化的业务运行程序；

（6）具有安全性、可用性、可维护性和可扩展性。

3　系统机房或控制室位置。

4　智能化集成系统通信互联要求。

5　各分系统间联动控制和信号传输的设计要求。

6　系统构架方案、构建要求。

7　主要需集成的系统功能配置标准。

8　系统供电、防浪涌及接地等要求。

9　系统与其他关联系统的分工界面、接口标准及协议、通信互联要求、接口条件。

10　各系统联动要求、接口形式要求、通信协议要求。

11　对承包商深化设计图纸的审核要求。

12　图示未表达的施工要求。

13　特殊需要说明的事项。

23.8.32　智能化系统集成——集成信息应用系统：

1　系统形式及其集成信息应用组成；

2　系统机房或控制室位置；

3　系统构架及布线方案；

4　集成信息应用系统主要应用标准；

5　系统与其他关联系统的分工界面、接口标准及协议、接口条件；

6　对承包商深化设计图纸的审核要求；

7　图示未表达的施工要求；

8　特殊需要说明的事项。

23.8.33　信息化应用系统——公共服务系统：与智能化专项设计扩初阶段相同。

23.8.34　信息化应用系统——智能卡应用系统：

1　根据建设项目性质、功能和管理模式确定智能卡应用范围和一卡通功能；

2　智能卡应用系统形式及其系统组成；说明网络结构、卡片类型；

3　智能卡应用系统控制室位置；

4　智能卡应用系统构架方案；设备安装、线缆敷设等施工要求；

5　智能卡应用系统内容配置标准；

6　系统供电要求；

7　系统与其他关联系统的分工界面、接口标准及协议、接口条件；

8　设备主要技术要求及控制精度要求；

9　各分系统间联动控制和信号传输的设计要求；

10　对承包商深化设计图纸的审核要求；

11　图示未表达的施工要求；

12　特殊需要说明的事项。

23.8.35　信息化应用系统——物业管理系统：

    1 物业管理系统形式及其系统组成；

    2 物业管理系统控制室位置；

    3 物业管理系统构架；

    4 物业管理系统主要服务内容配置标准；

    5 物业管理系统供电要求；

    6 系统与其他关联系统的分工界面、接口标准及协议、接口条件；

    7 设备主要技术要求及控制精度要求；

    8 各分系统间联动控制和信号传输的设计要求；

    9 对承包商深化设计图纸的审核要求；

    10 图示未表达的施工要求；

    11 特殊需要说明的事项。

23.8.36 信息化应用系统——信息设施运行管理系统：

    1 信息设施运行管理系统形式及其系统组成；

    2 信息设施运行管理系统控制室位置；

    3 信息设施运行管理系统构架；

    4 信息设施运行管理系统配置标准；

    5 信息设施运行管理系统供电要求；

    6 系统与其他关联系统的分工界面、接口标准及协议、接口条件；

    7 设备主要技术要求及控制精度要求；

    8 各分系统间联动控制和信号传输的设计要求；

    9 对承包商深化设计图纸的审核要求；

    10 图示未表达的施工要求；

    11 特殊需要说明的事项。

23.8.37 信息化应用系统——信息安全管理系统：

    1 信息安全管理系统形式及其系统组成；

    2 信息安全管理系统控制室位置；

    3 信息安全管理系统构架；

    4 信息安全管理系统配置标准；

    5 信息安全管理系统供电、防浪涌及接地等要求；

    6 系统与其他关联系统的分工界面、接口标准及协议、接口条件；

    7 设备主要技术要求及控制精度要求；

    8 各分系统间联动控制和信号传输的设计要求；

    9 对承包商深化设计图纸的审核要求；

    10 图示未表达的施工要求；

    11 特殊需要说明的事项。

23.8.38 信息化应用系统——通用业务系统（基本业务办公、基本旅馆经营管理）：

    1 通用业务系统形式及其系统组成；

    2 通用业务系统机房位置；

    3 通用业务系统构架及布线方案；

    4 通用业务系统点位配置标准；

    5 通用业务系统线缆要求；

    6 通用业务系统供电、防雷及接地等要求；

    7 通用业务系统与其他关联系统的分工界面、接口标准及协议、接口条件；

    8 设备主要技术要求及控制精度要求；

    9 各分系统间联动控制和信号传输的设计要求；

    10 对承包商深化设计图纸的审核要求；

    11 图示未表达的施工要求；

    12 特殊需要说明的事项。

23.8.39 信息化应用系统——专用业务系统（专用办公、星级酒店经营管理、图书馆数字管理、博物馆业务信息化、舞台监督通信指挥、舞台监视、票务管理、自助寄存、会展业务运营、售检票、校务数字化管理、多媒体教学、教学评估音视频观察、多媒体制作与播放、语音教学、图书馆管理、金融业务、航站业务信息化管理、航班信息综合、离港、泊位引导、医疗业务信息化、病房探视、视频示教、候诊呼叫、护理呼应信号、计时记分、现场成绩处理、电视转播和现场评论、升旗控制、商店经营业务、企业信息化）：

    1 专用业务系统形式及其系统组成；

    2 专用业务系统控制室、设备间（弱电间）位置；

    3 专用业务系统构架及布线方案；

    4 专用业务系统配置标准；

    5 专用业务系统线缆要求；

    6 专用业务系统供电、防雷、防浪涌及接地等要求；

    7 专用业务系统与其他关联系统的分工界面、接口标准及协议、接口条件；

    8 设备主要技术要求及控制精度要求；

    9 各分系统间联动控制和信号传输的设计要求；

    10 对承包商深化设计图纸的审核要求；

    11 图示未表达的施工要求；

    12 特殊需要说明的事项。

23.8.40 机房工程——信息接入机房、有线电视前端机房、信息设施系统总配线机房、智能化总控室、信息网络机房、用户电话交换机机房、消防控制室、安防监控中心、应急响应中心、智能化设备间（弱电间）、机房安全系统、机房综合管理系统：

    1 说明智能化主机房（主要为消防监控中心机房、安防监控中心机房、信息中心设备机房、通信接入设备机房、弱电间）设置位置、面积、机房等级要求及智能化系统设置的位置；

    2 说明智能化设备间（弱电间）的位置、面积要求；

    3 说明智能化机房或控制室、设备间（弱电间）的结构荷载要求；

    4 说明消防、配电、不间断电源、防雷防浪涌、接地、漏水监测、机房监控要求；

    5 说明智能化机房的空调形式及机房环境要求；

    6 说明智能化机房的给水、排水要求；

    7 说明智能化机房用电容量要求、防雷及接地等要求；

8 说明智能化机房装修、电磁屏蔽等要求；

9 设备安装、线缆敷设等施工要求；

10 设备主要技术要求及控制精度要求；

11 注明主要设备名称、规格、单位、数量、安装要求；

12 各分系统间联动控制和信号传输的设计要求；

13 对承包商深化设计图纸的审核要求；

14 图示未表达的施工要求；

15 特殊需要说明的事项。

23.8.41 节能及环保措施。

23.8.42 设备抗震安装要求及抗震支吊架设置要求。

23.8.43 安全施工等相关内容。

23.8.44 设备清单：

1 各子系统设备清单；

2 清单内容包括序号、设备名称、主要技术参数、单位、数量及单价。

23.8.45 技术需求书：

1 技术需求书包含工程概述、设计依据、设计原则、建设目标以及系统设计等内容；

2 系统设计分系统阐述，包含系统概述、系统功能、系统结构、布点原则、主要设备性能参数等内容。

23.9 智能化专项设计深化设计阶段

23.9.1 设计说明与智能化专项设计施工图设计阶段说明相同。

23.9.2 按照中标文件，说明全部设备、材料的技术指标要求、型号、规格。

23.9.3 提供可用于采购的设备、材料清单。

23.9.4 说明设备材料采购、非标准设备制作要求。

23.9.5 说明各系统的施工要求和注意事项。

23.9.6 说明各系统的调试步骤、验收要求。

23.9.7 说明各系统的运维、备品、巡检要求。

24 智能化平面标注

24.1 图例符号的格式

24.1.1 图例符号应包括项目全部所用图例。

24.1.2 图例符号的绘图比例应与平面图一致。

24.1.3 平面图所示的图例宜与系统图一致。

24.1.4 图例符号图表至少应包括：序号、图例、名称、安装方式、备注等。

24.1.5 平面图或系统图为识图方便，可增加本系统的图例符号（编制格式与强电一致）。

24.2 箱 体 标 注

24.2.1 办公楼或商业用户弱电箱：竖井号（就一个竖井可不写）—层号（例如：地下一层 B1）箱号（♯-B1RD♯）或（1-B1DD♯）箱。

24.2.2 DDC 控制箱：竖井号（就一个竖井可不写）—层号（例如：地下一层 B1）箱号（♯-B1DDC♯）。

24.3 线 缆 标 注

24.3.1 综合布线末端 UTP 四对八芯线：

1 /TD（TP）（1 根数据或语音 UTP 四对八芯线）；

2 /nD（n 根 UTP 四对八芯线，数据或语音，n 为 1 时可省略）。

24.3.2 综合布线末端光纤：/Fn（n 芯光缆，例如：F4 为 4 芯光缆）。

24.3.3 安防视频监控线：

1 /S（1 根 UTP 四对八芯线）；

2 /S1（1 根 UTP 四对八芯线+1 根摄像机电源线）。

24.3.4 安防出入口系统门禁线：/MJ。

24.3.5 安防入侵报警线缆：/BJ。

24.3.6 安防电子巡查线缆：/K。

24.3.7 有线电视末端线缆：/TV（T）。

24.3.8 广播系统末端广播线：/BC。

24.3.9 建筑设备监控系统 DDC 之间线：/LK。

24.3.10 会议系统：

1　/Y（音箱线缆）、/Z（多媒体信息接口管线）；

2　/H（数字话筒专用线）、/T1（投影机管线）；

3　/S（网络摄像机信号线缆：1 根 UTP 四对八芯线）；

4　/S1（会议网络摄像机信号线缆 1 根 UTP 四对八芯线＋摄像机电源线）；

5　/S2（会议高清模拟摄像机信号线缆＋摄像机电源线）；

6　/nD（n 根 UTP 四对八芯线，n 为 1 时可省略）、/Fn（n 芯光缆，例如：F4 为 4 芯光缆）；

7　/DY（电源线缆）、/X（显示屏线缆）。

25 智能化系统集成

25.1 一 般 规 定

25.1.1　智能化系统的集成，应根据项目需要，不宜一律追求全面。

25.1.2　智能化系统宜按联动需求分步集成。可建立云端或本地集成平台；

25.1.3　智能化系统的集成，要保证系统的信息安全性，并符合下列规定：

　　1　系统采用专用传输网络，有线公网传输和无线传输有信息加密措施；

　　2　根据安全管理需要，系统对重要数据进行加密存储；

　　3　有防病毒和防网络入侵的措施；

　　4　系统对用户和设备进行身份认证，对用户和设备基本信息、属性信息以及身份标识信息等进行管理；

　　5　系统运行的密钥或编码不是弱口令，用户名和操作密码组合不同；

　　6　当基于不同传输网络的系统和设备联网时，采取相应的网络边界安全管理措施；

　　7　符合国家有关密码管理的规定；

　　8　除符合以上规定外，各子系统还要符合各自信息安全的有关规定。

25.2 集 成 方 式

25.2.1　安全技术防范系统的入侵报警、视频安防监控、出入口控制、电子巡查、访客对讲、停车库（场）管理系统宜先行集成。

25.2.2　建筑设备监控系统宜与建筑能效监管系统，以及需纳入管理的其他业务设施系统等集成。

25.2.3　火灾自动报警系统宜与安全技术防范系统、公共广播系统、时钟系统和应急响应系统集成。

25.2.4　信息接入系统、综合布线系统、卫星通信系统、用户电话交换系统、信息网络系统、信息导引及发布系统宜集成。

25.2.5　以上系统可实现全部集成（注意对于博物馆建筑，安防系统的管理是由博物馆保卫部门专门管理，不宜与其他系统集成控制）。

25.2.6　说明集成数据库的建设原则。

25.3 集成系统的关联性

25.3.1　安全技术防范系统的集成，应明确入侵报警、视频安防监控、出入口控制、电子巡查、访客对讲、停车库（场）管理系统等的联动关系。

25.3.2　建筑能效监管等管理系统与建筑设备监控系统集成时，应将建筑设备监控系统的联动关系与能效的管理嵌入。

25.3.3　火灾自动报警系统若与安全技术防范、公共广播和应急响应等系统集成，应明确火灾时，联动相关区域摄像机、打开疏散通道上的门禁系统、开启或关闭相关区域广播、启动应急响应等。

25.3.4　信息接入系统、综合布线系统、卫星通信系统、用户电话交换系统、信息网络系统、信息导引及发布系统一般建立在一个布线系统上，仅前端、末端设备不同。

26　信息化应用

26.1　一　般　规　定

26.1.1　信息化应用宜建立在网络架构上。

26.1.2　各信息化应用宜在硬件完成的基础上，不断开发完善升级。

26.1.3　信息化应用在智能化验收时应满足合同要求的基本功能。

26.1.4　如果甲方对这一部分有特殊要求时，一般需要单独设计、单独招投标。

26.2　信息化应用系统内容

26.2.1　信息化应用系统包括公共服务、智能卡应用、物业管理、信息设施运行管理、信息安全管理、通用业务和专业业务等信息化应用系统。

26.2.2　公共服务系统具有访客接待管理和公共服务信息发布等功能，并具有将各类公共服务事务纳入规范运行程序的管理功能。

26.2.3　智能卡应用系统具有身份识别等功能，并宜具有消费、计费、票务管理、资料借阅、物品寄存、会议签到等管理功能，且具有适应不同安全等级的应用模式。

26.2.4　物业管理系统具有对建筑的物业经营、运行维护进行管理的功能。

26.2.5　信息设施运行管理系统具有对建筑物信息设施的运行状态、资源配置、技术性能等进行监测、分析、处理和维护的功能。

26.2.6　信息安全管理系统符合国家现行有关信息安全等级保护标准的规定。

26.2.7　通用业务系统满足建筑基本业务运行的需求。

26.2.8　专业业务系统以建筑通用业务系统为基础，满足专业业务运行的需求。

26.3　接　口　要　求

26.3.1　信息化应用系统宜在合同中明确接口要求及通信协议。

26.3.2　信息化应用系统对于未开放的系统，需增加转换。

27 建筑设备管理系统

27.1 一般规定

27.1.1 建筑设备管理系统（BMS）是建筑设备监控系统（BAS）、火灾自动报警系统（FAS）、安防自动化系统（SAS）的集成。建筑设备监控系统是指运用网络通信技术与控制，实现将建筑物的环境参数、机电设备运行情况进行收集、整合，以形成具有信息汇集、资源共享及优化控制的综合信息管理系统。

27.1.2 建筑设备监控系统的设计，一般包括建筑设备管理平台、建筑设备监控系统（DDC 系统）、建筑设备监控原理图、建筑设备监控 DDC 点数统计表、能耗计量管理系统以及建筑设备管理平面图。建筑设备管理系统的平面图根据复杂程度和分工需要可以单独成套，也可以根据项目的复杂程度与信息设施系统等智能化其他平面共用。

27.1.3 建筑设备管理系统可以分方案设计、初步设计和施工图三个阶段。方案阶段应提供 WORD& PDF 版本的文本方案；初步设计阶段应提供 WORD& PDF 版本的初步设计说明及 CAD& PDF 版本的初步设计图纸（包含建筑设备管理平台、建筑设备监控系统、主要设备表、监控机房布置图等）；施工图设计阶段应提供 CAD& PDF 版本的全套施工图设计图纸（包含施工图设计说明、主要设备表、建筑设备管理平台、建筑设备监控系统、设备控制原理图、DDC 点数统计表、平面图、机房及弱电间大样图等）。

27.1.4 建筑设备管理系统设计深度要求：

　　1 建筑设备管理平台应表达平台构架、各子系统的接入方式、各子系统之间的关系、数据库存储方式等。

　　2 建筑设备监控系统图应体现控制器与被控设备之间的连接方式及控制关系，能耗计量管理系统应反映计量点、采集器及必要的网络设备间连接关系，按设备所处相应楼层、竖井等相对位置绘制。

　　3 建筑设备管理平面图应体现控制器和控制箱位置、线缆敷设要求。

　　4 能耗计量平面应体现末端计量装置、采集器和网络控制器等位置、线缆敷设要求。

　　5 设备监控原理图有标准图集的可直接标注图集方案号或者页次，应体现被控设备的工艺要求，说明监测点及控制点的名称和类型，明确控制逻辑要求，注明对应的设备明细表和外接端子表。

　　6 DDC 监控点数统计表应体现监控点的位置、名称、类型、数量以及控制器的配置方式。

27.1.5 建筑平面图采用分区绘制时，平面图也应分区绘制，分区部位和编号宜与建筑专业一致，并应绘制分区组合示意图。各区电气设备线缆连接处应加标注或有共用空间并有分区界限示意。

27.1.6 属于建筑群或小区的一部分或一栋楼座时，其系统图应表达清楚与上级机房的关系；包含建筑设备管理中心的设备组成以及与其他楼座的关系。

27.2 建筑设备管理系统 (BMS)

27.2.1 建筑设备管理系统（BMS）具有各子系统之间的协调、全局信息的管理及全局事件的应急处理能力。

27.2.2 建筑设备管理系统平台搭建：

1 建筑设备管理系统平台的使用功能应满足下列要求：

1）监控系统的运行参数。

2）检测子系统对控制命令的响应情况。

3）显示和记录各种测量数据、运行状态、故障报警等信息。

4）数据报表和打印。

2 系统规模划分可参照表 27.2-1 和表 27.2-2，综合判断。

1）按监控点数量进行划分，见表 27.2-1。

按监控点数量进行系统规模划分　　　　　　　　　表 27.2-1

系统规模	实时数据点数量(个)
小型系统	250 以下
较小型系统	251～999
中型系统	1000～2999
较大型系统	3000～4999
大型系统	5000 及以上

2）按投资额及建筑规模划分，见表 27.2-2。

按投资额及建筑规模划分　　　　　　　　　表 27.2-2

规模	控制点数	系统一次性投资 （200 元/点）	建筑总投资 （自控占 2%）	建筑规模
大型	5000 以下	800 万元以下	4 亿元以下	9 万 m² 以下
较大型	2500 以下	400 万元以下	2 亿元以下	5.7 万 m² 以下
中型	650 以下	110 万元以下	5200 万元以下	1.6 万 m² 以下
较小型	160 以下	26 万元以下	1300 万元以下	0.4 万 m² 以下

27.2.3 建筑设备管理系统的网络通信要求应符合下列规定：

1 系统平台与服务器之间的通信网络当采用上位机—服务器的通信结构时，通信网络应采用以太网；当系统平台与服务器之间的通信网络采用远程监控的通信机构时，通信网络应采用因特网。

2 当采用以太网作为通信网络时，网络协议应符合 IEEE 802.3 的要求；当采用因特网作为通信网络时，通信网络必须安装防火墙和防病毒系统。

3 系统平台应具有与互联网联网的能力，提供互联网用户通信接口，可通过网络浏览器查看建筑设备管理系统的数据或进行远程操作。

27.2.4   建筑设备管理系统的软件要求应符合下列规定：

1   系统平台的软件应确保性能稳定、便于拓展与集成、控制功能多样化、操作界面简单、方便工作人员维护管理。

2   软件可根据需要安装在一台或多台上位机上，当安装在多台上位机上时，应建立并行工作局域网系统。

3   软件实时数据库监测的点数应留有不少于10％的余量。

27.2.5   建筑设备管理系统的网络传输应符合下列规定：

1   系统通信带宽要求较低且传输距离较近时，可选用符合带宽要求的屏蔽或非屏蔽双绞线作为传输介质。

2   系统通信带宽要求较高或传输距离较远时，可在传输线路上增加中间继电器或选用光纤作为通信介质，当中央服务器与现场控制器之前采用光纤通信时，需要在适当位置设置光纤交换机。

3   中央服务器与监控中心上位机之间的连接宜选用交换式集线器；当建筑内有多个监控中心时，中央服务器应设置在所管理区域的监控中心内，并宜采用分布式服务器结构使设置在不同监控中心内的独立服务器通过电缆、光缆等方式接入管理系统，使之连接成为整体的系统。

27.2.6   系统的网络结构应符合下列规定：

1   根据系统的规模、功能要求及产品特点并结合建筑物的特点决定系统的网格架构，可采用分布式或多层次的网络架构。

2   各类系统均应满足集中监控管理和分散采集控制的要求，中央管理系统（主站）停止工作不应影响分布式管理系统（分站）的正常运行，并保证分站的网络通信可以正常使用。

3   单层网络结构：

1）单层系统的结构较为简单，整个系统的网络配置、集中操作、管理及决策等全部由工作站承担。工作站通过相应接口直接与现场控制设备相连，见图27.2-1。

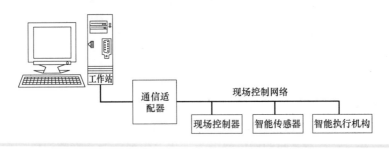

图 27.2-1   单层网络结构

2）控制功能分散在各类现场控制器、智能传感器及智能执行机构中。如果现场设备的数量超出了一条控制总线的最大设备接入数量，可额外增加通信适配器增加控制总线数量。

3）同一条控制总线上所带的现场设备之间可通过点对点或主从的方式进行通信，而不同控制总线所带的设备之间必须通过工作站中转进行通信。

4 两层网络结构：

1）两层结构的系统适用于绝大多数的建筑设备监控系统。上层网络与现场控制总线满足不同设备的通信需求，两层网络之间通过通信控制器连接，见图 27.2-2。

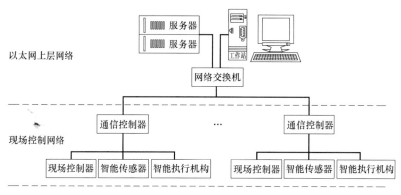

图 27.2-2 两层网络结构

2）这种网络结构利用以太网分流现场控制总线的数据通信量，具有结构简单、通信速率快、布线工作量小等特点，是目前建筑设备监控系统网络结构的主流发展方向，见图 27.2-3。

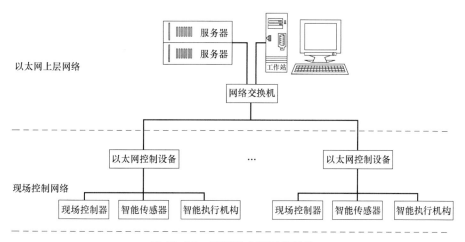

图 27.2-3 两层以太网网络结构

5 三层网络结构：

1）三层结构的系统在以太网上层网络与现场控制总线之间又增加了一次中间控制网络，这层网络在通信速率、抗干扰能力等方面的性能都介于上层网络与底层现场控制总线之间。通过这层网络实现大型通用现场控制设备之间的互联，见图 27.2-4。

2）三层的网络结构是由 DDC 控制器构成的，一般民用建筑均适用。

27.2.7 通信控制器通常只是起到协议转换的作用，不同现场控制总线之间的设备通信仍要通过工作站进行中转。功能复杂的通信控制器可以实现路由选择、数据储存、程序处理等功能，甚至可以直接控制输入输出模块，起到 DDC 的作用。

27.2.8 监控中心一般由下列设施组成：

1 监控中心由中央管理系统、外部设备控制系统、设备通信接口、监控台、显示大

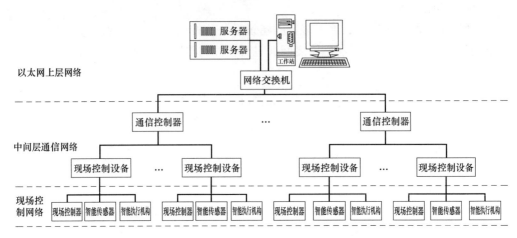

图 27.2-4 三层以太网网络结构

屏、打印记录设备等构成。

2 中央管理系统应由服务器（中型和中型以上系统应配置两台或更多台服务器，满足互为备份的要求）、存储设备、计算机及电影组成，该系统宜采用 Web 服务器＋客户端应用的分布式结构，Web 服务器具有连接数据库的能力。

3 监控台显示器显示运行状态、报警提示及操作提示的操作系统应以显示设备符号和参数值的模拟图形为主，并当设备报警时，设备符号应显示鲜明的颜色以提示操作人员。

4 对于大型或较大型系统，宜根据需要设置上位机，并可配有高级语言及多种外部设备，对整个系统实现优化控制与管理。

5 对于无人值守的控制室宜与安防系统结合，在控制室内设置摄像机监控操控系统。

27.3 建筑设备监控系统

27.3.1 建筑设备监控系统通常由监控计算机、现场控制器、仪表和通信网络四个主要部分组成。

27.3.2 现场控制器：

1 现场控制器的功能要求：现场控制器是安装于现场监控对象附近的小型专用控制设备，主要任务是把现场各种设备的运行参数进行采集和测量，将采集和测量的数据传输给监控系统，并对数据进行基本控制运算，输出控制信号至现场执行机构。

2 现场控制信号分为模拟量输入（AI）、模拟量输出（AO）、开关量输入（DI）、开关量输出（DO）四种。现场控制器的信号应与现场仪表的信号相匹配，信号测量及数据转换精度应满足系统的测量及控制要求。

3 现场控制器的安装要求：现场控制器通常安装在被监控设备较为集中的场所，例如制冷机房、换热站、风机房等；当监控设备较为分散且监控信号数量较少时，现场控制器可设置于电井或相对集中的控制箱附近，尽量减少管线敷设。

27.3.3　现场仪表：

1　现场仪表主要分为检测类仪表和执行类仪表。

2　检测类仪表根据处理信号类型又可分为处理模拟量信号的传感器类仪表和处理开关量的控制器仪表，检测仪表的主要功能是将被检测的参数稳定、准确地转换成现场控制器可接受的电信号。检测类仪表主要包括：温度、湿度、压力、压差、流量、水位、一氧化碳、二氧化碳等传感器及电量变送器、照度变送器等。

3　执行类仪表根据对被调量的调节方式，可分为对被调量进行连续调节的调节阀类仪表和对被调量进行通断控制的控制阀类仪表，执行类仪表的主要功能是接受现场控制器的信号，对系统参数进行自动调节。执行类仪表主要包括：电动调节阀、电动蝶阀、电磁阀、电动风阀执行器等。

4　检测类仪表的量程及精度选择：

1）检测类仪表的量程应符合工业自动化仪表的系统设计规定，并符合现场实际需求。

2）对于温度测量仪表，量程应为测点温度的 1.2 倍～1.5 倍，管内温度传感器热响应时间不应大于 25s，房间和室外温度传感器热响应时间不应大于 150s。PT100 为较常用温度传感器，测量范围为 $-200℃～850℃$，A 级精度为 $（0.15+0.002、|t|）℃$，B 级精度为 $（0.30+0.005、|t|）℃$。当测量精度要求较高时可选用分度号为 PT1000 的温度传感器。

3）对于压力和压差测量仪表，量程应为测点压力或压差的 1.2 倍～1.3 倍；

4）对于流量测量仪表，量程应为最大流量的 1.2 倍～1.3 倍，且应耐受管道介质最大压力，并具有瞬态输出；一般工业用仪表的准确度是：1、1.5、2.5、4.0。在满足测量范围的情况下应使仪表量程最小，以减少测量的绝对误差。

5）现场控制器常采用直接数字型控制器（DDC）或可编程逻辑控制器（PLC），当监控对象以模拟测控参数为主时，宜选用 DDC 型现场控制器；当监控对象以数字型测控参数为主时，宜选用 PLC 型现场控制器。应根据监控对象的分布，决定现场控制器的设置情况。

6）现场控制器之间有较多监控参数互相关联时，宜将这些现场控制器连接到同一个通信网络上。

7）现场控制器和输入输出模块应通过通信总线进行连接，输入输出模块与现场仪表进行一对一的配线连接，控制器所控制的模块数量及仪表数量不宜超过 128 块。

27.3.4　现场设备的通信：

1　通信传输层宜由控制总线、现场总线或控制总线与现场总线混合组成。

2　通信总线的通信协议宜采用 TCP/IP、BACnet、LonTalk、MeterBus、ModBus 等国际标准。

3　通信总线可采用环形、星形拓扑结构；通信网络层可包括并行工作的多条通信总线，每条通信总线可通过网络通信接口与中央服务器连接，也可通过 RS 232 通信接口或内置通信网卡与服务器进行连接。

4　控制器、输入输出模块、现场仪表之间应为对等式的直接数据通信；连接控制器、输入输出模块、现场仪表的通信总线可视为独立的现场网络。

27.3.5　监控系统示例见图 27.3-1。

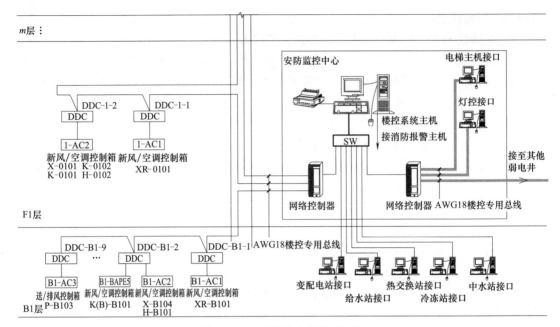

图 27.3-1   建筑设备监控系统图

27.4   各系统的监控功能

27.4.1   建筑设备监控系统的主要功能是通过成熟可靠的技术实现建筑内机电设备的经济合理、优化运行，建筑设备监控系统的设计应遵循下列原则：

1   系统或产品应具备开放性，应选择符合标准的通用产品，满足系统集成的要求。

2   系统设计时应采取必要去防范措施，保证系统运行的安全性。

3   系统设计应根据设备的类型及重要性采取冗余、容错等措施，保证系统运行的可靠性。

27.4.2   冷、热源系统的监控：

1   监测冷水机组/热泵蒸发器，冷凝器进、出口温度和压力，防止冷却水温低于冷水机组允许的下限温度；监测冷水机组/热泵蒸发器和冷凝器的水流开关状态，根据水流信号关闭设备；检测冷水机组/热泵的启停和故障状态，可以通过远程手动控制设备启停，并可以按顺序或预设时间自动控制设备启停。

2   监测热交换机组一二次测进、出口温度和压力，将二次侧出水温度与设定温度进行比较，控制一次侧热水的电动调节阀，改变一次侧热水的供给流量，使二次侧热水出口温度得到调节。

3   监测锅炉的进出、口温度、压力和水流开关状态，根据水流信号关闭设备，检测锅炉的启停和故障状态，可以通过远程手动控制设备启停，并可以按顺序或预设时间自动控制设备启停。

4   监测水泵进、出口压力，检测水泵的启停和故障状态，根据水泵的故障信号发出报警提示，可以按顺序或损设时间自动调节水泵的运行台数。

5 监测分集水器的温度和压力。

6 监测水箱液位开关状态，根据高、低液位开关的报警信号进行排水或补水。

7 监测冷却塔风机的启停和故障状态，可以通过远程手动控制设备启停，并可以按顺序或预设时间自动控制冷却塔风机运行台数和转速；当冷却塔、回水总管之间设置旁通阀时，可自动调节旁通阀的开度。

8 冷水机组连锁控制：

1）启动顺序：开启冷却塔蝶阀，启动冷却塔风机，开启冷却水蝶阀，启动冷却水泵，开启冷水蝶阀，启动冷却水泵，水流开关检测到水流信号后启动冷水机组。

2）停止顺序：停冷水机组，关冷水泵，关冷水蝶阀，关冷却水泵，关冷却水蝶阀，管冷却塔风机、蝶阀。

9 冷源系统控制原理见图 27.4-1，热源系统控制原理见 27.4-2。

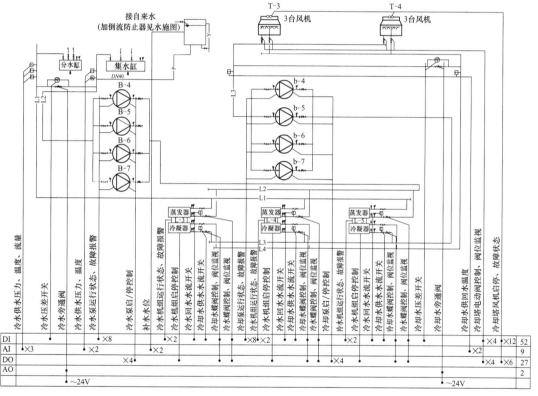

图 27.4-1 空调制冷系统的控制原理

27.4.3 空调、通风系统的监控：

1 监测室内外空气温度，空调机组的送风温度，并根据温度控制空调设备的运行台数及转速。

2 空调机组应根据送风的含湿量设置自动加湿设备，湿度传感器的设置位置取决于对调节阀的控制方式：

1）采用蒸汽加湿时，一般采取比例控制，湿度传感器设置于送风管上，蒸汽调节阀应具有直线特性；

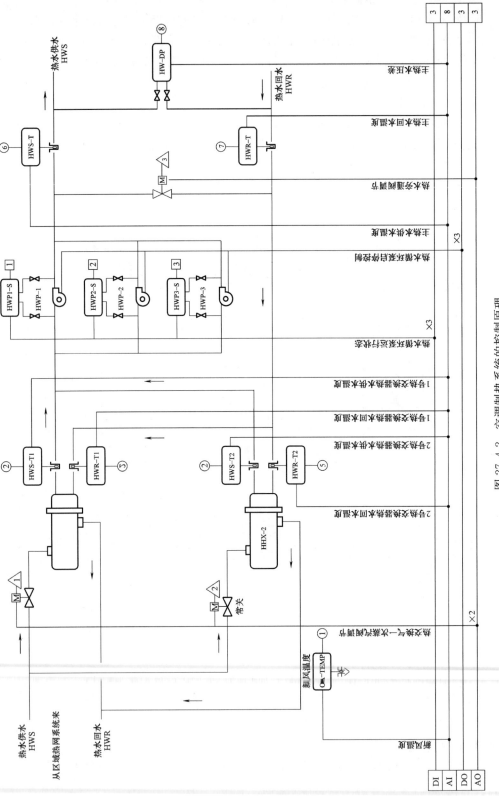

图 27.4-2　空调制热系统的控制原理

2）采用湿膜、超声波和电加湿时，一般采取位式控制，湿度传感器设置于相应加湿区域，加湿器或调节阀具有开闭特性。

3）采用高压细雾加湿时，一般采取位式控制喷水泵启停，湿度传感器设置于相应加湿区域。

3 监测风机、水阀、风阀的启停状态和运行参数，根据使用需求可自动调节水阀、风阀的开度，并将开度状态反馈至监控中心。

4 当风机故障时，应能反馈故障报警信号至监控中心；当风机停止时，应能自动连锁关闭相应风机的水阀、风阀。

5 监测人员密度较大场所内的 CO_2 浓度，当 CO_2 浓度超出室内标准规定的限制值时，应自动调节风机的转速或风阀的开度。

6 车流量随时间变化较大的车库，宜设置 CO 浓度传感器监测车库内 CO 浓度，保证 CO 浓度不超出 $30mg/m^3$ 的标准，应根据 CO 浓度自动调节风机的转速或风阀的开度。

7 对于变配电室等发热量和通风量较大的机房，应根据发热设备使用情况或室内温度，调节风机的启停、运行台数和转速。

8 当空调机组采用电加热时，应监测电加热设备的温度，并设置超温报警，当温度超过设定值时应切断电加热设备电源。

9 当房间内设置与新风系统结合使用的辐射供冷时，辐射供冷负担房间的部分显热负荷，应监测室内露点温度，保证辐射供冷面的温度高于室内空气的露点温度，当辐射供冷面的温度低于露点温度时，可以调节高温冷水管上阀门的开度或关闭阀门。

空调、通风系统控制原理如图 27.4-3～图 27.4-6 所示。

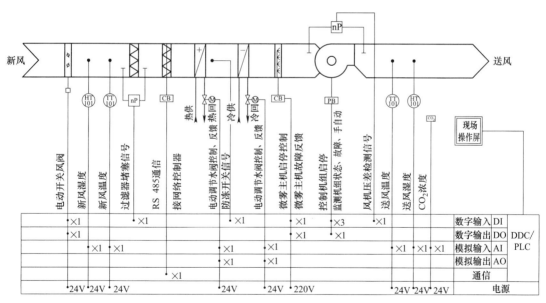

图 27.4-3 新风处理机控制原理/（对应的设备名称）

27.4.4 风机盘管的监控：

1 温控器实时检测房间温度并和设定温度进行比较，当室内需要冷风或热风时，控制器打开电动阀和风机，向室内供冷或供热。

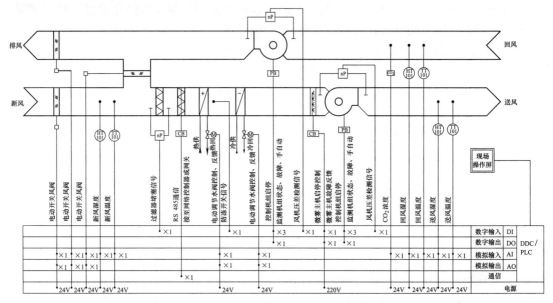

图 27.4-4　新风换气机控制原理/(对应的设备名称)

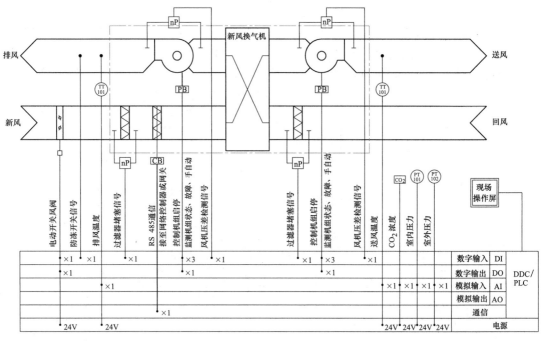

图 27.4-5　新风热回收机组控制原理/(对应的设备名称)

2　风机启停与电动阀连锁，当电动阀开启时联动风机启动，当电动阀关断时连锁风机停止运行。

3　温控器可手动控制风速，通过"低、中、高"三档控制风机转速，并可以实现根据温差自动调节风速。

4　通过风机盘管供水管上设置位式温度开关，实现季节自动转换功能。

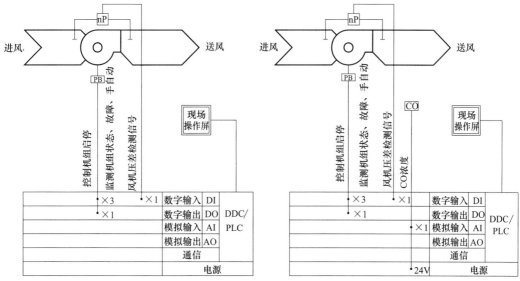

图 27.4-6　进/排风机控制原理/(对应的设备名称)

5　控制要求较高的场所，宜采用具有通信接口的联网型风机盘管控制器，可将风机盘管纳入建筑设备监控系统，实现对风机的转速及电动阀的集中控制，满足房间温度的自动调节和不同温度模式的设定。

27.4.5　变风量系统

变风量系统由变风量末端装置（VAV）和变频空调机组组成。变风量末端装置（VAV）是变风量空调系统的重要组成设备之一，可根据室温高低，自动调节空调一次送风量。当室内负荷增加时，能自动维持室内送风量不超过设计最大送风量；当室内负荷减少时，能保证室内送风量满足设计最小送风量及气流组织要求。当室内不需要送风时，可自动关闭末端装置的一次风风阀。变风量空调机组和末端装置的控制原理见图 27.4-7、图 27.4-8。

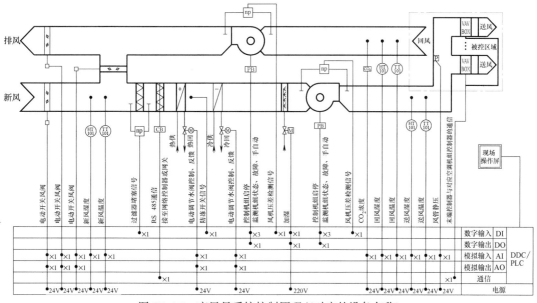

图 27.4-7　变风量系统控制原理/(对应的设备名称)

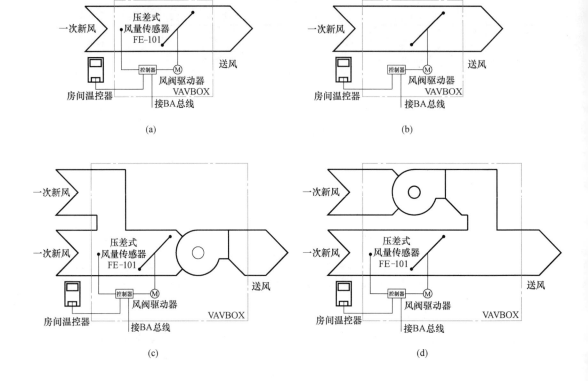

图 27.4-8 变风量末端（VAV-BOX）控制原理

(a) 压力无关型、单风道型；(b) 压力相关型 单风道型；

(c) 压力无关型、串联型、风机动力型；(d) 压力无关型、并联型、风机动力型

27.4.6 给水排水系统的监控：

1 监测水泵启停及故障状态，根据水泵的故障报警自动启动备用水泵。

2 监测供水管道的压力，根据供水压力自动调节水泵的运行台数及转速。

3 监测水箱内的液位状态，当采用多路给水泵供水时，可依据液位状态控制各供水管上电动阀的开关，实现各供水管上的电动阀与给水泵之间的连锁控制功能。

4 监测污水池内的液位状态，高液位时自动启动水泵，超高水位时发出报警，并连锁启动备用水泵，低水位时停止水泵。

给水排水系统控制原理见图 27.4-9～图 27.4-11。

27.4.7 电梯、自动扶梯系统的监测：

1 监测电梯、自动扶梯的运行状态（启停、上下行）和故障报警。

2 监测楼层电梯层门的开关状态，当状态异常时发出故障报警。

3 多台电梯集中排列时，应具有按规定程序集中调度和控制的群控功能。

4 监测自动扶梯空载/负载时的运行状态，根据运行状态对电梯的运行速度进行调节，从而达到节能的目的。

电梯运行控制原理见图 27.4-12。

27.4.8 供配电系统的监测：

1 监测高低压配电柜的进、出线开关状态及故障报警。

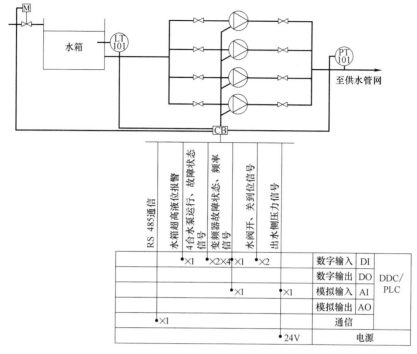

图 27.4-9　给水、中水恒压供水系统控制原理

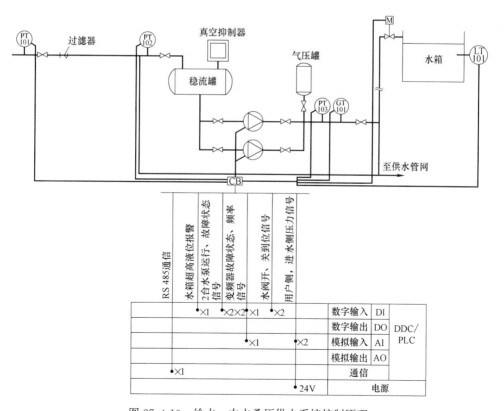

图 27.4-10　给水、中水叠压供水系统控制原理

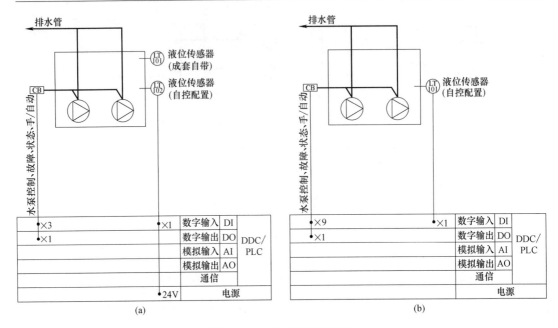

图 27.4-11　排水泵控制原理

(a) 自带控制柜；(b) 不自带控制柜

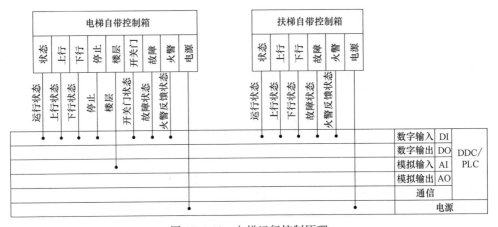

图 27.4-12　电梯运行控制原理

  2　监测高低压配电柜进、出线回路的电流、电压、频率、有功功率、无功功率、功率因数和耗电量等参数。

  3　监测变压器的运行状态，运行温度和超温报警，并能记录变压器的运行时间。

  4　监测柴油发电机组的运行状态及故障报警。

  5　监测柴油发电机组的日用油箱油位。

  6　监测不间断电源装置（UPS）及应急电源装置（EPS）的蓄电池组电压及异常报警，并监测进出线开关状态。

  7　监测应急电源的电压、电流、频率、有功功率、无功功率、温度等参数。

27.4.9　照明系统的监测：

  1　监测照明配电箱进、出线回路的开关状态，对需要远程控制的回路实现开关控制。

2 按防火分区进行照明分区控制时，宜接入火灾自动报警系统，实现消防的联动控制。

3 监测室内外的区域照度，并根据预先设定的照度值自动控制照明回路的开关或调节相应灯具的调光器。

27.4.10 建设设备能耗管理系统的监测：

1 监测电、生活用水、中水、燃气、热水、蒸汽、冷/热量、油或其他能源的消耗量。

2 建筑内信息系统机房、洗衣服、厨房餐厅、健身中心等区域的用电量应单独计量，大型设备的用电宜单独计量。

3 监测大型设备有关的能源消耗和性能分析的数据见表 27.4-1。

能源消耗和性能分析数据 表 27.4-1

空调系统 关键设备	冷机	冷水供回水温差	空调系统管路	水管路	输送能效比 ER
		冷却水供回水温差			水管路不平衡率
		温差比		风管路	单位风量消耗功率
		COP			风管路不平衡率
	水泵	综合部分负荷值	供暖系统 关键设备	锅炉	烟气浓度
		季节能耗比 SEER			O$_2$ 浓度
		扬程			CO$_2$、SO$_2$ 浓度
		水泵有效功率比			锅炉热效率
		水泵电机功率比		热水泵	扬程
		水泵总效率			水泵有效功率比
		水泵总效率比			水泵电机功率比
	冷却塔	冷却塔效率			水泵总效率
		冷却塔能耗比		换热器	换热效率
		冷却水供回水温差	供暖系统管路	水管路	输送能耗比
	空调机组	风机全压	室内环境指标		室内温度
		风机有效功率比			相对湿度
		风机电机功率比			气流速度
		风机总效率			CO$_2$ 浓度
		风机总效率比			平均热感觉指数
		换热器换热效率			预计不满意者百分率

27.5 设 计 要 点

27.5.1 建筑设备监控系统的设计应与建筑主体的设计同时进行，与建筑、结构、给水排水、暖通、电气等各专业通过互提资料，确定系统功能，完成设计协调与配合。

设计阶段各专业互提资料的主要要求见表 27.5-1。

27.5.2 建筑设备监控系统设计图纸中采用的图例、文字、符号等，应符合国家工业自动化仪表和建筑电气设计有关规定。

27.5.3 建筑设备监控系统的人机操作界面应根据运行管理的需要和被监控设备的物理分布进行设置，并应符合下列规定：

1 显示界面应为中文。

2 某一时刻或某一时间段的数据以单点、曲线或图表等方式显示。

3 应能修改和显示手动/自动的控制模式。

4 应能选择某个设备（或某个区域、某种类型的设备），显示监测信息、修改远程控制指令、设定运行时间和运行工况。

设计阶段各专业互提资料　　　　　　　表 27.5-1

	建筑与结构专业	暖通与给水排水专业	电气专业
	建筑平面图； 机房位置等	工业流程图与控制要求； 现场仪表安装的工作参数和工艺条件	电气设备的控制原理图； 变配电设备的控制要求； 配电箱的平面位置
智能化专业	控制室和竖井的面积与位置； 土建装修条件； 电缆桥架、管线穿墙和楼板的预留洞口	—	建筑设备监控系统所需的电源容量和数量； 接地系统要求

  5　显示各被监控设备的性能规格、安装位置与连接关系，连续运行时间和维修记录。

  6　具备自动诊断、自动恢复和故障报警等功能。

27.5.4　当一个设备被多个监控系统控制时，应明确该设备的控制权限归属，并符合下列规定：

  1　一个设备在同一时刻只能接受一个控制指令。

  2　被监控设备应优先执行安全保护功能的指令。

  3　记录当前监控设备的操作指令，并应在操作界面上显示。

27.5.5　建筑内若设置智能化集成系统，则建筑设备监控系统作为其中一个子系统，宜为启停智能化系统提供设备监测参数、操作信息和能耗计量数据等信息，并具备相应的数据通信接口。

27.5.6　建筑设备监控系统与其他智能化系统进行关联时，应遵循火灾自动报警系统优先原则。

27.6　DDC 点数统计表绘制

27.6.1　DDC 点位数量统计如图 27.6-1 所示。

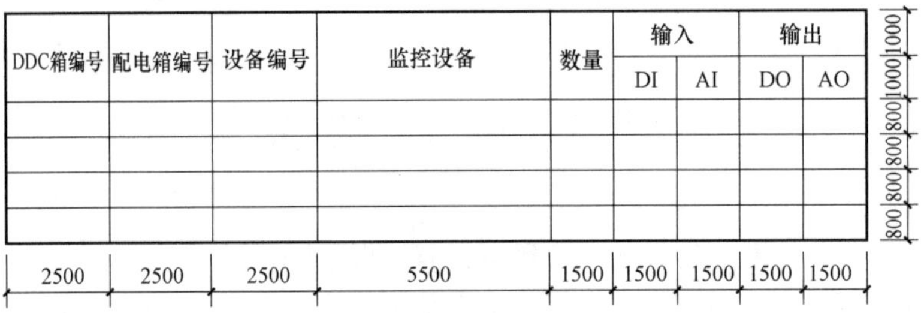

DDC箱编号	配电箱编号	设备编号	监控设备	数量	输入		输出	
					DI	AI	DO	AO

图 27.6-1　建筑设备监控点表

27.6.2　DDC 点位数量应按根据各设备的原理图统计点位数。

27.6.3　DDC 点位数量应按区、按楼座统计，并有总点位数的统计。

27.6.4　DDC 箱至各二次监测、控制元件的线缆要求：至每个数字量的线缆为 RVV-2X1.0，每个模拟量的线缆为 RVVP-4X1.0。

27.7　平面图的绘制

27.7.1　控制机房

1 控制机房应远离潮湿、灰尘、振动、电磁干扰等场所，控制机房可单独设置，也可与安防控制室合用。项目规模较大或所需监控的设备较为分散时，可在相对集中的区域设置分控制机房，分控制机房再通过网络协议与控制机房进行通信。

2 控制机房除满足日常运行操作需要外，还应设置专用房间或工作区，如 UPS 电源室、技术资料整理存放室、人员工作室、人员休息室等。

3 控制机房应参照计算机机房的标准进行设计和装修，室内宜设置高度不低于200mm 的抗静电活动地板。

4 控制机房内的电源插座应统一采用 UPS 电源供电。

27.7.2　DDC 控制箱的设置与配合

1 按设备需求配置 DDC 箱。流程相关的设备需求应配置同一控制器，这样便于调试和运行监视维修，如同一制冷站、换热站、空调机房内的监控设备应配置同一控制器。

2 按监控对象的安装地点进行配置。当监控对象安装较集中，同一房间相邻房间和相邻楼层时，又是相互无关、互相独立，应充分运用 DDC 控制器容量布置在一台控制器上，如果有富裕 I/O 点，布线长度又在产品允许范围内，而且是独立的、不需要与其他DDC 通信的点都可以布置在一个控制器上。

27.7.3　线缆选择与敷设

1 现场控制器至监控计算机之间的通信线宜选择六类屏蔽双绞线，当两者之间传输距离较远时（通常超过 100m 时），宜在线路中增设交换机或采用光纤进行传输。当采用光纤进行传输时，设计时需要注意选用光纤交换机或增设光电转换器。

2 监控设备至现场控制器之间宜根据现场控制器的要求选择控制电缆的类型，一般模拟量输入、输出采用屏蔽电缆，开关量输入、输出采用非屏蔽电缆。电动阀执行器应根据实际操作扭矩选择电缆截面，控制电缆截面应符合相关规范要求，一般在 1.0mm～4.0mm。控制电缆应统一敷设在线槽内，线槽规格应根据控制电缆的数量进行配置。

3 建筑设备监控系统的线路敷设应采用金属管、金属槽盒或电缆桥架的方式。所有信号线应单独辐射，不应与其他线路共管敷设。

27.7.4　电源与接地

1 建筑设备监控系统现场控制器和仪表宜采用集中供电方式，即从控制机房放射式向现场控制器和仪表敷设供电电缆，以便系统调试和日常维护。

2 建筑设备监控系统的供电容量，总容量不小于系统实际需要电源容量的 1.2 倍。配电柜内对于总电源回路和分支回路，都应该设置断路器作为保护装置。

3 建设设备监控系统宜设不间断电源（UPS）装置，其容量不应小于其保障设备用电容量的 1.5 倍。UPS 供电时间不少于 30min。

4 接地要求：

1）建筑设备监控系统的控制机房设备、现场控制器和现场管线，均应良好接地。

2）建筑设备监控系统的接地一般分为屏蔽接地和保护接地，屏蔽接地用于屏蔽线缆的信号屏蔽接地处，保护接地用于正常不带电的设备，如金属机箱、电缆桥架、金属导管等。

3）建筑设备监控系统的接地当采用共用接地方式时，其接地电阻应以接地系统中要求接地电阻最小的接地电阻值为依据，接地电阻值不应大于 4Ω。当与防雷接地系统共用时，接地电阻值不应大于 1Ω。

28 智能化机房、配电、竖井

28.1 一 般 规 定

28.1.1 智能化系统的机房包括进线间（信息接入机房）、有线电视前端机房、智能化总控室、信息设施系统总配线机房、信息网络机房、用户电话交换机房、消防控制室、安防监控中心、公共广播机房、建筑设备管理系统机房、应急响应中心和智能化设备间（弱电间、电信间）等。当机房类型为数据中心时，应参照现行国家标准《数据中心设计规范》GB 50174 进行设计。

28.1.2 智能化系统机房宜结合项目类型、项目规模、机房面积、机房功能，进行整合配置，并应符合下列规定：

1 信息设施系统总配线机房宜与信息网络机房、用户电话交换机房靠近或合并设置；

2 安防监控中心宜与消防控制室合并设置；

3 与消防有关的公共广播机房可与消防控制室合并设置；

4 有线电视前端机房宜独立设置；

5 建筑设备管理系统机房宜与相应的设备运行管理、维护值班室合并设置或设于物业管理办公室；

6 应急响应中心可根据项目的规模或人员密集程度单独设置或与安防控制中心组合配置；

7 信息化应用系统机房宜集中设置，当火灾自动报警系统、安全技术防范系统、建筑设备管理系统、公共广播系统等的中央控制设备集中设在智能化总控室内时，不同使用功能或分属不同管理职能的系统有独立的操作区域。

8 智能化各系统的系统主机和网络传输设备可以分散设置在各系统控制室内，也可集中设置在网络机房内。

28.1.3 智能化系统机房应结合机房功能和用户使用需求确定机房建设标准，可参考《数据中心设计规范》GB 50174—2017 中的分级标准确定机房配置，网络机房等级宜参考 A 级或 B 级机房配置，其他机房可参考 C 级机房配置。

28.1.4 当设计深度为电气智能化深度要求时，需要确定以下内容：智能化机房的位置、面积及通信接入要求，结构荷载要求，空调形式及机房环境要求，给水、排水及消防要求，用电容量要求、电磁屏蔽、防雷接地等要求。

28.1.5 当设计深度为智能化专项设计深度要求时，除满足本技术措施第 28.1.4 条的要求外，还需要确定机房不间断电源、漏水监测、机房监控等要求；并绘制机房设备布置图，机房装修平面、立面及剖面图，屏幕墙及控制台详图，配电系统（含不间断电源）及平面图，防雷接地系统及布置图，漏水监测系统及布置图，机房监控系统系统及布置图，综合布线系统及平面图。

28.1.6 智能化系统机房、电信间面积、布线通道应留有发展空间。

28.2　设　置　原　则

28.2.1　机房选址要求应符合下列规定：

1　信息接入机房宜设置在便于外部信息管线引入建筑物内的位置；

2　信息设施系统总配线机房宜设于建筑的中心区域位置，并应与信息接入机房、智能化总控室、信息网络机房及用户电话交换机房等同步设计和建设；

3　机房宜设在建筑物首层及以上层，当地下为多层时，也可设在地下一层；

4　机房宜靠近电信间，方便各种线路进出；

5　机房应远离强电磁场干扰场所，不应设置在变压器室、变电所的楼上、楼下或隔壁场所；

6　机房不应设置在水泵房、厕所、浴室或其他潮湿、易积水场所的正下方或贴邻；

7　设备机房不宜贴邻建筑物的外墙；

8　机房主体结构宜采用大空间及大跨度柱网结构体系，便于设备的布置；

9　机房不应穿过变形缝和伸缩缝。

28.2.2　电信间选址要求应符合下列规定：

1　电信间宜设在进出线方便，便于安装、维护的公共部位；

2　电信间宜独立设置，且在满足信息传输要求的情况下，宜设置于工作区域相对中部的位置；

3　对于以建筑物楼层为区域划分的电信间，上下位置宜垂直对齐；

4　电信间应设独立的门，不宜与其他房间形成套间；

5　电信间不应与水、暖、气等管道共用井道；

6　应避免靠近烟道、热力管道及其他散热量大或潮湿的设施。

7　当楼层的信息点位较少时，可以在首层或地下某层设置电信间，其他楼层仅设置线缆转接、配线等设备的弱电竖井（如住宅、公寓、旅馆、教学楼、宿舍等项目）。

28.2.3　网络机房设计应符合下列规定：

1　网络机房宜根据设备配置及工作运行要求，由主机房、辅助用房等组成。

2　网络机房和辅助用房的面积应根据近期设备布置和操作、维护等因素确定，并应留有发展余地。

当系统设备已选型时，网络机房面积可按下式确定：

$$A = K \sum S \qquad (28.2\text{-}1)$$

式中　A——主机房使用面积，m^2；

　　　K——系数，可取 5～7；

　　　S——系统设备的投影面积，m^2。

当系统设备未选型时，按下式计算：

$$A = KN \qquad (28.2\text{-}2)$$

式中　K——单台设备占用面积，可取 $4.5m^2/台 \sim 5.5m^2/台$；

N——机房内设备的总台数。

28.2.4 安防控制室设计应符合下列规定：

1 安防控制室的面积应与安防系统的规模相适应，不宜小于 30m²。

2 控制台正面与墙的净距不应小于 1.2m，侧面与墙或其他设备净距离，在主要通道侧不应小于 1.5m，次要通道侧不应小于 0.8m。

3 操作台与主显示屏的距离宜为主监视器尺寸的 5 倍左右。

28.2.5 有线电视机房设计应符合下列规定：

1 有线电视机房按照双向管道（孔数视建筑及机房规模、功能确定）设计，并与有线电视市政管线贯通。

2 房间面积要求：居住区（小于 3000 户）机房面积 ≥ 30m²，光工作站设备间 ≥ 10m²。

3 设有卫星电视接收系统时，应设卫星电视接收机房；机房距离天线不得超过 30m，播出节目在 10 套以下时，机房面积不宜小于 10m²，播出节目每增加 5 套，机房面积宜增加 10m²。

28.2.6 电信间设计应符合下列规定：

1 同楼层信息点数量不大于 400 个时，宜设置 1 个电信间；当楼层信息点数量大于 400 个时，宜设置 2 个及以上电信间。

2 楼层信息点数量较少，且水平缆线长度在 90m 范围内时，可多个楼层合设一个电信间。

3 当有信息安全等特殊要求时，应将所有涉密的信息通信网络设备和布线系统设备等进行空间物理隔离或独立安放在专用的电信间内，并应设置独立的涉密机柜及布线管槽。

4 电信间面积宜符合下列规定：

1）根据工程中配线设备与以太网交换机设备的数量、机柜的尺寸及布置，电信间的使用面积不应小于 5m²。当电信间内需设置其他通信设施和弱电系统设备箱柜或弱电竖井时，应增加使用面积；

2）无综合布线机柜时，可采用壁柜式设备，电信间面积宜大于或等于 1.5m（宽）× 0.8m（深）。

28.2.7 机房及电信间设备布置，应符合下列规定：

1 机房设备应根据系统配置及管理需要分区布置。当几个系统合用机房时，应按功能分区布置。

2 电子信息设备宜远离建筑物防雷引下线等主要的雷击散流通道。

3 音响控制室等模拟信号较集中的机房，应远离较强烈的辐射干扰源。对于小型会议室等难以分开布置的合用机房，设备之间应保证安全距离。

4 设备的间距和通道应符合下列要求：

1）机柜正面相对排列时，其净距离不应小于 1.2m。

2）背后开门的设备，背面离墙边净距离不应小于 0.8m。

3）机柜侧面距墙不应小于 0.5m，机柜侧面离其他设备净距不应小于 0.8m，当需要维修测试时，则距墙不应小于 1.2m。

4）并排布置的设备总长度大于 4m 时，两侧均应设置通道。

5）通道净宽不应小于 1.2m。

5 墙挂式设备中心距地面高度宜为 1.5m，侧面距墙应大于 0.5m。

6 视频监控系统和有线电视系统电视墙前面的距离，应满足观看视距的要求，电视墙与值班人员之间的距离，应大于主监视器画面对角线长度的 5 倍。设备布置应防止在显示屏上出现反射眩光。

7 除采用 CMP 等级阻燃线缆外，活动地板下引至各设备的线缆，应敷设在封闭式金属线槽中。

8 电信间设备布置应符合下列要求：

1）电信间与配电间应分开设置，如受条件限制必须合设时，电气、电子信息设备及线路应分设在电信间的两侧，并要求各种设备箱体前应留有不小于 0.8m 的操作、维护距离；

2）电信间内设备箱宜明装，安装高度宜为箱体中心距地 1.2m～1.3m。

28.3 对土建及相关专业要求

28.3.1 对土建专业要求：

1 各类机房的室内净高、荷载及地面、门窗等要求，应符合表 28.3-1 的规定。

2 机房内敷设活动地板时，敷设高度应按实际需求确定。

对土建及相关专业的要求   表 28.3-1

房间名称		室内净高（m）	楼、地面等效均布活荷载（kN/m²）		地面材料	顶棚、墙面	门（及宽度）	窗
电话站	程控交换机室、总配线架室	≥2.5	≥4.5		防静电活动地板	饰材浅色、不反光、不起灰	外开双扇防火门 1.2m～1.5m	良好防尘
	话务室	≥2.5	≥3.0		防静电活动地板	吸声材料	隔声门 1.0m	良好防尘设纱窗
	电力电池室	≥2.5	<200Ah 时，4.5	注3	防尘、防滑地面	饰材不起灰	外开双扇防火门 1.2m～1.5m	良好防尘
			200Ah～400Ah 时，6.0					
			≥500Ah 时，10.0					
	进线间（信息接入机房）	≥2.2	≥3.0		水泥地	墙身及顶棚需防潮	外开双扇防火门≥1.0m	—
	信息网络机房	≥2.8	≥6		防静电活动地板	饰材浅色、不反光、不起灰	外开双扇防火门≥1.5m	良好防尘
	建筑设备管理机房、信息设施系统总配线机房	≥2.8	≥4.5		防静电活动地板	饰材浅色、不反光、不起灰	外开双扇防火门≥1.2m	良好防尘
广播室	录播室	≥2.5	≥2.0		防静电地毯	吸声材料	隔声门 1.0m	隔声窗
	设备室	≥2.5	≥4.5		防静电活动地板	饰材浅色、不反光、不起灰	外开双扇防火门 1.2m～1.5m	良好防尘设纱窗

续表

房间名称		室内净高（m）	楼、地面等效均布活荷载（kN/m²）	地面材料	顶棚、墙面	门（及宽度）	窗
消防控制室		≥2.8	≥4.5	防静电活动地板	饰材浅色、不反光、不起灰	外开双扇甲级防火门 1.5m 或 1.2m	良好防尘设纱窗
安防监控中心		≥2.8	≥4.5	防静电活动地板	饰材浅色、不反光、不起灰	外开双扇防火门 1.5m 或 1.2m	良好防尘设纱窗
有线电视前端机房		≥2.5	≥4.5	防静电活动地板	饰材浅色、不反光、不起灰	外开双扇隔音门 1.2m~1.5m	良好防尘设纱窗
会议电视	电视会议室	≥2.5	≥3.0	防静电地毯	吸声材料	双扇门 ≥1.2m~1.5m	隔音窗
	控制室、传播室	≥2.5	≥4.5	防静电活动地板	饰材浅色、不反光、不起灰	外开单扇门 ≥1.0m	良好防尘
弱电间（电信间）		≥2.5	≥4.5	水泥地面高出本层 100mm 或设置防水门槛；地面应具有防潮、防尘、防静电等措施	涂不起灰、浅色、无光涂料	外开防火门 ≥0.9m	—

注：1 如选用设备的技术要求高于本表所列要求，应遵照选用设备的技术要求执行。
2 当 300Ah 及以上容量的免维护电池需置于楼上时不应叠放。如需叠放时，应将其布置于梁上，并需另行计算楼板负荷。
3 会议电视室最低净高一般为 3.5m，当会议室较大时，应按最佳容量比来确定。其混响时间宜为 0.6s~0.8s。
4 室内净高不含活动地板高度，室内设备高度按 2.0m 考虑。
5 电视会议室的围护结构应采用具有良好隔声性能的非燃烧材料或难燃材料，其隔声量不低于 50dB（A）。电视会议室的内壁、顶棚、地面应作吸声处理，室内噪声不应超过 35dB（A）。
6 电视会议室的装饰布置，严禁采用黑色和白色作为背景色。
7 室内净高是指梁下或风管下的高度。

28.3.2 对暖通空调专业符合表 28.3-2 的要求。

对暖通空调专业的要求 表 28.3-2

房间名称		温度（℃）	相对湿度（%）	空调通风要求	备注
电话站	程控交换机室	18~28	30~75	—	注2
	总配线架室	10~28	30~75	—	注2
	话务室	18~28	30~75	—	注2
	电力电池室	18~28	30~75	注2	—
进线间（信息接入机房）		18~28	30~75	注1	
弱电间（电信间）		18~28	30~75	电信间应设置排风系统，当设备发热量≥2.5kW 时，应设置空调系统；设置排风系统时，应预留净面积不小于 0.1m² 的通风井道；当设置空调系统时，空调器不应设置在设备正上方，并应考虑设置接水盘等防水措施	
信息网络机房		18~28	40~70	信息网络机房应设置空调系统，并保证全年供冷的需求；当机房设备对温湿度要求较高时，应设置机房专用空调	注2

续表

房间名称		温度(℃)	相对湿度(%)	空调通风要求	备注
建筑设备管理机房		18~28	40~70	建筑设备监控机房应设置舒适性空调,并保证7×24小时值班的空气调节要求	注2
信息设施系统总配线机房		18~28	30~75	—	注2
广播室	录播室	18~28	30~80	—	—
	设备室	18~28	30~80	—	注2
消防控制室		18~28	30~80	消防/安防监控中心应设置舒适性空调,并保证7×24小时值班的空气调节要求	注2
安防监控中心		18~28	30~80		注2
有线电视前端机房		18~28	30~75	有线电视前端机房应预留空调系统,并保证全年供冷的需求	注2
会议电视	电视会议室	18~28	30~75	注3	—
	控制室	18~28	30~75		—
	传播室	18~28	30~75		—
弱电间	有网络设备	18~28	40~70	弱电间设置网络设备时应设置排风系统,当设备发热量≥2.5kW时,应设置空调系统;设置排风系统时,应预留净面积不小于0.1m²的通风井道;当设置空调系统时,空调器不应设置在设备正上方,并应考虑设置接水盘等防水措施	注2
	无网络设备	5~35	20~80		

注:1. 地下线缆进线室一般采用轴流式通风机,排风 按每小时不大于5次换风量计算,并保持负压。
　　2. 采用空调的机房应保持微正压。
　　3. 电视会议室新风换气量应按每人大于或等于30m³/h。

28.3.3 电气专业照明应符合表28.3-3 的要求,机房电源供电时间应满足表28.3-4 的要求。

对电气专业照明的要求　　　　　　　　　　　　　　表 28.3-3

房间名称		照度(lx)	应急照明
电话站	程控交换机室	500(0.75m 水平面)	设置
	总配线架室	200(地面)	设置
	话务室	300(0.75m 水平面)	设置
	电力电池室	200(地面)	设置
进线间(信息接入机房)、弱电间		200(地面)	—
信息网络机房		500(0.75m 水平面)	设置
建筑设备管理机房		500(0.75m 水平面)	设置
信息设施系统总配线机房		200(地面)	设置
广播室	录播室	设置	设置
	设备室	设置	设置
消防控制室		500(0.75m 水平面)	设置
安防监控中心		500(0.75m 水平面)	设置
有线电视前端机房		300(地面)	设置
会议电视	电视会议室	500(0.75m 水平面)(注5)	设置
	控制室	≥300(0.75m 水平面)	设置
	传播室	≥300(地面)	设置
弱电间	有网络设备	≥200(地面)	设置
	无网络设备		设置

注:投影电视屏幕照度不宜高于75lx,电视会议室照度应均匀可调,会议室的光源应采用色温3200K的三基色灯。

机房对供电时间的要求 表 28.3-4

机房名称	供电时间	供电范围	备注
安防监控中心	≥0.25h	安全技术防范系统主控设备	建筑物内有发电机组时
	≥3h		建筑物内无发电机组时
用户电话交换机房	≥0.25h	电话交换机、话务台	建筑物内有发电机组时
	8h		建筑物内无发电机组时
信息网络机房	≥0.25h	交换机、服务器、路由器、防火墙等网络设备	建筑物内有发电机组时
	≥2h		建筑物内无发电机组时
消防控制室	≥3h	火灾自动报警及联动控制	系统自带

注：1. 蓄电池组容量不应小于系统设备额定功率的1.5倍。
    2. 用户电话交换机房由发电机组供电时应按8h备油。
    3. 避难层（间）设置的视频监控摄像机和安防监控中心的主控设备无柴油发电机供电时应按3h备电。

28.3.4 对管线综合的要求：

1 电信间内不应设置与安装的设备无关的水管、风管及低压配电缆线管槽与竖井；

2 机房及电信间不允许与其无关的水管、风管、电缆等各种管线穿过；

3 与进线间安装的设备无关的管道不应在室内通过。

28.4 供电、接地等安全措施

28.4.1 机房供电要求：

1 重要电信机房的交流电源，其负荷级别应与该建筑工程中最高等级的用电负荷相同。

2 一类高层建筑中的安防系统、计算机系统、电子信息设备机房用电按照一级负荷考虑。

3 机房应根据实际工程情况，预留电子信息系统工作电源和维修电源，电源宜从配电室（间）直接引来。

4 机房内电子信息系统工作电源可根据实际设备安装情况，按照 1.5kW/机柜～4kW/机柜进行配置。

5 电信间内设备供电电源应包含信息网络系统、出入口控制系统、视频安防监控系统、有线电视系统、移动信号覆盖系统等的设备供电，根据项目实际配置，预留相应的供电回路。其电源可靠性应满足电子信息设备对电源可靠性的要求，其中，出入口控制系统的供电回路应考虑设置发生火灾时紧急切断的装置。

6 除设备供电的电源外，电信间应设置不少于 2 个单相交流 220V/10A 电源插座盒，每个电源插座的配电线路均应装设保护器。

7 设备间应设置不少于 2 个单相交流 220V/10A 电源插座盒，每个电源插座的配电线路均应装设保护器。设备供电电源应另行配置。

8 进线间应设置不少于 2 个单相交流 220V/10A 电源插座盒，每个电源插座的配电线路均应装设保护器。设备供电电源应另行配置。

9 照明电源不应引自电子信息设备配电盘。

28.4.2 电气防护与接地：

1 机房接地系统的设置应满足人身安全、设备安全及电子信息系统正常运行的要求，均应设置独立接地引下线。

2 机房交流功能接地、保护接地、直流功能接地、防雷接地等各种接地宜共用接地网，接地电阻按其中最小值确定。

3 机房内应做等电位联结，并设置等电位联结端子箱；对于工作频率较低（小于30kHz）且设备数量较少的机房，可采用单点（S形）接地方式；对于工作频率较高（大于300kHz）且设备台数较多的机房，可采用多点（M形）接地方式。

4 在建筑物电信间、设备间、进线间及各楼层信息通信竖井内均应设置辅助等电位联结端子板。

5 配线柜接地端子板应采用两根不等长度，且截面不小于 $6mm^2$ 的绝缘铜导线接至就近的等电位联结端子板。

6 当缆线从建筑物外引入建筑物时，电缆、光缆的金属护套或金属构件应在入口处就近与等电位联结端子板连接。

7 当电缆从建筑物外面进入建筑物时，应选用适配的信号线路浪涌保护器。

8 当各系统共用接地网时，宜将各系统分别采用接地导体与接地网连接。

9 防雷与接地应满足规范相关规定。

28.4.3 机房防静电设计应符合下列规定：

1 机房地面及工作面的静电泄漏电阻，应符合国家标准。

2 应符合现行行业标准《防静电活动地板通用规范》SJ/T 10796 的规定。

3 机房内绝缘体的静电电位不应大于 1kV。

4 机房不用活动地板时，可铺设导静电地面；导静电地面可采用导电胶与建筑地面粘牢，导静电地面电阻率应为 $10^7\Omega \cdot cm \sim 10^{10}\Omega \cdot cm$，其导电性能应长期稳定且不易起尘。

5 机房内采用的活动地板可由钢、铝或其他有足够机械强度的难燃材料制成；活动地板表面应是导静电的，严禁暴露金属部分；单元活动地板的系统电阻应符合现行行业标准《防静电活动地板通用规范》的规定。

28.5 消防与安全

28.5.1 机房的耐火等级不应低于建筑主体的耐火等级，消防控制室应为一级。

28.5.2 电信间墙体应为耐火极限不低于 1.0h 的不燃烧体，门应采用丙级防火门。

28.5.3 机房出口应设置向疏散方向开启且能自动关闭的门，并应保证在任何情况下都能从机房内打开。

28.5.4 设在首层的机房的外门、外窗应采取安全措施。

28.5.5 根据机房的重要性，可设警卫室或保安设施。

28.5.6 机房应设置火灾自动报警系统，机房采用气体灭火措施时，应设置两种类型的报警探测器。

28.5.7 网络机房、有线电视机房等无人值守的机房不宜采用液体灭火系统，宜采用气体灭火系统。

28.5.8 消防安防控制室、建筑设备管理系统控制室等有人值守的机房不应设置气体灭火系统和液体灭火系统，需保证在消火栓保护范围内，并配置足量的灭火器。

28.6 机 房 装 修

28.6.1 机房装修设计应包含墙面、顶面、地面和门窗设计。

28.6.2 机房内装修设计选用的材料应采用 A 级（不燃级）或 B1 级（难燃级）材料。

28.6.3 机房内装修，应选用气密性好、不起尘、易清洁、符合环保要求、在温度和湿度变化作用下变形小、具有表面静电耗散性能的材料，不得使用强吸湿性材料及未经表面改性处理的高分子绝缘材料作为面层。

28.6.4 当机房设置防静电地板且只作为电缆布线空间使用时，地板高度不宜小于 250mm。

28.6.5 当地板下空间机作为电缆布线空间，又作为空调静压箱时，地板高度不宜小于 500mm，且基础楼面应采取保温、防潮措施。

28.6.6 当机房内设有用水设备时，应采取防止水漫溢和渗漏措施。

28.7 详 图 实 例

28.7.1 电信间详图见图 28.7-1。

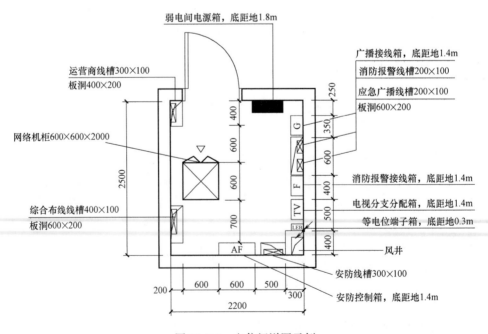

图 28.7-1 电信间详图示例

28.7.2 安防、建筑设备监控、多媒体制作机房详图见图 28.7-2。

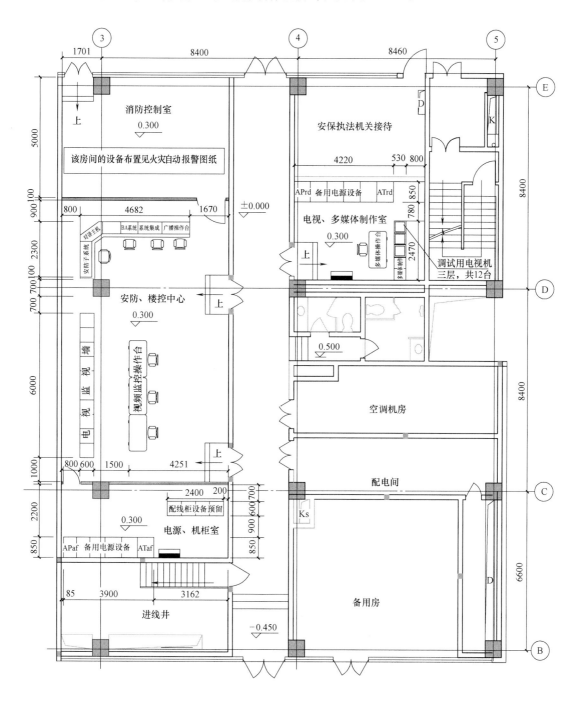

图 28.7-2 安防、建筑设备监控、多媒体制作机房详图示例

28.7.3 网络机房详图见图 28.7-3。

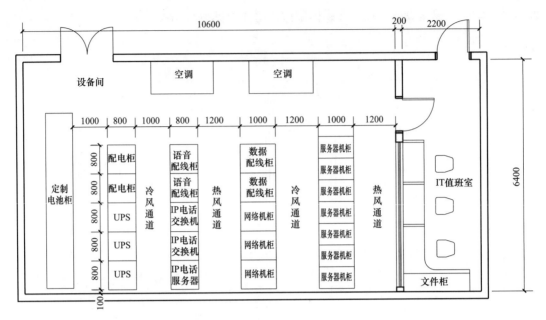

图 28.7-3　网络机房详图

29 信息设施系统

29.1 一般规定

29.1.1 信息设施系统是楼内的语音、数据、图像传输的基础，其主要作用是对来自建筑物或建筑群外的各种信息予以接收、交换、传输、存储、检索和显示，同时与外部通信网络（如公用电话网、综合业务数字网、互联网、数据通信网及卫星通信网等）相连，为建筑物或建筑群的管理者和使用者提供有效的信息服务，支持建筑物内用户所需的各类信息通信业务。

29.1.2 信息设施系统包括信息接入系统、综合布线系统、用户电话交换系统、无线对讲系统、信息网络系统、公共广播系统、有线电视系统、会议系统、信息导引及发布系统、时钟系统等。根据工程特点及甲方需求选择相关的系统。

29.1.3 信息设施系统可以分方案设计、初步设计和施工图三个阶段。方案阶段应提供WORD& PDF版本的文本方案；初步设计阶段应提供WORD和PDF版本的初步设计说明及CAD和PDF版本的初步设计图纸（包含主要设备表、系统图、平面点位布置图、机房布置图等）；施工图设计阶段应提供CAD和PDF版本的全套施工图设计图纸（包含施工图设计说明、主要设备表、系统图、施工平面图、机房及弱电间大样图等）。

29.1.4 信息设施系统图可以用图例符号、带注释的图框或简化外形表示系统或者系统中各组成部分及其连接关系的图。表达各子系统的逻辑关系、功能关系、接线关系，反映系统的网络构架、系统组成以及与相关系统的接口关系。平面图的绘制要求见本技术措施第31章。

29.1.5 系统图中应表示清楚中心机房（网络机房）、设备间、电信间、末端的设备构成，并有相关标注；应表达系统结构、主要设备的数量和类型、设备之间的连接方式、线缆类型及规格、图例等。

29.1.6 属于建筑群或小区的一部分或一栋楼座时，其系统图应表达清楚与上级机房的关系；包含中心机房（控制中心）的楼座应反映中心机房的设备组成以及与其他楼座的关系。

29.1.7 本章信息设施系统的设计依据智能化专项施工图设计深度编写，智能化专项方案设计、扩初设计或土建类非智能化专项设计的各阶段要求，参考本技术措施第23.1节的要求编制。

29.2 综合布线系统

29.2.1 一般规定

1 图纸深度要求：布线系统图应明确表达中心机房设备与进线间、汇聚间或电信间设备之间的关系；每个电信间光纤配线架及双绞线配线架的规格、数量；末端信息点的类型（包括墙面插座、地面插座、家具安装插座、吸顶安装插座、集合箱等）及数量；主干光缆及电缆的类型及数量、主要敷设方式；水平光缆及电缆的类型及数量；跳线类型和数量。

2　每个工程应根据业主对项目的定位和需求不同，配置不同的网络系统，例如办公内网、外网、智能化专网等，设计过程中针对不同的网络系统，分别绘制一套布线系统。

29.2.2　系统组成及架构

1　系统组成：布线系统由传输介质、交叉/直接连接设备、介质连接设备、适配器、传输电子设备、布线工具及测试组件等组成。

2　系统结构示意图见图 29.2-1、图 29.2-2。

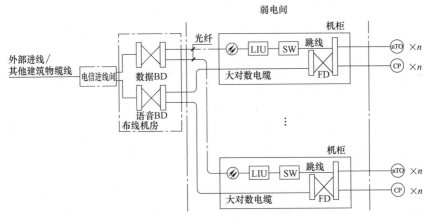

图 29.2-1　光铜混合布线系统示意图

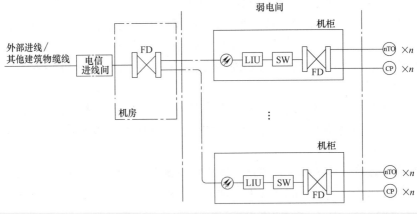

图 29.2-2　光纤布线系统示意图

3　除上述两种系统架构外，针对出租性的建筑单体，运营商一般会提供无源光网系统，设计过程中应预留出足够的管路，供运营商使用。

29.2.3　系统功能

布线系统是一个模块化、灵活性极高的建筑物内或建筑群之间的信息传输通道，是智能建筑的"信息高速公路"。它既能使语音、数据、图像设备和交换设备与其他管理系统彼此相连，也能使这些设备与外部通信网相连接。

29.2.4　设计原则

1　需求分析。系统在满足相关标准规范要求的基础上，需结合业主需求进行设计。主要从以下方面进行考虑：

1）布线系统寿命远大于计算机软硬件和其他网络设备，需要具备较长的生命周期，可以支持2代～3代有源设备的更新换代。

2）业主使用需求：点位配置数量需求、系统结构需求、设备安装需求及其他特殊需求等。

2　末端点位设置原则：

1）目前建筑物的功能类型较多，因此对工作区面积的划分应根据应用的场合作具体分析后确定，工作区面积需求一般可参照表29.2-1。

工作区面积划分表　　　　　　　　　　　表 29.2-1

建筑物类型及功能	工作区面积(m²)
网管中心、呼叫中心、信息中心等座席较为密集的场所	3～5
办公区	5～10
会议、会展	10～60
机场、生产厂房、娱乐场所	20～60
体育场馆、候机室、公共设施区	20～100
工业生产区	60～200

注：1　如果终端设备的安装位置和数量无法确定，或使用场地为大客户租用并考虑自行设置计算机网络，工作区的面积可按区域（租用场地）面积确定。

2　对于IDC机房（数据通信托管业务机房或数据中心机房），可按生产机房每个机架的设置区域考虑工作区面积。

2）为了满足不同功能与特点的建筑物的需求，综合布线系统工作区面积划分与信息点配置数量可参照表29.2-2～表29.2-12。

办公建筑工作区面积划分与信息点配置　　　　　　　表 29.2-2

项　　目		工作区面积与信息点	
		行政办公建筑	通用办公建筑
每一个工作区面积(m²)		办公:5～10	办公:5～10
每一个用户单元区域面积(m²)		60～120	60～120
每一个工作区信息插座类型与数量	RJ45	一般:2个,政务:2个～8个	2个
	光纤到工作区 SC 或 LC	2个单工或1个双工或根据需要设置	2个单工或1个双工或根据需要设置

商店建筑和旅馆建筑工作区面积划分与信息点配置　　　　表 29.2-3

项　　目		工作区面积与信息点	
		商店建筑	旅馆建筑
每一个工作区面积(m²)		商铺:20～120	办公:5～10,客房:每套房,公共区域:20～50,会议:20～50
每一个用户单元区域面积(m²)		60～120	每个客房
每一个工作区信息插座类型与数量	RJ45	2个～4个	2个～4个
	光纤到工作区 SC 或 LC	2个单工或1个双工或根据需要设置	2个单工或1个双工或根据需要设置

文化建筑和博物馆建筑工作区面积划分与信息点配置　　　　表 29.2-4

项　目		工作区面积与信息点			
		文化建筑			博物馆建筑
		图书馆	文化馆	档案馆	
每一个工作区面积(m²)		办公阅览：5～10	办公：5～10，展示厅：20～50，公共区域：20～60	办公：5～10，资料室：20～60	办公：5～10，展示厅：20～50，公共区域：20～60
每一个用户单元区域面积(m²)		60～120	60～120	60～120	60～120
每一个工作区信息插座类型与数量	RJ45	2个	2个～4个	2个～4个	2个～4个
	光纤到工作区 SC 或 LC	2个单工或1个双工或根据需要设置	2个单工或1个双工或根据需要设置	2个单工或1个双工或根据需要设置	2个单工或1个双工或根据需要设置

观演建筑工作区面积划分与信息点配置　　　　表 29.2-5

项　目		工作区面积与信息点		
		剧场	电影院	广播电视业务建筑
每一个工作区面积(m²)		办公：5～10，业务区：50～100	办公：5～10，业务区：50～100	办公：5～10，业务区：50～100
每一个用户单元区域面积(m²)		60～120	60～120	60～120
每一个工作区信息插座类型与数量	RJ45	2个	2个	2个
	光纤到工作区 SC 或 LC	2个单工或1个双工或根据需要设置	2个单工或1个双工或根据需要设置	2个单工或1个双工或根据需要设置

体育建筑和会展建筑工作区面积划分与信息点配置　　　　表 29.2-6

项　目		工作区面积与信息点	
		体育建筑	会展建筑
每一个工作区面积(m²)		办公区：5～10，业务区：每比赛场地(计分、裁判、显示、升期等)5～50	办公区：5～10，展览区：20～100，洽谈区：20～50，公共区域：60～120
每一个用户单元区域面积(m²)		60～120	60～120
每一个工作区信息插座类型与数量	RJ45	一般：2个	一般：2个
	光纤到工作区 SC 或 LC	2个单工或1个双工或根据需要设置	2个单工或1个双工或根据需要设置

医疗建筑工作区面积划分与信息点配置　　　　表 29.2-7

项　目		工作区面积与信息点	
		综合医院	疗养院
每一个工作区面积(m²)		办公：5～10，业务区：10～50，手术设备室：3～5，病房：15～60，公共区域：60～120	办公：5～10，疗养区域：15～60，业务区：10～50，疗养员活动室：30～50，营养食堂：20～60，公共区域：60～120
每一个用户单元区域面积(m²)		每一个病房	每一个疗养区域
每一个工作区信息插座类型与数量	RJ45	2个	2个
	光纤到工作区 SC 或 LC	2个单工或1个双工或根据需要设置	2个单工或1个双工或根据需要设置

教育建筑工作区面积划分与信息点配置　　　　表 29.2-8

项　目	工作区面积与信息点		
	高等学校	高级中学	初级中学和小学
每一个工作区面积(m²)	办公：5～10，公寓、宿舍：每一套房/每一床位，教室：30～50，多功能教室：20～50，实验室：20～50，公共区域：30～120	办公：5～10，公寓、宿舍：每一床位，教室：30～50，多功能教室：20～50，实验室：20～50，公共区域：30～120	办公：5～10，教室：30～50，多功能教室：20～50，实验室：20～50，公共区域：30～120，宿舍：每一间套房

续表

项 目		工作区面积与信息点		
		高等学校	高级中学	初级中学和小学
每一个用户单元区域面积(m²)		公寓	公寓	—
每一个工作区信息插座类型与数量	RJ45	2个~4个	2个~4个	2个~4个
	光纤到工作区 SC 或 LC	2个单工或1个双工或根据需要设置	2个单工或1个双工或根据需要设置	2个单工或1个双工或根据需要设置

交通建筑工作区面积划分与信息点配置   表 29.2-9

项 目		工作区面积与信息点			
		民用机场航站楼	铁路客运站	城市轨道交通站	汽车客运站
每一个工作区面积(m²)		办公区:5~10,业务区:10~50,公共区域:60~120,服务区:10~30	办公区:5~10,业务区:10~50,公共区域:60~120,服务区:10~30	办公区:5~10,业务区:10~50,公共区域:60~120,服务区:10~30	办公区:5~10,业务区:10~50,公共区域:60~120,服务区:10~30
每一个用户单元区域面积(m²)		60~120	60~120	60~120	60~120
每一个工作区信息插座类型与数量	RJ45	一般:2个	一般:2个	一般:2个	一般:2个
	光纤到工作区 SC 或 LC	2个单工或1个双工或根据需要设置	2个单工或1个双工或根据需要设置	2个单工或1个双工或根据需要设置	2个单工或1个双工或根据需要设置

金融建筑工作区面积划分与信息点配置   表 29.2-10

项 目		工作区面积与信息点
每一个工作区面积(m²)		办公区:5~10,业务区:5~10,客服区:5~20,公共区域:50~120,服务区:10~30
每一个用户单元区域面积(m²)		60~120
每一个工作区信息插座类型与数量	RJ45	一般:2个~4个,服务区:2个~8个
	光纤到工作区 SC 或 LC	4个单工或2个双工或根据需要设置

住宅建筑工作区面积划分与信息点配置   表 29.2-11

项 目		工作区面积与信息点
每一个房屋信息插座类型与数量	RJ45	电话:客厅、餐厅、主卧、次卧、厨房、卫生间:1个,书房:2个;数据:客厅、餐厅、主卧、次卧、厨房:1个,书房:2个
	同轴	有线电视:客厅、主卧、次卧、书房、厨房:1个
	光纤到工作区 SC 或 LC	根据需要,客厅、书房:1个双工
光纤到住宅用户		满足光纤到户要求,每一户配置一个家具配线箱

通用工业建筑工作区面积划分与信息点配置   表 29.2-12

项 目		工作区面积与信息点
每一个工作区面积(m²)		办公区:5~10,公共区域:60~120,生产区:20~100
每一个用户单元区域面积(m²)		60~120
每一个工作区信息插座类型与数量	RJ45	一般:2个~4个
	光纤到工作区 SC 或 LC	2个单工或1个双工或根据需要设置

3 配线子系统设计:

1) 工作区的信息插座模块应支持不同的终端设备接入,每一个8位模块通用插座应连接1根4对对绞电缆;每一个双工或2个单工光纤连接器件及适配器应连接1根2芯光缆。

2) 从电信间至每一个工作区的水平光缆宜按2芯光缆配置。至用户群或大客户使用的工作区域时，备份光纤芯数不应小于 2 芯，水平光缆宜按 4 芯或 2 根 2 芯光缆配置。

3）连接至电信间的每一根水平缆线均应终接于 FD 处相应的配线模块，配线模块与缆线容量相适应。

4）电信间 FD 主干侧各类配线模块应根据主干缆线所需容量要求、管理方式及模块类型和规格进行配置。

5）电信间 FD 采用的设备缆线和各类跳线宜根据计算机网络设备的使用端口容量和电话交换系统的实装容量、业务的实际需求或信息点总数的比例进行配置，比例范围宜为 25%～50%。

4 干线子系统配置：

1）干线子系统所需要的对绞电缆根数、大对数电缆总对数及光缆光纤总芯数，应满足工程的实际需求与缆线的规格，并应留有备份容量。

2）干线子系统主干缆线根据管理要求，确定是否配置备份路由。

3）当电话交换机和计算机设备设置在建筑物内不同的设备间时，宜采用不同的主干缆线来分别满足语音和数据的需要。

4）干线子系统的干缆线应选择较短的安全路由。组合干缆线中间不应有转接点或接头，已采用点对点终接。

5）主干电缆和光缆所需的容量要求及配置应符合下列规定：

（1）对语音业务，大对数主干电缆的对数应按每 1 个电话 8 位模块通用插座配置 1 对线，并应在总需求线对的基础上预留不小于 10% 的备用线对。

（2）对数据业务，应按每台以太网交换机设置 1 个主干端口和 1 个备份端口配置。当主干端口为电接口时，应按 4 对线对容量配置，当主干端口为光端口时，应按 1 芯或 2 芯光纤容量配置。

（3）当工作区至电信间的水平光缆需延伸至设备间的光配线设备（BD/CD）时，主干光缆的容量应包括所延伸的水平光缆光纤的容量。

（4）电信间 FD 采用的设备缆线和各类跳线宜根据计算机网络设备的使用端口容量和电话交换系统的实装容量、业务的实际需求或信息点总数的比例进行配置，比例范围宜为 25%～50%。

5 建筑物配线设备安装要求：

1）楼层配线架一般安装于电信间内，电信间设计应符合以下规定：

（1）电信间数量应按所服务楼层面积及工作区信息点密度与数量确定，电信间使用面积不应小于 5m²。电信间内设备宜采用机架式安装，各类配线设备安装于标准机柜内。如受建筑条件限制且末端信息点数较少等特殊情况时，可采用壁挂式机柜。

（2）电信间内标准机柜，宜按 180 个以内信息点一台标准机柜进行配置。楼层信息点数量较少，且水平缆线长度在 90m 范围内时，可多个楼层合设一个电信间；当业主对不同网络系统设备有独立空间的安装要求时，可将不同的网络机柜分布于不同楼层。

（3）当有信息安全等特殊要求时，应将所有涉密的信息通信网络设备和布线系统设备等进行空间物理隔离或独立安放在专用的电信间内，并应设置独立的涉密机柜及布线管槽。

2）大楼主配线架：建筑物或建筑群配线设备、以太网交换机、电话交换机、计算机网络设备、入口设施宜采用机架式设备，安装于设备间内。设备间设置的位置应根据设备的数量、规模、网络构成等因素综合考虑。一般规定，每栋建筑物内应设置不小于一个设备间，并符合以下规定：

（1）当电话交换机与计算机网络设备分别安装在不同的场地、有安全要求或有不同业务应用需要时，可设置 2 个或 2 个以上配线专用的设备间。

（2）当综合布线系统设备间与建筑内信息接入机房、信息网络机房、用户电话交换机房、智能化总控室等合设时，房屋使用空间应作分隔。

（3）设备间内的空间应满足布线系统配线设备的安装需要，其使用面积不应小于 $10m^2$。当设备间内需安装其他信息通信系统设备机柜或光纤到用户单元通信设施机柜时，应增加使用面积。

（4）设备间宜处于干线子系统的中间位置，并应考虑主干缆线的传输距离、敷设路由与数量。

（5）设备间宜靠近建筑物布放主干缆线的竖井位置。

（6）设备间宜设置在建筑物的首层或楼上层。当地下室为多层时，也可设置在地下一层。

（7）设备间环境要求：详见机房篇。

3）建筑群主配线架宜设在园区较为中心位置，设备安装需满足建筑物主配线架的要求，并可与其所属建筑公用建筑物设备间。

4）进线间应满足室外引入线缆的敷设与成端位置及数量、线缆的盘长空间和线缆的弯曲半径等要求，并应提供不少于三家运营商安装入口设施的空间和面积。

29.2.5 线缆选型与敷设

1 根据建筑类型、使用功能并结合业主需求确定采用的布线系统形式，如超 5 类、6 类、6A 类、光纤布线等。

2 配线系统电缆/光缆宜穿管或采用金属线槽敷设。

1）在吊顶内选用轻型装配式电缆线槽，并配相应规格的分支辅件；

2）开敞办公区，宜采用在墙上、柱子上和地面上综合设置多种形式线缆槽道和地面出线盒方案。

3 干线系统：

1）布线系统垂直干线的敷设宜采用电缆竖井的方式；

2）采用电缆竖井的方式时，要在每层竖井楼板部位预留干线敷设所需孔洞；

3）竖井附近如存在电梯等较强电磁干扰源时，应采用封闭金属线槽或金属管为铜缆提供屏蔽保护。

29.2.6 外部接口条件

1 一般工程项目应满足 2 家～3 家运营商的接入条件。

2 进线间缆线路入口处的管孔数量应满足建筑物之间、外部接入各类通信业务、多家电信业务经营者线缆接入的需求，并应留有不少于 4 孔的余量。

3 建筑为租售用户时（如商业地产项目），电信间可仅预留运营商光纤的管线接入及光纤配线设备安装空间；整栋或按楼层整层租售的建筑物，可将网络设备安装于租户内；散户可采用光纤入户的方式，由运营商提供相应服务。所有租户根据使用需要，向运营商申请其服务形式及光纤接入量。

29.3　用户电话交换系统

29.3.1　一般规定

1　图纸深度要求：一般在布线系统中表达相关设备，图中宜明确用户电话交换的容量、中继线数量、外线引入条件、电源需求等。

2　在业主需求不明确的情况下，给出设计的合理建议。

29.3.2　系统组成

用户电话交换系统应由用户电话交换机、话务台、终端及辅助设备组成。

29.3.3　系统要求

1　数字程控交换机系统：

1）系统应配置交换机、话务台、维护终端、用户终端及终端适配器等配套设备以及相应的应用软件；

2）用户交换机根据工程需求，采用数字中继、全自动呼出/呼入、全自动呼出/半自动呼入等方式与公共电话网相连，并通过用户信令、随路信令或公共信道信令方式互通；

3）用户交换机的用户侧接口用于连接模拟终端的二线模拟 Z 接口；用于连接数字终端的接口（专用数字终端、V24 等）；用于连接 IP 终端的接口（H.323 语音终端、SIP 等）；

4）用户交换机的中继侧用于接入公用 PSTN 端局的数字 A 接口或 B 接口；用于接入公用 PSTN 端局的二线模拟 C2 接口；用于接入公用 PSTN 端局的四线模拟 C1 接口。

2　ISDN 用户交换机（ISPBX）系统：

1）ISDN 用户交换机应是公用综合业务数字网（N-ISDN）中的第二类网络终端（NT2 型）设备；

2）ISDN 用户交换机应具有基本的使用功能；

3）ISDN 用户交换机的用户侧，应根据工程实际需求配置基本接口：用于连接数字话机及 ISDN 标准终端的 S 接口（2B＋D 接口）；用于连接 ISDN 标准终端的 S 接口（30B＋D 接口）；用于连接网络终端 1（NT1）的 U 接口（2B＋D 和 30B＋D 接口）；用于连接模拟终端的 Z 接口；用于连接 IP 终端的接口（H.323 语音终端、SIP 等）；

4）ISDN 用户交换机的中继侧，应根据工程实际需求配置基本接口：用于接入公用 N-ISDN 端局的 T（2B＋D）接口；用于接入公用 N-ISDN 端局的 T（30B＋D）接口；用于接入公用 PSTN 端局（数字程控电话交换端局）的 E1 数字 A 接口（速率为 2048kbit/s）；用于接入公用 PSTN 端局的网络 H.323 或 SIP 接口。

3　支持 VOIP 业务的 ISDN 用户交换机系统：

1）应具有 ISDN 用户交换机基本的和补充业务功能；

2）应以 IP 网关方式与 IP 局域网或公用 IP 网络相连；

3）应按工程的实际需求，在用户侧配置下列基本接口：用于连接 ISDN 用户交换机具有的基本用户侧接口；用于连接符合 H.323 标准的 VOIP 终端接口；用于连接符合 SIP 标准的 VOIP 终端接口。

4）应按工程的实际需求，在中继侧配置下列基本接口：用于接入公用 ISDN 端局的 T 接口；用于接入公用 PSTN 端局的 E1 数字 A 接口；用于接入 H.323 标准的公用 IP 网络的接口（H.323 接入网关）；用于接入 SIP 标准的公用 IP 网络的接口（SIP 接入网关）。

4　虚拟交换机系统：利用公众网络的资源来组成专用网络，为公众网络用户提供虚拟 PBX（Private Branch Exchange，专用交换分机）服务的特殊交换功能，因此又称为集中用户小交换机或者虚拟用户交换机。该虚拟交换机类似普通小交换机，相对于传统小交换机而言，它不需要购置任何硬件设备，也不需要占用空间，交换机系统所需要的所有硬件都在电信公司的内部交换机内。

虚拟交换机的实质是电话局交换机的一个部分或是电话局交换机的一种功能，是在电话局交换机上将部分用户划分为一个基本用户群，向该用户群提供用户专用交换机的各种功能，同时还可以根据用户需求提供一些特有的服务功能。

集中式用户小交换机适合人员集中的单位或部门使用，也适用于用户分机分散在不同地点的情况，组网灵活，并且能方便地增加或减少容量。

29.3.4　设计原则

根据项目的使用需求，一般在行政机关、金融、商场、宾馆、医院、学校等建筑内设置用户电话交换系统。中小企业用户、多地点办公用户一般选择虚拟交换机系统。

29.3.5　设备选型要求

1　用户交换机容量宜按下列要求确定：

1）用户交换机除应满足近期容量的需求外，尚应考虑中远期发展扩容以及新业务功能的应用；

2）用户交换机的实装内线分机的容量，不宜超过交换机容量的 80%；

3）用户交换机应根据话务基础数据，核算交换机内处理机的忙时呼叫处理能力（BHCA）。

2　用户交换机中继类型及数量宜按下列要求确定：

1）用户交换机中继线，宜采用单向（出、入分设）、双向（出、入合设）和单向及双向混合的三种中继方式接入公用网；

2）用户交换机中继线可按下列规定配置：当用户交换机容量小于 50 门时，宜采用 2 条～5 条双向出入中继线方式；当用户交换机容量为 50 门～500 门，中继线大于 5 条时，宜采用单向出入或部分单向出入、部分双向出入中继线方式；当用户交换机容量大于 500 门时，可按实际话务量计算出、入中继线，宜采用单向出入中继线方式；

3）中继线数量的配置，应根据用户交换机实际容量大小和出入局话务量大小等因素，可按用户交换机容量的 10%～15% 确定。

3　系统对当地电信业务经营者中继入网的方式，应符合下列要求：

1）数字程控用户交换机中继入网的方式，应根据用户交换机的呼入、呼出话务量和本地电信业务经营者所具备的入网条件，以及建筑物（群）拥有者（管理者）所提的要求确定；

2）数字程控用户交换机进入公用电话网，可采用下列几种中继方式：全自动直拨中继方式（DOD1＋DID 和 DOD2＋DID 中继方式）；半自动单向中继方式（DOD1 ＋ BID 和 DOD2＋BID 中继方式）；半自动双向中继方式（DOD2＋BID 中继方式）；混合中继方式（DOD2＋BID＋DID 和 DOD1＋BID ＋ DID 中继方式）；ISPBX 中的 ISDN 终端，对外交换采用全自动的直拨方式（DDI）。

29.3.6 程控用户交换机机房

1 机房设置要求：

1）机房宜设置在建筑群内用户中心通信管线进出方便的位置。可设置在建筑物首层及以上各层，但不应设置在建筑物最高层。当建筑物有地下多层时，机房可设置在地下一层。

2）当建筑物为投资方自用时，机房宜与建筑物内计算机主机房统筹考虑设置。

3）机房位置的选择及机房对环境和土建等专业的要求，参见综合布线系统设备间要求。

4）程控用户交换机机房的布置应根据交换机的机架、机箱、配线架，以及配套设备配置情况、现场条件和管理要求决定。在交换机及配套设备尚未选型时，机房的使用面积宜符合表 29.3-1 的规定。

5）程控用户交换机机房内设备布置应符合以近期为主、中远期扩充发展相结合的规定。

6）话务台的布置应使话务员就地或通过话务员室观察窗正视或侧视交换机机柜的正面。

7）总配线架或配线机柜室应靠近交换机室，以方便交换机中继线和用户线的进出。

8）当交换机容量小于或等于 1000 门时，总配线架或配线机柜可与交换机机柜毗邻安装。

9）机房的毗邻处可设置多家电信业务经营者的光、电传输设备以及宽带接入等设备的电信机房。

程控用户交换机机房使用面积   表 29.3-1

交换机容量(门)	交换机机房使用面积(m²)	交换机容量(门)	交换机机房使用面积(m²)
≤500	≥30	2001~3000	≥45
501~1000	≥35	3001~4000	≥55
1001~2000	≥40	4001~5000	≥70

2 机房供电要求：

1）机房电源的负荷等级与配置以及供电电源质量，应符合有关规定。

2）当机房内通信设备有交流不间断和无瞬变供电要求时，应采用 UPS 不间断电源供电，其蓄电池组可设一组。

3）通信设备的直流供电系统，应由整流配电设备和蓄电池组组成，可采用分散或集中供电方式供电；当直流供电设备安装在机房内时，宜采用开关型整流器、阀控式密封铅酸蓄电池。

4）通信设备的直流供电电源应采用在线充电方式，并以全浮充制运行。

5）通信设备使用直流基础电源电压为直流 48V。

6）当机房的交流电源不可靠或交换机对电源有特殊要求时，应增加蓄电池放电小时数。

3　防雷接地要求：

1）交换机系统的防雷与接地，应符合现行国家标准《建筑物电子信息系统防雷技术规范》GB 50343 的有关规定；

2）数字程控交换机系统接地电阻值，应根据该系统设备接地要求确定。

29.4　无线对讲系统

29.4.1　一般规定

1　无线对讲系统是一个独立的以放射式的双频双向自动重复方式通信系统，便于在随时随地精准使用于联络如保安、工程、操作及服务的人员，在管理场所内非固定的位置执行职责。

无线对讲系统宜采用1台或多台固定数字中继台及室内天馈线系统进行通信组网或可采用多个手台进行单频通信组网。本节内容讨论中继台加天馈线系统组网的设计。

2　无线对讲系统图应明确表达机房设备与天馈线系统之间的关系、机房设备数量、系统供电要求、电信间内设备数量、室内外天线的类型及数量、近远端光端机的安装位置、射频同轴电缆规格、光纤规格等。

29.4.2　系统组成及架构

1　无线对讲系统主要由固定数字中继信道主机、合路器、分路器、双工器、天馈分布系统（包含干线放大器、功率分配器、耦合分支器、宽带双工器、室内外天线、射频同轴电缆、近端光信号发射器/远端光信号接收射频放大器）、手持终端组成。

2　系统结构示意图见图 29.4-1。

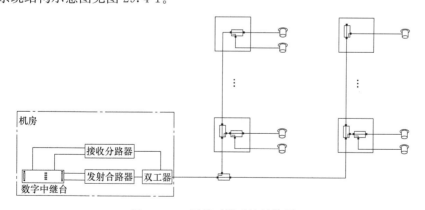

图 29.4-1　无线对讲系统结构图

29.4.3　系统功能

1　无线对讲系统在一个频道上承载多个业务信道，从而容纳更多用户。

2　提供语音和数据综合业务。

3　所有对讲终端，固定台可分多组进行通话，各组内部自行通话，互不干扰。

4　系统软件支持设置通话优先权。

29.4.4　设计原则

1　需求分析：系统在满足相关规范、标准要求的基础上，需结合业主需求进行设计，主要从以下方面进行考虑：

1）无线对讲系统应能够满足对讲机在楼宇中绝大多数面积的正常通话（包括地上地下）。在正常和特殊情况下（如出现火灾、断电、事故等）能使用对讲机系统，达到楼内正常的通信需求。

2）业主使用需求：主要服务对象为保安、保洁、工程、管理等，并据此需求确定频点和信道数量。

一般民用项目使用频率为 137MHz～167MHz 或 400MHz～430MHz。

2　点位设计原则：

1）一般在地下车库、各公共走道进行点位覆盖，覆盖半径一般不大于 30m；

2）电梯井道覆盖可采用井道内每隔 3 层～5 层设置一个末端天线或在每层电梯厅设置定向天线解决电梯井道内信号覆盖问题；

3）室外园区覆盖可将末端天线设置在较高大楼的楼顶设置。

29.4.5　系统技术要求

1　中继设备，宜用于大型公共建筑、宾馆、办公楼、体育场馆等人流量大、话务量大的空间；无线耦合方式宜用于基站不易设置、无地下室、建筑面积小于 10000m² 且话务量低的普通公共建筑场所。

2　室外天线，宜设置在建筑物顶部无遮挡的场所，直放站设备宜设置在建筑物的弱电或电信间或通信专用机房内。

3　无源或有源的无线对讲系统设备，应按建筑物或建筑群的规模进行配置，其传输线缆宜选用射频电缆或光缆。

4　系统宜采用合路的方式，将多台中继器发射的信号合路到一路。

5　系统的信号场强应均匀分布到室内各个楼层及电梯轿厢中；无线覆盖的接通率应满足在覆盖区域内 95％的位置；系统呼损率应小于 2％，接通率应大于 98％。

6　系统的室内无线信号覆盖强度宜分布均匀，公共走道边缘信号电平值不宜低于 −85dBm，且数字语音通信质量 MOS 评分等级应为 4 级以上；地下室、疏散楼梯及电梯轿厢处不应低于 −85dBm，且 MOS 评分等级宜为 3 级以上。

7　建筑物外 50m 信号电平值应低于 −105dBm。

29.4.6　设备及管线安装要求

1　固定数字中继信道主机、合路器、分路器、双工器宜设置在建筑物安防控制室或安防设备间内。

2　系统中功分器、耦合器宜安装在系统的金属分接箱内或线槽内。

3　系统中垂直主干布线部分宜采用直径 7/8in、50Ω 阻燃馈线电缆，水平布线部分宜采用直径 1/2in、50Ω 阻燃馈线电缆。

4　当安置吸顶天线时，天线应水平固定在顶部楼板或吊平顶板下；当安置壁挂式天线时，天线应垂直固定在墙、柱的侧壁上，安装高度距地宜高于 2.6m。

5　当室内吊平顶板采用石膏板或木质板时，宜将天线固定在吊平顶板内，并可在天线附近吊平顶板上留有天线检修口。

　　6　电梯井道内宜采用八木天线或板状天线，天线主瓣方向宜垂直朝下或水平朝向电梯并贴井壁安装。

29.4.7　系统的供电、防雷和接地要求

　　1　系统基站设备机房的主电源不应低于本建筑物的最高供电等级；通信用的设备当有不间断和无瞬变供电要求时，电源宜采用 UPS 不间断电源供电方式；

　　2　系统的防雷和接地应符合现行国家标准《建筑物电子信息系统防雷技术规范》GB 50343 有关规定。

29.5　信息网络系统

29.5.1　一般规定

　　1　根据网络应用的需求，一个建筑物可设计一个或多个局域网；多个建筑也可以逻辑划分为一个局域网；每个局域网宜按核心层、汇聚层和接入层三层结构设计，结构层数可依据用户需求、物理条件及经济条件情况相应减少，宜按核心层和接入层两层结构设计。

　　2　网络系统图应明确表达网络架构、交换层级；系统的路由器、防火墙设置；每套网络的划分（即各管理哪些智能化子系统）；各级交换机是否需要备份；各级交换机之间的链路关系等。

29.5.2　系统组成及架构

　　1　信息网络系统由硬件系统、软件系统组成。硬件配置主要由核心交换机、汇聚交换机、接入交换机以及相应的系统服务器和网络安全设备组成。

　　2　信息网络系统应根据项目规模及业主管理要求，确定采用两层或三层架构；根据工程的功能和重要性，确定系统采用单链路或冗余链路，拓扑图见图 29.5-1。

29.5.3　系统功能

　　1　建筑物内部管理：对建筑物或建筑群的设备设施、物业运营等进行统一管理。

　　2　部门数据交换：为建筑内部用户之间数据交换、文件共享、打印共享等提供服务支持。

　　3　多媒体应用：为建筑内多媒体语言、视频应用提供传输通道。

29.5.4　设计原则

　　1　需求分析：网络需求分析应包括功能需求和性能需求两方面。

　　1）网络功能需求分析用以确定网络体系结构，内容宜包括网络拓扑结构与传输介质、网络设备的配置、网络互联和广域网接入。

　　2）网络性能需求分析用以确定整个网络的可靠性、安全性和可扩展性，内容宜包括网络的传输速率、网络互联和广域网接入效率及网络冗余程度和网络可管理程度等。

　　3）根据管理功能的需要，建筑物或建筑群的网络系统一般由以下几套网络组成：智能化专网（主要用于物业人员对建筑的管理，包括大楼的建筑设备管理、安保管理等）、办公内网（用于处理内部办公等工作）、办公外网（主要功能是连接公网）。

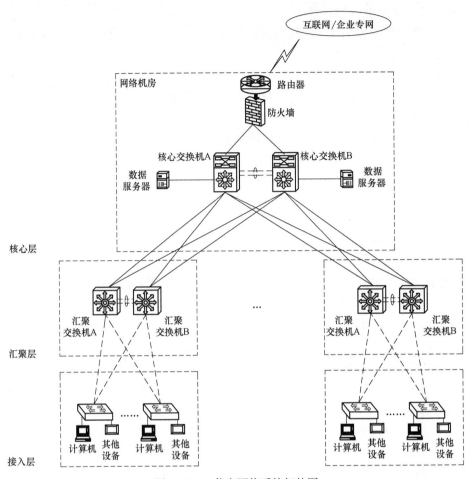

图 29.5-1　信息网络系统拓扑图

　　4）实际工程中网络系统的配置除参考上述说明外，应首先针对项目管理者进行需求调研。调研宜包括用户的业务性质与网络的应用类型及数据流量需求、用户规模及前景、环境要求和投资概算等内容。

　　2　网络系统的设计：

　　1）计算机网络系统应在进行用户调查和需求分析的基础上，进行网络逻辑设计和物理设计。

　　2）网络逻辑设计应包括确定网络类型、网络管理与安全性策略、网络互联和广域网接口等。

　　3）网络物理设计应包含网络体系结构和网络拓扑结构的确定、网络介质的选择和网络设备的配置等。

　　4）两层架构（即核心层＋接入层）：单体建筑，建议根据核心交换机的产品规格进行配置，在接入交换机数量不大于核心交换机端口的 80% 时，采用两层架构进行设计。

　　5）三层架构（即核心层＋汇聚层＋接入层）：当单体建筑内接入交换机数量大核心交换机端口的 80%、单体建筑面积过大或为超高层建筑时，根据实际工程情况配置三层网络架构；当工程项目为建筑群时，宜设置三层架构。

3 网络系统的分配。随着信息化技术的发展，日益增多的智能化子系统面临着统一管理的问题，系统的管理分配建议按下述管理方式进行分配：

1）智能化专网（不同建筑规范中称呼有所差别）：宜包含建筑设备管理系统（建筑设备监控系统、建筑能耗监管系统）、安全技术防范系统（安全防范综合管理平台、视频安防监控系统、入侵报警系统、出入口控制系统、电子巡查系统、访客对讲系统、停车场管理系统）、智能化信息集成系统。

各子系统基于交换技术，把一个大的广播区的局域网逻辑地划分为若干个"子广播区"，各子系统在各自的"子广播区"内进行数据传输和交换。

2）内网：建筑内工作人员办公使用，主要设置于金融建筑、政务办公、自用办公的局域网，内部局域网一方面负责企业内部信息的传输，另一方面可以保证涉密性的数据不能外泄。

3）外网：即广域网。可以利用公用分组交换网、卫星通信网和无线分组交换网，它将分布在不同地区的局域网或计算机系统互连起来，达到资源共享的目的。常规设计中，将无线 Wi-Fi 设置在外网中。

4）其他说明：

（1）IPTV 系统：一般由运营商提供服务，自成一套网络；

（2）IP 广播系统：根据项目的管理需要，在调研的基础上，可纳入物业管理网或内网；

（3）信息导引及发布系统：根据项目的管理需要，在调研的基础上，可纳入物业管理网或内网；

（4）POS 网络：一般用于商业项目中，单独组网。

29.5.5 设备的选型

1 交换机的设置，应根据网络中数据的流量模式和处理的任务确定，并应符合下列规定：

1）接入层交换机应采用支持 VLAN 划分等功能的独立式或可堆叠式交换机，宜采用第 2 层交换机；

2）汇聚层交换机应采用具有链路聚合、VLAN 路由、组播控制等功能和高速上连端口的交换机，可采用第 2 层或第 3 层交换机；

3）核心层交换机应采用高速、高带宽、支持不同网络协议和容错结构的机箱式交换机，并应具有较大的背板带宽。

2 各层交换机链路设计应符合下列规定：

1）汇聚层与接入层交换机之间可采用单链路或冗余链路连接；

2）在容错网络结构中，汇接层交换机之间、汇接层与接入层交换机之间应采用冗余链路连接，并应生成树协议阻断冗余链路，防止环路的产生；

3）在紧缩核心网络中，每台接入层交换机与汇接层交换机之间，宜采用冗余链路连接；

4）在多核心网络中，每台汇接层交换机与每台核心层交换机之间，宜采用冗余链路连接。核心层交换机之间不得链接，避免桥接环路。

29.5.6 网络安全

1 网络安全应具有机密性、完整性、可用性、可控性及网络审计等基本要求。

2 网络安全性设计应具有非授权访问、信息泄露或丢失、破坏数据完整性、拒绝服务攻击和传播病毒等防范措施。

3 网络的安全性可采取下列防范措施：

1）采取传导防护、辐射防护、电磁兼容环境防护等物理安全策略；

2）采用容错计算机、安全操作系统、安全数据库、病毒防范等系统安全措施；

3）设置包过滤防火墙、代理防火墙、双宿主机防火墙等类型的防火墙；

4）采取入网访问控制、网络权限控制、属性安全控制、网络服务器安全控制、网络监测和锁定控制、网络端口和节点控制等网络访问控制；

5）数据加密；

6）采取报文保密、报文完整性及互相证明等安全协议；

7）采取消息确认、身份确认、数字签名、数字凭证等信息确认措施。

4 网络的安全性策略应根据网络的安全性需求，并按其安全性级别采取相应的防范措施。

29.5.7 接口

网络系统必须与现有系统及有关线路传输系统有良好的衔接，保证互联互通。互联系统有上层的应用系统、低层的 DDN/FR/ISDN/FR 线路接口、光纤接口、布线系统等。接口界面可分为传输层界面、网络层界面和应用层界面。

传输层：主要是传输设备和布线系统的接口，计算机网络的设备支持标准接口，对于网络设备接口与传输层不一致的地方，提供转接线缆。

1 局域网的布线系统界面，交换机端口符合标准的以太网接口；对于公共数据通信网 DDN/FR/ISDN/PSTN、线路端末设备出口符合国家电信通信标准。

2 网络层：互联互通，支持标准的通信协议，实现统一网管。

3 应用层：支持 TCP/IP 协议，提供良好的服务质量管理功能。

29.6　有线电视和卫星电视接收系统

29.6.1 一般规定

1 图纸深度要求：

1）电视系统图应明确表达机房设备与进线间、电信间设备之间的关系；HFC（光纤/同轴电缆混合网系统）应明确干线放大器、分支分配器的安装位置及设备数量，末端点位的数量；FTTH（光纤到户系统）宜明确 OLT（光线路终端）、分光器的选择、ONT（光网络终端）的数量及安装位置。

2）卫星电视接收系统图中应明确接收天线的规格、数量；根据业主所需节目源数量，确定调制器、解调器、混合器的规格。

2 其他说明：

1）卫星电视接收系统应由业主向当地广电部门申请安装，一般涉外酒店或其他涉外项目有此需求。

2）有线电视网络服务的用户数量和网络所提供的业务平台应具备可扩展性。物理网络（包括光纤网络和同轴电缆网络）应满足网络升级、扩展的要求，符合光进铜退、光纤到户的技术发展趋势。

3）在新建和扩建小区的组网设计中，宜以自设前端或子分前端、光纤同轴电缆混合网（HFC）方式组网，或光纤直接入（FTTH）。网络宜具备宽带、双向、高速及三网融合功能。

29.6.2　系统组成及架构

1　有线电视系统由前端、干线系统以及分配系统三部分组成。前端负责信号的处理，处理好的电视高频信号也由前端进行混合后输出给干线系统；干线系统负责信号的传输；分配系统负责将信号分配给每个用户。

2　本节内容只对接入分配网进行讨论。系统结构示意图见图 29.6-1、图 29.6-2。

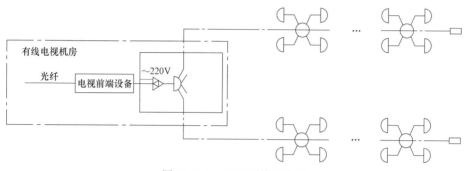

图 29.6-1　HFC 系统示意图

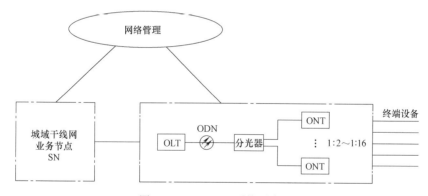

图 29.6-2　FTTH 系统示意图

29.6.3　设计原则

1　需求分析：

1）一般 HFC 接入分配网宜采用光纤到楼或光纤到层（FTTB），后利用同轴电缆到用户终端的传输和分配方式；IP 接入分配网采用 FTTH 即光纤入户，后采用同轴电缆、对绞电缆或无线到用户终端的传输和分配方式。

2）随着无源光网、IP 技术的发展，电视系统已不局限于广电业务领域，各大运营商均可提供相应服务。

3）业主在引入有线电视系统时，可根据自身需要，选择光铜混合网（HFC）、宽带 IP 网络或者采用 EPON、GPON 技术的 FTTH。

2　系统设置原则：以下原则供设计参考，具体实施以业主需求为准：

1）自用办公、旅馆建筑、医疗建筑、党政机关、体育建筑建、交通建筑、高校建议采用自办节目加运营商信号的模式进行设计；

2）住宅、商业、出租办公、会议会展等功能建筑采用运营商直接提供服务的模式进行设计；

3）具体采用 HFC、IP、FTTH 中哪种模式，需根据当地广电部门的规定及业主需求完善设计工作。

29.6.4　设备及管线安装要求

1　设备安装要求：

1）末端插座：地面插座接线盒应满足防水、抗压的要求；安装在柱子上的信息插座其底部离地面宜为 300mm 或 1500mm；

2）有线电视机房设备宜安装于标准机柜内；

3）电信间/弱电间内宜设壁挂式分支分配放大器箱。

2　线缆选型与敷设：

1）根据系统类型，并结合业主需求确定采用不同的线缆，如同轴电缆、对绞线、光纤等。

2）水平电缆/光缆宜穿管或采用金属线槽敷设；在吊顶内选用轻型装配式电缆线槽，并配相应规格的分支辅件；其他区域，宜采用在墙上、柱子上和地面上综合设置多种形式线缆槽道和地面出线盒方案。

3）竖向干线应采用封闭金属线槽或金属管的敷设方式。

4）如无特殊需求，建议与布线系统共用线槽，并以金属隔板进行系统分隔。

29.6.5　系统接口

1　IP 网络：

1）网管系统与其网元之间可采用 SNMP 协议，通过局域网直联方式进行带内管理；随着网络规模和业务量的扩大，可通过专用 DCN 网连接各网络节点的方式进行带外管理；

2）存在备用网管系统时，主、备网管系统之间的互联应采用网管专用数据通信网进行通信；当不具备专用数据通信网条件时，应以虚拟专用网方式组成内部数据通信网。

2　HTTF 接入分配网接口应符合以下要求：

1）SNI 应支持 GbE，可支持 10GbE、10/100 Base-T；其中 GbE 接口应符合 IEEE802.3 规定，可以在 1000 Base-LX、1000 Base-SX、1000 Base-CX、1000 Base-T 中任选。上述以太网接口应至少配置 2 个，且应支持链路汇聚功能；

2）SNI 可支持 E1、CATV RF 和 V5.2 接口；

3）UNI 应支持 10/100Base-T 接口，可支持 E1、CATV RF 和普通电话 Z 接口。

29.7　公共广播系统

29.7.1　一般规定

1　广播系统图应明确表达控制室内设备名称、数量；功率放大器的容量；末端扬声器的功率、类型、数量；音量开关的配置；线缆类型及主要敷设方式。

2　系统要求：

1）公共广播系统宜采用数字化广播系统，系统结构宜采用环形或星形网络结构；校园广播等需要点对点控制时，系统路由承载在设备网上，宜采用 TCP＼IP 等数字音频传输协议。

2）公共广播控制主机宜设置在消防安保控制中心，业务性广播宜设置独立的广播工作站，根据建筑功能、管理要求可设置广播分控。

3）公共广播系统中业务广播、背景音乐、紧急广播系统宜合并设置，共用末端扬声器，对管理有特别要求的紧急广播也可单独设置。

4）紧急广播系统应具有应急备用电源，主电源与备用电源切换时间不应大于1s；应急备用电源应能满足 30min 以上的紧急广播。以电源为备用电源时，系统应设置电池自动充电装置。

5）火灾应急广播的设置与要求，应符合现行国家标准《火灾自动报警系统设计规范》GB 50116 的有关规定。

29.7.2　系统组成及架构

1　公共广播系统由广播扬声器、功率放大器、传输线路及设备、管理/控制设备、寻呼设备、传声器和其他信号源设备组成。

2　系统结构示意图见图 29.7-1、图 29.7-2。

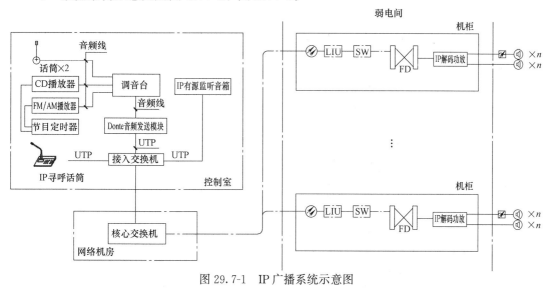

图 29.7-1　IP广播系统示意图

29.7.3　系统功能

1　信息传播：传播所需的信息、天气预报、新闻信息等；

2　休闲娱乐：播放背景音乐、减少环境噪声，给人创造轻松环境；

3　信息广播：满足寻人、通知等业务广播需求；

4　紧急广播：紧急情况发生时，能播放紧急广播信息，快速疏散人员。

29.7.4　设计原则

1　需求分析：

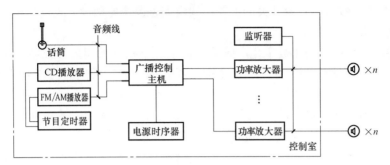

图 29.7-2　模拟广播系统示意图

1）需要业务性广播的建筑包括办公楼、学校、商业楼、院校、车站、客运码头及航空港等；

2）需要服务性广播的建筑包括酒店、会议会展、体育场馆以及其他大型公共活动的建筑物；

3）有扩声功能需求的餐厅、宴会厅、多功能厅、娱乐厅、会议室、报告厅等场所，应设置独立的广播扩声系统；

4）根据项目的功能及业主使用需求，确定广播系统的形式。

2　点位布置原则：

1）广播扬声器的灵敏度、额定功率、频率响应、指向性等性能应符合声场设计的要求。

2）广播扬声器的设置应做到公共区域全覆盖，业务及功能区域应根据使用要求进行扬声器设置。

3）扬声器箱在吊顶安装时，应根据场所按式（29.7-1）～式（29.7-3）确定其间距。

门厅、电梯厅、休息厅内扬声器箱间距可按下式计算：

$$L=(2\sim2.5)H \tag{29.7-1}$$

式中　L——扬声器箱安装间距，m；

H——扬声器箱安装高度，m。

走道内扬声器箱间距可按下式计算：

$$L=(3\sim3.5)H \tag{29.7-2}$$

会议厅、多功能厅、餐厅内扬声器箱间距可按下式计算：

$$L=2(H-1.3)\tan\theta/2 \tag{29.7-3}$$

式中　θ——扬声器的辐射角，宜大于或等于 90°。

室内声场计算宜采用声能密度叠加法，计算时应考虑直达声和混响声的叠加。

【例 1】　有两只扬声器相距 20m，当两只扬声器同时广播时，在其中间点测得的声压级 L_3 为 86dB。而关闭第一只扬声器时，在该点测得第二只扬声器广播时的声压级 L_2 为 82dB，则第一只扬声器广播时在该点的声压级 L_1 为：

$$L_3=10\lg(10^{L_1/10}+10^{L_2/10}) \tag{29.7-4}$$

代入上式中，$86=10\lg(10^{L_1/10}+10^{82/10})=10\lg(10^{L_1/10}+10^{8.2})$

$L_1-83.8$dB。

扩声系统应采取抑制声反馈措施，除符合《民用建筑电气设计标准》GB 51348—2019 第 16.5.1 条的有关规定外，扩声系统还应有不少于 6dB 的工作余量。峰值余量按式（27.7-5）计算：

$$峰值余量(dB)=10lg(W_p/W_s) \tag{29.7-5}$$

式中　W_p——放大器的峰值功率，W；

　　　W_s——扬声器的功率，W。

【例 2】　如有一会议厅内设置了 4 组扬声器，每组扬声器为 25W，如果驱动扬声器的有效值功率为 25W，为保证在按规范规定留有 6dB 的工作余量，所配置的功率放大器的峰值功率应为：

$$6dB=10lg(W_p/100)　W_p=398W$$

4）扬声器所需功率按式（27.7-6）计算：

$$10lgP=L_p+20lgR-L_0 \tag{29.7-6}$$

式中　P——扬声器的需要功率（输入电功率），W；

　　　L_p——需要的声压级，dB；

　　　R——扬声器至听音者距离，m；

　　　L_0——扬声器轴向灵敏度，dB/（W·m）。

【例 3】　当扬声器的灵敏度为 91dB，扬声器至听音者距离 5m，要求声压级为 83dB。由以上公式可知，$P=3.96W$。

5）消防应急广播扬声器额定功率不应小于 3W，其数量应保证从一个防火分区内的任何部位到最近一个扬声器的直线距离不大于 25m，走道末端距最近的扬声器距离不应大于 12.5m。

6）酒店客房进门过道应设置不小于 1W 的消防紧急广播扬声器，平时可接入电视音源。

3　回路分配原则：

1）回路应按照不同管理单元、不同功能单元进行划分，如地下层、裙房、标准层。

2）公共区域、室内功能区域（办公、商业、客房）宜分回路或分管线敷设。

3）同一避难层间的楼梯间内的扬声器回路应竖向连接，并设置为单独的广播回路；

4）避难区应设置单独的广播回路；

5）室内高大空间应结合建筑装饰采用集中分散相结合的方式配置广播扬声器。

29.7.5　设备的选型及安装

1　广播系统设备应根据用户性质、系统功能的要求选择。

2　数字式广播系统功放宜集中设置在控制机房内，也可以分散设置在各弱电间，分散设置广播控制主机对分控设备具有远程管理的功能。

3　广播系统分路应按建筑防火分区进行设置，广播播放区域应根据建筑使用功能进行设定。

4　当公共广播系统有多种用途广播时，紧急广播应具有最高级别的优先权，公共广播系统应能在手动或警报信号触发的 10s 内，向相关广播区播放警示信号（含警笛）、警报语声文件或实时指挥语声。

5　非紧急广播系统的广播功率放大器，其额定输出功率不应小于广播扬声器额定功率总和的 1.3 倍；紧急广播系统的广播功率放大器，其额定输出功率不应小于广播扬声器额定功率总和的 1.5 倍。

广播系统功放设备的容量，宜按下列公式计算：

$$P = K_1 \cdot K_2 \cdot \sum P_0 \tag{29.7-7}$$

$$P_0 = K_i \cdot P_i \tag{29.7-8}$$

式中 P——功放设备输出总电功率，W；

P_0——每分路同时广播时最大电功率，W；

P_i——第 i 支路的用户设备额定容量，W；

K_i——第 i 支路的同时需要系数（服务性广播时，客房节目每套 K_i 应为 0.2～0.4；背景音乐系统 K_i 应为 0.5～0.6；业务性广播时，K_i 应为 0.7～0.8；火灾应急广播时，K_i 应为 1.0）；

K_1——线路衰耗补偿系数（线路衰耗 1dB 时应为 1.26，线路衰耗 2dB 时应为 1.58）；

K_2——老化系数，宜为取 1.2～1.4。

6 机场、客运码头、高铁火车站的旅客大厅等环境嘈杂场所，广播系统应具有根据噪声自动调节音量的功能，达到广播声压级比环境噪声高出 15dB。

7 室外广场应根据具体条件选择集中式或集中分散相结合的方式配置广播扬声器，室外广播扬声器应具有防潮和防腐的特性。

29.7.6 线缆选型与敷设

1 广播线缆应采用阻燃或阻燃耐火电缆，广播线应根据线路上的负荷、传输距离采用 1.0mm² 或 1.5mm² 或 2.5mm² 多股绞线，广播线缆应敷设在专用的广播线槽内。

2 各楼层弱电间设置广播接线箱。线路配出回路宜采用二线制；当线路配出回路上有音量调节开关时，应采用四线制，紧急广播时信号应跳过音量调节开关进行扬声器全功率广播。

3 功放输出分路应满足广播系统分路的要求，不同分路的导线宜采用不同颜色的绝缘线区别。

4 广播、扩声线路与扬声器的连接应保持同相位的要求。

5 直埋电缆路由不应通过预留用地或规划未定的场所，宜敷设在绿化地下面，当穿越道路时，穿越段应穿钢导管保护。

29.8 会 议 系 统

29.8.1 会议系统包括：基础话筒发言管理，代表人员检验与出席登记，电子表决功能，脱离电脑与中控的自动视像跟踪功能，资料分配和显示，以及多语种的同声传译等。它广泛应用于监控、指挥、调度系统、公安、消防、军事、气象、铁路、航空等监控系统中、视讯会议、查询系统等领域。

29.8.2 一般规定：

1 会议系统应根据会议厅的规模、使用性质和功能要求设置，

2 会议厅除设置音频扩声系统外，尚宜设置多媒体演示系统；

3 需要召开视讯会议的会议厅应设置视频会议系统；

4 有语言翻译需要的会议厅应设置同声传译系统。

29.8.3 会议系统配置见表29.8-1。

会议系统配置 表 29.8-1

会议室功能	会议室面积（m²）	会议室配置								
		扩声系统	显示系统	会议系统	集中控制系统	远程视频会议	会议摄像	录播系统	电子桌牌	控制室
小会议室	≤50		◎							
小会议室	≤70		◎	○						
中会议室	≤120	◎	◎	◎	○					
大会议室	>120	◎	◎	◎	◎		○	○	○	○
视频会议室		◎	◎	◎	◎	◎	○	○	○	○
多功能厅		◎	◎	◎	◎	○	○	○		○
重要会议室		◎	◎	◎	◎	◎	◎	◎	◎	○
报告厅		◎	◎	◎	◎	◎	◎	◎	○	◎

注：表中内容供参考，实际设计过程中应考虑建设成本、业主需求等因素完成设计工作。◎表示应该设置，○表示宜设置。

29.8.4 音频声学指标特性见表29.8-2，传输频率特性见图29.8-1、图29.8-2。

音频声学指标特性 表 29.8-2

项目	一级	二级
最大声压级	额定通带内的有效值≥93dB	额定通带内的有效值≥93dB
传输频率特征	以125Hz～6300Hz的有效值算术平均声压级为0dB，在此频带内允许偏移±4dB；80Hz～125Hz和6300Hz～12500Hz允许偏移见图29.8-1	以125Hz～4000Hz的有效值算术平均声压级为0dB，在此频带内允许偏移+4dB、-6dB；80Hz～125Hz和4000Hz～8000Hz允许偏移见图29.8-2
传声增益	125Hz～6300Hz的平均值≥-10dB	125Hz～4000Hz的平均值≥-12dB
声场不均匀度	1000Hz、2000Hz、4000Hz时≤8dB	1000Hz、2000Hz、4000Hz时≤10dB
扩声系统语言传输指数	≥0.60	≥0.50
总噪声级	NR30	NR35

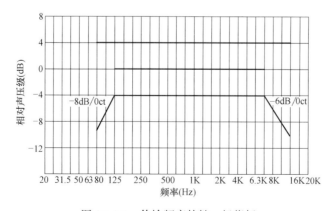

图 29.8-1 传输频率特性一级指标

29.8.5 音频声学指标特性见表29.8-3。

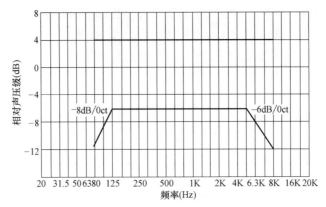

图 29.8-2　传输频率特性二级指标

音频声学指标特性表　　　　　　　　　　　　表 29.8-3

项　　目		单位	一级	二级
信噪比(不加权)		dB	≥70	≥70
幅频特性	频率范围	Hz	80～12500	80～8000
	幅值允差	dB	±0.5	±0.5
总谐波失真		%	≤1.00	≤1.40
额定输入/输出电平和允许差值		dBu	4±0.50 或 0±0.50	4±0.50 或 0±0.50

29.9　信息引导及发布系统

29.9.1　一般规定

1　信息引导及发布系统由多种多样的异构终端组成，利用各种不同的终端显示设备，能为客户提供快捷、丰富的实时公众信息（天气预报、交通信息、航班信息、新闻等），显示公告信息（会议通知、通告、公司形象宣传、服务/产品广告、企业内部信息等），同时本系统具备各种查询功能（商品信息查询、展览建筑的展示内容查询、图书馆内图书查询、观演建筑内展演查询等），为企业创造最大化效益。

2　系统图应明确表达中心机房设备与电信间设备之间的关系；末端显示设备的类型、规格及数量（包括显示器、查询机等）；主干光缆类型及数量、主要敷设方式；水平光缆及电缆的类型及数量；跳线类型、数量。

3　其他说明：

1）信息显示装置的屏面显示设计，应根据使用要求，在衡量各类显示器件及显示方案的光电技术指标、环境条件等因素的基础上确定。

2）信息显示装置的屏面规格，应根据显示装置的文字及画面功能确定，并符合下列要求：应兼顾有效视距内最小可鉴别细节识别无误和最近视距像素点识认模糊原则，确定基本像素间距；应满足满屏最大文字容量要求，且最小文字规格由最远视距确定；宜满足图像级别对像素数的规定；应兼顾文字显示和画面显示的要求，确定显示屏面尺寸；当文字显示和画面显示对显示屏面尺寸要求矛盾时，应首先满足文字显示要求；多功能显示屏的长高比宜为 16：9。

29.9.2　系统组成及架构

1　信息显示系统宜由播控中心单元、数据资源库单元、传输单元、播放单元、显示查询单元等组成。

2　系统结构示意图见图 29.9-1、图 29.9-2。

3　系统功能：

1）内容发布：可向任何一台或多台播放器发送文字、图片以及视频等数据；

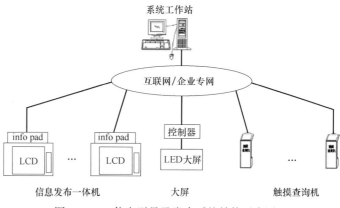

图 29.9-1　信息引导及发布系统结构示意图

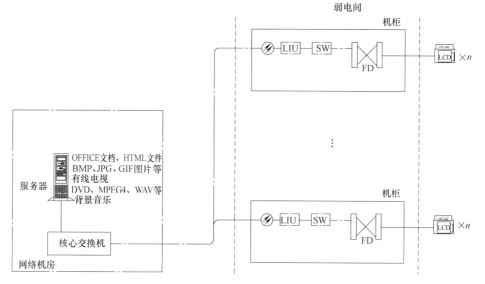

图 29.9-2　信息引导及发布系统布线图

2）内容编辑：前端播放器工作与否，后端用户均可对其内容进行编辑、预览和删除；

3）多样化信息：图片、声音、视频、Flash、流动文字、PowerPoint、RSS 新闻、天气预报等；

4）监控播放终端：通过 HMD 编辑软件或 IE 浏览器，可以实时查看播放器显示内容及当前状态；

5）定期播放：利用"时间表"功能，定制发布时间、播放终端、播放方式、播放顺序、播放类型。

4　设计原则：

1）一般公共建筑：

(1) 对大型媒体使用的信息显示装置，应设置图文、动画、视频播放等接口，并宜设置现场实况转播、慢镜解析、回放、插播等节目编辑、制作的多通道输入、输出接口及有专业要求的数字、模拟设备的接口。

(2) 民用水、陆、空交通枢纽港站，应设置营运班次动态显示屏和旅客引导显示屏。

（3）金融、证券、期货营业厅，应设置动态交易信息显示屏。

（4）一般办公、酒店、商业、会议会展等公共建筑，在主要入口、人员流线、电梯厅、会议室门口、公共休息区等处设置信息发布终端。

（5）对具有信息发布、公共传媒、广告宣传等需求的场所，宜设置全彩色动态显示屏。

（6）重要场所使用的信息显示装置，其计算机应按容错运行配置。

2）体育场馆：

（1）大型国际重要比赛的主体育场馆，应设置全彩色视频屏和计时记分矩阵屏（双屏）或全彩色多功能矩阵显示屏（单屏）；

（2）国内重要比赛的体育场馆，宜设置计时记分多功能矩阵显示屏或全彩屏；

（3）球类比赛的体育馆，宜在两侧设置同步显示屏；

（4）一般比赛的体育场馆，宜设置条块式计时记分显示屏。

29.9.3 设备的选型及安装

1 在保证设计指标的前提下，应选择低能耗信息显示装置。

2 大型重要比赛中与信息显示装置配接的专用计时设备，应选用经国际体育组织、国家体育主管部门和裁判规则认可的设备。

3 显示单元的屏体构造，应便于显示器件的维护。

4 显示单元的配电柜（箱）、驱动柜（箱）及其他设备，应贴近屏体安装，缩短线路敷设长度。

5 单元的设计还应符合现行国家标准《视频显示系统工程技术规范》GB 50464 的相关规定。

6 显示单元的安全性设计应符合下列规定：

1）安全性设计应符合现行行业标准《发光二极管（LED）显示屏通用规范》SJ/T 11141 的有关规定；

2）显示屏应有完整的接地系统；

3）室外 LED 显示屏应有防雷系统；

4）显示屏的外壳防护等级应符合现行国家标准《外壳防护等级（IP 代码）》GB 4208 的有关规定。室内 LED 显示屏屏体不应低于 IP20，室外 LED 显示屏屏体外露部分不应低于 IP65；

5）处于游泳馆、沿海地区等腐蚀性环境的 LED 视频显示屏应采取防腐蚀措施；

6）安装工程设计应符合现行国家标准《钢结构设计标准》GB 50017、《建筑结构荷载规范》GB 50009 和《混凝土结构设计规范》GB 50010 的有关规定。

7 大型重要媒体显示装置的屏幕构造腔或屏后附属用房内，应设置工作人员值班室，并应保证值班室与主控室、主席台的通信联络畅通。意外情况下，屏内可手动关机。

8 播放单元的设计应符合下列规定：

1）播放单元宜具有数据缓存功能；

2）当要求多个显示终端显示相同内容时，可采用一台播放器对多台显示终端的分组同步模式，播放器宜就近设置于弱电间内；

3）当播放器与显示终端一对一设置时，宜采用播放显示一体机；当播放器与显示终端分离设置时，播放器不宜外挂于显示终端上或设置于吊顶内。

9 传输单元的设计应符合下列规定:

1) 应根据系统传输制式配置交换机和相应区段的线缆;

2) 播控中心单元至播放单元宜采用数字网络(交换机、光缆、对绞线);

3) 播放单元至显示查询单元宜采用模拟线缆;当传输长度超过线缆的规定限度时,应增设中继设备。

10 播控中心单元的设计应符合下列规定:

1) 播控中心单元宜由服务器、控制器、多制式信号采集接口、应用软件等组成;

2) 应具有多通道播放、多画面显示、多列表播放等功能;

3) 应能支持多种格式的文本、图像、视频播放;

4) 应能对系统所有显示终端实行点控、组控和强切播放;

5) 应对系统所有播放内容实行电子审核、签发制;

6) 宜支持设置区域分控单元;

7) 室外设置的主动光信息显示装置,应具有昼场、夜场亮度调节功能。

11 数据资源库单元的设计应符合下列规定:

1) 应具有信息采集、节目制作、数据存储和播放记录功能;

2) 数据资源库的容量配置应满足近、远期使用要求。

12 显示屏的安装及检修:

1) 显示屏的厚度因安装形式的不同而不同。

2) 控制室荷载可参考广播室荷载,参见《民用建筑电气设计标准》GB 51348—2019表23.4.2;

3) LED显示屏屏体较大,安装屏体时需要提供结构设备荷载。LED箱体荷载因模组材质的不同而不同,可分为专用铝板和钢板。一般情况下:

铝板结构荷载条件:显示屏自重:$0.5kN/m^2$;活载:施工或检修集中荷载:$1.0kN/m^2$;

钢板结构荷载条件:显示屏自重:$1kN/m^2$;活载:施工或检修集中荷载:$1.0kN/m^2$;

4) LED显示屏的检修方式有前维护和后维护两种。室外屏由于环境条件,一般采用后维护,即在显示屏后设置净距不小于800mm以上的维修空间。室内屏可采用前维护和后维护两种方式。室内屏后维护方式检修空间要求同室外屏。当土建条件不能满足检修空间且显示屏的面积不是很大(一般不超过$15m^2$)时,可选择前维护方式。前维护显示屏后预留净距不小于200mm的散热空间。

29.9.4 接口

1 系统一般预留建筑信息网络接口,可通过专门人员对发布信息进行编辑和发布。

2 根据业主需要可接入有线电视信号。

3 体育场田赛场地和体育馆体操比赛场地,可按单项比赛设置移动式小型记分显示装置,并设置与计算机信息网络联网的接口和设备工作电源接线点,设置数量按使用要求确定。

4 大型体育场馆设置的信息显示装置,应接入体育信息计算机网络体系,当不具备接入条件时,应预留接口;应设置实时计时外部设备接口,供电子发令枪系统、游泳触板系统等计时设备接入。

30 综合安防系统

30.1 一般规定

30.1.1 安全技术防范系统由安全管理系统和若干个相关子系统组成。相关子系统包括入侵报警系统、视频安防监控系统、出入口控制系统、电子巡查系统、停车库（场）管理系统及住宅（小区）安全防范系统等。根据工程特点及甲方需求选择相应的系统。

30.1.2 安全防范系统可以分方案设计、初步设计和施工图三个阶段。方案阶段应提供WORD&PDF版本的文本方案；初步设计阶段应提供WORD&PDF版本的初步设计说明及CAD&PDF版本的初步设计图纸（包含主要设备表、系统图、平面点位布置图、机房布置图等）；施工图设计阶段应提供CAD&PDF版本的全套施工图设计图纸（包含施工图设计说明、主要设备表、系统图、施工平面图、机房及弱电间大样图等）。

30.1.3 安全技术防范各子系统应反映系统的网络构架、系统组成以及与相关系统的接口关系。

30.1.4 安全技术防范系统图需要绘制自安防控制室开始至终端监控点位置的整个系统构架，按设备所处相应楼层、竖井等相对位置绘制。平面图的绘制要求见本技术措施第31章。

30.1.5 系统图中应表示清楚安防控制中心、设备间、电信间、末端的设备构成，并有相关标注。

30.1.6 系统图中应表达系统结构、主要设备的数量和类型、设备之间的连接方式、线缆类型及规格、图例等。

30.1.7 若安防各子系统与建筑设备监控等组成智能设备管理网，宜提供其综合布线系统图，反映该网络的组成关系，见图30.1-1。即安防各子系统宜统一考虑网络设备及末端管线。

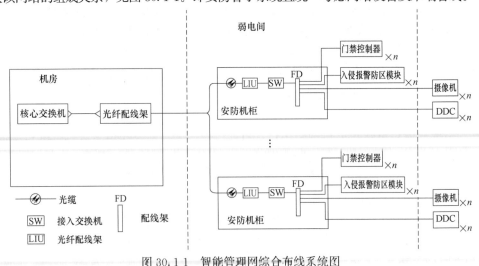

图30.1-1 智能管理网综合布线系统图

30.1.8　本章综合安防系统的设计依据智能化专项施工图设计深度编写，智能化专项方案设计、扩初设计或土建类非智能化专项设计的各阶段要求，参考本技术措施第 23.1 节的要求编制。

30.1.9　当项目属于建筑群或小区的一部分或一栋楼座时，其系统拓扑图应表达清楚该项目与上级机房的关系；包含安防控制中心（安防控制室）的楼座应反映安防控制中心（安防控制室）的设备组成以及与其他楼座的关系，见图 30.1-2。

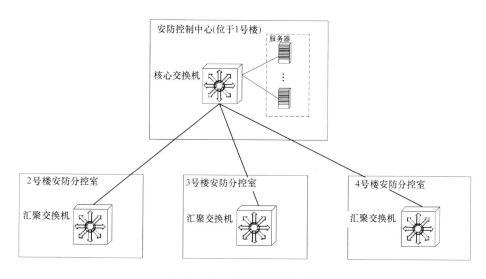

图 30.1-2　楼座间机房关系图

30.2　安防控制中心

30.2.1　控制中心选址

1　安防控制中心宜设在建筑物一层，可与消防、BAS 等控制室合用或毗邻，合用时应有专用工作区。控制中心宜位于防护体系的中心区域。

2　控制中心应远离强电磁场干扰场所，不应设置在变压器室、配电室的楼上、楼下或隔壁场所；应远离振动源和噪声源的场所，当不能避免时，应采取隔振、消声和隔声措施；应远离粉尘、油烟、有害气体以及生产或储存具有腐蚀性、易燃、易爆物品的场所；不应设置在厕所、浴室或其他潮湿、易积水场所的正下方或贴邻。

30.2.2　控制中心设计

1　设有集中监控要求的建筑应设置安防监控中心。安防监控中心应配置接收、显示、记录、管理等硬件设备和管理软件。

2　综合体建筑或建筑群安防监控中心应设于防护等级要求较高的综合体建筑或建筑群的中心位置；在安防监控中心不能及时处警的部位宜增设安防分控室。

3　安防控制中心内宜设置电视墙，电视墙可由多台专用监视器拼接组成。监视器的选择与设置应满足第 30.5.5 条的要求。

4 安防分控室内宜设置监视器，一般至少应有两台监视器，一台作固定监视用，另一台作多画面监视用。

30.2.3 控制中心对其他专业要求见表 30.20-1～表 30.2-3。

对土建专业的要求 表 30.2-1

房间名称	室内净高(梁下或风管下)(m)	楼、地面等效均布活荷载(kN/m²)	地面材料	顶棚、墙面	门(及宽度)	窗
安防监控中心	≥2.5	≥4.5	防静电活动地板	饰材浅色、不反光、不起灰	外开双扇防火门 1.5m 或 1.2m	良好防尘 设纱窗

对设备专业的要求 表 30.2-2

房间名称	温度(℃)	相对湿度(%)	通风
安防监控中心	18～28	30～80	—

对电气专业的要求 表 30.2-3

房间名称	照度(lx)	应急照明	不间断电源供电
安防监控中心	500(0.75m 水平面)	设置	宜采用不间断电源供电。当建筑物内有发电机组时,安全技术防范系统主控设备供电时间≥0.25h;当建筑物内无发电机组时,安全技术防范系统主控设备供电时间≥3h

30.2.4 自身防护、禁区

1 监控中心应有保证自身安全的防护措施和进行内外联络的通信手段，并应设置紧急报警装置和留有向上一级接处警中心报警的通信接口。

2 监控中心出入口应设置视频监控和出入口控制装置；监视效果应能清晰显示监控中心出入口外部区域的人员特征及活动情况。

3 监控中心内应设置视频监控装置，监视效果应能清晰显示监控中心内人员活动的情况。

4 应对设置在监控中心的出入口控制系统管理主机、网络接口设备、网络线缆等采取强化保护措施。

30.3 安全防范综合管理平台

30.3.1 安全防范综合管理平台应能通过统一的系统平台将安全防范各个子系统联网，包括视频安防监控系统、入侵报警系统、出入口控制系统、电子巡查系统、访客管理系统、停车场管理系统等，通过以太网集成，实现对项目区域整体信息的系统集成和自动化管理。

30.3.2 系统要求：

1 安全防范综合管理平台应以安防信息集约化监管为集成平台，对各种类技术防范设施及不同形式的安全基础信息互为主动关联共享，实现信息资源价值的深度挖掘应用，以实施公共安全防范整体化、系统化的技术防范系列化策略。

2 当安全管理系统发生故障时，不影响各子系统的独立运行。

30.3.3 安全防范综合管理系统框图见图 30.3-1。

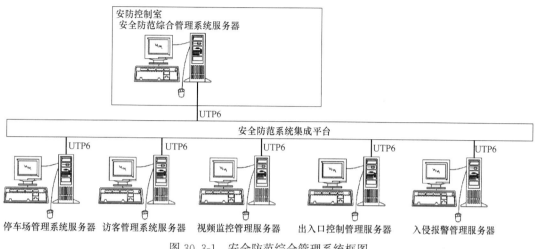

图 30.3-1 安全防范综合管理系统框图

30.4 智能设备管理网（物业运维网）

30.4.1 作为建筑物后勤安保等相关系统运行的基础网络平台，一般包括综合安防系统、建筑设备管理系统、智能卡应用系统、能效管理系统、中央集成管理系统等。

30.4.2 网络框图见图 30.4-1、图 30.4-2。

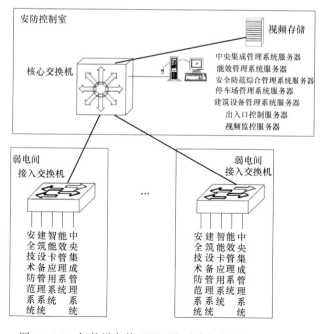

图 30.4-1 智能设备管理网网络系统拓扑图（二层架构）

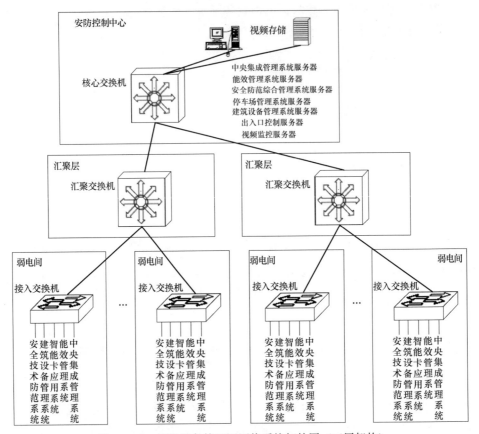

图 30.4-2　智能设备管理网网络系统拓扑图（三层架构）

以上框图按照单核心、单链路绘制，实际项目应根据项目重要程度及甲方需求进行设计。

30.5　视频安防监控系统

30.5.1　视频安防监控系统是利用视频探测技术、监视设防区域并实时显示、记录现场图像的电子系统或网络。

30.5.2　系统组成及架构

　　1　视频安防监控系统宜由前端摄像设备、传输部件、控制设备、显示记录设备四个主要部分组成。

　　2　系统结构见图 30.5-1。

30.5.3　系统功能

　　1　视频安防监控系统应对需要进行监控的建筑物内（外）的主要公共活动场所、通道、电梯（厅）、重要部位和区域等进行有效的视频探测与监视，图像显示、记录与回放。

　　2　系统控制功能应符合下列规定：

　　1）系统应能手动或自动操作，对摄像机、云台、镜头、防护罩等各种功能进行遥控，

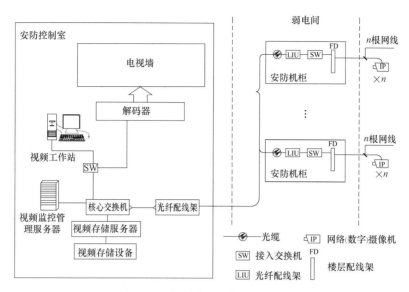

图 30.5-1 视频安防监控系统示意图

注：若项目搭建统一的智能设备管理网，则弱电间中的安防机柜以及机柜内的配线架、交换机、
干线等均可与建筑设备管理网相关系统共用，见本技术措施第30.1.7条、第30.4节相关内容。

控制效果平稳、可靠。

2）系统应能手动切换或编程自动切换，对视频输入信号在指定的监视器上进行固定
或时序显示，切换图像显示重建时间应能在可接受的范围内。

3）矩阵切换和数字视频网络虚拟交换/切换模式的系统应具有系统信息存储功能，在
供电中断或关机后，对所有编程信息和时间信息均应保持。

4）系统应具有与其他系统联动的接口。当其他系统向视频系统给出联动信号时，系
统能按照预定工作模式，切换出相应部位的图像至指定监视器上，并能启动视频记录设
备，其联动响应时间不大于 4s。

5）辅助照明联动应与相应联动摄像机的图像显示协调同步。

6）同时具有音频监控能力的系统宜具有视频音频同步切换的能力。

7）需要多级或异地控制的系统应支持分控的功能。

8）前端设备对控制终端的控制响应和图像传输的实时性应满足安全管理要求。

3 图像记录功能应符合下列规定：

1）记录图像的回放效果应满足资料的原始完整性，视频存储容量和记录/回放带宽与
检索能力应满足管理要求。

2）系统应能记录以下图像信息：发生事件的现场及其全过程的图像信息；预定地点
发生报警时的图像信息；用户需要掌握的其他现场动态图像信息。

3）系统记录的图像信息应包含图像编号/地址、记录时的时间和日期。

4）对于重要的固定区域的报警录像宜提供报警前的图像记录。

5）根据安全管理需要，系统应能记录现场声音信息。

30. 5. 4 设计原则

1 视频安防监控系统在满足相关标准规范要求的基础上，需结合业主需求进行设计。

主要从以下几个方面进行考虑：

　　1）基本功能需求：视频图像显示需求、监控范围需求、供电等级需求、管理需求等。

　　2）其他功能需求：视频分析需求、其他特殊需求等。

　　2　设备布置原则见表 30.5-1。

安防监控系统设备布置原则　　　　　　　　表 30.5-1

建设项目 部位	旅馆建筑	商店建筑	办公建筑	交通建筑	住宅建筑	观演建筑	文化建筑	医院建筑	体育建筑	教育建筑
车行人行出入口	●	●	●	●	●	●	●	●	●	●
主要通道	●	●	●	⊙	●	●	●	●	●	●
大堂	●	⊙	●	●	●	●	●	●	●	●
总服务台、接待处	●	●	⊙	●	⊙	⊙	⊙	●	●	⊙
电梯厅、扶梯、楼梯口	⊙	⊙	⊙	●	—	⊙	⊙	●	●	⊙
电梯轿厢	●	●	●	●	⊙	●	●	●	●	●
售票、收费处	●	●	●	●	—	—	●	●	●	●
卸货处	⊙	●	—	●	—	⊙	⊙	●	⊙	—
多功能厅	⊙	⊙	⊙	—	⊙	●	⊙	●	⊙	●
重要部位	●	●	●	●	⊙	●	●	●	●	⊙
避难层	●	●	●	—	●	—	—	●	—	—
物品存放场所出入口	●	●	⊙	●	—	●	●	●	⊙	●
检票、检查处	—	●	●	●	—	●	●	●	●	—
停车库(场)行车道	●	●	●	●	●	●	●	●	●	●
停车库(场)充电桩车位	○	○	○	○	○	○	○	○	○	○
停车库(场)VIP 车位	○	○	○	—	—	—	—	—	○	—
营业厅、等候区	⊙	⊙	⊙	●	—	⊙	⊙	⊙	⊙	⊙
正门外周围、周界	⊙	⊙	⊙	⊙	⊙	⊙	⊙	⊙	⊙	⊙

　　注：●应设置摄像机的部位；⊙宜设置摄像机的部位；○可设置或预埋管线部位；—无此部位或不必设置。

30.5.5　设备的选型及安装

　　视频监控系统宜由前端设备、传输单元、控制设备、显示设备、记录设备等组成。

　　1　摄像机的设置应符合下列规定：

　　1）摄像机应设置在便于目标监视不易受外界损伤的位置；摄像机镜头应避免强光直射，宜顺光源方向对准监视目标；当必须逆光安装时，应选用具有逆光补偿功能的摄像机；

　　2）监视场所的最低环境照度，宜高于摄像机最低照度（灵敏度）的 50 倍；

　　3）设置在室外或环境照度较低的彩色摄像机，其灵敏度不应大于 1.0lx（F1.4），或选用在低照度时能自动转换为黑白图像的彩色摄像机；

　　4）被监视场所照度低于所采用摄像机要求的最低照度时，应加装辅助照明设施或采用带红外照明装置的摄像机；

　　5）宜优先选用定焦距、定方向、固定/自动光圈镜头的摄像机，需大范围监控时可选用带有云台和变焦镜头的摄像机；

　　6）应根据摄像机所安装的环境、监视要求配置适当的云台、防护罩；安装在室外的摄像机必须加装能适应现场环境的多功能防护罩；

　　7）摄像机安装距地高度，室内宜为 2.5m～5m，室外宜为 3.5m～10m；

　　8）摄像机需要隐蔽安装时应采取隐蔽措施，可采用小孔镜头或棱镜镜头；电梯轿厢内设置的摄像机应安装在电梯轿厢门左或右侧上部；

9）电梯轿厢内设置摄像机时，视频信号电缆应选用屏蔽性能好的电梯专用电缆。

2 系统的控制设备应具有下列功能：

1）对摄像机等前端设备的控制；

2）图像显示任意编程及手动、自动切换；

3）图像显示应具有摄像机位置编码、时间、日期等信息；

4）对图像记录设备的控制；

5）支持必要的联动控制，当报警发生时，能对报警现场的图像或声音进行复核，并能自动切换到指定的显示设备上显示和自动实时录像；

6）数字系统前端设备与监控中心控制设备间端到端的信息延迟时间不应大于 2s，视频报警联动响应时间不应大于 5s；

7）视频切换控制设备应具有配置信息存储功能，在断电或关机后，对所有编程设置、摄像机编号、地址、时间等均可记忆，在供电恢复或开机后，系统应恢复正常工作；

8）系统宜具有自诊断功能，宜具有多级主机（主控、分控）管理功能或网络管理功能。

3 显示设备的选择应符合下列规定：

1）显示设备可采用监视器液晶平坝显示器、背投影显示墙等；

2）宜采用彩色显示设备；最佳视距宜在 4 倍~6 倍显示屏尺寸之间，或监视屏幕墙高的 2 倍~4 倍之间；

3）应选用比摄像机清晰度高一档（100TVL）的显示设备；固定监控终端主机显示分辨率不应小于 1024×768；

4）显示设备的配置数量，应满足现场摄像机数量和管理使用的要求，合理确定视频输入、输出的配比关系。配比可以是 1：4、1：8、1：10 或 1：16，性质重要比例就高些，规模较大比例就小些，一般有主显示屏、轮巡显示屏及多画面显示屏。显示屏宜采用 29in~55in 彩色显示设备；

5）电梯轿厢内摄像机的视频信号，宜与电梯运行楼层字符叠加，实时显示电梯运行信息。

4 图像记录设备的配备与功能应符合下列规定：

1）应采用数字技术或网络存储技术进行图像存储。

2）数字录像设备输入、输出信号，视频、音频指标均应与整个系统的技术指标相适应。

3）数字录像设备应具有记录和回放全双工、报警联动、图像检索及视频丢失报警等功能。

4）每路存储的图像分辨率不宜低于 4CIF，每路存储时间不应少于 30d；对于重要应用场合，记录图像速度不应小于 25fps；对于其他场所，记录速度不应小于 6fps；图像记录设备硬盘容量可根据录像质量要求、摄像机码流参数、记录视频路数、信号压缩方式及保存时间确定（对于有线 IP 网络 352×288 分辨率的单路视频码率可用 512kbps 估算，704×576 分辨率的单路视频码率可用 3×512kbps 估算）。参考计算公式：存储空间＝比特率÷8（换算成字节数据量）×3600（每小时存储容量大小）×24（每天存储容量大小）×30

（存储天数）×n（前端摄像机路数）÷0.9（磁盘格式化损失10％的空间）。

计算举例见表30.5-2。

存储空间计算举例

表30.5-2

视频格式	比特率（kbps）	8（比特率换算成字节数据量）(bit)	3600s（每小时存储容量大小）	24h	存储天数	摄像机路数	0.9（磁盘格式化损失10％的空间）	存储空间（T）
CIF	512	8	3600	24	30	16	0.9	2.746582031
D1	1536	8	3600	24	30	16	0.9	8.239746094
720p	2048	8	3600	24	30	16	0.9	10.98632813
1080p	4096	8	3600	24	30	16	0.9	21.97265625

5）数字视频监控系统应根据安全管理要求、系统规模、网络状况，选择采用分布式存储、集中式存储或混合存储方式；网络存储设备应采用RAID（冗余磁盘阵列）技术。

6）与入侵报警系统联动的视频监控系统、超高层建筑避难层（间）的视频监控系统应设置专用显示设备，宜单独配备相应的图像记录设备。

30.5.6 线缆选型与敷设

当采用数字视频监控系统时，传输线缆宜采用综合布线对绞电缆或光缆；当长距离传输或在强电磁干扰环境下传输时，应采用光缆；采用光缆传输方式时，应配置发送、接收光端机和其他配套附件；采用综合布线对绞电缆传输方式时，应注意传输距离不能超过90m。

当采用模拟视频摄像头时，传输线缆宜采用SYV75系列产品。SYV75-5的同轴电缆适用于300m以内模拟视频信号的传输。

30.5.7 接口

需供应商开放接口协议，可接入安全防范综合管理平台。

30.6 入侵报警系统

30.6.1 系统概述

入侵报警系统是利用传感器技术和电子信息技术探测并指示非法进入或试图非法进入设防区域（包括主观判断面临被劫持或遭抢劫或其他危急情况时，故意触发紧急报警装置）的行为、处理报警信息、发出报警信息的电子系统或网络。

30.6.2 系统组成及架构

1 入侵报警系统通常由前端设备（包括探测器和紧急报警装置）、传输设备、处理/控制/管理设备和显示/记录设备四个部分构成。

2 目前入侵报警系统结构有总线制模式、分线制模式和网络传输模式，见图30.6-1～图30.6-3。

注：图30.6-1～图30.6-3中的线缆选择仅供参考，应以实际产品需求为准。

30.6.3 系统功能

1 入侵报警系统功能设计应符合下列规定：

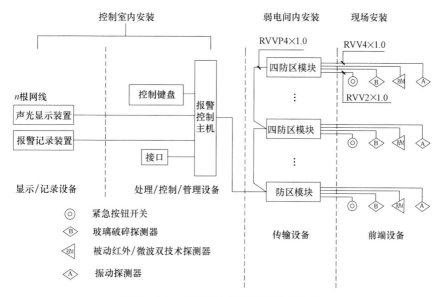

图 30.6-1 总线制入侵报警系统架构图

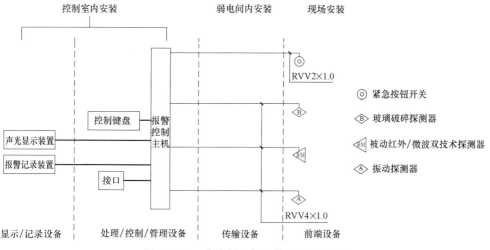

图 30.6-2 分线制入侵报警系统架构图

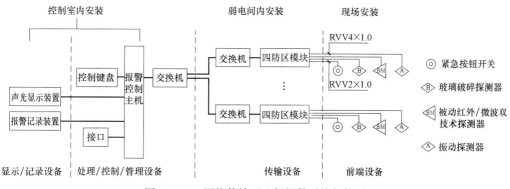

图 30.6-3 网络传输型入侵报警系统架构图

　　1）紧急报警装置应设置为不可撤防状态，应有防误触发措施，被触发后应自锁。

　　2）当下列任何情况发生时，报警控制设备应发出声、光报警信息，报警信息应能保持到手动复位，报警信号应无丢失：

　　（1）在设防状态下，当探测器探测到有入侵发生或触动紧急报警装置时，报警控制设备应显示出报警发生的区域或地址；

　　（2）在设防状态下，当多路探测器同时报警（含紧急报警装置报警）时，报警控制设备应依次显示出报警发生的区域或地址。

　　3）报警发生后，系统应能手动复位，不应自动复位。

　　4）在撤防状态下，系统不应对探测器的报警状态做出响应。

　　2　防破坏及故障报警功能设计应符合下列规定：

　　当下列任何情况发生时，报警控制设备上应发出声、光报警信息，报警信息应能保持到手动复位，报警信号应无丢失：

　　1）在设防或撤防状态下，当入侵探测器机壳被打开时；

　　2）在设防或撤防状态下，当报警控制器机盖被打开时；

　　3）在有线传输系统中，当报警信号传输线被断路、短路时；

　　4）在有线传输系统中，当探测器电源线被切断时；

　　5）当报警控制器主电源/备用电源发生故障时；

　　6）在利用公共网络传输报警信号的系统中，当网络传输发生故障或信息连续阻塞超过 30s 时。

　　3　记录显示功能设计应符合下列规定：

　　1）系统应具有报警、故障、被破坏、操作（包括开机、关机、设防、撤防、更改等）等信息的显示记录功能；

　　2）系统记录信息应包括事件发生时间、地点、性质等，记录的信息应不能更改。

　　4　系统应具有自检功能。

　　5　系统应能手动/自动设防/撤防，应能按时间在全部及部分区域任意设防和撤防；设防、撤防状态应有明显不同的显示。

　　6　系统报警响应时间应符合下列规定：

　　1）分线制、总线制和无线制入侵报警系统：不大于 2s；

　　2）基于局域网、电力网和广电网的入侵报警系统：不大于 2s；

　　3）基于市话网电话线入侵报警系统：不大于 20s。

　　7　系统报警复核功能应符合下列规定：

　　1）当报警发生时，系统宜能对报警现场进行声音复核；

　　2）重要区域和重要部位应有报警声音复核。

30.6.4　设计原则

　　1　入侵报警系统的设计应符合整体纵深防护和局部纵深防护的要求，纵深防护体系包括周界、监视区、防护区和禁区。

　　1）周界可根据整体纵深防护和局部纵深防护的要求分为外周界和内周界。周界应构成连续无间断的警戒线（面）。周界防护应采用实体防护或/和电子防护措施；采用电子防护时，需设置探测器，当周界有出入口时，应采取相应的防护措施。

2）监视区可设置警戒线（面），宜设置视频安防监控系统。

3）防护区应设置紧急报警装置、探测器，宜设置声光显示装置，利用探测器和其他防护装置实现多重防护。

4）禁区应设置不同探测原理的探测器，应设置紧急报警装置和声音复核装置，通向禁区的出入口、通道、通风口、天窗等应设置探测器和其他防护装置，实现立体交叉防护。

入侵报警系统在设计时需结合业主需求及项目特点，进行纵深防护体系设计。

2　入侵报警探测器的选择与设置应符合下列规定：

1）探测器的灵敏度、探测距离、覆盖面积应能满足防护要求；

2）报警区域应按不同目标区域相对独立性划分；当防护区域较大、报警点分散时，应采用带地址码的探测器；

3）防护目标应在入侵探测器的有效范围内，入侵探测器覆盖范围内应无盲区；

4）被动红外探测器的防护区域内，不应有影响探测的障碍物，并应避免受热源干扰；

5）紧急报警按钮的设置应隐蔽、安全和便于操作。

30.6.5　设备的选型及安装

入侵报警系统宜由前端探测设备、传输单元、控制设备、显示记录设备等组成。

1　前端探测设备按使用场合，主要分室内用入侵探测器、出入口部位用入侵探测器、周界用入侵探测器等几大类，选择时应满足以下规定：

1）室内用入侵探测器的选型应符合下列规定：

（1）室内通道可选用室内用多普勒微波探测器、室内用被动红外探测器、室内用超声波多普勒探测器、微波和被动红外复合入侵探测器等。

（2）室内公共区域可选用室内用多普勒微波探测器、室内用被动红外探测器、室内用超声波多普勒探测器、微波和被动红外复合入侵探测器、室内用被动式玻璃破碎探测器、振动入侵探测器、紧急报警装置等。宜设置两种以上不同探测原理的探测器。

（3）室内重要部位可选用室内用多普勒微波探测器、室内用被动红外探测器、室内用超声波多普勒探测器、微波和被动红外复合入侵探测器、磁开关入侵探测器、内用被动式玻璃破碎探测器、振动入侵探测器、紧急报警装置等。宜设置两种以上不同探测原理的探测器。

2）出入口部位用入侵探测器的选型应符合下列规定：

（1）外周界出入口可选用主动式红外入侵探测器、遮挡式微波入侵探测器、激光式探测器、泄漏电缆探测器等。

（2）建筑物内对人员、车辆等有通行时间界定的正常出入口（如大厅、车库出入口等）可选用室内用多普勒微波探测器、室内用被动红外探测器、微波和被动红外复合入侵探测器、磁开关入侵探测器等。

（3）建筑物内非正常出入口（如窗户、天窗等）可选用室内用多普勒微波探测器、室内用被动红外探测器、室内用超声波多普勒探测器、微波和被动红外复合入侵探测器、磁开关入侵探测器、室内用被动式玻璃破碎探测器、振动入侵探测器等。

3）周界用入侵探测器的选型应符合下列规定：

（1）规则的外周界可选用主动式红外入侵探测器、遮挡式微波入侵探测器、振动入侵探测器、激光式探测器、光纤式周界探测器、振动电缆探测器、泄漏电缆探测器、电场感应式探测器、高压电子脉冲式探测器等。

（2）不规则的外周界可选用振动入侵探测器、室外用被动红外探测器、室外用双技术探测器、光纤式周界探测器、振动电缆探测器、泄漏电缆探测器、电场感应式探测器、高压电子脉冲式探测器等。

（3）无围墙/栏的外周界可选用主动式红外入侵探测器、遮挡式微波入侵探测器、激光式探测器、泄漏电缆探测器、电场感应式探测器、高压电子脉冲式探测器等。

（4）内周界可选用室内用超声波多普勒探测器、被动红外探测器、振动入侵探测器、室内用被动式玻璃破碎探测器、声控振动双技术玻璃破碎探测器等。

2 控制、显示记录设备应符合下列要求：

1）系统布防、撤防、报警、故障等信息的存储时间不应小于 30d；

2）系统应显示和记录发生的入侵事件、时间和地点；重要目标的入侵报警系统应有声音或视频复核功能；

3）系统宜按时间、区域、部位任意编程设防和撤防；

4）除特殊要求外，系统报警响应时间不应大于 5s；

5）报警控制器应具有驱动外围设备功能，并应具有与其他系统集成、联网的接口；

6）报警控制器应设有备用电源，备用电源容量应保证系统正常工作 8h。

30.6.6 线缆选型与敷设

1 线缆选型（以下按照目前常用的总线制架构及分线制架构进行线缆选择）

1）当系统采用总线制时，总线电缆宜采用不少于 6 芯的通信电缆，每芯截面积不宜小于 1.0mm^2。

2）当系统采用分线制时，宜采用不少于 5 芯的通信电缆，每芯截面不宜小于 0.5mm^2。

2 线缆敷设：

1）报警信号线应与 220V 交流电源线分开敷设。

2）隐蔽敷设的线缆和/或芯线应做永久性标记。

3）室内线路应优先采用金属管，可采用阻燃硬质或半硬质塑料管、塑料线槽及附件等。

4）竖井内布线时，应设置在弱电竖井内。如受条件限制强弱电竖井必须合用时，报警系统线路和强电线路应分别布置在竖井两侧。

30.6.7 接口

需供应商开放接口协议，可接入安全防范综合管理平台。

30.7 出入口控制系统

30.7.1 系统概述

出入口控制系统是利用自定义符识别或/和模式识别技术对出入口目标进行识别并控制出入口执行机构启闭的电子系统或网络。

30.7.2　系统组成及架构

　　1　出入口控制系统主要由门禁控制器、读卡器、电控锁、出门按钮、传输网络、系统服务器及相应的系统软件等组成。

　　2　系统结构见图 30.7-1。

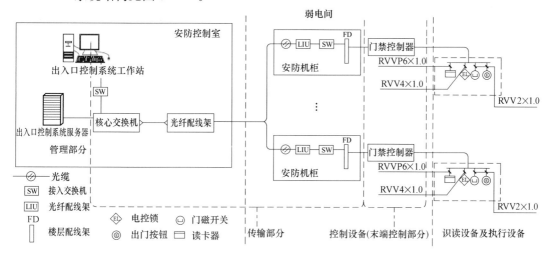

图 30.7-1　出入口控制系统图

注：1　若项目搭建统一的智能设备管理网，则弱电间中的安防机柜以及机柜内的配线架、交换机、干线等均可与建筑设备管理网相关系统共用，见本技术措施第 30.1.7 条、第 30.4 节。

　　2　图中的线缆选择仅供参考，应以实际产品需求为准。

30.7.3　系统功能

　　1　识读部分应符合下列规定：

　　1）识读部分应能通过识读现场装置获取操作及钥匙信息并对目标进行识别，应能将信息传递给管理与控制部分处理，宜能接受管理与控制部分的指令。

　　2）"误识率""识读响应时间"等指标，应满足管理要求。

　　3）对识读装置的各种操作和接受管理/控制部分的指令等，识读装置应有相应的声和/或光提示。

　　4）识读装置应操作简便，识读信息可靠。

　　2　管理/控制部分应符合下列规定：

　　1）系统应具有对钥匙的授权功能，使不同级别的目标对各个出入口有不同的出入权限。

　　2）应能对系统操作（管理）员的授权、登录、交接进行管理，并设定操作权限，使不同级别的操作（管理）员对系统有不同的操作能力。

　　3）事件记录：

　　（1）系统能将出入事件、操作事件、报警事件等记录存储于系统的相关载体中，并能形成报表以备查看。

　　（2）事件记录应包括时间、目标、位置、行为。其中时间信息应包含：年、月、日、时、分、秒，年应采用千年记法。

　　（3）现场控制设备中的每个出入口记录总数：A 级不小于 32 条，B、C 级不小于 1000 条。

（4）中央管理主机的事件存储载体，应至少能存储不少于 180d 的事件记录，存储的记录应保持最新的记录值。

（5）经授权的操作（管理）员可对授权范围内的事件记录、存储于系统相关载体中的事件信息，进行检索、显示和/或打印，并可生成报表。

4）与视频安防监控系统联动的出入口控制系统，应在事件查询的同时，能回放与该出入口相关联的视频图像。

3　执行部分功能设计应符合下列规定：

1）闭锁部件或阻挡部件在出入口关闭状态和拒绝放行时，其闭锁力、阻挡范围等性能指标应满足使用、管理要求。

2）出入准许指示装置可采用声、光、文字、图形、物体位移等多种指示。其准许和拒绝两种状态应易于区分。

3）出入口开启时出入目标通过的时限应满足使用、管理要求。

30.7.4　设计原则

1　出入口控制系统在满足相关标准规范要求的基础上，需结合业主需求进行设计。主要可以从以下几个方面进行考虑：

1）控制范围需求：具体门禁点设置范围。

2）识别方式需求：识别卡、二维码、生物识别、密码等识别方式。

3）供电等级需求。

4）业主其他特殊需求。

5）设于疏散通道上的受控门应具有火灾报警下的门禁自动解除功能。

2　设备布置原则：在需控制的出入口设置门禁设备，例如：重要机房门、财务室门、需控制的办公室门、禁区出入口、不同管理区域的分界口（如后勤管理区、面客区与办公区的分界门）等，具体需结合业主需求及项目情况设置。

3　锁具的分类：

1）电磁锁：也称为磁力锁，它是利用电生磁的原理，当电流通过硅钢片时，电磁锁会产生强大的吸力紧紧地吸住吸附铁板达到锁门的效果。

2）电插锁：是一种电子控制锁具，通过电流的通断驱动"锁舌"的伸出或缩回，以达到锁门或开门的功能。

3）机电一体锁：为电控与机械一体化的锁具，相对于其他电控锁具，其外形与普通的机械门锁相似，通过内置于机械锁体里的电控元器件与机械部件的密切配合实现电控功能。同时，机电一体锁配有机械钥匙，可利用机械钥匙通过锁体上的机械锁芯随时开门。

4　识别方式的选择：

1）目前识别方式主要有：识别卡、二维码、生物识别（人脸识别、指纹、手指静脉、掌纹、虹膜等）、密码等识别方式。

2）在选择识别方式时，可以选择一种识别方式，也可以选择几种结合使用的识别方式。应用举例：

（1）首层速通门通行方式可同时选择识别卡、人脸识别、二维码三种识别方式。

（2）领导办公室可同时选择识别卡、密码两种识别方式。

（3）普通办公室可选择识别卡一种识别方式。

识别方式的选择需结合业主需求确定。

30.7.5　设备的选型及安装

出入口控制系统宜由前端识读装置与执行机构、传输单元、处理与控制设备以及相应的系统软件组成，具有放行、拒绝、记录、报警基本功能。

1　系统前端识读装置与执行机构，应保证操作的有效性和可靠性，宜具有防尾随、防返传措施。

2　出入口可设定不同的出入权限。系统应对设防区域的位置、通行对象及通行时间等进行实时控制。

3　单门出入口控制器应安装在该出入口对应的受控区内。识读装置应安装在出入口附近便于目标的识读操作，安装高度距地宜为 1.4m。

4　系统管理主机宜对系统中的有关信息自动记录、打印、存储，并有防篡改和防销毁等措施。

5　当系统管理主机发生故障或通信线路故障时，出入口控制器应能独立工作。

30.7.6　线缆选型与敷设

线缆的选型除符合现行国家标准《安全防范工程技术标准》GB 50348 的有关规定外，还应符合下列规定：

1　识读设备与控制器之间的通信用信号线宜采用多芯屏蔽双绞线。

2　门磁开关及出门按钮与控制器之间的通信用信号线，线芯最小截面积不宜小于 $0.50mm^2$。

3　控制器与执行设备之间的绝缘导线，线芯最小截面积不宜小于 $0.75mm^2$。

4　控制器与管理主机之间的通信用信号线宜采用双绞铜芯绝缘导线，其线径根据传输距离而定，线芯最小截面积不宜小于 $0.50mm^2$。

5　在出入口控制系统中，应特别注意受控区及其级别，以及现场设备安装位置和连接线缆的防护措施等因素对安全的影响。

30.7.7　接口

需供应商开放接口协议，可接入安全防范综合管理平台。

30.8　停车场出入管理系统

30.8.1　系统概述

1　停车场管理系统是通过计算机、网络设备、车道管理设备搭建的一套对停车场车辆出入、场内车流引导、收取停车费进行管理的网络系统。

2　停车场应根据物业管理或产权界面划分为公共共享车位、企业自用车位、私人专享车位等区域，停车场管理系统针对不同区域采取相应的管理模式。

30.8.2　系统组成及架构

1　停车场管理系统配置包括停车场控制主机、自动吐卡机、远程遥控、读感器、感应卡、自动道闸、地感线圈、摄像机、传输设备、管理软件等。

2　系统结构见图 30.8-1。

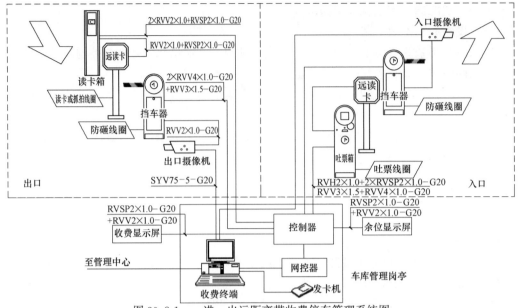

图 30.8-1 一进一出远距离带收费停车管理系统图

注：1 若选用近距离读卡，则将图中的远距离读卡器换成近距离读卡器。

2 若采用车牌识别方式进出，则摄像机需选用车牌识别摄像机，读卡器功能及吐票箱功能可结合业主实际需求设置。

3 图中线缆仅供参考，具体以实际产品需求为准。

30.8.3 系统功能

系统应根据安全技术防范管理的需要及用户的实际需求，合理配置下列功能：

1 入口处车位信息显示、出口收费显示；

2 自动控制出入挡车器；

3 车辆出入识别与控制；

4 自动计费与收费管理；

5 出入口及场内通道行车指示；

6 泊位显示与调度控制；

7 保安对讲、报警；

8 视频安防监控；

9 车牌和车型自动识别、认定；

10 多个出入口的联网与综合管理；

11 分层（区）的车辆统计与车位显示；

12 500辆及以上的停车场（库）分层（区）的车辆查询服务。

其中第1款～4款为基本配置，其他为可选配置。

30.8.4 设计原则

1 停车场管理系统在满足相关标准规范要求的基础上，需结合业主需求进行设计。主要可以从以下几个方面进行考虑：

1）进出方式需求：车牌识别、近距离读卡、远距离读卡等通行方式；

2）是否有收费需求；

3）当有多层停车库时，是否需要按楼层统计车位数；

4）是否需要设置车位引导功能；

5）火灾时强制打开道闸；

6）业主其他特殊需求。

2　设备布置原则：

1）停车库（场）的入口区应设置出票读卡机，出口区应设置验票读卡机。停车库（场）的收费管理室宜设置在出口区。

2）车辆出口、入口位置应结合建筑平面及交通流线进行界定，一般入口多设置在首层，便于车牌识别或取卡处。

30.8.5　设备的选型及安装

1　车位显示屏：在停车场（库）的入口处和各层入口处设置车位显示屏，车位显示屏可以显示停车场和各层停车位情况。

2　挡车器：在出入口处设置挡车器，挡车器可自动控制开启，并具有防砸车功能。挡车器的安装必须留有挡杆上下摆动的空间。如受空间限制，可设置折臂式挡车器。

3　感应线圈或光电收发装置：在出入口处的挡车器两侧及各层出入口设置感应线圈或光电收发装置。

4　出票（卡）机：在停车场（库）的入口区驾驶员侧设置出票（卡）机。

5　验票（卡）机：在停车场（库）的出口区驾驶员侧设置验票（卡）机。

6　读卡器：读卡器通常安装在入口的出票（卡）机和出口的验票（卡）机内。读卡器宜与出票（卡）机和验票（卡）机合装于出入口平台内，距栅栏门的距离不小于2.2m，距地面高度宜为1.3m～1.4m。

7　识别卡：识别卡分成IC卡和ID卡，当读卡距离要求在0.1m～0.7m范围内时采用IC卡，当读卡距离要求大于1m时采用ID卡。

8　收费设备：收费设备包括收费站或收款机。当停车场（库）采用人工收费管理时，需配置收费设备。

9　图像识别设备：包括设置在出入口处的摄像机和管理室内的计算机，能对出入停车场（库）的车辆进行拍照、记录、比较。摄像机通常安装于车辆行驶的正前方偏左的地方，摄像机距地面高度宜为2.2m，距读卡器、出票（卡）机和验票（卡）机的距离宜为4m～6m。

10　在停车场（库）出入口处的车道两侧墙上，距地1m的位置预留与停车场入口设备、出口设备、收费设备连接的接线箱。并从该接线箱将管线引至管理室，在管理室内墙上，距地0.3m预留接线箱。

11　控制器：应具有国际标准通信协议、抵抗强电干扰及其他各类电磁干扰的能力。

30.8.6　接口

需供应商开放接口协议，可接入安全防范综合管理平台。

30.9　停车引导及反向寻车系统

30.9.1　系统概述

1　停车引导系统是帮助车主在最短时间内找到合适的停车场和停车位，避免车辆找不到停车场，进场后找不到车位。

2 反向寻车系统是在车主返回停车场时，由于停车场太大或者地形不熟，车主找不到车，系统可以帮助车主尽快找到车辆停放的区域。

30.9.2 系统组成及架构

1 停车引导及反向寻车系统主要由车位检测终端、引导屏、网络控制器、寻车查询终端、传输网络、管理软件等组成。

2 系统结构见图 30.9-1。

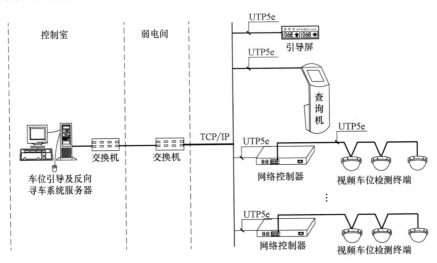

图 30.9-1 视频车位引导及反向寻车系统框图

注：1 若采用有线超声波车位检测技术，则需把图中的视频车位检测终端换成超声波探测器及车位指示灯。

2 图中线缆仅供参考，具体以实际产品需求为准。

30.9.3 系统功能

以下介绍全视频车位引导系统及反向寻车系统功能。

全视频车位引导系统是通过在车场的停车位上前方安装智能车位视频检测终端，对车位状态进行实时检测并自动识别车牌号码，然后将车位占用状态传输给车位引导屏，用于向车主发布引导指示，同时，将车牌号码及车位图像传输到数据服务器进行储存，并应用于反向寻车。

视频智能终端同时自带指示灯，若检测车位停满车，则显示红灯；若检测车位空余，则显示绿灯，通过红、绿灯显示提示用户有无空余车位。

反向寻车系统：系统可为不同的用户群体提供不同的反向寻车解决方案，通过车牌号码，可选择采用取车查询终端、手机二维码反寻平台等反寻查找自己的车辆。系统提供快速查询、时段查询、车位查询等多种方式查找各种正常及非正常（无牌车、车牌污损导致无法识别）车辆的停放位置。

30.9.4 设计原则

1 停车引导及反向寻车系统需结合业主需求进行设计，若业主需要设置此系统，则一般可以从以下几个方面考虑：

1）车位检测技术需求：目前车位检测技术有视频车位检测技术及有线超声波检测技

术，建议选择视频车位检测技术。

2）反向寻车技术方案需求，目前寻车系统三种技术：

（1）车牌识别技术：基于计算机视觉技术，利用前端摄影机实时回传视频图像，获得车辆的车牌号码信息，进行车辆定位（与全视频车位引导系统配合使用）。

（2）刷卡定位技术：利用分布于停车场各个区域的刷卡定位终端，进行刷卡定位。定位精度更高，可靠性高。

（3）取票定位技术：在停车场各个区域的条码出票机上取条码票，票上打印中文车辆位置信息。取车时在液晶查询终端读取此票。

3）业主其他特殊需求。

2 设备布置原则：

1）在车行流线上及车辆出入口处设置引导显示屏及余位显示屏；

2）宜在人员进出车库出入口处设置反向寻车终端。

注：具体布置位置建议按照交通顾问意见进行设置。

30.9.5 接口

需供应商开放接口协议，可接入安全防范综合管理平台。

31 智能化平面图

31.1 一般规定

31.1.1 智能化平面图一般包括信息设施系统平面图、安全技术防范系统平面图、建筑设备管理系统平面图、安防控制室大样图、弱电机房大样图、弱电井详图等内容。

31.1.2 项目简单且没有招标特殊要求时，可合并为一套平面，称为智能化平面图；项目较复杂且招标有要求时可为 2 套图纸，分别称为"信息设施系统平面图"和"安全防范系统平面图"，建筑设备监控系统平面图可与信息设施系统平面图共用；系统复杂或有招标要求时应分三套平面图，分别为"信息设施系统平面图""安全防范系统平面图"和"建筑设备监控系统平面图"。

31.1.3 平面图中的局部表达不清时，可另行绘制大样图或剖面图，在大样图或剖面图下方标注其所在位置、名称和比例。

31.1.4 建筑平面图采用分区绘制时，智能化平面图也应分区绘制，分区部位和编号宜与建筑专业一致，并应绘制分区组合示意图。各区电气设备线缆连接处应加标注或有共用空间并有分区界限示意。

31.1.5 当智能化平面图中需要注释重复相同信息内容，或在平面图中不能详尽表达敷设或安装要求时，可采用施工说明施工安装要求文字表达。

31.1.6 当平面图划分为多个区域，且按多个区域分别出图时，应有反映整体平面关系的完整平面图，如设置××层线缆走向图，其比例可以是 1∶200、1∶300 或其他比例。

31.1.7 本章智能化平面图设计依据智能化专项施工图设计深度编写，智能化专项方案设计、扩初设计或土建类非智能化专项设计的各阶段要求，参考本技术措施第 23.1 节的要求编制。

31.2 信息设施系统平面

31.2.1 接入层、汇聚层、核心层机房、接入机房、运营商机房位置和设备布置

1 接入层设置在电信间，楼层信息点数量较少，且水平线缆长度在 90m 范围内时，可多个楼层合设一个电信间；同楼层信息点数量不大于 400 个，且水平线缆长度在 90m 范围内时，宜设置 1 个电信间；当楼层信息点数量大于 400 个时，宜设置 2 个及以上电信间。接入层用于直接连接终端设备，从末端点位到楼层配线架的信道长度不大于 90m。电信间的使用面积不应小于 5m²。

出租办公楼的租赁区的接入层宜设置在租赁区内，由租赁人根据租赁区域内点位数量进行设置，弱电间内仅预留光纤。

接入层示例见图 31.2-1。

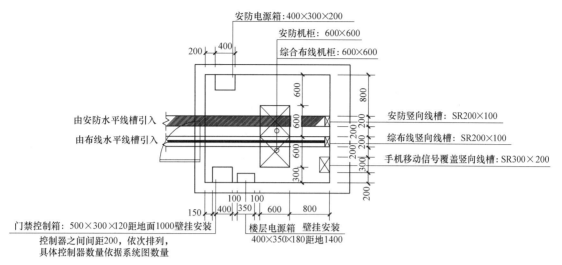

图 31.2-1 接入层机房（电信间）示例

2 汇聚层一般位于有建筑群且信息交换量较大、超高层或者建筑面积过大的项目，汇聚相当于一个局部或重要的中转站，一般位于需汇聚的中间层或建筑群中每个单体的地下一层。

汇聚层机层示例见图 31.2-2。

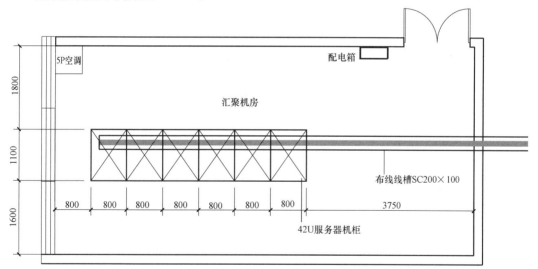

图 31.2-2 汇聚层机房示例

3 核心层机房一般位于单体建筑或建筑群的中心位置，一般位于地下一层，核心相当于一个出口或总汇总。

核心层机房示例见图 31.2-3。

4 在单栋建筑物或由连体的多栋建筑物构成的建筑群体内应设置不少于 1 个进线间，对网络要求较高的项目需在不同方向设置 2 个进线间，双路由进线。

进线间内应设置管道入口，入口的尺寸应满足不少于 3 家电信业务经营者通信业务接入及

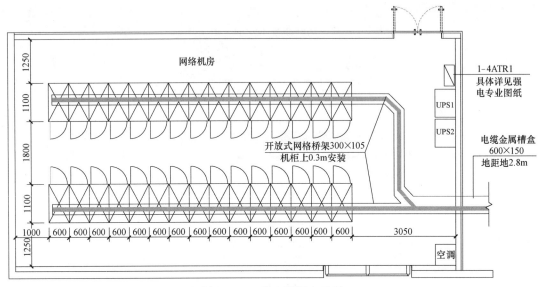

图 31.2-3 核心层机房示例

建筑群布线系统和其他弱电子系统的引入管道管孔容量的需求。进线间面积不宜小于 10m²。

5 运营商机房主要为运营商服务，建议每家运营商不小于 20m²。

6 一般建筑内有线电视机房机房面积不小于 15m²，酒店类建筑内该机房面积不小于 25m²。

7 屋顶卫星机房（预留管） 该主要用于安防卫星接收机、调制解调器、混合器、放大器、有线光缆接入设备、各频段接收显示器等。屋顶卫星机房需预留机房至天线的路由，建议预留 3 根 SC32，距离不宜超过 20m。

31.2.2 末端点位布置

在平面图中，末端点主要包括网络点位、电话点位、无线 WiFi 点位、有线电视点位、信息发布点位、视频监控点位、出入口控制点位、入侵报警点位、电子巡查点位等。

1 信息点设置原则：目前建筑物的功能分类较多，在末端点位的设置过程中，主要看房间的布置情况及使用功能，有家具布置时末端点位设置在桌面上，无家具布置时设置在侧墙，距外墙 800mm 左右，大开间可根据工位布置设置地面插座；出租办公区可在每个分区内预留 CP 箱，每个 CP 箱中预留 1 根 2 芯室内单模光纤。

综合布线系统工作区面积划分与信息点配置数量可参照本技术措施第 29 章相关内容。

2 无线信息点设置（保护半径）：Wi-Fi 无线网络信号通常室外无遮挡情况下可以达到 100m～200m；室内在 50m 范围内都可有较好的无线信号，信号每穿越一面墙信号就会减弱，在设计过程中 Wi-Fi 点位覆盖半径一般为 15m。

无线 Wi-Fi 主要有吸顶式安装和入墙式安装两种方式。吸顶式一般安装在顶棚上来达到使用环境美观大方的目的，入墙式则具有为安装至墙体内部专门设计的普通国际标准的 86 尺寸线盒，用来替代房间内的有线网络面板，实现不便有线网络搭建和施工的诸多环境的无线覆盖。两种安装方式的特性也使得应用环境有较大的区别，入墙式主要应用于酒店、宿舍、办公场所等不便大面积施工的环境，而吸顶式的应用范围比较广泛，企业会议室、商场休闲区、咖啡厅等一些较为开阔的环境都可以安装在顶棚上，覆盖范围既广又美观大方。

3 有线电视分支箱、终端设置：有线电视系统分支箱在电信间内壁装，有 300×400×150、400×400×150、500×500×150、400×600×150等不同尺寸型号，具体型号根据所带容量决定。箱体内部设备安装如图 31.2-4 所示。

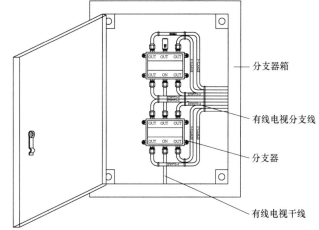

4 信息显示终端设置：信息发布系统显示终端有效覆盖门厅、休息区、电梯厅、多功能厅会议候场区、会议室门口等场所。在控制室设置为整个大楼服务的信息发布及采编中心，通过自用办公网向各子项发布信息，信息发布系统控制室宜与安防控制合用，可实现多屏的统一管理。

图 31.2-4 有线电视分支箱

在大堂、电梯厅、商业、餐厅、休息厅、会议区、会所安装信息发布一体机；大堂可根据需求设置信息查询一体机；大厅的显示屏可以根据用户需求分成多屏显示。

1）电梯厅、会议室门口等处信息发布屏建议底边距地 1.2m，末端点位设置在底边距地 1.4m；

2）屏体具体尺寸规格由中标集成商在深化设计时以室内装修方案为准。屏体位置应便于观众看到并便于维修和检修，显示屏出线口高度由精装修确定。

5 广播设置：

1）广播系统分路应按建筑防火分区进行设置，广播播放区域应根据建筑使用功能进行设定；有顶棚吊顶的，可用它嵌入式无后罩的顶棚扬声器；在仅有吊架而无顶棚的室内宜采用有后罩的或有音响的广播扬声器；在室外则应选用防雨雪、防雾的广播扬声器。

2）广播线缆选型及敷设方式详见本技术措施第 29 章。

31.2.3 线缆敷设

常用线缆包含通信光纤、通信铜缆、电视同轴电缆、电源线、广播线缆。根据各系统未来所属管理部门的不同，敷设在不同的线槽内。

1 线槽敷设：

1）线槽的布置由两部分构成：一部分是电信间内竖向传输介质的垂直线槽，表示从信息网络机房引至各电信间的线槽、信息网络机房在抗静电地板下安装金属线槽，将桥架和配线机柜连接起来。另一部分是每层楼内方式水平传输介质的线槽。

2）线槽的材质、性能、规格以及安装方式应考虑敷设场所的温度、湿度、腐蚀性、污染以及自身耐水性、耐火性、承重、抗挠、抗冲击等因素对布线的影响。

3）在平面图纸需标注线槽的规格、材质、安装方式、安装高度、安装位置，线槽分叉处需注明规格和安装高度；具体高度和位置需进行管线综合后详细标注，局部复杂位置可绘制剖面图。

4）线槽在平面图中 100mm 以上的按比例绘制，在线槽较小表示不清晰的情况下可按比例放大，并标注清楚。

5）线槽安装高度宜距地面 2.2m 以上，具体尺寸以管线综合后位置为准，线槽顶部距楼板不宜小于 30mm。

6）线槽敷设方式一般有吊顶内敷设（ACC）、沿顶棚或顶板面敷设（CE）、地板或地面下敷设（FC）等方式。

7）线槽在穿越防火分区楼板、墙壁、顶棚、隔墙等建筑构件时，其空隙或空闲的部位应按等同于建筑构件耐火等级的规定封堵。

8）线槽在穿越建筑结构伸缩缝、沉降缝、抗震缝时应采取补偿措施。

9）穿梁线槽最大外径为梁高的 1/4～1/3。

10）明装线槽宜设置吊架或支架，支架设置位置为：

（1）直线段不大于 3m 及接头处；

（2）首尾端及进出接线盒 0.5m 处；

（3）转角处。

11）根据从电信间到末端点位线缆的类型、数量来选择合适的电缆桥架尺寸，常用电缆桥架规格见表 31.2-1。

网格式金属电缆托盘常用规格尺寸　　　　　　表 31.2-1

高度(mm) 宽度(mm)	30	50	100	150
50	√	√		
100	√	√	√	
150	√	√	√	
200	√	√	√	√
250	√	√	√	√
300	√	√	√	√
350	√	√	√	√
400		√	√	√
450		√	√	√
500		√	√	√
550		√	√	√
600			√	√

注：符号（√）表示常用规格尺寸，所表示的尺寸为托盘的内尺寸。

12）布线系统中线缆在线槽内布放，截面利用率应为 30%～50%，各类线缆在线槽中布放数量范围如表 31.2-2 所示，可根据实际项目中的缆线数确定线槽的尺寸。

金属线槽穿线根数　　　　　　表 31.2-2

槽盒规格 （宽×高）	6 类非屏蔽双绞线	3 类 25 对大对数电缆	3 类 50 对大对数电缆	2-24 芯室外单模光缆	2 芯室内多模光缆	6 芯室内多模光缆	12 芯室内多模光缆
60mm×50mm	20～34	8～14	4～7	6～10	45～75	33～55	23～39
100mm×50mm	34～56	14～23	7～11	10～17	75～125	55～92	39～65
200mm×100mm	136～227	56～94	28～46	43～71	300～500	222～370	157～263

2　穿管敷设：

1）布线线缆穿保护管敷设时，主要有刚性金属导管（镀锌焊接钢管 SC、套接紧定式钢管 JDG)、可弯曲金属导管（KJG）、刚性塑料导管等。

2）导管敷设方式：地面敷设：FC；顶板暗敷：CC；顶板明敷：CE，吊顶内暗敷：ACC，墙面暗敷：WC；

3）线路明敷设时，应采用刚性金属管、可弯曲金属电气导管保护。

4）导管在地下室各层楼板或潮湿场所敷设时，不应采用壁厚小于 2.0mm 的热镀锌钢管或重型包塑可弯曲金属导管。

5）导管在二层底板及以上各层钢筋混凝土楼板和墙体内敷设时，可采用壁厚不小于 1.5mm 的热镀锌钢导管或可弯曲金属导管。

6）在多层建筑砖墙或混凝土墙内竖向暗敷导管时，导管外径不宜大于 50mm。

7）导管的连接宜采用专用附件。

8）在平面图纸需标注导管的规格、材质、敷设方式，同时，还需标注导管内的线型、根数。

9）根据《综合布线系统工程设计规范》GB 50311—2016，需满足以下要求：

（1）单根大对数电缆或 4 芯以上光缆在直线管路内管径利用率（缆线外径/管道内径）应为 50%～60%。放在弯导管内的管径利用率应为 40%～50%。

（2）多根 4 对绞电缆或 4 芯以下光缆内截面利用率（缆线总截面积/管道内截面积）应为 25%～30%。

（3）根据以下各类线缆需要保护管的管径选择合适的管径。

① 由线槽引出的每根管不宜大于 SC25，适用于 86 接线盒，如无法避免 SC32 时可选用 110 接线盒；

② 当由同一处线槽引至某一个区域（如同一间客房）超过 5 根管时，宜通过支线槽引出后由接线箱转换。

③ 线管超过 20m 时加接线盒或优先采用线槽敷设。

④ 线管交叉时应断线。

⑤ 线管应按实际的敷设路线绘制，当线管过长，按实际敷设线路绘制影响美观时，可在图面上适当绕行，但在施工过程中还应按照最短路线敷设。

（4）根据各光缆的最大信道长度选择所需要的光纤，见表 31.2-3、表 31.2-4。

多模光纤信道应用最大传输距离   表 31.2-3

应用网络	波长（nm）	最大信道长度（m）	
		$50/125\mu m$	$62.5/125\mu m$
IEEE 802.3：FOIRL	850	514	1000
IEEE 802.3：10BASE-FL&FB	850	1514	2000
ISO/IEC TR 11802-4：4&16Mbit/s Tokem Ring	850	1857	2000
ATM at 155Mbit/s	850	1000[2]	1000[1]
ATM at 622Mbit/s	850	300[2]	300[1]
ISO/IEC 14165-111：Fibre Channel(FC-PH)at 1062Mbit/s[4]	850	500[2]	300[1]
IEEE 802.3：1000BASE-SX[4]	850	550[2]	275[1]
IEEE 802.3：1000BASE-SR[4]	850	300[3]	
IEEE 802.3：1000BASE-SR4[4]	850	100[3]/125[5]	
IEEE 802.3：1000BASE-SR10[4]	850	100[3]/125[5]	
1Gbps FC(1.0625 GBd)[4]	850	500[1]	300[1]
2 Gbps FC(2.125GBd)[4]	850	300[3]	

续表

应用网络	波长 (nm)	最大岔道长度(m)	
		$50/125\mu m$	$62.5/125\mu m$
4 Gbps FC(4.25GBd)[④]	850	150[②]/380[③]400[⑤]	70
8 Gbps FC(8.5GBd)[④]	850	50[②]/150[③]/200[⑤]	21
16 Gbps FC(14.025GBd)[④]	850	35[②]/100[③]/130[⑤]	15
ISO/IEC 9314-3:FDDI PMD	1300	2000	2000
IEEE 802-3:100BASE-FX	1300	2000	2000
IEEE 802.5t:100Mbit/s Token Ring	1300	2000	2000
ATM at 52 Mbit/s	1300	2000	2000
ATM at 155 Mbit/s	1300	2000	2000
ATM at 622 Mbit/s	1300	330	500
IEEE 802.3:1000BASE-LX[④]	1300	550[②]	550[①]
IEEE 802.3:10GBASE-LX4[④]	1300	300[①]	300[①]

注：① OM1 光纤规定的最小传输距离；
② OM2 光纤规定的最小传输距离；
③ OM3 光纤规定的最小传输距离；
④ 在带宽有限的应用场景下，可能因使用衰减较低的元件面使信道的应用等级（长度）超过规定的数值，但不推荐这种应用方式；
⑤ OM4 光纤规定的最小传输距离。

单模光纤信道应用最大传输距离　　　　　　　　　表 31.2-4

应 用 网 络	波长(nm)	最大信道长度(m)
ISO/IEC 9314-4:FDDI SMF-PM0	1310	2000
ATM at 52Mbit/s	1310	2000
ATM at 155Mbit/s	1310	2000
ATM at 622Mbit/s	1310	2000
ISO/IEC 14165-111:Fibre Channel(FC-PH)at 1062Mbit/s	1310	2000
IEEE 802.3:1000BASE-LX	1310	2000
IEEE 802.3:40GBASE-LR4	1310	2000
IEEE 802.3:100GBASE-LR4	1310	2000
IEEE 802.3:100GBASE-ER4	1310	2000
1 Gbps FC(1.0625 GBd)	1310	2000
2 Gbps FC(2.125 GBd)	1310	2000
4 Gbps FC(4.25 GBd)	1310	2000
8 Gbps FC(8.5 GBd)	1310	2000
10 Gbps/s FC	1310	没有规定
IEEE 802.3:10GBASE-LR/LW	1310	2000
1 Gbps/s FC	1550	2000
2 Gbps/s FC	1550	2000
IEEE 802.3:10GBASE-ER/EW	1550	2000
IEEE 802.3:40GBASE-LR4	1271,1291,1311,1310	2000
IEEE 802.3:100GBASE-LR4	1295,1300,1305,1310	330
IEEE 802.3:100GBASE-ER4	1295,1300,1305,1310	550

31.2.4　建筑物进、出线缆要求

1　建筑物进、出线缆位于进线间，入口的尺寸应满足不少于 3 家电信业务经营者通信业务接入及建筑群布线系统和其他弱电子系统的引入管道管孔容量的需求。

2　在单栋建筑物或由多栋建筑物构成的建筑群体内应设置不少于 1 个进线间。

3　进线间应提供安装综合布线系统及不少于 3 家电信业务经营者入口设施的使用空间及面积。进线间面积不宜小于 $10m^2$。

4 进线间设计应符合以下规定：

1）管道入口位置应与引入管道高度相对应。

2）进线间应防止渗水，宜在室内设置排水地沟并与没有抽排水装置的集水坑相连。

3）进线间应与电信业务经营者的通信机房、建筑物内配线系统设备间、信息网络机房、用户电话交换机房、安防控制室等及垂直弱电竖井之间设置互通的管槽。

4）进线间应采用相应防火级别的外开防火门，门净高不应小于 2m，净宽不应小于 0.9m。

5）进线间一般按 5kW 提出供电要求，设置不少于 2 个单相交流 220V/10A 电源插座盒，每个电源插座的配电线路均应装设保护器。

5 有地下室时：

1）进线间设置位置：贴临建筑外墙，设置在地下一层，与市政接口尽量接近。

2）直埋电缆引入管必须做好防水处理，其埋设深度距室外距离不应小于 0.7m，并应有千分之四防水坡度；除注明外，电缆保护管伸出散水大于 500mm。

外墙进户管示例见图 31.2-5。

6 无地下室时，进线间贴临建筑外墙，设置在首层，与市政接口尽量接近。

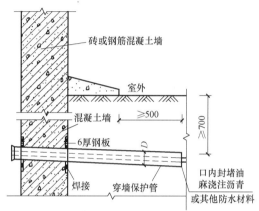

图 31.2-5 外墙进户管

31.3 安防系统平面

31.3.1 安防控制室位置及设备布置（详图）

1 宜设在建筑物一层，可与消防、BAS 等控制室合用或毗邻，如合用，应进行分区，无关管线不能穿越。

2 安防控制室的位置应远离产生粉尘、油烟、有害气体、强震源和强噪声源以及生产或贮存具有腐蚀性、易燃、易爆物品的场所，应避开发生火灾危险程度高的区域和电磁场干扰区域。

3 安防控制室的值守区与设备区宜分隔设置。

4 安防控制室的面积应与安防系统的规模相适应，应有保证值班人员正常工作的相应辅助设施。

5 安防控制室布置图见图 31.3-1。

31.3.2 接入层、汇聚层、核心层机房位置和设备布置

1 接入层设置在电信间，一般位于建筑物每层，用于直接连接终端设备，从末端点位到楼层配线架的信道长度不大于 90m。电信间的使用面积不应小于 5m^2。

2 汇聚层一般位于有建筑群且信息交换量较大、超高层或者建筑面积过大的项目，汇聚相当于一个局部或重要的中转站，一般位于需汇聚的中间层或建筑群中每个单体的地

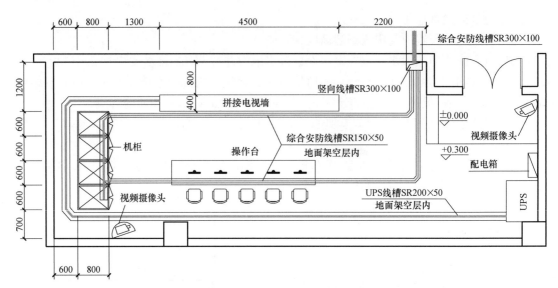

图 31.3-1　安防控制室布置图

下一层。

3　核心层机房一般位于单体建筑或建筑群的中心位置，一般位于首层，核心相当于一个出口或总汇总，对整个项目进行监控。

4　各类机房对土建、暖通、电气专业的要求见本技术措施第 28 章。

31.3.3　末端点位布置要求

1　摄像头的设置原则（监视半径、固定、旋转）：

电梯轿厢：电梯轿厢专用摄像机；

大堂：室内网络快球摄像机配合网络半球摄像机使用；

电梯厅、每部自动扶梯上下端：网络半球摄像机；

各出入口：有吊顶处设置网络半球摄像机，无吊顶处设置网络彩色转黑白枪式摄像机；

走廊：有吊顶处设置网络半球摄像机，无吊顶处设置网络转黑白彩色枪式摄像机；

车库出入口：宽动态彩色转黑白枪式摄像机；

车道：设置网络彩色转黑白枪式摄像机。

2　摄像机根据应用场合选择合适的镜头，根据民用建筑的应用场合，镜头的种类大致可分为：

1）广角镜头：视角在 90°以上，一般用于电梯轿厢、大堂等小视距大广角场所。

2）标准镜头：视角在 30°左右，一般用于走廊及小区周界等场所；

3）长焦镜头：视角在 20°以内，焦距的范围从几十毫米到上百毫米，用于远距离监视；

4）变焦镜头：镜头焦距范围可变，可从广角变到长焦，用于景深大、视角范围广的区域。

3　出入口现场控制器设置：现场控制器一般位于每层弱电井内、该门的内部吊顶上。有时候几个门合用一个现场控制器，尽量设置在几个门的中间位置。

4　入侵报警系统设置（不同传感器的保护半径）：

1）入侵报警探测器种类、适应场所、主要特点、安装要点及适宜的工作环境和条件见表 31.3-1。

探测器安装条件　　　　　　　　　　　　　表 31.3-1

名称	适应场所与安装方式		主要特点	安装设计要点	适宜工作环境和条件
超声波多普勒探测器	室内空间型	吸顶	没有死角且成本低	水平安装,距地宜小于 3.6m	警戒空间要有较好密封性
		壁装		距地 2.2m 左右	
微波多普勒探测器	室内空间型,壁挂式		不受声、光、热的影响	距地 1.5m～2.2m	可在环境噪声较强、光变化、热变化较大的条件下工作
被动红外入侵探测器	室内空间型	吸顶	被动式(多台交叉使用互不干扰),功耗低,可靠性较好	水平安装,距地宜小于 3.6m	日常环境噪声,温度在 15℃ ～ 25℃ 时探测效果最佳
		壁挂		距地 2.2m 左右	
		楼道		距地 2.2m 左右	
		幕帘		在顶棚与立墙拐角处	窗户内窗台较大或与窗户平行的墙角无遮挡
微波和被动红复合入侵探测器	室内空间型	吸顶	误报警少(与被动红外探测器相比);可靠性较好	水平安装,距地宜小于 4.5m	日常环境噪声,温度在 15℃ ～ 25℃ 时探测效果最佳
		壁挂		距地 2.2m 左右	
		楼道		距地 2.2m 左右	
被动式玻璃破碎探测器	室内空间型:有吸顶、壁挂等		被动式;仅对玻璃破碎等高频声响敏感	所要保护的玻璃应在探测器保护范围之内,并应尽量靠近所要保护玻璃附近的墙壁或顶棚	日常环境噪声
振动入侵探测器	室内、室外		被动式	墙壁、顶棚、玻璃;室外地面表层物下面、保护栏网或桩柱,最好与防护对象实现刚性连接	远离振源
主动红外入侵探测器	室内、室外		红外脉冲	红外光路不能有阻挡物	室内周界控制;室外"静态"干燥气候
遮挡式微波入侵探测器	室内、室外周界控制		受气候影响	一般为设备垂直作用高度的一半	无高频电磁场存在场所;收发机间无遮挡物
振动电缆入侵探测器	室内、室外		可与室内外各种实体周界配合使用	在围栏、房屋墙体、围墙内侧或外侧高度的 2/3 处	非嘈杂振动环境
泄漏电缆入侵探测器	室内、室外		可随地形埋设,可埋入墙体	埋入地域应尽量避开金属堆积物	两探测电缆间无活动物体;无高频电磁场存在场所
磁开关入侵探测器	各种门、窗、抽屉等		体积小、可靠性好	舌簧管宜置于固定框上,磁铁置于门窗等的活动部位上	非强磁场存在情况
紧急报警装置	用于可能发生直接威胁生命的场所		利用人工启动发出报警信号	要隐蔽安装,一般安装在紧急情况下人员可靠出发的部位	日常工作环境

2)周界用入侵探测器的选型:

(1)规则的外周界可选用主动式红外入侵探测器、遮挡式微波入侵探测器、振动入侵探测器、振动电缆探测器、泄漏电缆探测器等。

(2)不规则的外周界可选用振动入侵探测器、室外用被动红外探测器、振动电缆探测器、泄漏电缆探测器等。

（3）无围墙/栏的外周界可选用主动式红外入侵探测器、遮挡式微波入侵探测器、泄漏电缆探测器等。

（4）内周界可选用室内用超声波多普勒探测器、被动红外探测器、振动入侵探测器、室内用被动式玻璃破碎探测器、玻璃破碎探测器等。

3）出入口部位用入侵探测器的选型：

（1）外周界出入口可选用主动式红外入侵探测器、遮挡式微波入侵探测器、泄漏电缆探测器等。

（2）建筑物内对人员、车辆等有通行时间界定的正常出入口可选用室内多普勒微波探测器、室内用被动红外探测器、微波和被动红外复合入侵探测器、磁开关入侵探测器等。

（3）建筑物内非正常出入口可选用室内用多普勒微波探测器、室内用被动红外探测器、室内用超声波多普勒探测器、微波和被动红外复合入侵探测器、磁开关入侵探测器、室内用被动式玻璃破碎探测器、振动入侵探测器等。

4）室内用入侵探测器的选型：

（1）室内通道可选用室内用多普勒微波探测器、室内用被动红外探测器、室内用超声波多普勒探测器、微波和被动红外复合入侵探测器等。

（2）室内公共区域可选用室内多普勒微波探测器、室内用被动红外探测器、室内用超声波多普勒探测器、微波和被动红外复合入侵探测器、室内用被动式玻璃破碎探测器、振动入侵探测器、紧急报警装置等。宜设置两种以上不同探测原理的探测器。

（3）室内重要部位可选用室内用多普勒微波探测器、室内用被动红外探测器、室内用超声波多普勒探测器、微波和被动红外复合入侵探测器、磁开关入侵探测器、室内用被动式玻璃破碎探测器、振动入侵探测器、紧急报警装置等。宜设置两种以上不同探测原理的探测器。

5 电子巡查系统的巡查路线、点位设置：

1）无线式：由管理工作站、通信控制器、巡更棒和巡更点组成，巡更点设置在建筑物出入口、楼梯前室、电梯前室、建筑楼内每层走廊尽头及其他需要设置的地方。

2）有线式：利用已经布置的门禁读卡器，并根据巡更路线补充所需要的读卡器，形成合理路线完成巡更工作。

6 无线系统天线设置、功分器设置：无线系统中由中继台输出的天线信号经由耦合器、功分器、馈线将信号送至各层的电信间，然后经室内线槽信号送到地上、地下各楼层待覆盖的区域。耦合器、功分器设置在控制机房及各层电信间。室内天线的布置遵循"小功率，多天线"的原则，保证信号均匀覆盖整个目标建筑物。

耦合器、功分器的安装：

1）应用捆扎带、固定件固定。

2）与该类器件相连的馈线列交叉，在距离接口 300mm 处的快线应固定。

31.3.4 线缆敷设

1 线槽布置（线槽设置原则、线槽位置走向、按比例会制、规格、安装、标注、管线综合）详见本技术措施第 30 章。

2 管线（管材选择、敷设要求、标注、交叉断线）详见本技术措施第 30 章。

32 总　　图

32.1　一般规定

32.1.1　当工程为多个单体建筑时，应有电气总平面图，包括强电总平面图和智能化总平面图，宜分别控制。

32.1.2　路由规划应力求距离最短，避免返送。

32.1.3　应考虑机电管线的综合走向，避免交叉过多。

32.2　图纸表达深度

32.2.1　标注建筑物、构筑物名称或编号，用户的安装容量。

32.2.2　所有强弱电市政接口、室外红线内路由，进建筑物管线需标注其管线与建筑物轴线关系尺寸。

32.2.3　标注变、配电站位置、编号；变压器台数、容量；发电机台数、容量；室外配电箱的编号、型号；室外照明灯具的规格、型号、容量。

32.2.4　标注智能化机房位置、编号；室外监控设备、扩声设备的规格、型号。

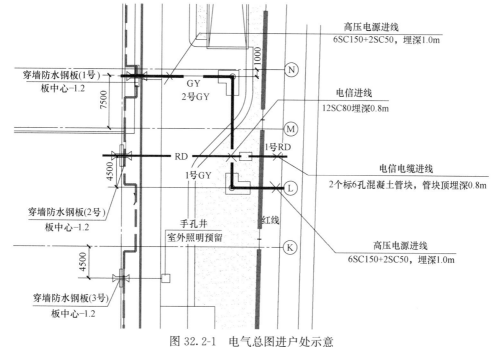

图 32.2-1　电气总图进户处示意

32.2.5　线缆布线应标注：线路走向、回路编号、敷设方式、人（手）孔型号（可以编号列表）、位置。总图局部示意图见图 32.2-1、图 32.2-2。

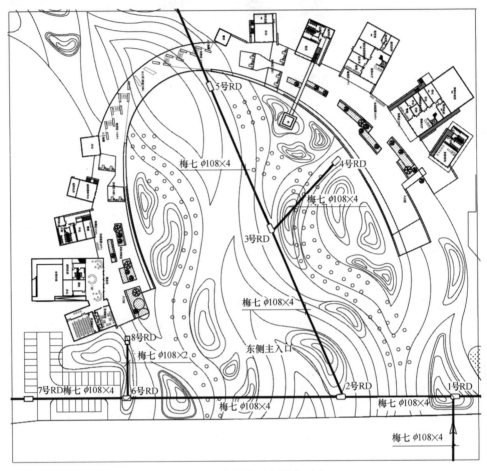

图 32.2-2　智能化总图局部示意

32.3　线路敷设原则

32.3.1　直埋敷设

1　沿同一路由敷设的电力电缆根数小于 8 根时，可采用直埋敷设电缆，直埋敷设应优先选择绿化范围内。

2　直埋敷设电缆严禁位于地下管道的正上方或正下方，避开有酸、碱化学强腐蚀或杂散电流电化学腐蚀严重影响地段。

3　直埋敷设于非冻土地区时，电缆埋置深度应满足电缆外皮至地下构筑物基础不得小于 0.3m、至地面深度不得小于 0.7m；当位于行车道或耕地下时，应适当加深，且不宜小于 1.0m。

4　直埋敷设于冻土地区时，宜埋入冻土层以下，当无法深埋时可埋设在土壤排水性好的干燥冻土层或回填土中，也可采取其他防止电缆受到损伤的措施。

5 电缆经过振动和承受压力下的各地段应穿保护管，保护管内径不应小于电缆外径的 1.5 倍，转弯时路由应满足电缆最小允许转弯半径。

6 直埋电缆转弯、电缆接头和直线段间隔每 100m 均应做明显的方向标识。

32.3.2 穿管敷设

1 室外线缆根据环境条件可选择金属管、塑料管（块）、混凝土管（块）。

2 沿同一路由敷设的电力电缆根数小于 12 根时，可采用排管敷设电缆。

3 每根管宜穿一根地电缆，保护管内径不应小于电缆外径的 1.5 倍。

4 地中埋管管路顶部覆土层厚度不宜小于 0.5m；与铁路交叉处距路基不宜小于 1.0m；距排水沟底不宜小于 0.3m。

5 使用排管时管孔数宜按发展预留适当备用；管路应置于经整平夯实土层且有足以保持连续平直的垫块上；纵向排水坡度不宜小于 0.2%。管路坡度较大且需防止线路滑落的必要加强固定处。

6 线路在转角、分支、变标高或改变敷设方式时应设置电缆人孔（手孔）井，在直线段间距不大于 100m 设置适当的电缆人孔（手孔）井。

7 管线入户前应设置电缆井或手孔井，电缆井或手孔井宜临近建筑外墙 3m 左右，当无法满足时不宜超过 10m。

8 管线敷设示意见图 32.3-1。

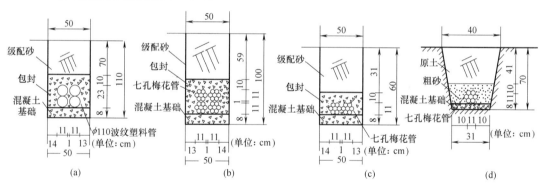

图 32.3-1 智能化管线敷设示意

（a）4 孔管道包封断面图；（b）2+2 管道包封断面图；（c）2 孔管道包封断面图；（d）1 孔管道包封断面图

32.3.3 电缆沟

1 当同一路由电缆超过 12 少于 20 根，可采用电缆沟敷设。

2 电缆沟尺寸、材质及支架、梯架、托盘间距应满足现行国家标准《电力工程电缆设计标准》GB 50217 的相关规定。

3 电缆沟沟壁宜高出地坪 100mm，当考虑排水时，可采用电缆沟盖板低于地坪 300mm 上面铺细土或沙。

4 电缆沟应考虑纵向排水，宜沿排水方向设置集水井及泄水系统，并可根据需要设置机械排水。

5 电缆沟底部低于地下水位时或与工业水管沟平行临近时，应加强电缆沟及电缆进出的防水处理；靠近带油设备附近的电缆沟盖板应密封。

32.3.4 电缆隧道敷设

1 当同一路由电缆超过 20 根时，可采用电缆隧道敷设。

2 电缆隧道尺寸、工作井、材质及设置、支架、梯架、托盘间距应满足现行国家标准《电力工程电缆设计标准》GB 50217 的相关规定。

3 设有火灾自动报警系统并与联动机械通风联动的电缆隧道，应考虑其系统管线的接入。

32.3.5 综合管廊敷设

1 当建于城市地下用于容纳两类及以上工程的管线可采用综合管廊敷设。

2 综合管廊内电力电缆和通信电缆的材质及支架、梯架、托盘间距均应满足现行国家标准《城市综合管廊工程技术规范》GB 50838 的相关规定。

3 综合管廊进出线还应考虑管廊内的用电设备配电管线、智能化各系统的监控管线的预留。

4 电气管线进出综合管廊的部位，要做好防水措施，并需采取防止差异沉降的措施。

5 综合管廊应设置接地系统，当设置室外接地极时，应注意接地极与周边环境的配合，要具有增设接地极的空间。

32.3.6 水下敷设

1 水下电缆不得悬空于水中，应埋置于水底。在通航水道等需防范外部机械力损伤的水域，电缆应埋置于水底适当深度的沟槽中，并应加以稳固覆盖保护；浅水区埋深不宜小于 0.5m，深水航道的埋深不宜小于 2m。

2 水下电缆严禁交叉、重叠。主航道内，电缆间距不宜小于平均最大水深的 1.2 倍。引至岸边间距可适当缩小。在非通航的流速未超过 1m/s 的小河中，同回路单芯电缆间距不得小于 0.5m，不同回路电缆间距不得小于 5m。

3 水下的电缆与工业管道之间的水平距离，不宜小于 50m；受条件限制时，不得小于 15m。

4 水下电缆引至岸上的区段，岸边稳定时，应采用保护管、沟槽敷设电缆，必要时可设置工作井连接，管沟下端宜置于最低水位下不小于 1m 处。岸边未稳定时，宜采取迂回形式敷设以预留适当备用长度的电缆。

5 水下电缆的两岸，应设置醒目的警告标志。

32.3.7 其他公用设施中敷设

1 电缆不得明敷在通行的路面上。

2 桥梁上的电缆应采取防止振动措施，桥墩两端和伸缩缝处，电缆应充分松弛。当桥梁中有挠角部位时，宜设置电缆迂回补偿装置。经常受到振动的直线敷设电缆，应设置橡皮、砂袋等弹性衬垫。

32.4 其他（专业间配合等）

32.4.1 电缆在室外敷设要注意密切与其他专业配合，进出建筑物管线位置尽量与其他专业避开，敷设路由及标高应严格按照经总图专业综合后的位置及标高执行。

32.4.2 电缆沟、电缆隧道的建设规则应与土建专业配合，提出电气专业的相应使用要求并进行专业复核。

32.4.3 需要设置排水及通风的位置，及时提出电气专业的相应使用要求并进行专业复核。

32.4.4 综合管廊的管线布置应符合要做好与建筑、管道进出口的防水处理。注意配合内部设置的配电系统和监控系统的进出口管线预留。

32.4.5 电缆沟底与工业水管沟交叉敷设时，宜位于其上方。

附录 A IEC 法短路电流

A.0.1 短路电流计算主要公式汇总见表 A.0-1～表 A.0-3。

三相短路电流计算公式   表 A.0-1

短路电流类别	初始值	短路电流类别	初始值
初始值	$I''_k = \dfrac{cU_n}{\sqrt{3}\, Z_k}$	远端短路开端电流	$I_b = I''_k$
峰值	$i_p = k\sqrt{2}\, I''_k$	稳态短路电流	$I_{kmax} = \lambda_{max} I_{NG}$
热等效	$I_{th} = I''_k \sqrt{m+n}$	两相短路	$I''_{k2} = \dfrac{\sqrt{3}}{2} I''_k$
直流分量	$i_{d.c} = \sqrt{2}\, I''_k e^{-2\pi f t R/X}$	单相接地短路	$I''_{k1} = \dfrac{\sqrt{3}\, cU_n}{Z_{(1)} + Z_{(2)} + Z_{(0)}}$

注：1 计算 220V/380V 网络三相短路电流时，计算电压 cU_n 取电压系数 c 为 1.05，计算单相接地故障电流时，c 取 1.0。

   2 Z_k 为短路回路内所有阻抗之和，除本技术措施第 7.3.4 节所述的网络阻抗、变压器阻抗、线路阻抗外，可能还包含其他阻抗，如电抗器阻抗、同步电机阻抗、异步电机阻抗等。

   3 TN 接地系统低压网络的相保阻抗和各相序阻抗的关系为：

$$Z_{php} = \frac{Z_{(1)} + Z_{(2)} + Z_{(0)}}{3}$$

   4. k 值的选取详见《工业与民用供配电设计手册（第四版）》4.3.3.1 节。

   5. m，n 值的选取详见《工业与民用供配电设计手册（第四版）》4.3.8 节。

   6. λ_{max} 值的选取详见《工业与民用供配电设计手册（第四版）》4.3.6 节。

两相短路电流计算公式   表 A.0-2

短路电流类别	初始值
初始值	$I''_{k2} = \dfrac{\sqrt{3}}{2} I''_k$
峰值	$i_{p2} = k\sqrt{2}\, I''_{k2}$

注：k 值的选取详见配四 4.3.3.1 节。

单相接地短路电流计算公式   表 A.0-3

短路电流类别	初始值
初始值	$I''_{k1} = \dfrac{\sqrt{3}\, cU_n}{Z_{(1)} + Z_{(2)} + Z_{(0)}}$
峰值	$i_{p1} = k\sqrt{2}\, I''_{k1}$

注：k 值的选取详见配四 4.3.3.1 节。

A.0.2 等效电压源的电压系数 c

IEC 法采用等效电压源法，考虑了各种不利因素，引入各相关系数。短路点用等效电压源 $cU_n/\sqrt{3}$ 代替，c 为等效电压源的电压系数，其取值见表 A.0-4。

A.0.3 常用电气设备短路阻抗确定

电气设备短路阻抗计算是短路电流计算的关键，主要包括：馈电网络阻抗、变压器阻抗、线路阻抗等。

1）馈电网络阻抗

电压系数取值　　　　　　　　　　　　　　　　表 A. 0-4

标称电压 U_n	电压系数	
	c_{max} [1]	c_{min}
低压 100V≤U_n≤1000V	1.05 [2] 1.10 [3]	0.95
高压 1kV<U_n≤35kV	1.10	1

① $c_{max} U_n$ 不宜超过电力系统设备的最高电压 U_m。
② 1.05 应用于允许电压偏差为 +6% 的系统，如 380V。
③ 1.10 应用于允许电压偏差为 +10% 的低压系统。

三相短路电流计算见图 A.0-1。

$$Z_Q = \frac{c U_{nQ}}{\sqrt{3} I''_{kQ}} \qquad (A.0\text{-}1)$$

式中　Z_Q——Q 点的网络阻抗，Ω；

　　　U_{nQ}——Q 点系统标称电压，kV；

　　　I''_{kQ}——流过 Q 点的对称短路电流初始值，kA；

　　　c——电压系数。

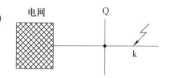

图 A.0-1　无变压器馈
电网络示意图

如果 R_Q/X_Q 已知，则 X_Q 按照下式计算：

$$X_Q = \frac{Z_Q}{\sqrt{1 + \left(\frac{R_Q}{X_Q}\right)^2}} \qquad (A.0\text{-}2)$$

式中　Z_Q——Q 点的网络阻抗，Ω；

　　　R_Q——Q 点的网络电阻，Ω；

　　　X_Q——Q 点的网络电抗，Ω。

若已知节点 Q 的对称短路容量初始值 S''_{kQ}，则有

$$Z_Q = \frac{(c U_{nQ})^2}{S''_{kQ}} \qquad (A.0\text{-}3)$$

当电网电压在 35kV 以上时，网络阻抗可视为纯电抗。计算中若计及电阻但具体数值不知，可按 $R_Q = 0.1 X_Q$ 和 $X_Q = 0.995 Z_Q$ 计算。

I''_{kQ} 或 S''_{kQ} 应由供电公司提供。

如果电网经过变压器向短路点馈电，如图 A.0-2 所示，则 Q 点的正序网络阻抗归算到变压器低压侧的值 Z_{Qt} 可由下式确定：

$$Z_{Qt} = \frac{c U_{nQ}}{\sqrt{3} I''_{kQ}} \frac{1}{t_N^2} \qquad (A.0\text{-}4)$$

或

$$Z_{Qt} = \frac{(c U_{nQ})^2}{s''_{kQ}} \frac{1}{t_N^2} \qquad (A.0\text{-}5)$$

图 A.0-2　带变压器馈电网络示意图

式中　t_N——分接开关在主分接位置时的变压器额定变比。

2）变压器阻抗

双绕组变压器的正序短路阻抗按下式计算：

$$Z_T = \frac{u_{kN}}{100\%} \frac{U_{NT}^2}{S_{NT}} \qquad (A.0\text{-}6)$$

$$R_{\mathrm{T}}=\frac{u_{\mathrm{RN}}}{100\%}\frac{U_{\mathrm{NT}}^2}{S_{\mathrm{NT}}}=\frac{P_{\mathrm{kNT}}}{3I_{\mathrm{NT}}^2} \qquad (\mathrm{A.0\text{-}7})$$

$$X_{\mathrm{T}}=\sqrt{Z_{\mathrm{T}}^2-R_{\mathrm{T}}^2} \qquad (\mathrm{A.0\text{-}8})$$

$$u_{\mathrm{RN}}=\frac{P_{\mathrm{kNT}}}{s_{\mathrm{NT}}}\times100\% \qquad (\mathrm{A.0\text{-}9})$$

式中　Z_{T}——双绕组变压器的正序短路阻抗，Ω；

$\quad U_{\mathrm{NT}}$——变压器高压侧或低压侧的额定电压，kV；

$\quad I_{\mathrm{NT}}$——变压器高压侧或低压侧的额定电流，kA；

$\quad S_{\mathrm{NT}}$——变压器的额定容量，MVA；

$\quad P_{\mathrm{kNT}}$——变压器负载损耗，kW；

$\quad u_{\mathrm{kN}}$——额定阻抗电压百分数，其值由变压器设备厂家提供；

$\quad u_{\mathrm{RN}}$——额定电阻电压分量百分数。

u_{RN} 能够根据变压器流过额定电流时 I_{NT} 时的绕组总损耗 P_{kNT} 和额定容量 S_{NT} 计算得到。

$R_{\mathrm{T}}/X_{\mathrm{T}}$ 通常随着变压器容量的增大而减小。计算大容量变压器短路阻抗时，可略去绕组中的电阻，只计电抗，只是在计算短路电流峰值或非周期分量时才计及电阻。

计算 $Z_{\mathrm{T}}=R_{\mathrm{T}}+jX_{\mathrm{T}}=Z_{(1)}=Z_{(2)}$ 所必需的数据，可从设备铭牌值获得。零序短路阻抗 $Z_{(0)\mathrm{T}}=R_{(0)\mathrm{T}}+jX_{(0)\mathrm{T}}$ 可从铭牌值或设备制造厂得到。

3）线路阻抗

高、低压电缆的正序和零序阻抗大小与制造工艺水平和标准有关，相关数值计算较为烦琐复杂，精确计算可参见《工业与民用供配电设计手册（第四版）》第 4.2.3.2 节，也可以根据电缆选型直接查该小节内不同电缆电气参数表格。

A.0.4　短路电流计算书模板

单相短路电流计算见图 A.0-3 和表 A.0-5、表 A.0-6。

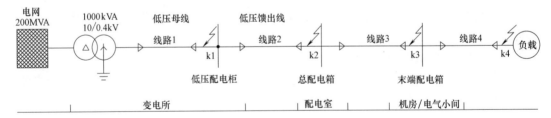

图 A.0-3　短路电流计算等效电路图

设备参数　　　　　　　　　　　　　　　　　　　　　　　　　　　表 A.0-5

设备	设备数据	$Z_{(1)}=Z_{(2)}(\mathrm{m\Omega})$	$Z_{(0)}(\mathrm{m\Omega})$
馈电网络	S_{S}	Z_{Q}	—
变压器	$S_{\mathrm{rT}};u_{\mathrm{kr}};U_{\mathrm{rTHV}};U_{\mathrm{rTLV}};P_{\mathrm{krT}};$ $R_{(0)\mathrm{T}}/R_{\mathrm{T}};X_{(0)\mathrm{T}}/X_{\mathrm{T}}$	Z_{T}	$Z_{(0)\mathrm{T}}$
线路 1	型号规格，长度	Z_{L1}	$Z_{(0)\mathrm{L1}}$
线路 2	型号规格，长度	Z_{L2}	$Z_{(0)\mathrm{L2}}$
线路 3	型号规格，长度	Z_{L3}	$Z_{(0)\mathrm{L3}}$

短路电流计算

表 A. 0-6

电流名称		三相短路电流(kA)	单相接地短路电流(kA)	阻抗比	峰值系数	冲击电流(kA)
计算式		$I_k''=\dfrac{cU_n}{\sqrt{3}\,Z_k}$	$I_{k1}''=\dfrac{\sqrt{3}\,cU_n}{Z_{(1)}+Z_{(2)}+Z_{(0)}}$	$\dfrac{X_k}{R_k}$	K	$i_p=k\sqrt{2}\,I_k''$
短路点	K1					
	K2					
	K3					
	K4					

注：1 计算过程中，电缆、母线等阻抗数据可参考《工业与民用配电设计手册（第四版）》。

2 计算 K1 处短路电流，确定低压配电柜中断路器的短路分段能力，并校验线路 2 的热稳定（选负荷最小电缆最小者进行校验）；

3 计算 K2 处短路电流，确定总配电箱中断路器的短路分段能力；

4 计算 K3 处短路电流，确定末端配电箱中断路器的短路分段能力；

5 计算 K4 处单相接地短路电流，校验末端短路时断路器的动作灵敏性。

附录 B　动热稳定校验

B.0.1　高压电器或开关设备动稳定校验

1　动稳定实用计算法校验要求

短路电流使用计算法中校验高压电器及开关设备的动稳定，应同时满足下面条件：

1）高压电器或开关设备安装处的短路电流峰值不应大于给定的额定峰值耐受电流，即

$$i_p \leqslant I_p \tag{B.0-1}$$

式中　i_p——三相短路冲击电流（三相短路峰值电流），kA；

I_p——高压电器或开关设备的额定峰值耐受电流（额定动稳定电流 I_{dyn} 或额定机械短路电流 I_{MCSr}），kA，由供货商样本查得。

高压电器或开关设备的额定峰值耐受电流是在规定使用和性能条件下，高压电器或开关设备在合闸位置能够承载的额定短时耐受电流第一个大半波的电流峰值。

2）短路电流在高压电器或开关设备接线端子上产生的作用力，不应大于接线端子允许静态拉力额定值，即

$$F_{k3} \leqslant F_{th} \text{ 或 } F_{tv} \tag{B.0-2}$$

式中　F_{k3}——短路时端子上的作用力，N；

F_{th}——设备接线端子允许的静态水平力，N，见表 B.0-1；

F_{tv}——设备接线端子允许的静态垂直力，N，见表 B.0-1。

高压交流断路器、隔离开关和接地开关接线端子允许的机械荷载　　表 B.0-1

额定电压(kV)	额定电流(A)	水平拉力 F_{th}(N)		垂直力 F_{tv}(N)
		纵向	横向	
12		500	250	300
40.5～72.5	≤1250	500 (750)	400	500
	≥1600	750	500	750

2　电磁力的实用计算方法

由于在短路发生时，三相短路峰值电流最大，故只需研究三相短路时的最大作用力。

1）不考虑机械共振条件时，当三相短路电流通过在同一平面的三相导体时，中间相所处情况最严重，其最大作用力 F_{k3} 为：

$$F_{k3} = 0.173 K_x i_p^2 \frac{l}{D} \tag{B.0-3}$$

式中　F_{k3}——三相短路时中间相导体的最大作用力，N；

K_x——矩形截面导体的形状系数（《工业与民用供配电设计手册（第四版）》图 5.5-16 查得）；

i_p——三相短路冲击电流（三相短路峰值电流），kA；

l——平行导体长度，m；

D——平行导体中心线之间的距离，m。

2）考虑机械共振条件时，为了避免短路时电动力的工频和 2 倍工频交流分量与导体的自振频率相近而引起共振的危险，对重要母线应使导体的自振频率 f_m（对单频振动系统）限制在下列共振频率范围之外：对单根的导体为 $35Hz \sim 135Hz$；对多根子导体组成的主导体及带有引下线的单根导体为 $35Hz \sim 155Hz$。

如不在此范围内，则必须考虑机械共振自振频率的影响。其最大作用力 F_{k3} 为：

$$F_{k3} = 0.173 K_x \beta i_p^2 \frac{l}{D} \qquad (\text{B.0-4})$$

式中　F_{k3}——三相短路时中间相导体的最大作用力，N；

$\quad K_x$——矩形截面导体的形状系数（《工业与民用供配电设计手册（第四版）》图 5.5-16 查得）；

$\quad \beta$——振动系数，在单频振动系统中，β 可根据导体的固有频率 f_0（《工业与民用供配电设计手册（第四版）》式（5.5.70）求得）由《工业与民用供配电设计手册（第四版）》图 5.5-17 查得；

$\quad i_p$——三相短路冲击电流（三相短路峰值电流），kA；

$\quad l$——平行导体长度，m；

$\quad D$——平行导体中心线之间的距离，m。

B.0.2　硬导体的动稳定校验

1　应力的实用计算法校验要求

短路电流使用计算法中校验硬导体的动稳定，应满足下面条件：

1）单片矩形导体，短路时单片硬导体的最大应力不应大于硬导体最大允许应力，即

$$\sigma_{cm} \leqslant \sigma_y \qquad (\text{B.0-5})$$

式中　σ_{cm}——短路时单片硬导体的最大应力，Pa；

$\quad \sigma_y$——硬导体最大允许应力，Pa，由导体的材料给出，见表 B.0-2。

硬导体最大允许应力　　　　　　　　　　　　表 B.0-2

项目	铜/硬铜	铝及铝合金						
		1060 H112	1R35 H112	1035 H112	3A21 H18	6061 T6	6063 T6	6R05 T6
最大允许应力 σ_y（MPa）	120/170	30	30	35	100	115	120	125

2）多片矩形导体，短路时多片硬导体的总应力不应大于硬导体最大允许应力，即

$$\sigma \leqslant \sigma_y \qquad (\text{B.0-6})$$

$$\sigma = \sigma_{x\text{-}x} + \sigma_c \qquad (\text{B.0-7})$$

式中　σ——短路时多片硬导体的总应力，Pa。

$\quad \sigma_{x\text{-}x}$——多片矩形导体相间作用力的应力，Pa，计算公式同单片矩形导体；

$\quad \sigma_c$——同相的多片矩形导体之间作用力的应力，Pa。

2　应力的实用计算方法

1）不考虑机械共振时，并当跨数大于 2 时，短路电流通过单片矩形硬导体的应力 σ_c 为：

$$\sigma_c = 1.73 K_x i_p^2 \frac{l^2}{DW} \times 10^{-2} \qquad (\text{B.0-8})$$

式中 σ_c——导体的应力，Pa；

      K_x——矩形截面导体的形状系数（《工业与民用供配电设计手册（第四版）》图 5.5-16 查得）；

      i_p——三相短路冲击电流（三相短路峰值电流），kA；

      l——平行导体长度，m；

      D——平行导体中心线之间的距离，m；

      W——导体截面系数，由《工业与民用供配电设计手册（第四版）》表 5.5-10 查得，m^3。

2）考虑机械共振时，导体的应力与导体的自振频率和系统频率有关，当两个频率接近时，应力将被放大。对于振动系数 β，当导体的自振频率 f_m 能限制在 $35Hz \sim 135Hz$ 之外时，$\beta \approx 1$，当导体的自振频率无法限制在上述共振频率范围之外时，导体受力应乘以振动系数 β。

当跨数大于 2 时，短路电流通过单片矩形硬导体的应力 σ_c 为：

$$\sigma_c = 1.73 K_x i_p^2 \beta \frac{l^2}{DW} \times 10^{-2} \tag{B. 0-9}$$

式中 σ_c——考虑自振频率影响时导体的应力，Pa；

      K_x——矩形截面导体的形状系数（《工业与民用供配电设计手册（第四版）》图 5.5-16 查得）；

      i_p——三相短路冲击电流（三相短路峰值电流），kA；

      β——振动系数，在单频振动系统中，β 可根据导体的固有频率 f_0（《工业与民用供配电设计手册（第四版）》式（5.5.70）求得）由《工业与民用供配电设计手册（第四版）》图 5.5-17 查得；

      l——平行导体长度，m；

      D——平行导体中心线之间的距离，m；

      W——导体截面系数，由配四表 5.5-10 查得，m^3。

B. 0.3 高压电器、开关设备及导体的短时热稳定校验

1 热稳定的实用法校验要求

1）高压电器和开关设备的校验要求

高压电器或开关设备能耐受短路电流流过时间内产生的热效应而不致损坏，则认为该高压电器或开关设备是满足短路电流热稳定的要求，校验时应满足下式：

$$Q_t \leqslant I_{th}^2 t_{th} \tag{B. 0-10}$$

式中 Q_t——短路电流产生的热效应，kA；

      I_{th}——高压电器及开关设备的额定短时耐受电流均方根值，kA；

      t_{th}——高压电器及开关设备的额定短时耐受时间，s。

2）裸导体、硬导体的校验要求

裸导体、硬导体能耐受短路电流流过时间内产生的热效应而不致损坏，则认为该裸导体、硬导体是满足短路电流热稳定的要求，校验时应满足下式：

$$S_{min} \geqslant \frac{\sqrt{Q_t}}{C} \times 10^3 \tag{B. 0-11}$$

式中 S_{min}——裸导体、硬导体满足热稳定所需的最小截面积，mm^2；

$\quad\quad Q_t$——短路电流产生的热效应，$kA^2 \cdot s$；

$\quad\quad C$——导体的热稳定系数，见表 B.0-3。

不同的工作温度、不同材料的热稳定系数 C 　　表 B.0-3

工作温度(℃)	50	55	60	65	70	75	80	85	90	95	100	105
硬铝、铝镁合金	95	93	91	89	87	85	83	81	79	77	75	73
硬铜	181	179	176	174	171	169	166	164	161	159	157	155

3）电缆的校验要求

电缆能耐受短路电流流过时间内产生的热效应而不致损坏，则认为该电缆是满足短路电流热稳定的要求，校验时应满足下式：

$$S_{min} \geqslant \frac{\sqrt{Q_t}}{C} \times 10^5 \quad\quad (B.0-12)$$

式中 S_{min}——电缆满足热稳定所需的最小截面积，mm^2；

$\quad\quad Q_t$——短路电流产生的热效应，$kA^2 \cdot s$；

$\quad\quad C$——导体的热稳定系数，见表 B.0-4。

电缆长期允许工作温度和短路时允许最高温度及的热稳定系数 C 　　表 B.0-4

电缆种类和材料			导体长期允许工作温度(℃)	短路时导体允许最高温度(℃)	C 值
10kV 架空绝缘电缆	铜芯	高密度聚乙烯绝缘	75	150	100×10^2
		交联聚乙烯绝缘	90	250	137×10^2
	铝芯	高密度聚乙烯绝缘	75	150	66×10^2
		交联聚乙烯绝缘	90	250	90×10^2
1～3kV 聚氯乙烯绝缘电缆	铜芯：≤300mm²		70	160	115×10^2
	铝芯：≤300mm²		70	160	72×10^2
≤110kV 交联聚乙烯绝缘电缆	铜芯：≤300mm²		90	250	137×10^2
	铝芯：≤300mm²		90	250	90×10^2

2 短路电流热效应 Q_t 的计算

短路电流在高压电器及开关设备和导体中引起的热效应，即

$$Q_t = \int_0^t I_{kt}^2 dt + \int_0^t i_{DC}^2 e^{-2t/T_a} dt = Q_z + Q_f \quad\quad (B.0-13)$$

$$Q_z = \int_0^t I_{kt}^2 dt = \frac{(I_{kt}''^2 + 10I_{kt/2}^2 + I_{kt}^2)t}{12} \qu\quad (B.0-14)$$

$$Q_f = \int_0^t i_{DC}^2 e^{-2t/T_a} dt = T_{eq} I_k''^2 \qu\quad (B.0-15)$$

式中 Q_t——短路电流在导体和电器中引起的热效应，$kA^2 \cdot s$；

$\quad\quad Q_Z$——短路电流交流分量引起的热效应，$kA^2 \cdot s$；

$\quad\quad Q_f$——短路电流直流分量引起的热效应，$kA^2 \cdot s$；

$\quad\quad I_{kt}$——短路时间 t 时的短路电流交流分量均方根值，kA；

$\quad\quad i_{DC}$——短路电流直流分量，kA；

T_a——衰减时间常数；

t——短路电流持续时间，s；

I''_k——短路电流交流分量初始均方根值，kA；

$I_{kt/2}$——短路电流在 $t/2$ 时的交流分量均方根值，kA；

T_{eq}——直流分量等效时间，s；为简化计算可从表 B.0-5 查得。

直流分量等效时间　　　　　　　　　　　　　　　　表 B.0-5

短路点	T_{eq}(s)	
	$t \leqslant 0.1$	$t > 0.1$
发电机出口及母线	0.15	0.2
发电机升压变压器高压侧及出线发电机电抗器后	0.08	0.1
变电站各级电压母线及出线	0.05	

无汽轮发电机和水轮发电机的配电网络中，电力系统都为远端短路，短路电流交流分量引起的热效应 Q_Z 可简化，即

$$Q_z = I''^2_k \cdot t \tag{B.0-16}$$

3　短路电流的持续时间

1) 校验高压开关设备短路电流热效应时，短路电流持续时间可按下式计算：

$$t = t_b + t_{fd} = t_b + t_{gu} + t_{hu} \tag{B.0-17}$$

式中　t——短路电流持续时间，s；

t_b——主保护装置动作时间，s；

t_{fd}——断路器开断时间（全分闸时间），s；

t_{gu}——断路器固有分闸时间，s；

t_{hu}——断路器燃弧持续时间，s。

主保护装置动作时间 t_b 应为该保护装置的启动机构、延时机构和执行机构动作时间的总和。断路器的固有分闸时间 t_{gu}，可由供货商产品样本查得。当真空断路器或 SF_6 断路器开断额定容量时，断路器燃弧持续时间 t_{hu} 可取 0.01s～0.02s。

当主保护装置为速动时（无延时保护），短路电流持续时间 t 可取表 B.0-6 的数据。当继电保护有延时，则按表中数据加上相应的延时整定时间。

校验热稳定的短路电流持续时间　　　　　　　　　　表 B.0-6

断路器开断速度	断路器开断时间 t_{fd}(s)	短路电流最小持续时间 t_{min}(s)
高速	<0.08	0.1
中速	0.08～0.12	0.15
低速	>0.12	0.2

2) 校验导体的热稳定时，短路电流持续时间宜采用主保护动作时间 t_b 与相应断路器的开断时间 t_{fd} 之和，当主保护有死区时应采用对该死区起作用的后备保护动作时间，并采用相应的短路电流（后备保护时间一般为几十毫秒）。

3) 校验电缆的热稳定时，对电动机馈线的电缆宜采用主保护动作时间 t_b 与断路器开断时间 t_{fd} 之和，对其他电缆宜采用后备保护动作时间与断路器开断时间 t_{fd} 之和（后备保护时间一般为几十毫秒），见表 B.0-7、表 B.0-8。

35kV 以下工作温度 90℃的硬铜母线热稳定允许的最小截面积　　表 B. 0-7

I''_k(kA)	主保护装置动作时间t_b(s)	低速断路器开断时间t_{fd}(s)	C	S_{min}(mm²)	母线尺寸 $h \times b$(mm²)
10	0.2/0.4	0.15	161	36.7/46.1	40×4
16	0.2/0.4	0.15	161	58.8/73.7	40×4
20	0.2/0.4	0.15	161	73.5/92.1	40×4
25	0.2/0.4	0.15	161	91.9/115.2	40×4
31.5	0.2/0.4	0.15	161	115.7/145	40×4

注：1　表中主保护动作时间 t_b(s) 为北京市电力公司的一般规定。
　　2　依据《城市配电网规划设计规范》GB 50613—2010 表 5.7.2，城市配电网 35kV 以下短路电流 I''_k 不超过 31.5kA。

35kV 及以下工作温度 90℃的铜芯交联聚乙烯绝缘电缆热稳定允许最小截面积

表 B. 0-8

I''_k(kA)	主保护装置动作时间t_b(s)	低速断路器开断时间t_{fd}(s)	C	S_{min}(mm²)	电缆截面(mm²)
10	0.2/0.4	0.15	13700	43.2/54.1	50/70
16	0.2/0.4	0.15	13700	69.1/86.6	70/95
20	0.2/0.4	0.15	13700	86.4/108.3	95/120
25	0.2/0.4	0.15	13700	108/135.3	120/150
31.5	0.2/0.4	0.15	13700	136/170.5	150/185

注：1　表中主保护动作时间 t_b(s) 为北京市电力公司的一般规定。
　　2　依据《城市配电网规划设计规范》GB 50613—2010 表 5.7.2，城市配电网 35kV 以下短路电流 I''_k 不超过 31.5kA。

B. 0. 4　低压配电导体的短时热稳定校验

低压配电导体能耐受短路电流流过时间内产生的热效应而不致损坏，则认为该低压配电导体是满足短路电流热稳定的要求。与低压配电线路的短路保护一致，故详见本技术措施附录 C 第 C.0.2 条。

附录 C　低压配电线路的保护

C.0.1　过负荷保护

1　一般要求

1) 保护电器应在流经回路导体的过负荷电流引起导体的温升对绝缘、接头、端子和导体周围的物质造成损害之前，分断该过负荷电流。

2) 由于过负荷导致突然断电，引起严重后果的线路，如消防水泵等，其过负荷保护应作用于信号，而不应切断电源。

2　导体与过负荷保护电器之间的配合

1) 过负荷保护电器的动作特性应满足以下两个条件：

$$I_C \leqslant I_N \leqslant I_Z \tag{C.0-1}$$

$$I_2 \leqslant 1.45 I_Z \tag{C.0-2}$$

式中　I_C——回路计算电流，A；

　　　I_Z——导体允许持续载流量，A；

　　　I_N——熔断体额定电流或断路器额定电流或整定电流，A；

　　　I_2——保证保护电器可靠动作的电流，A，当保护电器为断路器时，I_2 为约定时间内的约定动作电流；当保护电器为熔断器时，I_2 为熔断体约定时间内的约定熔断电流，I_2 由产品标准规定或由制造厂给出。

2) 采用断路器保护时，约定动作电流 I_2 为 $1.3 I_{set1}$，只要满足 $I_{set1} \leqslant I_Z$，就满足 $I_2 \leqslant 1.45 I_Z$，即要求满足下式：

$$I_C \leqslant I_{set1} \leqslant I_Z \tag{C.0-3}$$

式中　I_C——回路计算电流，A；

　　　I_Z——导体允许持续载流量，A；

　　　I_{set1}——长延时过电流脱扣器整定电流，A。

3) 采用熔断器保护时，约定熔断电流 $I_2 = I_N \times k$，其中 I_N 为熔断体的额定电流，k 为约定熔断倍数，即要求满足下式：

$$I_C \leqslant I_N \leqslant \frac{1.45}{k} \times I_Z \tag{C.0-4}$$

"gG" 熔断器作过负荷保护时熔断体额定电流 I_N 与导体截流量 I_2 的关系见表 C.0-1。

"gG" 熔断器作过负荷保护时熔断体额定电流 I_N 与导体载流量 I_Z 的关系　　表 C.0-1

额定电流 I_N(A)	约定时间(h)	约定熔断倍数 k	I_N 与 I_Z 的关系
$I_N < 4$	1	2.1	$I_N \leqslant 0.69 I_Z$
$4 \leqslant I_N < 16$	1	1.9	$I_N \leqslant 0.76 I_Z$
$16 \leqslant I_N \leqslant 63$	1	1.6	$I_N \leqslant 0.9 I_Z$
$63 \leqslant I_N < 160$	2	1.6	$I_N \leqslant 0.9 I_Z$
$160 \leqslant I_N < 400$	3	1.6	$I_N \leqslant 0.9 I_Z$
$400 < I_N$	4	1.0	$I_N \leqslant 0.9 I_Z$

C. 0. 2 短路保护

1 短路保护电器的特性

保护电器应在短路电流对导体及连接处产生的热效应和机械力造成危险之前分断该短路电流。每个短路保护电器都应满足以下两个条件：

1) 短路保护电器的分断能力不得小于其安装处的预期短路电流。

2) 在回路任一点短路引起的电流，时导体达到允许极限温度之前应分断该回路。

当 $0.1s \leqslant t \leqslant 5s$ 时，校验时应满足下式：

$$S \geqslant \frac{I}{k}\sqrt{t} \qquad (C.0-5)$$

式中 S——导体的截面积，mm^2；

I——通过导体的预期短路电流（交流方均根值），A；

t——保护电器自动切断电流的动作时间，s；

k——系数，按《低压配电设计规范》GB 50054—2011 表 A.0.2～表 A.0.6 确定。

当 $t < 0.1s$ 时，校验时应满足下式：

$$k^2 S^2 \geqslant I^2 t \qquad (C.0-6)$$

式中 S——导体的截面积，mm^2；

$I^2 t$——保护电器允许通过的能量值，由产品标准或制造厂提供；

k——系数，按《低压配电设计规范》GB 50054—2011 表 A.0.2～表 A.0.6 确定。

2 采用熔断器保护时的短路热稳定校验

采用熔断器保护时，由于熔断器的反时限特性，用式（C.0-5）计算较麻烦。要先计算预期短路电流，再按选择的熔断体电流值查熔断体特性曲线，找出相应的全熔断时间 t。为方便使用，将电缆、绝缘导体截面积与允许最大熔断体电流的配合关系列于表 C.0-2。

电缆、绝缘导体截面积与允许最大熔断体电流（单位：A）　　　表 C.0-2

线缆截面积(mm²)	线缆类型					
	PVC		EPR/XLPE		橡胶	
	铜 k=115	铝 k=76	铜 k=143	铝 k=94	铜 k=141	铝 k=93
1.5	16				16	
2.5	25	16			32	20
4	40	25	50	32	50	32
6	63	40	63	50	63	50
10	80	63	100	63	100	63
16	125	80	160	100	160	100
25	200	125	200	160	200	160
35	250	200	315	200	315	200
50	315	250	425	315	400	315
70	400	315	500	400	500	400
95	500	400	550	500	550	500
120	550	500	630	550	630	550
150	630	550	800	630	800	630

注：1 本表按式（C.0-6）计算，t 取最不利值 5s。

　　2 本表按 RT16、RT17 型熔断器编制。

　　3 PVC—聚氯乙烯；EPR—乙丙橡胶；XLPE—交联聚乙烯。

　3　采用断路器保护时的短路热稳定校验

　1）瞬时脱扣器的全分断时间（包括灭弧时间）极短，一般为 10ms～30ms，即 $t<0.1s$，应按式（C.0-6）校验。应注意，当配电变压器容量很大，从低压开关柜直接引出截面积很小的馈线时，难以达到热稳定要求，按式（C.0-6）校验式必要的。

　2）短延时脱扣器的动作时间一般为 0.1s～0.4s，根据经验，选用带短延时脱扣器的断路器所保护的配电干线截面积不会太小，均能满足式（C.0-5）的要求，可不校验。

C.0.3　故障保护

　1　选断路器作为短路保护电器

　当短路保护电器为断路器时，被保护线路末端的短路电流不应小于动作电流（断路器瞬时或短延时过电流脱扣器整定电流的 1.3 倍），即

$$I_d \geqslant I_a = 1.3 I_{set3}(I_{set2}) \tag{C.0-7}$$

式中　I_d——被保护线路的短路电流，A；

　　　I_a——保证间接接触保护电器在规定时间内切断故障回路的动作电流，A；

　　　I_{set3}——断路器瞬时脱扣器整定电流，A；

　　　I_{set2}——断路器短延时过电流脱扣器整定电流，A。

　2　选熔断器作为短路保护电器

　为满足间接接触自动切断电源防护要求，TN 系统中用熔断器保护满足间接接触防护切断故障，不同时间下熔断电流 I_a 与熔断体额定电流 I_N 最小比值见表 C.0-3 与表 C.0-4。

TN 系统故障防护 I_a/I_N 的最小值与推荐值（380V/220V，0.4s<t≤5s）　　表 C.0-3

熔断体额定电流 I_N(A)	16	20	25	32	40	50	63	80	100	125
熔断电流 I_a(A)	64	80	105	133	172	220	285	423	538	680
I_a/I_N 最小值	4.0	4.0	4.2	4.2	4.3	4.4	4.5	5.3	5.4	5.5
I_a/I_N 推荐值	4.5	4.5	5	5	5	5.5	5.5	6	6	6
熔断体额定电流 I_N(A)	160	200	250	315	400	500	630	800	1000	
熔断电流 I_a(A)	880	1180	1500	2000	2590	3500	4400	6700	8200	
I_a/I_N 最小值	5.5	5.9	6.0	6.3	6.5	7.0	7.0	8.3	8.2	
I_a/I_N 推荐值	6	6.5	6.5	7	7	8	8	9	9	

TN 系统故障防护 I_a/I_N 的最小值与推荐值（380V/220V，t<0.4s）　　表 C.0-4

熔断体额定电流 I_N(A)	16	20	25	32	40	50	63
熔断电流 I_a(A)	90	130	170	220	295	380	520
I_a/I_N 最小值	5.5	6.5	6.8	6.9	7.4	7.6	8.3
I_a/I_N 推荐值	7	8	8	8	9	9	10
熔断体额定电流 I_N(A)	80	100	125	160	200	250	
熔断电流 I_a(A)	750	980	1250	1720	2200	2800	
I_a/I_N 最小值	9.4	9.8	10.0	10.8	11.0	11.2	
I_a/I_N 推荐值	10	11	11	11	12	12	

C.0.4　低压配电线路保护的断路器选择

　1　电动机线路断路器的整定

　1）反时限过电流脱扣器的整定电流（I_{set1}）为：

$$I_{set1} \geqslant I_C \tag{C.0-8}$$

$$I_{set1} < I_Z \tag{C.0-9}$$

式中 I_C——线路计算电流，A；

　　　I_Z——导体允许持续载流量，A。

2）定时限过电流脱扣器的整定电流（I_{set2}）主要用于保证保护装置动作的选择性，应能躲过短时间出现的负荷尖峰电流，即

$$I_{set2} \geqslant K_{set2}[I_{stM1} + I_{C(n-1)}] \tag{C.0-10}$$

式中 K_{set2}——低压断路器定时限过电流脱扣器的可靠系数，可取 1.2；

　　　I_{stM1}——线路中最大一台电动机的启动电流，A；

　　$I_{C(n-1)}$——除启动电流最大一台电动机以外的线路计算电流，A。

3）瞬时过电流脱扣器的整定电流（I_{set3}），应能躲过配电线路的尖峰电流，即

$$I_{set3} \geqslant K_{set3}[I'_{stM1} + I_{C(n-1)}] \tag{C.0-11}$$

式中 K_{set3}——低压断路器瞬时过电流脱扣器的可靠系数，考虑电动机启动电流误差和断路器瞬动电流误差，可取 1.2；

　　　I'_{stM1}——线路中最大一台电动机的全启动电流，A，它包括周期分量和非周期分量，对于笼型电动机，可取其启动电流 I_{stM1} 的 2 倍～2.5 倍；

　　$I_{C(n-1)}$——除启动电流最大一台电动机以外的线路计算电流，A。

2 照明线路断路器的整定

反时限和瞬时过电流脱扣器的整定电流分别为：

$$I_{set1} \geqslant K_{rel1} I_C \tag{C.0-12}$$

$$I_{set3} \geqslant K_{rel3} I_C \tag{C.0-13}$$

式中 I_C——线路计算电流，A；

K_{rel1}、K_{rel3}——反时限和瞬时过电流脱扣器的可靠系数，取决于电光源启动特性和低压断路器特性，其值见表 C.0-5。

照明线路保护用低压断路器的反时限和瞬时过电流脱扣器可靠系数 表 C.0-5

低压断路器脱扣器种类	可靠系数	卤钨灯	荧光灯	高压钠灯金属卤化物灯	LED灯
反时限过电流脱扣器	K_{rel1}	1.0	1.0	1.0	1.0
瞬时过电流脱扣器	K_{rel3}	10～12	3～5	3～5	10～12

C.0.5 低压配电线路保护的熔断器选择

1 电动机线路熔断器的整定

熔断器用于电动机线路保护时，除满足过负荷、短路保护的要求外，还应躲过电动机启动时的尖峰电流。

配电线路熔断体选择应符合下式要求：

$$I_r \geqslant K_r[I_{rM1} + I_{C(n-1)}] \tag{C.0-14}$$

式中 I_r——熔断体的额定电流，A；

　　　I_C——线路计算电流，A；

　　　I_{rM1}——线路中启动电流最大的一台电动机的额定电流，A；

　　$I_{C(n-1)}$——除启动电流最大的一台电动机以外的线路计算电流，A；

　　　K_r——配电线路熔断体选择计算系数，取决于最大一台电动机的启动状况，最大一台电动机额定电流于线路计算电流的比值，见表 C.0-6。

K_r 值				表 C. 0-6
I_{rM1}/I_C	≤0.25	(0.25~0.4]	(0.4~0.6]	(0.6~0.8]
K_r	1.0	1.0~1.1	1.1~1.2	1.2~1.3

2 照明线路熔断器的整定

照明线路用熔断器保护时，除满足过负荷、短路保护的要求外，还应躲过照明灯具的启动电流，其选择应符合下式要求：

$$I_r \geqslant K_m I_C \tag{C.0-15}$$

式中 K_m——照明线路熔断体选择计算系数，取决于电光源启动状况和熔断时间—电流特性，其值见表 C.0-7。

K_m 值				表 C. 0-7
熔断器型号	熔断体额定电流(A)	K_m		
		白炽灯、卤钨灯、荧光灯	高压钠灯、金属卤化物灯	LED 灯
RL7、NT	≤63	1.0	1.2	1.2
RL6	≤63	1.0	1.5	1.3

C. 0.6 TN 系统电缆长度的最大允许值

$$L = \frac{(0.8 \sim 1.0)U_0 S}{1.5\rho(1+m)I_k} k_1 k_2 \tag{C.0-16}$$

$$k_2 = \frac{4(n-1)}{n} (n \geqslant 2) \tag{C.0-17}$$

式中 0.8~1.0——对电源导致的误差进行的修正，当故障点远离变配电变压器、线路截面积较小、变压器容量较大时，取高值（如 0.95~1.0），反之，取较低值；

　　 1.5——由于短路引起发热，电缆电阻的增大系数；

　　 U_0——相对地标称电压，V；

　　 S——相导体截面积，mm^2；

　　 k_1——电缆截面校正系数，当 $S \leqslant 95mm^2$ 时，取 1.0；当 S 为 $120mm^2$ 或 $150mm^2$ 时，取 0.96；当 $S \geqslant 185mm^2$ 时，取 0.92；

　　 k_2——多根相导体并联使用的校正系数；

　　 n——每相并联的导体根数；

　　 ρ——20℃时的导体电阻率，$\Omega \cdot mm^2/m$；

　　 L——电缆长度，m；

　　 m——材料相同的每相导体总截面积（S_n）与 PE 导体截面积（S_{PE}）之比；

　　 I_k——最小接地故障电流，A。

1 采用断路器保护时，最小接地故障电流 I_k 必须大于断路器的瞬时过电流脱扣器整定电流 I_{set3}，为可靠动作，按式（C.0-17）计算最大允许长度 L 时，还应除以 k_{rel}，k_{op} 两个系数。k_{rel} 为断路器瞬时脱扣器动作误差系数，电磁脱扣器为 1.2，电子脱扣器为 1.1；k_{op} 为断路器动作系数（多极断路器单级过电流对脱扣器的影响），三极和四极断路器为 1.2 倍约定脱扣电流；二极断路器为 1.1 倍约定脱扣电流。

用断路器瞬时脱扣器作间接接触防护，能够保护的铜芯电缆长度列于表 C.0-8。

220/380V TN 系统用断路器作为间接接触防护时铜芯电缆最大允许长度（单位：m）

表 C. 0-8

I_{set3}(A)		200	250	320	400	500	630	800	1000	1250	1600	2000	2500	3200
S (mm²)	S_{PE} (mm²)													
1.5	1.5	22	18	—	—	—	—	—	—	—	—	—	—	—
2.5	2.5	37	29	23	—	—	—	—	—	—	—	—	—	—
4	4	59	47	37	29	—	—	—	—	—	—	—	—	—
6	6	88	70	55	44	35	—	—	—	—	—	—	—	—
10	10	146	117	91	73	59	46	—	—	—	—	—	—	—
16	16	234	187	146	117	94	74	59	—	—	—	—	—	—
25	16	244	195	152	122	98	77	61	49	—	—	—	—	—
35	16	—	273	213	171	137	108	85	68	55	—	—	—	—
50	25	—	390	305	244	195	155	122	98	78	61	—	—	—
70	35	—	—	—	341	273	217	171	137	109	85	68	—	—
95	50	—	—	—	—	371	294	232	185	148	116	93	74	—
120	70	—	—	—	—	—	334	263	211	169	132	105	84	66
150	70	—	—	—	—	—	—	311	249	199	155	124	99	78
185	95	—	—	—	—	—	—	—	289	231	180	144	115	90
240	120	—	—	—	—	—	—	—	—	281	219	176	140	110

注 1 电源侧阻抗系数取 0.9；$U_0 = 220$V。

　　2 k_{rel} 取 1.2，k_{op} 取 1.2。

　　3 当采用铝芯电缆时，表中最大允许长度乘以 0.61。

　　4 也适用于绝缘线穿管敷设。

2 用"gG"熔断器作间接接触防护，能够保护的铜芯电缆长度详见《工业与民用供配电设计手册（第四版）》表 11.2-5 与表 11.2-6。

C. 0.7 提高 TN 系统故障防护灵敏性的措施

当配电线路较长，接地故障电流较小，间接接触防护电器难以满足接地故障保护灵敏性的要求时，可采取以下措施：

1 提高接地故障电流值。

1）选用 Dyn11 接线组别变压器，不用 Yyn0 接线组别变压器。由于前者比后者的零序阻抗小得多，近端的单相接地故障电流值将有明显增大。

2）加大相导体即保护接地导体截面积。该措施对于截面积较小的电缆和穿管绝缘线，单相接地故障电流值有较大增加。

3）改变线路结构。如裸干线改用紧凑型封闭母线，架空线改电缆，可降低电抗，增大单相接地故障电流值，但要增加投资。

2 采用带短延时过电流脱扣器的断路器。断路器的瞬时过电流脱扣器不能满足接地故障要求时，则可采用带短延时过电流脱扣器的断路器作间接接触防护。

对于同一断路器，由于短延时过电流脱扣器整定电流值 I_{set2} 通常只有瞬时过电流脱扣器整定电流值 I_{set3} 的 1/5～1/3，所以间接接触防护的灵敏性更容易满足。

3 采用带接地故障保护的断路器。

1）三相不平衡电流保护。当三相负荷不平衡时，产生一定三相不平衡电流。如果某一相发生接地故障，则三相不平衡电流 I_N 将大大增加。因此，三相不平衡电流保护整定值 I_{set0} 必须大于正常运行时 PEN 导体或 N 导体中流过的最大三相不平衡电流、谐波电流、正常泄漏电流之和，而在发生接地故障时必须动作，故 I_{set0} 应符合下列两式要求：

$$I_{set0} \geqslant 2.0 I_N \tag{C.0-18}$$

$$I_k \geqslant 1.3 I_{set0} \tag{C.0-19}$$

式中　I_{set0}——三相不平衡电流保护整定值，A；

　　　I_N——三相不平衡电流，A；

　　　I_k——单相接地故障电流，A。

配电干线正常运行时的三相不平衡电流 I_N 通常不超过计算电流 I_C 的 20%～25%，三相不平衡电流保护整定值 I_{set0} 以整定为断路器长延时脱扣器电流 I_{set1} 的 50%～60% 为宜。

三相不平衡电流保护适用于 TN-C、TN-C-S、TN-S 系统，但不适用于谐波电流较大的配电线路。

2）剩余电流保护。当三相负荷不平衡时，剩余电流也只是线路的泄漏电流；当某一相发生接地故障时，则检测的三相电流加中性电流的相量和不为 0，而等于接地故障电流 $I_{PE(G)}$。

为保证灵敏性，避免误动作，断路器剩余电流保护整定值 I_{set4} 应符合下列两式要求：

$$I_{set4} \geqslant (2.5\sim4) I_{PE} \tag{C.0-20}$$

$$I_{PE(G)} \geqslant 1.3 I_{set4} \tag{C.0-21}$$

式中　I_{set4}——断路器剩余电流保护整定值，A；

　　　I_{PE}——正常运行时线路和设备的泄漏电流总和，A；

　　$I_{PE(G)}$——单相接地故障电流，A。

可见，采用剩余电流保护比三相不平衡电流保护的动作灵敏度更高。

剩余电流保护适用于 TN-S 系统，但不适用于 TN-C 系统。

C.0.8　保护电器级间选择性

1　选择性动作的意义和要求

低压配电线路发生短路、过负荷或接地故障时，既要保证可靠地分断故障电流，又要尽可能地缩小断电范围，即有选择性地分断。这就要求准确计算故障电流，恰当选择保护电器及其动作电流和动作时间，保证有选择性地切断故障电流。

由于上级非选择性断路器与下级熔断器的级间配合、非选择性断路器与非选择性断路器的级间配合没有选择性，故不推荐使用，此处不再赘述。下面分析有选择性地各类保护电器的上下级间特性配合。

2　上级熔断器和下级熔断器的级间配合

熔断器之间的选择性在《低压熔断器　第1部分：基本要求》GB 13539.1—2015 中已有规定，该标准规定了当弧前时间大于等于 0.1s 时，熔断体的过电流选择性用"弧前时间—电流"特性校验；当弧前时间小于 0.1s 时，其过电流选择性则以 $I^2 t$ 特性校验。当上下级熔断体的弧前时间 $I^2 t_{max}$ 值大于下级熔断体的熔断 $I^2 t_{max}$ 值时，可认为在弧前时间大于 0.01s 时，上下级熔断体间的选择性可得到保证。

标准规定额定电流 16A 及以上的串联熔断体的过电流选择比为 1.6：1，即在一定条件下，上级熔断体电流不小于下级熔断体电流的 1.6 倍，就能实现有选择性熔断。标准规定熔断体电流值也是近似按这个比例制定的，如 25A、40A、63A、100A、160A、250A 相邻级间，以及 32A、50A、80A、125A、200A、315A 相邻级间，均有选择性。

3　上级熔断器与下级非选择型断路器的级间配合

1）过负荷时，只要断路器时间—电流特性和熔断器的反时限特性不相交，且熔断体的额定电流值比长延时脱扣器的整定电流值大一定数值，则能满足选择性要求。

2）短路时，要求熔断器的时间—电流特性曲线上对应于预期短路电流值的熔断时间，比断路器瞬时脱扣器的动作时间大 0.1s 以上，则下级断路器瞬时脱扣，而上级熔断器不会熔断，能满足选择性要求。

4　上级选择型断路器与下级非选择型断路器的级间配合

这种配合应该具有良好的选择性，但必须正确整定各项参数。以图 C.0-1 为例，若下级断路器 B 的长延时整定值 $I_{set1.B}=300A$，瞬时整定值 $I_{set3.B}=3000A$；上级断路器 A 的 $I_{set1.A}$ 应根据其计算电流确定，由于选择型断路器多用于馈电干线，通常 $I_{set1.A}$ 比 $I_{set1.B}$ 大很多。

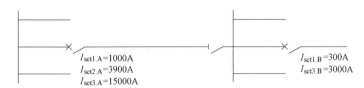

$I_{set1.A}=1000A$
$I_{set2.A}=3900A$
$I_{set3.A}=15000A$

$I_{set1.B}=300A$
$I_{set3.B}=3000A$

图 C.0-1　选择型与非选择型断路器配合示例

设 $I_{set1.A}=1000A$，其中 $I_{set2.A}$ 及 $I_{set3.A}$ 的整定原则如下：

1）$I_{set2.A}$ 整定值应符合下式要求：

$$I_{set2.A} \geqslant 1.3 I_{set3.B} \tag{C.0-22}$$

若 $I_{set2.A} < I_{set3.B}$，当故障电流达到 $I_{set2.A}$ 值，而小于 $I_{set3.B}$ 时，则断路器 B 不能瞬时动作，而断路器 A 经短延时动作，破坏了选择性。1.3 是可靠系数，考虑脱扣器动作误差的需要。

2）短延时的时间没有特别要求。

3）$I_{set3.A}$ 应在满足动作灵敏性前提下，尽量整定得大些，以免在故障电流很大时导致断路器 A、B 均瞬时动作，破坏选择性。

5　上级选择型断路器与下级熔断器的级间配合

1）过负荷时，只要熔断器的反时限特性和断路器长延时脱扣器的反时限动作特性不相交，且长延时脱扣器的整定电流值比熔断体的额定电流值大一定数值，则能满足过负荷选择性的要求。

2）短路时，由于上级断路器具有短延时功能，一般能实现选择性动作。但必须整定正确，不仅短延时脱扣整定电流 I_{set2} 及延时时间要合适，还要正确整定其瞬时脱扣整定电流值 I_{set3}。确定这些参数的原则是：

（1）下级熔断器的额定电流 I_N 不宜太大；

（2）上级断路器的 I_{set2} 值不宜太小，在满足 $I_k \geqslant 1.3 I_{set2}$ 要求的前提下，宜整定得大些，根据经验，下级的 I_N 为 200A 时，I_{set2} 不宜小于 3000A～3500A，15 倍～17.5 倍。

（3）短延时时间应整定得大一些，如 0.2s～0.4s。

具体方法是：在多个下级熔断器中找出额定电流最大的，其值为 I_N，假设熔断器后发生故障电流 $I_k \geqslant I_{set2}$ 时，在熔断器时间—电流特性曲线上查出其熔断时间 t；再使断路器短延时脱扣器的延时时间比 t 值大 0.15s 左右。

6　上级带接地故障保护的断路器

1）三相不平衡电流保护方式。三相不平衡电流保护的整定电流 I_{set0} 一般为 I_{set1} 的 20％，多为几百到 1000A，与下级熔断器和非选择型断路器之间很难有选择性。只有后者的额定电流很小（如几十安）时，才有可能。

使用三相不平衡电流保护时，在满足动作灵敏性要求前提下，I_{set0} 应整定得大一些，延时时间尽量长一些。

2）剩余电流保护方式。这种方式的整定电流 I_{set4} 更小，对于 TN-S 接地系统，在发生接地故障时，与下级熔断器、断路器之间很难有选择性。这种保护只能要求与末端回路剩余电流动作保护器之间具有良好选择性。这种方式多用于安全防护要求高的场所，所以应在末端电流装设电流动作保护器，以减少非选择性切断电路。

为了防止接地故障而引起电气火灾而设置的剩余电流动作保护器，其整定电流不应超过 300mA，应是延时动作，同时末端电路应设有剩余电流动作保护器。如有条件时（如有专人值班维护的场所），前者可不切断电路而发出报警信号。

附录 D 电压偏差与线路电压降计算

D.0.1 电压偏差定义

1 电压偏差：实际运行电压对系统标称运行电压的偏差相对值；

$$\Delta u = \frac{U - U_n}{U_n} \times 100\% \tag{D.0-1}$$

式中 Δu ——电压偏差百分数，%；

      U ——运行电压，V；

      U_n ——系统标称电压，V。

2 用电设备端子电压偏差允许值见表 D.0-1。

用电设备端子允许偏差值　　　　　　　　　表 D.0-1

名称	电压偏差允许值	名称	电压偏差允许值
电动机	+5%～～－5%	照明：	
电梯电动机	+7%～～－7%	一般工作场所	+5%～～－5%
其他用电设备	+5%～～－5%	远离变电站的小面积一般工作场所	+5%～～－10%
		应急照明、道路照明、警卫照明	+5%～～－10%
		安全特低电压供电	+5%～～－10%

D.0.2 减少电压偏差的措施

1 为减小电压偏差，供配电系统的设计应采取以下措施：正确选择变压器的变压比和电压分接头；降低系统阻抗；应采取补偿无功功率措施；使三相负荷平衡。

2 对波动负荷的供电，宜采取下列措施：采用专线供电；与其他负荷共用配电线路时，降低配电线路阻抗；较大功率的波动负荷或波动负荷群与对电压波动、闪变敏感的负荷，分别由不同的变压器供电；对于大功率电弧炉的炉用变压器，由短路容量较大的电网供电；采用动态无功补偿装置或动态电压调节装置。

3 为减小电压偏差，低压配电系统应采取以下措施：降低三相低压配电系统的不对称度；接入 220V/380V 三相系统时使三相平衡；由地区公共低压电网供电的 220V 负荷，线路电流小于或等于 60A 时，可采用 220V 单相供电；大于 60A 时，宜采用 220V/380V 三相四线制供电。

D.0.3 线路的电压降计算

1 计算公式：

1）三相平衡负荷线路：

$$\Delta u = \frac{\sqrt{3}\,Il}{10U_n}(R'\cos\varphi + X'\sin\varphi) = Il\,\Delta u_i\% \tag{D.0-2}$$

$$\Delta u = \frac{Pl}{10U_n^2}(R' + X'\tan\varphi) = Pl\,\Delta u_p\% \tag{D.0-3}$$

$$\Delta u\% = \frac{R_O}{10U_n^2}\sum P_i l_i = \frac{1}{10U_n^2\gamma S}\sum P_i l_i = \frac{\sum P_i l_i}{CS} \tag{D.0-4}$$

整条线路的导线截面、材料和敷设方式均相同，且 $\cos\varphi = 1$，几个负荷用电负荷矩 $P_i l_i$ (kW·km) 表示。

2）相间负荷线路：

$$\Delta u = \frac{2Il}{10U_n}(R'\cos\varphi + X'\sin\varphi) \approx 1.15Il\Delta u_i \%$$ (D. 0-5)

$$\Delta u = \frac{2Pl}{10U_n^2}(R' + X'\tan\varphi) = 2Pl\Delta u_p \%$$ (D. 0-6)

$$\Delta u \% = \frac{2R'_O}{10U_n^2}\sum P_i l_i$$ (D. 0-7)

整条线路的导线截面、材料和敷设方式均相同，且 $\cos\varphi = 1$，几个负荷用电负荷矩 $P_i l_i (\mathrm{kW \cdot km})$ 表示。

3）单相负荷线路：

$$\Delta u = \frac{2\sqrt{3}Il}{10U_n}(R'\cos\varphi + X'\sin\varphi) \approx 2Il\Delta u_i \%$$ (D. 0-8)

$$\Delta u = 6Pl\Delta u_p \%$$ (D. 0-9)

$$\Delta u \% = \frac{2R'_O}{10U_{nph}^2}Pl = \frac{2}{10U_{nph}^2\gamma S}Pl = \frac{Pl}{CS}$$ (D. 0-10)

终端负荷且 $\cos\varphi = 1$ 或直流线路用负荷矩 Pl （kW·km） 表示。

以上各式中　　Δu——电压降百分数，%；

U_n——系统标称电压，kV；

U_{nph}——标称相压，kV；

I——负荷电流，A；

$\cos\varphi$——负荷功率因数；

P——负荷有功功率，kW；

l——线路长度，km；

R'、X'——三相线路单位长度的电阻和电抗，Ω/km；

Δu_i——三相线路单位电流长度的电压百分数，%/（A · km）；

Δu_p——三相线路单位功率长度的电压百分数，%/（kW · km）；

γ——电导率，γ；

S——线芯标称截面，mm^2；

C——功率因数为 1 时的计算系数，见表 D. 0-2。

线路电压降计算系数 C 值（$\cos\varphi = 1$）　　　　表 D. 0-2

线路标称电压(V)	线路系统	C 值计算公式	导线 C 值($\theta=50℃$)		母线 C 值($\theta=65℃$)	
			铝	铜	铝	铜
220/380	三相四线	$10\gamma N_n^2$	45.70	75.00	43.40	71.10
220/380	两相三线	$\dfrac{10\gamma N_n^2}{2.25}$	20.30	33.30	19.30	31.60
220	单项及直流	$5\gamma N_{nph}^2$	7.66	12.50	7.07	11.90
110			1.92	3.14	1.82	2.98
36			0.21	0.34	0.20	0.32
24			0.091	0.15	0.087	0.14
12			0.023	0.037	0.022	0.036
6			0.0057	0.0093	0.0054	0.0089

注　1　20℃时 ρ 值 （Ω · μm）：铜导线、铜母线为 0.0172；铝导线、铝母线为 0.0282。

2　计算 C 值时，导线工作温度为 50℃，铜导线 γ 值 （s/μm） 为 51.91，铝导线 γ 值为 31.66；母线工作温度为 65℃；铜母线 γ 值 （s/μm） 为 49.27，铝母线 γ 值为 30.05。

3　U_n 为标称线电压，kV，U_{nph} 为标称相电压，kV。

2　常用电缆、电线线路的主要技术参数指标见表 D.0-3～表 D.0-7。

10kV 交联聚乙烯绝缘电力电缆　　　　　　　　表 D.0-3

类型	截面 （mm²）	4	6	10	16	25	35	50	70	95	120	150	185	240
铜芯	电阻 （Ω/km）				1.36	0.87	0.62	0.44	0.31	0.23	0.18	0.15	0.12	0.09
	感抗 （Ω/km）				0.13	0.12	0.11	0.11	0.1	0.1	0.1	0.09	0.09	0.09
铝芯	电阻 （Ω/km）				2.23	1.43	1.02	0.71	0.51	0.38	0.3	0.24	0.19	0.15
	感抗 （Ω/km）				0.13	0.12	0.11	0.11	0.1	0.1	0.1	0.09	0.09	0.09

1kV 交联聚乙烯绝缘电力电缆　　　　　　　　表 D.0-4

类型	截面 （mm²）	4	6	10	16	25	35	50	70	95	120	150	185	240
铜芯	电阻 （Ω/km）	5.33	3.55	2.18	1.36	0.87	0.62	0.44	0.31	0.23	0.18	0.15	0.12	0.09
	感抗 （Ω/km）	0.1	0.09	0.09	0.08	0.08	0.08	0.08	0.08	0.08	0.08	0.08	0.08	0.08
铝芯	电阻 （Ω/km）	8.74	5.83	3.54	2.23	1.43	1.02	0.71	0.51	0.38	0.3	0.24	0.19	0.15
	感抗 （Ω/km）	0.1	0.09	0.09	0.08	0.08	0.08	0.08	0.08	0.08	0.08	0.08	0.08	0.08

1kV 刚性矿物绝缘电缆（BTTZ）　　　　　　　　表 D.0-5

类型	截面 （mm²）	4	6	10	16	25	35	50	70	95	120	150	185	240
铜芯	电阻 （Ω/km）	5.33	3.55	2.18	1.36	0.87	0.62	0.44	0.31	0.23	0.18	0.15	0.12	0.09
	感抗 （Ω/km）	0.1	0.09	0.09	0.08	0.08	0.08	0.08	0.08	0.08	0.08	0.08	0.08	0.08
铝芯	电阻 （Ω/km）	8.74	5.83	3.54	2.23	1.43	1.02	0.71	0.51	0.38	0.3	0.24	0.19	0.15
	感抗 （Ω/km）	0.1	0.09	0.09	0.08	0.08	0.08	0.08	0.08	0.08	0.08	0.08	0.08	0.08

380V 铜芯导线　　　　　　　　表 D.0-6

类型	截面 （mm²）	1.5	2.5	4	6	10	16	25	35	50	70	95	120	150	185
明敷	电阻 （Ω/km）	13.9	8.36	5.17	3.46	2.04	1.25	0.8	0.58	0.39	0.29	0.22	0.17	0.13	0.11
	感抗 （Ω/km）	0.37	0.35	0.34	0.32	0.31	0.29	0.28	0.26	0.25	0.24	0.23	0.22	0.21	0.2
穿管	电阻 （Ω/km）	13.9	8.36	5.17	3.46	2.04	1.25	0.8	0.58	0.39	0.29	0.22	0.17	0.13	0.11
	感抗 （Ω/km）	0.14	0.13	0.12	0.11	0.11	0.1	0.09	0.09	0.09	0.09	0.08	0.08	0.08	0.08

0.4kV 铜质矩形母线　　　　　　　　　　　表 D. 0-7

铜质矩形 母线规格	50× 5	50× 6.3	63× 6.3	80× 6.3	100× 6.3	63× 8	80× 8	100× 8	125× 8	63× 10	80× 10	100× 10	125× 10
电阻		0.09	0.07	0.06	0.05	0.04	0.05	0.04	0.03	0.03	0.04	0.03	0.026	0.022
感抗	竖放	0.2	0.2	0.19	0.17	0.16	0.19	0.17	0.16	0.15	0.18	0.17	0.156	0.147
	平放	0.17	0.17	0.16	0.15	0.13	0.16	0.15	0.13	0.12	0.16	0.14	0.131	0.123

【例 D. 0-1】 由某园区变配电所（10kV/0.4kV）引出一路电缆至 300m 处宿舍楼，宿舍楼负荷为 100kW，根据电压损失要求，确定电缆的最小截面。

【解】 （1）根据建筑物负荷计算，所得本建筑计算电流 I_{js}＝143.1A；

（2）根据 $I_z \geqslant I_n \geqslant I_{js}$，选取 WDZB-YJY-4×70＋1×35；

（3）查表 D. 0-4 得 WDZB-YJY-4×70＋1×35 电缆的电阻值为 0.31；电抗值为 0.08；

（4）查表 D. 0-2 取 C＝75；

（5）依据式（D. 0-2）校验电缆的电压降为 5.71%，不满足表 D. 0-1 的要求；

（6）选取电缆 WDZB-YJY-4×95＋1×50；依据表 D. 0-4 查得电阻值为 0.21；电抗值为 0.01；

（7）查表 D. 0-2 取 C＝75；

（8）依据式（D. 0-2）校验电缆的电压降为 4.21%，满足表 D. 0-1 的要求。

D. 0.4　封闭母线的电压损失计算（依据 IMPACT 样本计算）

$$\Delta V\% = \frac{D \times t \times I_b \times L}{U_e} \times 100$$

$$I_b = \frac{P \times F}{\sqrt{3 \times U_e \times \cos\varphi}} \tag{D. 0-11}$$

式中　I_b——母线槽三项工作电流；

　　　P——馈电荷载总功率；

　　　F——馈电荷载同期系数

　　　U_e——工作电压

　　　D——荷载分布系数；D＝1，一侧馈电，线路末端载荷，馈电；D＝0.5，一侧馈电，载荷沿线路均匀分布，配电线路；铝质母线槽和铜质母线槽单位电流的系统压降见表 D. 0-8、表 D. 0-9。

　　　t——单电压降值。

铝质单位安培电流母线槽系统电压降　　　　　　表 D. 0-8

铝	400A	630A	800A	1000A	1250A	1600A	2000A	2500A	3200A	4000A
$\cos\varphi$＝0.70	173.37	136.99	128.86	115.51	81.48	59.00	58.37	40.13	32.84	29.50
$\cos\varphi$＝0.75	182.17	143.01	134.47	120.35	84.79	61.24	60.75	41.75	34.11	30.68
$\cos\varphi$＝0.80	190.66	148.71	139.78	124.91	87.88	63.62	62.97	43.25	35.29	31.78
$\cos\varphi$＝0.85	198.75	153.98	144.69	129.07	90.70	65.17	64.99	44.61	36.35	32.78
$\cos\varphi$＝0.90	206.22	158.61	148.98	132.66	93.08	66.68	66.71	45.76	37.22	33.62
$\cos\varphi$＝0.95	212.56	162.05	152.14	135.17	94.67	67.57	67.85	46.51	37.75	34.17
$\cos\varphi$＝1	212.37	158.64	148.78	131.48	91.60	64.88	65.74	44.08	36.33	33.04

铜质单位安培电流母线槽系统电压降 表 D. 0-9

铜	630A	800A	1000A	1250A	1600A	2000A	2500A	3200A	4000A	5000A
$\cos\varphi=0.70$	136.22	121.59	87.66	76.56	56.12	50.84	38.63	28.87	23.16	20.73
$\cos\varphi=0.75$	141.64	126.69	90.51	78.27	57.08	51.96	39.60	29.68	23.73	21.14
$\cos\varphi=0.80$	146.70	131.48	93.07	79.65	57.78	52.87	40.41	30.38	24.22	21.45
$\cos\varphi=0.85$	151.28	135.87	95.25	80.60	58.14	53.49	41.02	30.94	24.58	21.64
$\cos\varphi=0.90$	155.11	139.64	96.85	80.92	57.97	53.69	41.33	31.28	24.77	21.65
$\cos\varphi=0.95$	157.59	142.28	97.37	80.04	56.84	53.09	41.07	31.23	24.61	21.32
$\cos\varphi=1$	152.24	138.40	91.69	72.31	50.17	47.92	37.54	28.89	22.49	19.03

【例 D. 0-2】 某办公建筑，层高 80m，办公用电采用插接母线供电。其中办公负荷为 630A，同时系数为 0.75，功率因数为 0.85；由地下一层变电所（10kV/0.4kV）引出一路铜制密集母线 1000A，母线长度 162m 处宿舍楼，宿舍楼负荷为 100kW，根据电压损失要求，确定母线的最小截面。

【解】 方法一：

（1）根据建筑物负荷计算，所得本建筑计算电流 $I_{js}=844.6A$；

（2）根据 $I_z \geqslant I_n \geqslant I_{js}$，选取铜制密集母线 $I=1000A$

（3）取值：$D=1$（荷载末端布置）；

（4）依据表 D. 0-9 取值：$t=95.25$

（5）取值：$L=162m$

（6）依据（D. 0-7）计算，得 $\Delta V=3.26\%$，满足表 D. 0-1 的要求。

方法二：

（1）根据建筑物负荷计算，所得木建筑计算电流 $I_{js}=844.6A$；

（2）根据 $I_z \geqslant I_n \geqslant I_{js}$，选取铜制密集母线 $I=1000A$

（3）查表 D. 0-7 取母线竖向放置，母线间距 250mm，导线规格为（60×6.3）得母线的电阻值为 0.062；电抗值为 0.188；

（4）查表 D. 0-2，取 $C=71.1$；

（5）依据式（D. 0-2）校验电缆的电压降为 3.62%，满足表 D. 0-1 的要求。

附录 E 电气计算书模板

工程设计号＿＿＿＿＿＿＿＿＿子项号＿＿＿＿＿＿＿＿＿

工程名称＿＿＿＿＿＿＿＿＿＿＿＿＿＿＿＿＿＿＿＿＿＿＿

子项名称＿＿＿＿＿＿＿＿＿＿＿＿＿＿＿＿＿＿＿＿＿＿＿

电气专业计算书

（共　册　第　册）

（本册为＿＿＿＿＿＿＿＿＿＿＿计算书）

本册共　页

计　算　人：＿＿＿＿＿＿＿　签字：＿＿＿＿＿＿＿

校　对　人：＿＿＿＿＿＿＿　签字：＿＿＿＿＿＿＿

工种负责人：＿＿＿＿＿＿＿　签字：＿＿＿＿＿＿＿

审　核　人：＿＿＿＿＿＿＿　签字：＿＿＿＿＿＿＿

中国建筑设计研究院有限公司

年　月　日

目　次

1　负 荷 计 算

												1号变压器

序号	回路编号	用电设备组名称	设备容量(kW)	需要系数 K_x	$\cos''\varphi$	$\tan''\varphi$	P_j(kW)	Q_j(kvar)	S_j(kVA)	I_j(A)	电缆型号规格	负荷性质
1												
2												
3												
4												
5												
6												
7												
8												
9												
10												
合计												
$k_{\Sigma p}=$												
$k_{\Sigma q}=$												
无功补偿容量												
变压器低压侧												
变压器有功损耗												
变压器无功损耗												
变压器高压侧												
变压器容量(kVA)												
变压器负荷率												
总需用系数 $K_x=$												

2　柴油发电机负荷计算

											1号柴油发电机

序号	用电设备组名称	设备容量(kW)	需要系数 K_x	$\cos''\varphi$	$\tan''\varphi$	P_j(kW)	Q_j(kvar)	S_j(kVA)	I_j(A)	电缆型号规格	负荷性质
1											
2											
3											
4											
5											
6											
7											
8											
9											
10											
11											
12											
合计											
需用系数 $K_x=$											
总计算负荷(kW)											
主用安装容量(kVA)											

3　短路电流计算

3.1　短路电流计算等效电路图

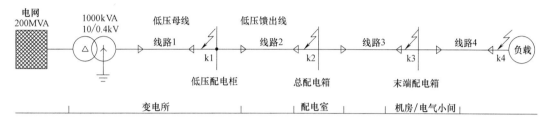

3.2　计算参数表

设备	设备数据	$Z_{(1)}=Z_{(2)}(\text{m}\Omega)$	$Z_{(0)}(\text{m}\Omega)$
馈电网络	S_S	Z_Q	—
变压器	$S_{rT};u_{kr};U_{rTHV};U_{rTLV};P_{krT};R_{(0)T}/R_T;X_{(0)T}/X_T$	Z_T	$Z_{(0)T}$
线路1	型号规格,长度	Z_{L1}	$Z_{(0)L1}$
线路2	型号规格,长度	Z_{L2}	$Z_{(0)L2}$
线路3	型号规格,长度	Z_{L3}	$Z_{(0)L3}$

3.3　短路电流计算表

电流名称	三相短路电流(kA)	单相接地短路电流(kA)	阻抗比	峰值系数	冲击电流(kA)
计算式	$I_k''=\dfrac{cU_n}{\sqrt{3}\,Z_k}$	$I_{k1}''=\dfrac{\sqrt{3}\,cU_n}{Z_{(1)}+Z_{(2)}+Z_{(0)}}$	$\dfrac{X_k}{R_k}$	K	$i_p=k\sqrt{2}\,I_k''$
短路点 K1					
短路点 K2					
短路点 K3					
短路点 K4					

注：设计人员根据工程需要选取短路电流计算点：
1）K1处短路电流，校验低压配电柜中断路器的短路分断能力，并校验线路2的热稳定（选负荷最小电缆最小者进行校验）；
2）K2处短路电流，校验总配电箱中断路器的短路分断能力；
3）K3处短路电流，校验末端配电箱中断路器的短路分断能力；
4）K4处单相接地短路电流，校验末端短路时断路器的动作灵敏性。

4　典型回路电压损失计算

箱号	供电阶段	导体选择	导体规格 (mm^2)	负荷功率 $P_e(\text{kW})$	功率因数 $\cos\varphi$	供电距离 $L(\text{m})$	需要系数 K_x	末端电压偏差(%)
××-××	变压器至低压柜	母线	密集型铜 1000A	1100	0.9	15	0.7	0.27
	变配电室至二次配电	电缆	铜25	92	0.85	152	0.5	
回路号	二次配电至负荷配电箱	电缆	铜25	25	0.85	0	1	
WL1	配电箱至用电设备	导线	2.5	0.19	0.95	1	1	

5   防雷级别的选取和计算

参考规范：《建筑物防雷设计规范》GB 50057—2010。

5.1   已知条件

建筑物类别：

建筑物的长度 $L=$ m

建筑物的宽度 $W=$ m

建筑物的高度 $H=$ m

当地的年平均雷暴日天数 $T_d=$ 天/年

校正系数 $k=$

5.2   计算公式

年预计雷击次数：$N=k \times N_g \times A_e=$

式中 N——建筑物年预计雷击次数，次/a；

k——校正系数，在一般情况下取 1；位于河边、湖边、山坡下或山地中土壤电阻率较小处、地下水露头处、土山顶部、山谷风口等处的建筑物，以及特别潮湿的建筑物取 1.5；金属屋面没有接地的砖木结构建筑物取 1.7；位于山顶上或旷野的孤立建筑物取 2；

N_g——建筑物所处地区雷击大地的年平均密度，次/($km^2 \cdot a$)；

A_e——与建筑物截收相同雷击次数的等效面积，km^2。

其中：建筑物的雷击大地的年平均密度：

$$N_g=0.1 \times T_d=$$

等效面积：（计算公式详见本技术措施第 19 章相关内容）

$$A_e=$$

5.3   计算结果

$$N=$$

根据《建筑物防雷设计规范》GB 50057—2010，建筑物防雷类别划分原则（详见本技术措施第 19 章相关内容），该建筑应该属于第（一/二/三）类防雷建筑。

6   典型场所照度和照明功率密度值计算

举例：

6.1   照度设计计算

设计标准：按国家标准《建筑照明设计标准》GB 50034—2013 执行，标准如下：

普通办公室照度 300lx，   LPD 8W/m²，$R_a \geqslant 80$，$UGR \leqslant 19$，$U_0 \geqslant 0.6$；

服务大厅照度 300lx，   LPD 10W/m²，$R_a \geqslant 80$，$UGR \leqslant 22$，$U_0 \geqslant 0.4$；

会议室照度 300lx，   LPD 8W/m²，$R_a \geqslant 80$，$UGR \leqslant 19$，$U_0 \geqslant 0.6$，

消防控制室照度 300lx，　　　　LPD 8W/m²，$R_a \geq 80$，$UGR \leq 19$，$U_0 \geq 0.6$；

走道照度 100lx，　　　　　　　LPD 3.5W/m²，$R_a \geq 80$，$UGR \leq 25$，$U_0 \geq 0.4$；

电梯厅照度 150lx，　　　　　　LPD 5W/m²，$R_a \geq 80$，$UGR \leq -$，$U_0 \geq 0.4$；

风机房、泵房等照度 100lx，LPD 3.5W/m²，$R_a \geq 60$，$UGR \leq -$，$U_0 \geq 0.6$；

变配电所照度 200lx，　　　　　LPD 6W/m²，$R_a \geq 80$，$UGR \leq -$，$U_0 \geq 0.6$；

汽车库照度 50lx，　　　　　　　LPD 2W/m²，$R_a \geq 60$，$UGR \leq -$，$U_0 \geq 0.5$。

6.2 平均照度计算公式

平均照度包括水平照度和垂直照度，作业面和参考面为水平面时，需进行水平照度计算。

水平照度：

（1）基本公式：　　　　　　　　$E_{av} = N\Phi UK / A$

式中　E_{av}——工作面上的平均照度，lx；

　　　Φ——光源光通量，lm；

　　　N——光源数量；

　　　U——利用系数；

　　　A——工作面面积，m²；

　　　K——灯具的维护系数。

（2）利用系数计算方法参见本技术措施第 15.3.3 条，不同灯具由于灯具效率和光源光通量不同，其利用系数也不同。利用系数的取值可以根据查表法求得，当无具体参数时，灯具效率取值可按《建筑照明设计标准》GB 50034—2013 中要求的最低灯具效率值计算。

（3）维护系数应按本技术措施下表选取：

维护系数表

环境污染特征		房间或场所举例	灯具最少擦拭次数（次/年）	维护系数值
室内	清洁	卧室、办公室、影院、剧场、餐厅、阅览室、教室、病房、客房、仪器仪表装配间、检验室、商店营业厅、体育馆、体育场	2	0.8
	一般	机场候机厅、候车室、机械加工车间、机械装配车间、农贸市场等	2	0.7
	污染严重	公用厨房、锻工车间、铸工车间、水泥车间等	3	0.6
开敞空间		雨棚、站台	2	0.65

参 考 文 献

[1] 中国航空规划设计研究总院有限公司. 工业与民用供配电设计手册 [M]. 4 版. 北京：中国电力出版社，2016.

[2] 北京照明学会照明设计专业委员会. 照明设计手册（第三册）[M]. 北京：中国电力出版社，2016.

[3] 住房和城乡建设部工程质量安全监管司，中国建筑标准设计研究院. 全国民用建筑工程设计技术措施——电气 2009 [M]. 北京：中国计划出版社，2009.

[4] 中国建筑标准设计研究院. 建筑电气常用数据：19DX101-1 [S]. 北京：中国计划出版社，2019.

[5] 任元会. 低压配电设计解析 [M]. 北京：中国电力出版社，2020.

[6] 国家市场监督管理局，中国国家标准化管理委员会. 重要电力用户供电电源及自备应急电源配置技术规范：GB/T 29328—2018 [S]. 北京：中国质检出版社，2018.

[7] 中国建筑标准设计研究院. 自动喷水与水喷雾灭火设施安装：04S206 [S]. 北京：中国计划出版社，2004.

[8] 北京市建筑设计研究院有限公司. 建筑电气专业技术措施 [M]. 2 版. 北京：中国建筑工业出版社，2016.

[9] 洪元颐，张文才等. 中国电气工程大典　第 14 卷建筑电气工程 [M]. 北京：中国电力出版社，2009.

[10] 陈众励，程大章等. 现代建筑电气工程师手册 [M]. 北京：中国电力出版社，2020.

[11] 中国建筑标准设计研究院. 火灾自动报警系统设计规范图示：14X505-1 [S]. 北京：中国计划出版社，2014.

[12] 中国建筑标准设计研究院. 应急照明设计与安装：19D702-1 [S]. 北京：中国计划出版社，2019.

[13] 国家电网公司. 国家电网公司配电网工程典型设计——10kV 配电站分册（2016 年版）[M]. 北京：中国电力出版社，2016.

[14] 中国建筑标准设计研究院有限公司. 防雷与接地设计施工要点：15D500 [S]. 北京：中国计划出版社，2015.

[15] 中南建筑设计院股份有限公司，建筑物防雷设施安装：15D501 [S]. 北京：中国计划出版社，2015.